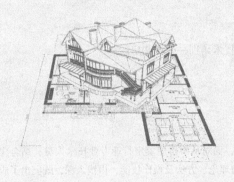

房屋
安全管理与鉴定

（培训教材）

中国物业管理协会房屋安全鉴定委员会　编

U0195688

中国建筑工业出版社

图书在版编目（CIP）数据

房屋安全管理与鉴定 / 中国物业管理协会房屋安全鉴定委员会编 . —北京：中国建筑工业出版社，2018.7（2021.7重印）
培训教材
ISBN 978-7-112-22465-4

Ⅰ.①房… Ⅱ.①中… Ⅲ.①房屋—安全管理—技术培训—教材②房屋—安全鉴定—技术培训—教材 Ⅳ.① TU746

中国版本图书馆 CIP 数据核字（2018）第 158619 号

　　本书是由全国一线鉴定专家总结多年工作实践经验，面对从事房屋鉴定行业专业技术人员，结合房屋鉴定工作的特点和要求，全面地阐述了房屋安全鉴定的理论、方法及操作技能，由浅入深，既突出了应知应会的理论及相关知识，又系统详细地介绍了各类房屋安全鉴定的程序、技术路线、规范选用及操作要点，为鉴定人员提供了房屋鉴定的基本方法和思路，指导房屋鉴定从业人员掌握专业技术知识，提高分析和解决实际问题的能力，有极强的应用性、指导性以及可操作性。

　　本书可作为房屋鉴定人员、土木工程施工人员、建筑工程监督监理人员、房地产开发技术管理人员、房屋加固维修人员、房屋管理人员的技术教科书和高校相关专业师生的参考书。

责任编辑：张　晶　牟琳琳
责任校对：刘梦然

房屋安全管理与鉴定（培训教材）
中国物业管理协会房屋安全鉴定委员会　编
＊
中国建筑工业出版社出版、发行（北京海淀三里河路9号）
各地新华书店、建筑书店经销
北京雅盈中佳图文设计公司制版
北京建筑工业印刷厂印刷
＊
开本：787×1092毫米　1/16　印张：33¾　字数：715千字
2018 年 8 月第一版　2021 年 7 月第三次印刷
定价：85.00元
ISBN 978-7-112-22465-4
　　（32339）

本书编写委员会

主编单位：中国物业管理协会房屋安全鉴定委员会

参编单位：全国房地产行业培训中心

北京市房屋安全管理事务中心

上海市房地产科学研究院（上海市房屋质量检测站）

天津市房屋安全鉴定检测中心

重庆市地质环境监测总站

杭州市房屋安全鉴定事务管理中心

南京市房屋安全管理处

济南市房屋安全检测鉴定中心

广州市房屋安全鉴定管理所

呼和浩特市房屋安全管理鉴定中心

国质（北京）建设工程检测鉴定中心

广东稳固检测鉴定有限公司

广州君雄房屋鉴定技术服务有限公司

广东智弘检测鉴定有限公司

广东建准检测技术有限公司

主　　编：许云龙　刘振庆

副 主 编：陈建明　陈　洋　陈社君　曾宪武　赵　亿　王与中　邓锦尚　费毕刚

李少先　杨　威　方　涛　范宝芬

参编人员：（按姓氏笔画排序）

于　鹏　万晓莉　王小许　王志芳　王康宁　叶　靓　任　斌　刘小红

刘忠诚　刘锡平　许利军　孙小曼　孙家伟　李占鸿　李毅锋　轩　元

肖亦文　吴　泓　吴灿彬　何小菱　张　然　张卓然　张超娴　张慧强

陈　东　陈　伟　陈　军　陈志强　陈高瞻　邵　立　周　云　周　俊

荣　耀　胡进秀　秦国秀　夏森炜　钱常川　高　二　高平平　郭苏杰

陶　进　黄才元　龚仁坤　常银生　崔　云　康　婧　彭　勇　蔡明亮

漆昌明　魏金科

房屋是人民生产生活的重要场所，也是重要的固定资产。房屋在长期使用过程中，在人类自然的因素作用下，不可避免会发生材料老化、结构损伤的情况，长年累积势必造成房屋性能的退化，影响房屋的正常使用和安全性能。为延长房屋使用寿命及满足安全使用的需求，需要对这类既有建筑进行鉴定，并根据鉴定结果加固、改造或拆除。这是房屋安全管理的有效手段之一，有助于节约资源、保护环境和可持续发展，符合建设节约型社会，实现建筑与社会、环境与人相互和谐绿色发展理念。因此，对存在性能缺陷或安全隐患的房屋进行维修改造，已成为我国房屋安全管理的重要组成部分。房屋安全鉴定可以准确查找房屋安全隐患、评估房屋安全等级、确定房屋危险程度，为房屋维修改造和隐患治理提供科学决策依据。由于房屋安全鉴定涉及人民的生命财产安全，工作技术要求高、责任风险大，鉴定机构需要具备相应的技术手段，鉴定人员也应具备足够的专业技术知识，熟知各类建筑规范、鉴定标准，具有查勘、检测、设计、施工、结构分析和鉴定等综合技术能力。

为适应房屋安全鉴定技术与管理发展趋势，进一步提升房屋安全鉴定行业的整体水平。中国物业管理协会房屋安全鉴定委员会，组织全国各地长期从事房屋安全鉴定工作且具有丰富实践经验的一线专家编写了《房屋安全管理与鉴定》一书。本书结合房屋安全鉴定工作的特点和要求，重点分析了我国房屋安全管理现状；归纳提出了房屋安全鉴定的理论、方法、程序；突出介绍了房屋安全鉴定技术思路和操作技能。本书对房屋安全管理、鉴定从业人员掌握专业技术知识，提高分析和解决实际问题的能力，更好地从事房屋安全鉴定工作，具有较强的针对性、实用性和指导性。

本书的编著出版，有利于房屋安全鉴定行业从业人员整体技术管理水平的提升，有利于房屋安全鉴定行业的长足健康发展，有利于房屋安全工作科学有序的管理。

衷心祝贺《房屋安全管理与鉴定》一书的出版发行，愿更多有志从事房屋安全鉴定的专业技术人员，在鉴定理论和实践中勇攀高峰，为房屋使用更安全作出新贡献！

沈建忠

2018 年 5 月

前言

　　《房屋安全管理与鉴定》系由中国物业管理协会房屋安全鉴定委员会召集全国各地长期从事房屋安全管理和鉴定工作且具有丰富实践经验的一线专家，面对海量的既有房屋现状，沿着房屋安全管理与房屋安全鉴定技能两个方向，结合了丰富的理论知识和实战经验，经过三年的齐心协力编写完成。

　　本书一方面系统地阐述了房屋安全管理的目的、意义，明确划分了房屋安全监督管理和房屋使用管理的职责，为房屋安全管理工作顺利开展起到了纲举目张的重要作用；另一方面充分采集了建筑结构设计、施工管理、建筑材料、结构检测以及查勘鉴定的丰富案例，为房屋鉴定人员的鉴定技能和行业的整体水平的提高起到了引领促进作用。

　　通过本书的编撰，希望能够帮助从事房屋安全管理和鉴定工作的专业人员在学习过程中进一步查找盲点，补充不足，进一步深刻理解建筑设计、施工、使用各个环节对既有房屋安全的影响，并能够正确理解各类规范，科学合理地使用各类仪器，客观准确地完成鉴定工作。同时也希望能够通过本书，激发读者对房屋安全管理和鉴定工作认知的兴趣，共同来关心行业的发展，共同来维护社会的安定和谐。

目录

1 房屋安全管理

房屋是人们生产、生活的重要场所，无论是家庭还是国家，房屋都是重要经济的资产。房屋与一般商品不同，除自用空间带有私密性以外，其上下左右由于共有、共用部分的结构连接形成相互依赖、相互依存的空间，并带有群居属性。房屋结构某一部分出现安全问题都会影响左邻右舍，所以房屋具备公共安全的特征，一旦发生房倒屋塌安全事故，必然对人民生命和财产造成巨大威胁和损失，并引发公共安全事件，影响社会稳定。所以房屋安全管理是一个社会问题，是城市公共安全的一个重要组成部分。

随着我国城市建设的快速发展，既有房屋的保有量逐年增加，住房制度改革后的房屋产权多元化，老旧房屋结构构件、设备设施的老化加剧，房屋使用过程中的违规行为等诸多因素导致了既有房屋损坏加剧和房屋倒塌事故的频繁发生。

因此房屋的所有人、使用人、管理人必须对房屋进行安全使用管理，房地产主管部门必须对房屋安全实施监督管理，确保房屋使用安全。

1.1 房屋安全概述

1.1.1 房屋安全事故典型案例介绍

1. 施工隐患引起的房屋倒塌（图1-1）

韩国首尔瑞草区三丰百货店为上部五层框架结构，是韩国曾经的标志性建筑。1989年下半年竣工，1990年7月7日开始营业。在建设过程中，将原设计4层公寓大楼方案改变为5层百货大楼，施工过程中又未全部按照新的设计要求施工。因使用功能需要，为腾出空间来安装自动扶梯，取消了部分承重柱。特别是大楼的空调设备（水冷式冷气机）均安装在屋顶上，3台大型冷气机注满水时，总重量高达87t，为设计标准荷载的4倍之多。

1995年6月29日上午发现屋顶产生裂缝，然后裂缝急剧扩大。后邀请土木工程专家现场查勘，专家认为，整幢建筑有垮塌的危险。但是商场管

图1-1

理层却没有下达关闭百货大楼或进行疏散人群的命令，而原因仅仅是因为当天的客流量非常大，管理层不想损失潜在的巨大收益。下午4时许，顶层构件开始破坏，冷气机掉在五层楼面上，并逐层破坏；5时许，封闭了四层；5时50分左右，工作人员拉响了警报，并开始疏散顾客；6点05分，整幢大楼几乎在瞬间倒塌，共造成502人死亡，937人受伤，财产损失高达2700亿韩元（约合2.16亿美元）。这是韩国历史上和平时期伤亡最严重的一起事故，也是世界上建筑倒塌和人员伤亡最严重的事故之一。

事故发生后调查发现，该工程施工过程中擅自修改设计，随意改变用途，明显加大荷载是导致房屋倒塌的主要原因。首尔市地区官员涉嫌在三丰百货大楼改动建筑的过程中未尽到职责，前瑞草区行政官和许多官员被指控玩忽职守而遭起诉并被判入狱。韩国政府在事后要求对全国的建筑开展严格的安全检查。

2. 洪水灾害影响引起的房屋倒塌（图1-2）

图 1-2

1997年7月8日至10日，浙江省常山县城遭受洪灾。城南小区51号楼为五层（不含底层自行车库）砖混结构住宅楼，建筑面积2476m²。该楼于1994年5月开工，同年12月竣工，1995年6月验收交付使用。受洪灾影响，城南小区积水严重，住宅楼±0.000以下基础砖墙处于水浸泡状态。由于基础砖强度低于MU7.5，砌筑砂浆强度等级低于M1.0，砖基础受水浸泡以后承载能力大幅度降低。

1997年7月12日上午9:30左右，房屋中间偏东处上部出现裂缝，紧接着裂缝迅速扩大，相互向中间倾倒，在数秒钟内全部倒塌，当时在楼内的39人被压在废墟中。经全力抢救，3人生还，36人死亡。直接经济损失达860万元。

经全面调查认定，常山"7·12"住宅楼倒塌特大事故是一起有关人员玩忽职守、工作严重失职和管理混乱造成建筑质量低劣引起的重大责任事故。造成这起事故的原因是多方面的，主要原因是该楼房工程质量低劣，特别是基础砖质量低劣和擅自改变设计，重要原因是基础砖墙长时间受积水浸泡。

事故发生后，相关单位共有8人被依法追究刑事责任，8人被行政撤职或记过处分。相关责任人员被依法追究刑事责任或受到行政处分。

3. 违反消防规定使用房屋导致意外事故发生（图1-3）

1994年12月8日，新疆维吾尔自治区克拉玛依市教育局组织学生在友谊馆进行演艺活动，克拉玛依市全市7所中学、8所小学的师生及有关领导共796人参加。在演出过程中，16时20分左右，舞台上方的7号光柱灯突然烤燃了附近的纱幕，接着引燃了大幕，顷刻间，电线短路，灯光熄灭，剧场内一片黑暗，火势迅速蔓延至大厅。教师们迅速组织学生们逃生，但馆内的 8 个安全疏散门仅有 1 个门是开着的，烈火、浓烟、毒气很快地夺去了一个又一个生命，惨剧造成了 325 人死亡，132 人受伤，死者中 288 人是学生，另外 37 人是老师、家长和其他人员。

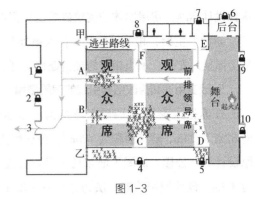

图 1-3

经调查，友谊馆的室内装修、舞台用品大部分采用易燃可燃材料，吊顶采用了五合板；座椅从外到里依次是化纤布、人造革、聚氨酯泡沫和麻袋片；舞台十三道幕布全部是化纤材料，化纤材料燃烧导致空气中弥漫着大量有毒气体。馆内的 8 个安全疏散门仅有 1 个门是开着的，在意外事故发生时无法组织人员迅速撤离疏散。经认定，克拉玛依"12·8"大火是一起有关人员玩忽职守、公共场所严重违反《中华人民共和国消防条例》的恶性特大火灾事件。

事故发生后，19 名玩忽职守者受到了党纪与国法的制裁。

4. 拆改承重墙体和工程质量缺陷引起的房屋倒塌（图 1-4）

宁波市江东区徐戎三村 2 号楼为六层砖混结构点式住宅楼，1990 年 6 月交付使用，建筑面积约 990m²。该楼每层 3 户，共有 18 户。2012 年 12 月 16 日中午 12 时 10 分，发生整体倒塌，事故造成 1 死 1 伤。

经过近一年的调查，调查组认定该事故为一起由墙体拆改和工程质量两方面原因综合因素导致的责任事故。

2 号住宅楼为纵横砖墙混合承重结构，居民楼擅自拆改承重墙体、违法搭建、改变房屋使用性质、改变房屋外立面的情况非常严重，几乎每一层都有拆改承重墙体的情况，尤以底层破墙开店最为严重。仅 103 室就有 5 处拆改，尤其是东侧外承重墙的严重拆改，导致部分墙体达到承载力极限状态。由于底层承重墙被严重拆改，导致底层部分墙体承载力严重不足，部分墙体稳定性不能满足要求。

事故发生后进行的材料检测结果表明，该房屋部分结构材料强度不足，砖抗压强度离散性较大，部分不满足设计指标要求。部分混凝土抗压强度未

图 1-4

达到设计标准，房屋墙体的砌筑砂浆抗压强度普遍较低，未达到设计要求。

事故发生后，相关单位及责任人被处分。103室业主违法拆改多处承重墙体，严重危害房屋使用安全，承担相应的经济赔偿责任，并被依法行政处罚。

5. 改变用途和拆改结构引起的房屋倒塌

江苏省 ×× 市某四层砌体结构房屋建于1978年，房屋坐北朝南，东西长19.54m，南北宽10.24m，建筑面积约700m²。该房屋为砖横墙承重，预应力混凝土多孔板楼、屋盖。原设计为办公楼，房屋平面布局未设置大通间，办公室、会议室开间为4m，楼梯间开间为3.3m。设计使用功能一层为办公室（图1-5），二、三、四层为办公室、会议室。1994年改变使用功能，一层为商业店铺（图1-6），二、三、四层改为旅馆。2007年二、三、四层改为仓库，主要堆放服饰。

2017年4月27日下午4时许，营业员发现底层墙体有鼓闪现象，随后经营者组织人员采取临时支撑措施，晚上9时40分许，临时支撑尚未完成，整幢房屋突然倒塌，加固人员逃出，倒塌尚未造成人员伤亡。

事故发生后，进行了现场调查，因房屋改变用途，使用人先后对房屋结构进行了多次拆改。如：①轴外横墙（长度10m）全部拆除，将底层楼梯间改为店铺；在②~③轴增加了通往二层的楼梯；②轴横墙（长度7.1m）仅保留了中间2900mm长的墙段；③轴横墙（长度7.1m）仅保留了中间600mm长的墙段；④轴横墙（长度7.1m）仅保留了中间800mm长的墙段；⑤轴横墙（长度7.1m）仅保留了南端2700mm长的墙段；⑥轴外横墙（长度8.6m）

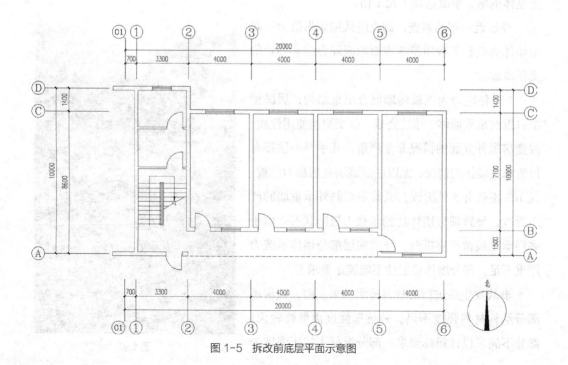

图1-5 拆改前底层平面示意图

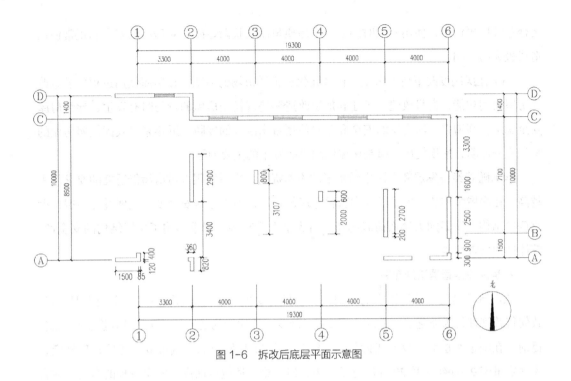

图 1-6　拆改后底层平面示意图

靠南端拆开 900mm 宽门洞，中间拆开 1600mm 宽门洞；C 轴南纵墙（长度 12m）全部拆除。底层拆除墙体面积超过 50%。拆墙改造时，虽局部采取了钢柱支撑，但已对房屋的整体牢固性造成了重大影响，埋下了重大安全隐患的定时炸弹。

房屋倒塌后挖开基础检查，基础砖墙无裂缝等损伤。抽取现场残留构件检测，砖强度等级达到 MU10，砌筑砂浆强度等级达到 M10，混凝土强度等级达到 C25。

事故调查专家组认定，房屋原结构满足安全要求。因房屋使用人大面积拆除底层墙体，严重影响了房屋墙体承载能力和房屋整体牢固性，拆改墙体是房屋倒塌的主要原因。

1.1.2　房屋安全管理的现状

1.房屋使用安全形势严峻

在我国庞大的既有房屋总量中，老旧房屋所占比例偏高，给房屋安全管理带来巨大的压力。

（1）建造于改革开放前的房屋，由于受当时经济条件的制约，房屋设计标准偏低，特别是抗震设防与现行标准要求悬殊更大；随着房屋使用年限的不断延长，房屋结构构件和设施设备逐渐老化；由于房屋维修养护不及时，失修失养严重；部分房屋早已达到设计年限，房屋安全问题日益凸显。

（2）改革开放后，新建房屋急剧增加，经历了边设计、边施工、边调整的增长期。这一段时间内建造的房屋普遍存在工程质量管理不到位等问题，偷工减料行为时有发生，烂尾楼包装后再使用，使用一段时间后，房屋质量缺陷日渐显露，对房屋的安全和正常使用造成极大的影响。

（3）住房制度改革后，房屋产权多元化和租赁市场的活跃，在房屋使用过程中随意改变房屋使用功能，盲目改建、扩建和加层改造等违规使用房屋的行为时有发生，导致房屋安全隐患日渐增多，给房屋的安全和正常使用带来巨大的威胁。近年来，我国倒塌房屋的案例充分证明，违规使用房屋是房屋倒塌事故发生的主要原因。

（4）随着经济发展和人民生活水平的不断提高，房屋使用人对房屋舒适度的要求越来越高，在房屋装饰装修方案设计中盲目考虑舒适度，而不考虑安全度。装修过程中擅自拆改房屋结构，明显加大楼面荷载的违规行为呈上升趋势，严重影响了房屋结构的安全性、整体性和抗震性能。

2. 房屋安全管理法规滞后

依法行政是建立法治国家的原则，我国目前缺少一套完整的既有房屋安全管理法规，致使行政管理行为缺乏强有力的法规支持，缺少对违法行为的刚性约束，没有强制性措施。目前，在国家级层面，仅有建设部 1989 年 11 月 21 日发布的《城市危险房屋管理规定》，该规定虽于 2004 年 7 月 20 日进行了修正，但已难以适应目前房屋安全管理的需要。在省级层面也缺少房屋安全管理的法规。目前部分省辖市结合当地实际，发布了房屋安全管理条例或制定了房屋安全管理规章，但由于缺少上位法的支持，难以突破目前管理过程中的瓶颈，如前置管理条件的设置、违法行为的处罚等，导致管理力度难以制止房屋使用的违法行为，也不足以警示违法人的违法行为。

3. 房屋安全管理机构不健全

由于缺少法律法规依据，既有房屋的安全管理缺少一套完整的保障体系和运行机制，一些城市房产行政主管部门未设置专职的房屋安全管理机构和管理人员，未能履行房屋安全管理职能，日常房屋安全管理处于失控状态。当出现房屋安全应急管理时，主要依靠当地房产行政主管部门设立的房屋安全鉴定机构来完成。由于房屋安全鉴定机构的主要职能是鉴定，人员编制也受到限制，故难以保证房屋安全管理的连续性和长效管理机制的建立。由于管理体系的不健全，不能及时地宣传贯彻国家、省、市有关房屋安全管理的法律、法规和规章，作好宣传引导工作，提高公众对房屋安全重要性的认识，在全社会形成关注房屋安全、共同监督和维护房屋安全的良好氛围；不能有效督促房屋所有权人、使用人自觉遵守房屋安全管理法律、法规、规章，规范房屋使用行为；不能有效制止房屋安全违法行为的发生。

4. 房屋管理人的安全管理意识不强

房屋所有权人是房屋安全管理的第一责任人，应当承担房屋安全日常管理的责任。房屋管理单位和物业服务企业应当根据职责要求和合同约定承担房屋安全日常管理的责任。由于缺乏完整的房屋安全管理和治理体系，整个社会缺乏安全、正确使用房屋的氛围，房屋所有权人没有正确使用房屋和及时对房屋进行维修养护的意识，擅自改变房屋用途、随意拆改结构的行为时有发生；物业服务企业房屋安全管理意识不强，当发现擅自拆改房屋结构行为发生时，有的不闻不问，有的劝阻不了的就任其自流，未尽到物业服务企业对房屋装修行为应尽的告知、制止、汇报的责任，不按合同约定履行好房屋安全管理的责任；房屋安全管理部门，对房屋安全管理重要性的认识不够，宣传、普及安全使用房屋常识的力度不够，房屋安全管理立法滞后，缺乏一套完整的管理体系，在房屋安全管理中未能发挥好房屋管理单位的主导作用。

1.1.3 房屋安全管理的重要性

（1）房屋安全关系民生，涉及城市公共安全，是城市公共安全的一个重要组成部分，必须由政府部门来管。因此，建立完善房屋安全管理保障和监管体系，对既有房屋进行切实有效的安全管理，对确保房屋使用安全，保护人民生命财产安全，维护社会稳定，促进经济发展显得尤为重要。

（2）我国作为人口大国，建筑业每年会消耗大量的资源，对生态环境会造成一定的影响。通过加强对既有房屋的安全管理，有效地延长房屋使用寿命，可减少资源的消耗，促进节能减排，对循环经济发展和人类社会可持续发展有着重要的意义。

（3）多年来受"重建设，轻管理"思想的影响，对建成投入使用的房屋维修管理未引起足够的重视，导致房屋安全事故时有发生，且房屋平均使用寿命大大低于设计年限，造成资源浪费。通过加强房屋安全管理，建立房屋安全管理长效机制，不断地发现问题，解决问题，从而保证房屋始终处于正常使用状态，房屋安全隐患处于可控状态，有效地减少房屋安全事故的发生。

（4）通过加强房屋安全管理，可有效制约随意改变房屋使用功能、擅自拆改房屋结构等违法使用房屋的行为，对保证公众权益和公共安全起到积极作用。

（5）我国有着深厚的文化底蕴，各种文化相知交错，相映生辉，建筑作为古文化载体之一，有着不可替代的历史文化效应。加强对古建筑的保护和安全管理，有利于古建筑群的保护，为后人留下宝贵的物质文化遗产财富。

1.2 房屋安全管理分类与职责

房屋安全管理是指采用制度与技术手段进行房屋的安全监督管理和房屋的安全使用管理，消除房屋安全事故隐患，控制房屋使用不安全行为，确保房屋的安全使用与维护的管理过程。

1.2.1 房屋安全管理分类

房屋安全管理分类的重要原则是：业主负责、政府督导、共同维护。主要包括：房屋安全监督管理、房屋安全使用管理两大部分。

1. 房屋安全监督管理

房屋安全监督管理是指房地产行政主管部门，对辖区内各类房屋在使用过程中影响安全的行为进行监督管理。其中包括：房屋完损普查、房屋安全检查的布置与抽查、突发事件的处置、危险房屋排危督修、危害房屋安全行为的查处、房屋安全鉴定管理、白蚁危害预防等监督管理工作。

房屋安全监督管理主要目的是要规范和引导各类性质的房屋产权人、房屋使用人、利益相关人，减少危害房屋的行为，促进房屋正确使用，督促对房屋的及时维护和保养。

2. 房屋安全使用管理

房屋安全使用管理是指房屋产权人、房屋使用人、利益相关人等在房屋使用过程中，为确保房屋安全进行的管理行为。其中包括：房屋安全隐患排查房屋的安全使用检查、房屋日常维护检查、房屋安全评估与鉴定、危险房屋的治理等工作。

1.2.2 房屋安全管理职责

1. 房屋安全监督管理主要责任

负责本辖区的房屋安全使用管理工作，制定与贯彻执行有关房屋安全管理的法规、政策和规定，监督房屋安全使用的违法行为。

（1）市级管理职责

市级房产行政主管部门作为全市既有房屋安全管理的行政主管部门，在全市房屋安全管理体系中处于核心地位，起着统筹协调和组织实施作用。

1）宣传贯彻国家、省有关房屋安全管理的法律、法规，制定地方房屋安全管理的政策和规定；

2）负责对全市房屋安全管理工作进行业务指导和监督、检查；组织全市的房屋安全普查和危旧房排查工作；开展全市房屋安全管理业务培训。

3）按照法律、法规和规章的有关规定，实施行政审批事项。

4）加强对房屋安全鉴定机构的管理，指导、监督、检查鉴定机构开展规范化建设工作。

5）加强对区（县、市）危险房屋排查、鉴定、治理工作的指导，督促、检查危险房屋的解危工作。

（2）区（县、市）级管理职责

区（县、市）房产行政主管部门作为辖区内房屋安全管理部门，在全市房屋安全管理体系中处于重要地位，起着落实责任和综合协调的作用。

1）根据全市房屋管理工作目标任务和重大部署活动，结合本辖区内房屋管理实际，将目标任务分解到所属相关部门和街道办事处（乡（镇）政府），落实责任，监督实施。

2）建立辖区内房屋使用安全管理网络，及时报送房屋安全管理工作相关数据信息；指导、协调街道、物业服务企业、自管房单位的房屋安全管理工作。

3）按照法律、法规和规章的有关规定，实施行政审批事项。

4）负责辖区内危险房屋排查、鉴定、治理的组织工作，监督、检查危险房屋的解危工作。

（3）街道办事处（乡（镇）政府）管理职责

街道办事处（乡（镇）政府）负责辖区内房屋安全管理工作的具体实施，在全市房屋安全管理体系中处于关键地位，起着工作推进和覆盖到底的作用。

1）开展房屋安全使用知识普及宣传，落实房屋管理工作目标任务。

2）建立辖区内房屋使用安全管理网络，健全房屋安全管理工作台账，做好房屋安全管理工作相关数据的统计上报工作。

3）负责辖区内危险房屋排查、鉴定、治理的组织工作，监督、检查危险房屋的解危工作。

4）及时调解处理涉及房屋安全的群访事件，指导社区居委会（村委会）、物业服务企业和自管房单位、私房开展房屋安全管理工作。

（4）社区居委会（村委会）管理职责

社区居委会（村委会）是房屋安全管理工作的基础和工作落脚点，在全市房屋管理体系中处于承上启下地位，起着具体组织和基础保证作用。要构建社区居委会（村委会）、物业服务企业、自管房单位互为一体、互相保障的"三位一体"机制，建立房屋使用安全管理网络，落实房屋安全管理员，充分发挥三者在房屋安全管理一线的重要作用，把发生和出现的房屋安全隐患和矛盾纠纷及时在基层解决。

2. 房屋安全使用管理主要责任

（1）房屋所有权人

房屋所有权人是房屋使用安全责任人。房屋产权人对房屋享有占有、使用、收益和处分的权利，同时对房屋的维护、保养及安全负有直接责任。房屋所有权人下落不明或者房屋权属不清晰的，实际占有人是安全责任人。

1）应当依法使用房屋，定期检查，及时修缮，保证房屋结构的安全性、整体性和抗震性能。

2）发现安全隐患或险情，应及时委托鉴定和治理，并做好排险解危工作。受灾后，应及时委托鉴定和治理，保证住用安全。

3）经鉴定为危险房屋的，不得出租、出借或作他用。暂时治理有困难的，应立即采取临时处置措施。

4）出租房屋的，应与承租人书面约定安全责任，并监督其执行。

安全责任人应当对房屋的安全使用、检查维护、安全评估与鉴定、安全问题治理等承担责任，保证房屋的安全性、适用性、耐久性。

（2）房屋使用人

房屋使用人应当合理使用房屋，并进行日常查看，发现使用安全问题时应向安全责任人、管理人报告。

1）应当依法使用房屋，承担与出租人书面约定的安全责任和义务。

2）应当合理使用房屋，并进行日常检查，发现安全隐患或险情，应及时告知房屋所有权人。

3）改变房屋用途或结构的，必须事先征得房屋所有权人同意。

4）因不当行为造成房屋损坏和危险，应承担赔偿责任。阻碍房屋所有权人采取排险解危措施而发生安全事故的，应承担相应的法律责任。

（3）房屋管理人

房屋管理人是对房屋使用安全承担管理责任的自然人、法人或者其他组织。自行管理的房屋，安全责任人是管理人。委托管理的房屋，受托人是管理人。

房屋管理人应按合同约定履行房屋使用安全管理的责任，加强对房屋的日常管理，及时对房屋进行正常检查维护，对于检查中发现的房屋使用安全问题应及时向房屋所有权人和有关行政主管部门报告，对违规使用房屋影响使用安全的行为应及时进行制止、报告，并定期开展房屋建筑使用安全宣传活动。

1）物业服务企业的责任

①接收房地产开发企业或前一届物业移交的物业管理区的房屋建筑、结构及水电等全套图纸资料，建立物业管理区内的房屋安全档案和房屋安全管理工作台账。

②负责物业管理小区内房屋使用安全知识宣传，将房屋使用中的禁止行为和注意事项书面告知业主或使用人；做好小区内房屋使用安全日常巡查和检查工作。

③负责受理小区业主房屋装修申报登记，并进行现场查勘，对装修中涉及拆改房屋结构的，应告知并督促业主委托房屋安全鉴定机构进行可行性评估，并按规定申请办理行政许可手续。发现在装修过程中擅自拆改房屋结构的，应及时制止，对制止不听的要及时向所在街道办事处（乡（镇）政府）、区（县、市）房产行政主管部门报告。

④积极配合上级部门做好房屋安全普查和危旧房排查等工作。

2）自管房单位的责任

①负责对所管房屋的安全管理工作，加强对房屋及其附属设施的日常检查和维修，建立房屋安全档案和房屋安全管理工作台账。按规定实施对所管房屋的安全普查和安全

巡查工作。

②对涉及拆改房屋结构的，需委托房屋安全鉴定机构进行可行性评估，并按规定申请办理行政许可手续。

③对遭受自然灾害、人为损坏、周边施工影响、无报建手续已投入使用以及超过设计使用年限的房屋应当及时委托房屋安全鉴定机构进行鉴定。

④当房屋出现险情时，应当积极采取解危措施，确保房屋安全使用；当房屋出现重大险情，除及时采取有效应急措施外，要及时向所在地房屋安全管理部门汇报。

1.2.3　房屋安全管理的作用

房屋安全管理对房屋的正确使用，保证人身安全及合法权益有着重要作用，主要体现在以下几点：

1. 延长房屋的使用寿命

房屋建设过程中会消耗大量的资源，资源不可再生，在强调可持续发展和循环经济的时代，延长房屋使用寿命就是对资源的最大节约。生命周期延长一倍，就等于资源节约了一倍。延长房屋的使用寿命，除了合理设计、严格施工外，在使用过程中加强对房屋安全管理，及时检查、维护保养，使结构受力构件部位始终处于良好的工作状态，使房屋的使用寿命得以延长。

2. 减少房屋危害的发生

房屋投入使用后，有形、无形的损伤无时不在发生，当维修不及时或维护不当时，房屋的可靠性就会迅速降低，使用寿命大幅度缩短。

多年来受"重建设，轻管理"思想的影响，对建成房屋的定期检查和维护工作还未引起足够的重视，往往是房屋功能明显损耗或损坏严重或房屋发生灾害时才想起房屋检查。房屋安全管理就是要对房屋进行定期检查、维护维修，不断地发现问题、解决问题，保证房屋各部分处于正常、安全状态，减少房屋危害的发生。

3. 不断发现房屋安全隐患

房屋安全隐患会在房屋使用过程中暴露出来，经常性的房屋安全检查和房屋安全鉴定，使房屋安全隐患无处可藏。房屋安全管理就是要及时发现房屋安全隐患，及时维修，建立房屋档案，让房屋安全隐患处于可控状态。

4. 约束房屋使用违法行为

房屋安全管理是监督、约束房屋使用违法行为的屏障。房屋使用违法行为多表现为对房屋结构的拆、改、扩、增加荷载。有其多层以上的房屋，产权人、使用人的使用空间为局部，违法行为会危及房屋安全，损害公众权益。房屋安全管理工作的很大比重就是监督、约束房屋使用中的违法行为。

5.使房屋保值增值

房屋安全管理水平直接影响房屋的住用性能。房屋安全管理可以改善住用条件与质量，可以确保房屋的使用价值、增加房屋的经济价值和社会价值。因此，房屋安全管理可以使房屋保值增值。

1.3　房屋安全隐患排查

房屋安全隐患排查指房地产行政主管部门、物业服务企业、房屋所有权人或使用人在规定时间内，按照各自职责对房屋的安全状况进行全面检查的活动。

房屋安全检查是确保房屋使用正常、延长房屋使用寿命，加强房屋安全管理的一个重要环节，也是房屋养护和修缮的重要依据。房屋是长期耐用消费品，由于自然损坏、人为损坏和使用年代的增长，房屋结构各部分构件的强度会逐渐削弱，有些构件损坏到一定程度，或者达到了使用年限，就会产生危险，如不及时修理或加固，就会发生构件坠落或塌屋伤人事故。因此，房屋安全隐患排查，就成为房屋安全管理的一项经常性任务。要使房屋保持完好，就必须经常进行安全隐患排查工作，以便及时发现房屋安全隐患，通过维修加固等手段及时解除危险，避免发生房屋倒塌事故。

1.3.1　房屋的日常检查

房屋的日常检查是房屋所有权人、房屋使用人应做好工作，当发现房屋出现异常情况的，应采取临时应急措施进行处置，并委托房屋鉴定机构进行安全性鉴定。物业服务企业、自管房单位要做好房屋安全管理的日常巡查工作，发现房屋出现异常情况的，要立即查清原因，采取有效措施，消除房屋安全隐患。当发现重大安全隐患的，应及时向相关管理部门汇报，并采取应急措施。通过房屋的日常检查，可以及时发现问题，把房屋安全隐患消灭在萌芽状态。

1.3.2　房屋的定期检查

（1）对失修失养,破损严重的房屋应进行定期检查。定期检查由房屋安全管理者组织，每年至少检查一次，对检查中发现的问题应及时采取相应措施。

（2）对严重损坏房和危险房应建立挂牌监管制度，进行定期检查。定期检查由房屋安全监管责任人负责，每季检查应不少于一次，并做好检查台账。房屋安全管理者应定期检查房屋监管落实情况，通过定期检查，使在册严重损坏房和危险房屋始终处于可控状态。

（3）对因通过采取有效措施消除安全隐患的，或因房屋自然老化破损的，或通过正常维修而改变房屋完损状况的，应通过定期检查重新进行房屋完损等级评定，并根据新的评定等级更新房屋安全管理档案。

1.3.3　房屋的季节性检查

房屋的季节性检查是根据当地气候特征进行的机动性检查。根据灾情预警，当地房产行政主管部门应及时布置检查工作，对建在山坡、山脚、江边、海滨的房屋以及严重损坏房、存在安全隐患的房屋、尚未解危的房屋和学校等人流密度大的房屋进行重点检查。在雨季、风季、冰雪季以及台风、暴雨、大雪等恶劣气候条件发生时，要做好事前排查、事中巡查和事后核查工作。通过房屋的季节性检查，及时掌握恶劣气候对房屋使用安全的影响，采取应急措施，最大限度地减少灾害损失，对存在着重大安全隐患的房屋要及时撤出人员，避免塌房伤人事故的发生。

1.3.4　房屋安全普查

1. 房屋安全普查的目的

房屋安全普查是根据当地人民政府的统一部署，由房产行政主管部门组织对辖区内所有房屋的安全状况进行逐栋逐间地全面检查评价，普查周期为3~5年。通过普查，全面掌握房屋的完损状况，确定房屋的完损等级，制定合理的房屋保养和维修计划。

2. 房屋安全普查的依据

（1）工作依据。房屋安全普查工作应根据当地人民政府的统一部署，在房产行政主管部门组织下，按照普查文件的规定实施房屋安全普查工作。

（2）普查的技术标准。可采用住建部颁发的《房屋完损等级评定标准》、《危险房屋鉴定标准》以及相关的技术标准。

3. 房屋安全普查的组织

（1）房产行政主管部门应在当地政府的统一安排下，做好房屋安全普查工作。街道办事处（乡（镇）政府）具体组织实施房屋安全普查工作，组织房屋所有权人、使用人、管理人按照各自责任对房屋的安全状况进行全面的检查评价。

（2）房屋安全普查可分为若干个小组，每个小组由3~5人组成，小组成员主要有所有权人、管理人和专业技术人员等。

4. 房屋安全普查的内容、方法

（1）房屋安全普查的内容

房屋安全普查应对房屋基础信息进行调查。基础信息调查主要包括房屋建筑年代、结构形式、用途、面积和是否改变使用功能、明显增加荷载、主体结构拆改、增层搭建、维

修加固、拆除与翻建等相关情况。

房屋安全普查应对房屋结构、装修和设备三大部分进行全面现场查勘。

1）结构部分：基础、承重构件（板、梁、柱、墙、屋架、楼梯、阳台）、非承重墙、楼地面、屋面。

2）装修部分：门窗、外抹灰、内抹灰、顶棚、细木装修。

3）设备部分：水卫、电照、暖气、特种设备（消防栓、避雷装置等）。

（2）**房屋安全普查的方法**

房屋安全普查分为内业和外业两个阶段。

内业阶段：

1）收集普查房屋的基础资料（房屋所有权人、地址、面积、建筑年代、结构形式等），制作打印分户现场查勘记录表，做好外业的准备工作。

2）外业工作结束后，对外业工作成果进行整理，依据相关标准进行房屋完损等级评定，分类填报房屋完损等级评定统计表。对严重损坏房和危险房屋应单独编制清册，报送相关部门。

外业阶段：

1）外业阶段进行现场查勘时，可按先室外（包括地下设施、相邻房屋的关系）后室内，先下层后上层的顺序，按地基基础、墙、柱、梁、板、屋架、屋面以及装修和设备等进行逐层逐间逐项检查，详细填写分户现场查勘记录表。

2）现场查勘时应绘制房屋平面图，房屋的重点损坏部位应详细记录，并绘制示意图或拍摄照片。检查人应认真核对分户现场查勘记录表，并签字确认。

5. 房屋完损等级分类

房屋完损等级根据房屋完好及损伤程度分为以下五类：

（1）完好房；

（2）基本完好房；

（3）一般损坏房；

（4）严重损坏房；

（5）危险房。

6. 房屋安全普查成果的应用

（1）通过房屋安全普查发现的安全隐患，要明确治理责任，及时采取解危措施，消除房屋安全隐患。

（2）通过房屋安全普查发现房屋严重失修失养的，应落实房屋修缮责任，编制合理的房屋保养和维修计划，通过正常的维修养护，确保房屋的正常使用，合理延长房屋使用寿命。

（3）通过房屋安全普查全面掌握房屋完损状况，根据普查成果建立房屋安全管理档案，为房屋安全动态管理打好基础。

1.4 危险房屋的监管和治理

1.4.1 危险房屋监管

（1）危险房屋监管遵循"房产行政主管部门业务指导，区（县、市）政府组织，街道办事处（乡（镇）政府）具体实施"的原则，实行属地管理。各级房产行政主管部门要加强对危险房屋监管工作的指导。

（2）危险房屋监管应以栋为单位，逐栋编制监管方案。建立以房屋安全管理部门责任人、街道办事处（乡（镇）政府）责任人、社区房屋安全监管员、技术服务单位责任人组成的危险房屋动态监管工作体系，定期采集和报送危险房屋监测情况。危险房屋监管工作要做到有警示牌，有责任人，有工作经费，有监管记录，有针对突发事件的预案。

（3）对经鉴定确认进行观察使用的危险房屋要编制观察使用监管方案，落实监管责任人；对进行处理使用的危险房屋要及时采取有效解危措施，落实解危主体，及时排除隐患；对暂时不便拆除，但不危及相邻建筑和影响他人安全需停止使用的危险房屋，应及时撤出人员，并设置明显的警示标志，采取有效的封闭措施，防止次生灾害的发生；对整体拆除的危险房屋，应立即撤出人员，拆除危险房屋。

1.4.2 危险房屋的治理

（1）各级房产行政主管部门要积极推进危险房屋治理工作。街道办事处（乡（镇）政府）对排查出来的疑似危险房屋要组织复查认定，危险房屋的认定可采用组织专家组评价认定或启动鉴定程序认定的方式。对确认的危险房屋要明确解危主体，制定解危方案，排出解危时间表，落实解危资金。

（2）房屋所有权人是危险房屋解危的主体，应切实履行危险房屋解危的责任。

（3）各级政府要建立危险房屋治理救助制度，设立房屋安全救助专项资金，用于对特殊困难群体及涉及公共安全房屋的鉴定和危险房屋治理的适当补助。

（4）危险房屋的治理可根据房屋安全鉴定结论和处理建议进行。危险房屋解危可结合房屋实际情况，通过采用更换危险构件、对危险构件补强加固、房屋整体加固、翻改建等多种方式进行，消除房屋安全隐患。对危旧房相对集中的区域，可优先纳入旧城改造计划或棚户区改造范围，通过拆除方式消除危险房屋。

1.5 房屋突发事件的应急管理

房屋突发事件的应急管理应当在当地政府的统一领导下进行。各级政府应当编制房屋安全突出事件应急预案，完善房屋安全应急抢险的组织体系和工作机制。当房屋安全突发事件发生时，应立即启动应急预案，进行应急保障和抢险救援。

应急管理是指政府及其他公共机构在突发事件的事前预防、事发应对、事中处置和善后恢复过程中，通过建立必要的应对机制，采取一系列必要措施，应用科学、技术与管理等手段，保障公众生命和财产安全，促进社会和谐稳定发展的有关活动。

1.5.1 应急管理的内容

应急管理工作内容概括起来叫作"一案三制"。"一案"是指应急预案；"三制"是指应急工作的管理体制、运行机制和法制。

1. 应急预案

应急预案就是根据发生和可能发生的突发事件，事先研究制订的应对计划和方案。应急预案包括各级政府总体预案、房产行政主管部门专项预案、基层单位的预案和大型活动的单项预案。

建立健全和完善应急预案体系，就是要建立"纵向到底，横向到边"的预案体系。所谓"纵"就是按垂直管理的要求，从市、区（县、市）、街道（乡、镇）各级政府和基层单位都要制订应急预案，不可断层；所谓"横"就是与房屋安全突发事件相关的工作都要有部门管，都要制订专项预案和部门预案，不可或缺。相关预案之间要做到互相衔接，逐级细化。预案的层级越低，各项规定就要越明确、越具体，避免出现"上下一般粗"现象，防止照搬照套。

2. 应急管理体制

建立健全和完善应急管理体制。建立健全以当地党委、政府为主、有关部门协调配合的集中统一、坚强有力的组织指挥机构，建立健全应急处置的专业队伍、专家队伍。必须充分发挥人民解放军、武警和预备役民兵在应急处置中的重要作用。

3. 应急运行机制

建立健全和完善应急运行机制。主要是要建立健全监测预警机制、信息报告机制、应急决策和协调机制、分级负责和响应机制、公众的沟通与动员机制、资源的配置与征用机制、奖惩机制和城乡社区管理机制等。

4. 应急法制

建立健全和完善应急法制。主要是加强应急管理的法制化建设，把整个应急管理工作建设纳入法制和制度的轨道，按照有关的法律法规来建立健全预案，依法行政，依法实施应急处置工作，要把法治精神贯穿于应急管理工作的全过程。

1.5.2　应急的启动与结束

1. 应急响应

当发生房屋安全突发事件时，各级领导应在第一时间赶赴现场，并按规定程序和授权范围启动房屋安全突发事件应急预案，成立房屋安全应急指挥部和组建现场指挥部，果断处置房屋安全突发事件。

2. 先期处置

发生房屋安全突发事件时，无论级别高低、规模大小、损伤轻重，当地政府应迅速调集力量，尽快判明事故性质和危害程度，及时采取相应处置措施，全力控制事态发展，减少生命、财产损失和社会影响，并及时向上级报告。

事发地政府应在第一时间采取措施，控制事态发展，按本级预案对房屋安全突发事件进行先期处置，防止次生衍生事故发生。

3. 基本应急

发生房屋安全突发事件后，应积极开展抢险救助、医疗救护、卫生防疫、交通管制、现场监控、人员疏散、安全防护、社会动员等基本应急工作。

4. 扩大应急

当房屋安全突发事件造成的危害程度十分严重、超出自身控制能力范围，基本应急程序难以有效控制事态时，应立即转入扩大应急状态。扩大应急应在政府统一领导下，扩大抢险救灾资源使用、征用、调用的范围和数量，必要时依法动用一切可以动用的资源。

5. 应急结束

房屋安全突发事件应急处置工作结束后，依据法定程序，宣布解除灾情，终止应急状态，转入正常秩序。

1.5.3　房屋安全突发事件应急预案的编制

1. 应急预案的编制依据和编制目的

根据《中华人民共和国突发事件应对法》、《国家突发公共事件总体应急预案》、《城市危险房屋管理规定》（建设部令第 129 号修正）以及当地有关法律、法规、规章及有关规定，结合当地房屋安全管理实际编制应急预案。

编制应急预案是为了加强房屋安全突发事件应急管理工作，健全完善房屋安全突发事件应急指挥系统、应急响应机制，规范、高效开展房屋安全突发事件应急处置工作，最大限度减少事故损失，保障人民群众生命和财产安全，促进社会和谐稳定发展。

2. 应急预案的编制原则

应急预案的编制以宪法为依据、以突发事件应对法为核心、以相关法律法规为配套的应急管理法律体系，使应急工作可以做到有章可循、有法可依。

（1）以人为本，减少危害

应急预案的编制要体现以人为本，减少危害的原则。将切实履行政府的社会管理和公共服务职能，把保障公众生命财产安全作为首要任务，最大程度地减少房屋安全突发事件造成的人员伤亡和危害作为立足点。

（2）居安思危，预防为主

应急预案的编制要体现居安思危，预防为主的原则。高度重视公共安全工作，常抓不懈，防患于未然。增强忧患意识，坚持预防与应急相结合，常态与非常态相结合，做好应对突发公共事件的各项准备工作。

（3）统一领导，分级负责

应急预案的编制要体现统一领导，分级负责的原则。在党委、政府的统一领导下，建立健全分类管理、分级负责、条块结合、属地管理为主的应急管理体制，充分发挥专业应急指挥机构的作用。

（4）依法规范，加强管理

应急预案的编制要体现依法规范，加强管理的原则。依据有关法律和行政法规，加强应急管理，维护公众的合法权益，使处置房屋安全突发事件的工作规范化、制度化、法制化。

（5）快速反应，协同应对

应急预案的编制要体现快速反应，协同应对的原则。加强以属地管理为主的应急处置队伍建设，建立联动协调制度，形成统一指挥、反应灵敏、功能齐全、协调有序、运转高效的应急管理机制。

（6）依靠科技，提高素质

应急预案的编制要体现依靠科技，提高素质的原则。采用先进的监测、预测、预警、预防和应急处置技术及设施，充分发挥专家队伍和专业人员的作用，提高应对房屋安全突发事件的科技水平和指挥能力，避免发生次生、衍生事件。

3. 应急预案的基本要素

应急预案的基本要素：突发事件报案信息；事件基本信息；事件上报流程图；成员单位及职责；应急通信录；专家资源；救援队伍；事件处置进展以及下一步相关措施等内容。

4. 应急预案的应急保障措施

（1）信息与通信保障

建立房屋预警预报和信息联络体系，确保房屋安全突发事件应急处置期间的信息畅通。

（2）应急救援队伍保障

公安、消防、交通、医疗急救等救援队伍是第一响应的抢险救援队伍，应第一时间赶赴事故现场，减少房屋安全突发事件造成的损失，避免次生、衍生和耦合事故的发生。

（3）应急救援装备和物资

各单位应按应急处置要求，做好有关物资保障工作。应配备应急装备和物资，加强装备和物资的日常管理和维护保养。

（4）交通运输保障

根据实际情况，开设应急救援"绿色通道"，为应急处置工作提供快速顺畅通道。

（5）医疗卫生保障

根据房屋安全突发事件对人员的伤害情况，组建应急救援医疗卫生队伍，第一时间赶赴现场，为房屋安全突发事件受伤人员进行抢救和医疗保障。

（6）治安保障

由公安部门牵头做好房屋安全突发事件应急处置过程中的治安保障工作。

（7）资金保障

市、区（县、市）和各相关部门要落实应急处置所需资金，保证房屋安全突发事件应急处置工作顺利进行。

（8）技术保障

房产行政主管部门牵头组建专家组，为应急处置提供技术咨询服务保障。

1.5.4　房屋安全突发事件处置的原则

1. 以人为本的原则

处置房屋安全突发事件应把保障公众生命安全作为首要任务。凡是可能造成人员伤亡的要及时疏散人员；突发事件发生后，要优先开展抢救人员的紧急行动；要加强抢险救援人员的安全防护，最大程度地避免和减少突发事件造成的人员伤亡和危害。

2. 损益合理的原则

处置房屋安全突发事件所采取的措施应该与突发事件造成的社会危害的性质、程度、范围和阶段相适应；处置突发事件有多种措施可供选择的，应选择对公众利益损害较小的措施；对公众权利与自由的限制，不应超出控制和消除突发事件造成的危害所必要的限度，并应对公众的合法利益所造成的损失给予适当的补偿。

3. 分级负责的原则

处置房屋安全突发事件应在各级政府领导下进行，建立健全分类管理、分级负责、条块结合、属地管理为主的应急管理体制。根据突发事件的严重性、可控性和所需动用的资源、影响范围等因素，启动相应的应急预案，形成统一指挥、反应灵敏、功能齐全、协调有序、运转高效的应急管理机制。

4. 坚持依法行政的原则

处置房屋安全突发事件应坚持依法行政的原则，妥善处理应急措施和常规管理的关系，合理把握非常措施的运用范围和实施力度，使应对突发事件的工作规范化、制度化、法制化。

5. 责权一致的原则

处置房屋安全突发事件应坚持责权一致的原则，实行应急处置工作各级行政领导责任制，依法保障责任单位、责任人员按照有关法律法规和规章以及预案的规定行使权力；在必须立即采取应急处置措施的紧急情况下，有关责任单位、责任人员应视情况临机决断，控制事态发展；对不作为、延误时机、组织不力等失职、渎职行为依法追究责任。

1.5.5 突发事件应急预案的培训教育和演练

1. 应急培训教育

加强对房屋安全突发事件的应急处置宣传工作，利用多种途径，多层次、多方位宣传应急法律、法规和预防、避险、自救、互救、减灾等知识和技能，并有组织、有计划地为公民提供防灾减灾知识和技能培训。提高公众防灾减灾意识和自救互救能力。

各级、各有关部门应当按照房屋安全突发事件应急预案定期组织开展本行政区域、本部门、本系统有关人员的专业培训，熟悉本级应急预案的工作内容和要求，做好实施应急预案的各项准备工作。

2. 应急预案演练

市、区（县、市）应当按照房屋安全突发事件应急预案定期组织应急演练，每年演练不得少于1次。

演练要从实战角度出发，切实提高应急救援能力。对应急演练过程中发现的问题要及时进行预案的修订，确保应急预案切实可行。

1.6 房屋安全鉴定管理

房屋安全鉴定管理主要包括鉴定机构的管理和鉴定人员的管理两个方面。由于房屋安全鉴定属于专业技术含量比较高的行业，公平性、公正性和专业性越来越受到社会的重视，2004年建设部令第129号令修正对房屋安全鉴定机构的设置有明确规定，鉴定机构必须具有独立的法人资格，并对鉴定行为承担相应的民事和行政责任。

民事责任是要求鉴定机构必须按照国家有关规范、技术标准，充分发挥专业技术水平，公正公平地出具鉴定报告，并承担因鉴定失误引起的后果。

行政责任是要求鉴定机构接到鉴定委托后必须及时开展鉴定工作，并承担因鉴定工作不及时引起的后果。

1.6.1 房屋鉴定机构管理的现状

1. 对事业单位性质的鉴定机构的管理

根据《城市危险房屋管理规定》(建设部 129 号令修正)，国家建设部负责全国的城市危险房屋管理工作，县级以上人民政府房产行政主管部门负责本辖区的城市危险房屋管理工作。从 1989 年开始，根据《城市危险房屋管理规定》，各地房产行政主管部门相继设立了房屋安全鉴定机构，承担所在地区的城市危险房屋鉴定工作，鉴定机构在所在地区具有唯一性。随着住房制度的改革，房地产市场化，房屋作为私人不动产，具备了居住使用和投资保值的双重价值。房屋鉴定业务范围也从单一的危险房屋鉴定发展为多元化、复杂化、需求化、个性化的鉴定。鉴定机构属于事业单位性质，事业单位登记管理局负责鉴定机构的登记管理；房产行政主管部门负责鉴定工作管理。房屋鉴定业务尚未放开，目前已停止鉴定收费。

2. 对鉴定业务放开地区的鉴定机构管理

随着社会需求的变化和市场化的需求，部分地区放开了房屋安全鉴定市场，对房屋鉴定机构实行准入制或备案制管理。工商部门负责鉴定机构的登记管理；房产行政主管部门负责鉴定机构的准入或备案管理；行业协会负责对鉴定人员的培训和鉴定机构的行业自律管理工作。目前，实行准入制或备案制管理的主要为一些大城市，管理模式因地而宜，尚不完全相同，各地在积极的探索和完善之中。

3. 对鉴定业务尚未管理的地区

部分尚未对房屋鉴定机构实行管理的地区，无明确的管理部门，或虽有部门但无管理人员和管理办法。进入该地区开展鉴定业务的单位有科研院校、设计单位、检测机构等。由于缺少有效的管理，鉴定市场秩序混乱，恶性竞争激烈，虚假鉴定报告时有出现，导致房屋鉴定的公信力受到社会质疑。

1.6.2 对房屋鉴定机构的管理

1. 实行鉴定机构准入制或备案制管理

2012 年财政部、国家发改委《关于公布取消和免征部分行政事业性收费的通知》(财综〔2012〕97 号)，取消了作为行政事业收费的城市房屋安全鉴定费项目。取消鉴定收费以后，全国大量的现有房产行政主管部门设立的鉴定机构面临着生存和发展的问题。放开房屋鉴定市场，房屋鉴定走向市场化是一个必然的趋势。由于房屋鉴定涉及公众利益和公共安全，如果没有一个有序的市场，必然会造成鉴定的混乱。尽快建立和培育良性发展的鉴定市场，促进鉴定行业的健康发展，加强对鉴定机构的监督管理是房产行政主管部门的一项紧迫任务。

实行准入制或备案制管理的核心就是对鉴定机构和鉴定人员的能力进行动态管理，做到能进能出，保证具有社会责任感和具有一定技术实力的鉴定机构成为鉴定市场的主流，提高房屋鉴定的技术水平。实行鉴定机构的有效管理也是转变政府职能，建立服务型政府的内在要求。

实行准入制或备案制管理的，房产行政主管部门应将符合条件的房屋鉴定机构向社会公布，并实行动态管理。房屋鉴定委托人应从公布的房屋鉴定机构名录中选择鉴定机构进行房屋鉴定。

2. 加强房屋鉴定机构的规范化建设

（1）建立健全日常工作管理制度

鉴定机构要强化基础工作建设，建立健全各项管理制度，做到制度管人管事，工作标准有据可依，保证鉴定工作有序正常开展。

（2）加强内部技术管理

制定房屋鉴定技术管理规定，完善内控制度是鉴定机构的重要基础工作。通过加强技术标准管理，确保鉴定过程中采用的鉴定标准、技术规范、规程有效合法；通过加强程序管理，确保鉴定的每个环节处于可控状态；通过加强对鉴定人员的管理、确保鉴定人员在鉴定活动中自觉遵守执业纪律，严格执行技术标准，确保鉴定结论的客观、公正、准确，将鉴定风险降到最低。

（3）加强鉴定质量的考核评价

鉴定机构应建立房屋鉴定工作质量评价体系，制定鉴定工作质量考核办法，加强内部质量考核评价，实现鉴定工作的有效管理。

鉴定报告质量评价作为内部质量管理的一个重要环节，应定期进行。质量评价可以采用鉴定人自评、鉴定项目组互评、鉴定机构抽评等多种形式进行。质量评价的重点包括鉴定报告的规范性、客观性，鉴定结论的准确性、公正性，处理建议的针对性、可行性和鉴定材料归档的及时性、完整性。鉴定机构通过定期组织对鉴定报告进行质量评价，对发现因内部制度或程序上存在缺陷而产生的问题，应及时对内控标准和程序进行修订。

（4）加强房屋鉴定档案管理

1）鉴定材料的归档

鉴定机构完成鉴定项目后，应按档案管理规定将鉴定文书以及在鉴定过程中形成的相关材料整理立卷，归档保管。归档材料应能客观、正确、完整、全面地反映鉴定工作的全过程。

归档材料包括鉴定文书正本、鉴定文书签发稿、委托书或合同、原始记录、照片、检测报告、讨论记录、专家咨询意见等。归档材料按一鉴一卷装订成册，归档材料较多的，可以一鉴数卷装订成册。

2）鉴定档案管理

鉴定档案应存放在专门档案库房，由专职人员管理，非专职工作人员不得随便进入档案库房。鉴定档案管理人员必须严格遵守保密纪律，认真执行档案材料的接收、移交、管理、借阅制度，不得丢失、泄密。未经批准不得借阅和复印鉴定归档材料。因工作需要查阅鉴定档案的，应按内部管理规定办理，在查阅过程中，不得任意拆散、撕毁档案材料，复印时不得改变原件内容。

1.6.3 对房屋鉴定人的管理

房屋安全鉴定工作具有社会性和技术性两重属性，公平性、公正性越来越受到社会关注，鉴定结果往往容易引起争议，特别是一些社会影响大的项目，往往成为社会关注的热点和焦点。因此，对鉴定人员的职业道德和专业技能要求也越来越高，对鉴定人的管理也就显得尤为重要。

1. 加强对鉴定人职业道德与执业纪律教育

鉴定机构应加强对房屋鉴定人的职业道德与执业纪律教育，建立鉴定人诚信档案，增强鉴定人的社会责任感。鉴定人在鉴定活动中应严格遵守职业道德和执业纪律，做到诚实守信，为社会提供高效、优质、满意的服务。

（1）鉴定人应遵守的职业道德：

1）坚持为社会主义经济建设服务，为维护社会稳定和谐服务，为维护当事人合法权益服务。

2）严格遵守国家法律、法规、规章，坚持以事实为依据，遵循科学、公正、客观、严谨的工作原则，忠于职守，尽职尽责，珍惜职业声誉，廉洁自律，自觉维护鉴定人的形象。

3）敬业勤业，精益求精，努力提高鉴定业务水平。

4）同行间互相尊重，互相配合。

5）严格按照鉴定程序开展鉴定工作，不受任何团体和人的违法干预与影响。

（2）鉴定人应遵守的执业纪律：

1）自觉遵守房屋鉴定工作制度、工作程序、工作纪律。按照规定的程序、要求受理房屋鉴定业务，不得私自接受鉴定业务，不得超越鉴定业务范围受理鉴定项目。

2）对符合受理条件的鉴定项目，不得无故推诿，不得无故变更鉴定内容、拖延鉴定期限或中止鉴定活动。

3）与委托人或鉴定项目双方当事人有利害关系的，应当自觉执行回避制度。

4）坚持保密原则，保守在鉴定活动中知悉的国家机密、商业秘密和个人隐私，不得向他人泄露。

5）不得以许诺、回报或提供其他便利等方式与当事人进行违法交易，不得出具虚假鉴定报告。

6）自觉接受国家、社会和当事人、委托人的监督，不得以任何理由和方式向当事人或其他利害关系人索要或收受财物。

2. 加强对鉴定人的专业技能培训

鉴定机构应加强对鉴定人的专业技能培训，按规定完成专业技术人员的继续教育。鉴定人要加强专业基础理论的学习，不断掌握新知识、新技术，提高自己的专业技术理论水平。鉴定人要熟练掌握应用鉴定标准和相关技术规范、标准、规程，认真学习、研究房屋鉴定典型案例，提高自己的专业技能水平。确保鉴定报告的科学性、客观性、准确性。

3. 加强对鉴定人员的考核评价

对鉴定人员的考核评价以鉴定程序的标准化和服务满意度为核心。通过对鉴定报告的质量考核，评价鉴定人的技术水平和业务能力；通过服务对象反馈的信息，考核评价鉴定人员的职业道德和执业纪律。

1.6.4 加强房屋鉴定管理的重要性

1. 提高鉴定机构和鉴定人员的基本素质需要

房屋鉴定是房屋安全管理的重要内容和手段，在房屋安全管理工作中发挥着重要作用。房屋存在的安全隐患不及时通过鉴定发现和消除，严重的会发生房屋倒塌事故。对于老旧建筑进行及时准确的鉴定，可以避免因存在安全隐患而发生塌房事故或盲目拆除而造成损失。在自然灾害或房屋安全突发事件发生时，及时准确的鉴定可以为政府决策提供可靠的依据，及时有效地处理突发事件。所以，房屋鉴定事关重大，涉及人们生命财产安全和社会和谐稳定，必须加强对鉴定机构和鉴定人员的管理，提高鉴定机构和鉴定人员基本素质，提高鉴定人员的职业道德水准和专业技术水平，为社会提供高效、优质的服务，确保房屋的安全使用。

2. 培育健康良性发展的鉴定市场需要

由于房屋安全管理的相关法律、法规、规章不健全，加上目前体制上的原因，房屋鉴定管理处于半真空状态，鉴定业务开展不平衡。体制内鉴定机构处于只鉴定不收费的困境，体制外鉴定机构之间的恶性竞争时有发生。鉴定人员缺乏系统的教育培训和必要的专业理论基础，执业水准差异很大，导致社会认可度不高。房屋鉴定涉及人民生命财产和公共安全，承担着巨大的社会责任，加强对房屋鉴定机构管理，建立和培育健康良性发展的鉴定市场是摆在政府相关管理部门面前的一项重要和艰巨的任务。

3. 维护社会和谐稳定发展的需要

随着社会快速发展，各方面的法律法规逐步完善，人们的法律观念和维权意识不断增强。房屋在使用过程中，因装饰装修影响、相邻房屋使用影响、相邻工程施工影响、遭受意外灾害等，房屋可能会出现程度不同的损伤，甚至造成安全隐患。严重的会影响房屋安全和正常使用，并引起纠纷，甚至诉至法院。房屋鉴定是为解决矛盾和纠纷提供的一种技术服务，其鉴定结论往往作为处理相关问题的重要依据，也由此成为社会关注的热点和焦点。房屋鉴定结论是否客观、公正、准确，不但影响了相关当事人的利益，而且关系到能否有效化解矛盾，保证社会的公平、公正，促进社会和谐和稳定。因此，要通过加强对房屋鉴定工作的管理，提高鉴定机构的诚信度和社会责任，提高鉴定人鉴定工作的科学性、客观性、准确性，保证和维护社会的和谐稳定发展。

1.7 危险房屋管理

1.7.1 危险房屋确认

危险房屋必须经鉴定之后方可确认。房屋安全责任人应当按照房屋安全鉴定单位鉴定结论的处理类别进行治理。文物建筑经鉴定属于危险房屋的，应当按照《中华人民共和国文物保护法》的规定进行抢救修缮。同时注意以下两点：

（1）经鉴定不属危险房屋但房屋存在安全隐患的，房屋安全责任人应当及时排除安全隐患。

（2）经鉴定为危险房屋，利害关系人又申请复鉴的，在复鉴期间不应停止采取解危措施。

1.7.2 危险房屋鉴定报告的管理

经房屋安全鉴定确认的危险房屋，是指依法登记或者依法建设并交付使用，结构发生严重损坏或者承重构件已属危险构件，随时可能丧失结构稳定和承载能力，不能保证使用安全的房屋。

经房屋安全鉴定确认的疑似危险房屋，是指依法登记或者依法建设并交付使用，结构未发生严重损坏或者承重构件未属危险构件，但由于结构体系的先天缺陷或传力体系发生改变，当外力的侵入时，可能丧失结构稳定和承载能力，不能保证使用安全的房屋。

1. 危险房屋鉴定报告的通知和送达

《危险房屋鉴定报告》作出后，房屋安全鉴定机构应即时通知鉴定委托人，同时报告房屋所在区县房屋行政主管部门。房屋行政主管部门接到《危险房屋鉴定报告》后，应以最快的时间对危险房屋进行复核,按照《危险房屋鉴定报告》提出的危险等级和处理建议,选择观察使用、处理使用、停止使用、整体拆除四种方式的其中一种,及时采取必要的处理措施。

对于疑似危险房屋,应按照《危险房屋鉴定报告》提出的危险等级和处理建议,选择观察使用或处理使用的方式,及时采取必要的处理措施。

2. 危险房屋鉴定报告治理措施的实施

危险房屋进行治理应当保证相邻建筑物、构筑物的安全,确需利用相邻土地、建筑物的,相关权利人应当提供必要的便利。

(1)建议观察使用的,应当按照鉴定报告注明的观察使用时限使用房屋。

(2)建议处理使用的,应当对房屋采取修缮、加固等措施解除危险。房屋危险解除后可以继续使用。

(3)建议停止使用、整体拆除的,应当停止使用房屋,立即迁出。

(4)房屋在保修范围和保修期限内发生质量缺陷的。建设、施工等单位应当依法或者根据合同的约定承担保修责任。

1.7.3 危险房屋紧急处置

1. 危险房屋临时性防范措施

危险房屋在紧急情况下采取临时性防范措施,主要包括:

(1)切断电力、可燃气体和液体的输送。

(2)划定警戒区,实行局部交通管制。

(3)对危险房屋实行打点支撑、减载卸载、强行拆除,以防止房屋险情急剧变化而发生塌房伤人事故。

2. 危险房屋的使用管制

危险房屋排危督修是对危险房屋采取的紧急处置、维修加固、拆除重建等方式,排除房屋不安全因素的行为,是房屋安全管理的关键环节。

对被鉴定为危险房屋的,一般可分为以下四类进行处理:

(1)观察使用。适用于采取适当安全技术措施后,尚能短期使用,但需继续观察的房屋。未采取安全技术措施前,房屋使用人宜迁出。

(2)处理使用。适用于采取适当技术措施后,可解除危险的房屋。未采取安全技术措施前,房屋使用人应迁出。

(3)停止使用。适用于已无修缮价值,暂时不便拆除,又不危及相邻建筑和影响他人安全的房屋。房屋使用人必须迁出。

(4)整体拆除。适用于整幢房屋危险且无修缮价值,需立即拆除的房屋。房屋使用人应当立即迁出。

1.7.4 危险房屋排危加固与督修

危险房屋排危、加固与督修是根据房屋安全鉴定结论和使用建议，排除房屋危险的行为。主要有：对拆除结构的恢复原状；更换危险构件，进行补强加固；房屋倾斜纠偏等。危险房屋排危、加固与督修过程中应注意以下几点：

（1）房屋所有人对经鉴定的危险房屋，必须按照鉴定机构的处理建议，及时加固或修缮治理；如房屋所有人拒不按照处理建议修缮治理，或使用人有阻碍行为的，房地产行政主管部门有权指定有关部门代修，或采取其他强制措施。发生的费用由责任人承担。

（2）房屋所有人对危险房屋，能解危的要及时解危；解危暂时有困难的，应采取安全措施。

（3）拆除重建是指对已被鉴定为 D 级的危险房屋（优秀保护建筑除外）和已无维修价值或维修成本过高的房屋，根据城市发展情况，对符合城市规划要求的，拆除原有房屋进行新建的活动。

不论是哪种处置方式，危险房屋排危加固与督修费用来源都是非常棘手的问题，由于权属的多样性和复杂性，特别是 20 世纪 90 年代末之前的房屋大多数为公有房屋或单位自建房，经房改后成为私房，原建设单位、产权单位多数破产或改制，资金来源问题更是无从解决。危险房屋排危督修费用是政府出，原建设单位出，还是所有人或责任人出，或者由几方共同出及其分担比例，全国各地的实施情况不尽相同，仍然是一个值得深入研究的重大问题。

1.8 危害房屋安全行为的查处

危害房屋安全行为的查处是房屋安全管理非常重要的工作。危害房屋安全行为会使房屋产生新的安全隐患，危害房屋安全行为的查处，重点在于查。危害房屋安全行为大多以执法程序获取，通过房屋安全鉴定予以核实。处罚是法律制裁的一种形式，但又不仅仅是一种制裁，它兼有惩戒与教育的双重功能。处罚不是目的，而是手段，通过处罚达到教育的目的。

1.8.1 常见危害房屋安全行为

（1）改变房屋原设计用途或者使用性质；

（2）拆改房屋承重结构和基础结构；

（3）拆改与房屋结构垂直连体的非房屋承重结构；

（4）拆改公共建筑中具有房屋抗震、防火整体功能的非承重结构；

（5）拆除承重墙或在墙体上开挖壁柜、增设门窗、拆窗改门或者扩大原有门窗尺寸；

（6）擅自在楼面、屋面增设分隔墙体、剔槽、开洞、扩洞；

（7）超过设计标准、规范，增加房屋使用荷载、堆放物品；

（8）擅自改动、损坏房屋原有设施设备及其他妨碍正常使用的行为；

（9）擅自安装设施、设备影响房屋结构安全；

（10）违法存放爆炸性、有毒性、放射性、腐蚀性等危险物品；

（11）基坑开挖对相邻房屋已造成影响；

（12）封堵消防通道；

（13）未定期进行房屋安全鉴定；

（14）危险房屋未按时报送鉴定报告；

（15）其他危害房屋安全的行为。

1.8.2　违章建筑与违法建设的区别

1. 违章建筑形式

违章建设主要包括以下形式：

（1）未取得建设用地规划许可证、建设工程规划许可证或乡村建设规划许可证进行建设。

（2）未按照建设工程规划许可证或乡村建设规划许可证的规定进行建设的。

（3）临时建筑超过使用期限的。

2. 违法建设形式

违法建设主要包括以下形式：

（1）非法占用农用地、耕地进行建设的。

（2）未批先建。

（3）私搭乱建。

（4）擅自在文物保护单位的保护范围内进行建设的。

1.9　房屋安全管理的保障措施

1.9.1　建立和完善房屋安全管理规章制度

建立健全房屋安全管理的各项规章制度是做好房屋安全管理工作的基础和保证。通过制订完善的制度，落实管理责任，规范管理行为，真正做到责任落实到人，管理落到实处。

要建立完善房屋安全管理台账，通过台账可以真实反映管理者进行房屋安全日常管理的全过程，做到管理过程清晰、连续、完整，不留死角。

1. 房屋安全管理联席会议制度

市、区（县、市）人民政府应当加强对辖区内房屋安全管理工作的领导，建立健全房屋安全管理工作体系和机制，建立房屋安全管理联席会议制度，协调解决房屋安全管理工作中的重大问题。房屋安全管理联席会议由政府分管领导主持，房产行政主管部门设立办公室，负责日常工作。市级成员单位应包括政府相关职能部门、区政府、大型国企等。区（县、市）级成员单位应包括政府相关职能部门、街道办事处（乡（镇）政府）等。联席会议一般每 3~6 个月召开一次，或根据需要临时召开。

2. 房屋安全突发事件应急管理制度

房屋安全突发事件往往伴随其他灾害一起发生，所以房屋安全突发事件应急预案应纳入社会公共安全应急预案体系，做到灾前有防备、发生有处置、灾后有善后。各级政府、各单位应制定符合本地区、本单位实际情况的房屋安全突发事故应急管理预案。

3. 房屋安全普查制度

以法律、法规或规章的形式明确规定业主负有对房屋安全普查的法定义务，从而保证房屋安全普查的有效实施。房产行政主管部门应定期组织房屋安全普查，对房屋安全普查人员进行培训。街道办事处（乡（镇）政府）具体负责组织本辖区内房屋安全普查，指导基层社区开展房屋安全普查工作。普查工作每 3~5 年进行一次。

4. 房屋安全管理救助制度

各级政府应建立房屋安全管理救助制度，设立房屋安全救助专项资金，用于对需要政府帮助和社会救济的特殊困难家庭房屋安全鉴定和危险房屋治理的适当补助。

5. 房屋安全鉴定管理制度

房屋安全鉴定管理制度是房屋安全鉴定工作有序、规范开展，确保鉴定结论的客观、公正的保证。房屋安全鉴定管理制度包括对鉴定机构和鉴定人的管理、对危险房屋的鉴定管理等。

6. 危险房屋监管制度

（1）危险房屋建档管理制度

各级房屋安全管理部门应将房屋安全普查和日常检查中发现的危险房屋相关信息整理归档，建立危险房屋信息数据库，对危险房屋实行动态管理。

（2）危险房屋监护警示制度

经鉴定为危险但尚未解危的危险房应由房屋安全管理部门签发《危险房屋监护警示责任通知书》，送达房屋所有权人或安全责任人。所有权人或责任人应落实专人进行监护，做好监护记录。对不便拆除，且不影响相邻安全的危险房屋要做好警示标识，悬挂警示牌。

警示牌内容包括房屋地址、危险程度、危险部位、应急电话、房屋所有权人、监护责任人等。

（3）危险房屋强制限期整治制度

经鉴定确认房屋存在重大安全隐患的应由房屋安全管理部门签发《存在房屋安全隐患房屋限期整治通知书》，送达房屋所有权人或安全责任人，要求其在规定期限内提出整治方案，排除房屋安全隐患。由于房屋重大安全隐患随时可能导致房屋事故的发生，所以对房屋安全隐患的整治必须有强制性行政措施来保证。

（4）危险房屋改造制度

经鉴定为危险房屋的，房屋安全管理部门应根据危险房屋的危险程度和改造的难易程度，编制危险房屋改造计划。危险房屋改造计划包括改造范围、期限、安置方案、改造资金等内容。改造计划报经政府批准后，由政府下达文件后实施。

1.9.2　建立房屋安全管理员制度

房屋安全管理员制度是全民参与房屋安全管理的一种方式，划分责任目标，并形成制度化。在多元化房屋产权形式下，单靠某一部门、某一单位对房屋进行安全管理是很难办到的事情，需要全社会各行各业的参与。房屋安全管理员制度是指各行、各业、各单位都要设立房屋管理员，负责管辖范围内的房屋安全的日常检查管理工作，及时发现问题，通过沟通管道将产权单位、使用单位、安全监督部门和鉴定机构在房屋安全管理的目标下，通过责任分解、动态控制实现管理目标，及时解决和处理房屋安全存在的问题，防止或减少房屋灾害的发生。

房屋安全管理员制度是房屋安全管理体系的延伸，是房屋安全管理队伍的扩容。目前北京、呼和浩特等城市已实行了房屋安全管理员制度，收到很好效果。

房屋安全管理应遵循定期检查、预防为主、科学鉴定、防治结合的原则，杜绝房屋在使用过程中发生安全事故，保护人民生命和财产安全，维护社会稳定，促进经济发展具有重要的作用。

1.9.3　房屋修缮制度

房屋的修缮管理是房屋使用安全管理的一个经常性工作，是保证房屋安全正常使用的重要环节。房屋修缮工程按工程量的大小、维修费用的多少分为翻修、大修、中修、小修和综合维修。

1. 翻修工程

凡需全部拆除、另行设计、重新建造的工程为翻修工程。主要适用于主体结构严重损坏、丧失正常使用功能、有倒塌危险的房屋，或因自然灾害破坏严重、不能再继续使用的房屋，或无修缮价值的房屋。翻修后的房屋必须符合完好房屋标准的要求。

2. 大修工程

凡需牵动或拆除部分主体结构，但不需全部拆除的工程为大修工程。大修工程主要适用于严重损坏的房屋。大修后的房屋必须符合基本完好或完好房屋标准的要求。

3. 中修工程

凡需牵动或拆换少量主体构件，但保持原房屋的规模和结构的工程为中修工程。中修工程主要适用于一般损坏的房屋。中修后的房屋 70% 以上必须符合基本完好或完好房屋标准的要求。

4. 小修工程

凡以及时修复小损小坏，保持房屋原来完损等级为目的的日常养护工程为小修工程。

5. 综合维修工程

凡成片多幢房屋大、中、小修一次性应修尽修的工程为综合维修工程。综合维修后的房屋必须符合基本完好或完好房屋标准的要求。

通过对加强对房屋的修缮管理，保证房屋使用处于正常状态，房屋安全处于可控状态，最大限度地发挥房屋的有效使用功能，确保房屋在规定年限内的正常使用。及时做好房屋小修保养服务，既可方便房屋用户，又可减少房屋中修项目；有计划做好房屋中修，则可以延长房屋大修的周期，甚至可以替代大修。所以，通过加强房屋修缮管理，可以合理延长房屋使用寿命。

1.10 建立房屋安全管理长效机制

1.10.1 制订、完善房屋安全管理法律、法规

各地区应结合当地实际情况，修订、完善现有的房屋安全管理的法律、法规、规章，使之更具有针对性和可操作性。通过制定相关的法律、法规、规章，明确和落实各方责任主体，使房屋安全管理做到有法可依，有章可循，使房屋安全管理走上法制化、规范化的长效管理轨道。

1.10.2 依法确定房屋安全管理责任

房屋建成交付使用后，就要将房屋安全管理纳入法治的轨道，按照"业主负责，政府主导，整体利益优先"的原则进行管理。

"业主负责"就是要根据《中华人民共和国物权法》的精神，明确所有权人在行使对房屋法定权利的同时，必须承担对房屋进行风险预防、后续管理、维修保养、危房治理等相应义务。

"政府主导"就是要通过制订相关的法律法规，注重从政策、制度层面完善管理框架和层次。房屋安全管理部门应树立服务型政府理念，强化服务意识，通过加大宣传力度，使广大业主都能熟悉房屋安全管理的相关法律法规，了解安全和正确使用房屋的重要性和必要性，明确自己的法律地位和法律责任，使全社会形成了一个责任明确，规范使用，加强养护，及时解危的良好房屋使用氛围。

"整体利益优先"就是要强化政府对房屋安全管理工作的统筹和协调能力，建立有效的协调机制，维护大多数人民群众的利益。如：房屋安全突发事件发生时，应及时组织有效的处置，处置方案应充分考虑大多数人民群众的利益，把损失降到最低点；在房屋装修过程中擅自拆改房屋结构，给整栋房屋造成安全隐患的，房屋安全管理部门就必须立即采取有效措施，对违法违规使用房屋的行为及时查处，消除房屋安全隐患，避免塌房伤人事故的发生。

1.10.3 建立健全房屋安全管理体系

（1）各级政府应建立房屋安全管理联席会议制度，充分发挥各相关管理部门的作用，协调房屋安全管理中的重大问题。

（2）各级房产行政主管部门要强化房屋安全管理职能，建立健全管理机构，配齐管理人员，落实保障经费，确保房屋安全管理工作正常有序开展。

（3）房屋安全管理涉及房管、建设、城管、公安、规划、安监等多职能部门，要加强部门协调，建立联席会议制度和联合执法工作机制。

（4）充分发挥政府主导作用，有效整合社会管理资源，逐级分解房屋安全管理责任，形成各级政府、相关行政主管部门、基层组织齐抓共管的良好局面。形成房屋产权人、使用人、物业、社区、街道、相关管理部门等协调联动的管理网络。

（5）加强和创新房屋安全管理模式，构建网格化管理新机制。房屋安全管理要充分依靠基层政府和社会组织，整合社会管理资源，按照属地管理的原则，以社区为单元划分若干个管理网格，以300~500户为网格单元，再划分为若干个网格，每个网格确定1~2名房屋安全管理员，并明确房屋安全管理员负责对网格内的房屋安全实施动态管理，是网格管理的责任人。通过创新房屋安全管理模式，确保管理区域无盲点，管理对象不遗漏。建立起责任明晰、机制健全、运行高效的房屋安全管理组织和工作机制。

1.10.4 实行房屋安全的信息化、精细化管理

房产行政主管部门要加强房屋安全管理信息化系统建设，实现房屋使用全寿命周期管理。完善房屋安全管理监管信息系统，信息化系统要做到数据内容丰富、功能完善、满足房屋安全管理需要。

　　房产行政主管部门要积极推进房屋安全网络化管理体系建设，实行房屋安全的精细化管理。通过构建房屋安全管理网络，逐级分解房屋安全管理责任。通过责任分解，落实主体责任全程纪实制度，建立健全清单化明责制度，完善管理台账痕迹化工作机制，明确失责必追究制度，通过实行精细化管理，一事一记，随做随记，履责全程留痕，有据可查，做到清单化明责，痕迹化履责，台账化记责，让责任的履行具体化、程序化、可操作化。通过精细化管理，使房屋安全的长效管理真正落到实处。

2 房屋安全鉴定概论

2.1 房屋安全鉴定的评述

房屋是指人类用于生产、生活以及从事其他活动的具有顶盖和维护的建筑物的总称。从使用属性看，房屋具有私有性，比如房屋拥有人的所有权、使用权、处分权等。从社会属性看，房屋所处的空间和环境具有公共性，如果发生房屋安全事故时，其后果不是简单的私有个体事件，而是公共突发事件，房屋危险会给人类生命和财产带来威胁。因此，通过房屋安全鉴定加强房屋安全管理可以保障房屋权属人的利益，可以减少房屋安全事故和房屋灾害的发生。

2.1.1 房屋安全鉴定的由来

任何一种房屋不可能永久使用，当房屋受到内、外部环境的影响，其材料会发生老化，结构功能会发生改变，使用不当更会加速房屋的损坏，也就是说房屋具有一定的使用寿命期。随着房屋的及时维修、构件的不断更新和房屋安全隐患的清除，房屋的使用寿命期会得到一定的延长。这种延长是在房屋使用安全的情况下，保持房屋资源的有效利用，使房屋利益的最大化，符合可持续发展的规律。

是否有必要对房屋进行维修、更换房屋危险构件或清除安全隐患，必须依靠专业机构和专业技术人员对房屋现状的阶段性技术评估结果来确定。这种对房屋现状的阶段性技术评估就是房屋鉴定，参与技术评估的专业机构和专业技术人员就是鉴定单位和鉴定人。

2.1.2 房屋安全鉴定相关概念

1. 委托鉴定

委托鉴定是指鉴定机构接受当事人（或法院）申请鉴定的行为，委托鉴定包括自行委托鉴定与协商鉴定和法院指定鉴定三种情况，自行委托鉴定与协商鉴定以及法院指定鉴定同属委托鉴定。委托鉴定结论是委托方处理相关矛盾或解决纠纷的依据或证据。委托房屋安全鉴定的主体及房屋需鉴定的情况主要如下：

（1）房屋安全责任人的委托鉴定

房屋安全责任人的委托鉴定主要包括下列情况：

1）房屋地基基础、主体结构有明显下沉、裂缝、变形、腐蚀等现象的；

2）房屋超过设计使用年限需继续使用的；

3）自然灾害以及爆炸、火灾等事故造成房屋主体结构损坏的；

4）需要拆改房屋主体或者承重结构、改变房屋使用功能或者明显加大房屋荷载的；

5）其他可能危害房屋安全需要鉴定的情形。

（2）房屋安全利害关系人的委托鉴定

房屋安全利害关系人的委托鉴定包括下列情况：如建设、施工等单位在基坑和基础工程施工、爆破施工或者地下工程施工前，对影响或拟将影响的房屋进行的委托鉴定。

1）处于开挖深度2倍距离范围内的房屋；

2）爆破施工中，处于《爆破安全规程》要求的爆破地震安全距离内的房屋；

3）地铁、人防工程等地下工程施工距离施工边缘2倍埋深范围内的房屋；

4）基坑和基础工程施工、爆破施工或者地下工程施工可能危及的其他房屋；

5）不得作为经营场所的未经鉴定或者经过鉴定不符合房屋安全条件的房屋；

6）房屋可能存在危及相邻人、房屋使用人等利害关系人的安全隐患的，利害关系人可以要求房屋安全责任人委托房屋安全鉴定单位进行鉴定。

房屋安全责任人拒不委托房屋安全鉴定单位进行鉴定的，利害关系人可以自行委托房屋安全鉴定单位进行鉴定。经过房屋安全鉴定，房屋是危险房屋或者存在危及利害关系人的危险点的，鉴定费由房屋安全责任人承担；不是危险房屋或者不存在危及利害关系人的危险点的，鉴定费由委托人承担。

2. 代为鉴定

代为鉴定是指代替委托人进行鉴定委托的行为。当委托人不具备委托能力或不及时进行鉴定和治理并可能引发安全事件时，物业管理单位或政府相关部门代为申请鉴定的行为。

当单位和个人发现房屋存在严重安全隐患时，应及时报告房屋政府安全主管部门，政府主管部门应及时对存在严重安全隐患的房屋进行信息登记、调查、核实，并及时向房屋安全责任人发出限期进行房屋安全鉴定通知。当房屋安全责任人未及时委托鉴定时，政府主管部门应向其发出房屋安全代为鉴定决定书，并委托房屋安全鉴定机构进行鉴定。

经鉴定属于危险房屋的，鉴定费由房屋安全责任人承担。当房屋安全责任人及时采取治理措施排除隐患的，经调查核实房屋安全责任人可不再委托房屋安全鉴定。房屋安全责任人、使用人应当配合房屋安全鉴定机构的调查核实以及鉴定工作。

3. 房屋安全鉴定与验房的区别

验房是指在房地产交易过程中，受委托方（雇主）的委托，依据国家批准的建设文件、法律法规、验收标准、商业合同等，利用专业检测工具，对竣工并将交付使用的初装修、精装修的商品房或二手房进行检查、检测，并进行专业技能分析，向委托方（雇主）提供有偿咨询服务。验房属于宏观检查范围，其深度、广度和责任远不及房屋安全鉴定。验房的主要目的是发现问题，指出问题存在的点位即可。而房屋安全鉴定是对发现问题的部位进行分析，评定房屋的安全等级。两者有着本质的区别。

4. 房屋安全鉴定与建筑工程质量鉴定的区别

房屋安全鉴定与建筑工程质量鉴定的区别如下：

（1）鉴定对象不同

房屋安全鉴定的鉴定对象是既有房屋，即已建成并投入使用一段时期（一般为两年以上）的房屋；建筑工程质量鉴定的对象是在建或新建尚未投入使用的房屋建筑。

（2）鉴定程序不同

房屋安全鉴定主要根据房屋结构的工作状态及结构构件的失效率筛分，进行房屋等级评估，必要时辅以检测和承载力复核；建筑工程质量鉴定主要通过检测数据对建筑各分项工程、分部工程或单位工程进行评定，以施工质量合格率进行评判。

（3）检测量和检测环境不同

房屋安全鉴定受房屋使用环境影响，检测条件有局限性，鉴定标准对最少检测量有明确规定；建筑工程质量鉴定因检测环境比较好，可以满足检测标准对检验批和检测量的要求。

（4）执行标准不同

房屋安全鉴定主要采用《工业建筑可靠性鉴定标准》、《民用建筑可靠性鉴定标准》和《危险房屋鉴定标准》；建筑工程施工质量鉴定采用《建筑工程施工质量验收统一标准》及相应的各专业工程施工质量验收规范或设计标准。

由于房屋安全鉴定标准低于设计标准，所以房屋安全鉴定标准不能用于建筑工程施工质量验收或建筑抗震验收。

（5）鉴定成果不同

房屋安全鉴定成果的标志是《房屋安全鉴定报告》。房屋安全鉴定报告是根据委托方的要求，依据现行的鉴定标准对房屋进行等级评定；建筑工程质量鉴定成果是《建筑工程质量鉴定技术报告》。建筑工程质量鉴定技术报告是根据委托要求，依据现行相关标准对鉴定项目进行质量及原因分析，一般情况下可不进行房屋等级评定。

5. 建筑抗震鉴定与房屋安全鉴定

房屋抗震鉴定是指通过检查现有房屋的设计、施工质量和现状，按规定的抗震设防要求，对其在地震作用下的安全性进行评估。建筑抗震鉴定与房屋安全鉴定相比区别很大，不仅鉴定目的存在着差异，而且鉴定范围也明显不同。

建筑抗震鉴定主要围绕房屋抗震体系和抗震措施的完整程度，对现有房屋的设计、施工质量和现状、抗震设防要求以及在地震作用下的安全性进行评估。而房屋安全鉴定是围绕房屋安全和使用状况进行查勘、检测、验算、鉴别和等级评定，侧重于房屋的可靠性，其中安全性评估和正常使用性评估是房屋安全鉴定的重要内容。从房屋整体性、牢固性和结构体系的查勘中看，房屋可靠性鉴定应该包含建筑抗震鉴定。因为房屋可靠性鉴定不能回避建筑抗震的内容。

建筑抗震鉴定不适用于古建筑、文物建筑、危险房屋和行业有特殊要求的建筑。房屋安全鉴定的范围远大于建筑抗震鉴定。

6. 房屋质量司法鉴定与房屋安全鉴定的区别

司法鉴定是指为了查明案情，按照法律程序，依法运用专门技能和科学知识对与案件有关的事物进行鉴别和判定。房屋质量司法鉴定与房屋安全鉴定区别如下：

（1）房屋质量司法鉴定一般发生在司法诉讼过程中，而房屋安全鉴定一般发生在司法诉讼过程前，其效力相同。

（2）房屋质量司法鉴定存在补充鉴定和重新鉴定程序，同时司法鉴定人具有质证、答疑、解释说明的责任。

（3）房屋质量司法鉴定文书一般包括标题、编号、基本情况、检案摘要、检验过程、分析说明、鉴定意见、落款、附件及附注等内容，尤其是附件必须完整、详实。

7. 房屋安全鉴定与房屋安全管理的关系

房屋安全鉴定主要是对房屋现状安全性、使用性、耐久性的技术评价，评价的结果是房屋安全等级，房屋安全等级代表房屋现状的安全程度。

房屋安全管理就是要通过房屋安全鉴定，将房屋现状安全程度的未知变成已知。房屋安全等级的划分主要是筛分出危险房屋或疑似危险房屋，为房屋安全管理起到导向作用，既要减少危险房屋对人民生命财产造成巨大威胁和损失，又要考虑危险房屋或疑似危险房屋在治理过程中的轻重缓急的递进进行。

8. 房屋安全鉴定与查勘、检测三者之间的关系

房屋安全鉴定是根据查勘情况与检测数据，对房屋进行分析验算和等级评定。查勘是对房屋现状的调查和初步判断，是鉴定工作的准备；检测是对查勘的深入验证，是鉴定工作的深层次继续；查勘和检测是鉴定一系列活动中不可缺少的内容；查勘和检测不能替代整个鉴定活动。查勘与检测是为鉴定服务的，查勘是鉴定工作的基础，检测是鉴定工作的数据支持，一般的鉴定过程包含着查勘和检测工作，但有些鉴定可以不需要监测。

2.1.3　房屋安全鉴定的作用

不同类型、不同性质的房屋具有不同的使用功能，使用寿命也各有不同。导致房屋产生危险的因素是多方面的，只有对房屋定期做好针对性的安全鉴定，才能对症下药对房屋安全问题进行相应的治理，从而达到保障房屋使用安全，延长房屋使用寿命的目标。因此，房屋安全鉴定在房屋安全管理工作发挥着重要作用，主要包括如下：

1.确保各类房屋的使用安全

房屋投入使用后，有形、无形和人为的损伤无时不在发生，维护不当或若加固维修不及时，房屋的可靠性就会迅速降低，使用寿命大幅度缩短，甚至出现房屋倒塌的事故。我国多年来受"重建设，轻管理"思想的影响，对已建成房屋的定期检查和维护工作还未引起足够的重视，也缺乏健全的管理制度，往往是房屋功能明显损耗或损坏严重时才进行鉴定，其结果是造成房屋的使用寿命缩短，维修费用大大增加，有的甚至危及人民的财产和生命的安全。因此，在正确使用的前提下，应该通过对房屋定期鉴定，合理维护，保证房屋各部分处于正常、安全状态。

2.促进城市危旧房屋的改造

20 世纪 50~60 年代，为解决城镇职工住房问题，一些城市大力兴建了砖混结构、砖木结构或简易结构房屋；另外还少量存在中华人民共和国成立前建造的砖木结构或简易结构房屋。这些房屋经过几十年甚至上百年的风雨剥蚀和各种自然的、人为的损坏，绝大部分已成为危险房屋。通过对这些房屋实施安全鉴定，可以尽早地发现安全隐患，及时采取排险解危措施，最大限度地减少房屋倒塌事故的发生和人员财产损失。同时也能查清危旧房屋的结构类型、使用情况和分布状况，促进危旧房屋相对集中的区域有计划、有重点的翻建、改造。

3.起到防灾和减灾作用

房屋遭受自然灾害或火灾等突发事件的侵袭后，房屋的结构会受到不同程度的损伤甚至破坏，通过对受损房屋进行鉴定来确定房屋是否符合安全使用条件，或采取排险解危措施后继续使用。另一方面，加强房屋的定期鉴定，可以及时维护、加固已损坏房屋，保持房屋预定的抵御突发灾害的能力，从而降低自然灾害或火灾等突发事故等给房屋造成的破坏或人员财产损失，起到防灾减灾的作用。

4.为司法裁决提供技术依据

随着经济的发展、法律法规的完善及人们法律意识的不断增强，在大量的公、私房新建或装修、改扩建施工中，出现了不少相互影响，甚至造成损失，并引起房屋纠纷的事件。当诉讼关系形成后，法院或其他仲裁机构等，可以委托房屋安全鉴定机构对房屋损坏原因、程度及危险等进行鉴定，为司法裁决提供技术依据。房屋安全鉴定必须实事求是、科学公正，在为维护正当利益和社会安定团结过程中，发挥重要作用。

2.1.4 房屋安全鉴定行业的发展趋势

1.市场化已成定局

在计划经济年代里，房屋安全鉴定机构按照公共安全管理机制，基本上设置在房屋安全主管部门，这种"裁判员"与"运动员"合一的管理机制，本身就限制了鉴定行业的发展，因为房屋安全主管部门不可能设置过多的鉴定机构，不可能拥有大量的专业技术人员，不可能投资装备鉴定机构的软硬件建设，鉴定机构像一个永远长不大的孩子，不能发展壮大。同时一旦发生鉴定事故，很容易导致政府赔偿。

2012 年财政部、国家发展改革委《关于公布取消和免征部分行政事业性收费的通知》（财综〔2012〕97 号）文件规定，为了减轻企业和社会负担，促进经济稳定增长，根据国务院有关要求，决定取消城市房屋安全鉴定费行政事业性收费，注销《收费许可证》。通知规定，对公布取消和免征的行政事业性收费，不得以任何理由拖延或者拒绝执行，不得以其他名目或者转为经营服务性收费方式变相继续收费，对不按规定取消收费的，按有关规定给予处罚，并追究责任人员的行政责任。

行政事业性收费或经营服务性收费都是以《收费许可证》方式运行，这种注销《收费许可证》的规定表明，行政事业性的鉴定机构不能从事房屋安全鉴定业务，房屋安全鉴定行业必须走市场化的道路。

房屋安全鉴定行业的市场化的最大好处就是能够吸引更多的社会资源参与房屋安全鉴定行业。可以迅速改变鉴定行业机构稀少、专业技术人员不足、资金投入和装备欠缺的软硬件建设落后的不利局面。房屋安全鉴定行业将进入发展的快车道，全国房屋安全管理的形式会发生根本性的改变。由于对房屋安全管理的高度重视和房屋安全鉴定机构的扩大，许多地方政府以购买服务的方式对辖区的危险房屋和疑似危险房屋进行筛查，建立危险房屋档案，较好地控制了房屋灾难的发生。如广州市目前已有 50 多家房屋鉴定机构，按照政府要求，以街区划分为单元，进行房屋安全鉴定业务招投标，覆盖每栋房屋并出具鉴定报告，建立并完善危房档案，促进房屋安全管理的常态化、规范化。尤其在 5.12 汶川大地震后，这些房屋安全鉴定机构的义务鉴定之举，显示出了房屋鉴定行业的实力，对全国房屋安全鉴定行业的发展起了示范作用。

2. 备案及动态管理机制势在必行

目前全国房屋安全鉴定人员的执业水准普遍较低，缺乏系统的教育培训，缺乏必要的理论基础，仅凭经验进行鉴定作业。而且各地鉴定机构人员的查勘、检测、鉴定水平参差不齐，社会认可度不高。鉴定人员资格水平评价体系还没有建立和有效推行。房屋安全鉴定涉及生命财产和公共安全，没有高水准的执业人员，不可能承担起房屋安全管理的重任。

按照专业化、市场化、社会化的发展方向，招贤纳士、引进人才是提高房屋安全鉴定人员执业水准的最佳捷径。鉴定人员执业水准应该通过考核确认，鉴定机构和鉴定人员应该实行备案管理。备案管理的核心是对鉴定机构的资质、鉴定能力、鉴定人员资格进行动态管理。所谓动态管理就是能进能出、能上能下，因此，房屋鉴定行业实施行动态管理，可以将高水平的鉴定机构和鉴定人留住，为城市建设健康发展保驾护航。

3. 竞争机制急需完善

原有房屋安全鉴定机制带有行业垄断性，不利于鉴定行业的健康发展。许多具有鉴定能力的建筑科研、质量检测、设计等单位，非常愿意为房屋安全提供技术服务，但由于垄断因素的影响，很少获得房屋安全鉴定业务。房屋鉴定市场形成有能力的没业务，有业务而没能力的怪圈。因此引进竞争机制，走市场化的道路，吸引优秀的鉴定机构和高素质的鉴定人员，是打破房屋安全鉴定垄断的关键。

竞争机制可以促进鉴定行业的健康发展，可以提高房屋"体检"的工作质量，同时可以扩展房屋鉴定的服务范围，更主要的可以扩大房屋安全管理的覆盖面，保证房屋的使用安全。

（1）鉴定业务范围扩大的种类

房屋兼具投资保值和居住使用双重价值，人们对住房的要求和维权意识也日益提高，当房屋出现质量问题时，依据房屋鉴定的形式进行维权和索赔，已成为常态。在竞争机制的环境下，要求购买鉴定服务的业主会更加广泛，鉴定业务范围、种类也会扩大和延展。可能包括诸如：

1）建筑结构可靠性鉴定；

2）房屋质量安全鉴定；

3）施工项目工地周边房屋安全鉴定；

4）拆改房屋安全鉴定；

5）房屋改变用途安全鉴定及改变使用功能安全鉴定；

6）房屋加固增层改造鉴定；

7）房屋修缮扩建鉴定；

8）房屋地基承载力鉴定；

9）房屋抗震鉴定；

10）房屋完损等级评定和房屋安全事故鉴定；

11）出租房屋租赁前安全鉴定；

12）司法仲裁委托鉴定；

13）文化、体育娱乐、宾馆、餐饮、商铺、展厅等公共场所的开业前、转业前和资质年审前的房屋安全鉴定；

14）房屋装饰装修安全鉴定；

15）建筑物的年限鉴定；

16）建筑物灾后受损的鉴定；

17）工业厂房安全鉴定；

18）危房鉴定及各种应急鉴定；

19）地铁共振引发的房屋损坏鉴定；

20）毛坯房屋验房服务、精装房屋验房服务、二手房交易验房服务、房屋环保检测、评价、室内环境治理鉴定等。

（2）竞争机制顺势而行

近年来由于政府对房屋安全的高度重视，以及对危旧房屋改造的力度加大，许多城市对既有房屋，特别是对危险房屋和棚户区进行大面积评估与鉴定，为城市重新规划和整治提供决策依据。这种向鉴定机构购买鉴定服务的选择，既整治了多年来房屋存在的安全隐患，又使鉴定市场充满活力。

市场经济催生了鉴定机构的壮大，使越来越多的专业人士加入房屋安全鉴定队伍，房屋安全鉴定行业市场化的趋势已成定局，竞争机制顺势而行，房屋鉴定市场垄断局面将被完全打破。无论是准入制、推荐制，还是备案制的鉴定机构管理模式，都将成为鉴定机构设置的主流。鉴定机构在市场经济的条件下，拼的是技术实力，包括硬件装备和人才的引入。大量的资金投入和人才的吸纳，使鉴定机构逐渐壮大，鉴定水平将不断提高。房屋安全鉴定机构以优质服务为目标，以良性竞争为手段，以优胜劣汰为运行规则，不但改变了鉴定机构的性质，而且不断促使鉴定行业的健康发展。

2.2 房屋安全鉴定主要内容

房屋安全鉴定程序大致分为：房屋查勘、房屋检测、房屋鉴定分析、房屋鉴定评级四个阶段。每个阶段的工作性质和工作量各有不同，相互之间是递进关系，不可替代和跳跃。

2.2.1 房屋安全鉴定的概念及分类

1. 房屋安全鉴定概念

房屋安全鉴定是指依据国家有关标准，对已有房屋结构的工作性能和工作状态进行调查、检测、分析验算和等级评定等一系列活动。

房屋建成投入使用后，由于材料的老化、构件强度的降低、结构安全储备的减少，其功能逐渐减弱；因此房屋由完好到损坏、由小损到大损、由大损到危险，形成不可逆转的生命周期。房屋"发病"和"衰老"的原因有很多种，诸如设计因素、施工因素、材料因素、使用因素、人为因素、自然因素、环境因素等，这些影响因素所展现的是结构、构件的损坏、变形、裂缝、承载能力不足，并造成房屋结构、构件功能失效。

2. 房屋安全鉴定的目的

房屋安全鉴定的重要工作是对现阶段房屋结构、构件工作安全状态的评估，梳理房屋存在的问题，评价房屋安全等级，提示房屋应该采取的有效处理措施，延缓结构损伤的进程，延长房屋使用寿命及可利用的程度。

3. 房屋安全鉴定的分类

房屋安全鉴定类型划分取决于委托方的需求和鉴定的目的，但鉴定过程中发现重大问题时，鉴定人可以根据房屋实际状况调整或改变鉴定类型。

（1）房屋危险性鉴定

对房屋进行危险性鉴定是指根据《危险房屋鉴定标准》对既有房屋现阶段是否存在安全隐患进行检查，对房屋的危险程度进行评级鉴定，并对危险房屋提出处理建议。

危险房屋属于警示性的提法，应归类于安全性鉴定。危险性房屋鉴定主要适用于房屋结构传力体系明确，房屋损毁明显的房屋。按照房屋无危险点、有危险点、局部危险、整体危险四个等级进行鉴定评级，对于房屋后续处理有明确的指导意义。

（2）房屋应急鉴定

房屋应急鉴定是房屋危险性鉴定的一种特殊形式。如爆炸、地震、火灾、台风、水淹、交通事故、地质灾害、房屋倒塌等涉及房屋安全的突发性事件时，应决策方或委托方要求，房屋鉴定机构对遭遇外界突发事故的房屋进行紧急安全检查、检测，对房屋损坏程度及影响范围进行紧急评估。这一类鉴定带有公益性，由于时限要求和鉴定条件的局限性，房屋安全应急鉴定多以紧急处理建议的形式提出，如紧急排险、紧急撤离等。紧急处理建议应安全可靠，具有可操作性。

应急鉴定一般不采用可靠性鉴定方法，因时间和现场的局限，其检测量、测试数据不可能按部就班展开，所以房屋应急性鉴定可根据房屋结构工作状态直接给出鉴定报告，以主要数据齐全并能说明问题即可。

（3）民用建筑可靠性鉴定

民用建筑可靠性鉴定是指根据《民用建筑可靠性鉴定标准》，对民用建筑结构的承载能力和整体稳定性，以及安全性、适用性、耐久性等建筑的使用性能所进行的调查、检测、分析、验算及评定等一系列活动。

民用建筑可靠性鉴定是按照安全性和使用性要求，通过比对筛分综合评定房屋可靠性等级，同时也包括处理建议。其目的是评估房屋是否有可继续利用的价值或改变使用条件的可行性。

民用建筑可靠性鉴定适用于房屋结构传力体系清晰、房屋存在显性与隐性安全隐患或延缓、延伸其有利用价值的房屋。如：建筑物大修前；建筑物改造或增容、改建或扩建前；建筑物改变用途或使用环境前；建筑物达到设计使用年限拟继续使用时；遭受灾害或事故后；存在较严重的质量缺陷或出现较严重的腐蚀、损伤、变形时等。

（4）工业建筑可靠性鉴定

工业建筑可靠性鉴定是指根据《工业建筑可靠性鉴定标准》，对工业建筑的安全性和使用性进行调查、检测、分析、验算及评定等一系列活动。

《工业建筑可靠性鉴定标准》适用于对以混凝土结构、钢结构、砌体结构为承重结构的单层或多层厂房等建筑物，以及烟囱、贮仓、通廊、水池等构筑物的可靠性鉴定。

（5）房屋完损等级评定

房屋完损等级评定是指根据《房屋完损等级评定标准》，对民用房屋外观的完好状况或损坏程度进行评定等级，以房屋使用功能为主。房屋完损等级评定属于传统经验型鉴定方法，必要时才依靠检测数据。

主要适用于对结构体系较简单的房屋受损程度的评定，亦可作为房屋普查的评定依据。房屋完损等级评定不适用危险性房屋、工业建筑、原设计质量和原使用功能的鉴定，对于构成危险的房屋，应采用其他鉴定标准进行评定。

（6）特殊需求的专项鉴定

房屋专项鉴定是根据委托方的要求进行的鉴定。包括施工对周边房屋影响的鉴定、火灾后房屋结构损伤程度鉴定、房屋质量司法鉴定、房屋损坏纠纷鉴定、房屋抗震鉴定、结构单项检测等专项鉴定。房屋专项鉴定目的性明确，鉴定此类房屋应符合相关鉴定标准的要求。

2.2.2　房屋查勘

如果将房屋安全鉴定行业比作房屋医院，那么鉴定人就像房屋医生。医生是面对病人，通过望、闻、问、切的方式检查病人的病情，对病情的方向性进行初步判断或准确判断；通过化验和深度检查验证病理、病灶；通过综合分析确定病症并对症下药。病症准确判断，体现了医生的高超医术和能力。

同理，鉴定人是面对房屋，通过对房屋现状进行查勘，对房屋结构存在的问题和隐患进行方向性的初步判断或准确判断；通过检测和深度调查，验证房屋存在的主要问题；通过分析得出正确的鉴定结论。

查勘作为鉴定工作的侦查阶段，其准确的判断结果，可以体现鉴定人的高超技术水平和能力。

1. 房屋查勘概念

房屋查勘是指依据国家有关法律法规、规范、标准的规定，对房屋现状的调查探测，即借助专业知识和经验，对房屋现状进行全面调查，通过收集相关资料和照片，记录和复核相关资料，对房屋现状进行基本描述。

2. 房屋查勘的目的

房屋查勘的目的是查找和发现房屋结构、房屋使用功能是否现存问题及安全隐患。这个过程所采集的数据参数，直接影响着房屋鉴定分析和房屋等级评定。因此，房屋查勘工作是整个鉴定过程的非常重要的阶段和组成部分。

房屋查勘技术水平的高低，体现了鉴定人的能力，如何在繁多的房屋存在问题和隐患中进行精准查找，主要看鉴定人的专业知识和经验，精准查勘是房屋安全鉴定结论的最佳途径。所以房屋查勘需要鉴定人掌握相应的设计、施工、装修、检测、加固、地勘、房屋管理、房地产开发以及相关法律法规、规范标准等综合专业知识，需要丰富的技术经验。丰富技术经验需要长期工作的积累，需要鉴定人不断地学习和培训提高综合专业知识，养成分析问题的习惯，对房屋发生的突发事件要有敏感性，培养独具慧眼的能力。

很多人将房屋查勘与房屋检查混为一谈。其实不然，因为房屋查勘对房屋存在的问题的翻检程度远大于一般性的房屋检查，而且目的性和深入程度远远高于一般性的房屋安全检查。房屋查勘与房屋检查的最大区别在于滴灌与漫灌的检查形式，其效果在于精准与非精准判断，其责任在于不可推脱与可推脱的后果，房屋查勘与房屋检查相比更具有追溯性。

3. 房屋查勘的分类

房屋查勘主要包括初步调查和详细调查两个类别，因为查勘工作各时段的内容、深度不同，所以房屋查勘应依次进行。初步调查要了解房屋的基本情况和使用史；详细调查要掌握房屋结构、部件、设备的工作状态和完损状况及使用过程中及违反设计和使用规定的违章行为。

（1）房屋初步调查

初步调查主要包括：图纸资料调查、使用历史调查和使用状况调查三个部分。初步调查是拟定鉴定方案的重要依据。

（2）房屋详细调查

详细调查主要包括：结构构件现状的查勘、结构上的作用调查、地基基础工作状况查勘、结构构件测量等。详细调查是鉴定分析的主要参考。

2.2.3 房屋检测

建筑检测可以分为在建工程施工过程和竣工验收时的检测，以及投入使用后的既有房屋的检测。本章讲述的是后者。两种检测既有区别，又有相通，而且相通大于区别。

房屋检测是一项严谨的科学实践活动，它结合了建筑科学、化学、材料学、物理学、电子学等学科的知识，是一项学科交叉性很强的实践活动。通常情况下检测单位受委托方的请求而实施检测工作。当房屋安全鉴定单位自身就具备检测实力时，检测方案通常会依照鉴定方案的鉴定项目的需要来编制，从而开展检测工作。

房屋的检测是对结构及部件的材料质量、工作性能方面所存在的缺损进行详细检测和试验，检测数据为鉴定分析、判断提供技术支持。可以说房屋的检测是房屋查勘过程取得的查勘数据的深入和验证，是鉴定分析的依据。

1. 房屋检测概念

房屋检测是指依据国家有规范、标准、规定，为获取反映既有房屋现状的信息和资料，进行现场调查、测试和取样；进行室内试验以及后期数据整理和报告的工作过程。

2. 房屋检测的目的

房屋检测的目的是运用一定的技术手段和方法，检验、测试房屋技术性能指标，深入验证房屋查勘过程中发现的问题，为鉴定分析提供充实的依据。

3. 房屋检测的分类

（1）房屋完损状况检测

房屋完损状况检测主要针对房屋结构、装修和设备的完损状况，对其存在的倾斜、沉降、裂缝、损坏、锈蚀、碱蚀、老化程度进行度量。通过数据统计分析，为后续鉴定、加固、维修提供技术参数。

（2）房屋安全性检测

房屋安全性检测主要针对房屋地基基础、上部结构、维护系统出现的倾斜、变形、沉降、裂缝、构造连接、承载能力、整体牢固度的缺陷程度进行度量。并通过材料性能检验，判断房屋安危，为后续鉴定分析、加固设计、施工维修提供技术参数。

（3）房屋损坏趋势检测

房屋损坏趋势检测主要针对房屋受相邻工程等外部影响或设计、施工、使用等内在影响因素的作用而产生或可能产生变形、位移、裂缝等损坏程度进行度量。包括初始检测、损坏趋势的监测和复测，为后续鉴定分析、加固、维修提供技术参数。

（4）房屋结构和使用功能改变检测

房屋结构和使用功能改变检测主要针对房屋拆改、加层、变动结构以及房屋改变设计用途或增大使用荷载等情况，对房屋现状存在的倾斜、变形、沉降、裂缝、构造缺陷、承载能力的程度进行度量。为后续鉴定分析、加固设计、施工维修提供技术参数。

（5）房屋抗震能力检测

房屋抗震能力检测主要针对未进行抗震设防或设防等级低于现行规定的房屋的质量现状，对其地基基础、上部结构、维护系统出现的倾斜、变形、沉降、裂缝、构造缺陷、设计缺陷的程度进行度量，并结合结构布置、抗震构造措施的查找，为后续承载力验算、抗震承载力复核、综合抗震能力分析、抗震加固设计与施工提供技术参数。

（6）灾后房屋检测

灾后房屋检测主要针对房屋遭受火灾、雪灾、风灾、地震、爆炸等，对其结构构件损坏范围、程度及残余抗力、沉降、倾斜、裂缝的检测和度量。为后续鉴定分析、加固设计、施工维修提供技术参数。

（7）建筑工程质量纠纷鉴定检测

建筑工程质量纠纷鉴定多因施工质量纠纷引起，质量检测主要针对建筑工程施工质量现状，依据委托方的要求和现场检测条件，对已建成或未建成的建筑工程施工质量进行评定。评定范围应根据需要可局部、可整体，可构件、可结构体系，但质量的异议范围尽可能缩小，并由双方约定检测的方法。

4. 既有建筑的再界定

既有建筑是指已建成二年以上且已投入使用的建筑物。对已建成但未满二年且已投入使用或已建成满二年且未投入使用的建筑也应视为既有建筑，因为其实际现状已具备或更接近既有建筑定义。

（1）已建成但未满二年且已投入使用的房屋

已建成但未满二年且已投入使用的房屋，由于检测手段和条件受到一定的限制或相当多的分项检验项目，不可能按新建工程进行检测和追溯。因为其抽样条件更符合可靠性鉴定的实际，应按可靠性鉴定标准进行抽样检测，但鉴定结论是房屋安全等级，而不是施工质量验收合格与否。

（2）已建成满二年且未投入使用的房屋

已建成满二年且未投入使用的房屋，因为检测手段和条件具备，应按新建工程现场检测技术标准进行取样测试和追溯。因为其抽样条件更符合施工质量验收的实际，鉴定结论可以判断出房屋安全等级，也可以判断为施工质量验收合格与否。

上述两种情况，都应尽量避免用可靠性鉴定标准替代施工质量验收标准。

5. 房屋检测与工程质量检测的区别

（1）检测标准的不同

1）房屋检测是依据房屋现状和鉴定标准中对检测工作的规定和要求进行的检测。按照检测量的有关要求进行抽样检测，其样本容量不应低于最小检测量要求。

2）工程质量检测是依据现行的工程建设标准和设计文件，对建设工程的材料、构配件、设备，以及工程实体质量、使用功能等，按照验收批要求进行的测试。

（2）检测对象的不同

1）房屋检测主要针对既有房屋。如因设计失误、施工缺陷、使用不当、材料性能恶化、房屋改变用途、房屋长期处于恶劣环境等导致房屋不能正常使用，需要进行房屋检测。

2）工程质量检测主要针对建筑工程。如对建筑材料、基坑施工、地基基础工程质量、主体结构工程质量、建筑节能施工质量等所进行工程施工质量验收检测。

（3）检测环境的不同

房屋检测与工程质量检测的检测条件、检测对象的龄期、结构荷载使用经历、结构损伤，因检测环境不同其抽样量均存在很大的差异。房屋检测一般分为现场数据采集和取样试验两部分。

1）现场数据采集视情况应包括：数据观测、数据测量、载荷试验等，并进行数据记录。

2）取样试验一般视需要应包括：试样测试、试样分析等。取样试验一般情况下仅代表所测构件。

房屋检测后要形成检测报告，罗列、总结检测数据的统计、处理和计算等，真实反映房屋的相关参数和现状，为后续工作（如鉴定、分析、加固处理等）提供可靠数据。因此，房屋检测是房屋鉴定中的重要环节，是一项重要的基础工作，其检测数据对房屋存在问题的验证和鉴定分析起到重要的支持作用。

2.2.4 房屋结构验算

在既有建筑鉴定中，结构验算是相对重要而关键的环节。结构设计算与鉴定中的结构验算有着本质的区别。结构设计算是研究在预定条件下，结构应该达到预期的目标；而结构鉴定验算是研究在现状条件下，结构实际达到的目标。

结构验算受各种客观因素的制约较大，如建造年代的时间跨度、建设新旧标准的差异（含设计、施工、检测标准）、施工工艺差异、既有结构存在的各种缺陷或损伤等。因此，结构验算与结构设计算相比较为复杂。结构验算中如何处理这些差异和缺陷，如何建立符合现状的计算模型，如何合理选取各种参数，使结构验算能真正体现建筑的受力状态，是鉴定人员进行结构验算的关键工作。

1. 房屋结构验算的分类

结构验算分为构件验算和结构整体验算两个部分。一般情况下，结构验算是以承载能力和变形为主要对象。当结构构件经检测后材料强度有所降低、截面尺寸减小，当改变使用功能或改造后构件上荷载发生变化、受力方式被改变时，都需要对结构构件重新进行验算。结构验算分为承载能力极限状态和正常使用极限状态两种不同情况下的验算形式。

（1）承载能力极限状态验算

承载能力极限状态是指结构或构件达到最大承载能力，或达到不适于继续承载的变形的极限状态。承载能力极限状态下的结构或构件验算，主要对应于结构或结构件达到最大承载能力或不适于继续承载的变形。也包括结构件或连接强度不足、结构或其一部分作为刚体而失去平衡（倾覆或滑移）、在反复荷载作用下构件或连接发生疲劳破坏等进行的结构验算。因为当结构全部或部分超过其承载能力极限状态时，会引起结构构件的破坏或倒塌，从而导致人员的伤亡或经济损失，所以对结构构件的验算必须按承载能力极限状态进行计算，以确保结构或构件满足安全性的要求。

（2）正常使用极限状态验算

正常使用极限状态是指结构或构件达到正常使用或耐久性能中某项规定限度的状态，

称为正常使用极限状态。正常使用极限状态下的结构或构件验算，主要对应于结构或构件超过正常使用限制，出现的裂缝或挠度变形。当结构全部或部分超过其正常使用极限状态时，会影响结构构件的正常使用。所以对结构构件的验算必须按正常使用极限状态进行计算，以确保结构或构件满足使用性和耐久性要求。

2. 房屋结构验算的意义

房屋结构验算结果直接影响房屋安全等级，可以说结构验算是房屋安全鉴定中的重要指标。如构件的承载能力、构造和连接、不适于继续承载的位移（或变形）、裂缝等项目的房屋安全性等级的评定需要结构的验算支撑。再如构件的裂缝、变形、偏差、腐蚀、缺陷和损伤等项目的正常使用性评定也需要结构验算的支持。

房屋鉴定过程是根据鉴定标准的相关要求，以构件鉴定为基础，按照一定的流程，逐级进行判定，最终完成整体建筑的鉴定。这个过程中无论房屋安全性还是正常使用性等级评定，都离不开结构验算结果的支撑和支持。由此可见，构件的结构验算以及建筑整体的结构验算是房屋安全鉴定工作中一项重要而且不可或缺的工作。

3 房屋查勘技术与方法

房屋查勘是鉴定人员依据国家和地方有关法律法规、规范、标准、规定，结合房屋有关技术文件，借助专业知识和实践经验，对房屋现状进行全面调查、检测和描述，并对房屋的完损状况给予综合性的初步判断。其初步判断的准确性体现了房屋查勘技术水平的高与低。

3.1 房屋查勘程序与方法

查勘程序与方法是房屋查勘过程中非常重要的一个环节，直接影响房屋的完损状况综合性初步判断结果。程序与方法正确，会减少查勘工作的弯路和误判，会提高查勘工作的效率和质量。

3.1.1 房屋查勘工作程序

房屋查勘工作程序如图 3-1 所示。

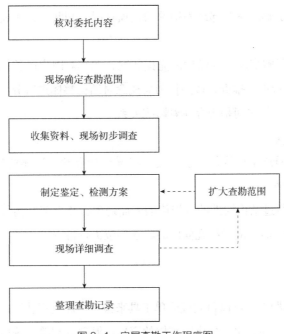

图 3-1 房屋查勘工作程序图

3.1.2　房屋查勘方法

1. 查勘顺序

一般情况下，房屋查勘按照下列顺序进行：先外部后内部，先上部后底层，先承重构件后非承重构件，先局部后整体，先表面后隐蔽。

（1）先外部后内部

1）外部：主要了解房屋的结构类型、结构外观损坏的情况、整体变形情况、房屋周边环境情况、地基基础情况等；

2）内部：主要了解房屋各类构件的工作状态及损伤情况。

（2）先上部后底层

1）上部：主要了解房屋上部各类楼层结构中不利结构的工作状态，检查鞭梢效应对结构的影响，尤其是温度应力及变形影响；

2）底层：底层是承重楼层中最重要的部位，各类作用力相对集中，当底层出现变形、裂缝等情况时，应重点查勘房屋内部结构中的承载构件。

（3）先承重构件后非承重构件

1）承重构件：主要了解房屋结构承重构件工作状态及完损情况，判断其是否存在失效状态；

2）非承重构件：主要了解非承重构件的构造、连接、整体性、牢固性、完损等情况。

（4）先局部后整体

1）局部：主要了解房屋局部结构构件的完损状况，判断其是否属于孤立事件，是否对整体产生影响。

2）整体：主要了解房屋整体结构的完损状况，尤其对因房屋整体侧向位移、水平变形产生的构件裂缝进行重点排查，按照传力树概念对结构整体进行分析，及时发现存在的问题，并区别局部与整体之间是否存在着影响关系。

（5）先表面后隐蔽

1）表面：主要通过结构构件的表面完损状况进行查勘，当怀疑其内部存在缺陷时，应进行必要的深入检测。

2）隐蔽：主要通过结构构件的有规律的表面现象，或上部结构带有明显的因下部结构损坏导致的问题特征时，应对存在问题的隐蔽部位进行检查。

2. 查勘方法

（1）直观检查法

直观检查法是指勘查人员以目测或简单工具来检查房屋完损状况的方法。查勘时通过现场直接观察房屋外形的变化，如房屋结构的变形、倾斜、裂缝、脱落等情况，用简单工具测估房屋损坏程度及损坏构件数量,根据技术经验判断房屋构件的损坏程度。如:看、摸、敲、照等。

（2）重复观察法

重复观察法是指由于被查勘房屋的损坏情况不断变化,需要多次查勘才能掌握其损坏程度,因此需采用重复多次观察的方法。

（3）量测检查法

量测检查法是指采用仪器对房屋构件的完损状况进行定量检查的方法。

（4）破损检验法

破损检验法是指由于被查勘房屋的构件损坏情况被遮挡或需采样,采用局部破损进行检查的方法。

3.2 房屋安全隐患概述

房屋查勘的根本目的是找出房屋的隐患,以便提出消除隐患的措施,保证房屋使用安全。

房屋安全直接关系国计民生、社会和谐和稳定。房屋因建造年代不同和结构类型的不同,存在的房屋安全的隐患各有不同。这些安全隐患在诱因的作用下造成房屋倒塌的恶性事故时有发生,及时发现和查清房屋安全隐患,将有利于及时整治,确保房屋安全使用。

3.2.1 房屋安全隐患概念

房屋安全隐患是指房屋存在不安全的因素,对房屋使用者或周边环境构成潜在威胁。构成房屋安全隐患的有很多,如:结构构件存在的安全隐患、使用不当引起的安全隐患、相邻施工影响引起的安全隐患、环境改变引起的安全隐患、房屋及设备老化引起的安全隐患、突发事件引起的安全隐患等。

3.2.2 房屋安全隐患的存在形式

1. 现象尚未出现

能够正常使用的房屋不能简单判定房屋没有安全隐患。如结构体系存在缺陷的房屋,在环境未发生改变的情况下房屋完好；地震区域未进行抗震设防的房屋,震前房屋完好；房屋构造有缺陷,使用过程中房屋完好等；虽然房屋使用过程中没有房屋损坏迹象的表现,但当灾害来临时会出现房倒屋塌的现象。

2. 量变尚未达到质变

房屋建造过程中，各种构件存在的瑕疵并没有影响房屋正常使用，但日积月累安全隐患会逐渐显露出来。如地基基础的不均匀沉降造成的房屋位移过大；结构出现的受力裂缝的扩展；房屋逐步老化造成抵抗外力能力的降低等；当这些变化达到一定程度，结构或构件不能承受外力的作用时，灾害也就发生了。

3. 局部影响整体

房屋应具有良好的承载能力、适宜的刚度和较好的耐久性，在使用期内房屋结构应适应可能出现的各种情况。房屋的结构和构件关联性较强，构件共同工作组成了结构整体，构件的破坏或失效会导致结构内力重新分配，造成构件承载力不足或结构整体失稳破坏。构件的失效会引起结构局部损坏或坍塌，而局部损坏或坍塌又严重威胁着结构整体的安全。

3.2.3　房屋安全隐患的危害

1. 对使用者人身和财产构成威胁

房屋是为人们提供生活和工作的场所，人们的大部分生产、生活活动是在房屋内进行的，其财产也密集于房屋之中。因此，房屋的安全隐患直接对人身和财产构成潜在威胁，当隐患发展为破坏时，人身和财产也将受到损害。

2. 不能有效抵抗灾害

自然或人为灾害诱发房屋破坏，危害人们的生命和财产。按照设计标准设计的房屋本身就必须具有抵抗预期灾害的能力，即使在一定范围内超过预期，也应具有保护人们生命和财产的作用。隐患的存在会降低了原房屋抵抗灾害的能力。

3. 伴生次生伤害

灾害发生本身就是对房屋的破坏，而在抢险过程中亦会产生次生灾害，如：火灾发生时，用于灭火的低温水会使高温混凝土爆裂，使结构失去稳定性造成房屋坍塌；爆炸后现场清理对结构的扰动会造成房屋坍塌；进而对救助者产生威胁并会造成次生伤害。

4. 降低房屋使用寿命

房屋结构一般都是由构件组成，构件组合为结构，结构组合为结构体系。构件、结构和结构体系三者之间关系密切。房屋安全隐患的长期存在会使房屋受力特征发生改变，严重影响房屋使用寿命，降低房屋安全使用周期。

5. 对周边环境安全构成威胁

房屋一般与周边环境有密切的关联，当房屋安全隐患（包括附属构件脱落等）演变为事故时，不仅威胁着房屋使用者的安全，同时也威胁着房屋周边安全。

3.2.4 房屋安全隐患的表现特征与特性

1. 房屋安全隐患的表现特征

房屋安全隐患可以归纳为显性和隐性两个部分。即外在的安全隐患可以明显看得到，同时可以分辨出局部与整体存在安全隐患的表现特征。而内在的安全隐患只有通过分析才能发觉得到。

（1）外在表现特征

房屋的外在安全隐患表现特征大致有两种。一是通过直观可以发现房屋存在明显的传力路径改变、受力裂缝、变形、构造缺陷、结构损伤等可能影响房屋安全的现状。二是房屋自身不存在安全隐患，而周边环境存在安全隐患，当外在的安全隐患演变成事故时，会对房屋安全产生直接影响。如：房屋密集区周边危险房屋倒塌时，波及附近房屋；沟壑旁的已有房屋，由于周边新建房屋对已有房屋产生附加应力或其他原因使土方塌落，造成已有房屋倒塌。

（2）内在表现特征

房屋的内在安全隐患表现特征大致有两种。一是房屋自身存在的结构体系不完善、平面及立面布局不合理。二是房屋自身存在的刚度、强度、整体性、牢固度、稳定性不足。

（3）局部表现特征

房屋安全隐患的局部表现特征是指房屋某一个或几个构件，包括结构的某一个部分存在安全隐患，这些安全隐患发展为破坏时，造成房屋局部结构破坏，但不至于影响房屋整体结构发生危险。如：屋架有安全隐患会影响上部屋面；简支梁破坏会影响上部楼板；多跨框架的连系梁破损，不致影响整个框架体系破坏等。

（4）整体表现特征

房屋安全隐患的整体表现特征是指房屋结构体系不合理，有一处或多处关键点存在安全隐患，安全隐患发展为事故时，其他关联结构或存有安全隐患的部位随即发生安全问题，使房屋结构体系发生破坏，严重时会造成房屋倒塌。如：老旧房屋其结构整体性差，某一处发生事故时，整个房屋就有可能倒塌，或某一存有安全隐患的结构发生破坏时，房屋就有连续倒塌的可能。

2. 房屋安全隐患的特性

（1）规律性。虽然房屋建造年代的不同、结构形式的不同、使用维修的及时度不同，使其具有明显的时代印记。其安全隐患具有一定的规律性。按照安全隐患规律进行查找，判断安全隐患的危险程度，可将房屋危险性降到最低。

（2）时效性。各个时期建造的房屋都有其当时环境特点和建设标准，根据房屋的建成年代进行归类，可更准确查找房屋存在的安全隐患。

（3）普遍性。房屋在使用过程中，房屋质量问题会或多或少地表现出来，所以房屋质量瑕疵带有普遍性。

（4）可认知性。对于隐患的认知必须开阔思路，当构件不能说明隐患实质时可以从结构体系查找，当结构体系不能说明隐患原因时可以从周边环境查找，当设计、施工不能说明隐患原因时可以从施工工艺查找。

（5）复杂性。由于房屋结构形式不同，安全隐患存在形式也各不相同，应根据房屋结构的特点查找安全隐患，当安全隐患复杂时，需要一定的技术分析，不能直观或草率下结论。

3.2.5 房屋安全隐患产生的原因

1. 先天因素

房屋安全隐患产生的先天因素，取决于房屋设计质量和施工阶段的建造质量，主要表现为：

（1）设计考虑不周，结构不合理。经常出现的问题是对地质勘探资料掌握不全面，造成基础产生不均匀沉降；或非正式设计以及未经设计等，造成房屋结构存在局部或整体性缺陷。

（2）施工质量差。施工中偷工减料，粗制滥造，违背客观规律盲目抢工赶时或施工期间遭遇恶劣的气候而未采取有效的补救措施等，使房屋结构存在永久性的"先天不足"。

2. 后天因素

房屋隐患产生的后天因素，取决于房屋投入使用阶段的安全使用和维护维修。

（1）房屋超期服役。房屋超期服役或长期缺少维修养护或维护不当，结构构件材质日趋老化。

（2）不合理使用造成的人为损伤。不合理使用房屋主要包括：擅自更改房屋结构、构件，或加层、改变用途、超载使用或装饰装修任意拆改结构、盲目加大使用荷载等违反科学使用的行为。

（3）灾害影响。房屋遭受地震、暴风、雨雪、洪水等自然灾害；或滑坡、泥石流、地陷等地质灾害；或火灾、爆炸、振动、碰撞等偶然事故的影响，使房屋结构发生破坏。

（4）周围环境的影响。房屋受高温潮湿环境影响，腐蚀性气体、液体的侵蚀以及白蚁危害；室外排水条件的恶化或地质条件因素引起的地下水位变化；相邻建筑物施工的影响等，使房屋结构发生破坏。

任何先天和后天因素产生的安全隐患都可能降低房屋的安全性，甚至导致安全事故的发生。解决房屋安全问题，不仅仅是破损后的维修和出现安全问题的治理，更主要是清楚房屋的安全隐患及其成因，及时采取必要的措施，防患于未然。

3.3　房屋安全隐患分类

3.3.1　因设计缺陷引起的安全隐患

房屋结构设计是建筑工程的灵魂和依据，是房屋建设及安全的首要技术环节。正确的设计程序应该是，遵循国家、行业及地方的现行设计规范及相关技术条文，根据地基、结构和材料的特性进行设计，保证房屋结构的安全。

常见的设计缺陷很多，往往很小的设计缺陷会造成大的灾难，设计缺陷与安全隐患相伴而生，危害极大。设计缺陷存在于结构构件和结构体系中，当设计安全储备被设计缺陷的多发取代时或结构的某一点缺陷造成结构失稳时，灾难也就发生了。设计缺陷可以通过设计文件进行查找，也可以从房屋结构的工作状况中进行寻觅。相关的设计缺陷主要体现在下述方面。

1. 荷载和计算部分

（1）结构体系选型错误，给结构埋下安全隐患。

（2）7~9度抗震设防时，框架结构未进行薄弱层检验和验算。

（3）地下建筑抗浮计算时浮力项未乘分项系数1.2，自重项未乘分项子数0.9。

（4）对质量与刚度分布明显不对称、不均匀的结构，仍按单向水平地震作用进行计算，未考虑偶然偏心的影响。

（5）选用标准图中的标准构件时，未作必要验算。特别选用悬挑构件时应该验算抗倾覆能力是否满足。

（6）当地下室底板在水位较高时，强度及抗浮计算易漏算了地下水浮力的影响。

（7）质量和刚度分布明显不对称的结构时，未计入双向水平地震作用下的扭转影响。

（8）顶层小塔楼地震内力计算，由于参与振型数取得不够或漏乘顶层小塔楼地震力放大系数。

（9）框架结构设计时，忽略楼梯对框架柱所产生的短柱效应，造成的结构损伤。

（10）顶层装饰物（包括高女儿墙）未进行抗震计算，也未采取抗震构造措施。

（11）现浇楼面中梁的刚度增大系数被放大，形成"强梁弱柱破坏机制"，使柱顶发生"斩首"破坏。

2. 地下室与基础部分

（1）地基承载力特征值与地质报告不符，或将设计安全的建筑置于不稳定的地基之上。

（2）地下工程防水混凝土止水措施不足或施工缝尺度过小。

（3）地下水位较高、地面上楼层不多时，未进行抗浮验算或未采取可靠的抗浮措施。

（4）地下室墙的门（窗）洞口未按计算设置基础梁或暗梁。

（5）地下室钢筋混凝土顶板作为房屋上部结构的嵌固部位时，采用无梁楼盖的结构形式。

（6）地下室顶板有大开口处的地下室墙，未另作计算。

（7）柱下独立承台基础未设两个方向基础梁。

（8）基础埋置深度或桩未进入持力层，造成承载力不够。

（9）未按弹性板程序复核也未采取措施。

（10）工业厂房中未考虑地面堆载对基础影响，造成基础设计时承载力不足。

3. 砌体结构部分

（1）在抗震设防区多层砌体房屋设置了转角窗。

（2）在抗震设防地区楼板面有高差时，其高差不应超过一个梁高（错层楼盖高差不大于 1/4 层高且不大于 700mm）。超过时，未将错层当两个楼层计入房屋的总层数中。当错层楼盖高差不大于 1/4 层高且不大于 700mm，错层交界的墙体，除两侧楼盖处圈梁照常设置外，未沿墙长每隔不大于 2m 设一根构造柱。

（3）底框 2 层构造柱纵筋小于 4Φ16。

（4）对小墙垛的强度和梁端支承处砌体局部受压的计算重视不够。

（5）内墙阳角到门窗边的距离不满足局部尺寸限值未采取局部加强措施。

（6）顶层、底层墙体未采取防止开裂措施。

（7）底层墙体开洞，未计入墙体计算的，未进行局部的墙体受压验算。

（8）砌体结构的大梁，跨度超过规定数值时，其支承处未采取措施。

（9）跨度 >4.8m 的梁直接搁置于砌体上未设置垫块。

（10）墙体布置过于杂乱，缺少对称、对齐、上下墙体不连续。

（11）楼板计算时，砖混结构房间外墙（包括楼梯间墙）按固接计算，未按铰接计算。

（12）托墙梁侧向腰筋不满足《建筑抗震设计规范》（2016 年版）GB 50011—2010，即：沿梁高未设腰筋，数量少于 2Φ14，间距大于 200mm。

（13）圈梁兼过梁时，过梁部分的钢筋未按计算用量另行增配。

（14）构造柱设置、房屋的局部尺寸不符合《建筑抗震设计规范》（2016 年版）GB 50011—2010 的要求。

（15）较大洞口两侧未加构造柱。

（16）挑梁外露部分与墙内部分标高不同时，未注意梁在折角处的宽度及钢筋的锚固。

（17）顶层悬挑梁伸入墙内的长度 <2 倍悬臂长度（其上无砌体时）。

（18）外凸窗台板抗倾覆不够。

4. 钢筋混凝土结构部分

（1）混凝土结构的抗震等级选择错误。

（2）未明确底部加强区的层数或高度；底部加强区的层数或高度取错。

（3）约束边缘构件的设计不符合《建筑设计防火规范》GB 50016—2014 的要求。

（4）抗震设计时，采用了部分砌体墙承重和部分框架的混合形式；框架结构中楼、电梯间及局部出屋面的电梯机房、水箱间等均未采用框架承重，采用了砌体墙承重；雨篷等构件未从承重梁、柱上挑出，采用了填充墙上挑出；楼梯梁和夹层梁等未支承在混凝土柱上，而支承在填充墙上。

（5）框架梁支座负钢筋配筋率超过 2.5%。

（6）框支剪力墙结构转换层，其上、下结构侧向刚度比不符合《建筑设计防火规范》GB 50016—2014 的要求附录的要求。

（7）应全长加密箍筋的柱子，箍筋未全长加密。

（8）高层建筑的楼面主梁搁置在剪力墙的连梁上。

（9）大跨度的梁、板未进行挠度、裂缝计算。

（10）楼梯间等结构布置不合理，形成外排柱只有一个方向有框架梁。

（11）吊钩、预埋件锚筋采用冷加工钢筋。

5. 钢结构部分

（1）总说明漏注钢结构耐火等级、防锈等级及相应措施，对焊缝型式及质量等级标注不清楚。

（2）采用的钢号、连接材料的型号和对钢材所要求的机械性能和化学成分的附加保证项目、焊缝质量级别未注明。

（3）计算模型与实际构造不相符。

（4）柱间支撑漏设或设置位置不当。

（5）角钢柱间支撑、水平支撑及刚性系杆的长细比不符合规范规定。

（6）柱脚底面设置在 ±0.000 标高。

（7）隔撑漏设或设置位置不当。

（8）门式刚架转折处（柱顶及屋脊）漏设通长刚性系杆。

（9）檩条、墙梁强度或刚度不足，未进行计算。

（10）檩条、墙梁间漏设拉条（包括斜拉杆及撑杆）。

（11）不同厚度的焊件拼接时，厚板未刨成 1∶2.5 边坡与薄钢板连接。

（12）采用围焊时未说明在转角处应连续施焊的要求。

（13）高强螺栓连接可操作空间不足。

（14）缺少钢结构正常使用期间定期检修维护的设计要求。

3.3.2　因施工缺陷引起的安全隐患

施工是依照施工程序、设计文件、施工工法和施工质量标准，将图纸要求转化为产品的行为。由于建筑产品的特殊性，决定了整个施工过程极其繁杂，施工阶段的每一个环节都会影响建筑质量。施工过程是房屋安全隐患产生的多发阶段，这一阶段包括基础工程施工、主体结构施工、屋面工程施工、装饰工程施工等。

常见的施工缺陷很多，施工缺陷与安全隐患相伴而生，施工缺陷既有构件缺陷也有结构体系缺陷，施工缺陷的堆积，会造成房屋灾难的频发，危害极大。

1. 地基基础部分

（1）地基缺陷

1）地基强度缺陷主要表现为地基承载力不足或丧失稳定性。如：地基处理不当；地下涌水处理不及时；地下降水造成地基沉降不均；地下物探测不明；对地质报告了解不清；

2）地基变形缺陷主要表现为基础或上部结构出现裂缝或倾斜。如：地下软土、液化土、湿陷性黄土、膨胀土、季节性冻土的处理不当；对地下沟渠、古河道了解不清；抽水过度对摩擦桩影响。

（2）基础缺陷

1）基础错位缺陷主要表现为基础偏移影响荷载传递。如：轴线定位错误形成对下偏心对上偏移；钢筋错轴；混凝土成型错位；基础埋深不足。

2）基础施工质量缺陷主要表现为基础承载能力不足。如：基础混凝土成型偏小；基础混凝土强度不足；基础混凝土振捣不密实；基础钢筋成型及配筋偏小；基础主次梁钢筋绑扎搭接混乱；基础砂浆及块材强度不足；桩基承载能力不足；单桩桩端未到持力层；摩擦桩土体降水扰动；基础拉板桩缺失。

2. 砌体结构部分

（1）砌体强度不足。主要包括：砌体砂浆强度不足；砌体块材强度不足；砌体组砌方式不当等。

（2）较小墙肢墙体承受较大集中力。主要包括：没有扶壁柱的外围护墙设置混凝土大梁；没有扶壁柱外围护墙设置钢屋架；砌体墙未设置梁垫；较大洞口两侧未设置构造柱等。

（3）砌体裂缝。主要包括：受力裂缝，沉降裂缝，温度裂缝，收缩裂缝等。

3. 钢筋混凝土结构部分

（1）混凝土承载能力不足。主要包括：混凝土强度不足；原材料质量差；混凝土的配合比不当；混凝土成型截面尺寸不符合设计要求；混凝土振捣不密实出现蜂窝、麻面、孔洞、夹芯、露筋、烂根、漏振等；混凝土养护不良等。

（2）混凝土裂缝对结构的影响。主要包括：影响结构安全的荷载裂缝，如超宽的受力裂缝；影响结构正常使用及耐久性的裂缝，如强度裂缝、材料收缩裂缝等；允许存在的不影响结构安全和耐久性的微细裂缝。

（3）钢筋材质不符合要求。主要包括：钢筋材质不符合设计要求；钢筋代换不符合规范要求；钢筋正负差冷拉不符合有关规定；冷拔钢筋超出使用范围限制条件等。

（4）钢筋配置不当。主要包括：

1）钢筋配置偏差。主要包括：主筋配置偏差；箍筋配置偏差；架立筋配置偏差等。

2）外形尺寸偏差。主要包括：加工成型偏差；绑扎成型保护偏差；大直径钢筋搭接节点处偏差等。

3）钢筋位置不准确。主要包括：踩踏造成的钢筋位移；箍筋加密区的疏漏；钢筋位置搭接错误；钢筋位移过大；钢筋锚固长度不足等。

4）钢筋严重锈蚀。主要包括：混凝土保护层不足；有害水质侵入等。

4. 钢结构部分

（1）加工下料缺陷。主要包括：加工下料质量未达到要求；切割下料时翼缘板尺寸宽窄不一；切割边缘有较深的切痕与凹陷等。

（2）焊缝缺陷。主要表现为：

1）外观质量缺陷主要包括：尺寸偏差；根部收缩；咬边；弧坑裂纹；电弧擦伤；接头不良表面夹渣和表面气孔；焊缝不饱满等。

2）内部质量缺陷主要包括：焊缝有气孔、夹渣、未焊透、裂纹等。

（3）安装缺陷。主要表现为：尺寸的偏差；运输吊装过程中产生超过规范的变形；未予校正而强行拼接导致结构次应力增大或平面外受力等。

（4）螺栓的缺陷。主要表现为：最终扭矩值不符合要求，欠拧现象较为普遍；螺栓伸出螺帽的长度不一致出现超拧或欠拧现象；在要求采用双螺帽的部位采用单螺帽而未采取防松动措施；螺栓就位误差较大未按要求进行扩孔和补孔处理；改变螺栓位置使刚接点变成铰接点；螺栓松动未拧紧等。

（5）支撑体系缺陷。主要表现为：支撑与结构构件的组合不能形成结构不变体系；支撑缺失导致荷载传递失效或稳定性不足。

（6）抗风柱与屋面梁连接不当。主要表现为：抗风柱上端未能与屋面梁进行有效连接；将抗风柱由底部刚接点上部为不动铰接点的竖向结构，改变为悬臂柱结构，增大了构件内力。

（7）防腐、防火涂装缺陷。主要表现为：构件涂装前除锈除残渣不彻底，局部涂层的损伤未及时补刷；在焊接、螺栓及边角处漏涂；涂层厚度和涂刷方式未达到设计要求；涂层厚度和致密性未达到设计要求；钢结构的锈蚀削弱结构有效面积等。

3.3.3　因房屋使用不当引起的安全隐患

正常使用是指按房屋的设计使用功能合理地使用房屋，不随意改变使用功能，不随意改变结构或增大结构荷载。当改变了房屋应有的使用条件，或改变结构受力形式，或任其长期超载，或任其结构老化，都会形成房屋安全隐患，导致房屋破坏。经常对房屋进行检查和对房屋破损的及时维护与修缮，可以有效减缓房屋结构的老化，使房屋有较好的耐久性，从而达到或超过其设计使用年限。

1. 使用环境改变

房屋除自身因素外，其周围环境的变化也会形成房屋安全隐患。相邻房屋施工是引起周围环境的变化最常见的现象。主要表现为：

（1）相邻施工基坑降水影响。相邻施工的基坑降水，使周边地下水位下降，导致相邻房屋已固结的地基土发生沉降。这种变化往往是非均匀的，基础的不均匀沉降，引起相邻房屋的开裂与倾斜。

（2）相邻桩基施工影响。桩基施工对相邻房屋地基土产生的扰动和施工震动，会使周边相邻房屋受到损坏。

（3）毗邻房屋施工影响。毗邻房屋施工会使房屋地基产生附加应力，附加应力的不均匀性的增加会导致房屋发生变形和损坏，直接影响周边相邻房屋的安全。

（4）相邻基坑开挖影响。相邻基坑开挖，护坡桩及止水帷幕发生破坏，使周边房屋瞬间成为危险房屋。

（5）意外事故。爆破施工、意外爆炸等灾害，也会影响房屋安全或给房屋造成安全隐患。

2. 装修改造、随意增加超载

为满足舒适度改善使用环境进行房屋装修时，合理的装修改造不会影响房屋的安全使用。而不合理的拆改、增加荷载，将会不同程度影响房屋的使用安全，而且对整幢房屋埋下安全隐患。

随意增荷超载是指装修使用的建筑材料和使用荷载超过了结构的实际承载能力，可导致楼板、梁、墙、柱等结构构件的承载力不足，甚至形成危险构件构成较大安全隐患。主要表现为：

（1）隐形增加荷载

隐形增加荷载多发生于房屋使用条件的改变时，表面上没有增加荷载，但实际已超出原设计的使用条件。设计荷载值的选取是依据有关设计条件和使用用途而定，且差异较大，当用途与使用条件发生改变时，等于隐形增加了使用荷载。

1）房屋使用功能的改变

改变房屋使用功能主要表现为房屋用途的改变，如将原住宅改为商业、将办公楼改为商业、将原商业改为仓库等。相对于原设计功能和用途等于变相增加使用荷载；改变房屋使用功能等于降低了原设计使用功能，如消防设施、通道的功能，远不能满足改变后的使用功能需求，给房屋安全使用带来隐患。

2）房间结构布局的改变

房间结构布局的改变主要表现为：直接减少砌体（开洞）或在一块预制楼板上增设墙体，使其他墙体承担更多的荷载。这种隐形超载，一方面改变了结构传力路径，另一方面会使房屋结构处于危险状态。

（2）任意增加恒载和施工荷载

1）楼面增加过重装饰材料和设备

在原有的楼地面上增铺设地面砖或石材地面，或增加过重的设施设备，等同于增加楼面恒载。这种盲目做法没有考虑原结构构件的实际承载能力，给结构安全埋下隐患。

2）施工材料任意堆放

在装修施工中材料任意堆放现象较为普遍，这种堆放带有很大的随意性，甚至将局部房间作为材料堆放的仓库。由于对房屋设计的使用荷载的不了解，堆载会对房屋结构产生隐形损坏，影响结构使用周期甚至造成安全隐患。

3）房屋加层

房屋加层是指在原有房屋结构上部的接层，或在房屋内部的层间增设楼板形成夹层。这种加层荷载、装修荷载、施工荷载、使用荷载必然由下部房屋结构所承受，致使下部结构、地基基础因超载出现损坏，形成较大的结构安全隐患。

（3）拆改结构

拆改结构改变了结构受力体系，其主要危害是承载力下降、应力集中、轴心受力变为偏心受力，造成结构传力模式的改变，形成结构安全隐患，危害极大。常见的拆改结构的主要行为：

1）墙体开凿沟槽

墙体上开凿沟槽埋设线管会削弱墙体的有效截面，尤其墙体两侧同时开凿沟槽，使墙体承载截面变小，降低了墙体承载能力。开凿沟槽易使墙体形成偏心，易形成失稳构件或危险构件。

2）墙体开洞

墙体随意开设洞口，既削弱墙体承载截面又削弱墙体刚度，造成了墙体承载力、抗震性能的严重下降。拆除非承重墙，或在其上开洞，或将窗台下部墙体拆除，会降低墙体抗剪能力和抗地震力能力。

3）混凝土梁打孔

混凝土梁打孔会对节点部位的钢筋骨架造成损伤。打孔即削弱了构件的有效截面，又损伤结构钢筋，同时降低了梁的承载能力和抗震性能，形成安全隐患。

3. 受力状态的改变

（1）楼板开大洞口

增设扶梯或形成局部大空间，将整开间的现浇混凝土楼板拆除，使原跨中板变成端跨板，内力重分配，改变了结构原有的受力模式。导致被拆除楼板两侧相邻板、梁的正弯矩增大，剪力增大，形成安全隐患。

（2）房间内部下挖自建地下室

底层下部墙体和基础多为轴向受力，下挖房心土导致下部墙体一侧受土压力，另一侧临空，改变了墙体的受力状态。房心土的减除会使基础抗浮能力减弱，易出现安全隐患。

（3）框架结构局部夹层

框架结构的局部夹层（错层）会使局部框架柱形成短柱。短柱使该跨框架刚度增加，在水平荷载作用下，必然承受更大的水平力，形成短柱效应。短柱改变了框架结构原有的受力状态，当地震发生时，若局部夹层改造所形成的短柱效应直接导致该跨先行破坏并影响到其他框架；若整幢楼进行夹层改造时，这种现象会更加明显，为整幢楼留下了安全隐患。

4. 改造施工检测和验收存在短板

（1）采用植筋技术，未进行相应的检测

砖混、框架结构上部进行钢结构增层，竖向植筋将上部钢结构与下部混凝土框架结构相连，其施工验收仅对上部钢结构的施工质量，而对植筋是否伤及下部结构没有任何验收和检测要求。当竖向植筋嵌固端未经加固，或植筋不进行抗拔性能检测，或预埋螺栓最终扭矩不进行检测，其接合部位极易形成薄弱点，造成结构安全隐患。

（2）采用粘钢、碳纤维加固技术，质量难以确定

粘钢、碳纤维加固技术，其施工技术要求高，专业性强，常在房屋改造过程中使用该技术。验收时梁、柱外包钢加固时，外包钢部分并未受力，被加固部分没有卸荷要求，原结构只有再次受到变形或损坏时才能起作用。加固后的质量效果很难以做到对其实体的检测，其加固质量难以确定，如有缺陷就会形成较大的结构安全隐患。

（3）改造后的新老结构不能共同工作

砌体结构改变布局、封堵原洞口增设新洞口，虽经计算满足要求，但洞口封堵后，其上部顶紧程度未作要求。封堵砌体只起封堵作用而不能传力，改造后的新老结构不能共同工作，造成封堵墙体上部应力集中，导致后期墙体开裂。

3.4 房屋查勘技术要点

3.4.1 房屋的调查

1. 房屋使用条件调查

主要包括调查了解房屋历史、实际使用条件和内外环境等相关情况。

（1）房屋历史的调查

主要包括：建筑物设计与施工、用途和使用年限、历次修缮与加固、用途变更与改扩建、使用荷载与动荷载作用、历次检测情况以及遭受灾害和事故的情况等。

（2）房屋结构体系调查

主要包括：房屋结构的基本情况、形式、连接、构造以及荷载变更情况。

（3）房屋存在的主要问题调查

主要包括：房屋变形、裂缝、渗漏等病害或缺陷；受灾结构的损坏程度，改扩建部位或维修加固部位的结构状况。

（4）主要承重结构工作状态的调查

主要包括：房屋地基基础、墙、柱、梁、板等主要承重结构的工作状态的调查检测。具体为检查基础沉降情况（沉降观测记录）和其所处环境（必要时挖开检查）；检测墙、柱、梁、板有无裂缝、钢筋锈蚀等现象。

（5）施工质量和使用状况的调查

主要包括：房屋维修、改扩建、加固或加层的施工质量，以及改建后对整个房屋的影响。

（6）环境条件的调查

主要包括：房屋周围有无在建地下工程进行降水、深基础开挖、土方堆载，或滑坡、塌方等对房屋的影响；房屋是否处于腐蚀性环境或者高温高湿环境；地基长期浸水。

2. 房屋结构上的作用调查

（1）结构上的直接作用

1）永久作用。主要包括：结构构件、配件、楼、地面装修等自重；土压力、水压力、预应力等作用。

2）可变作用。主要包括：楼面活荷载；屋面活荷载；工业区内民用建筑屋面积灰荷载；雪、冰荷载；风荷载；温度作用；动力作用；灾害作用；地震作用；爆炸、撞击、火灾；洪水、滑坡、泥石流等地质灾害；飓风、龙卷风等。

（2）结构上的间接作用

主要包括：地基变形、收缩变形、焊接变形、温差变形或地震等。

结构上的作用不只是荷载的调查，同样重要的还有结构拆改的调查。

3. 房屋图纸资料核查

房屋图纸资料核查的主要内容包括：

岩土工程勘察报告（必要时尚应收集处于同一工程地质单元的周边已有房屋建筑的工程地质资料和区域性地质资料）；设计变更记录；施工图、施工及施工变更记录、竣工图；竣工验收文件（包括隐蔽工程验收记录）；定点观测记录；事故处理报告；维修记录、历次加固改造图纸；房屋建筑检测或安全评估、安全鉴定报告等。

当建筑物的工程图纸资料不全时，应对建筑物的结构布置、结构体系、构件材料强度、混凝土构件的配筋、结构与构件几何尺寸等进行检测，若工程复杂，应绘制工程现状图。

4. 地基基础的调查

地基基础现状调查应进行下列工作：

（1）查阅岩土工程勘察报告以及有关图纸资料调查

1）场地类别与地基土。主要包括：土层分布及下卧层、软弱土层、持力层的情况。

2）地基稳定性。主要包括：斜坡、滑坡、特殊土变形和开裂、山洪排泄变化、坡地树林态势、工程设施增减等情况。

3）地基变形的调查。主要包括：沉降和水平滑移的数值与速率，地基承载力的原位测试及室内物理力学性质试验等情况。

4）其他因素影响或作用。地下水抽降、地基浸水、水质、土壤腐蚀、邻近工程（已有房屋建筑、在建房屋建筑、地下工程）等情况。

（2）房屋实际使用荷载、沉降量、沉降差和沉降稳定情况的调查

当地基的不均匀沉降引起建筑物倾斜量偏大、结构裂缝、门窗变形、装修及管线破损、电梯运行障碍等现象或怀疑沉降尚未稳定时，应对建筑物进行地基不均匀沉降观测。地基不均匀沉降测点布置、观测操作及判定地基是否进入稳定阶段等可按照《建筑变形测量规范》JGJ 8—2016 的规定进行。

（3）上部结构与地基变形关联情况的调查

当地基资料不足时，可根据建筑物上部结构是否存在地基变形的反应进行评定，如上部结构倾斜、扭曲、裂缝，地下室和管线等情况与地基不均匀沉降是否有关联。

还可对场地地基进行近位勘察或沉降观测。

（4）调查地基的岩土性能标准值和地基承载力特征值

当需通过调查确定地基的岩土性能标准值和地基承载力特征值时，应根据调查和补充勘察结果按国家现行有关标准的规定以及原设计所作的调整进行确定。

（5）调查基础的种类和材料性能

调查基础的种类和材料性能时，可通过查阅图纸资料确定；当资料不足或资料虽然基

本齐全但有怀疑时，可开挖个别基础进行检测。

（6）调查基础相关参数

查明基础类型、尺寸、埋深；检验基础材料强度，并检测基础变位、开裂、腐蚀和损伤等情况。

（7）基础与上部结构连接处的检查

检查基础与框架柱根部连接处的水平裂缝状况。

5. 上部承重结构的调查

（1）上部结构体系的调查

上部结构体系的调查主要是确认结构体系类型，并对结构体系完整性和合理性进行核查。核查内容主要包括：

1）结构平面布置

调查主要包括：结构平面布置的完整性、合理性、规则性、对称性、并对防震缝设置的合理性进行核查。

具体内容为：结构平面的对称性布置；结构平面的规则性布置；短轴与长轴的比例关系；层间结构平面的一致性；楼板有无大洞口；相邻建筑的高差布局及关系等。

2）竖向和水平向承重构件布置

调查主要包括：结构竖向和水平传力途径、竖向和水平向承重构件布置的规则性、完整性、合理性的核查。

具体内容为：结构局部收进或悬挑部位的检查；竖向和水平向承重构件的转换等。

3）结构抗侧力作用体系（支撑系统）

调查主要包括：抗侧力构件竖向和水平向布置的整体性、对称性、一致性、连续性和其他抗侧力系统。

具体内容为：形成局部刚或局部弱的位置；竖向和水平向支撑系统剪力墙、填充墙、剪刀撑的设置及传力线路的合理性；当结构下部楼层减少或取消部分剪力墙、柱子等结构构件时，应调查转换层、薄弱层的形成；竖向构件的连续性，注意结构的承载力和刚度宜自下而上逐渐减小无突变；房屋有无错层、结构间的连系构造；砌体结构还应包括圈梁和构造柱体系等。

（2）结构牢固性现状调查

结构体系其整体的安全性，在很大程度上取决于原结构方案及其布置是否合理；构件之间的连接、拉结和锚固是否可靠；原有构造措施是否得当与有效；这是结构整体牢固性的内涵。

结构整体牢固性的综合作用就是使结构具有足够的延性和冗余度，以防止在偶然作用的作用下发生连续倒塌。因此，不论鉴定范围大小，均应包括对结构整体牢固性现状的调查。

整体牢固性的调查，应结合结构现状，按设计或竣工资料核对实物，询问已发现的问题、听取有关人员的介绍等。

1）结构构件及其连接

主要包括：结构构件的材料强度、几何参数、稳定性、抗裂性、延性与刚度，预埋件、紧固件与构件连接，结构间的连系等；对混凝土结构还应包括短柱、深梁的承载性能；对砌体结构还应包括局部承压与局部尺寸；对钢结构还应包括构件的长细比等。

2）结构缺陷、损伤和腐蚀

主要包括：材料和施工缺陷、施工偏差、构件及其连接、节点的裂缝或其他损伤以及腐蚀，如钢筋和钢件的锈蚀，砌体块材的风化和砂浆的酥碱、粉化，木材的腐朽、虫蛀等。

3）结构位移和变形

结构位移和变形的内容主要包括：结构顶点和层间位移，受弯构件的挠度与侧弯，墙、柱的侧倾等。

对房屋使用条件、使用环境、结构上的作用、结构牢固性现状进行调查时，调查深度、调查的内容、范围和技术要求应满足结构鉴定的需要，若发现不足，应进行补充调查，以保证鉴定的质量。

（3）上部结构现状调查

上部结构现状调查应根据结构的具体情况和鉴定内容、要求进行。

6. 围护系统的调查

围护系统的现状调查，应在查阅资料和普查的基础上，针对不同围护结构的特点进行重要部件及其与主体结构连接的检查；必要时，尚应按现行有关围护系统设计、施工标准的要求进行取样检测。

（1）围护系统承重结构与构造

1）围护墙体的材料类型

如砌体墙（砖、砌块）、轻质墙板、钢筋混凝土大型墙板等。

2）围护墙体的结构布置及构造措施

如拉结筋、水平系梁、圈梁（基础圈梁、上部圈梁）、构造柱等设置的位置、间距、数量、长度与主体结构的拉结状况；特别注意检查超高超长墙体中圈梁或水平系梁的设置情况。

3）非结构构件

非结构构件包括：围护墙、隔墙、女儿墙、挑檐、阳台、雨篷的可靠性和布置合理性，其余非结构构件（广告牌等）按照合同约定进行检查。

（2）围护系统使用功能

1）屋面防水。检查防水构造及排水设施的完好程度，注意检查老化、破损、渗漏、排水不畅等现象。

2）吊顶（顶棚）。检查吊顶板、紧固件等的构造是否合理、外观是否完好，建筑功能是否符合设计要求。

3）非承重内墙（隔墙）、自承重墙、填充墙。检查墙体构造是否合理，与主体结构是否有可靠连接，有无可见变形，面层是否完好，建筑功能是否符合设计要求。

4）外墙。检查墙体及其面层外观是否开裂、变形，墙角是否有潮湿迹象，墙厚是否符合节能要求。

5）门窗。检查门窗的框架、外观及密封性的完好程度，注意检查开关或推动的灵活性。

6）地下防水。检查地下防水的做法及现状的完好程度。

7）其他防护设施。隔热、保温、防尘、隔声、防湿、防腐、防灾等各种设施的完好程度。

7. 房屋现状测绘

当委托鉴定项目的图纸资料不满足鉴定工作需要时，可测绘房屋的建筑图与结构图。房屋现状图应能够反映该房屋的使用功能、平面及空间组织情况，包括各层建筑平面图、必要的立面图、剖面图等。结构现状图应能够反映该房屋结构体系在平面、竖向的布置情况，包括各层结构平面、结构的几何尺寸、节点外观等。

3.4.2 房屋结构体系的识别

建筑结构设计是结构可靠性与经济性之间最佳平衡的选择。以最经济的途径和适当的可靠度满足各种预定功能，是结构设计要解决的根本问题，因此出现不同结构体系的选择。结构体系的分类基本上有三种，一是按照结构材料分类，二是按照结构传力方式分类，三是按照设计规范类别分类。

房屋查勘中对结构体系的正确识别十分重要。通过对结构体系的材性和传力方式的分析，可以初步判断构件与结构的关系、局部与整体的关系以及房屋的危险程度。对检测方案的制定、检测位置布点和鉴定分析至关重要。

任何一种结构体系都是根据其建筑功能进行优化选择的结果，有优势但也有缺陷。识别结构体系就应了解各类结构体系的特点，有利于对结构容易出现问题的位置进行查找，明确查勘路径、缩短查勘时间、提高工作效率。

1. 木结构体系

木结构是由单纯木材或主要由木材承受荷载的结构，通过各种金属连接件或榫卯手段进行连接和固定。

（1）优点：如维护结构与支撑结构相分离，抗震性能较高；取材方便，施工速度快。

（2）缺点：易遭火灾、虫蚁侵蚀、雨水腐蚀，相比砖石建筑耐用年限短，梁架体系较难实现复杂的建筑空间等。

2. 砖木结构体系

砖木结构是指建筑物中竖向承重结构的墙、柱等采用砖或砌块砌筑，楼板、屋架等用木结构。由于材料力学与结构刚度的限制，所以民用砖木结构房屋一般不超过三层，多以平房为主。

（1）优点：结构建造简单，空间分隔较方便，自重轻，并且施工工艺简单，材料也比较单一，费用较低。

（2）缺点：耐用年限短，整体性差，抗震性能很差。

3. 砖混结构体系

砖混结构是指建筑物中竖向承重结构的墙、柱等采用砖或者砌块砌筑，而承重梁、楼板、楼梯、屋面板等采用钢筋混凝土结构。砖混结构是以小部分钢筋混凝土及大部分砖墙承重组成的以受压为主的结构形式。

（1）优点：具有良好的耐火性和较好的耐久性，隔热和保温效果好；墙体既可满足围护和分隔的需要又可作为承重结构；砌体结构的刚度一般比较大；施工比较简单，进度快，技术要求低，施工设备简单。

（2）缺点：与钢和混凝土相比，砌体的强度较低，因而构件的截面尺寸较大，材料用量多，结构自重大，建造房屋的层数有限，一般不超过 7 层，一般情况下承重墙体不能改动；砌体是脆性材料，抗压能力尚可，抗拉、抗弯及抗剪强度都很低。即便有圈梁、构造柱等加强措施，在遭受地震时破坏仍较重，因此抗震性能较差；多层砌体房屋一般宜采用刚性方案，因此横墙间距受到限制，不可获得较大的空间，一般只能用于住宅、普通办公楼、学校、小型医院等民用建筑以及中小型工业建筑。

4. 混凝土结构体系

混凝土结构是指梁板、柱、墙以混凝土为主制作的结构。包括素混凝土结构、钢筋混凝土结构、格构式混凝土结构和预应力混凝土结构等。混凝土结构整体性、可塑性、耐久性和耐火性都比较好，工程造价和维护费用低。同时混凝土抗拉强度低，容易出现裂缝；结构自重比钢、木结构大；室外施工受气候和季节的限制；新旧混凝土不易连接，补强修复困难等。

（1）混凝土框架结构

混凝土框架结构是指由混凝土梁和柱组成的纵、横两个方向构成承重体系的结构体系。梁和柱以刚接或者铰接相连接而成，共同承担使用过程中出现的水平荷载和竖向荷载。框架结构的墙体一般不承重，仅起到围护和分隔作用，以采用轻质块材为主。

混凝土框架结构按跨数分为单跨、多跨；按层数分为单层、多层；按立面构成分为对称、不对称；按施工工艺分为现浇整体式、装配式、装配整体式。

1）优点：空间分隔灵活，自重轻，有利于抗震，节省材料；可以较灵活地配合建筑平面布置，利于布置较大空间；框架结构的梁、柱构件易于标准化、定型化，便于采用装配整体式结构，以缩短施工工期；现浇混凝土框架结构整体性、刚度较好，经设计处理也能达到较好的抗震效果，且能将梁、柱浇筑成各种所需截面形状。

2）缺点：框架是由梁、柱构成的杆系结构，框架节点应力集中；框架结构侧向刚度较低，属柔性结构，在强烈地震作用下，结构水平位移较大，易造成严重的非结构性破坏；框架结构总体水平位移上大下小，层间变形上小下大。当高度大、层数相当多时，结构底部各层柱的轴力很大，梁和柱由水平荷载所产生的弯矩和整体的侧移也显著增加，不适宜建造高层建筑。钢材和水泥用量较大，构件的总数量、吊装频次、接头和工序都比较多，工作量大，浪费人力，施工受季节、环境影响较大。

（2）剪力墙结构

剪力墙结构是用钢筋混凝土墙板来代替框架结构中的梁、柱，能承担各类荷载引起的内力，并能有效控制结构的水平力，这种用钢筋混凝土墙板来承受竖向和水平力的结构称为剪力墙结构。

纯框架结构中设置的剪力墙，一般情况下属于非承重剪力墙，是剪力墙的一种特殊形式。

1）优点：结构整体性强，抗侧刚度大，侧向变形小，在承载力方面的要求易得到满足；抗震性能好，具有承受强烈地震而不倒的良好性能；由于没有梁、柱等外露与凸出，便于房间内部布置；剪力墙结构集承重、抗风、抗震、围护与分隔为一体，经济合理地利用了结构材料，适于建造较高的建筑；

2）缺点：结构自重较大，自振周期较短，结构延性较差，由于抗侧刚度较大会导致较大的地震作用；剪力墙的间距小，不能随意拆除或破坏，住户无法对室内布局自行改造；墙体较密，结构建筑平面布置不灵活，不利于形成大空间。

（3）框架-剪力墙结构

框架-剪力墙结构也称框剪结构，是在框架结构中设置适当剪力墙，由框架与剪力墙组合而成的结构。框架和剪力墙协同工作，剪力墙主要承担水平荷载，框架主要承担竖向荷载。

1）优点：框架结构部分建筑布置比较灵活，可以形成较大的空间，但抵抗水平荷载的能力较差，而剪力墙结构具有足够侧向刚度，两者结合协同工作，取长补短。主要的是框架侧向剪切变形因剪力墙足够侧向刚度所弥补，剪力墙自身弯曲变形因框架承载能力而减小。

2）缺点：由于剪力墙布置不均衡，会使墙梁节点部位刚度产生不均匀分配，不可避免地造成刚心、质心不重合，产生偏心扭矩，节点部位会出现裂缝。连梁与剪力墙节点部位在变形过程中易损坏；框架-剪力墙结构在地震作用下，由于配置不合理，框架与剪力墙可能出现铰现象。当剪力墙和框架柱都在首层出现损坏时，会形成首层柔性的不稳定结构，应尽量避免或推迟底层柱、墙铰的出现。

（4）筒体结构

筒体结构是由密柱框架或剪力墙围合成竖向井筒，并以各层楼板将井筒四壁相互连接起来，形成一个空间构架。筒体结构不仅能承受竖向荷载，而且能承受很大的水平荷载；受力特点相当于整个建筑犹如一个固定于基础之上的封闭空心筒体悬臂体来抵抗水平力，迎风面将受拉，而背风面将受压。筒体结构可细分为：筒中筒结构、多筒结构、框筒结构、桁架筒结构。其中，框筒结构还可分为：混凝土框架筒、钢框架筒。

1）优点：空间性能好，具有很大的侧向刚度及水平承载力，并具有很好的抗扭刚度。适用于超高层房屋结构。

2）缺点：筒体结构不易开洞过多过大；框架部分负载较重，侧向刚度较小，会产生较大的侧移，易引起非结构性构件破坏，而影响使用；当层数较多时，楼盖梁搁置在核心筒的连梁上，使连梁产生较大的剪力和扭矩，产生脆性破坏，容易产生剪力滞后现象。

5. 钢结构体系

钢结构是以钢材制作为主的结构。主要包括型钢结构、钢桁架结构、钢框架结构、网架结构、悬索结构等。

钢结构的优点是材料匀质、强度高、自重轻、刚度大、整体刚性好、变形能力强；易于造型、施工速度快、机械化加工程度及回收率高；适宜建造跨度大和超高、超重型的建筑；属于柔性结构，延性破坏事先有较大变形预兆，能够预先发现危险。

钢结构的缺点是钢材防火性能差，不耐高温，易于锈蚀；变形大，结构易断裂；构件损伤，连接节点易出现危险；引发质量问题的因素繁多，产生质量问题的原因也复杂。

（1）网架结构

网架结构是由多根杆件按照一定的网格形式，通过节点连结而成的空间结构。网架结构属于高次超静定结构体系，网架杆件一般采用钢管，节点一般采用球节点。板型网架一般假定节点为铰接，将外荷载按静力等效原则作用在节点上。

网架结构按构造可分为：单层网架结构、双层网架结构、三层网架。按造型可分为：平板网架结构和曲面网架结构。

1）优点：具有空间受力小、刚度大、重量轻、抗震性能好。

2）缺点：杆件易弯曲变形或局部断裂；杆件封板或锥头焊缝连接易破坏；节点易变形或断裂；焊缝不饱满或有气泡、夹渣、微裂缝；高强螺栓易断裂或从球节点中拔出；杆件在节点易相碰；上弦支撑时支座腹杆与支承结构易相碰；支座节点易位移；网架挠度过大。

（2）桁架结构

桁架是指由杆件在端部相互连接而组成的格子式结构。

桁架结构受力特点：结构内力只有轴力，而没有弯矩和剪力。实际结构中结点仍存在微小的弯矩和剪力（没有理想铰接），但对轴力影响很小。

桁架结构可分为：管桁架结构、钢桁架结构（H 和 I 字型）。其中，管桁架结构还可分为：平面管桁架结构和空间管桁架结构。

平面管桁架结构的上弦、下弦和腹杆均在同一平面内，其平面外刚度较差，往往通过侧向支撑保证结构的侧向稳定。

空间管桁架结构通常为三角形截面，与平面管桁架结构相比，空间管桁架结构提高了结构的侧向稳定性和扭转刚度。

1）优点：用料经济、结构自重轻，易于构成各种外形以适应不同的用途，譬如可以做成简支桁架、拱、框架及塔架等。可利用截面较小的杆件组成截面较大的构件。

与网架结构相比，管桁架结构省去下弦纵向杆件和网架的球节点，可满足各种不同建筑形式的要求，尤其是构筑圆拱和任意曲线形状比网架结构更有优势。

与钢桁架（H 和 I 字型）相比，管桁架结构截面材料绕中心轴较均匀分布，使截面同时具有良好的抗压和抗弯扭承载能力及较大刚度，不用节点板，构造简单，外形美观，便于造型，有一定装饰效果。

2）缺点：现场焊接工作量大，焊缝质量要求高；当主管壁过薄剪力过大时，易造成主管局部压溃或主管壁拉断；主管壁出现裂缝会导致冲剪破坏；K 型节点可能在支管与主管间产生剪切破坏；结构破坏时有连锁反应；初始破坏程度小，最终破坏程度大，初始破坏程度与最终破坏程度"不成比例"。

（3）拱式结构

拱是一种有推力的结构，它的主要内力是轴向压力。拱式结构的主要内力为压力，可利用抗压性能建造大跨度的拱式结构。由于拱式结构受力合理，被广泛应用于桥梁、体育馆、车站、机场等大型建筑中。

拱式结构按材质可分为：混凝土结构拱、钢结构拱。按结构的组成和支承方式，拱可分为三铰拱、两铰拱和无铰拱。三铰拱为静定结构，两铰拱和无铰拱为超静定结构。拱结构的传力路线较短，因此拱是较经济的结构型式。

1）优点：拱式结构弯矩、剪力较小，轴压力较大；应力沿截面高度分布均匀；节省材料，减轻自重；跨度较大，有较大的利用空间。

2）缺点：拱对基础或下部结构施加水平推力，增加了下部结构的材料用量；拱的曲线形状使施工不方便。

（4）悬索结构

悬索结构是由柔性受拉索及其边缘构件所形成的承重结构，是通过索轴向受拉抵抗外荷载。

悬索结构可分为：单曲面与双曲面两类。单曲拉索体系构造简单，屋面稳定性差。双曲拉索体系，由承重索和稳定索组成。

1）优点：悬索结构可充分利用钢材强度，自重较轻，便于建筑造型，容易适用于各种平面，较经济地实现大跨度建筑空间，施工方便，费用低。

2）缺点：悬索屋盖结构稳定性差。即：适应荷载变化的能力差；抗风吸能力差；抗风振、地震能力差，其支承结构部分要耗较多材料，无论是钢结构还是混凝土结构，其用钢量都超过了索部分。

6. 混合结构体系

混合结构是相对于单一结构如混凝土、木结构、钢结构而言的，是多种结构形式总和而成的一种结构。最常见的钢屋架与混凝土排架结构、大跨度混凝土预应力结构、拱式结构、悬索混合结构等。

（1）优点：取材性之长，刚度大。

（2）缺点：传力路径复杂、稳定性差，抗震性能弱，结构不宜改动或增加荷载，施工难度高。

3.4.3 结构体系设计与布置一般原则

1. 建筑结构体系设计基本原则

建筑结构体系设计应遵循的基本原则包括：整体安全原则、重点加强原则和舒适度原则。

基本原则的核心是结构布置必须满足建筑的使用功能要求，对不规则的平面布置也应尽可能产生规则结构效应。如：

（1）结构设计应在满足使用功能和建筑造型要求的基础上，通过结构竖向构件和水平构件的合理布置，将梁、板、墙、柱等构件组成一个整体的空间结构体系，以抵抗竖向力和水平力。

（2）对于高层建筑宜满足相关规范规定的房屋结构适用的最大高宽比的要求。

（3）合理地布置抵抗水平力的结构构件（抗剪构件），使结构抗侧力的合力中心尽量与水平力合力作用的投影重合或接近，减少因其偏心对建筑物产生的扭矩。单片抗侧力构件不能抵抗扭矩，所以剪力墙应设置两片以上，并宜对称布置。

（4）在正常使用条件下，高层建筑结构应具有足够的刚度，避免产生过大的位移而影响结构的承载力、稳定性和使用要求。

（5）为减少温度、徐变和收缩产生的内力对结构受力的不利影响，当建筑物较长时，框 - 剪结构中刚度较大的剪力墙不宜布置在建筑物纵向的两端。

（6）对于地震区的建筑，应遵循"小震不坏、中震可修、大震不倒"的设计原则。

2. 建筑结构体系布置准则

从理论上讲，任何建筑体型都有一种相对比较规则的结构受力方案。因为当建筑体型确定以后，整体建筑的形心和质量中心随之确定。设计师在进行结构设计时，只要将结构的荷载中心和刚度中心尽可能地接近乃至重合，那么建筑结构就基本具备了稳定和规则性的条件。

结构设计是根据建筑功能、材料性能、建筑高度、抗震设防类别、抗震设防烈度、场地条件、地基及施工等因素，通过技术经济和适用条件综合比较，在若干假设条件下选择安全可靠、经济合理的结构体系。

结构体系设计首先是对建筑结构整体和细部进行的优化（采用合理的结构形式和布置）。其次是构件设计和构造的优化（建筑结构符合安全耐用和经济合理的要求）。

3. 建筑结构体系布置常见的缺陷

房屋查勘是对结构体系布置的检验，鉴定人的重要任务是识别房屋的结构体系布置的合理性，查找结构体系不足之处，对结构布置中的缺陷及工作状态影响程度进行安全性、适用性判断。比如，将合理的结构体系置于不适于的地质、地域；继续使用已淘汰的材料和结构体系；因新规范升级所形成的"限制或淘汰的房屋结构"等都会影响结构体系的布置。

（1）砌体结构体系布置缺陷

1）纵横墙布置不对称、刚度分布不规则。

2）在选择刚性和刚弹性方案计算时，其横墙不满足下列规定：

①横墙中开有洞口时，洞口的水平截面面积不应超过横墙截面面积的50%；

②横墙的墙厚不宜小于180mm；

③单层房屋的横墙长度不宜小于其高度，多层房屋的横墙长度不宜小于横墙总高度的1/2。

（2）混凝土结构体系布置缺陷

1）结构选型、构件形式、构件布置及传力途径不合理。

2）结构的平、立面布置不规则，各部分的质量和刚度不均匀、不连续。

3）不满足超静定结构体系的要求，重要构件和关键传力部位的冗余约束不足，或缺少多条传力途径。

4）未按结构受力特点及建筑尺度、形状、使用功能等要求，合理确定结构缝的位置和构造形式等。

3.4.4 不同结构损坏特征分析

房屋在其使用寿命周期内，由于建造年代和建造标准的不同，及受自然灾害、使用环境、突发事件、相邻施工、擅自拆改房屋结构、随意改变房屋用途等各种因素影响，房屋会出现不同程度的损坏。房屋损坏有的会影响观瞻；有的会影响正常使用；有的会影响构件的耐久性；有的会留下房屋安全隐患或缩短房屋使用寿命；有的会导致结构构件危险，严重的甚至会导致房屋部分或整体倒塌，造成人员伤亡或重大财产损失。

造成房屋损坏的原因是多种多样、错综复杂的，有的是单一原因，有的是多方面原因，甚至有同一损坏现象而原因截然不同的。因此，熟悉各种房屋损坏机理、特征，准确判断损坏原因是对每个鉴定人员的基本要求。鉴定人员要增强社会责任感，对每一个鉴定项目要做到认真查勘，做出科学的分析和客观、公正的结论，提出恰当的处理建议，确保房屋的安全使用。

1. 不合理的结构体系组合的损坏特征

（1）框架与砌体平面组合结构（图 3-2）

框架与砌体平面组合结构是典型的结构体系组合不合理结构布置形式。这种组合形式在一段时期内曾大量出现。框架与砌体平面组合结构，只注重竖向荷载传递和满足使用功能大空间的要求，却忽略水平荷载作用和变形对结构的严重影响。

框架与砌体平面组合，即在砌体结构中的局部采用框架结构布置，使房屋结构似砌体结构又非砌体结构，似框架结构又非框架结构，结构体系不明，传力途径不清楚。由于框架结构和砌体结构刚度相差很大，受力性能和变形差异也很大，两种结构难以共同工作，计算模型也很难确定。结构计算简图与实际结构体系严重不符，导致计算结果与实际偏差较大。结构构件变形开裂在所难免，必然降低构件或结构受力性能，产生安全隐患。其损坏特征主要表现为：

1）结构体系混杂。一个结构单元内采用两种不同的结构受力系统，由于传力方式的不协调，水平承载能力会产生很大差异，结构工作状态不同步，使结构极易发生损坏。

2）形心不同。框架与砌体平面组合属于非对称性布局，由于形心不同，不能保证两种体系的变形协调，在地震作用下极易发生扭转破坏。

3）刚度不同。框架与砌体平面组合结构中的砌体结构刚度远大于框架结构的刚度，

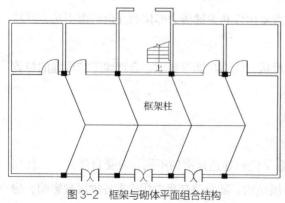

图 3-2　框架与砌体平面组合结构

图 3-3　扭转破坏

并承受较多地震作用，因砌体的抗裂性能很低，砌体开裂后刚度大幅下降，导致框架承受更多地震作用力，使结构因被"各个击破"而破坏（图3-3）。

这种房屋的刚度中心与形心的巨大差异，所造成的结构扭转是结构体系产生破坏的主要原因。这类房屋常见于部分为商店、部分为办公或仓储的房屋。

（2）内框架砌体结构

内框架砌体结构是指砖墙和内框架混合承重结构。内部以梁、柱代替墙承重，外围护墙兼起承重作用。这种布置方式横墙数量少，可获得较大的内部空间，平面布局灵活，但刚度不够。常用于空间较大的大厅。其损坏特征主要表现为：

1）刚度不同。砌体砖墙的刚度远比框架内柱大得多。在地震作用下，砌体砖墙首先开裂破坏，砌体砖墙开裂后，内框架砌体砖墙与框架抗侧内力将重新分布，框架会承担较多的地震作用。由于砌体纵、横砖墙的破坏，其受力功能已部分或全部退出工作，此时的钢筋混凝土内柱承受的地震作用会大大增加，当超过其抗震能力时，则内柱产生破坏。

2）材料性质不同。结构体系破坏主要是因材料性质不同，所产生的结构变形不协调，因而出现结构裂缝，以及外纵墙的外闪现象；而且上部结构对基础不均匀沉降敏感程度较高，加之房屋冗余度不高，局部破坏容易引起整体倒塌。

虽然国家现行设计规范取消了内框架结构体系，但作为既有房屋仍大量存在。这类房屋不仅在地震中不利于抗震，日常使用寿命也明显低于其他结构房屋。

2. 转换层结构的损坏特征

结构转换层是指建筑物某层的上部与下部因平面使用功能不同，该楼层上部与下部采用不同结构类型，并通过该楼层进行结构转换，则该楼层称为结构转换层。

常见的结构布局是在结构同一竖向上，上部楼层布置住宅、旅馆，中部楼层作办公用房，下部楼层作商店、餐馆和文化娱乐设施等。由于不同用途的楼层，需要大小不同的开间，即上部为小开间布置、设置较多的墙体，中部办公用房需要中等大小的室内空间，而下部则需要尽可能大的自由灵活空间，墙少柱网大，造成结构传力不直接，形成结构转换，这种转换构件所在的楼层就是转换层。

转换层在结构中起的作用很重要，由于上下楼层结构形式不同，竖向构件存在不连续，房屋存在竖向不规则，在结构形式的变化处，上下刚度、内力和传力途径易发生突变，并易形成薄弱层。在结构形式变化的上下楼层间增设转换层，不仅可以解决荷载的传力，还是上下层刚度的过渡，可限制上下层侧向刚度，减少上下层间位移角及内力突变，控制薄弱层的形成。

转换层的常见结构形式（图3-4~图3-6）包括：转换梁：主要增加梁或整层高箱形梁、桁架、空腹桁架的刚度。墙柱转换：主要将墙换框支柱的形式。转换板：主要增加厚板，在柱与柱、柱与墙之间配筋加强，相当于设置暗梁。

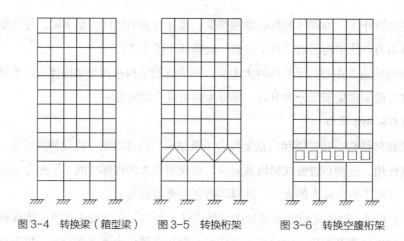

图 3-4　转换梁（箱型梁）　　图 3-5　转换桁架　　图 3-6　转换空腹桁架

（1）框架与砌体立面组合结构

框架与砌体立面组合结构，也称为"底框结构"，即指底层为混凝土框架、上部为砖砌体组合结构。底框砖混结构是底层为钢筋混凝土框架，上部为砖墙承重结构。常用于沿街底层为商店，或底层为公共活动的大空间，上面为住宅、办公用房或宿舍等。

底层框架属于空旷结构布局，纵、横布置偏少，不利于地震波能量吸收，整体性差。一根框架梁或主梁承受上部二至五层的某一片区域的墙体、楼板恒载和活荷载，并将这些荷载集中后传递于框架柱上，导致框架柱轴力非常大，既承受上部墙体的均布荷载，又承受托梁传来的集中荷载，因此必须设计高梁肥柱。

底框砖混结构由于上、下结构材料和结构形式的差异，上部砖混结构质量、刚度远大于底层框架，结构质量中心和刚度中心很难吻合，房屋结构整体共同工作的差距使地震力过于集中。

框架与砌体立面组合结构，属于结构布置的混乱体，上刚下柔组合结构，应不属于砖混结构。因其传力路径混乱，带有明显缺陷，具有一定的危害性，而且又大量存在。

框架与砌体立面组合结构的损坏特征主要包括：

1）结构体系混杂。一个结构单元内采用两种不同的结构受力系统，由于传力方式的不协调，容易形成薄弱层，同时上、下承受水平荷载能力产生很大差异，结构极易发生损坏。

2）上、下结构质量中心不同。由于上部结构布局不均匀，造成上、下结构质量中心的差异，形成巨大的偏心体，形成头重脚轻，房屋结构整体很难共同工作。若地震力的瞬间作用，会使房屋产生巨大的惯性破坏力。

3）上、下结构刚度中心不同。由于上部砌体刚度远大于底部框架刚度，形成上刚下柔。如果底层梁高柱宽刚度较大时，会使薄弱层转移到上部砖砌体部分，形成临近层发生"三明治"现象，造成临近层整体坍塌或损坏。

下部底框损坏如图 3-7 所示，上部砌体损坏如图 3-8 所示。

图 3-7 下部底框损坏   图 3-8 上部砌体损坏

（2）框支剪力墙结构

框支剪力墙结构是指剪力墙结构中因建筑功能要求，部分剪力墙不能落地，直接落在下层框架梁上，再由框架梁将荷载传至框架柱上。此时的梁就叫框支梁，柱就叫框支柱，梁上面的墙就叫框支剪力墙。框支剪力墙结构一般情况下是局部的概念，因为结构中只有部分剪力墙形成框支剪力墙，大部分剪力墙一般都会落地。由剪力墙结构转换成框支剪力墙结构，并形成大空间层，即称为转换层。

框支剪力墙结构形成的结构转换，会使结构竖向刚度产生变化。转换层上部的刚度大于下部的刚度，上下楼层构件的内力、位移容易发生突变，易形成薄弱层。所以框支剪力墙结构的抗震性能差。

框支剪力墙结构的损坏特征主要包括：

1）框支层难以形成"强柱弱梁"机制。框支柱柱顶、柱底及框架梁梁端是框支剪力墙结构的主要破坏部位。

2）当框支框架为一层时，框支柱以剪切变形为主，破坏模式为小偏压破坏；当高位转换时，框支柱以弯曲变形为主，破坏模式为大偏压破坏。高位转换框支剪力墙结构变形、耗能，明显高于框支框架为一层的结构，但其承载能力、位移延性均低于后者，变形突变的概率高于后者。

3）框支剪力墙结构的侧向变形，主要集中在框支框架部位，框支框架变形在总体变形中占据的份额明显高于弹性分析的情况，这种现象对于变形较大的高位转换结构尤为不利。

4）大底盘框支剪力墙结构裙房破坏严重，成为结构耗能的主要部位，虽然裙房的存在提高了结构刚度及承载力，但没有改变主楼的破坏模式。

为使框支剪力墙结构具有良好的抗震性能，当框支框架为一层时，应着重控制其等效剪切刚度比；当框支框架多于一层时，应着重控制等效侧向刚度比。框支剪力墙结构抗震设计时，为防止出现整体倒塌，应重点保障框支柱的承载力，允许主楼框架梁及裙房率先破坏。

3. 空旷结构损坏特征

空旷结构一般指由板、柱组成承重体系的结构。因其空间大，平面布置灵活等特点，常用于商场、地下车库、仓库、学校、公共建筑大厅等，需要充分利用楼层空间要求的建筑。常见的板柱结构有现浇无梁楼盖、升板结构和预应力板柱框架。板柱结构一般以钢筋混凝土材料为主，由于建筑材料和结构形式的发展，涌现出多种多样的空旷结构和大跨度屋盖建筑。如网架结构、网壳结构、悬索结构、膜结构、薄壳结构等各类大空间结构及组合空间结构，形态各异、各具特点。

（1）无梁楼盖结构

无梁楼盖结构按楼面结构形式可分为：平板式（实心板、空心板）和双向密肋式；按有柱帽可分为：无柱帽轻型无梁楼盖和有柱帽无梁楼盖。

无梁楼盖相当于点支承平板，在竖向均布荷载作用下，柱列范围内变形较小，而跨中部分变形较大。

因此无梁楼盖的厚度较大，承担水平荷载的能力远大于柱的抗侧刚度，致使板柱结构整体其抗震性能相对较差，且建筑高度受到限制。板柱节点是板柱结构抗震的薄弱环节，地震作用会在板柱节点处产生较大的不平衡弯矩，使节点发生冲切破坏，甚至会导致连续倒塌。

无梁楼盖板柱节点的破坏形态主要是在竖向荷载和不平衡弯矩共同作用下，盖板柱节点会发生弯曲破坏和冲切破坏两种破坏形态。相对于弯曲破坏，冲切破坏是一种近柱板域的局部破坏，冲切破坏为没有预兆的破坏，属于脆性破坏，非常危险。

（2）大跨度屋盖

大跨度屋盖结构通常是高次超静定结构，但这种结构存在管型杆件受拉和受压性能的差异。当受拉杆件失效时，轴力不变，甚至由于硬化效应提高了抗拉强度；而当受压杆件达到临界荷载时，承载力将突然降低。在荷载作用下压应力最大的杆件可能被压弯曲，承载力急剧降低。如果这时相邻构件可以承受附加荷载，则只会产生局部影响，否则压曲扩展将导致连续倒塌，形成所谓"多米诺效应"。在非预期荷载导致的局部破坏产生不平衡力，使其邻域单元内力变化而失效，并促使构件破坏连续性扩展下去，造成与初始破坏不成比例的部分或全部结构倒塌。常见的破坏如下：

1）在地震作用下结构部分进入塑性，产生几何大变形，造成某些构件失稳，传力途径失效而引起连续倒塌。

2）由于爆炸、撞击、人为破坏，造成部分承重构件失效，传力途径受阻导致结构发生连续倒塌。其主要解决方法应当着重于研究结构局部破坏的扩展过程，而不是偶然荷载的大小及其对结构的作用。

3）由于施工或使用中维修不到位，使得构件节点松动，导致构件之间缺少有效拉结力，在长期荷载作用下，构件失效。

4）构件因维护工作不到位，出现锈蚀，影响结构承载力。

3.4.5 其他情形引起的房屋损坏特征

1. 使用荷载超载情形的损坏特征

使用荷载超载是指房屋在使用过程中，由于各种原因，造成恒载或活载超出设计荷载值，使得构件设计承载力不足，严重时构件出现损坏。常见的使用荷载超载主要包括：擅自增加恒载、活载两种形式，对改变用途或拆改结构也应该视为超载的类型。

（1）擅自增加恒载。主要包括：装修增加楼面面层的厚度、铺设石材地面，或垫高楼面、摆设大体积石材装饰物、砌筑隔墙、屋顶接层或屋面种植、改变用途、拆改承重结构等。

（2）擅自增加活载。主要包括：集中堆放装修材料、增加厂房吊车荷载等。

使用荷载超载会对结构构件造成有规律的损伤、变形和开裂。如：梁、板、柱产生变形、位移、倾斜及裂缝，减弱了结构承载能力，长期超载会使结构突然破坏，发生突发性安全事故。

超载引起的受弯裂缝、受剪裂缝、受压裂缝具有不同特征，对结构破坏起到推波助澜的作用，扩大了原结构质量的瑕疵，加速了房屋老化，减少了房屋的使用寿命，其危害不能小觑。

2. 地震灾害造成不同结构的损坏特征

地震灾害对建筑结构的损坏是极大的，主要有三种破坏形式。一是房屋主体承重结构承载力的剪切破坏；二是因支撑系统失效、结构构件间连接不牢或支撑破坏，导致房屋结构局部破坏或整体失稳倒塌；三是当房屋结构产生过大振动变形时，墙体饰面、围护墙、雨篷等非结构构件发生脱落或倒塌，这时主体结构尚未破坏或失稳。

因此，判断房屋的抗震性能应主要从房屋承重结构的继续承载能力，主体结构局部或整体的稳定性，围护结构及附属构件的牢固性等三个方面进行。下面就不同类型的结构的震损特征进行分析。

（1）多层砌体结构

1）地震作用使墙体产生开裂，裂缝的种类有：水平裂缝、X 形裂缝、错位裂缝等。

2）地震作用使房屋局部或整体发生倒塌，倒塌情形有：上部倒塌、下部坍塌、整层垮塌等。

3）地震作用会使构件滑移并形成铰接或倾覆，如预制板的滑落、女儿墙外闪、雨篷门楼倾覆、屋面烟囱倒伏等。

4）地震作用会发生边跨单元失去约束，如角柱位移、边跨单元倾斜、倒塌等。

5）地震作用会发生楼梯间破坏，如外跨楼梯的外闪坍塌、内楼梯的滑移坍塌等。

（2）混凝土结构

1）地震作用下现浇板与梁共同工作，会形成"强梁弱柱"的破坏机制，使柱头发生冲切后的剪切破坏。

2）地震作用下由于节点区域箍筋配置不足，梁柱节点会发生严重错位和破坏。

3）地震作用下由于角柱沿纵、横两个方向都仅是单边有梁，受双向弯剪作用后极易发生破坏，严重时会引起竖向坍塌。

4）地震作用下会出现明显的薄弱楼层和"鞭梢"，造成楼层坍塌、变形开裂。连梁和墙肢破坏。

5）地震作用下会出现非结构构件的大量破坏，伸缩缝处由于宽度不足发生撞击破坏。

6）地震作用下框架结构的楼梯间，框架柱会形成"短柱"并发生"短柱"效应，框架柱极易产生剪弯破坏。

（3）其他

地震作用下"不规则建筑"布置，由于其刚度的不均匀，引起阴阳角部位结构的相互咬合，使结构发生错裂破坏。

3. 基坑降水不当对相邻房屋的损坏特征

随着高层建筑和大型市政设施的建设，深基坑施工频繁出现。深基坑施工对相邻房屋的影响主要因素是基坑降水。基坑降水的主要目的是收水作用，当基坑降水对相邻房屋的基土产生减压作用时，基土扰动不可避免。基坑降水半径对相邻房屋的地基土壤形成扰动，使相邻房屋发生不均匀沉降，引起结构变形、位移和房屋开裂。

（1）降水井的误判

完井是指侧面透水井，非完井是指三面透水井，两者最大的不同是用水量的不同。当完井与非完井的概念混淆时，会造成降水井设计深度有误，引发对井涌水量、抽水量的误判，使降水影响半径扩大。

（2）收水井与减压井的误判

基坑降水的主要目的是收水，即保持基坑工作面无水即可，所以基坑降水井属于收水井。收水井的影响半径是可控的。当基坑降水井超过一定深度时，基坑降水效果明显，但基坑降水影响半径也随之扩大，把属于相邻房屋不该抽掉的地下水也抽走，造成相邻房屋地基土的减压效应，此时降水井已成为减压井，会对相邻房屋产生严重影响。

（3）降水深度的误区

降水深度不能随意，实施降水作业时必须控制在合理的深度内。确定降水深度时不能根据基坑面上的水来判断基坑降水效果，因为基坑面上的水属于扰动后的地表水，以此为标志确定降水深度非常容易引起对降水影响的误判。基坑降水应与基坑收水同时进行，不能随意决定降水深度和抽水量。

（4）轻视降水影响半径的计算

降水影响半径要通过科学计算，不能轻视。有人认为基坑止水帷幕可以减少基坑影响半径。其实不然，因为止水帷幕只解决外水渗透速度缓慢和围挡作用，绝对不能因有止水帷幕，不作降水影响半径计算。很多基坑降水不当造成对相邻房屋的影响，严重的会导致相邻房屋的倾斜或倒塌。

4. 燃爆引起房屋的损坏特征

爆炸是能量突然释放并产生压力波向周围传播的现象。爆炸对建筑的破坏主要是冲击波、震动波和室内外压差引起的破坏。建筑物内、外爆炸对建筑破坏各有不同。

（1）建筑物内部发生爆炸

当建筑物内部发生爆炸时，室内各构件都会造成不同程度的损伤，维护结构会被爆炸冲击波向外推出。爆炸卸能出口处迎面的相邻建筑，在残余冲击波的作用下，维护结构向室内移动，其他面在压差的作用下维护结构向外移动。如果室内因燃气爆炸，结构损伤最严重的地方应该是室内空间最大的区域，因为室内空间最大的区域是燃气蓄能最大的地方。

（2）建筑物外部发生爆炸

当建筑物外部发生爆炸时，由于冲击波和震动波的作用，迎波面的维护结构会向室内移动，其他面在压差的作用下维护结构向外移动。

（3）灭火方式不当引发次生灾害

建筑物内部爆炸一般情况下会伴随火灾，当灭火方式不当时，会引起房屋的坍塌。如混凝土框架结构中的框架柱在炽热的高温环境下会吸收大量的热能，当遇到低温灭火水的冲击时，混凝土框架柱因淬火效应发生分崩离析，失去承压面，造成坍塌。还有当烟尘浓度达到一定数量值时，因高温花岗岩饰面会发生岩爆，并擦出火花引起爆炸。

爆炸对建筑结构的破坏巨大，改变了结构传力路径和结构构件的功能，造成结构失稳，同时火灾会对结构产生损伤。如混凝土的碳化、混凝土保护层的脱落、钢筋性能改变等。

5. 房屋年久失修的损坏特征

房屋年久失修主要是房屋管理问题。一是房屋利益人对房屋安全意识和责任的淡漠，二是产权多元化引起相互扯皮，三是维修资金长期不到位和维护不及时，四是擅自改变房屋原有使用功能。由于对房屋管理不善，使房屋长期处于年久失修状态，加速了房屋的老化，缩减了房屋的使用寿命。

（1）砌体的风化

长期受大自然风吹、日晒、雨淋、霜雪反复冻融等侵蚀，砖表面逐渐酥松、剥落，灰缝砂浆酥松、粉化。

（2）使用、养护不当

下水管道及水落管漏水长期不修，使其周围的砖墙吸收了大量水分，反复浸蚀造成砖表面霉变、酥松、剥落。

（3）化学物质的侵蚀

工业厂房中，由于空气中扩散腐蚀气体和腐蚀介质，对砌体产生侵蚀作用。

（4）混凝土保护层失效

混凝土保护层失效会引起混凝土中的钢筋发生锈蚀，对混凝土的承载能力、耐久性产生极大影响。

（5）混凝土的裂缝

混凝土裂缝会影响结构承载能力和耐久性，如果有裂缝的混凝土构件长期处于渗漏状态下，混凝土结构将失去有效的工作性能，无害裂缝也会变成有害裂缝。

（6）钢结构锈蚀

钢结构锈蚀会减小构件截面，使结构承载能力减弱，铁锈具有吸湿性，锈层体积膨胀会形成疏松结构并继续扩展到内部，且锈蚀不停止，对钢结构影响极大。

（7）钢结构变形

钢结构变形可分为整体变形和局部变形。整体变形会造成承载能力或稳定性不能满足使用要求，并产生构件间的附加应力，影响力的传递，甚至会引起结构的破坏。

（8）钢结构裂缝

钢构件出现微裂缝后，在动力荷载或静力荷载反复作用下，微裂缝扩展，当裂缝发展到一定程度，该截面上的应力超过钢材晶粒格间的结合力，就会发生钢材的脆性破坏，导致构件失效。

（9）木构件变形

木结构构件的变形是木结构的症害表现，随着时间推移，正常情况下变形会越来越慢，如变形突然增大或速度越来越快，往往是结构破坏的预兆，过大的变形会导致房屋局部或整体垮塌。

（10）木构件开裂

裂缝是木材中最常见的缺陷，木材产生裂缝其承压、抗剪强度明显降低。如屋架下弦接头处及其木夹板的受剪面及受剪面附件出现的裂缝，会使木构件失去了抗剪能力，严重的会导致屋架垮塌。

（11）木构件腐朽

腐朽是木结构构件最严重的缺陷，表明木结构构件失去承载能力或承载能力减小。严重时会导致木结构构件整体性、稳定性丧失，造成结构垮塌。

（12）木构件虫蛀

虫蛀一般指甲壳虫和白蚁等昆虫对木材的侵害。甲壳虫主要侵害含水率较低的木材，而白蚁喜欢蛀蚀潮湿的木结构。被白蚁蛀蚀过的木构件，往往表面看不到明显痕迹，而内部已被蛀空，使构件丧失了承载能力，严重的会引起房屋垮塌。

（13）外墙贴面砖脱落

外墙面砖脱落对路人或财物会造成威胁，究其原因除了材质、粘贴质量外，在受烈日曝晒、冻胀、浸水、勾缝不严等情况下，易使外墙贴面产生空鼓、脱落，影响耐久性。

（14）幕墙玻璃破裂

幕墙玻璃破裂因素很多，包括玻璃质量、裁切工艺、嵌固构件安装质量、结构的变形、挤压效应等，无论是单独或是几种因素共同作用，均可引起幕墙玻璃破裂。幕墙玻璃破裂虽然不会影响到房屋主体结构安全，但会因玻璃自爆后的坠落伤害路人或财物。因此不容忽视。

3.4.6　房屋查勘技能要点

房屋查勘技术水平是鉴定人员的基本功，是鉴定人员依据相关设计、施工、检测、鉴定标准对房屋进行体检的重要工作，查勘技术水平的高低直接影响鉴定结论准确性。

1. 基本要求

房屋查勘技术是鉴定人理论知识和实践经验的结合体。查勘技术体现了鉴定人对被鉴定房屋工作状态的正确判断。由于鉴定人的阅历不同，从事的职业不同，其对房屋查勘的立足点也各有不同，单一专业不能完全解决查勘技术中所有难题，短板与差别同时存在。实际查勘过程中会出现查勘结果与房屋结构工作状况不一致现象，说明查勘技术水平不到位，将会影响鉴定分析与结果。所以要求从事查勘工作的鉴定人必须具备一定的专业知识和实际技术工作经验。

2. 房屋查勘主要方向

房屋鉴定主要围绕房屋承载力、构造、变形、裂缝、使用功能、结构整体牢固性、不适于承载的侧向位移、整体稳定性和其他与其相关的要素等进行调查分析。查勘也同样按照鉴定的路线及要求展开工作。

（1）房屋承载力

承载力缺陷主要表现为结构传力系统的破坏，包括局部和整体破坏。以多道竖向、斜向或十字裂缝的形式表现出来。查勘过程中，根据对不同的结构体系和构件工作状态的查勘，查找出影响结构安全、结构稳定性的不良构件，分析原因，判断其影响程度。

（2）房屋构造

构造缺陷主要表现为房屋的损坏。大多以裂缝、变形或坍塌的形式表现出来。查勘过程中，根据对不同结构体系和构件工作状态的调查分析，查找重要连接节点部位和构件自身因构造引起的明显瑕疵，分析原因，并判断其影响程度。对产生怀疑的连接节点及构件应作进一步检测。

（3）**房屋变形**

房屋变形主要表现形式是倾斜和裂缝。识别结构、构件，属于整体或是局部变形，要看其破坏特征。对于钢结构构件还应该进行材质分析。查勘过程中，根据不同的结构体系和构件工作状态，查找并分清其变形是垂直变形、水平变形、整体变形、局部变形还是构件制作变形。对变形值较大的部位和构件，要分析原因，判断其影响程度，并进行进一步检测或跟踪测量。

（4）**房屋裂缝**

裂缝原因很多与变形、承载力、构造有关，属于哪一类原因应通过典型的破坏特征进行识别。查勘过程中，根据对不同的结构体系和构件工作状态的观察分析，查找构件裂缝，绘制裂缝分布图，分析产生裂缝的原因，判断其影响程度。

（5）**房屋使用功能**

使用功能缺陷多属于改变房屋使用功能或进行不合理改造导致的结果，主要表现为传力途径的不合理。查勘过程中，根据对不同的结构体系和构件工作状态的观察分析，查找结构及构件的堆载、损伤、变形、裂缝等，分析原因，判断其影响程度。

（6）**房屋结构整体性**

结构的整体性是由构件之间的错固拉结系统、抗侧力系统、图案系统等共同工作形成的，当结构某处局部出现破坏时，不至于导致大范围连续破坏倒塌，或者说是结构不应出现破坏后果。结构的整体主要依靠结构能有良好的延性和必要的冗余度，用来应对地震、爆炸等灾害荷载或因人为差错导致的灾难后果，可以减轻灾害损失。查勘过程中，根据结构布置及构造，支撑系统或其他抗侧力系统的构造，结构、构件间的联系，砌体结构中图案及构造柱的布置与构造来判断结构整体。

（7）**房屋不适于承载的侧向位移**

不适于承载的侧向位移主要包括顶点位移和层间位移两个部分。顶点位移是指楼层的顶点相对结构固定端（基底）的侧向位移；层间位移是指上、下层侧向位移之差。

过大的位移会影响结构的承载力、稳定性和舒适度，造成结构构件的开裂、非结构构件的损坏。同时侧向位移会产生有害的层间位移角，使结构受力产生弯曲。查勘过程中，应注意侧向位移与结构损坏间的关系。

（8）**房屋整体稳定性**

结构的整体稳定性指结构的整体工作能力，以及抵御抗倾覆、抗连续坍塌的能力。结构的失稳破坏是一种突然破坏，其产生的后果往往比较严重。失稳破坏的形式包括：结构和构件的整体失稳、结构和构件的局部失稳。

3. 房屋结构体系查勘要点

既有房屋结构体系主要由砌体结构、混凝土结构、钢结构这三种基本结构中的一种或多种组合而成。

（1）砌体结构体系

砌体结构体系检查主要有以下方面：

1）结构体系与设计规范静力计算规定中的刚性方案、刚弹性方案和弹性方案相符度调查，以确定复核验算时所采用的静力计算方案；

2）砌体结构采用横墙承重或纵墙承重的结构体系；

3）纵横墙布置的对称性、规则性，刚度分布的规则性；

4）防震缝设置；

5）楼梯间设置；

6）烟道、风道、垃圾道等设置；

7）楼、屋盖设置。

（2）混凝土结构体系

混凝土结构体系检查主要有以下方面：

1）确定结构体系类型，查清结构布置情况，以便于根据结构类型、构件布置、材料性能、受力特点等，选择塑性极限法、线弹性法、塑性内力重分布法、实验分析法等分析方法进行结构分析；

2）平立面布置的规则性、刚度分布的规则性；

3）抗震墙的设置、防震缝的设置；

4）梁与柱（抗震墙）中线对应、梁截面高宽比、柱截面高宽比、柱轴压比、构件不同应力区域的配筋率、箍筋加密布置等。

（3）钢结构体系

钢结构体系检查主要有以下方面：

1）确定结构体系类型，查清结构布置情况，以便于根据结构类型、构件布置、材料性能、受力特点等进行结构分析；

2）平立面布置的规则性、刚度分布的规则性；

3）确定构件受力类型，严格区分轴心受力构件、拉弯构件、压弯构件；

4）钢材牌号和材性的核查，根据结构性质、荷载特征、应力状态、连接方法、钢材厚度、工作环境的判断材料的适用性。

4. 混凝土结构构件查勘要点

混凝土结构构件查勘应包括承载力、构造与连接、变形和裂缝及其他损伤等四个项目。

（1）承载力

混凝土结构承载力的判定，重点是确定混凝土结构的主要构件、一般构件的强度、荷载作用及结构构造。混凝土结构强度主要由其外观质量和内在质量确定。外观质量包括结构布置、截面尺寸、混凝土表面缺陷（蜂窝、露筋、孔洞、裂缝）、碳化剥落与损伤情况等。内在质量包括混凝土强度、密实度、钢筋（位置、数量、直径、强度）、混凝土保护层厚度、碳化深度、钢筋锈蚀程度、抗渗与抗冻性能等。

（2）构造与连接

重点检查支承处的构造方式，梁柱节点构造方式、连接的形式和所用材料，伸缩缝的设置、安装偏差等。

（3）变形和裂缝

1）变形重点检查构件的挠曲、位移及结构整体倾斜。

2）裂缝主要查勘构件的受拉区、受剪区，如板的底面跨中部位及顶面四周部位，梁的跨中底部、两端支座部位上部、主次梁交接部位次梁两侧。

查勘内容：裂缝的位置与分布情况；裂缝的方向与形态特征；裂缝的长度、宽度、深度；裂缝产生的时间（拆模时、受力时、温度变化时等）和发展情况（稳定与否）；周围环境对混凝土的影响等。

5. 钢结构构件查勘要点

钢结构构件查勘应包括承载力、构造与连接、变形和裂缝等三个项目。

（1）承载力

钢结构承载力的判定，重点是确定材料性能、荷载作用及结构构造，以及缺陷损伤、腐蚀、过大变形和偏差。材料性能主要是指钢材的质量（包括力学性能、化学成分、冶炼方法、尺寸规格）等。

1）主要构件及节点、连接域：构件或连接是否出现脆性断裂、疲劳开裂或局部失稳变形迹象。

2）一般构件：构件或连接是否出现脆性断裂、疲劳开裂或局部失稳变形迹象。

（2）构造与连接

1）构件的几何尺寸及连接方式，主要包括：受弯构件的钢板与梁受压翼缘的连接、梁支座处的抗扭措施、梁横向和纵向加劲肋的配置、梁横向加劲肋的尺寸、梁的支承加劲肋、梁受压翼缘及腹板的宽厚比、梁的侧向支承；受拉受压构件的格构式柱分肢的长细比、柱受压翼缘及腹板的宽厚比、柱的侧向支承、双角钢或双槽钢构件填板间距、受拉杆件的长细比、受压杆件的长细比。

2）支撑体系，主要包括：屋架纵横支撑、系杆，柱间支撑。

3）连接焊缝及高强度螺栓，主要包括：焊缝连接的拼接焊缝的间距、宽度和厚度不同板件拼接时的斜面过渡、最小焊脚尺寸、最大焊脚尺寸、侧面角焊缝的最小长度、侧面角焊缝的最大长度、角焊缝的表面形状和焊脚边比例、正面角焊缝搭接的最小长度、侧面角焊缝搭接的焊缝最小间距；螺栓连接的螺栓的最小间距、最大间距。

（3）变形和裂缝

1）变形检查重点：钢梁、吊车梁、檩条、桁架、屋架、托架、天窗架等构件平面内垂直变形（挠度）和平面外侧向变形；钢柱柱身的倾斜和挠曲；板件凹凸，局部变形；结构的整体垂直度（建筑物的倾斜）和整体平面弯曲。

2）裂缝重点检查承受动力荷载的构件，如吊车梁等；严重超载使用的构件；结构构件的薄弱部位，如构件开孔部位，梁的变截面处等。

3）锈蚀检查重点：埋设在砖墙内的钢结构支座部分；埋入地下或处于干湿交替环境且裸露构件的地面附近部位；构件组合截面净空小于12mm，涂层难于涂刷到的部位；截面厚度小的薄壁构件；湿度大、易积灰的构件；屋盖结构、柱与屋架、吊车梁与柱、大型屋面板与屋架的连接节点部位；直接面临侵蚀性介质的构件；露天结构的各种狭道以及其他可能存积水的部位，遭受结露或水蒸气侵蚀的部位等。

6. 砌体结构构件查勘要点

砌体结构构件查勘应包括承载力、构造与连接、变形和裂缝等三个项目。

（1）承载能力

砌体结构承载力的判定，重点是确定砌体结构的砌体强度和荷载作用。砌体强度可直接对砌体进行原位检测，也可通过对砌筑砂浆和砌体块材的检测结果计算间接得出。另外，砌体结构的损坏情况、结构布置缺陷及材料缺陷也是重要的判断依据。

（2）构造与连接

砌体结构主要检查跨度较大的屋架和梁支承面下的垫块和锚固措施、预制钢筋混凝土构件的支承长度、跨度较大门窗洞口的过梁的设置、砌体与梁、柱的拉结措施、砌体墙梁的构造及圈梁、构造柱或芯柱的设置等。重点检查砌筑方法、高厚比、连接方式、轴线位置偏差等。

（3）变形和裂缝

1）变形：砌体的倾斜、位移变形是主要检查项目。

2）裂缝：重点检查房屋应力集中部位或应力突变部位的裂缝，主要有：

①纵横墙交接部位；承重墙或柱变截面部位；拱脚、拱顶部位。

②梁、屋架端部支座部位；加层改造后的房屋承重墙与柱。

③底层易受地基基础变形影响部位；顶层易受温度应力影响部位。

④变形缝两侧易受附加应力影响部位。

⑤易受风化、腐蚀、冻融等外部因素影响部位。

7. 木结构构件

木结构构件查勘应包括承载力、构造与连接、变形腐朽等三个项目。

（1）承载力

木结构承载力的判定，重点是确定材料性能、荷载作用及结构构造，以及缺陷损伤、腐朽、蚁害、过大变形和偏差。材料性能主要是指木材的质量（包括力学性能、裂纹、木节、尺寸规格）等。

（2）构造与连接

1）构件的几何尺寸及连接方式检查，主要包括：受弯构件的弯曲，受压构件的长细比、榫卯连接、齿连接、销连接等。

2）支撑体系检查，主要包括：屋架纵横支撑、系杆，柱间支撑。

（3）变形腐朽

1）挠度：桁架（屋架、托架）、主梁、搁栅、檩条、椽条是否满足有关规定。

2）侧向弯曲的矢高：柱或其他受压构件、矩形截面梁是否满足有关规定。

3）危险性腐朽、虫蛀、裂纹。

8. 判断结构可靠性的原则

建筑结构可靠性主要包括安全性、适用性和耐久性三个方面。

（1）安全性

安全性是指结构在正常施工和正常使用条件下，承受可能出现的各种作用和能力，以及在偶然事件发生时和发生后，仍保持必要的整体稳定性和能力；

（2）使用性

使用性是指结构在正常使用条件下，不产生影响使用的过大变形以及不发生过宽的裂缝等；

（3）耐久性

耐久性是指结构在正常维护的条件下，随时间变化而仍满足预定功能要求和能力。

9. 判断结构安全的条件

（1）房屋使用功能必须采用适宜的结构体系；

（2）房屋结构布局具有合理的刚度；

（3）房屋结构具有良好的承载能力和变形能力；

（4）房屋必须保证一定的耐久性；

（5）房屋设计必须满足相关规范要求。

10. 判断房屋正常使用的原则

（1）正确使用的原则

按照设计使用功能正确使用房屋，不能随意改变房屋的使用性质、擅自改变房屋结构等。

（2）安全检查与维护的原则

房屋所有人及使用人，应当正确使用房屋、加强日常安全检查、及时维修，发现异常情况及时委托鉴定。对超期使用的房屋以及涉及公共安全的公共建筑必须定期委托安全鉴定。

（3）不影响他人房屋安全的原则

房屋在使用过程中不得影响毗连房屋的安全，在进行桩基础、深基础等施工活动时应当保证相邻房屋的安全等。

3.5 鉴定标准对房屋结构体系查勘的要求

现行国内房屋鉴定标准《民用建筑可靠性鉴定标准》GB 50292—2015、《工业建筑可靠性鉴定标准》GB 50144—2008 对房屋鉴定时，标准中虽未明确提出对结构体系进行鉴定查勘的具体要求，但规定了按照构件、子单元、鉴定单元三级综合评定方法进行鉴定。其中，子单元评级时，按地基基础、上部承重结构、维护结构承重部分逐项递次评定，实际上已体现了传力树的结构体系概念，尤其是在上部承重结构中对结构整体性及结构侧向位移的鉴定要求，更充分地体现了对结构体系检查鉴定的高度重视。

鉴定过程中首先要确定被鉴定房屋的结构形式，才有利于后续的鉴定分析。房屋结构验算中也必然涉及结构体系。

相近的《建筑抗震鉴定标准》GB 50023—2009 对结构体系有明确的查勘要求。在从事房屋安全鉴定时，可参照抗震鉴定标准，引用对既有房屋鉴定应进行结构体系检查是可行的。

4 房屋检测技术与方法

房屋检测技术是鉴定人员依据国家和地方有关规范、标准、规定，结合房屋有关技术文件，借助专业知识和仪器设备，按照检测方案，对房屋结构构件现状进行全面检测和描述，并出具检测报告。其检测结果的准确性体现了房屋检测技术水平的高与低。

4.1 房屋检测的工作程序与内容

房屋结构检测程序为接受委托、现场调查、制定方案、现场检测、数据处理、编写报告、签发报告。接到房屋结构检测的委托之后，对于较大型的房屋建筑应成立专门的检测组，首先开展对建筑结构的调查，包括对该结构的所有资料的调查，收集该结构的所有资料，以及现场的实地调查，然后制定检测方案，根据检测方案对该结构进行各项检测，必要时做补充检测，并出具检测报告。

4.1.1 房屋检测流程

房屋检测应按图 4-1 的步骤进行。

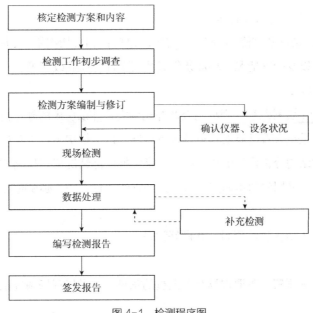

图 4-1 检测程序图

4.1.2　房屋检测工作内容

1. 核定检测方案及其内容

承接房屋检测工作时，首先要核定已有的检测方案和内容，一般情况下应按照已有的检测方案和内容进行检测工作，当已有的检测方案和内容与实际情况有出入或不能检测完整数据时，为确保检测工作质量，应对已有的检测方案和内容进行修订，并告知该检测方案的制定人。

当检测工作为独立委托时，委托方应向检测单位提出书面委托，并提供该建筑的类别、检测的目的、要求及完成时间等，同时签订委托合同，并明确检测费用。

2. 检测工作初步调查

（1）收集资料

委托方应委托具有建筑结构检测资质的单位进行检测，其检测人员应有相应的上岗证，其仪器设备应经计量机构的有效校准。对于大型结构检测，委托方应提供的必要、详细的资料。具体包括以下内容：

1）建筑结构的基本资料。包括：该建筑的位置、用途、竣工日期，以及建筑面积、结构类型、层数、层高、基础形式、承重结构形式、围护结构形式、装修情况、地震设防等级、地下水位等资料；设计、施工、监理单位。

2）主要的设计资料和施工资料。包括：设计计算书、施工图（建筑图、结构图及水暖电图）、地质勘察报告、全部竣工资料（包括开、竣工报告、材料合格证及检测报告、混凝土配合比及其强度检测报告、质量验收记录、设计变更、施工记录、隐蔽工程验收记录及竣工图等）、地基沉降观测记录等。

3）建筑的使用情况及维修、加固改造情况。包括：施工、历次维修、加固、改造、加层、扩建、用途变更；以及受灾情况、环境条件或使用条件与荷载改变等。

（2）现场初步调查

初步调查分为：资料调查、现场调查及补充调查，并以房屋的施工情况、现状及存在的质量问题为主。重点查看已有的资料及现场状况，以掌握房屋过去及目前的情况，作为制定检测方案及对结构分析评价的依据。调查是掌握实际情况确定检测方案及分析结构状况的重要一环。也可采用先初步调查，后详细调查的调查方法。必要时可进行补充调查。

1）资料调查

仔细查阅委托方所提供的资料，并做好记录。

2）现场调查

现场调查应实地观察，听取现场有关人员的意见，并做好现场调查记录。现场调查着重记录以下内容：

①依据图纸资料调查核对房屋结构形式、构造连接，以及荷载变更情况；

②调查房屋的施工质量、部位及结构受影响状况。如是否有维修、改扩建、加固或加层等；

③调查房屋结构的使用条件、内外环境改变（邻近地基开挖、水位变化），以及对房屋的影响；

④调查房屋结构缺陷。如变形、裂缝、渗漏等，初步确定检测抽样方案；

⑤收集前次检测鉴定的有关信息（时间、内容、方法及结论等）以及争议焦点；

⑥调查地基基础、柱、梁、板等主要承重结构的工作状态。基础沉降程度（沉降观测记录）和其所处环境（必要时挖开检查）；查看柱、梁、板有无裂缝、钢筋锈蚀等现象。

⑦填写初步调查表。

3）补充调查

对于现场调查的未尽事宜、遗漏部分或需要增加数据的情况可进行补充调查。补充调查主要涉及个别项目或个别部位，应在现场调查后尽快进行。

3. 检测方案编制与修订

检测方案是整个检测计划的总体安排，包括人员、设备及工作的统一调度，检测方案的制定应根据房屋结构的特点、初步调查结果和委托方要求，依据相关标准制定，结合实际，力求详尽。检测方案是指导工程检测工作的一个关键环节，是检测质量的指导性文件，是检测质量保证体系的一个重要组成部分，起主导作用。检测方案的优劣将直接影响检测工作的质量，检测方案所安排的检测内容及其结果将直接影响到对房屋实体的质量评定。

现场检测必须按照检测方案，检查和检测房屋的场地、地基基础、上部结构、维护系统出现的损伤、变形情况，必要时复核和测绘房屋建筑结构图。当现场检查和检测结果与设计图纸不符的，应以实际检查和检测结果为准。当检测数据不足或检测数据出现异常等情况的，应进行补充检测。

（1）检测方案主要内容

1）工程概况：包括工程位置、建筑面积、结构类型、层数、装修情况、竣工日期、房屋用途、使用状况、地震设防等级、环境状况，以及设计、施工、监理单位等；

2）检测目的和项目；

3）检测依据：包括依据的检测方法、质量标准、检测规程和有关技术资料；

4）选定的检测方法及抽样数量：包括各种构件的统计数量，确定批量，确定抽样方式及数量；

5）检测人员构成和仪器配备；

6）检测工作流程和时间、进度安排；

7）所需要的配合工作，特别是需要委托方配合的工作；

8）检测中的安全及环保措施；

9）检测成果提交方式。

（2）检测方案编制要求

检测方案应根据委托方要求、房屋现状和现场条件及相关标准进行编制。检测方案应征求委托方的意见，并应经过审定后实施。

1）编写检测方案一定要符合实际情况，根据具体工程安排人力、设备和工作进程，切实防止闭门造车。

2）编写前要充分查看已有的资料，掌握结构类型、结构体系、施工情况及已发现的问题，做到心中有数。

3）对现场调查结果有清晰的概念，结合资料所提供的信息，对检测的主要目的、重点有切中要害的分析，并体现在方案中。

4）对于检测数量和方法，应坚持普检与重点检相结合的原则，做到由点及面、点面结合。

5）进度计划要留有余地，实事求是。

6）绘出检测平面图，标明各种检测项目的抽样位置。

7）重要大型工程和新型结构体系的安全性监测，应根据结构的受力特点制订检测方案并对其进行论证。

（3）检测方案编制依据

检测标准是编制检测方案，开展检测工作的重要依据。检测标准对不同的检测项目和检测方法有着严格的规定和实效要求，依据错误会导致检测结果的失效。

我国标准分为国家标准、行业标准、地方标准和企业标准，并将标准分为强制性标准和推荐性标准两类。在标准选用时应注意标准的有效性，并时刻关注标准的更新，避免使用过期作废的标准。当某项检测只有一个现行有效标准时，只要选用该有效标准即可。如果某项检测具有多个标准时，选用时应该遵循以下原则。

1）标准的优先选用

地方标准是根据当地的特殊条件而制订的，在本地区更具有可靠性。行业标准与国家标准相比，更具有专业性。任何标准不应违背国家标准，也就是说，地方标准、行业标准的要求高于国家标准。在现行有效期内，如果不考虑其他因素时，正常选用的顺序是：地方标准、行业标准、国家标准。

比如，山东省有地方标准《回弹法检测混凝土抗压强度技术规程》DB37/T 2366—2013，另有行业标准《回弹法检测混凝土抗压强度技术规程》JGJ/T 23—2011，在山东省采用回弹法检测混凝土抗压强度时应该采用山东省地方标准。

2）标准的配套使用

当地方标准不能全面覆盖时，应将地方标准与行业标准配套使用。

比如上海规程《结构混凝土抗压强度检测技术规程》DG/TJ 08—2020—2007主要针对上海地区商品混凝土，当检测上海地区商品混凝土时应采用该标准，但该标准不涵盖非商品混凝土，对于非商品混凝土应采用其他标准，如《回弹法检测混凝土抗压强度技术规程》JGJ/T 23—2011。

（4）检测抽样方案的确定

检测抽样方案应根据选用的鉴定标准要求和规定进行抽样确定。结合检测项目的特点按下列原则选择：

1）外部缺陷的检测，宜选用全数检测。

2）几何尺寸偏差的检测，宜选用传力体系明显的区域和构件进行抽样。

3）结构连接构造的检测，应选择对结构安全影响大的区域和部位进行抽样。

4）结构构件材料强度的检测应考虑受检现场实际条件，当具备检测批量评定条件时，应进行随机抽样，且最小样本容量应符合建筑结构检测技术标准和各类现场检测技术标准的相关规定。

当不具备检测批量评定条件时，应以缺陷明显的区域、部位、构件或相邻位置进行抽样检测。

5）应急或危险性鉴定时，应以危险构件进行抽样检测。

6）构件结构性能的实荷检验，应选择问题构件或同类构件中荷载效应相对较大、施工质量相对较差、受到灾害影响、环境侵蚀影响的构件中有代表性的构件。

7）检测范围需要扩大时，应沿同层同类构件扩展，不得随意选取。

8）检测对象可以是单个构件或部分构件；但检测结论不得扩大到未检测的构件或范围。

9）检测抽样样本数量应代表检测对象实际情况，一般而言误差较大的取样多，误差较小的取样相对较少，且最小样本容量宜符合相关标准要求。

（5）检测方案应重点关注的部位

在制定检测方案时，应该以下列部位为检测重点：

出现渗水漏水部位的构件；受到较大反复荷载或动力荷载作用的构件；暴露在室外的构件；受到腐蚀性介质侵蚀的构件；受到污染影响的构件；与侵蚀性土壤直接接触的构件；受到冻融影响的构件；委托方年检怀疑有安全隐患的构件；容易受到磨损、冲击损伤的构件；表面裂缝、损伤过大的构件；位移或变形过大的构件；内外装饰层出现脱落空鼓部位；栏杆扶手松动失效部位等。

（6）检测方案的修订

检测方案的修订包括两个方面，一是已有的检测方案在检测过程中需要完善，二是独立委托的检测工作因最初编制的检测方案需要进一步扩容。两种情况下检测方案的修订内容，要书面告知已有的检测方案的编制人和独立委托检测工作的委托人。避免因检测方案的修订引起的成本增加所产生的不必要的矛盾和纠纷。

4. 现场检测

现场检测是检测程序中重要的一环，现场检测要求准确、可靠，并具有一定代表性，因此，现场检测需要有较好的组织，以保证圆满完成检测任务。

（1）准备工作

准备工作是搞好现场检测的基础，检测前要做好充分的准备，包括人员、仪器、机具、资料准备等。其中项目负责人的指定、技术和安全交底、相关上岗证件、仪器出库完好查验、仪器计量检验检查、记录资料等是准备工作的重点内容。

（2）安全要求

检测人员应服从负责人或安全人员的指挥，不得随便离开检测场地或擅自到其他与检测无关的场地，也不得乱动与检测无关的设备；检测人员应穿戴好必需的防护衣帽方可进入现场；高空作业前需检查梯子等登高机具，检测人员应佩戴安全带；临时用电应由持证电工接线，并设有地线或漏电保护器，以确保安全；检测人员在整个工作期间严禁饮酒；对于没有任何保护措施的架空部位，必须由架子工搭好脚手架，并经检查合格，不得在无任何保护措施的情况下进行操作。

（3）检测注意事项

进入现场后，应按检测方案合理地安排工作，使整个检测过程有序地进行。

1）检测前应预先检查现场准备工作是否落实，包括现场电源、水源接通、脚手架搭设、障碍物的清移。

2）采用回弹法等非破损检测方法时，应事先根据检测方案的布置用色笔标出测区位置并编号。

3）现场检测操作时，应尽量避免对结构或构件造成损伤。

4）当对古建筑和有纪念性的既有建筑结构进行检测时，应避免对建筑立面造成损坏。

5）现场抽检的试样必须做好标识并妥为保存，在整个运输过程中，应有专人负责保管，防止丢失、混淆或被调包。

6）每项检测至少有2人参加，做好检测记录，记录应使用专用的记录纸，要求记录数据准确、字迹清晰、信息完整，不得追记、涂改，如有笔误，应采用杠改法进行修改。

（4）补充检测

当发现检测数据不足需要增补数据时，或对检测数据有疑问需要重新检测时，应进行补充检测。补充检测应尽快跟进，并保持检测人员及设备不变。

（5）善后工作

现场检测结束后，根据合同的要求，对有破损的结构（如钻芯留下的空洞）应予以修复并满足结构构件承载能力的要求。

（6）现场检测内容

1）几何量

几何量检测主要包括：结构的几何尺寸、地基沉降、结构变形、混凝土保护层厚度、钢筋位置和数量、裂缝宽度等。

2）物理性能

物理性能检测主要包括：材料强度、地基承载能力、桩的承载能力、预制板的承载能力、结构自振周期等。

3）化学性能

化学性能检测主要包括：混凝土碳化、钢筋锈蚀和元素分析等。

5. 数据处理

现场检测后的数据整理、分析是评定结构等级的重要技术指标，数据整理、数据处理、数据分析过程的真实性、代表性直接影响着房屋鉴定结论的准确度。所以为确保工作质量，检测数据处理应按如下程序进行：

（1）当现场检查和检测结果与设计图纸不符时，应以实际检查和检测结果为准。

（2）当检测数据不足或检测数据出现异常等情况时，应以补充检测数据为准。

（3）现场数据整理时，现场记录文件应与原始记录保持一致，并留存原始记录，严防缺失或丢失状况的发生。

（4）对整理后输入计算表格、计算程序或将电子文档数据导入电脑计算程序过程中，应确保准确无误。

（5）数据整理应按选用标准，选取合适的计算公式或曲线。

（6）当数据需要进行计算求取平均值或代表值时，要根据检测条件，判断是否需要修正。

（7）当数据需要进行分析时，要判断数据是否异常并寻找原因。当发现错误数据时，要进行剔除并根据样本数量判断是否需要重新检测或补充检测。

（8）当数据需要修正时，如果实际情况与某一检测方法适用条件有较大差别时，数据要进行修正。比如对龄期过长的混凝土在采用回弹法推定其强度时，应采用钻芯法或其他方法进行修正。

6. 检测报告的编制

检测报告主要内容

1）委托单位名称；

2）设计单位、施工单位及监理单位名称；

3）房屋概况：包括房屋名称、结构类型、规模、施工及竣工日期和使用现状等；

4）检测原因、检测目的，以往检测情况概述；

5）检测项目、检测方法、检测仪器设备及依据的标准；

6）检测项目的主要分类、抽样方案及数量、检测数据和汇总；

7）检测结果、检测结论；

8）检测日期，报告完成日期；

9）主检、报告、审核和批准人员的签名、检测单位盖章。

检测报告应采用文字、图表、照片等方法，记录房屋建筑构件损坏部位、范围和程度，反映监测过程中房屋完损状况的变化情况。做到结论正确、用词规范、文字简练。检测报告应对所检项目做出是否符合设计要求或相应验收规范的评定，为房屋鉴定提供可靠的依据。

4.2 房屋检测方法与确定原则

4.2.1 房屋检测方法

房屋结构种类繁多，检测方法也千差万别，采用哪一种检测方法更贴近实际、更具有代表性，显得尤为重要。一般情况下检测方法的分类是按照检测过程中对被检测对象的损伤程度进行区分。

1. 微损检测法

微损检测法是指在检测过程中，对原有房屋的结构造成轻微损害的检测方法，微损检测法选取的样本不能太多，因此导致其检测的正确性不高，其项目结果也只能适用于局部，若要全面检测，还得从多角度用此法进行重复操作。微损检测法主要包括：取芯法、拉拔法等。

2. 破损检测法

破损检测法是指在检测过程中，对原有建筑物结构具有较大的破坏性，需要在原建筑的某一待检测部位上，直接截取样本进行相关的测验。破损检测属于不得已而为之的检测方法，其实施比较困难，且实验性能、效果也比较差、并存在一定的危险性，多用于事故检测。破损检测法主要包括：选取有代表性的构件进行破坏性试验，如荷载试验。

3. 无损检测法

无损检测是在不破坏或不影响结构或构件受力性能或使用功能的前提下，直接在构件或结构上通过测定某些适当的物理量，并通过这些物理量与材料强度等指标的相关性，推定材料强度或评估其缺陷。无损检测法主要包括：回弹法、超声—回弹法、红外线法、超声法、电磁感应法等。

无损检测技术以其准确性、高效性、安全性的显著优势在我国房屋检测领域被广泛地应用，并正在逐步取代微损检测、破损检测和结构性试验等一些传统检测方法，受到检测工作者的青睐。

钢结构与混凝土结构质量采用无损检测法检测，检测方法和标准规范成熟齐全，其检测结果已成为工程验收和房屋检测必不可少的依据。

砌体结构质量采用无损检测法虽有国家正式颁布的标准，但技术成熟度不够，往往给检测工作带来困难。

4. 检测方法的选定原则

（1）一般情况下，结构构件宜选用无损伤或微损伤的检测方法。

（2）当选用局部破损取样或原位检测时，结构构件宜选择受力较小的部位，且不应损坏结构的安全性。

（3）对古建筑和有纪念性的已有房屋结构进行检测时，应避免对房屋结构造成损伤。

（4）当房屋需要安全性监测时，应根据结构的受力特点制定监测方案。

（5）当现有的无损检测方法难以保证检测结果的精度，需局部凿开或破损进行验证时，应具备一定的安全措施。

4.2.2　房屋结构检测项目及方法

房屋结构检测项目按材质分为钢筋混凝土结构构件、砌体结构构件、钢结构构件和木结构构件四种。每种构件按需求又可分为若干检测项目和不同检测方法。

1. 钢筋混凝土结构

钢筋混凝土结构构件检测主要包括：原材料性能、混凝土强度、混凝土构件外观质量与缺陷、尺寸与偏差、变形与损伤以及钢筋配置与锈蚀等检测项目。钢筋混凝土结构构件的检测项目和检测方法见表4-1。

钢筋混凝土结构构件的检测项目和检测方法　　　　　　　　表4-1

序号	检测类型	检测项目	检测方法及依据标准
1	原材料性能	1. 如工程尚有与结构中同批同等级的剩余原材料时，则对这些原材料进行检测； 2. 从结构中抽样检测，同一规格的钢筋抽检数量不少于一组	按常规方法检测原材料
2	混凝土强度	1. 采用无损检测方法检测混凝土抗压强度，如回弹法、超声回弹法、后装拔出法 2. 采用钻芯法检测混凝土抗压强度 3. 采用芯样劈裂法检测混凝土抗拉强度	1. 回弹法 2. 超声回弹综合法 3. 后装拔出法 4. 钻芯法 5. 劈裂法

序号	检测类型	检测项目	检测方法及依据标准
3	混凝土构件外观质量与缺陷	1. 检测蜂窝、麻面、孔洞、夹渣、露筋、疏松等缺陷，及不同时间浇筑的结合面质量； 2. 检测混凝土裂缝，记录裂缝的位置、长度、宽度、深度、形态、数量，必要时绘制裂缝分布图	1. 外观缺陷用目测，尺量检测，并按《混凝土结构工程施工质量验收规范》GB 50204—2015进行检测； 2. 裂缝按《建筑变形测量规范》JGJ 8—2016进行观测； 3. 混凝土内部缺陷用超声法和雷达法等无损检测法检测
4	尺寸与偏差	1. 构件截面尺寸 2. 标高 3. 轴线尺寸 4. 预埋件位置 5. 构件垂直度 6. 表面平整度	量测构件尺寸，按《混凝土结构工程施工质量验收规范》GB 50204—2015规定的尺寸允许偏差和设计图纸规定的尺寸确定尺寸偏差
5	变形与损伤	1. 构件挠度 2. 结构垂直度 3. 基础不均匀沉降 4. 结构损伤（环境侵蚀损伤、灾害损伤、混凝土中有害元素造成的损伤及预应力锚夹具的损伤等）	1. 用水准仪、激光测距仪或拉线检测构件挠度； 2. 用经纬仪、激光定位仪或吊锤方法检测构件垂直度； 3. 用水准仪检测不均匀沉降； 4. 用化学分析、超声法和雷达检测确定结构损伤源，确定损伤面积和深度
6	钢筋配置与锈蚀	1. 钢筋配置检测：钢筋位置、直径、数量、保护层厚度； 2. 钢筋锈蚀情况检测	钢筋配置与锈蚀按《混凝土中钢筋检测技术规程》JGJ/T 152—2008的要求进行
7	结构荷载与结构性能	如需确定构件的承载力、刚度或抗裂性能时，可进行构件的原位加载检测	构件的原位加载检测按《混凝土结构试验方法标准》GB/T 50152—2012的要求进行

2. 砌体结构

砌体结构构件检测主要包括：砌筑块材、砌筑砂浆、砌体强度、砌筑质量与构造、变形与损伤等项目进行检测。砌体结构构件的检测项目和检测方法见表4-2。

砌体结构构件的检测项目和检测方法　　　　　　　　　　　表4-2

序号	检测类型	检测项目	检测方法及依据标准
1	砌筑块材	1. 块材强度； 2. 尺寸偏差和外观质量（缺棱掉角、弯曲、裂纹）； 3. 抗冻性能； 4. 块材品种	1. 采用在结构上取样、回弹法或钻芯法检测砌体块材的强度；石材强度可采用钻芯法或切割立方体试件的方法检测； 2. 采用取样检测或现场检测
2	砌筑砂浆	1. 抗压强度； 2. 抗冻性能； 3. 氯离子含量	1. 按《砌体工程现场检测技术标准》GB/T 50315—2011检测砂浆抗压强度，如推出法、筒压法、点荷法、砂浆片剪切法； 2. 采用非破损方法检测砂浆抗压强度，如回弹法、射钉法、贯入法； 3. 按《建筑砂浆基本性能试验方法标准》JGJ/T 70—2009检测砂浆抗冻性能； 4. 采用化学分析硝酸银溶液滴定检测砂浆的氯离子含量

序号	检测类型	检测项目	检测方法及依据标准
3	砌体强度	1. 砌体抗压强度； 2. 砌体抗剪强度	1. 采用现场切割试件的方法检测砌体抗压强度； 2. 采用现场原位法检测砌体抗压强度； 3. 采用双剪或原位单剪法检测砌体的抗剪强度
4	砌筑质量与构造	1. 砌筑方法：检测上下错缝及内外搭砌是否符合要求； 2. 灰缝质量：检测灰缝厚度、灰缝饱满程度和平直程度； 3. 砌体偏差：检测砌筑偏差和放线偏差；留槎及洞口； 4. 砌体结构构造：检测砌筑件的高厚比、梁垫、壁柱、预制构件的搁置长度、大型构件端部的锚固措施、圈梁、构造柱或芯柱、砌体局部尺寸及钢筋网片和拉结钢筋（后植筋）； 5. 砌体中钢筋	1. 砌筑方法：剔除抹灰面后目视检查； 2. 灰缝质量和砌体偏差按《砌体结构工程施工质量验收规范》GB 50203—2011 检测； 3. 砌体结构构造在剔除抹灰面后量测； 4. 圈梁、构造柱或芯柱、砌体局部尺寸及钢筋网片和拉结筋通过电磁法检测钢筋分布判定；后植筋锚固力检测按《混凝土结构后锚固技术规程》JGJ 145—2013； 5. 砌体中钢筋检测：按混凝土结构的钢筋检测方法
5	变形与损伤	1. 裂缝：测定裂缝位置、长度、宽度、数量；必要时绘制裂缝分布图； 2. 结构的垂直度； 3. 基础的不均匀沉降； 4. 结构损伤（环境侵蚀损伤、火灾损伤、人为损伤）	1. 按《建筑变形测量规范》JGJ 8—2016 的检测方法检测裂缝、结构垂直度和基础不均匀沉降；同时检测砌筑方法、留槎、洞口、线管及预制构件对裂缝的影响； 2. 环境侵蚀损伤应确定侵蚀源、侵蚀程度和侵蚀速度；冻融损伤应检测损伤深度、面积；火灾损伤应检测影响区域和影响程度；人为损伤应检测损伤程度

3. 钢结构

钢结构构件检测主要包括：材料性能、连接、尺寸偏差、损伤与变形、构造及涂装等项目检测。钢结构构件的检测项目和检测方法见表 4-3；钢材力学性能检测项目和方法见表 4-4。

钢结构构件的检测项目和检测方法　　　　　　　　　　表 4-3

序号	检测类型	检测项目	检测方法及依据标准
1	材料	1. 钢材的屈服强度、抗拉强度、伸长率、冷弯检测； 2. 钢材化学成分	1. 当工程尚有同批钢材时，可将其加工成试件进行力学性能试验； 2. 在构件钻取屑状试件，采用化学分析法判断钢材品种； 3. 采用表面硬度法检测钢材的抗拉强度
2	连接	1. 焊接连接； 2. 焊钉(栓钉)连接； 3. 螺栓连接； 4. 高强度螺栓连接	1. 对设计要求全焊透的一、二级焊缝和设计上没有要求的钢材等强对拼接焊缝，可采用超声波探伤的检测方法，焊缝质量按《钢结构现场检测技术标准》GB/T 50621—2010 检测评定； 2. 焊钉连接应进行焊钉焊接后的弯曲检测； 3. 高强度六角头螺栓连接应检测其材料性能和扭矩系数；同时检查外露丝扣（外露应为 2~3 扣） 4. 高强度六角头螺栓终拧扭矩按《钢结构高强度螺栓连接技术规程》JGJ 82—2011 检测评定

序号	检测类型	检测项目	检测方法及依据标准
3	尺寸与偏差	1. 构件尺寸偏差检测； 2. 安装偏差检测	1. 检测所抽样的全部构件尺寸；每一尺寸在构件的 3 个部位量测，取平均值；以设计图纸规定的尺寸为准，尺寸偏差和安装偏差允许值按《钢结构工程施工质量验收规范》GB 50205—2001 的规定； 2. 特殊部位或特殊情况，应选择对构件安全性影响较大的部位或损伤有代表性的部位检测； 3. 钢板厚度按《钢结构现场检测技术标准》GB/T 50621—2010 检测评定
4	缺陷、损伤、变形、锈蚀	1. 外观缺陷的检测； 2. 钢结构损伤的检测：裂纹、局部变形、锈蚀； 3. 钢结构变形检测：弯曲变形、板件凹凸变形	1. 外观质量的检测分为均匀性、有无夹层、非金属夹杂、明显的偏析等项目； 2. 用观察法或渗透法检测裂纹； 3. 用观察或尺量法检测变形程度；对于挠度、倾斜、位移、沉降等变形按《建筑变形测量规范》JGJ 8—2016 的方法检测； 4. 用观察或锤击方法检测螺栓和铆钉的松动或断裂； 5. 构件的锈蚀按《涂覆涂料前钢材表面处理 表面清洁度的目视评定 第 1 部分：未涂覆过的钢材表面和全面清除原有涂层后的钢材表面的锈蚀等级和处理等级》GB/T 8923.1—2011 确定锈蚀等级，D 级锈蚀还应测量钢板厚度的削弱程度； 6. 构件的外观质量按《钢结构现场检测技术标准》GB/T 50621—2010 检测评定
5	构造	1. 核算钢构件的长细比、宽厚比； 2. 核实支撑体系的连接	1. 测定杆件尺寸和构件截面尺寸，以核算长细比、宽厚比； 2. 按《钢结构工程施工质量验收规范》GB 50205—2001、《钢结构现场检测技术标准》GB/T 50621—2010 的规定检测评定构造，并进行结构核算
6	结构性能和动力特性	对于大型复杂钢结构体系可进行原位荷载试验和现场动力特性检测	钢结构体系结构性能和动力特性按《建筑结构检测技术标准》GB/T 50344—2004 和《钢结构现场检测技术标准》GB/T 50621—2010 的规定检测评定
7	涂装	1. 涂料的检测； 2. 涂层厚度的检测； 3. 涂装的外观质量	1. 按涂料试验方法及产品标准检测涂料； 2. 用涂膜厚度仪检测涂层厚度；对厚层防火涂料的涂层用探针和钢尺测量； 3. 防火和防腐涂层质量按《钢结构现场检测技术标准》GB/T 50621—2010 的规定检测评定
8	钢网架	1. 节点承载力； 2. 焊缝质量； 3. 尺寸与偏差； 4. 杆件的不平直度； 5. 网架挠度	1. 承载力按《钢结构现场检测技术标准》GB/T 50621—2010 进行荷载试验； 2. 焊缝质量按《钢结构焊接规范》GB 50661—2011 或《钢结构超声波探伤及质量分级法》JG/T 203—2007 检测； 3. 尺寸与偏差按《钢结构现场检测技术标准》GB/T 50621—2010 检测； 4. 不平直度，可用拉线的方法检测； 5. 挠度用激光测距仪或水平仪检测

钢材力学性能检测项目和方法　　　　　　　　　　　　表 4-4

检测项目	抽样数量（个／批）	抽样方法	试验方法	评定标准
屈服点、抗拉强度、伸长率	1	参照《钢及钢产品力学性能试验取样位置及试样制备》GB/T 2975—1998 规定	参照《金属材料 室温拉伸试验试样》GB/T 228—2002 规定，参照《钢筋混凝土用钢 第 2 部分：热轧带肋钢筋》GB 1499.2—2007 规定	《碳素结构钢》GB/T 700—2006；《低合金高强度结构钢》GB/T 1591—2008；其他钢材产品标准
冲击功	3		参照《金属材料夏比摆锤冲击试验方法》GB/T 229—2007 规定	

4. 木结构

木结构构件的检测主要包括：木材性能、木材缺陷、尺寸与偏差、连接与构造、变形与损伤和防护措施等项工作。木结构构件的检测项目和检测方法见表4-5。

木结构构件的检测项目和检测方法　　　　　　　　　表4-5

序号	检测类型	检测项目	检测方法及依据标准
1	木材性能	1. 力学性能：弦向静曲强度、弹性模量、顺纹抗剪强度、顺纹抗压强度； 2. 含水率； 3. 密度和干缩率	1. 检测木材弦向静曲强度，并以弦向静曲强度检测结果评定强度等级，弦向静曲强度试验和强度实测计算方法按《木材抗弯强度试验方法》GB/T 1936.1—2009有关规定执行； 2. 含水率用烘干法（重量法）检测；规格材以及层板胶合木可用电测法检测
2	木材缺陷	1. 对于圆木或方木结构缺陷检测：木节、斜纹、扭纹、裂缝、髓心； 2. 对于胶合木结构缺陷，除圆木或方木的检测项目外，还要检测翘曲、顺弯、扭曲、脱胶； 3. 对于轻型木结构缺陷，除圆木或方木的检测项目外还要检测扭曲、横弯和顺弯	1. 木节用精度1mm的卷尺量测；斜纹和扭纹用尺量方法检测；胶合木及轻型木结构翘曲、扭曲、横弯、顺弯用拉线或尺量方法检测； 2. 裂纹和脱胶检测，用探针检测裂缝深度，用塞尺检测裂缝宽度，用钢尺检测裂缝长度
3	尺寸与偏差	1. 构件（桁架、梁、檩条、柱）制作尺寸偏差； 2. 构件安装偏差	1. 尺寸偏差及安装偏差按《木结构工程施工质量验收规范》GB 50206—2012检测； 2. 以设计图纸要求为准
4	连接	1. 胶合粘结能力 2. 齿连接：量测压杆端面与齿槽承压面平整度、压杆轴线与齿槽承压面垂直度、齿槽深度、支座节点受剪面长度和裂缝，抵承面缝隙、保险螺栓的设置、压杆轴线与承压构件轴线的偏差； 3. 螺栓和圆钉连接：螺栓和圆钉的数量与直径，被连接构件的厚度，螺栓和圆钉的间距，螺栓孔处有无裂缝、虫蛀和腐朽，螺栓和圆钉的变形、松动、锈蚀情况	1. 用检测木材胶缝顺纹抗剪强度和木材胶缝垂直于木纹抗剪强度来评价胶合粘结质量，木材胶缝顺纹抗剪强度和木材胶缝垂直于木纹抗剪强度按《木结构试验方法标准》GB/T 50329—2012试验评定； 2. 齿连接用尺量量测； 3. 螺栓和圆钉连接用游标卡尺、塞尺及直尺检测； 4. 螺栓和螺帽其性能应符合《六角头螺栓》GB/T 5782—2016和《六角头螺栓 C级》GB/T 5780—2016的有关规定； 5. 圆钉性能应符合《一般用途圆钢钉》YB/T 5002—2017的有关规定，应作圆钉抗弯强度见证检验
5	变形损伤和防护措施	1. 结构变形：检测节点位移、连接松弛变形、构件挠度、侧向弯曲矢高、屋架出平面变形，屋架支撑系统稳定状态及木楼面系统的振动；基础沉降； 2. 构件损伤：检测木材腐朽、虫蛀、裂缝、灾害影响和金属件的锈蚀； 3. 防护措施：检测木材防腐、防虫和防火	1. 木结构变形或基础沉降按《建筑变形测量规范》JGJ 8—2016和《木结构工程施工质量验收规范》GB 50206—2012检测评定； 2. 观察有无木屑确定虫蛀范围，然后电钻打孔用内窥镜或探针测定被蛀深度，同时检查防虫措施； 3. 木材腐朽的范围和深度用尺量或除去木屑后量测；如有腐朽现象，还应检查木材含水率、通风设施、排水构造及防腐措施； 4. 如需确定受腐朽或灾害影响的程度时，可通过与未受害木材的强度对比确定； 5. 木材防腐、防虫和防火按《木结构试验方法标准》GB/T 50329—2012试验评定

4.3　房屋检测技术要点

4.3.1　检测内容的划分及依据

房屋检测是按照不同的鉴定类别、鉴定标准，根据鉴定需求开展检测工作。检测项目可分为必选检测内容和可选检测内容两类。由于既有房屋的结构类型不同，其鉴定分析需要的检测项目、检测数据也不相同。为了优化房屋检测，迅速获取检测数据，通过检测项目的划分，将必选检测内容和可选检测内容进行区分，使检测工作以最佳捷径为获取必要的检测数据，为鉴定分析提供可靠保证。

检测内容划分见表4-6。

房屋鉴定类型、结构形式、检测依据、检测内容一览表　　　　　　　　表4-6

鉴定类型及结构类别		检测依据	必选检测内容	可选检测内容
建筑结构可靠性、危险房屋和质量事故鉴定	混凝土结构	1.《民用建筑可靠性鉴定标准》GB 50292—2015 2.《建筑结构检测技术标准》GB/T 50344—2004 3.《钻芯法检测混凝土强度技术规程》JGJ/T 384—2016 4.《砌体工程现场检测技术标准》GB/T 50315—2011 5.《建筑变形测量规范》JGJ 8—2016 6.《混凝土结构工程施工质量验收规范》GB 50204—2015	1.混凝土抗压强度 2.混凝土碳化程度 3.构件钢筋配置 4.混凝土构件裂缝形态、分布 5.建筑物倾斜量测量	1.构件（板、梁）承载能力 2.钢筋力学性能测试 3.混凝土中氯离子含量 4.混凝土结构形式 5.砂浆抗压强度 6.构件变形 7.钢筋锈蚀程度
	砖砌体结构	1.《民用建筑可靠性鉴定标准》GB 50292—2015 2.《建筑结构检测技术标准》GB/T 50344—2004 3.《砌体工程现场检测技术标准》GB/T 50315—2011 4.《钻芯法检测混凝土强度技术规程》JGJ/T 384—2016 5.《建筑变形测量规范》JGJ 8—2016 6.《砌体结构工程施工质量验收规范》GB 50203—2011	1.砂浆抗压强度 2.砖砌体裂缝形态、分布 3.建筑物倾斜量测量	1.砖抗压强度 2.砌体强度 3.混凝土构件承载能力 4.砖砌体结构形式 5.混凝土抗压强度 6.混凝土碳化程度 7.构件钢筋配置 8.砖砌体构件(墙、柱)变形
	砖木结构	1.《民用建筑可靠性鉴定标准》GB 50292—2015 2.《建筑结构检测技术标准》GB/T 50344—2004 3.《砌体工程现场检测技术标准》GB/T 50315—2011 4.《木结构工程施工质量验收规范》GB 50206—2012 5.《木结构试验方法标准》GB/T 50329—2012 6.《建筑变形测量规范》JGJ 8—2016	1.砂浆抗压强度 2.砖砌体裂缝形态、分布 3.木构件开裂、腐烂，节点损坏 4.建筑物倾斜量测量	1.木材抗压强度 2.木材抗拉强度 3.木结构形式 4.砖抗压强度 5.砌体强度 6.木构件（柱、屋架）变形

续表

鉴定类型及结构类别		检测依据	必选检测内容	可选检测内容
工业厂房可靠性鉴定	混凝土排架结构	1.《工业建筑可靠性鉴定标准》GB 50144—2008 2.《建筑结构检测技术标准》GB/T 50344—2004 3.《钻芯法检测混凝土强度技术规程》JGJ/T 384—2016 4.《钢结构工程施工质量验收规范》GB 50205—2001 5.《建筑变形测量规范》JGJ 8—2016 6.《混凝土结构工程施工质量验收规范》GB 50204—2015	1.混凝土抗压强度 2.混凝土碳化程度 3.构件钢筋配置 4.构件裂缝形态、分布 5.构件（柱、吊车梁、屋架）变形	1.构件（屋面板）承载能力 2.钢筋力学性能测试 3.混凝土中氯离子含量 4.砂浆抗压强度 5.钢筋锈蚀程度
	砖砌体结构	1.《工业建筑可靠性鉴定标准》GB 50144—2008 2.《建筑结构检测技术标准》GB/T 50344—2004 3.《钻芯法检测混凝土强度技术规程》JGJ/T 384—2016 4.《砌体工程现场检测技术标准》GB/T 50315—2011 5.《建筑变形测量规范》JGJ 8—2016 6.《砌体结构工程施工质量验收规范》GB 50203—2011 7.《钢结构工程施工质量验收规范》GB 50205—2001	1.砂浆抗压强度 2.砖砌体裂缝形态、分布 3.砖砌体构件（墙、柱）变形 4.构件（吊车梁、屋架）变形	1.砖抗压强度 2.砌体高厚比
	轻钢结构	1.《工业建筑可靠性鉴定标准》GB 50144—2008 2.《焊缝无损检测 超声检测 技术、检测等级和评定》GB/T 11345—2013 3.《钢结构现场检测技术标准》GB/T 50621—2010 4.《建筑变形测量规范》JGJ 8—2016 5.《门式刚架轻型房屋钢结构技术规范》GB 51022—2015 6.《钢结构工程施工质量验收规范》GB 50205—2001	1.钢结构外观质量 2.钢材厚度 3.钢材品种 4.构件（柱、吊车梁、梁）变形 5.焊缝和螺栓连接质量 6.钢结构支撑体系	1.钢结构涂层厚度 2.砂浆抗压强度 3.钢结构动力特性
名称		检测依据	必选检测内容	可选检测内容
建筑物相邻影响房屋结构可靠性、危险房屋鉴定（地基土扰动）		1.《民用建筑可靠性鉴定标准》GB 50292—2015 2.《建筑结构检测技术标准》GB/T 50344—2004 3.《钻芯法检测混凝土强度技术规程》JGJ/T 384—2016 4.《砌体工程现场检测技术标准》GB/T 50315—2011 5.《建筑变形测量规范》JGJ 8—2016 6.《建筑地基基础工程施工质量验收规范》GB 50202—2002	1.建筑物倾斜量测量 2.建筑物沉降量测量 3.混凝土构件、砌体裂缝形态、分布 4.建筑结构形式	1.地基土扰动 2.砖抗压强度 3.混凝土碳化程度 4.混凝土抗压强度 5.砂浆抗压强度 6.构件钢筋配置
建筑物拆改、房屋结构可靠性鉴定		1.《民用建筑可靠性鉴定标准》GB 50292—2015 2.《建筑结构检测技术标准》GB/T 50344—2004 3.《钻芯法检测混凝土强度技术规程》JGJ/T 384—2016 4.《砌体工程现场检测技术标准》GB/T 50315—2011 5.《建筑变形测量规范》JGJ 8—2016 6.《混凝土结构设计规范》GB 50010—2010 7.《砌体结构设计规范》GB 50003—2011 8.《建筑地基基础设计规范》GB 50007—2011	1.建筑物倾斜量、沉降量测量 2.建筑物基础 3.混凝土构件、砌体裂缝形态、分布 4.建筑结构体系 5.混凝土抗压强度 6.砂浆抗压强度 7.构件钢筋配置	1.构件（板、梁）承载能力 2.钢筋力学性能测试 3.混凝土碳化程度 4.构件变形 5.钢筋锈蚀程度 6.砖抗压强度

续表

名称	检测依据	必选检测内容	可选检测内容
建筑物渗漏鉴定（卫生间、厨房、管道、墙体、屋面）	1.《建筑给水排水及采暖工程施工质量验收规范》GB 50242—2002 2.《屋面工程质量验收规范》GB 50207—2012 3.《砌体结构工程施工质量验收规范》GB 50203—2011 4.《建筑防水工程现场检测技术规范》JGJ/T 299—2013	1. 渗漏寻检仪和微波湿度测试系统检测 2. 卫生间、厨房蓄水试验 3. 给水排水管道试水试验（有压和无压） 4. 墙体和屋面淋水试验 5. 红外热像仪对比检测	1. 构件材料绝对含水率试验 2. 给水排水管道系统试水试验
建筑物环境振动（桩、爆破、汽车）房屋结构可靠性鉴定	1.《建筑抗震鉴定标准》GB 50023—2009 2.《建筑结构检测技术标准》GB/T 50344—2004 3.《城市区域环境振动标准》GB 10070—1988 4.《城市区域环境振动测量方法》GB 10071—1988 5.《爆破安全规程》GB 6722—2014 6.《钻芯法检测混凝土强度技术规程》JGJ/T 384—2016 7.《砌体工程现场检测技术标准》GB/T 50315—2011	1. 场地振动检测 2. 建筑物振动响应检测 3. 混凝土构件、砌体裂缝形态、分布 4. 建筑结构体系	1. 混凝土抗压强度 2. 砂浆抗压强度 3. 构件钢筋配置 4. 构件变形 5. 建筑物倾斜量测量

4.3.2 地基基础检测要点

1. 地基复核与检测

（1）对房屋的地质情况有怀疑时，应进行地质情况调查；

（2）房屋拟改变用途、结构改造或地基反力明显增加时，应进行地质情况调查；

（3）地质条件较复杂或调查资料明显不足时，宜进行工程地质勘察，或参考相邻工程的地质勘察资料。工程地质勘察应符合现行有关标准的要求，勘察时不应对既有房屋和自然环境造成不利影响。

2. 基础复核与检测

（1）对房屋基础资料缺失或不全，上部结构存在地基基础不均匀沉降导致的开裂、变形等现象或对基础情况有怀疑时应进行基础检测，可采用局部开挖、取样或载荷试验的方法进行检测。

（2）基础开挖点应选择有代表性的部位进行，主要检测基础形式、埋深、截面尺寸及有无损伤老化情况，有条件时宜检测基础材料的力学性能。

4.3.3 建筑、结构图的复核与测绘要点

1. 建筑图纸复核

当房屋有完整的建筑图纸时，应根据房屋的使用现状对原始图纸进行复核，包括全面复核和重点部位抽样复核。

应全数量测房屋的轴线尺寸和细部的平面尺寸。用总尺寸复核各分段尺寸；轴线尺寸和细部的平面尺寸可用钢卷尺、激光测距仪等量测工具量测；须复核每层层高。用房屋的总高度复核各层的层高，可用钢卷尺、激光测距仪、水准仪等工具测量层高。总高度可用钢卷尺、激光测距仪、经纬仪、电子全站仪等量测工具量测。

2. 建筑图纸测绘

当房屋建筑图纸缺失或不完整时，应根据房屋的使用现状和检测、鉴定要求现场测绘建筑图纸。建筑测绘图的内容宜包括：建筑平面图、建筑立面图、建筑剖面图等。

（1）建筑平面图测绘。测绘图上应标明轴线的位置、建筑平面尺寸及细部尺寸、楼地面标高、建筑的平面功能和使用情况。

（2）建筑立面图测绘。测绘图上应标明房屋门窗洞口的位置、房屋竖向的相关尺寸、房屋的高度等。

（3）建筑剖面图测绘。测绘图上应标明房屋门窗洞口的位置、房屋各层竖向间的相关关系、楼（屋）面标高、室内外标高、房屋各层的层高和总高度等。

（4）细部大样图测绘。对具有历史价值的文物建筑、优秀历史建筑和重要的建筑，除应记录其楼、地面的细部构造外，还应测绘其有特色的、有历史价值的和保护部位的细部大样图。

3. 结构图纸复核

（1）上部结构轴线尺寸、构件截面尺寸检测（梁、柱、板）复核

当房屋具有完整的结构图纸时，应根据房屋的结构现状对原始图纸进行复核，包括整体全面复核和重点部位抽样复核。

（2）混凝土构件配筋检测复核（钢筋数量、直径、间距、保护层厚度）

混凝土构件配筋情况检测的内容包括：钢筋位置、数量和直径。

1）检测宜采用全数检测和重点抽查相结合的方法，用雷达波法或电磁感应法进行非破损检测。

2）重点部位用凿开混凝土的方法进行局部破损检测。

3）当构件中遇到多排钢筋或密排钢筋时，应采用凿开混凝土进行检测。

（3）连接节点构造检测复核

1）混凝土结构的节点外部尺寸可用钢卷尺直接测量，节点内部的配筋和受力钢筋在节点区域的锚固情况可用雷达波法或电磁感应法进行非破损检测。

2）当节点区域的配筋密集时，可以凿开混凝土的保护层检测节点内部的配筋情况，但应注意不能对节点产生伤害。

3）钢结构的节点连接有焊缝连接、螺栓连接、铆钉连接和组合工字梁翼缘连接等形式。当节点外包有混凝土、砌体或其他装饰材料时，应将其凿开，再进行检测，但不能对节点

产生伤害。

4）木结构的节点连接有齿连接、螺栓连接和钉连接等形式。当节点外包有装饰材料时，应凿开装饰材料，再进行检测。

4.结构图纸测绘

当房屋结构图纸缺失或不完整时，应根据房屋结构现状现场测绘房屋结构图纸。结构测绘图的内容包括：结构平面布置图、构件截面尺寸、主要配筋形式、配筋量和连接构造等。

1）结构平面图上应标明结构构件的类别、编号及其相关关系；

2）构件详图应标明构件的材料、形式和截面尺寸；

3）混凝土构件配筋详图上应注明构件的截面尺寸、配筋形式、配筋量、保护层厚度等数值；

4）节点连接详图应包含构件间的详细连接构造；

5）结构测绘图应明确主体结构的类别，如：混凝土结构、钢结构、砌体结构、混合结构、木结构和其他结构等；

6）传力体系应准确标注，如：框架体系、排架体系、桁架体系、墙体承重体系、混合承重体系等，以便于建立合理的结构分析模型。

4.3.4 常用材料性能检测方法及要点

1.混凝土力学性能检测

混凝土材料力学性能检测时，可以将整幢房屋作为检测对象。将每一结构单元划分为一个检测单元，也可根据构件的类型划分检测单元。在检测单元中抽样选取的样本称为检测样本，检测样本可以是一个构件，也可以是构件的一部分。

混凝土材料强度可采用超声回弹综合法、回弹法等非破损方法进行检测，也可采用钻芯法、后装拔出法等局部破损方法进行检测。选择检测方法时应综合考虑结构特点、现状和现场检测条件，优先选用非破损方法。

（1）回弹法检测混凝土抗压强度

回弹法是以混凝土结构构件回弹值和表面碳化值，推定混凝土现龄期的混凝土抗压强度的一种方法。在各种检测方法中，回弹法操作简单、费用低廉、检测效率最高，因而现场应用性极强，而且可以清晰看到混凝土的浇筑质量。

但由于混凝土表面硬度与抗压强度存在着很大差异，再加上回弹测强统一曲线仅考虑了正常情况下混凝土表面碳化引起表面回弹值的提高，而没有考虑实际工程中存在混凝土早期碳化将引起表面回弹值降低这一普遍现象，所以工程检测中采用单一的回弹法检测结构混凝土强度效果并不理想，加之受人员操作手法等因素的影响，其精准度不高。当混凝土曾遭受化学腐蚀、火灾、硬化期遭受冻伤等，不宜采用此法检测。

回弹法检测混凝土抗压强度要点。

1）依据标准

①《混凝土结构工程施工质量验收规范》GB 50204—2015；

②《建筑结构检测技术标准》GB/T 50344—2004；

③《回弹法检测混凝土抗压强度技术规程》JGJ/T 23—2011；

④《回弹法检测泵送混凝土抗压强度技术规程》DB64/T 697—2011；

⑤《高强混凝土强度检测技术规程》JGJ/T 294—2013；

⑥《超声回弹综合法检测混凝土强度技术规程》CECS 02—2005；

⑦《钻芯法检测混凝土强度技术规程》JGJ/T 384—2016。

2）取样要求

①按批量进行检测时，抽检数量不得少于同批构件总数的30%，且构件数量不得少于10件。

②每一试件测区数不应少于10个，对某一方向尺寸小于4.5m，且另一方向尺寸小于0.3m的构件，测区数可适当减少，但不应少于5个。

③测区应均匀分布，相邻测区间距应控制在2m以内，测区离构件端部或施工缝边缘的距离不宜大于0.5m，且不宜小于0.2m。

④测区面积不宜大于$0.04m^2$。

⑤检测面应清洁、平整，不应有疏松层、浮浆、油垢、涂层以及蜂窝、麻面，必要时可用砂轮清除疏松层和杂物，且不应有残留的粉末或碎屑。

3）基本检测方法

①采用经检定保养合格的回弹仪在选定的测区内按水平方向弹击16个点，记取回弹值；

②在有代表性的位置测碳化深度值，测点不应少于测区数的30%。当碳化深度值极差大于2.0mm时，应在每个测区测碳化深度值。

4）数据判定及处理

①从测区16个回弹值中剔除3个最大值和3个最小值后计算测区平均回弹值；

②进行检测方向和浇筑面修正；

③测点碳化深度值应测量3次，每次读数应精确至0.25mm，并取其平均值；各测区碳化深度平均值为构件的碳化深度值，并应精确至0.5mm；

④当检测条件与测强曲线的适用条件有较大差异时，可采用同条件试件或钻取混凝土芯样的方式进行修正；

⑤混凝土强度推定值的确定：

当测区数少于10个时，最小的测区混凝土强度换算值即为构件混凝土强度推定值；

当测区混凝土强度值中出现小于 10MPa 时，判定混凝土强度推定值小于 10MPa；

当测区数不少于 10 个或按批量检测时，混凝土强度推定值由测区混凝土强度换算值的平均值减 1.645 倍测区混凝土强度换算值的标准差计算求得；

当混凝土强度平均值小于 25MPa 标准差大于 4.5MPa 或平均值不小于 25MPa 且不大于 60MPa，标准差大于 5.5MPa 时，则该批构件应全部按单个构件检测。

5）回弹仪检测基本要求

①回弹仪应符合现行国家标准《回弹仪》GB/T 9138 的规定。

②回弹仪在检测前后，均应在钢钻上作率定试验。

③混凝土强度可按单个构件或按批量进行检测。

（2）超声 – 回弹综合法检测混凝土抗压强度

超声 – 回弹综合法是采用超声仪和回弹仪，在混凝土结构同一测区分别测量声时值和回弹值，然后利用已建立起来的测强公式推算该测区混凝土强度的方法。

超声 – 回弹综合法与单一回弹或超声法相比较，超声 – 回弹综合法最明显的优点是可以减少龄期和含水量的影响。混凝土的龄期和含水量对声速和回弹值的影响有着本质的不同。混凝土含水量大，超声的声速偏高，而回弹值偏低；混凝土的龄期长，超声声速的增长率下降，回弹值则因混凝土碳化深度增大而提高。因此，二者结合起来测定混凝土强度就可以部分减少龄期和含水量的影响。另外，采用超声 –– 回弹综合法测定混凝土强度，既可内外结合，又能在较低或较高的强度区间相互弥补各自的不足，能够较全面地反映混凝土的实际质量，且对提高测试精度，具有明显的效果。但此法不适用于遭受冻害、化学侵蚀、火灾、高温损伤的混凝土。

超声 – 回弹综合法检测混凝土抗压强度的检测要点。

1）取样要求

①按单个构件检测时，每个构件测区数不应少于 10，且应均匀布置测区。

②按批抽样检测时，构件抽样数量不应少于同批构件的 30% 且不应少于 10 件。

③对某一方向尺寸不大于 4.5m，另一方向尺寸不大于 0.3m 的构件，测区数可适当减少，但不应少于 5 个。

④测区宜均匀布置，相邻测区的间距不宜大于 2m。

⑤测区宜优先布置在构件混凝土浇筑方向的侧面。

⑥测区可在构件的两个对应面、相邻面或同一面上布置。

⑦测区应避开钢筋密集区和预埋件。

⑧测区尺寸宜为 200mm × 200mm；采用平测时宜为 400mm × 400mm。

⑨测试面应清洁、平整、干燥，不应有接缝、施工缝、饰面层、浮浆和油垢、并应避开蜂窝、麻面部位。必要时，可用砂轮清除杂物和磨平不平整处，且擦净残留的粉尘。

2）基本检测方法

①每一测区先进行回弹测试，后进行超声测试。

②采用经检定保养合格的回弹仪在构件测区内超声波的发射和接收面各弹击 8 点；超声波单面平测时，可在超声波的发射和接收测点之间弹击 16 点，记取回弹值。

③超声测点布置在回弹测试的同一测区内，每一测区布置 3 个测点。

④宜优先采用对测或角测，当被测构件不具备对测或角测条件时，可采用单面平测。

3）判定及处理

①从测区 16 个回弹值中剔除 3 个最大值和 3 个最小值计算测区回弹代表值，并进行方向和浇筑面修正。

②当在混凝土浇筑方向的侧面对测时，测区中 3 个测点的声速平均值为测区的声速代表值。

③当在混凝土浇筑的顶面或底面测试时，应将 3 个测点的声速平均值乘以标准规定的修正系数后作为测区的声速代表值。

④用同一测区的回弹代表值和声速代表值 . 按卵石和碎石分类查表得测区混凝土抗压强度换算值。

⑤混凝土强度推定值的确定

当测区数少于 10 个时，最小的测区混凝土强度换算值即为构件混凝土强度推定值；

当测区混凝土强度换算值中出现小于 10MPa 时，判定混凝土强度推定值小于 10MPa；

当测区数不少于 10 个或按批量检测时，混凝土强度推定值由测区混凝土强度换算值的平均值减 1.645 倍测区混凝土强度换算值的标准差计算求得。

当混凝土强度平均值小于 25.0MPa 标准差大于 4.50MPa 或平均值等于 25.0~50.0MPa 标准差大于 5.5MPa 或平均值大于 50.0MPa 标准差大于 6.50MPa 时，则该批构件应全部按单个构件检测强度推定。

（3）钻芯法检测混凝土抗压强度

钻芯法近似一种直接可靠并能较好地反映混凝土实际情况的局部微破损检测方法。钻芯法是利用混凝土钻芯机，直接从结构或构件上钻取圆柱形混凝土芯样，按有关规范加工处理后进行抗压试验，根据芯样的抗压强度推定结构或构件混凝土强度。此外，从芯样也可以直观地观察到局部混凝土的内部情况，如骨料的分布，裂缝大小等。因此，普遍认为这是一种较为直观、可靠的方法。

但由于钻芯法对结构具有一定的破损性，其取芯位置和数量受到很大的限制；另外，钻芯机及芯样加工配套机具与无损检测仪相比，仪器笨重，移动不方便，测试成本也比较高，同时，钻芯后的空洞需要修补，尤其钻断钢筋时，更增加了修补的困难。

钻芯法检测混凝土抗压强度的检测要点。

1）取样要求

①混凝土的龄期不小于 14 天，强度不低于 10MPa。

②芯样试件宜使用标准芯样试件，其公称直径不宜小于骨料最大粒径的 3 倍；也可采用小直径芯样试件，但其公称直径不宜小于 70mm 且不得小于骨料最大粒径的 2 倍；抗压芯样试件的高度与直径之比（H/d）宜为 1.00。

③确定检验批混凝土强度推定值时，芯样试件的数量应根据检验批的容量确定。标准芯样试件的最小样本容量不宜小于 15 个，小直径芯样试件的最小样本容量应适当增加。每个芯样应取自一个构件或结构的局部部位。

④芯样应在下列部位钻取：结构或构件受力较小部位；混凝土强度质量具有代表性部位；便于钻芯机安放与操作的部位；避开主筋、预埋件和管线的位置。

⑤钻芯确定单个构件的混凝土强度推定值时，有效芯样试件的数量不应少于 3 个，对于较小构件，有效芯样试件的数量不得少于 2 个。

⑥对间接测强方法进行钻芯修正时，宜采用修正量的方法。当采用修正量的方法时，芯样试件的数量和取芯位置应符合下列要求：

A. 标准芯样试件的数量不应少于 6 个，小直径芯样试件的数量宜适当增加；

B. 芯样应从采用间接方法的结构构件中随机抽取，取芯位置应符合取样要求第 4 点规定；

C. 当采用的间接检测方法为无损检测方法时，钻芯位置应与间接检测方法相应的测区重合；

D. 当采用的间接检测方法对结构构件有损伤时，钻芯位置应布置在相应的测区附近。

⑦芯样的高径比宜为 1.00，芯样试件内不宜含有钢筋，不能满足此要求时，抗压标准芯样最多允许有二根直径小于 10mm 的钢筋，公称直径小于 100mm 的芯样，每个试件内最多只允许有一根直径小于 10mm 的钢筋；芯样内的钢筋应与芯样试件的轴线基本垂直并离开端面 10mm 以上。

2）基本检测方法

①按取样要求确定取样数量和钻芯位置，在钻芯位置固定钻机，钻取芯样，钻芯时控制钻进速度；

②芯样制作采用锯切机和磨平机切割和打磨芯样，切割和打磨应有牢固夹紧芯样的装置和冷却系统；

③采用补平装置对芯样端面加工补平；

④测量芯样试件尺寸：平均直径、芯样高度、垂直度、平整度；

⑤芯样在自然干燥状态下进行抗压试验，当结构工作条件比较潮湿，需要确定潮湿状态下混凝土的强度时，芯样试件应在 20±5℃ 的清水中浸泡 40~48h，从水中取出后立

即进行试验。

3）判定及处理

①芯样试件混凝土抗压强度等于最大压力除以芯样抗压截面面积；

②当芯样的高径比小于 0.95 或大于 1.05 或任一直径与平均直径相差大于 2mm，或端面不平整度在 100mm 长度内大于 0.1mm，或芯样试件端面与轴线的不垂直度大于 1°，或芯样有裂缝或其他较大缺陷的，其测试数据无效；

③钻芯修正后的换算强度等于修正前的换算强度加修正量，修正量等于芯样试件抗压强度平均值减所用间接检测方法对应芯样测区得换算强度的算术平均值；

④检验批混凝土强度推定值应按规范规定计算推定区间和推定区间的上限值和下限值。推定区间的置信度宜为 0.85，上、下限值之间的差值不宜大于 5.0MPa 和 0.1 倍的芯样试件抗压强度平均值二者的较大值。以推定区间的上限值作为检验批混凝土强度推定值；

⑤钻芯确定检验批混凝土强度推定值时，可以剔除芯样试件抗压强度样本中的异常值；

⑥单个构件的混凝土强度推定值不再进行数据的舍弃，而应按有效芯样混凝土抗压强度中的最小值确定。

4）钻芯机基本要求

钻芯机应具有足够的刚度、操作灵活、固定和移动方便，并应有水冷却系统。钻取芯样时宜采用金刚石或人造金刚石薄壁钻头。钻芯前应利用磁感仪探测钢筋位置，防止钻芯机对钢筋损伤。

（4）拔出法检测混凝土抗压强度

拔出法是通过测定的拔出力的大小来确定混凝土的强度等级的方法。拔出法分为两种类型：一是预埋拔出法，将锚固件预先埋于混凝土中，待达到龄期要求后，进行拔出实验。二是后装拔出法，是在已硬化的混凝土表面钻孔，嵌入锚固件进行拔出实验，测定其拔出力。

前者在国外应用较多，国内则以后装拔出法为主，特别适用于已建混凝土结构的检测实验。采用后装拔出法检测已建混凝土结构，一般需要经过测点布置、钻孔、磨槽、安装锚固件、拔出等步骤。

但是，预埋拔出法需要在浇筑混凝土前将预埋件埋在预定位置，因此无法随时随地对结构混凝土进行现场检测；后装拔出法虽可在混凝土具有一定强度时随时随地进行检测，但用切槽机在已钻的孔内壁切槽时，若遇坚硬粗骨料，切除的环形沟槽完整性差、尺寸偏差较大，切槽内混凝土损伤较为严重。因而测试结果离散性较大，操作难度大。

拔出法检测混凝土抗压强度的检测要点。

1）拔出法适用范围

拔出法适用于混凝土抗压强度为 10.0~80MPa 的既有结构和在建结构混凝土强度的检测与推定；适用于测试面与内部质量一致的混凝土结构及构件。

2）测点布置应符合下列规定

①按单个构件检测时应在构件上均匀布置 3 个测点。当 3 个拔出力中的最大拔出力和最小拔出力与中间值之差均小于中间值的 15% 时，仅布置 3 个测点即可；当最大拔出力或最小拔出力与中间值之差大于中间值的 15%（包括两者均大于中间值的 15%）时，应在最小拔出力测点附近再加测 2 个测点；

②当同批构件按批抽样检测时抽检数量应不少于同批构件总数的 30%，且不少于 10 件，每个构件不应少于 3 个测点；

③测点宜布置在构件混凝土成型的侧面，如不能满足这一要求时，可布置在混凝土成型的表面或底面；

④在构件的受力较大及薄弱部位应布置测点，相邻两测点的间距不应小于 10h，测点距构件边缘不应小于 4h；

⑤测点应避开接缝、蜂窝、麻面部位和混凝土表层的钢筋、预埋件。

测试面应平整、清洁、干燥，对饰面层浮浆等应予清除，必要时进行磨平处理。结构或构件的测点应标有编号，并应描绘测点布置的示意图。

3）钻孔要求

在钻孔过程中，钻头应始终与混凝土表面保持垂直，垂直度偏差不应大于 3°。在混凝土孔壁磨环形槽时，磨槽机的定位圆盘应始终紧靠混凝土表面回转，磨出的环形槽形状应规整。成孔尺寸应满足：钻孔直径 d_1 应比规定值大 0.1mm，且不宜大于 1.0mm；钻孔深度 h_1 应比锚固深度 h 深 20~30mm；锚固深度允许误差为 ±0.8mm；环形槽深度 c 应为 3.6~4.5mm。

4）拔出试验

①将胀簧插入成型孔内，通过胀杆使胀簧锚固台阶完全嵌入环形槽内，保证锚固可靠。

②拔出仪与锚固件用拉杆连接对中，并与混凝土表面垂直。

③施加拔出力应连续均匀，其速度控制在 0.5~1.0kN/s。

④施加拔出力至混凝土开裂破坏、测力显示器读数不再增加为止，记录极限拔出力值精确至 0.1kN。

⑤对结构或构件进行检测时，应采取有效措施防止拔出仪及机具脱落摔坏或伤人。

⑥当拔出试验出现异常时，应作详细记录，并将该值舍去，在其附近补测一个测点。

⑦拔出试验后应对拔出试验造成的混凝土破损部位进行修补。

2. 钢材力学性能检测

检测钢材力学性能时，可将整幢建筑物为检测对象，对每一结构单元按同类构件、同一规格的钢材划分检测单元。在检测单元中抽取的样本称为检测单体，检测单体可以是一个构件，也可以是构件的一部分。

钢材力学性能检测应优先采用在结构中切取试样的直接试验法进行检测，若无法切取试样也可采用表面硬度法等进行检测。钢材力学性能检测包括对钢筋、型钢及钢板（钢构件）强度、变形性能及其他力学性能的检测。

钢材力学性能指标主要包括：钢材屈服点、抗拉强度和伸长率三个指标。根据检测需要，可增加钢材冷弯和冲击功测试等指标。

（1）取样拉伸法

当工程档案资料中有钢材品质记录资料时，可按原资料确定钢材的力学性能指标。若虽有钢材品质记录资料，但仍对钢材的性能持怀疑态度时，可切取试样直接试验检测。取样数量、取样方法、试验方法和评定标准应符合表4-7的规定。

钢材力学性能检验项目和方法　　　　表4-7

检验项目	取样数量 （个/检测单元）	取样方法	试验方法	评定标准
屈服点、抗拉强度、伸长率	1	参照《钢及钢产品力学性能试验取样位置及试样制备》GB/T 2975—1998规定	参照《金属材料 室温拉伸试验方法》GB/T 228—2002规定	《碳素结构钢》GB/T 700—2006； 《低合金高强度结构钢》GB/T 1591—2008； 其他钢材产品标准
冷弯	1		参照《金属材料 弯曲试验方法》GB/T 232—2010规定	
冲击功	3		参照《金属材料夏比摆锤冲击试验方法》GB/T 229—2007规定	

在结构构件上切取试样时，应保证所取试样具有代表性，取样不得危及结构安全和正常使用。切取试样应保证试样的原始自然状态避免受到扰动，防止塑性变形、硬化等作用改变其性能。用焰切取样时，切口距试件成型边线宜大于20mm，同时大于钢材厚度或直径。

当工程档案资料中没有钢材品质记录资料时，每检测单元应抽取三个试样，进行拉伸试验，并根据试验结果确定钢材牌号或品种等级。当无法根据试验结果确定钢材牌号或品质等级时，钢材强度的标准值按试验结果最低值的0.9倍确定。

（2）表面硬度法

采用表面硬度法推定钢材强度时，每检测单元应取三个检测单体，每个检测单体上可取一个测区。钢材表面硬度可采用回弹法测定。以三个检测单体中测区的最小值作为钢材硬度的代表值，由专用测强曲线或《黑色金属硬度及强度换算值》GB/T 1172—1999换算钢材的抗拉强度。钢材的屈服强度可按屈强比推定。

采用表面硬度法推定混凝土中钢筋强度时，每检测单元应取三个检测单体，每个检测单体上可取一个测区。钢筋的硬度采用回弹法测定（测试方法参见《黑色金属硬度及强度换算值》GB/T 1172—1999附录B），最后以三个检测单体中测区的最小值作为钢筋硬度的代表值。

采用里氏硬度计进行测试时，里氏硬度计的主要技术参数及试验方法应符合《金属材料 里氏硬度试验 第1部分：试验方法》GB/T 17394.1—2014 的要求。试样的每个测量部位一般进行五次试验，数据分散不应超过平均值的 ±15HL；用5个有效试验点的平均值作为一个里氏硬度试验数据。根据里氏硬度试验数据按《金属材料 里氏硬度试验 第1部分：试验方法》GB/T 17394.1—2014 附录、《黑色金属硬度及强度换算值》GB/T 1172—1999 的规定计算得到钢材的抗拉强度。

（3）化学分析法

化学成分是决定金属材料性能和质量的主要因素。因此，标准中对绝大多数金属材料规定了必须保证的化学成分，有的甚至作为主要的质量、品种指标。化学成分可以通过化学的、物理的多种方法来分析鉴定，目前应用最广的是化学分析法和光谱分析法。

根据化学反应来确定金属的组成成分，这种方法统称为化学分析法。化学分析法分为定性分析和定量分析两种。通过定性分析，可以鉴定出材料含有哪些元素，但不能确定它们的含量；定量分析，是用来准确测定各种元素的含量。实际生产中主要采用定量分析。定量分析的方法为重量分析法和容量分析法。

1）重量分析法：采用适当的分离手段，使金属中被测定元素与其他成分分离，然后用称重法来测元素含量。

2）容量分析法：用标准溶液（已知浓度的溶液）与金属中被测元素完全反应，然后根据所消耗标准溶液的体积计算出被测定元素的含量。

3. 砌体力学性能检测

砌体材料力学性能检测时，可以将整幢房屋作为检测对象，对每一结构单元按层次划分检测单元。在检测单元中抽取的样本称为检测样本，检测样本可以是一个构件，也可以是构件的一部分。砌体材料的强度检测分为直接检测法和间接检测法。直接法是指在现场直接检测砌体的抗压和抗剪强度。间接法是指通过检测砌筑块材和砂浆的强度来计算砌体的强度。

（1）直接检测法

直接法主要包括：原位轴压法、扁顶法、切制抗压试件法、原位单剪法、原位双剪法、推出法。适用范围为：原位轴压法、扁顶法、切制抗压试件法适用于检测砌体的抗压强度；原位单剪法、原位双剪法、推出法适用于检测砌体的抗剪强度；烧结普通砖砌体的抗压强度宜采用原位轴压法或扁顶法检测；烧结多孔砖砌体的抗压强度宜采用原位轴压法检测；烧结普通砖或烧结多孔砖砌体的抗剪强度宜采用原位双砖双剪法检测。具体操作应按照《砌体工程现场检测技术标准》GB/T 50315—2011 的规定执行。

1）原位轴压法检测

原位轴压法是用原位压力机在烧结普通砖墙体上进行抗压测试，检测砌体抗压强度的方法。原位轴压法适用于推定 240mm 厚普通砖砌体或多孔砖砌体的抗压强度的检测。

①测试部位

A. 宜选择在墙体中部距楼地面 1m 左右的高度处；

B. 开槽砌体每侧的墙体宽度不应小于 1.5m；

C. 每个测区测点数不应少于 1 个，同一墙体上测点不宜多于 1 个，多于 1 个时，其水平净距不得小于 2.0m；

D. 测试部位宜选在墙体中部距楼、地面 1m 左右的高度处；

E. 测试部位不得选在挑梁下、应力集中部位以及墙梁的计算高度范围内。

②基本检测方法

A. 在测点上开凿上下水平槽孔；

B. 在上下水平槽孔间安放原位压力机；

C. 试加荷载检查测试系统，正常后卸荷；

D. 分级加荷记录初裂裂缝及裂缝开展变化情况。

③原位压力机安放与测试

A. 在上槽内的下表面和扁式千斤顶的顶面，分别均匀铺设湿细砂或石膏等材料的垫层，垫层厚度可取 10mm。

B. 将反力板置于上槽孔，扁式千斤顶置于下槽孔，安放四根钢拉杆，并使两个承压板上下对齐后，沿对角均匀拧紧螺母并调整其平整度；四根钢拉杆的上下螺母间的净距误差不应大于 2mm。

C. 正式测试前，应进行试加荷载测试，试加荷载值可取预估破坏荷载的 10%。应检查测试系统的灵活性和可靠性，以及上下压板和砌体受压面接触是否均匀密实。经试加荷载，测试系统正常后应卸载，并开始正式测试。

D. 正式测试时，应分级加荷。每级荷载可取预估破坏荷载的 10%，并应在 1min~5min 内均匀加完，然后恒载 2min。加荷至预估破坏荷载的 80% 后，应按原定加荷速度连续加荷，直至槽间砌体破坏。当槽间砌体裂缝急剧扩展和增多，油压表的指针明显回退时，槽间砌体达到极限状态。

E. 测试过程中，发现上下压板与砌体承压面因接触不良，致使槽间砌体呈局部受压或偏心受压状态时，应停止测试，并应调整测试装置，重新测试，无法调整时应更换测点。

F. 测试过程中应仔细观察槽间砌体初裂裂缝与裂缝开展情况，并应记录逐级荷载下的油压表读数、测点位置、裂缝随荷载变化情况简图等。

④判定及处理

A. 计算槽间砌体的抗压强度；

B. 按原位轴压法公式将槽间砌体抗压强度换算为标准砌体的抗压强度；

C.计算测区的砌体抗压强度平均值。

2）原位双剪法检测

原位双剪法包括：原位单砖双剪法和原位双砖双剪法（图4-2）。原位单砖双剪法适用于推定各类墙厚的烧结普通砖或烧结多孔砖砌体的抗剪强度，原位双砖双剪法适用于推定240mm厚墙的烧结普通砖或烧结多孔砖砌体的抗剪强度。检测时，将原位剪切仪的主机安放在墙体的槽孔内，并以一块或两块并列完整的顺砖及其上下两条水平灰缝作为一个测点（试件）。测试步骤：

①安放原位剪切仪主机的孔洞，应开在墙体边缘的远端或者中部。原位单砖双剪试件的孔洞截面尺寸，普通砖砌体不得小于115mm×65mm，多孔砖砌体不得小于115mm×110mm。原位双砖双剪试件的孔洞截面尺寸，普通砖砌体不得小于240mm×65mm，多孔砖砌体不得小于240mm×110mm，应掏空、清除剪切试件另一端的竖缝。

②试件两端的灰缝应清理干净。开凿清理过程中，严禁扰动试件，发现被推砖块有明显缺棱掉角或上、下灰缝有松动现象时，应舍去试件。被推砖的承压面应平整，不平时应用扁砂轮等工具磨平。

③测试时，应将剪切仪主机放入开凿好的孔洞中，并应使仪器的承压板与试件的砖块顶面重合，仪器轴线与砖块轴线应吻合。开凿孔洞过长时，在仪器尾部应另加垫块。

④操作剪切仪，应匀速试加水平荷载，并应直至试件和砌体之间产生相对位移，试件达到破坏状态。加荷的全过程宜为1min~3min。

⑤记录试件破坏时剪切仪测力计的最大读数，应精确至0.1个分度值。采用无量纲指示仪表的剪切仪时，尚应按剪切仪的校验结果换算成以N为单位的破坏荷载。

（2）间接检测法

间接检测法是通过间接方式测试推定砖、砂浆抗压强度。主要包括贯入法、筒压法、砂浆片剪切法、砂浆回弹法、点荷法、砂浆片局压法、烧结砖回弹法。其中烧结砖回弹法用于检测烧结砖的抗压强度，其余检测方法均用于检测砌筑砂浆的抗压强度。采用间接法

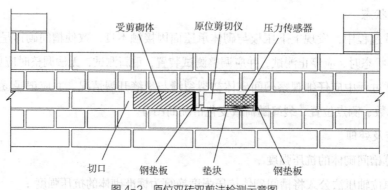

图4-2 原位双砖双剪法检测示意图

检测时。相应的检测要求和数据分析，除本节有特殊的规定外，应按照《砌体工程现场检测技术标准》GB/T 50315—2011 及《贯入法检测砌筑砂浆抗压强度技术规程》JGJ/T 136—2017 的规定执行。

1）贯入法检测砂浆抗压强度

贯入法适用于检测抗压强度为 0.4~16MPa 之间的水泥砂浆或水泥混合砂浆；用贯入法检测强度低于 2MPa 的砂浆以及强度超过 12MPa 的砂浆时，宜采用原位双砖双剪法检测砌体的抗剪强度；表面严重粗糙不平且无法磨平，或砂浆饱满度很差时，不得采用贯入法检测；对于水泥混合砂浆，根据计算所得平均贯入深度，按《贯入法检测砌筑砂浆抗压强度技术规程》JGJ/T 136—2017 进行计算。测试步骤：

①测点布置

A. 检测砌筑砂浆抗压强度时，应以面积不大于 25m^2 的砌体构件或构筑物为一个构件；

B. 按批抽样检测时，应取龄期相近的同楼层、同品种、同强度等级砌筑砂浆且不大于 250m^3 砌体为一批，抽检数量不应少于砌体总构件数的 30%，且不应少于 6 个构件。基础砌体可按一个楼层计。被检测灰缝应饱满，其厚度不应小于 7mm，并应避开竖缝位置、门窗洞口、后砌洞口和预埋件的边缘；

C. 多孔砖砌体和空斗墙砌体的水平灰缝深度应大于 30mm；

D. 检测范围内的饰面层、粉刷层、勾缝砂浆、浮浆以及表面损伤层等应清除干净；应使待测灰缝砂浆暴露并经打磨平整后再进行检测；

E. 每一构件应测试 16 点，测点应均匀分布在构件的水平灰缝上，相邻测点水平间距不宜小于 240mm，每条灰缝测点不宜多于 2 点。

②贯入检测

A. 贯入检测应按下列程序操作：

a. 将测钉插入贯入杆的测钉座中，测钉尖端朝外，固定好测钉；

b. 用摇柄旋紧螺母，直至挂钩挂上为止，然后将螺母退至贯入杆顶端；

c. 将贯入仪扁头对准灰缝中间，并垂直贴在被测砌体灰缝砂浆的表面，握住贯入仪把手，扳动扳机，将测钉贯入被测砂浆中；

d. 每次试验前应清除测钉上附着的水泥灰渣等杂物，同时用测钉量规检验测钉的长度测钉能够通过测钉量规槽时，应重新选用新的测钉；

e. 操作过程中当测点处的灰缝砂浆存在空洞或测孔周围砂浆不完整时，该测点应作废另选测点补测；

B. 贯入深度的测量应按下列程序操作：

a. 将测钉拔出，用吹风器将测孔中的粉尘吹干净；

b. 将贯入深度测量表扁头对准灰缝同时将测头插入测孔中，并保持测量表垂直于被测砌体灰缝砂浆的表面，从表盘中直接读取测量表显示值 d_i'，并记录在记录表中，贯入深度应按下式计算：

$$d_i = 20.00 - d_i'$$

式中，d_i' 为第 i 个测点贯入深度测量表读数，精确至 0.01m；d_i 第 i 个测点贯入深度值，精确至 0.01mm。直接读数不方便时，可用锁紧螺钉锁定测头，然后取下贯入深度测量表读数。

c. 当砌体的灰缝经打磨仍难以达到平整时可在测点处标记，贯入检测前用贯入深度测量表测读测点处的砂浆表面不平整度读数 d_i^0，然后再在测点处进行贯入检测，读取 d_i'，则贯入深度应按下式计算：

$$d_i = d_i^0 - d_i'$$

2）回弹法检测砂浆抗压强度

砂浆强度低于 2MPa 时，不得使用回弹法及点荷法检测砌筑砂浆强度。采用回弹法检测砂浆强度时，测得同一单元中每个检测单体的砂浆强度后，该检测单元的砂浆强度标准值可按《砌体工程现场检测技术标准》GB/T 50315—2011 的规定计算。

回弹法适用于检测砂浆抗压强度为 2~16MPa 之间的水泥砂浆或水泥混合砂浆；用回弹法检测强度超过 7.5MPa 的砂浆以及使用龄期超过 20 年的砂浆时，宜采用原位双砖双剪法检测砌体的抗剪强度；表面严重粗糙、不平且无法磨平，或砂浆饱满度很差时，不得采用回弹法。测试步骤：

①测位处应按下列要求进行处理：

A. 粉刷层、勾缝砂浆、污物等应清除干净。

B. 弹击点处的砂浆表面，应仔细打磨平整，并应除去浮灰。

C. 磨掉表面砂浆的深度应为 5~10mm，且不应小于 5mm。

②每个测位内应均匀布置 12 个弹击点。选定弹击点应避开砖的边缘、灰缝中的气孔或松动的砂浆。相邻两弹击点的间距不应小于 20mm。

③在每个弹击点上，应使用回弹仪连续弹击 3 次，第 1、2 次不应读数，仅记读第 3 次回弹值，回弹值读数应估读至 1。测试过程中，回弹仪应始终处于水平状态，其轴线应垂直于砂浆表面，且不得移位。

④在一测位内，应选择 3 处灰缝，并应采用工具在测区表面打凿出直径约 10mm 的孔洞，其深度应大于砌筑砂浆的碳化深度，应清除孔洞中的粉末和碎屑，且不得用水擦洗，然后采用浓度为 1%~2% 酚酞酒精溶液滴在孔洞内壁边缘处，当已碳化与未碳化界线清晰时，应采用碳化深度测定仪或游标卡尺测量已碳化与未碳化砂浆交界面到灰缝表面的垂直距离。

3）回弹法检测砖抗压强度

采用间接法检测时，砌筑块材的强度可采用取样检测，取样位置应与砌筑砂浆强度的检测位置相对应。检测方法采用《砌体工程现场检测技术标准》GB/T 50315—2011 等。

采用间接法检测时，对普通砖砌体的砖强度可采用回弹法检测，主要步骤如下：

①每个检测单元中应随机选择 10 个测区，每个测区的面积不宜小于 1.0m²，应在其中随机选择 10 块条面向外的砖作为 10 个测位供回弹测试；

②每块砖的测面上应均匀布置 5 个弹击点，选定弹击点时应避开砖表面的缺陷。相邻两弹击点点间的间距不应小于 20mm，弹击点离砖边缘不应小于 20mm，每一弹击点只能弹击一次，回弹读数应估读至 1。测试时，回弹仪应处于水平状态，其轴线应垂直于砖表面；

③单个测位的回弹值，应取 5 个弹击点回弹值的平均值。

（3）经验检测法

当砂浆的强度低于 M2.5 时，使用仪器检测的偏差较大。因此除了用回弹仪进行原位测试外，特殊情况下可辅以经验法（手感和观察）判别：

1）最低等级的砂浆为 M0.4，不能出现 M0.0 的砂浆；

2）砂浆强度在 M0.4 以下时的特征，去掉抹灰砂浆层后，砂粒自动流出；

3）砂浆强度在 M0.4 时的特征，轻捏即碎；

4）砂浆强度在 M1.0 时的特征，容易捏碎；

5）砂浆强度在 M2.5 时的特征，用力后捏碎；使劲捏而不碎的一般情况下砂浆强度大于 M2.5。

4. 木材力学性能检测

木材的强度和弹性模量可根据树种和产地并按照《木结构设计规范》GB 5005—2003 的有关规定确定。当木材的材质或外观与同类木材有显著差异（如容重过小、灰色）或树种、产地不能确定，且结构上可以取样时，应按本节规定取样检测，确定木材的力学性能。

进行木材力学性能检测时，可以整幢房屋为检测对象，对每一结构单元按同类构件同类木材划分检测单元。在检测单元中抽取的样本称为检测样本，检测样本可以是一个构件，也可以是构件的一部分。

（1）取样试验法检测木材强度

在每个检测单元中随机抽取三个检测样本，在每个检测样本木材髓心以外的部分按弦向抗弯试件的要求切取三个试件，按《木材抗弯弹性模量测定方法》GB/T 1936.2—2009 进行弦向抗弯强度试验，并将试验结果换算到含水率为 15% 的数值。

以同一检测样本中三个试件的换算强度平均值作为检测单体的强度代表值，用三个检测样本中的最小强度代表值作为木材的强度标准值。

（2）综合分析法检测木材强度

当被测建筑中无法切取木材试样，且木材的材质或外观与同类木材有显著差异时，可根据木材的材质、材种、材性和使用条件、使用部位、使用年限等情况进行综合分析，强度标准值取《木结构设计规范》GB 5005—2003 规定的相应木材的强度乘以折减系数 0.6~0.8，弹性模量取《木结构设计规范》GB 5005—2003 规定的相应木材的弹性模量乘以折减系数 0.6~0.9。

当被检测建筑中无法切取试样，且又无法参照《木结构设计规范》GB 5005—2003 确定木材的强度时，可根据结构在使用期内已经承受的最大荷载反算木材的强度。

5. 检测试件的修整

对建筑材料性能的检测，无论是现场直接测试还是从现场切取试件后在试验室进行测试，在进行试验之前均应对试件进行必要的修整，以使检测试件的尺寸、平整度等满足相应规范的要求。

（1）回弹法混凝土试件的修整

采用回弹法检测混凝土强度时，应按规范要求确定测区数量、部位，然后对测区混凝土进行修整。具体做法是：首先，凿除测区混凝土表面粉刷层，单个测区面积 $0.04m^2$；然后用磨石将测区混凝土表面打磨平整。测区混凝土表面不应有酥松层、浮浆、油垢、涂层以及蜂窝、麻面。

（2）钻芯法混凝土芯样的修整

1）混凝土芯样的切割

切割混凝土芯样时应采用双面锯切机把芯样试件锯切成一定长度，切割前应将芯样固定，并使金刚石圆锯片垂直于芯样轴线。锯切时的线速度以 40~45m/s 为宜。锯切过程中应把水嘴调整到合适的位置，以充分冷却金刚石锯片和芯样。

目前一些检测机构采用的芯样切割机仍然是人工操作单面锯切机，每次切一个，而且只能切完一面再切另一面，费时费力，且芯样高度不好控制。如固定不牢极易造成芯样切割面倾斜、错层等。芯样端面不平，会降低强度，向上凸起比向下凹引起的应力集中更大，影响更大，即使一点的凸起错层也会引起压力试验机指针的强烈晃动，测出的强度会或高或低。

2）混凝土芯样的补平

锯切后的芯样试件，当试件不能满足平整度及垂直度要求时，应选用以下方法进行端面加工：

①在磨平机上磨平。磨平后当天可作抗压试验，不受补平材料性能影响，适于各等级混凝土，准确可靠。

②用水泥砂浆（或水泥净浆）或硫黄胶泥（或硫黄）等材料在专用补平装置上补平。

水泥砂浆（或水泥净浆）补平厚度不宜大于 5mm，硫黄胶泥（或硫黄）补平厚度不宜大于 1.5mm。补平层应与芯样结合牢固，受压时补平层与芯样的结合面不得提前破坏。水泥净浆易出现干缩裂缝，需保湿养护，硬化时间长，水泥价低易购，适于 40MPa 以下混凝土补平。环氧胶泥不易出现干缩裂缝，可控制硬化时间，价低易购，配合比不易控制，适于各等级混凝土补平。

（3）表面硬度法钢筋试件的修整

1）用钢筋探测仪探测构件中钢筋的分布与位置，确定被测钢筋。

2）用便携式切割机小心切割混凝土并撬开钢筋保护层（长约 10cm）；再用便携式角向磨光机将钢筋表面打磨平整并抛光。注意在试件处理时，应尽量避免被测钢筋受到强烈振动，同时使钢筋的裸露截面小于三分之一，以使混凝土对钢筋仍保持足够的约束力。

4.3.5 钢筋配置检测要点

混凝土中钢筋配置检测主要包括钢筋数量、间距、钢筋直径、保护层厚度等项目。宜采用非破损的雷达法或电磁感应法进行钢筋配置检测，必要时可凿开混凝土进行验证。电磁感应法钢筋探测仪可用于检测混凝土结构及构件中钢筋的间距和混凝土保护层厚度，雷达法宜用于结构及构件中钢筋间距的大面积扫描检测；当检测精度满足要求时，也可用于钢筋的混凝土保护层厚度检测。在使用电磁感应法钢筋探测仪和雷达法检测前应采用校准试件进行校准，当混凝土保护层厚度为 10~50mm 时，混凝土保护层厚度检测的允许误差为 ±1mm，钢筋间距检测的允许误差为 ±3mm。

1. 混凝土中钢筋数量、位置、间距检测

（1）钢筋探测仪检测

利用钢筋探测仪进行检测前，宜结合设计资料了解钢筋的布置状况。检测时，应避开钢筋接头和绑丝，钢筋间距应满足钢筋探测仪的检测要求。探头在检测面上移动，直到钢筋探测仪保护层厚度示值最小，此时探头中心线与钢筋轴线应重合，在相应位置作好标记。

按上述步骤将检测范围内的设计间距相同的连续相邻钢筋逐一标出，对于梁、柱纵筋，即可得到截面单侧配筋数量，对于梁、柱箍筋或楼板钢筋，应逐个量测钢筋的间距。

检测钢筋间距时，可根据实际需要采用绘图方式给出结果。当同一构件检测钢筋不少于 7 根钢筋时，也可给出被测钢筋的最大间距、最小间距和钢筋平均间距。

遇到下列情况之一时，应选取不少于 30% 的已测钢筋，且不少于 6 处，采用钻孔、剔凿等方法验证。

1）认为相邻钢筋对检测结果有影响；

2）钢筋公称直径未知或有异议；

3）钢筋实际根数、位置与设计有较大偏差；

4）钢筋以及混凝土材质与校准试件有显著差异。

（2）雷达法检测

根据被测结构及构件中钢筋的排列方向，利用雷达仪探头或天线应沿垂直于选定的被测钢筋轴线方向扫描，应根据钢筋的反射波位置来确定钢筋间距。

遇到下列情况之一时，应选取不少于30%的已测钢筋，且不少于6处，采用钻孔、剔凿等方法验证。

1）认为相邻钢筋对检测结果有影响；

2）钢筋实际根数、位置与设计有较大偏差或无资料可供参考；

3）混凝土含水率较高；

4）钢筋以及混凝土材质与校准试件有显著差异。

2. 混凝土保护层厚度检测

（1）钢筋探测仪检测

在利用钢筋探测仪检测混凝土保护层厚度时，首先按上述检测钢筋数量或间距的方法确定钢筋位置，然后按下列方法进行混凝土保护层厚度的检测：

1）设定钢筋探测仪量程范围及钢筋公称直径，沿被测钢筋轴线选择相邻钢筋影响较小的位置，并应避开钢筋接头和绑丝，读取第1次检测的混凝土保护层厚度检测值。在被测钢筋的同一位置应重复检测1次，读取第2次检测的混凝土保护层厚度检测值。

2）当同一处读取的2个混凝土保护层厚度检测值相差大于1mm时，该组检测数据无效，并查明原因，在该处应重新进行检测。仍不满足要求时，应更换钢筋探测仪或采用钻孔、剔凿的方法验证。

当实际混凝土保护层厚度小于钢筋探测仪最小显示值时，应采用在探头下附加垫块的方法进行检测。垫块对钢筋探测仪检测结果不应产生干扰，表面应光滑平整，其各方向厚度值偏差不应大于0.1mm。所加垫块厚度在计算时应予扣除。

混凝土保护层厚度平均检测值应按下式计算：

$$c_{m,i}^{t}=(c_1^t+c_2^t+2c_c-2c_0)/2$$

式中　$c_{m,i}^{t}$——第 i 测点混凝土保护层厚度平均检测值，精确至1mm；

c_1^t、c_2^t——第1、2次检测的混凝土保护层厚度检测值，精确至1mm；

c_c——混凝土保护层厚度修正值，为同一规格钢筋的混凝土保护层厚度实测验证值减去检测值，精确至0.1mm；

c_0——探头垫块厚度，精确至0.1mm；不加垫块时 c_0=0。

（2）雷达法检测

根据被测结构及构件中钢筋的排列方向，雷达仪探头或天线应沿垂直于选定的被测钢筋轴线方向扫描，应根据钢筋的反射波位置来确定混凝土保护层厚度检测值。

当怀疑相邻钢筋对检测结果有影响，或是钢筋实际根数、位置与设计有较大偏差等情况时，混凝土保护层厚度的检测同样应采用钻孔、剔凿等方法进行验证。

3. 混凝土中钢筋直径检测

钢筋的公称直径检测应采用钢筋探测仪检测并结合钻孔、剔凿的方法进行，钢筋钻孔、剔凿的数量不应少于该规格已测钢筋的30%且不应少于3处。钻孔、剔凿时，不得损坏钢筋，实测应采用游标卡尺，量测精度应为0.1mm。

首先应根据设计图纸等资料，确定被测结构及构件中钢筋的排列方向，按前述检测钢筋数量或间距的方法确定钢筋位置，然后按下列方法进行钢筋直径的检测：

在定位的标记上，根据钢筋探测仪的使用说明书操作，并记录钢筋探测仪显示的钢筋公称直径。每根钢筋重复检测2次，第2次检测时探头应旋转180°，每次读数必须一致。对需依据钢筋混凝土保护层厚度值来检测钢筋公称直径的仪器，应事先钻孔确定钢筋的混凝土保护层厚度。

实测时，可通过相关的钢筋产品标准如《钢筋混凝土用钢 第2部分：热轧带肋钢筋》GB 1499.2—2007等来确定量测部位，并根据量测结果通过产品标准查出其对应的公称直径。

4.3.6　房屋损伤检测要点

1. 混凝土结构构件损伤

混凝土结构构件的损伤主要包括浇筑时的施工质量缺陷和由于结构老化而导致的开裂、碳化、钢筋锈蚀等损伤。

（1）施工质量缺陷

混凝土结构构件浇筑质量缺陷主要包括外观缺陷、内部缺陷、氯离子或碱骨料反应等缺陷。

1）外观缺陷

外观缺陷的检测主要包括蜂窝、露筋、孔洞、夹渣、疏松、连接部位缺陷、外形缺陷、外表缺陷等的检测（图4-3~图4-6）。

检测可采用目测与量测相结合的方法。检测结果可以按照严重缺陷和一般缺陷记录，见表4-8。对严重缺陷应详细记录缺陷的部位、范围等信息，以便在抗力计算时考虑缺陷的影响。

2）内部缺陷

结构构件的混凝土内部缺陷检测主要包括内部不密实区和孔洞、混凝土二次浇注形成的施工缝与加固修补结合面的质量、表面损伤层厚度、混凝土各部位的相对均匀性等检测。检测可采用超声法，依据《超声法检测混凝土缺陷技术规程》CECS 21—2000进行检测。

图 4-3 混凝土蜂窝　　　　　　　　　　图 4-4 混凝土孔洞

图 4-5 混凝土梁底露筋　　　　　　　　图 4-6 混凝土梁胀模

混凝土结构构件外观缺陷的检测内容和评定　　　　　表 4-8

缺陷名称	现象	损伤程度	
		严重缺陷	一般缺陷
蜂窝	混凝土表面缺少水泥砂浆而形成石子外露	构件主要受力部位有蜂窝	其他部位有少量蜂窝
露筋	构件内钢筋未被混凝土包裹而外露	纵向受力钢筋有露筋	其他钢筋有少量露筋
孔洞	混凝土中孔穴深度和长度均超过保护层厚度	构件主要受力部位有孔洞	其他部位有少量孔洞
夹渣	混凝土中夹有杂物且深度超过保护层厚度	构件主要受力部位有夹渣	其他部位有少量夹渣
疏松	混凝土中局部不密实	构件主要受力部位有疏松	其他部位有少量疏松
连接部位缺陷	构件连接处混凝土缺陷及连接钢筋、连接件松动	连接部位有影响结构传力性能的缺陷	连接部位有基本不影响结构传力性能的缺陷
外形缺陷	缺棱掉角、棱角不直、翘曲不平、飞边凸肋等	清水混凝土构件有影响使用功能或装饰效果的外形缺陷	其他混凝土构件有影响使用功能的缺陷
外表缺陷	构件表面麻面、掉皮、起砂、玷污	具有重要装饰效果的清水混凝土构件有外表缺陷	其他混凝土构件有不影响使用功能的外表缺陷

3）氯离子侵蚀缺陷

当怀疑混凝土构件中含有氯离子时，应按照下列要求检测混凝土中氯离子含量及侵入深度：

混凝土中氯离子如属掺入型，则仅需要检测混凝土中氯离子含量，如属于外渗型，则需要检测混凝土由表及里的氯离子浓度分布，从而判断侵入深度。

混凝土中氯离子含量可采用钻芯检测，芯样直径 100mm，长度 50~100mm。将混凝土芯样破碎后剔除大颗粒骨料，研磨至全部通过 0.08mm 筛子，用磁铁吸出试样中的金属铁屑，置于 105~110℃烘箱中烘干 2h，取出后放入干燥器皿中冷却至室温，然后采用硝酸银滴定法或硫氰酸钾溶液滴定法检测单位质量混凝土中的氯离子含量，再根据配合比换算为氯离子占水泥重量的百分比。

混凝土中氯离子浓度分布或侵入深度可采用钻芯切片或分层取粉进行检测：

①钻芯切片法：在抽样检测位置钻取长 100~150mm 的芯样，然后将芯样切割成厚 5~10mm 的薄片，每一薄片按照上述方法测定氯离子含量。

②分层取粉法：用取粉机由表及里向内分层研磨，每个 1mm、2mm、5mm 或 10mm 磨粉一次，然后测定粉末的氯离子含量。

取几个同层样品氯离子含量实测值的平均值作为该层中点氯离子含量的代表值，绘出沿深度分布的氯离子浓度分布规律曲线。

4）碱骨料

碱骨料反应对混凝土结构的损坏，表现在外观上主要是龟裂和半透明泌出物等特征。通过外观调查初步确定碱骨料反应对混凝土质量有影响的部位和范围，并对裂缝和泌出物的部位、尺寸和特征详细记录。

在损坏严重的部位钻取芯样。对芯样剔除水泥砂浆后，按照《普通混凝土用砂、石质量及检验方法标准》JGJ 52—2006 鉴别混凝土中的碱骨料反应活性。

在芯样断头断面上，通过圆心画两条垂直的直线，再以直线的四个端点为起点，画四条平行于芯样母线的直线，并在距离芯样两端 2~3cm 处及芯样中部画 3 条圆周线，每条圆周线分别与 4 条直线相交于 4 点。然后用千分尺量取 4 条沿长向直线的长度及相互垂直的 6 个直径的长度，作出编号并记录。将量过尺寸的芯样放入 20±1℃、>90%RH 条件下养护 14 天，如果存在碱骨料反应，则在骨料界面处可观察到有透明的凝胶析出。测量其长度并计算膨胀量。该膨胀量为芯样试件解除结构约束后的碱活性反应膨胀量。

将芯样试件再置于 40±1℃，>90%RH 条件下，养护 3~6 个月，测量其膨胀量（为潜在膨胀量），若有膨胀，则说明骨料还存在潜在碱活性。

（2）构件老化损坏

混凝土结构构件老化损伤主要包括混凝土裂缝，混凝土碳化，混凝土内钢筋锈蚀等。

1）混凝土裂缝检测

混凝土结构构件裂缝的检测包括裂缝表面特征和裂缝深度两项内容。

裂缝表面特征检测应包括裂缝部位、数量、长度、开展方向、起始点、裂缝表面宽度等。

可采用目测、卷尺测量、读数显微镜、裂缝测宽仪相结合的方法进行检测，每条裂缝应沿裂缝延伸方向量测不少于三个裂缝表面宽度数值（当结构有面层时，应铲除），取其最大值作为该条裂缝表面的宽度值。

裂缝深度可采用超声法检测，具体要求可参照《超声法检测混凝土缺陷技术规程》CECS 21—2000。

2）混凝土碳化检测

混凝土碳化深度可采用喷射酚酞或彩虹试剂的方法进行测试：

①采用工具在测区表面形成直径约 15mm 的孔洞，其深度大于混凝土的碳化深度（建议按 0.5~1.0mm/ 年估算）；

②清除孔洞中的粉末和碎屑，且不得用水冲洗；

③采用浓度为 1%~2% 的酚酞酒精溶液滴在孔洞内壁的边缘处，当已碳化与未碳化界线清晰时，应采用碳化深度测量仪或游标卡尺测量已碳化与未碳化混凝土交界面到混凝土表面的距离。

3）混凝土内钢筋锈蚀检测

混凝土内钢筋锈蚀的检测目前主要有电化学法、自然电位法、交流阻抗法、线性极化法、混凝土表面电阻率法等方法，常用的是半电池自然电位法。

半电池自然电位法检测是将位于离子环境中的钢筋可以视为一个电极，锈蚀反应发生后，钢筋电极的电势发生变化，电位大小直接反映钢筋锈蚀情况。在混凝土表面放置一个电势恒定的参考电极（硫酸铜电极或氯化银电极），和钢筋电极构成一个电池体，就可以通过测定钢筋电极和参考电极之间的相对电势差得到钢筋电极的电位分布情况。总结电位分布和钢筋锈蚀间的统计规律，就可以通过电位测量结果判定钢筋锈蚀的情况。该方法操作简单、测试速度快，便于连续测量和长时间跟踪，在各国应用都比较广泛，也是目前国内使用最多的测试方法。

2. 砌体结构构件的损伤检测

（1）施工质量缺陷

砌体结构砌筑质量的缺陷主要包括砌筑方式、砌筑偏差和灰缝质量等。

（2）砌体老化损坏

砌体结构构件开裂的位置、形式和裂缝走向可采用观察法确定。裂缝宽度可采用目测、卷尺测量、读数显微镜、裂缝测宽仪测量相结合的方法进行检测，每条裂缝应沿裂缝延伸方向量测不少于三个裂缝表面宽度数值，取其最大值作为该条裂缝表面的宽度值。裂缝的长度可采用卷尺测量。如砌体结构构件表面有粉刷层，应将粉刷层凿去，再做检测。

砌体和砂浆的粉化、腐蚀情况应先用目测法进行普查，对砌体风化、腐蚀严重处，应逐一测定其受损的深度和范围。

3. 钢结构构件的损伤检测

钢结构构件损伤检测应包括钢材涂装与锈蚀，构件的变形、裂缝，连接的变形及损伤等内容。

（1）施工质量缺陷

钢结构构件的施工质量缺陷主要包括钢材涂装不完整、涂层厚度不足，连接变形、开裂等。

1）涂层检测

具有防火要求的结构构件应检查防火措施的完备性及有效性，采用涂料防火的结构构件应全数检查涂层的完整性，对防火涂层的厚度可采用探针和卡尺进行检测。已进行防腐涂层的构件应目测全数检查涂层的完整性，对防腐涂层的厚度可采用涂层测厚仪进行检测。涂层厚度检测方法应符合《钢结构现场检测技术标准》GB/T 50621—2010 的规定。

2）连接缺陷检测

钢结构连接包括焊接连接、螺栓（铆钉）连接、高强螺栓连接。

对焊接连接，应检查连接板变形损伤、锈蚀损伤、焊缝开裂损伤等。连接板的变形损伤和锈蚀损伤可采用观察法检测。焊缝的开裂和内部缺陷可采用超声波探伤检测。超声波探伤方法和焊缝内部缺陷分级应符合《焊缝无损检测　超声检测　技术、检测等级和评定》GB/T 11345—2013 的规定。

当对连接质量有怀疑时，可截取试样进行焊接接头的力学性能检测。焊接接头力学性能检测分成拉伸、面弯和背弯。取样和试验方法应按照《焊接接头拉伸试验方法》GB/T 2651—2008 和《焊接接头弯曲试验方法》GB/T 2653—2008 的规定进行。

对于螺栓（铆钉）连接，应检查是否存在连接板滑移变形、螺栓（铆钉）松动断裂和脱落等现象，对于高强螺栓，还应检查螺栓终拧标志。

螺栓（铆钉）松动断裂可采用锤击的方法检查。

（2）构件老化损坏

对于发生锈蚀的构件，应逐一测定构件锈蚀深度和范围。

对承受重复荷载、冲击荷载以及在低温环境中的结构应检查裂缝情况。先采用观察法全数普查，当有怀疑时，用渗透法重点复查。采用渗透法检查时，被检查部位的表面及其周围 20mm 范围内应用砂轮和砂纸打磨光滑；再用清洗剂将表面多余的渗透剂清除，最后喷涂显示剂，停留 10~30min 后，观察裂缝情况。

4. 木结构构件的损伤检测

木结构构件的损伤检测，主要包括构件的损伤检测及构件连接节点的损伤检测。其中，木结构构件损伤的检测应包括木材疵病、裂缝和腐蚀的检测。

构件疵病的检测应包括木节、斜纹和扭纹等。可采用外观检查和量尺检测，具体方法参见《木结构工程施工质量验收规范》GB 50206—2012 和《建筑结构检测技术标准》GB/T 50344—2004。

木结构构件裂缝检测应包括裂缝宽度、裂缝长度和裂缝走向。构件的裂缝走向可用目测法确定。裂缝宽度可采用游标卡尺、读数显微镜或裂缝测宽仪进行检测。裂缝长度可采用卷尺测量。裂缝深度可用探针测量。

木构件的腐朽和蛀蚀的检查，可采用外观检测和小锤敲击方法检测，确定构件的腐蚀范围和构件截面的削弱程度。

构件连接节点的损伤应包括连接松动变形、滑移、剪切面开裂、铁件锈蚀等。可采用外观检查或用量尺和探针进行检测。

5. 绘制房屋损伤示意图

房屋或结构构件的损伤一般采用图纸或图片描述，内容可包含房屋结构构件和非结构构件开裂、质量缺陷、渗水、钢材锈蚀及其他损伤情况。典型房屋损伤情况如图 4-7 ~ 图 4-10 所示。

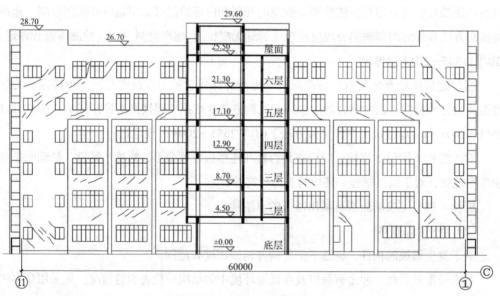

图 4-7 立面墙体裂缝分布情况示意图（mm）

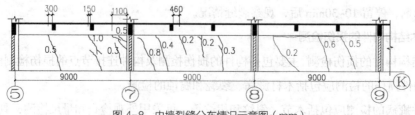

图 4-8 内墙裂缝分布情况示意图（mm）

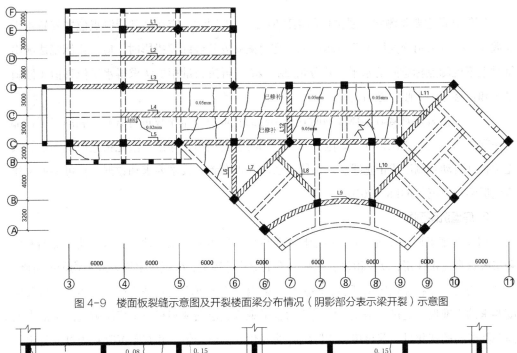

图 4-9　楼面板裂缝示意图及开裂楼面梁分布情况（阴影部分表示梁开裂）示意图

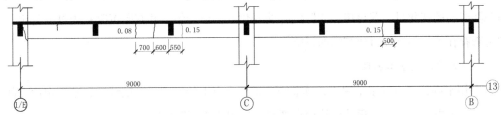

图 4-10　某层楼面梁裂缝分布情况示意图（mm）

4.3.7　变形测量要点

房屋变形检测应包括房屋的倾斜测量、沉降测量、水平构件的挠度测量、竖直构件的垂直度检测和节点的变形测量。

1. 房屋倾斜测量

房屋倾斜测量的常用方法有以下几种：经纬仪观测法、铅锤观测法、倾斜仪测量法、基础沉降差法、近景摄影测量法。

房屋的倾斜测量，应测定房屋顶部相对于底部或各层间上部相对于下部的水平位移，分别计算整体或各层的倾斜量以及倾斜方向。

房屋的倾斜率按下式计算：

$$i = \frac{\Delta D}{H} \qquad\qquad 式（4-1）$$

式中　i——房屋观测点的倾斜率；

ΔD——房屋观测点顶部相对于底部或各层间上部相对于下部的水平位移；

H——房屋观测高度。

倾斜测量主要是测定房屋主体的偏移值 ΔD。观测时，应在底部观测点位置安置水平读数尺（一般采用钢直尺）等量测设施。在每测站安置经纬仪投影时，应按正倒镜法测出每对上下观测点标志间的水平位移分量 ΔA、ΔB，再按矢量相加法求得水平位移值（倾斜量）和位移方向（倾斜方向）。

从房屋的外部观测其整体倾斜时宜选用经纬仪或电子全站仪进行观测，利用房屋顶部与底部之间的竖向通视条件（如电梯井）观测时宜选用吊垂球法、激光铅直仪观测法、激光位移计自动观测法或正垂线法。不同方法的测点布置、技术要求和数据分析可参见《建筑变形测量规范》JGJ 8—2016。

2. 房屋沉降测量

房屋在施工期间及竣工后，由于自然条件即房屋地基的工程地质、水文地质等的变化和房屋自身荷重作用，以及相邻工程基坑施工影响等因素，房屋产生均匀或不均匀的沉降，尤其不均匀沉降将导致房屋开裂、倾斜甚至倒塌。房屋沉降观测是通过采用相关等级及精度要求的水准仪，通过在房屋上所设置的若干观测点定期观测相对于房屋附近的水准点的高差随时间的变化量，获得房屋实际沉降的变化或变形趋势，并判断沉降是否进入稳定期和是否存在不均匀沉降对建筑物的影响。

（1）水准测量基本原理

利用水准仪提供的水平视线，读取竖立于两个点上的水准尺上的读数，来测定两点间的高差，再根据已知点高程计算待定点高程。如图 4-11 和图 4-12 所示。

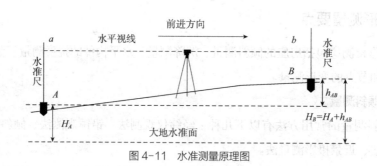

图 4-11　水准测量原理图

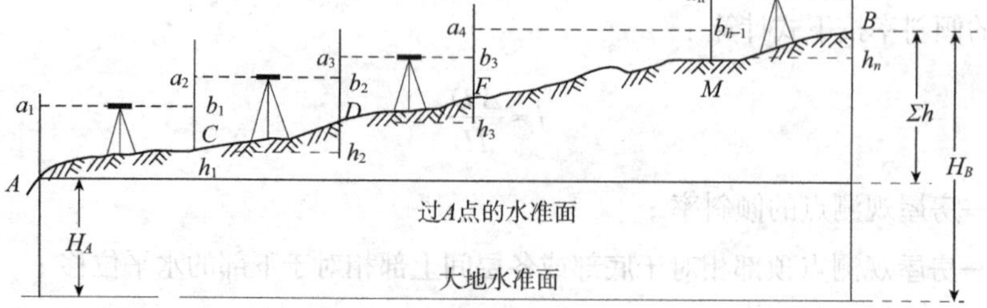

图 4-12　连续中间水准测量图

（2）高程基准点的布设

高程基准点是沉降观测的基准，因此高程基准点的布设应满足以下要求：

1）高程基准点应设置在变形区域以外、位置稳定、易于长期保存的地方，并应定期复测。

2）当基准点离所测房屋距离较远致使变形测量作业不方便时，宜设置工作基点，此时，每期变形观测时均应将其与基准点进行联测，然后再对观测点进行观测。

3）为保证基准点高程的正确性，一般情况下高程基准点最少应布设三个，以便相互检核，高程工作基点可根据需要设置。

4）高程基准点和工作基点应形成闭合环或形成由附合路线构成的节点网。

（3）沉降观测点的布设

进行沉降观测的房屋，应埋设沉降观测点，沉降观测点的布设应满足以下要求：

1）沉降观测点应布设在能全面反映房屋沉降情况的部位，如房屋四角、沉降缝两侧、荷载有变化的部位、大型设备基础、柱子基础和地质条件变化处。

2）一般沉降观测点是均匀布置的，测点间距一般为 10~20m。

3）当房屋上原有沉降观测点标志保存完好时，可直接利用原有标志，原有标志破坏或不满足沉降观测点的布设要求时，应补设沉降观测标志。

4）标志的埋设位置应避开如雨水管、窗台线、暖气片、电气开关等有碍设标与观测的障碍物，并应视立尺需要离开墙（柱）面和地面一定距离。

（4）沉降观测

1）沉降观测的工作方式

沉降观测采用"分级观测"方式。将沉降观测的布点分为三级：高程基准点、工作基点和沉降观测点。沉降工作分两级进行：

①先将高程基准点—工作基点组成高程控制网，进行高程控制测量；

②再将工作基点—沉降观测点组成水准网，进行沉降观测点的高程测量。

如果被测房屋较少或者测区较小，也可将高程基准点、工作基点和沉降观测点组合成单一层次的闭合水准路线或附合水准路线形式，不必分级观测。

2）沉降观测点的观测方法和技术要求

①观测应在成像清晰、稳定时进行；仪器离前后视水准尺的距离，应力求相等，并不大于 50m；前后视观测，应使用同一把水准尺；工作人员应经常对水准仪及水准标尺的水准器进行检查；当发现观测成果出现异常情况并认为与仪器有关时，应及时进行检验与校正。

②为保证沉降观测成果的正确性，在沉降观测中应做到四固定：即定水准点，定水准路线，定仪器，定观测人员。

③首次观测值是计算沉降的起始值，操作时应特别认真、仔细，并应连续观测两次取平均值，以保证观测成果的精确度和可靠性。

④每测段往测与返测的测段数均应为偶数，否则应加入标尺零点差改正。由往测转向返测时，两标尺应互换位置，并应重新整置仪器。在同一观测站上观测时，不得两次调焦。转动仪器的倾斜螺旋和观测鼓时，其最后旋转方向，均应为旋进。

当房屋上已设有沉降观测点并保存完好，且有原始沉降观测资料时，可利用已有的沉降观测点和原始沉降观测资料进行沉降检测，以求得房屋的绝对沉降值以及各测点间的相对沉降值。

当房屋上未设沉降观测点，或虽设有沉降观测点但大都破坏，或已有的沉降观测点完好但原始沉降观测资料遗失时，可选取房屋施工时处于同一水平面的标志面（如未作改建或装修的窗台面、楼面及女儿墙顶面等）作为基准面，在该基准面上布置观测点量测房屋的相对沉降，为房屋结构性能评估提供辅助依据。基准面上的观测点应按下述原则布置：

A. 若基准面选为未作改建或装修的窗台面，则每个窗台面上应布置一个观测点。

B. 若基准面为楼面或女儿墙顶面、则房屋的四角、大转角处及沿外墙每 5m~10m 或每根柱处应设观测点。

C. 若房屋上有因不均匀沉降引起的裂缝则在裂缝的两边应设置观测点。

D. 房屋任何一边的测点数不宜少于 3 个。

房屋的沉降宜用水准仪测量，量测数据的处理、相对沉降的计算和相关的技术要求可参见《建筑变形测量规范》JGJ 8—2016。

3. 构件变形测量

水平构件的挠度宜采用水准仪或激光测距仪进行检测，选取构件支座及跨中的若干点作为测点量测构件支座与跨中的相对高差，利用该相对高差计算构件的挠度。按本方法测得的挠度值含有施工误差，数据分析时应考虑施工误差的影响。

竖向构件（如柱）的垂直度应采用经纬仪或电子全站仪进行测量，测定构件顶部相对于底部的水平位移，计算倾斜度并记录倾斜方向。

4. 检测仪器的校验

（1）检测仪器的校验方式

检测仪器的校验是指为确保测量设备符合预期使用要求所需要的一组操作，也称为计量确认。检测仪器的校验通常包括检定、校准、测试、检验四种方式。

1）检定。查明和确认计量器具（测量仪器）是否符合法定要求的程序，应包括检查、加标记和（或）出具检定证书。

2）校准。在规定条件下，为确定测量仪器或测量系统所指示的量值，或实物量具或参考物质所代表的值，与对应的由测量标准所复现的值之间关系的一组操作。

3）测试。按照规定程序，由确定给定产品的一种或多种特性、进行处理或提供服务所组成的技术操作。

4）检验。对实体的一个或多个特性进行诸如测量、检查、试验或度量，并将结果与规定的要求进行比较，以确定每项特性的合格情况所进行的活动。

（2）校准和检定的区别

1）校准不具法制性，是企业自愿溯源的行为。检定具有法制性，是属于法制计量管理的范畴的执法行为。

2）校准主要用以确定测量设备的示值误差。检定是对测量设备的计量特性和技术要求的全面评定。

3）校准的依据是校准规范、校准方法，可作统一规定也可自己制定。检定的依据必须是检定规程。

4）校准不判断测量设备合格与否，但需要时，可确定测量设备的某一性能是否符合预期的要求。检定要对所检的测量设备做出合格与否的结论。

5）校准结果通常是发校准证书和校准报告。检定结果合格的出具检定证书，不合格的出具不合格通知书。

4.3.8　房屋结构现场荷载试验要点

当需要通过试验检验既有混凝土结构受弯构件，如梁、板、屋面板、阳台板等的承载力、刚度或抗裂性能等结构性能时，或对结构的理论计算模型进行验证时，可进行非破坏性的现场荷载试验。对于大型复杂钢结构体系也可以进行非破坏性的现场荷载试验，来检验结构的性能。

现场试验一般采用均布加载。均布荷载一般用荷重块（可以采用现场经计量后的袋砂、石子、袋装水泥或砖块等）。荷重块应按区格成垛堆放，垛与垛之间的间隙不宜小于50mm，避免形成拱作用。如图4-13所示。对小型构件（如混凝土预制板）还可根据自平衡原理，设计专门的反力装置，利用千斤顶进行集中加载。

图4-13　楼板现场荷载试验

每级加、卸载完成后，应持续 10~15min；在最大试验荷载作用下，应持续 30min。在持续时间内，应观察试验构件的反应。持续时间结束时，应观察并记录各项读数。构件的挠度可用百分表、位移传感器、水平仪等进行观测。

当在规定的荷载持续时间内出现表 4-9 所示的破坏标志之一时，说明构件不能满足承载力要求，应取本级荷载值与前一级荷载值的平均值作为其承载力检验荷载的实测值，并根据表中建议的方法推算构件在目标使用期内能够承受的荷载验算值。

进行现场荷载试验的结构构件应具有代表性，且宜位于受荷最大、最薄弱的部位。

构件在目标使用期内能承受的荷载验算值 表 4-9

破坏形态	破坏标志		能承受的荷载验算值
受弯破坏	受拉主筋处的最大裂缝宽度达1.5mm，或挠度达到跨度的1/50	热轧钢筋	承载力检验荷载实测值 /1.20
		钢丝、钢绞线、热处理钢	承载力检验荷载实测值 /1.35
	受压区混凝土破坏	热轧钢筋	承载力检验荷载实测值 /1.30
		钢丝、钢绞线、热处理钢	承载力检验荷载实测值 /1.45
	受拉主筋拉断		承载力检验荷载实测值 /1.50
受剪破坏	腹部斜裂缝宽度达到 1.5mm，或斜裂缝末端受压混凝土剪压破坏		承载力检验荷载实测值 /1.40
	沿斜截面混凝土斜压破坏，受拉主筋在端部滑脱或其他锚固破坏		承载力检验荷载实测值 /1.55

4.4 房屋检测抽样方法

由于既有房屋检测的对象为已投入使用的房屋，因此房屋检测会受到许多客观条件的限制，尤其是抽检部位及样本数量的确定。因此，在房屋检测的抽样方案中，应根据相关检测标准的规定，结合委托方的要求及该检测项目的特点合理确定抽样量和抽样位置。

4.4.1 施工质量验收规范的抽样要求

1. 检验批抽样确定

根据《建筑工程施工质量验收统一标准》GB 50300—2013 的规定，检验批质量检验的抽样方案应根据检验项目的特点在下列抽样方案中进行选择：

（1）计量、计数或计量计数等抽样方案；

（2）一次、二次或多次抽样方案；

（3）根据生产连续性和生产控制稳定性情况，尚可采用调整型抽样方案；

（4）对重要的检验项目当可采用简易快速的检验方法时，可选用全数检验方案；

（5）其他经实践检验有效的抽样方案。

对于重要的检验项目，且可采用简易快速的非破损检验方法时，宜选用全数检验。

对于构件截面尺寸或外观质量等检验项目，宜选用考虑合格质量水平的生产方风险 α 和使用方风险 β 的一次或二次抽样方案，也可选用经实践经验有效的抽样方案。

2. 错判概率与漏判概率的确定

在制定检验批的抽样方案时，对生产方风险（或错判概率 α）和使用方风险（或漏判概率 β）可按下列规定采取：

（1）主控项目：对应于合格质量水平的 α 和 β 均不宜超过 5%。

（2）一般项目：对应于合格质量水平的 α 不宜超过 5%，β 不宜超过 10%。

3. 最小抽样量的确定

《建筑工程施工质量验收统一标准》GB 50300—2013 规定了抽样方案选用的原则，根据各专业工程特点，相应专业工程施工质量验收规范对抽样方案作出了更详细的规定，如《混凝土结构工程施工质量验收规范》GB 50204—2015 对现浇结构分项工程尺寸偏差检测抽样要求：

（1）主控项目：全数检查。

（2）一般项目：按楼层、结构缝或施工段划分检验批。在同一检验批内，对梁、柱和独立基础，应抽查构件数量的 10%，且不少于 3 件；对墙和板，应按有代表性的自然间抽查 10%，且不少于 3 间；对大空间结构，墙可按相邻轴线间高度 5m 左右划分检查面，板可按纵、横轴线划分检查面，抽查 10%，且均不少于 3 面；对电梯井应全数检查；对设备基础应全数检查。

4.4.2　通用检测技术标准的抽样要求

《建筑结构检测技术标准》GB/T 50344—2004 结合建筑结构工程检测项目的特点，给出了以下可供选择的检测抽样要求：

（1）建筑结构外部缺陷的检测，宜选用全数检测方案；

（2）结构与构件几何尺寸与尺寸偏差的检测，宜选用一次或二次计数抽样方案；

（3）结构连接构造的检测，应选择对结构安全影响大的部件进行抽样；

（4）构件结构性能的实荷检验，应选择同类构件中荷载效应相对较大和施工质量相对较差构件或受到灾害影响、环境侵蚀影响构件中有代表性的构件；

（5）按检测批检测的项目，应进行随机抽样，且最小样本容量宜符合表 4-10 要求。

A 类：一般施工质量的检测。

B 类：结构质量和性能的检测。

C 类：结构质量和性能的严格检测。

（6）《建筑工程施工质量统一验收标准》GB 50300 或相应产业工程施工验收规范的抽验方案。

表4-10

检测批的容量	检测类别和样本最小容量		
	A	B	C
2~8	2	2	3
9~15	2	3	5
16~25	3	5	8
26~50	5	8	13
51~90	5	13	20
91~150	8	20	32
151~280	13	32	50
281~500	20	50	80
501~1200	32	80	125

4.4.3 专项检测技术标准的抽样要求

专项检测技术标准规定了每项检测项目采用的检测方法、仪器设备、检测数据处理要求，同时对抽样量也做出了相应规定。建筑材料力学性能检测中常用的混凝土、钢筋、砌体检测抽样要求如下：

1.混凝土力学性能抽样

（1）回弹法检测混凝土强度抽样

《回弹法检测混凝土抗压强度技术规程》JGJ/T 23—2011规定，同批构件按批量进行检测时，抽检数量不宜少于同批构件总数的30%且不宜少于10件。当检验批构件数量大于30个时，抽样构件数量可按照《建筑结构检测技术标准》GB/T 50344—2004适当调整，但不得少于标准规定的最少抽样数量。

（2）超声回弹综合法检测混凝土强度抽样

《超声回弹综合法检测混凝土强度技术规程》CECS 02—2005规定，同批构件按批抽样检测时，构件抽样数不应少于同批构件的30%，且不应少于10件；对一般施工质量的检测和结构性能的检测，可按照现行国家标准《建筑结构检测技术标准》GB/T 50344—2004的规定抽样。

（3）钻芯法检测混凝土强度抽样

《钻芯法检测混凝土强度技术规程》CECS 03—2007规定，芯样试件的数量应根据检验批的容量确定。标准芯样试件的最小样本量不宜少于15个，小直径芯样试件的最小样本量应适当增加。

当采用修正量的方法时，标准芯样的数量不应少于6个，小直径芯样的试件数量宜适当增加。

（4）拔出法检测混凝土强度抽样

《拔出法检测混凝土强度技术规程》CECS 69—2011 规定，同批构件按批抽样检测时，抽检数量应不少于同批构件总数的 30%，且不少于 10 件。

2. 钢筋力学性能抽样

《混凝土结构现场检测技术标准》GB/T 50784—2013 规定，结构性能检测时，应将配置有同一规格钢筋的构件作为一个检验批，并按《建筑结构检测技术标准》GB/T 50344—2004 确定受检构件的数量。应随机抽取构件，每个构件截取 1 根钢筋，截取钢筋总数不应少于 6 根；当检测结果仅用于验证时，可随机截取 2 根钢筋进行力学性能检验。

3. 砌体力学性能抽样

（1）测区选定

《砌体工程现场检测技术标准》GB/T 50315—2011 规定，当检测对象为整幢房屋或房屋的一部分时，应将其划分为一个或若干个可以独立进行分析的结构单元，每一结构单元应划分为若干个检测单元。每一检测单元内，不宜少于 6 个测区，应将单个构件（单片墙体、柱）作为一个测区。当一个检测单元不足 6 个构件时，应将每个构件作为一个测区。

采用原位轴压法、扁顶法、切制抗压试件法检测，当选择 6 个测区确有困难时，可选择不少于 3 个测区测试，但宜结合其他非破损检测方法综合进行强度推定。对既有房屋或委托方要求仅对房屋的部分或个别部位检测时，测区数可减少，但一个检测单元的测区数不宜少于 3 个。

（2）贯入法检测砌筑砂浆强度

《贯入法检测砌筑砂浆抗压强度技术规程》JGJ/T 136—2017 规定，按批抽样检测时，应取龄期相近的同楼层、同品种、同强度等级砌筑砂浆且不大于 250m³ 砌体为一批，抽检数量不应少于砌体总构件数的 30%，且不应少于 6 个构件。

4.4.4 民用建筑可靠性鉴定标准的抽样要求

房屋检测应根据对不同的结构体系和构件，依据检测方案和查勘需求，其检测区域或检测点的布置应满足房屋整体检测构件集的推定值和构件测试值需求。

1. 检测方法的确定

（1）宜选用对结构构件无损伤或微损伤的检测方法。当选用局部破损的取样检测方法或原位检测方法时，宜选择结构构件受力较小的部位，且不应损坏结构的安全性。

（2）当对古建筑和有纪念性的已有房屋结构进行检测时，应避免对房屋结构造成损伤。

（3）当房屋需要安全性监测时，应根据结构的受力特点制定监测方案。

（4）当现有的无损检测方法难以保证检测结果精度时，应局部凿开或破损进行验证。

2. 代表层选取

（1）当上部承重结构可视为由平面结构组成的体系，且其构件工作不存在系统性因素的影响时，其承载功能的安全性等级可按下列规定近似评定：

1）可在多、高层房屋的标准层中随机抽取 $\sqrt{m}$ 层为代表层（对单层房屋为区，以下同）作为评定对象；m 为该鉴定单元房屋的层数；若 $\sqrt{m}$ 为非整数，应多取一层；对一般单层房屋，宜以原设计的每一计算单元为一区，并随机抽取 $\sqrt{m}$ 区为代表区作为评定对象。

2）除随机抽取的标准层外，尚应另增底层和顶层，以及高层建筑的转换层和避难层为代表层。代表层构件包括该层楼板及其下的梁、柱、墙等。

（2）当上部承重结构虽可视为由平面结构组成的体系，但其构件工作受到灾害或其他系统性因素的影响时，其承载功能的安全性等级可按下列规定近似评定：

1）宜区分为受影响和未受影响的楼层（或区）。

2）对受影响的楼层（或区），宜全数作为代表层（或区）；对未受影响的楼层（或区），可按 1 款的规定，抽取代表层。

（3）构件结构性能的实荷检验，应选择同类构件中荷载效应相对较大和施工质量相对较差构件或受到灾害影响、环境侵蚀影响构件中有代表性的构件。

（4）需要扩大检测范围时，除滑模施工的建筑外应沿同层同类构件扩展，不得随意选取。

（5）检测对象可以是单个构件或部分构件；但检测结论不得扩大到未检测的构件或范围。

3. 最小检测量

《民用建筑可靠性鉴定标准》GB 50292—2015 给出了构件材料强度检测时应满足的抽样要求：

当检查一种构件的材料由于与时间有关的环境效应或其他均匀作用因素引起的性能变化时，可采用随机抽样的方法，在该种构件中取 5~10 个构件作为检测对象，并应按现行检测方法标准规定的从每一构件上切取的试件数或划定的测点数，测定其材料强度或其他力学性能。当构件总数少于 5 个时，应逐个进行检测。当委托方对该种构件的材料强度检测有较严的要求时，也可通过协商适当增加受检构件的数量。

4. 委托方的抽样要求

由于检测目的不同、现场检测条件限制等因素影响，委托方可能对检测抽样量提出要求。如委托方要求的抽样量满足相关标准的要求，可按委托方要求抽样；如不能满足相关标准要求，检测方应向委托方说明抽样风险并由委托方书面确认抽样方案。

5. 抽样位置的选择

（1）混凝土力学性能抽样位置的选择

1）钻芯法检测混凝土强度取样位置的选择

①取样位置的原则

在混凝土结构中，同一结构层次混凝土强度等级相同，结构或构件浇筑日期相同类型的有很多，在选取芯样部位时，钻芯取样部位的选择应按照以下原则选择：

结构或构件受力较小的部位；混凝土强度具有代表性的部位；便于钻芯机安放于操作的部位；避开主筋、预埋件和管线的位置。

②梁的取样位置

当梁截面高度 $h \geqslant 500mm$ 时，钻芯部位可选在中和轴上弯矩 $M=0$ 处或者梁跨中中和轴以下部分，梁截面高度 $h<500mm$ 时，则取在中和轴上弯矩 $M=0$ 处，而不能在梁跨中中和轴以下部位取。

当梁截面高度较小时，跨中混凝土受压区高度也较小，容易误取受压区混凝土而影响构件安全使用。理论上弯矩 $M=0$ 处的混凝土不受力，钻取芯样后，对构件影响甚微，梁跨中中和轴以下部分混凝土只受拉，按钢筋混凝土计算原理，该处抗拉由钢筋承担，混凝土只与钢筋粘结、起保护作用。当然，在实际操作过程中，工程现场不可能提供构件弯矩图，必须根据结构力学知识，迅速判断出构件弯矩 $M=0$ 处的大致位置，对一般的框架梁，在梁跨 1/3 处受力比较小。同时，利用钢筋定位仪测出钢筋的具体位置，避免伤及受力钢筋。

③柱的取样位置

无论是轴向受力或偏心受力柱，钻芯部位都可选在柱的纵横轴线交点处即柱中，因为柱混凝土是从下到上进行浇捣的，振捣后，柱的下半部石子偏多而上半部则偏少，一般说来下半部的混凝土强度要高于上半部，此处对受力偏心柱来说，弯矩 $M=0$ 处也大致在柱中位置，因此，钻芯部位选在柱中，既最能代表该柱混凝土实际质量，又可减少柱的损伤。在柱上钻芯应避开柱中主筋及尽量避开箍筋，当不能满足直径 100mm 圆柱体芯样时，可采用小直径芯样。

④预应力混凝土构件的取样位置

按预加应力的方法不同分先张法和后张法二类，后张法的受弯构件（构件宽 $b \leqslant 250mm$），在没有张拉前可在构件中和轴弯矩 $M=0$ 处钻取芯样，钻芯深度不宜过长，尽量控制在 120mm，绝对不能在两端的锚固区钻取。

2）回弹法、超声回弹综合法检测混凝土强度取样位置的选择

采用回弹法、超声回弹综合法检测混凝土强度时，不对结构形成损失，但需凿除构件表面测区范围内的粉刷层，对受检构件表面装饰会造成破坏。因此采用上述方法检测混凝

土强度时，对取样位置也应根据现场情况综合考虑后确定。在选取检测部位时，应按照以下原则选择：

①对使用中的房屋，应尽量少破坏室内装修；

②对住宅楼，应尽量避免扰民，优先选择公共部位，如走廊、楼梯间；

③对保护建筑，应避免对重点保护部位的破坏。

（2）钢材力学性能抽样位置的选择

1）取样试验法检测钢筋强度时取样位置的选择

取样试验法可直接获取被检测钢材的强度值，是钢材力学性能检测应优先采用的检测方法，但该检测方法需要从结构构件中切取钢材，对结构有一定损伤，因此在确定取样位置时应优先选择次要构件，以及构件受力较小的部位。

2）里氏硬度法检测钢筋强度时取样位置的选择

里氏硬度法检测钢材强度不会对结构形成损伤，但需凿除构件受检部位粉刷层及混凝土保护层，对受检构件表面装饰会造成破坏。因此采用里氏硬度法检测钢材强度时，对取样位置也应根据现场情况综合考虑后确定。检测部位的选取可参照回弹法、超声回弹综合法检测混凝土强度时取样位置的选择原则。

（3）砌体力学性能抽样位置的选择

1）直接法检测砌体强度时取样位置的选择

原位轴压法和扁顶法检测砌体强度时，测试部位应具有代表性，并应符合下列要求：

①测试部位宜选在墙体中部距楼、地面 1m 左右的高度处；槽间砌体每侧的墙体宽度不应小于 1.5m。

②同一墙体上，测点不宜多于 1 个，且宜选在沿墙体长度的中间部位；多于 1 个时，其水平净距不得小于 2.0m。

③测试部位不得选在挑梁下、应力集中部位以及墙梁的墙体计算高度范围内。

2）间接法检测砌体强度时抽样位置的选择

采用间接法检测砌体强度时，一般采用回弹法检测砌筑砖强度，采用回弹法或贯入法检测砌筑砂浆强度。现场检测工作中，一般将砌筑砖强度检测抽样部位与砌筑砂浆强度检测抽样部位布置在同一区域。在选取砌体检测部位时，应按照以下原则选择：

①测位宜选在承重墙的可测面上，并应避开门窗洞口及预埋件等附近的墙体；

②对使用中的房屋，应尽量少破坏室内装修；

③对住宅楼，应尽量避免扰民，优先选择公共部位，如底层外墙、上部各层楼梯间墙面；

④对保护建筑，应避免对重点保护部位的破坏。

4.4.5 数据处理与计算

1. 数据异常值的筛分与处理

（1）依据标准

《数据的统计处理和解释 正态样本离群值的判断和处理》GB/T 4883—2008

（2）异常值定义

异常值是指样本中的个别值，其数值明显偏离它（或它们）所属样本的其余观测值。

（3）异常值的种类

1）可能是总体固有的随机变异性的极端现象，属同一总体。

2）也可能是试验条件和方法的偶然偏离，不属同一总体。

（4）判断异常值的统计学原则

上侧情形：异常值为高端值；

下侧情形：异常值为低端值；

双侧情形：异常值在两端可能出现极端值。

（5）判断异常值的规则

1）标准差已知——奈尔（Nair）检验法；

2）标准差未知——格拉布斯（Grubbs）检验法和狄克逊（Dixon）检验法。

（6）标准差未知——格拉布斯（Grubbs）检验法

1）对于上侧的检验法

①计算统计量

$$G_n = \frac{x_{(n)} - \bar{x}}{s}$$

$$s = \sqrt{\frac{1}{n-1} \sum_{i=1}^{n} (x_i - \bar{x})^2}$$

式（4-2）

其中 $\bar{x}$ 和 s 是样本均值和样本标准差；

②确定检出水平 α，对于上侧查《正态样本异常值的判断和处理》GB4883附录 A 得出对应（n，α）的临界值 $G_{1-\alpha}(n)$；

③当 $G_n > G_{1-\alpha}(n)$ 时，则判断最大值 $x_{(n)}$ 为异常值，否则无异常值；

④给出剔除水平 α^* 的 $G_{1-\alpha^*}(n)$，当 $G_n > G_{1-\alpha^*}(n)$ 时，$x_{(n)}$ 为高度异常值，应剔除。

2）对于下侧的检验法

①计算统计量

$$G'_n = \frac{\bar{x} - x_{(1)}}{s}$$

$$s = \sqrt{\frac{1}{n-1} \sum_{i=1}^{n} (x_i - \bar{x})^2}$$

式（4-3）

其中 $\bar{x}$ 和 s 是样本均值和样本标准差；

②确定检出水平 α，对于下侧查《数据的统计处理和解释 正态样本离群值的判断和处理》GB/T 4883—2008 附录 A 得出对应（n，α）的临界值 $G_{1-\alpha}(n)$；

③当 $G'_n > G_{1-\alpha}(n)$ 时，则判断最小值 $x_{(1)}$ 为异常值，否则无异常值；

④给出剔除水平 α^* 的 $G_{1-\alpha^*}(n)$，当 $G'_n > G_{1-\alpha^*}(n)$ 时，$x_{(1)}$ 为高度异常值，应剔除。

3）对于双侧的检验法

①计算 G_n 和 G'_n 的值；

②确定检出水平 α，查《数据的统计处理和解释 正态样本离群值的判断和处理》GB/T 4883—2008 附录 A 得出对应（n，$\alpha/2$）的临界值 $G_{1-\alpha/2}(n)$；

③当 $G_n > G'_n$，且 $G_n > G_{1-\alpha/2}(n)$，则判断最大值 $x_{(n)}$ 为异常值，当 $G'_n > G_n$，且 $G'_n > G_{1-\alpha/2}(n)$，则判断最小值 $x_{(1)}$ 为异常值；否则无异常值。

4）给出剔除水平 α^* 的 $G_{1-\alpha^*/2}(n)$，当 $G'_n > G_{1-\alpha^*/2}(n)$ 时，$x_{(1)}$ 为高度异常值，应剔除；当 $G_n > G_{1-\alpha^*/2}(n)$ 时，$x_{(n)}$ 为高度异常值，应剔除。

（7）案例说明

例：10 个样品砖的抗压强度分别为（MPa）：

4.7，5.4，6.0，6.5，7.3，7.7，8.2，9.0，10.1，14.0

经验表明这种砖的抗压强度服从正态分布，检查这些数据中是否存在上侧异常值。

样本量 $n=10$，计算得：$\bar{x}=7.89$，$s=2.704$，$G_{10}=\dfrac{x_{(10)}-\bar{x}}{s}=\dfrac{14-7.89}{2.704}=2.26$

确定检出水平 $\alpha=0.05$，查《数据的统计处理和解释 正态样本离群值的判断和处理》GB/T 4883—2008 附录 A 得临界值 $G_{0.95}(10)=2.176$，$G_{10}>G_{0.95}(10)$，判断 $x_{(10)}=14.0$ 为异常值。确定剔除水平 $\alpha=0.01$，查表得临界值 $G_{0.99}(10)=2.41$，故 $x_{(10)}=14.0$ 还不是高度异常值，不能剔除。

2. 检测数据的推导与计算

（1）混凝土力学性能检测数据的推导与计算

1）回弹法检测混凝土抗压强度

计算测区平均回弹值时，应从该测区的 16 个回弹值中剔除 3 个最大值和 3 个最小值，其余的 10 个回弹值按下式计算：

$$R_m = \frac{\sum\limits_{i=1}^{10} R_i}{10} \qquad \text{式（4-4）}$$

式中 R_m——测区平均回弹值，精确至 0.1；

R_i——第 i 个测点的回弹值。

非水平方向检测混凝土浇筑侧面时，测区的平均回弹值应按下式修正：

$$R_m = R_{ma} + R_{aa}$$

式（4-5）

式中　R_{ma}——非水平方向检测混凝土浇筑侧面时测区的平均回弹值，精确至 0.1；

　　　R_{aa}——非水平方向检测时回弹值修正值，按《回弹法检测混凝土抗压强度技术规程》JGJ/T 23—2011 附录 D 取值。

水平方向检测混凝土浇筑表面或浇筑底面时，测区的平均回弹值应按下列公式修正：

$$R_m = R_m^t + R_a^t$$
$$R_m = R_m^b + R_a^b$$

式（4-6）

式中　R_m^t、R_m^b——水平方向检测混凝土浇筑表面、底面时，测区的平均回弹值，精确至 0.1；

　　　R_a^t、R_a^b——混凝土浇筑表面、底面回弹值的修正值，应按《回弹法检测混凝土抗压强度技术规程》JGJ/T 23—2011 附录 D 取值。

当回弹仪为非水平方向且测试面为混凝土的非浇筑侧面时，应先对回弹值进行角度修正，并应对修正后的回弹值进行浇筑面修正。

构件的测区混凝土强度平均值应根据各测区的混凝土强度换算值计算。当测区数为 10 个及以上时，还应计算强度标准差。平均值及标准差应按下列公式计算：

$$m_{f_{cu}^c} = \frac{\sum_{i=1}^{n} f_{cu,i}^c}{n}$$

式（4-7）

$$S_{f_{cu}^c} = \sqrt{\frac{\sum_{i=1}^{n}(f_{cu,i}^c)^2 - n(m_{f_{cu}^c})^2}{n-1}}$$

式中　$m_{f_{cu}^c}$——构件测区混凝土强度换算值的平均值（MPa），精确至 0.1MPa；

　　　n——对于单个检测的构件，取该构件的测区数；对于批量检测的构件，取所有被抽检构件测区数之和；

　　　$S_{f_{cu}^c}$——结构或构件测区混凝土强度换算值的标准差（MPa），精确至 0.01MPa。

结构或构件的混凝土强度推定值（$f_{cu,e}$）应符合下列规定：

①当构件测区数少于 10 个时，应按下式计算：

$$f_{cu,e} = f_{cu,min}^c$$

式（4-8）

式中　$f_{cu,min}^c$——构件中最小的测区混凝土强度换算值。

②当构件的测区强度值中出现小于 10.0MPa 时，应按下式确定：

$$f_{cu,e} < 10.0MPa$$

式（4-9）

③当构件测区数不少于 10 个时，应按下式计算：

$$f_{cu,e} = m_{f_{cu}^c} - 1.645 S_{f_{cu}^c}$$

式（4-10）

④当批量检测时，应按下式计算：

$$f_{cu,e}=m_{f_{cu}^c}-kS_{f_{cu}^c} \qquad\qquad 式（4-11）$$

式中　k——推定系数，宜取 1.645。当需要进行推定强度区间时，可按国家现行有关标准的规定取值。

　　注：构件的混凝土强度推定值是指相应于强度换算值总体分布中保证率不低于 95% 的构件中混凝土抗压强度值。

　　对按批量检测的构件，当该批构件混凝土强度标准差出现下列情况之一时，该批构件应全部按单个构件检测：当该批构件混凝土强度平均值小于 25MPa、$S_{f_{cu}^c}$ 大于 4.5MPa 时；当该批构件混凝土强度平均值不小于 25MPa 且不大于 60MPa、$S_{f_{cu}^c}$ 大于 5.5MPa 时。

　　2）超声回弹综合法检测混凝土抗压强度

　　结构或构件中第 i 个测区的混凝土抗压强度换算值，可求得修正后的测区回弹代表值 R_{ai} 和声速代表值 v_{ai} 后，优先采用专用测强曲线或地区测强曲线换算而得。专用测强曲线可按《超声回弹综合法检测混凝土强度技术规程》CECS 02—2005 相关条文确定。当无专用和地区测强曲线时，按《超声回弹综合法检测混凝土强度技术规程》CECS 02—2005 附录 D 通过验证后，可按附录 C 规定的全国统一测区混凝土抗压强度换算表换算，也可按下列全国统一测区混凝土抗压强度换算公式计算：

　　当粗骨料为卵石时：

$$f_{cu,i}^c=0.0056v_{ai}^{1.439}R_{ai}^{1.769} \qquad\qquad 式（4-12）$$

　　当粗骨料为碎石时：

$$f_{cu,i}^c=0.0162v_{ai}^{1.656}R_{ai}^{1.410} \qquad\qquad 式（4-13）$$

式中　$f_{cu,i}^c$——第 i 个测区混凝土抗压强度换算值（MPa），精确至 0.1MPa。

　　当结构或构件中的测区数不少于 10 个时，各测区混凝土抗压强度换算值的平均值和标准差应按下列公式计算：

$$m_{f_{cu}^c}=\frac{\sum_{i=1}^{n}f_{cu,i}^c}{n}$$

$$\qquad\qquad 式（4-14）$$

$$S_{f_{cu}^c}=\sqrt{\frac{\sum_{i=1}^{n}(f_{cu,i}^c)^2-n(m_{f_{cu}^c})^2}{n-1}}$$

式中　$m_{f_{cu}^c}$——构件测区混凝土强度换算值的平均值（MPa），精确至 0.1MPa；

　　　　n——对于单个检测的构件，取该构件的测区数；对于批量检测的构件，取所有被抽检构件测区数之和；

$S_{f_{cu}^c}$——结构或构件测区混凝土强度换算值的标准差（MPa），精确至 0.01MPa。

当结构或构件所采用的材料及其龄期与制定测强曲线所采用的材料及其龄期有较大差异时，应采用同条件立方体试件或从结构或构件测区中钻取的混凝土芯样试件的抗压强度进行修正。试件数量不应少于 4 个。此时，采用上式计算测区混凝土抗压强度换算值应乘以下列修正系数 η。

采用同条件立方体试件修正时：

$$\eta = \frac{1}{n} \sum_{i=1}^{n} f_{cu,i}^0 / f_{cu,i}^c \qquad\qquad 式（4-15）$$

采用混凝土芯样试件修正时：

$$\eta = \frac{1}{n} \sum_{i=1}^{n} f_{cor,i}^0 / f_{cu,i}^c \qquad\qquad 式（4-16）$$

式中　η——修正系数，精确至小数点后两位；

$f_{cu,i}^c$——对应于第 i 个立方体试件或芯样试件的混凝土抗压强度换算值（MPa），精确至 0.1MPa；

$f_{cu,i}^0$——第 i 个混凝土立方体（边长 150mm）试件的抗压强度实测值（MPa），精确至 0.1MPa；

$f_{cor,i}^0$——第 i 个混凝土芯样（ϕ100mm × 100mm）试件的抗压强度实测值（MPa），精确至 0.1MPa；

n——试件数。

结构或构件混凝土抗压强度推定值 $f_{cu,e}$，应按下列规定确定：

①当结构或构件的测区抗压强度换算值中出现小于 10.0MPa 的值时，该构件的混凝土抗压强度推定值 $f_{cu,e}$ 取小于 10MPa。

②当结构或构件中测区数少于 10 个时：

$$f_{cu,e} = f_{cu,min}^c \qquad\qquad 式（4-17）$$

式中　$f_{cu,min}^c$——结构或构件最小的测区混凝土抗压强度换算值（MPa），精确至 0.1MPa。

③当结构或构件中测区数不少于 10 个或按批量检测时：

$$f_{cu,e} = m_{f_{cu}^c} - 1.645 S_{f_{cu}^c} \qquad\qquad 式（4-18）$$

对按批量检测的构件，当一批构件的测区混凝土抗压强度标准差出现下列情况之一时，该批构件应全部重新按单个构件进行检测：一批构件的混凝土抗压强度平均值 $m_{f_{cu}^c} < 25.0$MPa，标准差 $S_{f_{cu}^c} > 4.50$MPa；一批构件的混凝土抗压强度平均值 $m_{f_{cu}^c} = 25.0 \sim 50.0$MPa，标准差 $S_{f_{cu}^c} > 5.50$MPa；一批构件的混凝土抗压强度平均值 $m_{f_{cu}^c} > 50.0$MPa，标准差 $S_{f_{cu}^c} > 6.50$MPa。

3）钻芯法检测混凝土抗压强度

①混凝土的抗压强度值，应根据混凝土原材料和施工工艺通过试验确定，也可按下式计算：

$$f_{cu,cor}=F_c/A \qquad 式（4-19）$$

式中　$f_{cu,cor}$——芯样试件的混凝土抗压强度值（MPa）；

F_c——芯样试件的抗压试验测得的最大压力（N）；

A——芯样试件抗压截面面积（mm^2）。

②钻芯法确定检验批的混凝土强度推定值时，取样应遵守下列规定：

$$上限值　f_{cu,e1}=f_{cu,cor,m}-k_1S_{cor}$$

$$下限值　f_{cu,e2}=f_{cu,cor,m}-k_2S_{cor}$$

$$平均值　f_{cu,cor,m}=\sum_{i=1}^{n}f_{cu,cor,i} \qquad 式（4-20）$$

$$标准差　S_{cor}=\sqrt{\frac{\sum_{i=1}^{n}(f_{cu,cor,i}-f_{cu,cor,m})^2}{n-1}}$$

式中　$f_{cu,cor,m}$——芯样试件的混凝土抗压强度平均值（MPa），精确 0.1MPa；

$f_{cu,cor,i}$——单个芯样试件的混凝土抗压强度值（MPa），精确 0.1MPa；

$f_{cu,e1}$——混凝土抗压强度上限值（MPa），精确 0.1MPa；

$f_{cu,e2}$——混凝土抗压强度下限值（MPa），精确 0.1MPa；

k_1、k_2——推定区间上限值系数和下限值系数，按《回弹法检测混凝土抗压强度技术规程》JGJ/T 23—2011 查得；

S_{cor}——芯样试件强度样本的标准差（MPa），精确 0.1MPa。

$f_{cu,e1}$ 和 $f_{cu,e2}$ 所构成推定区间的置信度宜为 0.85，$f_{cu,e1}$ 与 $f_{cu,e2}$ 之间的差值不宜大于 5.0MPa 和 $0.10f_{cu,cor,m}$ 两者的较大值。宜以 $f_{cu,e1}$ 作为检验批混凝土强度的推定值。

③钻芯修正方法

钻芯修正后的换算强度可按下列公式计算：

$$f_{cu,i0}^c=f_{cu,i}^c+\Delta_f \qquad 式（4-21）$$
$$\Delta_f=f_{cu,cor,m}-f_{cu,mj}^c$$

式中　$f_{cu,i0}^c$——修正后的换算强度；

$f_{cu,i}^c$——修正前的换算强度；

Δ_f——修正量；

$f_{cu,mj}^c$——所用间接检测方法对应芯样测区的换算强度的算术平均值。

由钻芯修正方法确定检验批的混凝土强度推定值时，应采用修正后的样本算术平均值和标准差。

4）拔出法检测混凝土抗压强度

混凝土强度换算值应按下式计算：

$$f_{cu}^c = A \cdot F + B \qquad 式（4-22）$$

式中　f_{cu}^c——混凝土强度换算值（MPa），精确至 0.1MPa；

　　　F——拔出力（kN），精确至 0.1kN；

　　A、B——测强公式回归系数。

当被测结构所用混凝土的材料与制定测强曲线所用材料有较大差异时，可在被测结构上钻取混凝土芯样，根据芯样强度对混凝土强度换算值进行修正。芯样数量应不少于个在每个钻取芯样附近做 3 个测点的拔出试验，取 3 个拔出力的平均值代入上式计算每个芯样对应的混凝土强度换算值。修正系数可按下式计算：

$$\eta = \frac{1}{n} \sum_{i=1}^{n} (f_{cor,i}/f_{cu,i}^c) \qquad 式（4-23）$$

式中　η——修正系数，精确至 0.01；

　$f_{cor,i}$——第 i 个混凝土芯样试件抗压强度值，精确至 0.1MPa；

　$f_{cu,i}^c$——对应于第 i 个混凝土芯样试件的 3 个拔出力平均值的混凝土强度换算值（MPa），精确至 0.1MPa；

　　　n——芯样试件数。

单个构件的拔出力计算值，应按下列规定取值：当构件 3 个拔出力中的最大和最小拔出力与中间值之差均小于中间值的 15% 时，取最小值作为该构件拔出力计算值；当进行加测时，加测的 2 个拔出力值和最小拔出力值一起取平均值，再与前一次的拔出力中间值比较，取最小值作为该构件拔出力计算值。将单个构件的拔出力计算值代入上式计算强度换算值作为单个构件混凝土强度推定值 $f_{cu,e}$。

$$f_{cu,e} = f_{cu}^c \qquad 式（4-24）$$

批抽检构件混凝土强度的推定值 $f_{cu,e}$ 按下列公式计算：

$$f_{cu,e1} = m_{f_{cu}^c} - 1.645 S_{f_{cu}^c}$$
$$f_{cu,e2} = m_{f_{cu,min}^c} = \frac{1}{m} \sum_{j=1}^{m} f_{cu,min,j}^c \qquad 式（4-25）$$

式中　$m_{f_{cu}^c}$——批抽检构件混凝土强度换算值的平均值（MPa），精确至 0.1MPa，按下式计算：

$$m_{f_{cu}^c} = \frac{1}{n} \sum_{i=1}^{n} f_{cu,i}^c \qquad 式（4-26）$$

式中　$f^c_{cu,i}$——第 i 个测区混凝土强度换算值；

　　　$S_{f^c_{cu}}$——批抽检构件混凝土强度换算值的标准差（MPa），精确至 0.1MPa，按下式计算：

$$S_{f^c_{cu}}=\sqrt{\frac{\sum_{i=1}^{n}\left(f^c_{cu,i}\right)^2-n\left(m_{f^c_{cu}}\right)^2}{n-1}}\qquad\text{式（4-27）}$$

式中　$m_{f^c_{cu,min}}$——批抽检每个构件混凝土强度换算值中最小值的平均值（MPa），精确至 0.1MPa；

　　　$f^c_{cu,min,j}$——第 j 个构件混凝土强度换算值中的最小值（MPa），精确至 0.1MPa；

　　　n——批抽检构件的测点总数；

　　　m——批抽检的构件数。

取较大值作为该批构件的混凝土强度推定值。对按批抽样检测的构件当全部测点的强度标准差出现下列情况时，该批构件应全部重新按单个构件进行检测：当混凝土强度换算值的平均值小于或等于 25MPa 时，标准差 $S_{f^c_{cu}}>4.50$MPa；当混凝土强度换算值的平均值大于 25MPa 时，标准差 $S_{f^c_{cu}}>5.50$MPa。

（2）砌体力学性能检测数据的推导与计算

1）贯入法检测砌筑砂浆抗压强度

①检测数值中，应将 16 个贯入深度值中的 3 个较大值和 3 个较小值剔除，余下的 10 个贯入深度值可按下式取平均值：

$$m_{dj}=\frac{1}{10}\sum_{i=1}^{10}d_i\qquad\text{式（4-28）}$$

式中　m_{dj}——第 j 个构件的砂浆贯入深度平均值，精确至 0.01mm；

　　　d_i——第 i 个测点的贯入深度值，精确至 0.01mm。

根据计算所得的构件贯入深度平均值，可按不同的砂浆品种由《贯入法检测砌筑砂浆抗压强度技术规程》JGJ/T 136—2017 附录 D 查得其砂浆抗压强度换算值 $f^c_{2,j}$，其他品种的砂浆可按该规程附录 E 的要求建立专用测强曲线进行检测。有专用测强曲线时，砂浆抗压强度换算值的计算应优先采用专用测强曲线。

②按批抽检时，同批构件砂浆应按下列公式计算其平均值和变异系数：

$$m_{f^c_2}=\frac{1}{n}\sum_{j=1}^{n}f^c_{2,j.}$$

$$s_{f^c_2}=\sqrt{\frac{\sum_{j=1}^{n}\left(m_{f^c_2}-f^c_{2,j.}\right)^2}{n-1}}\qquad\text{式（4-29）}$$

$$\delta_{f^c_2}=s_{f^c_2}/m_{f^c_2}$$

式中 $m_{f_2^c}$——同批构件砂浆抗压强度换算值的平均值，精确至 0.1MPa；

$\quad\quad f_{2,j}^c$——第 j 个构件的砂浆抗压强度换算值，精确至 0.1MPa；

$\quad\quad s_{f_2^c}$——同批构件砂浆抗压强度换算值的标准差，精确至 0.1MPa；

$\quad\quad \delta_{f_2^c}$——同批构件砂浆抗压强度换算值的变异系数，精确至 0.1。

③砌体砌筑砂浆抗压强度推定值 $f_{2,e}^c$ 应按下列规定确定：

A. 当按单个构件检测时，该构件的砌筑砂浆抗压强度推定值应按下式计算：

$$f_{2,e}^c = f_{2,j}^c$$
$$f_{2ij} = 6.34 \times 10^{-5} R^{3.60}$$

式（4-30）

式中 $f_{2,e}^c$——砂浆抗压强度推定值，精确至 0.1MPa；

$\quad\quad f_{2,j}^c$——第 j 个构件的砂浆抗压强度换算值，精确至 0.1MPa。

B. 当按批抽检时，应按下列公式计算：

$$f_{2,e_1}^c = m_{f_2^c}$$
$$f_{2,e_2}^c = \frac{f_{2,min}^c}{0.75}$$

式（4-31）

式中 f_{2,e_1}^c——砂浆抗压强度推定值之一，精确至 0.1MPa；

$\quad\quad f_{2,e_2}^c$——砂浆抗压强度推定值之二，精确至 0.1MPa；

$\quad\quad m_{f_2^c}$——同批构件砂浆抗压强度换算值的平均值，精确至 0.1MPa；

$\quad\quad f_{2,min}^c$——同批构件中砂浆抗压强度换算值的最小值，精确至 0.1MPa。

应取 f_{2,e_1}^c 与 f_{2,e_2}^c 的较小值作为该批构件的砌筑砂浆抗压强度推定值 f_{2,e_0}^c。

④对于按批抽检的砌体，当该批构件砌筑砂浆抗压强度换算值变异系数不小于 0.3 时，则该批构件应全部按单个构件检测。

2）回弹法检测砌筑砂浆抗压强度

①从每个测位的 12 个回弹值中，应分别剔除最大值、最小值，将余下的 10 个回弹值计算算术平均值，应以 R 表示，并应精确至 0.1。

②每个测位的平均碳化深度，应取该测位各次测量值的算术平均值，应以 d 表示，并应精确至 0.5mm。

③第 i 个测区第 j 个测位的砂浆强度换算值，应根据该测位的平均碳化深度值，分别按下列公式计算：

$d \leq 1.0mm$ 时： $\quad\quad\quad\quad f_{2ij} = 13.97 \times 10^{-5} R^{3.57}$

$1.0mm < d < 3.0mm$ 时： $\quad\quad f_{2ij} = 4.85 \times 10^{-5} R^{3.04}$ 　　　　式（4-32）

$d \geq 3.0mm$ 时： $\quad\quad\quad\quad f_{2ij} = 6.34 \times 10^{-5} R^{3.60}$

式中 f_{2ij}——第 i 个测区第 j 个测位的砂浆强度值（MPa）；

d——第 i 个测区第 j 个测位的平均碳化深度（mm）；

R——第 i 个测区第 j 个测位的平均回弹值。

④测区的砂浆抗压强度平均值，应按下式计算：

$$f_{2i} = \frac{1}{n_1} \sum_{j=1}^{n_1} f_{2ij}$$ 式（4-33）

⑤每一检测单元的强度平均值、标准差和变异系数，应按下式计算：

$$\bar{x} = \frac{1}{n_2} \sum_{i=1}^{n_2} f_i$$

$$s = \sqrt{\frac{\sum_{i=1}^{n_2} (\bar{x} - f_i)^2}{n_2 - 1}}$$ 式（4-34）

$$\delta = \frac{s}{\bar{x}}$$

式中　$\bar{x}$——同一检测单元的强度平均值（MPa）；

n_2——同一检测单元的测区数；

f_i——测区的强度代表值（MPa）；

s——同一检测单元，按 n_2 个测区计算的强度标准差（MPa）；

δ——同一检测单元的强度变异系数。

⑥对既有砌体工程，按国家标准《砌体结构工程施工质量验收规范》GB 50203—2011 及之前实施的砌体工程施工质量验收规范的有关规定修建时，应按下列公式计算：

A. 当测区数 n_2 不小于6时，应取下列公式中的较小值：

$$f'_2 = f_{2, m}$$
$$f'_2 = 1.33 f_{2, min}$$ 式（4-35）

式中　f'_2——砌筑砂浆抗压强度推定值（MPa）；

$f_{2, min}$——同一检测单元，测区砂浆抗压强度的最小值（MPa）。

B. 当测区数 n_2 小于6时，可按下式计算：

$$f'_2 = f_{2, min}$$ 式（4-36）

⑦对按国家标准《砌体结构工程施工质量验收规范》GB 50203—2011 及在建或新建砌体工程，可按下列公式计算：

A. 当测区数 n_2 不小于6时，应取下列公式中的较小值：

$$f'_2 = 0.91 f_{2, m}$$
$$f'_2 = 1.18 f_{2, min}$$ 式（4-37）

B. 当测区数 n_2 小于 6 时，可按下式计算：

$$f'_2=f_{2,\ \min}$$ 式（4-38）

⑧当砌筑砂浆强度检测结果小于 2.0MPa 或大于 15MPa 时，不宜给出具体检测值，可仅给出检测值范围 $f_2<2.0$MPa 或 $f_2>15$MPa。

3）回弹法检测烧结砖抗压强度

①单个测位的回弹值，应取 5 个弹击点回弹值的平均值。

②第 i 个测区第 j 个测位的抗压强度换算值，应按下式计算：

A. 烧结普通砖： $f_{1ij}=2\times10^{-2}R^2-0.45R+1.25$

B. 烧结多孔砖： $f_{1ij}=1.70\times10^{-3}R^{2.48}$ 式（4-39）

式中 f_{1ij}——第 i 个测区第 j 个测位的抗压强度换算值（MPa）；

R——第 i 个测区第 j 个测位的平均回弹值。

③测区砖抗压强度平均值，应按下式计算：

$$f_{1i}=\frac{1}{10}\sum_{j=1}^{n_1}f_{1ij}$$ 式（4-40）

④每一检测单元的强度平均值、标准差和变异系数的计算与上述回弹法检测砌筑砂浆抗压强度相同。

⑤当变异系数 $\delta\leqslant0.21$ 时，应按表 4-11、表 4-12 中抗压强度平均值 $f_{1,\ m}$、抗压强度标准值 f_{1k} 推定每一检测单元的砖抗压强度等级。每一检测单元的砖抗压强度标准值，应按下式计算：

$$f_{1k}=f_{1,\ m}-1.8s$$ 式（4-41）

式中 f_{1k}——同一检测单元的砖抗压强度标准值（MPa）。

烧结普通砖抗压强度等级的推定 表 4-11

抗压强度推定等级	抗压强度平均值 $f_{1,\ m}\geqslant$	变异系数 $\delta\leqslant0.21$	变异系数 $\delta>0.21$
		抗压强度标准值 $f_{1k}\geqslant$	抗压强度的最小值 $f_{1,\ \min}\geqslant$
MU25	25.0	18.0	22.0
MU20	20.0	14.0	16.0
MU15	15.0	10.0	12.0
MU10	10.0	6.5	7.5
MU7.5	7.5	5.0	5.5

⑥当变异系数 $\delta>0.21$ 时，应按表 4-11、表 4-12 中抗压强度平均值 $f_{1,\ m}$、以测区为单位统计的抗压强度最小值 $f_{1i,\ \min}$ 推定每一测区的砖抗压强度等级。

烧结多孔砖抗压强度等级的推定 　　表4-12

抗压强度推定等级	抗压强度平均值$f_{1,m} \geqslant$	变异系数 $\delta \leqslant 0.21$	变异系数 $\delta > 0.21$
		抗压强度标准值$f_{1k} \geqslant$	抗压强度的最小值$f_{1,min} \geqslant$
MU30	30.0	22.0	25.0
MU25	25.0	18.0	22.0
MU20	20.0	14.0	16.0
MU15	15.0	10.0	12.0
MU10	10.0	6.5	7.5

（3）沉降观测数据的推导与计算

1）闭合差的计算与分配

①闭合水准路线闭合差计算

根据网型，闭合水准路线各段高差代数和的理论值应等于零，但实际上，由于各站观测高差存在误差，致使各段观测高差的代数和不等于零，称为闭合差，即：

$$f_h = \sum h_{测} \qquad 式（4-42）$$

②附合水准路线闭合差计算

对于附合水准路线，路线上各段高差代数和的理论值应等于两个水准点间的已知高差，同样由于各站观测高差存在误差，致使各段观测高差的代数和不等于理论值，即：

$$f_h = \sum h_{测} - \sum h_{理} = \sum h_{测} - (H_{终} - H_{始}) \qquad 式（4-43）$$

③高差闭合差限差

水准测量中产生的路线闭合差，根据水准测量等级的不同，规范规定了相应的限差，该容许误差除与观测等级有关外，往往使用路线长度或者测站数进行规定。

每次沉降观测之后，应及时整理和检查外业观测数据，若观测高差闭合差超限，应重新观测。若闭合差合格，则将进行平差计算，得到各观测点的高程。

④高差闭合差分配

根据误差传播定律，水准测量的精度与路线长度（或者测站数）成反比，即观测的路线越长，测站数越多，观测的误差累计将越大，精度越低。因此，水准路线的闭合差的改正值与距离 L 或测站数 n 成正比，即使用路线长度或者测站数作为权重，将高差闭合差反号分配到各段高差上。

2）待定点高程计算

用经过闭合差改正后的高差和已知点的高程，可逐段推算各待定点的高程。已知点一般为更高等级的水准测量得到的水准点。可能是国家等级水准点，也可能是进行房屋沉降观测中的控制点、工作基点、检测点等。

3）沉降量计算

观测点的沉降量表达了测点所在部位在竖直方向上的位移量。根据观测周期的不同，沉降量有本次沉降量和累计沉降量两种。本次观测的高程减去上次观测的高程，得到该点的本次沉降量；各次沉降量累计即为从首次观测至本次观测期间的累计沉降量。

设某个观测项目中某点某次的高程观测值 $h_{i,j}$（$1 \leqslant i \leqslant n$，$1 \leqslant j \leqslant t$），$n$ 为观测点个数，t 为总观测次数，再设本次观测的周期序号为 m，则

K 点号本次沉降量为：$s_{k,m}=h_{k,m}-h_{k,m-1}$，累计沉降量为：$s'_{k,m}=h_{k,m}-h_{k,1}$

4）沉降速率计算

沉降速率是一个时间段内的沉降数值与观测周期天数的比值，反映了房屋每天的沉降量，作为沉降是否进入稳定阶段的重要判定指标。

沉降速率计算公式为：$V=\dfrac{s}{d}$，式中 s 为沉降量，d 为观测周期的天数。

5）沉降曲线的绘制

为了更好地反映每个沉降观测点随时间的增加，观测点的沉降量的变化，并进一步估计沉降发展的趋势以及沉降过程是否渐趋稳定或者已经稳定，还要绘制时间 t 与沉降量 s 的关系曲线。首先，以沉降量 s 为纵轴，以时间 t 为横轴，组成直角坐标系。然后，以每次累计沉降量为纵坐标，以每次观测日期为横坐标，标出沉降观测点的位置。最后，用曲线将标出的各点连接起来即可（图 4-14）。

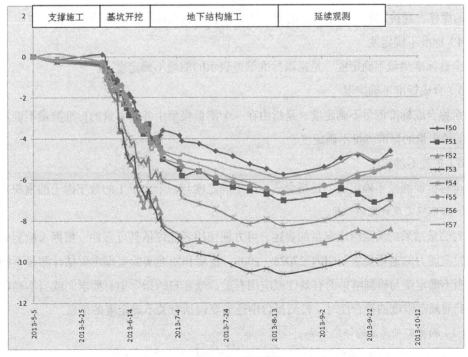

图 4-14　沉降曲线

3. 检测结果的不确定度评定

（1）依据标准

《测量不确定度评定与表示》JJF 1059.1—2012。

（2）不确定度的定义与分类

1）测量不确定度

简称不确定度，是指根据所用到的信息，表征赋予被测量值分散性的非负参数。

"不确定度"这个词意指可疑程度，广义而言，"测量不确定度"意指对测量结果的有效性的可疑程度，是测量结果的准确度的一个度量指标。

测量不确定度一般由若干分量组成。其中一些分量可根据一系列测量值的统计分部，按测量不确定度的 A 类评定进行评定，并可用标准偏差表征。而另一些分量则可根据基于经验或其他信息获得的概率密度函数，按测量不确定度的 B 类评定进行评定，也用标准偏差表征。

2）测量不确定度的 A 类评定

简称 A 类评定，是指对在规定测量条件下测得的量值用统计方法进行的测量不确定度分量的评定。

3）测量不确定度的 B 类评定

简称 B 类评定，是指用不同于测量不确定度 A 类评定的方法对测量不确定度分量进行的评定。B 类评定基于下列信息：权威机构发布的量值、有证标准物质的量值、校准证书、仪器的漂移、经检定的对测量仪器的准确度等级、根据人员经验推断的极限值。

4）标准不确定度

全称标准测量不确定度，是指以标准偏差表示的测量不确定度。

5）合成标准不确定度

全称合成标准测量不确定度，是指由在一个测量模型中各输入量的标准测量不确定度获得的输出量的标准测量不确定度。

6）扩展不确定度

全称扩展测量不确定度，是指合成标准不确定度与一个大于 1 的数字因子的乘积。

（3）不确定度评定的作用

对测量结果的质量给出定量的表述，可方便使用者能评估其可靠性。根据《检测和校准实验室能力的通用要求》GB/T 27025—2008，检测和校准实验室都需要估计测量不确定度。当不确定度与检测结果的有效性或应用有关，或客户的指令中有要求，或当不确定度影响到对规范限度的符合性时，检测报告中还需要包括有关不确定度的信息。

（4）测量不确定度的评定方法

1）一般采用 GUM 法评定测量不确定度，评定流程如图 4-15 所示。

2）测量不确定度来源分析

在实际测量中，有许多可能导致测量不确定度的来源。例如被测量的定义不完整、被测量定义的复现不理想、取样的代表性不够、对测量受环境条件的影响认识不足或对环境条件的测量不完善等。测量不确定度的来源必须根据实际测量情况进行具体分析。分析时，除了定义的不确定度外，可从测量仪器、测量环境、测量人员、测量方法等方面全面考虑，特别要注意对测量结果影响较大的不确定度来源，应尽量做到不遗漏、不重复。

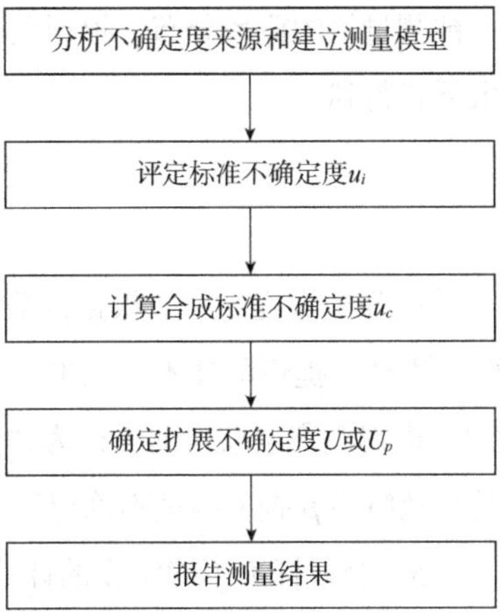

3）测量模型的建立

测量中，当被测量 Y 由 N 个其他量 X_1，X_2，…，X_N，通过函数 f 来确定时，则下式称为测量模型：

$$Y=f（X_1，X_2，…，X_N）$$

测量模型中输入量可以是有当前直接测得的量。这些量值及其不确定度可以有单次观测、重复观测或根据经验估计得到，并可包含对测量仪器读数的修正值和对诸如环境温度、大气压力、湿度等影响量的修正值。测量模型中输入量也可以是有外部来源引入的量，如已校准的计量标准或有证标准物质的量，以及有手册查得的参考数据等。

4）标准不确定度的评定

测量不确定度一般有若干分量组成，每个分量用其概率分布的标准偏差估计值表征，称标准不确定度。用标准不确定度表示的各分量用 u_i 表示。根据对 X_i 的一系列测得值 x_i 得到实验标准偏差的方法为 A 类评定。根据有关信息估计的先验概率根部得到标准偏差估计值的方法为 B 类评定。

在识别不确定度来源后，对不确定度各个分量做一个预估是必要的，测量不确定度评定的重点应放在识别并评定那些重要的、占支配地位的分量上。

①标准不确定度的 A 类评定方法

对被测量进行独立重复观测，通过所得到的一系列测得值，用统计分析方法获得实验标准偏差 $s（x）$，当用算术平均值 $\bar{x}$ 作为被测量估计值时，被测量估计值的 A 类标准不确定度按下式计算：

$$u_A=u(\bar{x})=s(\bar{x})=\frac{s(x)}{\sqrt{n}} \qquad 式（4-44）$$

②标准不确定度的 B 类评定方法

B 类评定的方法是根据有关的信息或经验，判断被测量的可能值区间 $[\bar{x}-a，\bar{x}+a]$，假

图 4-15　用 GUM 法评定测量不确定度的一般流程

分析不确定度来源和建立测量模型

评定标准不确定度 u_i

计算合成标准不确定度 u_c

确定扩展不确定度 U 或 U_p

报告测量结果

设被测量值的概率分布，根据概率分布和要求的概率 p 确定 k，则 B 类标准不确定度 u_B 可由下式得到：

$$u_B = \frac{a}{k} \qquad\qquad 式（4-45）$$

区间半宽度 a 一般根据以前测量的数据、对有关技术资料和测量仪器特性的了解和经验、生产厂提供的技术说明书、校准证书提供的数据等信息确定。

根据概率论获得的 k 称为置信因子，当 k 为扩展不确定度时称包含因子。可根据分布类别及概率 p 查《测量不确定度评定与表示》JJF 1059.1—2012 表 2、表 4 得到相应的 k 值。

5）合成标准不确定度的计算

当被测量 Y 由 N 个其他量 X_1，X_2，$\cdots$，X_N，通过线性函数 f 来确定时，被测量的估计值 y 为：

$$y = f(x_1, x_2, \cdots, x_N) \qquad\qquad 式（4-46）$$

当各输入量间均不相关时，被测量的估计值 y 的合成标准不确定度 $u_c(y)$ 按下式计算：

$$u_c(y) = \sqrt{\sum_{i=1}^{N} \left[\frac{\partial f}{\partial x_i}\right]^2 u^2(x_i)} \qquad\qquad 式（4-47）$$

当输入量间相关时，应根据规范要求计算相关系数及合成标准不确定度。

6）扩展不确定度的确定

扩展不确定度是被测量可能值包含区间的半宽度。括号不确定度分为 U 和 U_p 两种。在给出测量结果时，一般情况下报告扩展不确定度 U。

扩展不确定度 U 由合成标准不确定度 u_c 乘包含因子 k 得到，按下式计算：

$$U = k u_c \qquad\qquad 式（4-48）$$

测量结果可用下式表示：

$$Y = y \pm U \qquad\qquad 式（4-49）$$

Y 是被测量 Y 的估计值，被测量 Y 的可能值以较高的包含概率落在 $[y-U, y+U]$ 区间内，及 $y-U \leqslant Y \leqslant y+U$。被测量的值落在包含区间内的包含概率取决于所取的包含因子 k 的值，k 值一般取 2 或 3。

当要求扩展不确定度所确定的区间具有接近于规定的包含概率 p 时，扩展不确定度用符号 U_p 表示，当 p 为 0.95 或 0.99 时，分别表示为 U_{95} 和 U_{99}。

U_p 由下式获得：

$$U_p = k_p u_c \qquad\qquad 式（4-50）$$

k_p 是包含概率为 p 时的包含因子，由下式获得：

$$k_p = t_p \left(v_{eff} \right) \qquad\qquad 式（4-51）$$

根据合成标准不确定度 $u_c \left(y \right)$ 的有效自由度 v_{eff} 和需要的包含概率，查《t 分布在不同概率 p 与自由度 v 时的 $t_p \left(v \right)$ 值（t 值）表》可得到 $t_p \left(v_{eff} \right)$ 值，该值即包含概率为 p 时的包含因子 k_p 值。

4.5 案例分析

4.5.1 实例 1：回弹法检测混凝土抗压强度

某工程框架梁浇筑已月余，因怀疑混凝土强度不足，决定采用回弹法对该框架梁的混凝土强度进行检测。梁跨度为 7m，混凝土强度等级设计为 C20，在梁侧面选取 10 个 200mm×200mm 的测区（图 4-16）。

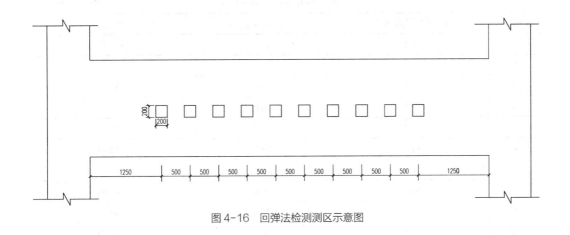

图 4-16 回弹法检测测区示意图

1. 现场检测

（1）铲去构件两侧测区内粉刷层，并打磨吹净。每个测区弹取 16 个回弹值，测点净距 30mm，回弹值 R_i 记录在表 4-13 内。

（2）测得碳化深度值 d_m=2.0mm。

2. 计算

（1）每个测区的 16 个回弹值中，剔除 3 个最大值和 3 个最小值，计算测区平均回弹值。

$$R_m = \frac{1}{10} \sum_{j=1}^{10} R_i$$

（2）根据各测区平均回弹值 R_m 和碳化深度 d_m，查测区混凝土强度计算表（表 4-14）得各测区混凝土强度换算值 $f_{cu,\,i}^c$。

回弹法检测混凝土强度记录表

表4-13

测区编号	测点回弹值 R_i																碳化深度（mm）
	1	2	3	4	5	6	7	8	9	10	11	12	13	14	15	16	
1	30	28	30	28	26	28	30	28	30	30	26	28	28	32	25	26	2.0
2	30	30	30	28	28	30	30	32	28	28	26	30	42	34	30	30	
3	28	30	28	28	30	28	36	32	42	34	36	28	32	34	32	32	
4	40	26	28	26	28	42	28	26	28	26	26	28	28	34	26	26	2.0
5	30	26	28	30	28	26	32	28	28	28	34	36	40	36	38	40	
6	30	30	28	40	32	36	30	30	28	30	28	33	32	40	30	30	
7	30	28	30	30	38	30	28	28	32	36	30	32	40	32	36	30	2.0
8	32	30	30	30	38	30	30	30	30	30	28	30	24	30	30	30	
9	32	30	30	30	30	28	30	30	30	32	40	30	40	30	30	28	
10	30	30	30	30	30	30	30	28	28	32	30	32	36	32	34	30	28

回弹法检测混凝土强度计算表

表4-14

测区编号	测区平均回弹值 R_m	测区强度 $f_{cu,i}^c$	$(f_{cu,i}^c)^2$
1	28.4	17.7	313.29
2	29.6	19.2	368.64
3	31.2	21.4	457.96
4	27.0	16.0	256.00
5	31.2	21.4	457.96
6	30.7	20.7	428.49
7	31.2	21.4	457.96
8	30.0	19.8	392.04
9	30.2	20.0	400.00
10	30.4	20.3	412.09
强度计算		$m_{f_{cu}^c} = 19.79$	$\sum_{i=1}^{10} = 3944.43$

（3）计算构件混凝土平均强度值 $m_{f_{cu}}$ 和标准差 $s_{f_{cu}^c}$：

$$m_{f_{cu}^c} = \frac{1}{10} \sum_{i=1}^{10} f_{cu,i}^c = 19.79\,\text{MPa}$$

$$s_{f_{cu}^c} = \sqrt{\frac{1}{10-1}\left[\sum_{i=1}^{10} (f_{cu,i}^c)^2 - 10(m_{f_{cu}^c})^2\right]} = \sqrt{\frac{1}{10-1}(3944.43 - 10 \times 19.79^2)} = 1.76\,\text{MPa}$$

（4）计算构件混凝土强度推定值 $f_{cu,e}$：

$$f_{cu,e} = m_{f_{cu}^c} - 1.645 s_{f_{cu}^c} = 19.79 - 1.645 \times 1.76 = 16.89\,\text{MPa} < \text{设计要求C20}$$

（5）结论：根据《回弹法检测混凝土抗压强度技术规程》JGJ/T 23—2011，采用回弹法进行检测，该工程框架梁的混凝土强度推定值为16.89MPa，未达到设计要求。

4.5.2　实例2：回弹法检测混凝土抗压强度

某工程主体混凝土框架结构，地下一层至地上五层，建筑面积6749.61m²。构件混凝土为泵送混凝土，设计强度等级为C30，工程施工时间为2011年6月。

2012年9月，某检测机构按照《回弹法检测混凝土抗压强度技术规程》JGJ/T 23—2011和《钻芯法检测混凝土强度技术规程》JGJ/T 384—2016的有关规定，对该工程一层～三层框架柱和梁的混凝土强度进行检测。其中，一层～三层框架柱和梁分别作为一个检验批，采用回弹法对构件混凝土强度进行批量检测（现场按测区取得的混凝土强度换算值见表4-15、表4-16）。同时，在相应框架柱第五个测区和框架梁第三个测区共钻取6个芯样对回弹检测结果进行修正（受检构件芯样混凝土的规格和破坏荷载见表4-17）。

1. 测区混凝土强度芯样修正

根据《钻芯法检测混凝土强度技术规程》JGJ/T 384—2016第7.0.5条，芯样抗压强度计算公式：

$$f_{cu,cor}=F_c/A \tag{式（4-52）}$$

式中　$f_{cu,cor}$——芯样试件的混凝土抗压强度值（MPa）；

F_c——芯样试件的抗压试验测得的最大压力（N）；

A——芯样试件抗压截面面积（mm²）。

一层～三层框架柱测区混凝土强度换算值　表4-15

构件楼层/名称	构件位置	测区混凝土强度换算值（MPa）									
		①	②	③	④	⑤	⑥	⑦	⑧	⑨	⑩
1	柱 2-B	33.8	33.6	35.5	34.7	35.8	34.0	34.7	35.3	35.8	34.2
	柱 3-D	35.1	34.0	33.3	34.4	35.8	33.6	34.5	35.3	35.6	34.0
	柱 2-D	32.2	34.0	34.0	32.6	34.0	32.7	32.2	31.7	34.5	32.2
	柱 1-C	33.4	35.5	34.7	35.3	33.3	34.0	34.0	34.4	35.6	34.7
2	柱 3-F	39.1	38.9	39.3	39.3	38.9	39.3	39.1	39.7	39.8	39.5
	柱 2-E	39.3	38.5	37.0	37.7	39.7	37.7	39.7	39.1	39.3	37.9
	柱 1-E	39.3	39.7	38.9	38.9	38.5	39.5	39.1	39.3	38.1	38.3
	柱 3-C	38.1	37.7	38.3	39.1	37.9	39.7	40.0	37.7	36.0	37.9
3	柱 3-C	39.3	39.3	38.5	39.7	37.0	39.5	38.1	37.9	39.7	40.2
	柱 4-E	38.9	40.4	40.0	40.4	40.0	39.8	39.7	39.8	39.7	39.1
	柱 2-E	37.3	37.7	38.9	38.9	38.5	37.9	39.7	38.3	39.1	37.7
	柱 2-F	37.9	39.1	38.1	37.7	39.3	39.7	37.9	37.7	39.1	39.3

一层～三层框架梁测区混凝土强度换算值　　　表 4-16

构件楼层 / 名称		构件位置	测区混凝土强度换算值（MPa）				
			①	②	③	④	⑤
1	梁	2-3-B	34.0	34.4	36.6	34.0	34.4
	梁	4-B-C	32.2	33.6	31.5	33.6	33.3
	梁	C-2-3	35.3	35.5	34.7	32.6	32.2
	梁	3-4-E	34.0	35.8	34.0	33.6	37.0
2	梁	3-E-F	37.7	38.9	38.1	38.9	36.2
	梁	E-3-4	36.2	37.3	38.9	38.5	36.2
	梁	D-2-3	38.7	39.3	38.1	38.1	36.6
	梁	2-E-F	35.8	37.3	38.9	38.5	37.7
3	梁	2-C-D	34.4	34.7	32.9	34.4	33.3
	梁	D-2-3	32.6	32.6	33.3	33.3	32.2
	梁	C-3-4	32.4	37.0	34.4	33.3	37.3
	梁	3-B-C	31.5	35.1	33.3	32.2	38.5

受检构件芯样混凝土的规格和破坏荷载　　　表 4-17

芯样编号	楼层及轴线	样品规格（mm）直径 × 高度	破坏荷载（kN）	芯样编号	楼层及轴线	样品规格（mm）直径 × 高度	破坏荷载（kN）
1#	一层柱 3-D	94.0×94.0	227.6	7#	二层梁 D-2-3	94.0×94.0	180.0
2#	一层柱 1-C	94.0×94.0	224.7	8#	二层梁 2-E-F	94.0×94.0	201.5
3#	一层梁 2-3-B	94.0×94.5	234.0	9#	三层柱 4-E	94.0×95.0	270.5
4#	一层梁 C-2-3	94.0×95.0	230.1	10#	三层柱 2-F	94.0×93.0	234.6
5#	二层柱 2-E	94.0×95.0	221.0	11#	三层梁 C-3-4	94.0×94.5	251.7
6#	二层柱 3-C	94.0×94.5	234.0	12#	三层梁 2-C-D	94.0×94.0	246.1

根据《钻芯法检测混凝土强度技术规程》JGJ/T 384—2016 第 3.3.3 条，芯样修正量法计算公式如下：

$$f_{cu,i0}^c = f_{cu,i}^c + \Delta_f$$

$$\Delta_f = f_{cu,cor,m} - f_{cu,mj}^c$$

式（4-53）

式中　$f_{cu,i0}^c$——修正后的换算强度（MPa）；

$f_{cu,i}^c$——修正前的换算强度（MPa）；

Δ_f——修正量（MPa）；

$f_{cu,mj}^c$——所用间接检测方法对应芯样测区的换算强度的算术平均值（MPa）。

芯样的抗压强度计算结果和对应测区修正量计算结果见表 4-18、表 4-19。修正后测区混凝土强度换算值见表 4-20、表 4-21。

柱测区混凝土强度芯样修正量计算结果　　　　　　　　　　　　表 4-18

构件楼层 / 名称	构件位置 / 对应测区号	芯样规格 径 × 高度（mm）	芯样高径比	芯样破坏荷载（kN）	芯样抗压强度（MPa）	对应测区强度换算值（MPa）	芯样抗压强度均值（MPa）	对应测区强度均值（MPa）	修正量（MPa）
1	柱	3-D⑤	94.0×94.0	1.00	227.6	32.8	35.8			
1	柱	1-C⑤	94.0×94.0	1.00	224.7	32.4	33.3			
2	柱	2-E⑤	94.0×95.0	1.01	221.0	31.8	39.7	33.9	37.7	-3.8
2	柱	3-C⑤	94.0×94.5	1.00	234.0	33.7	37.9			
3	柱	4-E⑤	94.0×95.0	1.01	270.5	39.0	40.0			
3	柱	2-F⑤	94.0×93.0	0.99	234.6	33.8	39.3			

注：芯样试样实际高径比满足《钻芯法检测混凝土强度技术规程》CECS 03—2007 要求。

梁测区混凝土强度芯样修正量计算结果　　　　　　　　　　　　表 4-19

构件楼层 / 名称	构件位置 / 对应测区号	芯样规格 径 × 高度（mm）	芯样高径比	芯样破坏荷载（kN）	芯样抗压强度（MPa）	对应测区强度换算值（MPa）	芯样抗压强度均值（MPa）	对应测区强度均值（MPa）	修正量（MPa）
1	梁	2-3-B③	94.0×94.5	1.00	234.0	33.7	36.6			
1	梁	C-2-3③	94.0×95.0	1.01	230.1	33.2	34.7			
2	梁	D-2-3③	94.0×94.0	1.00	180.0	25.9	38.1	32.2	35.9	-3.7
2	梁	2-E-F③	94.0×94.0	1.00	201.5	29.0	38.9			
3	梁	C-3-4③	94.0×94.5	1.00	251.7	36.3	34.4			
3	梁	2-C-D③	94.0×94.0	1.00	246.1	35.5	32.9			

注：芯样试样实际高径比满足《钻芯法检测混凝土强度技术规程》CECS 03—2007 要求。

修正后柱测区混凝土强度计算结果　　　　　　　　　　　　表 4-20

构件楼层 / 名称	构件位置	修正后测区混凝土强度换算值（MPa）									
		①	②	③	④	⑤	⑥	⑦	⑧	⑨	⑩
1	柱 2-B	30.1	29.9	31.8	31.0	32.1	30.3	31.0	31.6	32.1	30.5
1	柱 3-D	31.4	30.3	29.6	30.7	32.1	29.9	30.8	31.6	31.9	30.3
1	柱 2-D	28.5	30.3	30.3	28.9	30.3	29.0	28.5	28.0	30.8	28.5
1	柱 1-C	29.7	31.8	31.0	31.6	29.6	30.3	30.3	30.7	31.9	31.0
2	柱 3-F	36.0	35.2	35.6	35.6	35.2	35.6	35.4	36.0	36.1	35.8
2	柱 2-E	35.6	34.8	33.3	34.0	36.0	34.0	36.0	35.4	35.6	34.2
2	柱 1-E	35.6	36.0	35.2	35.2	34.8	35.8	35.4	35.6	34.4	34.6
2	柱 3-C	34.4	34.0	34.6	35.4	34.2	36.0	36.3	34.0	32.3	34.2
3	柱 3-C	35.6	35.6	34.8	36.0	33.3	35.8	34.4	34.2	36.0	36.5
3	柱 4-E	35.2	36.7	36.3	36.7	36.3	36.1	36.0	36.1	36.0	35.4
3	柱 2-E	33.6	34.0	35.2	35.2	34.8	34.2	36.0	34.6	35.4	34.0
3	柱 2-F	34.2	35.4	34.4	34.0	35.6	36.0	34.2	34.0	35.4	35.6

注：表中修正后测区混凝土强度换算值应该是表 4.15 中数值减去 3.8。

修正后梁测区混凝土强度计算结果   表4-21

构件楼层/名称		构件位置	修正后测区混凝土强度换算值（MPa）				
			①	②	③	④	⑤
1	梁	2-3-B	30.3	30.7	32.9	30.3	30.7
	梁	4-B-C	28.5	29.9	27.8	29.9	29.6
	梁	C-2-3	31.6	31.8	31.0	28.9	28.5
	梁	3-4-E	30.3	32.1	30.3	29.9	33.3
2	梁	3-E-F	34.0	35.2	34.4	35.2	32.5
	梁	E-3-4	32.5	33.6	35.2	34.8	32.5
	梁	D-2-3	35.0	35.6	34.4	34.4	32.9
	梁	2-E-F	32.1	33.6	35.2	34.8	34.0
3	梁	2-C-D	30.7	31.0	29.2	30.7	29.6
	梁	D-2-3	28.9	28.9	29.6	29.6	28.5
	梁	C-3-4	28.7	33.3	30.7	29.6	33.6
	梁	3-B-C	27.8	31.4	29.6	28.5	34.8

2. 混凝土强度评定

（1）柱混凝土抗压强度评定

本次检测共12个构件（120个测区），修正后的混凝土强度换算值平均值为：

$$m = \frac{1}{n}\sum_1^n f_{cu,i0}^c = 33.6\text{MPa}$$

样本标准差为

$$s = \sqrt{\frac{\sum_1^n (f_{cu,i0}^c - m)^2}{n-1}} = 2.40\text{MPa}$$

本次检测样本量为120，查《建筑结构检测技术标准》GB/T 50344—2004 表 4.3.19，得到推定区间上限值系数 $k_1 = 1.43289$，下限值系数 $k_2 = 1.89929$。

则具有95%保证率的标准值推定区间上限值 $x_{k,1}$ 和下限 $x_{k,2}$ 值为：

$$x_{k,1} = m - k_1 S = 33.6 - 1.432893 \times 2.40 = 30.1\text{MPa}$$

$$x_{k,2} = m - k_2 S = 33.6 - 1.89929 \times 2.40 = 29.0\text{MPa}$$

$$x_{k,1} - x_{k,2} = 1.1\text{MPa}$$

$$\frac{x_{k,1} + x_{k,2}}{2} = 29.5\text{MPa}$$

推定区间上下限值差值 1.1MPa 小于 $\max\left(5\text{MPa}, \frac{x_{k,1} + x_{k,2}}{2} \times 10\% = 2.9\text{MPa}\right)$

混凝土强度设计等级为 C30，对应设计抗压强度标准值 30MPa 小于推定区间上限值 $x_{k,1} = 30.1\text{MPa}$。

评定检测批柱混凝土强度符合设计要求。

（2）梁混凝土抗压强度评定

本次检测共 12 个构件（60 个测区），修正后的混凝土强度换算值平均值为：

$$m = \frac{1}{n}\sum_1^n f_{cu,i0}^c = 31.6\text{MPa}$$

样本标准差为

$$s = \sqrt{\frac{\sum_1^n (f_{cu,i0}^c - m)^2}{n-1}} = 2.32\text{MPa}$$

本次检测样本量为 60，查《建筑结构检测技术标准》GB/T 50344—2004 表 4.3.19，得到推定区间上限值系数 k_1=1.35412，下限值系数 k_2=2.02216。

则具有 95% 保证率的标准值推定区间上限值 $x_{k,1}$ 和下限 $x_{k,2}$ 值为：

$$x_{k,1} = 31.6 - 1.35412 \times 2.32 = 28.5\text{MPa}$$
$$x_{k,2} = 31.6 - 2.02216 \times 2.32 = 26.9\text{MPa}$$
$$x_{k,1} - x_{k,2} = 1.6\text{MPa}$$
$$\frac{x_{k,1} + x_{k,2}}{2} = 27.7\text{MPa}$$

推定区间上下限值差值 1.6MPa 小于 $\max\left(5\text{MPa}, \dfrac{x_{k,1}+x_{k,2}}{2} \times 10\% = 2.8\text{MPa}\right)$

混凝土强度设计等级为 C30，对应设计抗压强度标准值 30MPa 大于推定区间上限值 $x_{k,1}$=28.5MPa。

评定检测批梁混凝土强度不符合设计要求。

（3）结论

根据《建筑结构检测技术标准》GB/T 50344—2004，采用对应样本修正量法对回弹换算强度修正后，该工程实体结构柱混凝土抗压强度按批量评定的推定区间为 29.0~30.1MPa，对应设计抗压强度标准值 30MPa 小于推定区间上限值 30.1MPa，评定检测批柱混凝土强度符合设计 C30 的要求。

该工程实体结构梁混凝土抗压强度按批量评定的推定区间为 26.9MPa~28.5MPa，对应设计抗压强度标准值 30MPa 大于推定区间上限值 28.5MPa，评定检测批梁混凝土强度不符合设计 C30 的要求。

4.5.3 实例 3：贯入法检测砌筑砂浆抗压强度

某单层砖混结构房屋，建于 2008 年，承重墙采用烧结普通砖、混合砂浆砌筑，墙体厚度 240mm，砖设计强度等级为 MU10，砌筑砂浆设计强度等级为 M5。根据现场条件随机选取 6 片承重墙体，采用贯入法对砌筑砂浆强度进行抽检，按检测批评定砂浆抗压强度。

1.现场检测

（1）铲去每片墙体检测范围内粉刷层，将待测灰缝打磨平整。

（2）每片墙体测试 16 个点，测点净距不小于 240mm，每条灰缝不多于 2 个测点，贯入前后测量表读数 d_i^0 和 $d_{i'}$ 记录在表 4-22 内。

贯入法检测砌筑砂浆强度记录表　　　　　　　　　　　　表 4-22

构件编号	测点编号		贯入值（mm）							
1	1~8	d_i^0	17.42	17.95	18.32	17.3	17.91	17.75	18.83	17.03
		$d_{i'}$	11.84	12.42	12.31	12.81	9.82	12.11	6.28	15.01
	9~16	d_i^0	15.92	15.02	17.29	16.18	18.96	16.65	16.38	15.08
		$d_{i'}$	10.36	9.13	8.18	12.32	10.84	11.01	7.81	9.27
2	1~8	d_i^0	17.17	18.04	17.11	18.00	20.2	18.21	17.94	17.29
		$d_{i'}$	12.02	13.79	7.16	7.30	16.62	13.83	15.75	11.33
	9~16	d_i^0	19.15	20.14	18.38	18.93	18.49	18.01	15.12	17.03
		$d_{i'}$	12.52	15.4	15.52	16.7	9.97	10.01	6.18	9.84
3	1~8	d_i^0	17.55	18.58	17.81	17.91	19.23	17.26	17.24	18.50
		$d_{i'}$	12.58	15.11	14.74	12.45	11.49	15.30	13.91	9.95
	9~16	d_i^0	17.75	16.55	18.05	18.49	18.6	18.15	19.11	18.41
		$d_{i'}$	11.21	10.18	16.14	12.56	12.07	11.63	11.86	14.20
4	1~8	d_i^0	15.14	17.62	16.31	18.15	18.69	17.35	17.91	18.75
		$d_{i'}$	12.82	12.80	13.21	15.79	9.65	6.93	12.18	10.83
	9~16	d_i^0	18.92	16.93	18.14	18.3	17.61	18.92	16.15	17.91
		$d_{i'}$	15.52	12.85	12.09	13.36	7.13	15.9	11.47	12.42
5	1~8	d_i^0	15.92	18.56	19.41	20.28	19.31	18.45	15.82	16.61
		$d_{i'}$	7.14	9.92	8.91	10.92	14.69	13.6	11.11	11.38
	9~16	d_i^0	18.99	15.62	17.85	16.03	17.49	17.69	16.95	18.34
		$d_{i'}$	13.12	13.45	15.18	12.12	16.91	4.87	15.53	13.30
6	1~8	d_i^0	15.55	16.58	15.81	15.91	17.23	15.26	15.24	16.50
		$d_{i'}$	11.58	14.11	13.74	11.45	10.49	8.30	12.91	8.95
	9~16	d_i^0	15.75	14.55	16.05	16.49	16.60	16.15	17.11	16.41
		$d_{i'}$	10.21	9.18	11.14	11.56	11.07	10.63	10.86	13.20

2.计算

（1）计算每个测点的贯入深度值 d_i：

$$d_i = d_i^0 - d_i'$$

（2）每个构件的 16 个贯入深度值中，剔除 3 个最大值和 3 个最小值，计算构件贯入深度平均值 m_{d_j}：

$$m_{d_j} = \frac{1}{10}\sum_{i=1}^{10}d_i$$

（3）根据各构件贯入深度平均值 m_{d_j}，查砂浆抗压强度换算表得各构件砂浆强度换算值 $f^c_{2,j}$。

贯入法检测砌筑砂浆强度计算表 表 4-23

构件编号	构件贯入深度平均值 m_{d_j}（mm）	构件强度换算值 $f^c_{2,j}$（MPa）	$(f^c_{2,j})^2$
1	6.19	3.0	8.98
2	5.84	3.4	11.55
3	5.33	4.1	17.16
4	5.02	4.7	22.33
5	5.43	4.0	15.84
6	5.15	4.8	23.36
强度计算		$m_{f^c_2}$=4.0	$\sum_{i=1}^{6}$=99.23

（4）计算构件砂浆抗压强度平均值 $m_{f^c_2}$、标准差 $s_{f^c_2}$ 及变异系数 $\delta_{f^c_2}$：

$$m_{f^c_2} = \frac{1}{10}\sum_{i=1}^{10}f^c_{2,j} = 4.0\text{MPa}$$

$$s_{f^c_2} = \sqrt{\frac{1}{6-1}\left[\sum_{j=1}^{6}(f^c_{2,j})^2 - 6(m_{f^c_2})^2\right]} = \sqrt{\frac{1}{6-1}(99.23 - 6\times4.0^2)} = 0.8\text{MPa}$$

$$\delta_{f^c_2} = s_{f^c_2}/m_{f^c_2} = 0.8/4.0 = 0.2$$

（5）计算砌筑砂浆强度按批推定值 $f^c_{2,e}$：

$$f^c_{2,e1} = m_{f^c_2} = 4.0\text{MPa}$$

$$f^c_{2,e2} = \frac{f^c_{2,\min}}{0.75} = \frac{3.0}{0.75}\text{MPa} = 4.0\text{MPa}$$

变异系数 $\delta_{f^c_2}<0.3$，可按批评定

$$f^c_{2,e} = \min(f^c_{2,e1}, f^c_{2,e2}) = 4.0\text{MPa}$$

结论：该房屋砌筑砂浆强度推定值为 4.0MPa，未达到设计要求。

4.6 检测新技术应用

4.6.1 红外热像技术

红外热像技术是一门获取和分析来自非接触热成像装置的热信息的科学技术。就如照相技术意味着"可见光写入"一样，热成像技术意味着"热量写入"。热成像技术生成的图片被称作"温度记录图"或"热图"。红外技术应用于无损检测领域，其重要的特点是能远距离测量温度，该方法具有非接触、远距离、实时、快速、全场测量等优点，在这些方面其他无损检测方法是无法跟它相比的。红外热像技术在房屋检测中的应用是一门较新的学科，目前主要应用在以下几个方面：

1. 建筑物外墙饰面材料粘结质量检测

当外墙饰面材料粘结质量有空鼓等问题的时候，在外墙饰面材料之间或与主体结构材料之间就会形成很薄的空气层，这个空气层有很好的隔热性能，饰面材料空鼓部分使外墙饰面和建筑结构材料之间的热传递就变得很小。有空鼓的外墙在日照或外气温发生变化时，比正常墙面的温度变化大。一般来说，日照时外墙表面温度升高，此时，由于空鼓部位的热量未及时传递给饰面基底，所以温度比正常部位的温度低。红外根据这个原理，通过外墙表面温度场的变化来判断饰面工程的质量。

2. 墙体渗漏检测

屋面防水层失效和墙面微裂，造成雨水渗漏，红外热像检测技术可以检测出水分渗入的隐匿部位。由于室内热扩散，阳光被吸收和传导均可使暴露渗漏部位与周边温度分布的差异，因而可采用红外热像技术加以检测、分析判断。

3. 管道渗漏检测

如果建筑物表面深层相对于周围的材料表现出热或凉，则其表面的温度也相应地表现出热或凉，借助红外热像仪可探测出这一深层热或凉的位置。我们通常称之为热源法。利用这种方法，可以方便地探测出地下管道的位置，如果地下管道隔热层断裂，那么在表面将会产生热点，此类故障可用热像仪直接测得。管道热水泄漏浸透周围区域，使区域导热性增加，从而使周围温度比无泄漏干燥区温度高。据此可探测泄漏部位。

4. 火灾混凝土建筑物红外热像鉴定

混凝土材料遭受火灾高温作用后，将发生一系列的物理化学变化，诸如水泥石、骨料的相变、裂纹增多，结构酥松多孔，水泥石—骨料界面的开裂、脱节等，使混凝土由表及里逐渐酥松开裂。不同的受火温度、持续时间，将造成不同程度和深度的损伤，使混凝土导温系数发生变化，从而引起材料热传导性能的变化，导致红外辐射随受损情况不同而不同，并可形成不同特征的红外热像图。通过分析受火混凝土的热像特征，即可评定火灾混凝土的受损情况。

5. 混凝土构件粘钢质量的红外热像检测

采用粘钢法加固混凝土结构是一种常用的加固方法。经过粘钢增强后的结构，混凝土表面被钢板完全覆盖，内部界面的粘结情况无法从外界直接用肉眼观察到，而钢板的粘结情况将极大影响加固的效果。

使用红外热像法进行粘钢质量的检测，主要是根据当钢板和混凝土表面脱粘时，则会在钢板和混凝土表面形成空气层。空气层具有良好的隔热性能，其气体导热系数较小，远小于粘结剂的导热系数。当通过外部热源给钢板加热，热量由钢板向混凝土中传递时要经过粘结界面。在粘结界面,由于脱粘部分的空气导热系数小，因此在此处因热量堆积形成"热点"。而红外热像仪对表面温度极其敏感，其温度分辨率可以达到 $0.1℃$，可在红外热像图上显示出钢板表面的温度分布情况，从而可推出界面的粘结质量。

4.6.2 振动法

振动法是通过检测结构动力特性（主要是自振频率）来判断结构的损伤。一般受损或老化的结构刚度下降，自振频率下降。通过对比前后自振频率可以了解结构的状态。

建筑物的动力特性是建筑物自身固有的特性，一般是指建筑物的振动频率、阻尼比和振型。通过现场动力特性测试可以验证理论计算，为建筑物的安全性评估及损伤识别积累基本技术资料，从实测数据中分析建筑物的振动现象，如扭转振动，鞭梢效应等，通过实测可以得到结构的阻尼比等。

实际足尺建筑物的动力特性测定，因为采用了高性能高灵敏度的传感器和高性能的采集分析设备，已经可以利用建筑物的脉动进行试验。利用脉动试验确定结构物的动力特性是一种有效而简单的方法，对建筑物没有损伤也不影响建筑物内正常的工作进行。

4.6.3 光纤传感技术

光纤传感技术是 20 世纪 70 年代伴随光纤通信技术的发展而迅速发展起来的，以光波为载体，光纤为媒质，感知和传输外界被测量信号的新型传感技术。作为被测量信号载体的光波和作为光波传播媒质的光纤，具有一系列独特的、其他载体和媒质难以相比的优点。光波不怕电磁干扰，易为各种光探测器件接收，可方便地进行光电转换，易与高度发展的现代电子装置和计算机相匹配。

光纤传感技术是一种在结构健康监测领域广泛应用的尖端技术，具有耐久性好，抗电磁干扰，灵敏度高，耐腐蚀等优点。近年来，在工程实践领域中的广泛应用，为结构的安全运营，以及结构服役期间的日常养护和加固提供了科学依据，为社会经济发展做出了重要贡献。光纤传感技术是在结构中布置传感光纤，可以检测结构应变、开裂、锈蚀等情况。

光纤工作频带宽，动态范围大，适合于遥测遥控，是一种优良的低损耗传输线；在一定条件下，光纤特别容易接受被测量加载，是一种优良的敏感元件；光纤本身不带电，体积小，质量轻，易弯曲，抗电磁干扰，抗辐射性能好，特别适合于易燃、易爆、空间受严格限制及强电磁干扰等恶劣环境下使用。因此，光纤传感技术一问世就受到极大重视，几乎在各个领域得到研究与应用，成为传感技术的先导，推动着传感技术蓬勃发展。

4.6.4　三维激光扫描

三维激光扫描技术又被称为实景复制技术，是测绘领域继 GPS 技术之后的一次技术革命。它突破了传统的单点测量方法，具有高效率、高精度的独特优势。三维激光扫描技术能够提供扫描物体表面的三维点云数据，因此可以用于获取高精度高分辨率的数字地形模型。作为新的高科技产品，三维激光扫描仪已经成功地在文物保护、城市建筑测量、地形测绘、采矿业、变形监测、工厂、大型结构、管道设计、飞机船舶制造、公路铁路建设、隧道工程、桥梁改建等领域里应用。三维激光扫描仪，其扫描结果直接显示为点云（pointcloud，意思为无数的点以测量的规则在计算机里呈现物体的结果），利用三维激光扫描技术获取的空间点云数据，可快速建立结构复杂、不规则的场景的三维可视化模型，既省时又省力，这种能力是现行的三维建模软件所不可比拟的。

三维激光扫描技术为建立建筑的三维影像模型提供了一种全新的技术手段，具有快速、精确、全面、非接触性等特点；该技术的出现改变了已有的数据采集方式，从面式数据采集替代传统的点式数据采集是测量技术发展史上的一次巨大变革。目前在房屋检测方面的应用有以下几个方面：

1.建筑测绘

三维激光扫描可对重要历史建筑进行精确的非接触式测绘，为历史建筑保护提供第一手资料。对历史建筑物保护、修复及测绘成果数字化并科学化的管理具有重要的意义。

2.变形或缺陷监测

三维激光扫描技术相对于传统建筑物变形监测手段来说具有如下特点：不需事先埋设监测设备、可通过海量点云模拟物体表面信息，描述细致、不需接触测量物体、监测速度快、精度高、能够很好反映出建筑物总体的变形趋势和局部的变形量等。

3.建筑病害分析

通过纹理与三维模型的精确映射，可准确确定病害空间位置，实现在真三维环境下统计调查历史建筑病害分布情况。分析病害演化趋势，为历史建筑的材质信息留取和科学保护修复提供合理依据。

4.历史建筑监控管理

三维激光扫描技术所具有的现场实景及实时同步扫描的特性，如结合网络运用后，以无线传输将空间资料传输至数字资料库系统，以人工智能设定执行例行扫描，必要时以人工遥控介入，使得监督单位可以实行远距离监管，对于历史建筑长期记录及修复工作将有实质性的帮助。

4.6.5　摄影测量

摄影测量的是通过影像研究信息的获取、处理、提取和成果表达的一门信息科学。即利用相片，获取被摄物体的形状、大小、位置、特性及其相互关系的一门学科。摄影测量几何定位的基本原理源于测量学的前方交会，它是根据两个已知的摄影站点和两条已知的摄影方向线，交会出构成这两条摄影光线的待定地面点的三维坐标。

摄影测量技术用专用的测绘相机，或经过标定的普通数码相机，在现场对待测目标按照摄影测量的要求拍摄成组照片（外业），然后用计算机对照片进行解析（内业），从而获得目标空间三维尺度信息的一种测量方法。这一技术应用到建筑测绘领域有诸多优势，例如硬件购置成本低，设备便携，作业速度快，建筑测绘不再需要人员攀爬，主要外业工作内容就是"拍照片"，劳动强度大为降低。

随着科学技术的发展，很多新兴技术已应用在了房屋检测行业中，提高了检测效率，提升了数据的准确性，为房屋鉴定提供了更有效的数据。

5 房屋鉴定技术与方法

房屋鉴定技术是房屋鉴定行业长期工作经验的总结，其核心是推行房屋鉴定工作质量的规范化、标准化。鉴定机构和鉴定从业人员应该在规定的程序下，实现鉴定工作规范操作。掌握了鉴定工作技术要点可以减少鉴定工作瑕疵，提高鉴定工作质量，少走弯路提高鉴定功效。

5.1 鉴定工作程序及内容

房屋鉴定工作程序是鉴定工作质量的保证，由于鉴定类别和鉴定项目的不同，鉴定程序可以结合项目实际情况进行调整，但不得故意简化或漏项。虽然不同的鉴定标准会存在一些差别，但一般情况可按以下鉴定工作流程和图的程序进行，如图5-1所示。

5.1.1 受理委托

鉴定委托是鉴定机构与鉴定委托人通过合约形式的服务与被服务之间的合同关系，是鉴定工作的起点。鉴定委托一般采用委托书或鉴定合同的方式约定，也有以政府部门购买

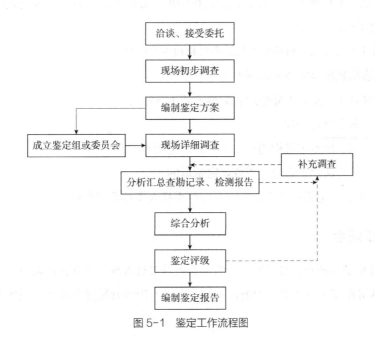

图 5-1 鉴定工作流程图

服务形成的招标投标方式。

鉴定机构受理鉴定委托时，应根据委托人要求，确定房屋鉴定内容和范围。

1. 填写房屋鉴定委托书

委托人申请房屋鉴定需填写委托书，委托书填写内容应与委托人持有合法证件的相应内容一致。委托人为单位的，委托书应加盖单位公章；委托人为个人的，应有委托人签字或加盖私章。

2. 受理委托

鉴定机构受理委托申请时，应根据委托人的鉴定目的、范围和内容确定鉴定事项。确定的鉴定事项要明确、具体，鉴定结论能对委托鉴定事项作出明确回答。

（1）委托人申请鉴定时，应提交下列材料：

1）鉴定委托书，委托人的有效证明文件；

2）房屋所有权证或其他证明其具备相关民事权利的合法文书（属承租人委托鉴定的，还需提供房屋租赁合同）；

3）房屋施工图纸和相关施工资料；

4）租赁房屋涉及改造的，应提供房屋所有权人同意改造的书面材料；

5）鉴定机构认为需要的其他材料。

（2）受理条件

1）对属于鉴定机构业务范围，委托鉴定事项的用途及鉴定要求合法，提供的鉴定材料真实、完整的鉴定申请，鉴定机构应予受理。

2）对提供的鉴定材料不完整的，鉴定机构可以要求委托人补充。委托人将材料补充齐全的，鉴定机构应予受理。

（3）具有下列情况之一的鉴定委托，鉴定机构不应受理。

1）委托事项超出鉴定业务范围的；

2）提供材料不真实、不完整或者取得方式不合法的；

3）现场不具备鉴定条件的；

4）鉴定要求超出鉴定机构的技术条件和鉴定能力的；

5）其他不符合法律、法规、规章规定情形的。

一般情况下，鉴定机构受理委托后，应与委托人签订鉴定合同。

5.1.2 初步调查

鉴定人开展初步调查，对比较复杂的工程项目要进入现场做好初步调查工作。房屋初步调查是编制房屋鉴定方案必要的前提条件，是进入现场开展详细调查和现场检测的重要准备。

（1）房屋图纸资料的调查

主要包括：收集被鉴定房屋的设计、施工、改扩建、加固维修的相关图纸、地质勘察报告及相关技术资料。对查阅的技术资料要登记，有关重要资料应复印留存。

（2）房屋使用历史的调查

主要包括：了解房屋坐落位置、产权属性、建成年代、用途、结构类型、结构体系、层次、平面形式等情况。

（3）房屋使用状况的调查

主要包括：调查房屋扩建、改建、使用期间用途与荷载的变更情况和房屋加固与大修情况；调查房屋结构的现状缺陷、环境条件和是否受过火灾、水淹、蚁害、震害等灾害影响和相邻施工所产生的振动、降水、堆载等影响。

5.1.3　编制鉴定方案

编制鉴定方案应根据初步调查情况和委托方提出的鉴定原因及目的，遵循国家或地方相关鉴定标准、检测规范，结合被鉴定项目的特点进行编制。较大的鉴定项目或处理纠纷矛盾的项目一般在现场详细调查和检测前应编制鉴定检测方案，方案应根据初步调查情况和委托方提出的委托鉴定事项，按照相关检测鉴定技术标准，结合被鉴定项目的特点进行编制。鉴定检测方案一般应在征求委托人或双方当事人意见后实施。鉴定检测方案一般包括以下内容：

（1）概况

主要包括：包括委托人、委托鉴定事项、鉴定范围与目的、鉴定与检测实施单位、房屋基本情况等。其中房屋基本情况还应包括：房屋坐落位置、建成年代、用途、结构类型、结构体系、层次、平面形式，房屋产权属性等。

（2）主要工作内容

主要工作内容：应结合鉴定项目的实际情况确定工作内容。

（3）主要检测项目

主要检测项目包括：项目名称、检测部位、检测数量、检测方法等。

（4）检测与鉴定依据

检测与鉴定依据包括：国家与地方相关技术标准、有关技术文件等。

（5）检测仪器

检测仪器包括本次检测过程主要采用的仪器、设备及常用检测工具包。

（6）检测鉴定进度计划和时间安排

检测鉴定进度计划和时间安排包括：查勘、检测进出场时间、完成期限及成果提交方式等。

（7）委托方配合的工作

主要包括：包括提供所鉴定房屋的施工图和相关施工资料、检测所需的水、电、登高工具及辅助工人；派专人负责鉴定、检测的协调；对破损检测部位的修复等。

（8）参与检测鉴定项目的人员名单

参与检测鉴定项目主要成员名单、职务、职称及在该鉴定任务中担任的职责。

（9）鉴定风险提示

（10）鉴定方案需要调整的提示

（11）鉴定、检测费用及支付方式

5.1.4　详细调查与检测

详细调查与检测是采用必要的仪器设备，在现场对房屋现状进行调查、检测，并记录房屋各种损坏状况和数据，也包括未发生损坏构件的记录。

1. 对鉴定资料的要求

（1）资料完整的房屋

对鉴定资料完整的房屋，现场应重点核查房屋结构体系、平面布局、使用功能等是否与原施工图纸一致，检查房屋主要损伤情况，并根据现场实际情况有针对性地进行抽样检测。

（2）资料不全或无资料的房屋

对鉴定资料不全或无资料的房屋，应根据现场实际情况，重点检查房屋结构体系、平面布局、使用功能及房屋主要损伤情况等，根据现场实际情况重点检测构件几何尺寸、材料强度、混凝土构件的钢筋配置等，并根据检查情况绘制房屋现状图（含建筑平面图、结构布置图）。

2. 详细调查与检测

详细调查与检测应包括地基基础、上部结构和围护结构三个部分。

（1）地基基础

1）查阅岩土工程勘察报告以及有关图纸资料，调查房屋实际使用状况和地下管线布置情况，检查是否出现因地基基础变形引起的上部结构倾斜、扭曲、裂缝等反应。

2）当需要重新确定地基的岩土性能指标和地基承载力特征值时，应根据重新勘察或补充勘察结果按国家现行有关标准的规定确定。

3）基础的种类和材料性能，可通过查阅图纸资料确定；当资料不全或存疑时，可采用局部开挖基础检测，查明基础类型、尺寸、埋深、材料强度，基础的变形、开裂、腐蚀和损伤等。

（2）上部结构

1）结构体系调查：重点检查结构平面布置、竖向和水平向承重构件布置、支撑系统布置等；砌体结构还应检查圈梁和构造柱布置情况。

2）结构荷载调查：主要核查结构上的实际荷载与原设计荷载是否相符。

3）构件连接的调查：应包括构件几何尺寸、材料强度、延性与刚度，预埋件、紧固件与构件连接、结构构件间的连系等。

4）结构缺陷和损伤的调查，结构缺陷重点检查设计和施工缺陷，以及因缺陷影响结构安全的结构构件变形、支撑系统缺失等。损伤主要检查混凝土构件的材料老化、构件裂缝、混凝土剥落、腐蚀、钢筋锈蚀等；钢构件的锈蚀、变形、焊缝裂缝、连接螺栓松动位移等；砌体构件的裂缝、变形（倾斜）、砌块腐蚀风化等；木材开裂、变形、腐朽、虫蛀、连接节点松动等；使用过程中随意拆改结构情况。

（3）围护结构

围护结构的调查，应在查阅资料和普查的基础上，重点根据不同围护结构的特点对存在明显损伤的结构构件进行检查，重点检查围护结构的承重构件。

3. 现场查勘要点

1）房屋的现场查勘工作可按先室外（包括地下设施、相邻建筑物的相互关系）后室内，先下层后上层的顺序，按地基基础、墙、柱、梁、板、屋架、屋面等逐层逐间逐项检查，详细填写现场查勘记录表。

2）现场查勘时应绘制房屋检查示意图（含平面图、立面图、剖面图、构件图），绘图时应采用规定的图例标明各种构件的损坏情况，附注必要的文字说明，并尽可能做到量化。

3）房屋的查勘记录，一般采用文字记录和图表相结合的方式，重点损坏部位应绘制示意图或拍摄照片留存。对损坏复杂、可能有损坏变化的部位及构件应留下影像资料。查勘检测的原始记录，应记录在专用记录纸上，如有笔误，应进行杠改，且原始记录表应有现场记录人签名。

4）现场检查数据要真实可靠，符合实际情况。鉴定人应认真核对现场查勘记录，并签字确认。

5）受条件限制，鉴定机构无法独立完成的检测项目，应委托具有相应资质的专业检测机构进行检测。

5.1.5　复核验算

结构构件验算采用的结构分析方法应符合国家相应的规范规定；采用的计算模型应与实际受力和构造状况相符；荷载取值应依据现行规范、标准，并结合现场实际情况确定。

1. 结构复核验算要求

（1）计算参数应完整、齐全

计算参数包括结构体系、场地类别、地震信息（抗震设防烈度、抗震等级、地震分组、地震基本加速度等）、材料强度（混凝土强度、砖砌块强度、砌筑砂浆强度、钢筋强度等）、楼（屋）面恒载和活载、风荷载（基本风压值、地面粗糙度）、计算模型简图等。

（2）验算项目应完整

钢筋混凝土框架结构一般包括柱轴压比验算、柱（梁、板）承载力验算和整体变形验算。砌体结构一般包括砌体受压承载力验算、砌体高厚比验算、梁（板）承载力验算等。对涉及加层的建筑，应进行地基和基础的承载力验算、地基变形和稳定验算等。

（3）验算应考虑结构工作环境影响

结构分析时，应考虑结构工作环境对结构构件和材料性能的影响。当结构受到地基变形、温差和收缩变形、杆件变形等作用，且对其承载有显著影响时，应考虑由之产生的附加内力。结构复核应注明采用的计算分析程序（计算模块）、正版软件用户号。

（4）验算项目结果表述

各验算项目结果宜列表摘录，且应注明验算项目、构件类型、构件位置（楼层、轴线号）、验算值及规范限值。有设计文件资料的应同时列出设计值对比。对承载力验算不满足规范要求的构件应逐一列出或附图标示。

2. 结构复核验算要点

（1）复核验算依据

结构复核验算所依据的设计规范应根据鉴定目的和鉴定类型确定。对涉及改造、使用功能改变的应按现行规范执行，对于未进行拆改建和改变使用功能的房屋可根据委托人要求，采用建造时期处在有效期内相应的设计规范，但不宜低于89系列规范。对明显不符合现行设计规范要求，且可能影响房屋结构安全的应提出完善建议。

（2）复核验算参数的选取

1）结构复核所采用的构件材料强度标准值，若原设计文件有效，且不怀疑结构有严重的性能退化或设计、施工偏差，可取原设计值，否则应根据实际检测数据按相关标准要求确定。构件材料强度实测值低于楼层计算取值的构件应按实测值取值，且应进行单个构件的承载力复核（可取截面控制内力手算复核）。

2）构件和结构的几何参数应采用实测值，并应考虑锈蚀、腐蚀、腐朽、虫蛀、风化、局部缺陷或缺损以及施工偏差等的影响。

3）对满足塑性法计算条件的连续次梁和现浇板构件，若按弹性法复核配筋量不满足要求但相差不大时，应按塑性法再次复核。

（3）钢筋混凝土构件复核验算的注意事项

1）钢筋混凝土构件的配筋（楼板受力筋和钢筋混凝土框架柱、梁端纵向钢筋和箍筋，楼板受力筋）的计算结果应考虑是构造要求（最小配筋率、体积配箍率等）控制还是承载力控制，在构件安全性评级时应注意区分。柱、梁构件配筋是否满足要求应分纵向钢筋和箍筋两种情况来说明。

2）钢筋混凝土柱承载力计算结果中，纵向钢筋不应按全截面配筋量比较，应区分短边和长边（X、Y）方向。

3）对现浇钢筋混凝土楼（屋）盖的梁构件，若按矩形截面复核跨中底部纵向钢筋配筋量不满足要求但相差不大时，应按 T 形截面再次复核。

5.1.6 综合分析

依据相关标准对调查、现场查勘、构件检测、结构验算等环节所获得的全部信息进行全面准确分析，作出综合判断。综合分析要做到思路清晰，重点突出，数据可靠，科学客观。

1. 检测数据的处理和分析

1）当怀疑检测数据有异常值时，应检查数据是否有差错，检测方法是否得当，检测试件是否有代表性。

2）当检测数据与查勘结果相悖时，应同时对检测数据和查勘结果进行复查，必要时可以进行二次查勘或检测。

3）当发现检测数据不足时，应及时进行补充检测。

2. 损坏原因分析

房屋损坏原因分析的深度应根据鉴定类型需要而定，对于不涉及纠纷的报告，可简明扼要指出原因即可，此时可与鉴定结论合并阐述；对于司法鉴定等涉及纠纷性质的，或委托鉴定项目中明确要求鉴定损坏原因的，原因分析应作为报告的重点内容单列，尽可能详尽分析，且要做到有理有据。

1）根据构件损坏的部位、形态、特征分析原因，原因分析应详尽明晰、科学客观。当对存在的缺陷无法准确判定原因时，可不分析产生的原因，但对存在缺陷是否影响房屋的安全和正常使用应有明确的结论。

2）结构构件的缺陷、损伤对房屋结构安全性影响的分析应具体明确。如：结构承载功能削弱、结构整体牢固性及稳定性、结构侧向层间与整体出现的位移、结构整体或局部出现的沉降与变形等。

3）当委托方要求对结构构件损坏原因进行鉴定的，应按照结构构件损坏关联度对损坏原因进行分析。当结构构件损坏主、次原因十分明显时，可选择结构构件损坏的主、次原因进行分析。当结构构件损坏主、次原因不十分明显，但有一定的关联时，可根据其关联程度进行分析，采用排除法进行分析。

5.1.7 鉴定评级

1. 鉴定评级的基本要求

1）应用简明扼要的文字总结概括房屋存在的损伤情况，评估损伤对结构的影响程度，依据相关鉴定标准，评定房屋的等级，并提出处理意见。

2）鉴定评级应按选用的鉴定标准要求进行，同一鉴定单元的鉴定不应采用两种及以上的鉴定标准评定。

3）对地基基础沉降尚未稳定，仍有进一步变化和发展可能的房屋，不宜评定房屋目前的安全等级（危险房屋除外），但应说明原因，且应要求对房屋加强沉降观测。

2. 鉴定结论的基本要求

1）鉴定结论应严谨、公正，引用标准规范准确，应与委托鉴定事项对应。

2）鉴定报告中应原则性的提出处理建议的，处理建议应具有针对性、适用性。

5.1.8 编制鉴定报告

房屋鉴定报告内容一般包括房屋概况、鉴定目的、鉴定依据、现场检查检测结果、结构承载力验算结果、房屋损坏原因分析、鉴定评级、处理建议、附件等部分。

编制鉴定报告应使用国家标准计量单位、符号和文字。鉴定报告一般由封面、正文和附件组成。发出的鉴定报告应有鉴定人签字，并加盖鉴定机构专用章，各页之间加盖骑缝章。

依据《危险房屋鉴定标准》JGJ 125—2016 对所鉴定房屋判定为非危险房屋的，应注明在正常使用条件下的有效时限，有效时限一般不超过一年。

5.2 房屋鉴定工作要点

房屋鉴定工作要点是房屋鉴定行业长期工作经验的总结，其核心是推行鉴定工作的规范化、标准化。鉴定从业人员应该根据标准化要求，掌握鉴定工作要点，确保鉴定工作质量。

5.2.1 鉴定思路的形成与作用

鉴定思路是鉴定工作的灵魂，是鉴定人对鉴定项目整体检测鉴定工作脉络的构思。鉴定思路是建立在现场调查及图纸资料核对的基础上，通过对关键结构缺陷的初步分析，形成鉴定工作的思路。鉴定思路清晰、准确与否，对鉴定工作质量至关重要。

（1）鉴定思路决定鉴定方案的正确性

鉴定思路是制订鉴定方案的核心，鉴定方案体现了鉴定人的鉴定思路，鉴定方案的准确性直接影响鉴定工作的质量和效率。如：结构变形影响因素可能是结构自身刚度或整体性影响，可能是地基基础影响，也可能是相邻施工影响。所以制定鉴定方案之前对相关联的影响因素要有准确的判断。准确的鉴定思路决定着正确的鉴定方案的形成，错误的鉴定方案会使鉴定工作走上弯路。

（2）鉴定思路决定鉴定标准的选择

鉴定思路决定鉴定标准的选择，鉴定项目需要鉴定标准的覆盖度。如房屋完损等级评定遇到安全性问题时需要更换危险性鉴定标准；危险性鉴定出现 C 级构件过于集中时应该更换可靠性鉴定标准。产生这样的情况主要因为各类鉴定标准都有其适用范围，也都存在短板或覆盖度的局限性。什么情况下选用什么样的鉴定标准，取决鉴定思路的清晰和正确，否则贻害无穷。

（3）鉴定思路取决于知识和经验积累

既有建筑结构鉴定涉及的专业知识面宽，内涵广泛，学科门类众多，具有极强的综合性。所以，鉴定人不但要掌握结构设计、建筑施工、结构检测和房屋管理等专业知识，还应有较丰富的实际工作经验。

知识功底决定鉴定人的鉴定思路的正确性，只有掌握必备的专业知识，熟悉相关的学科门类，并结合大量鉴定项目的总结，不断积累工作经验，鉴定人才能形成清晰、准确的鉴定思路。鉴定思路体现了鉴定人从房屋损坏的表观现象，看到被鉴定房屋内在问题实质的过程。

（4）鉴定思路决定鉴定结论的准确性

鉴定思路的形成取决于对被鉴定房屋结构关键缺陷的准确判断，鉴定思路直接影响鉴定结论及处理建议的准确和完整。如果鉴定思路发生误判、漏判或方向性错误，轻则影响鉴定方案的准确制定，会出现的检测数据与现场查勘结果的相互背离；重则可能会因对结构重大险情处理不当或不及时，而发生不应有的因鉴定责任而酿成的恶性事故，造成人身伤亡及重大经济损失。

5.2.2　鉴定类型定位

鉴定类型一般情况下是按照委托需求进行定位，但实际鉴定过程中经常遇见委托诉求与鉴定结论的差异。比如委托方要求对房屋进行完损鉴定，而鉴定过程发现安全问题；或委托方要求对房屋构件进行鉴定，而鉴定过程发现构件问题已对结构整体有严重影响等。当鉴定人遇到此类问题时应及时与委托方进行沟通，一是变更鉴定类型，二是扩大检测范围。

鉴定类型的变更涉及一系列问题，如鉴定标准的更换、鉴定范围的扩大、检测量的增加、鉴定费的增加等。

鉴定类型定位应注意以下几点：

1）鉴定类型定位应在进场进行初步调查时尽早确定，这要考验鉴定人的鉴定技术的内在功力和经验。

2）鉴定类型定位应与鉴定方案的修改和递补相结合。

3）鉴定类型定位应与检测方案的修改相结合。

5.2.3 鉴定标准的选用

鉴定标准是鉴定过程的重要依据。针对不同的鉴定项目，选用合适的鉴定标准是对鉴定人的基本要求，也是正确顺利开展鉴定工作的重要保证。

1. 选用鉴定标准应注意的问题

各类鉴定标准的适用范围都有具体规定，应根据不同的鉴定项目选用鉴定标准。错用或混用鉴定标准都会使鉴定人处于尴尬的境地，甚至发生鉴定错误。如用完损鉴定标准评定危险房屋、用危险性鉴定标准进行抗震鉴定、用危险性鉴定标准进行改扩建鉴定等。鉴定标准的正确选用应体现对鉴定项目精准评估、分析和覆盖度，同时鉴定标准对鉴定人的鉴定责任具有保护功能。所以选用鉴定标准应注意以下几点：

1）鉴定人不能因个人的好恶或对鉴定标准的熟知程度，拈轻怕重，任意选用鉴定标准。

2）鉴定人不能因检测条件的限制或回避检测量的要求，投机取巧，随意选用鉴定标准。

3）鉴定人不能在一个鉴定项目选用两个鉴定标准；如果不能回避时，应拆分鉴定项目或分述鉴定单元。

2. 换用鉴定标准的原则

换用鉴定标准是鉴定过程中不得已的技术处理方式，一般以从严为原则。主要原因是换用前的鉴定标准不能满足其适用范围要求，或影响了鉴定正确分析。下列情况下应换用鉴定标准：

1）当鉴定标准在使用过程中，发现鉴定分析或鉴定结论超出了鉴定标准适用范围时。

2）当完损性鉴定结论超出严重损坏范畴时。

3）当危险性鉴定 C 级构件过于集中时。

4）当鉴定标准不能完全覆盖鉴定分析时。

5.2.4 鉴定评级筛分

鉴定是对查勘、检测数据整理、分析的过程。鉴定评级是鉴定工作的核心事项，鉴定评级的正确与否直接影响鉴定结论。

鉴定评级必须遵从鉴定标准，按照不同的层级和程序进行等级评定。一般情况第一层次为房屋构件等级评定；第二层次为房屋组成部分等级评定；第三层次为房屋整体等级评定。

（1）构件等级评定

构件等级评定主要包括结构构件的承载力、构造与连接、不适于继续承载的位移（或变形）和裂缝的等级评定。构件等级评定是承载力、构造与连接、不适于继续承载位移（或变形）、裂缝四项中的最小值筛选确定。筛选确定的方法必须符合鉴定标准的程序和要求。

（2）结构等级评定

结构等级评定主要包括结构承载功能、结构整体牢固性、结构侧向位移的等级评定。结构等级评定是承结构承载功能、结构整体牢固性、结构侧向位移三项中的最小值筛选确定。筛选确定的方法必须符合鉴定标准的程序和要求。

（3）结构整体等级评定

结构整体等级评定主要包括地基基础、上部结构、围护结构三个部分的等级评定。一般情况取最低等级，当围护结构等级低于上部结构等级时，应注意上部结构等级的调整。

（4）房屋危险性等级评定

房屋危险性等级评定，应以整幢房屋的地基基础、结构构件危险程度及影响范围进行评级，结合房屋历史现状、环境影响以及发展趋势，全面分析，综合判断。

（5）专项鉴定

房屋专项鉴定应根据委托要求进行鉴定，其评定过程应符合相关标准的要求。

5.3 地基基础的鉴定

在建筑工程中，支承建筑物全部荷载的土层（土体或岩体）称为地基，建筑物与土层直接接触的部分称为基础。地基承受由基础传来的建筑物的全部荷载，地基的承载能力、压缩性、稳定性和基础的强度、刚度、稳定性直接关系建筑物的安全。

5.3.1 地基基础的损伤及原因

1）由于地基存在淤泥、淤泥质软土、杂填土、膨胀土、湿陷性黄土等不良状况，导致地基软弱，产生过大变形。

2）由于设计缺陷、材料不合格、施工质量差等人为原因，导致基础先天不足，并影响上部结构。

3）基础埋置过浅，受冻融和雨水浸泡的反复作用，导致基础受损，影响基础的承载力和耐久性。

4）新建房屋与原有房屋之间距离太近，原有房屋地基受应力叠加影响，引起地基的附加沉降，导致原有房屋产生整体倾斜或裂缝。

5）因相邻工程打桩、基坑开挖、降低地下水位等施工影响，导致原有房屋地基基础产生不均匀沉降。

6）受周围环境影响，酸、碱、盐废液等腐蚀性介质侵入基础，导致基础腐蚀。

7）因维修养护不及时或房屋周边排水措施不当，导致地表水、上下水管道漏水渗入地下，引起地基湿陷。

8）因随意改变房屋用途，增加设备荷载或活荷载，擅自加层搭建，导致地基基础大幅度超载，产生过量的不均匀沉降。

5.3.2 地基基础的检查重点和检查方法

（1）检查重点

地基与基础埋在地下，检查比较困难，一般可通过外部损坏迹象来判定。可重点检查基础与墙体连接部位是否出现阶梯形裂缝、水平裂缝、斜裂缝；基础与框架柱根部连接处是否出现水平裂缝；房屋是否出现倾斜、滑移等现象。

（2）检查方法

基础开挖点应选择有代表性的部位进行，主要检测基础形式、埋深、截面尺寸及有无损伤老化情况，有条件时宜检测基础材料的力学性能。

在房屋鉴定过程中，考虑到房屋建成若干年后地基土的挤密效应，地基承载力会有所提高，所以一般情况下可不挖开基础检查，主要根据房屋上部结构产生的变形、裂缝特征，或通过对房屋整体倾斜的测量，进行分析判断地基基础的使用状况。

对地基基础是否趋于稳定进行评价，应通过对地基基础沉降的跟踪测量来确定。

对房屋基础资料缺失或不全，上部结构存在因地基基础不均匀沉降导致的开裂、变形等现象，或对基础情况有怀疑，或需要对地基基础承载力进行复核验算时，应进行基础检测，可采用局部开挖、取样或载荷试验的方法进行检测。查明基础类型、截面尺寸、埋深和材料性能等。必要时应进行补充勘探，了解土层分布情况和地基承载力特征值。

5.3.3 地基基础的安全性评价

1. 采用《危险房屋鉴定标准》JGJ 125—2016 进行评定时，根据不同类型按下列规定评级：

（1）单层或多层房屋地基的评定

当单层或多层房屋地基出现下列现象之一时，应评定为危险状态：

1）当房屋处于自然状态时，地基沉降速率连续两个月大于 4mm/ 月，并且短期内无收敛趋势；当房屋处于相邻地下工程施工影响时，地基沉降速率大于 2mm/ 天，并且短期内无收敛趋势。

2）因地基变形引起砌体结构房屋承重墙体产生单条宽度大于 10mm 的沉降裂缝，或产生最大裂缝宽度大于 5mm 的多条平行沉降裂缝，且房屋整体倾斜率大于 1%。

3）因地基变形引起混凝土结构房屋框架梁、柱因沉降变形出现开裂，且房屋整体倾斜率大于 1%。

4）两层及两层以下房屋整体倾斜率超过 3%，三层及三层以上房屋整体倾斜率超过 2%。

5）地基不稳定产生滑移，水平位移量大于 10mm，且仍有继续滑动迹象。

（2）高层房屋地基的评定

当高层房屋地基出现下列现象之一时，应评定为危险状态：

1）不利于房屋整体稳定性的倾斜率增速连续两个月大于 0.05%/ 月，且短期内无收敛趋势。

2）上部承重结构构件及连接节点因沉降变形产生裂缝，且房屋的开裂损坏趋势仍在发展。

3）房屋整体倾斜率超过表 5-1 规定的限值。

高层房屋整体倾斜率限值

表 5-1

房屋高度（m）	$24<H_g \leqslant 60$	$60<H_g \leqslant 100$
倾斜率限值	0.7%	0.5%

注：H_g 为自室外地面起算的建筑物高度（m）。

（3）房屋基础构件的危险点

当房屋基础构件有下列现象之一者，应评定为危险点：

1）基础构件承载能力小于其作用效应的 90%（ $R/\gamma_0 S<0.9$ ）。

2）因基础老化、腐蚀、酥碎、折断导致上部结构出现明显倾斜、位移、裂缝、扭曲等，或基础与上部结构承重构件连接处产生水平、竖向或阶梯形裂缝，且最大裂缝宽度大于 10mm。

3）基础已有滑动，水平位移速度连续两个月大于 2mm/ 月，且在短期内无收敛趋向。

2. 采用《民用建筑可靠性鉴定标准》GB 50292—2015 进行地基基础的安全性评定时，可按下列规定评级：

（1）根据地基变形或上部结构反应评定地基基础安全性等级

当按地基变形或上部结构反应评定地基基础的安全性时，应按下列规定评级：

Au 级：不均匀沉降小于现行国家标准《建筑地基基础设计规范》GB 50007—2011 规定的允许沉降差；建筑物无沉降裂缝、变形或位移。

Bu 级：不均匀沉降不大于现行国家标准《建筑地基基础设计规范》GB 50007—2011 规定的允许沉降差；且连续两个月地基沉降量小于每月 2mm；建筑物的上部结构虽有轻微裂缝，但无发展迹象。

Cu 级：不均匀沉降大于现行国家标准《建筑地基基础设计规范》GB 50007—2011 规定的允许沉降差；或连续两个月地基沉降量大于每个月 2mm；或建筑物上部结构砌体部分出现宽度大于 5mm 的沉降裂缝，预制构件连接部位可能出现宽度大于 1mm 的沉降裂缝，且沉降裂缝短期内无终止趋势。

Du 级：不均匀沉降远大于现行国家标准《建筑地基基础设计规范》GB 50007—2011 规定的允许沉降差；连续两个月地基沉降量大于每月 2mm，且尚有变快趋势；或建筑物上部结构的沉降裂缝发展显著；砌体的裂缝宽度大于 10mm；预制构件连接部位的裂缝宽度大于 3mm；现浇结构个别部分也已开始出现沉降裂缝。

（2）根据承载力评定地基基础安全性等级

当根据承载力评定地基基础的安全性时，应根据其检测和验算结果，按下列规定评级：

1）当地基基础承载力符合现行国家标准《建筑地基基础设计规范》GB 50007—2011 的规定时，可根据建筑物的完好程度评为 Au 级或 Bu 级。

2）当地基基础承载力不符合现行国家标准《建筑地基基础设计规范》GB 50007—2011 的规定时，可根据建筑物开裂损伤的严重程度评为 Cu 级或 Du 级。

（3）根据边坡场地稳定性项目评定安全性等级

当根据边坡场地稳定性项目评定地基基础的安全性时，应按下列规定评级：

Au 级：建筑场地地基稳定，无滑动迹象及滑动史。

Bu 级：建筑场地地基在历史上曾有过局部滑动，经治理后已停止滑动，且近期评估表明，在一般情况下，不会再滑动。

Cu 级：建筑场地地基在历史上发生过滑动，目前虽已停止滑动，但当触动诱发因素时，今后仍有可能再滑动。

Du 级：建筑场地地基在历史上发生过滑动，目前又有滑动或滑动迹象。

3. 采用《工业建筑可靠性鉴定标准》GB 50144—2008 进行评定时，按下列规定评级：

（1）根据地基变形或上部结构反应评定地基基础的安全性等级

当按地基变形或上部结构反应评定地基基础的安全性时，应按下列规定评级：

A 级：地基变形小于现行国家标准《建筑地基基础设计规范》GB 50007—2001 规定的允许值，沉降速率小于 0.01mm/d，建、构筑物使用状况良好，无沉降缝、变形或位移，吊车等机械设备运行正常。

B 级：地基变形不大于现行国家标准《建筑地基基础设计规范》GB 50007—2001 规定的允许值，沉降速率小于 0.05mm/d，半年内的沉降量小于 5mm，建、构筑物有轻微沉降裂缝出现，但无进一步发展趋势，沉降对吊车等机械设备的正常运行基本没影响。

C 级：地基变形大于现行国家标准《建筑地基基础设计规范》GB 50007—2001 规定的允许值，沉降速率大于 0.05mm/d，建、构筑物的沉降裂缝有进一步发展趋势，沉降已影响到吊车等机械设备的正常运行，但尚有调整余地。

D 级：地基变形大于现行国家标准《建筑地基基础设计规范》GB 50007—2001 规定的允许值，沉降速率大于 0.05mm/d，建、构筑物的沉降裂缝发展显著，沉降已使吊车等机械设备不能正常运行。

（2）根据地基基础承载力评定安全性等级

当按承载力评定地基基础的安全性时，应根据其检测和验算结果，按下列规定评级：

A 级：地基基础的承载力满足现行国家标准《建筑地基基础设计规范》GB 50007—2001 规定的要求，建、构筑物完好无损。

B 级：地基基础的承载力略低于现行国家标准《建筑地基基础设计规范》GB 50007—2001 规定的要求，建、构筑物可能局部有轻微损伤。

C 级：地基基础的承载力不满足现行国家标准《建筑地基基础设计规范》GB 50007—2001 规定的要求，建、构筑物有开裂损伤。

D 级：地基基础的承载力不满足现行国家标准《建筑地基基础设计规范》GB 50007—2001 规定的要求，建、构筑物有严重开裂损伤。

5.4　上部结构构件的鉴定

5.4.1　钢筋混凝土结构构件

钢筋混凝土结构具有良好的耐久性、耐火性和整体性。由于设计、施工、材料、使用等多种因素的影响，钢筋混凝土结构构件在使用过程中会产生各种损伤，主要有混凝土结构的变形、构件的裂缝、钢筋的锈蚀、混凝土的腐蚀等。

1. 钢筋混凝土结构构件的损伤及原因

（1）混凝土构件的外观缺陷

由于施工质量缺陷、材料质量不合格、使用不当、环境影响等因素，会导致混凝土结构构件产生蜂窝、麻面、孔洞、夹渣、露筋、裂缝、风化、剥落、尺寸偏差等外观缺陷。外观缺陷会不同程度地影响结构构件的耐久性和外观。

（2）混凝土构件的隐藏缺陷

由于设计不合理、施工质量差、材料不合格等因素，导致混凝土结构构件产生混凝土强度不足、配筋不足、钢材不合格、钢筋位置错误、钢筋锚固长度不够、钢筋锈蚀等缺陷。隐藏缺陷会不同程度影响结构构件的承载能力和耐久性。

（3）混凝土构件的碳化

混凝土是一个多孔体，其内部存在大小不同的毛细管、孔隙、气泡、甚至缺陷。空气中二氧化碳（CO_2）和水（H_2O）通过孔隙扩散到混凝土内部，与水泥中的氢氧化钙和硅酸三钙、硅酸二钙等水化物相互作用，发生化学反应，生成碳酸钙和水，这种现象称为混凝土的碳化，亦称中性化。

1）与混凝土的碳化速度有关的因素

①混凝土的密实度。密实度好的混凝土，碳化速度慢，而密实度差的混凝土，则碳化速度就快。

②环境湿度。在空气的相对湿度为50%~70%时，混凝土的碳化速度最快。

③环境温度。当温度较低时，水变成冰，化学反应无法进行，碳化实际上也停止了。随着温度的升高，混凝土的碳化过程加快，温度越高，碳化速度越快。

④二氧化碳浓度。空气中二氧化碳浓度越高，混凝土碳化速度越快。

⑤水泥品种和混凝土强度。使用混合材和掺合料水泥的混凝土比使用普通硅酸盐水泥的混凝土碳化速度快。构件混凝土强度等级高，碳化速度相对较慢。

2）碳化对结构构件的影响

混凝土碳化使混凝土的碱度（pH值）不断下降，并不断向内部深化，当碳化深度达到或超过钢筋保护层厚度时，钢筋表面的钝化膜会遭到破坏而产生锈蚀，使混凝土失去了对钢筋的保护作用。因此，混凝土碳化对结构构件的耐久性有较大影响。

（4）混凝土构件的腐蚀

1）酸、碱、盐类的腐蚀

硫酸、盐酸、硝酸和碳酸等酸类，一般对普通水泥混凝土都有侵蚀作用。当硫酸与混凝土中的水泥石发生反应生成石膏，混凝土体积会发生膨胀，以致构件受到损伤。当盐酸、硝酸与混凝土中的水泥石的游离石灰发生反应时，会产生易溶于水的氯化钙和硝酸钙，使构件混凝土强度降低和受到损伤。当浓的碳酸水溶液和混凝土中的水泥石中的氢氧化钙发生反应后转变成易溶于水的碳酸氢钙，会使构件混凝土遭到腐蚀和破坏，碳酸水的侵蚀程度和碳酸浓度平方成正比。

弱碱一般不对混凝土发生腐蚀。但遇有强碱或碱的浓度大且温度高时，也会使混凝土水泥石遭到破坏，导致混凝土腐蚀，降低构件混凝土的强度。

盐类对混凝土的腐蚀，一般以硫酸盐腐蚀较多。溶于水的碱金属和碱土金属的盐类如硫酸钠、硫酸钾、硫酸钙等，对混凝土有很强的侵蚀作用，严重的会造成构件混凝土的破坏。

2）地下水侵蚀和水溶解的腐蚀作用

当地下水中含有工业生产过程中"跑、冒、滴、漏"出的侵蚀性介质时，地下混凝土结构会受到腐蚀。当硬度很小的水大量渗入混凝土内部时，混凝土中的氢氧化钙被水所溶解，当石灰浓度下降到一定程度时，硅酸钙水化物和铝酸钙水化物将随之分解，使混凝土产生空隙，强度下降，严重时，混凝土将遭到破坏。当混凝土处在冻融环境中，反复冻融循环，会造成混凝土冻蚀和破坏。

（5）混凝土构件的钢筋锈蚀

混凝土在水化作用时，水泥中的氧化钙生成氢氧化钙，使混凝土孔隙中的水呈碱性，在碱性溶液的作用下，钢筋表面生成阻止钢筋锈蚀的钝化膜，能阻止钢筋锈蚀。完好的混凝土保护层在没有腐蚀物质侵蚀的情况下，具有防止钢筋锈蚀的保护作用。当钝化膜遭到破坏时，钢筋就开始锈蚀。

1）与钢筋锈蚀有关的因素

①钢筋锈蚀与混凝土中 pH 值有关。当 pH 值小于 5 时，钢筋严重锈蚀；当 pH 值等于 5~10 时，锈蚀效应逐渐减小；当 pH 值大于 10 时，锈蚀速度几乎成为定值，锈蚀速度降低；当 pH 值约等于 13~14 时，常温下的钢筋不再锈蚀。

②钢筋锈蚀与混凝土中氯离子含量有关。氯离子能破坏钢筋表面的钝化膜，使局部活化，形成阴极区，并能使钢筋表面局部酸化，从而加速了钢筋的锈蚀。

③钢筋锈蚀与氧气有关。缺氧能限制钢筋的锈蚀过程，氧在钢筋锈蚀过程中起到促进阴极反应的作用，特别是水中氧气的溶解量大时，钢筋的锈蚀速度就要增快。

④钢筋锈蚀与混凝土的密实度和保护层厚度有关。当混凝土密实度差和保护层厚度不足时，混凝土碳化速度会加快，当碳化深度超过钢筋保护层厚度时会造成钢筋锈蚀。

2）钢筋锈蚀造成构件破坏的过程

①钢筋钝化膜破坏，钢筋开始锈蚀；

②钢筋锈蚀使钢筋保护层混凝土胀裂；

③钢筋保护层混凝土剥落，钢筋严重锈蚀；

④钢筋截面削弱，构件或结构破坏。

3）钢筋锈蚀对结构构件的危害

钢筋锈蚀使钢筋的有效截面积削弱，还会产生局部锈坑，引起应力集中。钢筋锈蚀生成疏松的、易剥落的沉积物（铁锈）的体积一般比原来钢筋的体积大 2~4 倍，会导致保护层混凝土胀裂、剥落，钢筋外露，加快了钢筋锈蚀的速度，降低了结构的安全性和耐久性。对于预应力混凝土构件，由于钢筋直径小、应力大、锚固要求高，钢筋锈蚀后，不仅使预应力丧失，而且会引起结构构件发生没有预兆的突然破坏。

（6）混凝土构件的裂缝

由于混凝土的匀质性较差，抗拉强度较低，又有膨胀、收缩、徐变等特性，因此在实际工程中往往由于设计、施工、使用等原因，混凝土构件经常出现不同大小的裂缝。混凝土裂缝可分为微观裂缝（<0.05mm）和宏观裂缝（≥0.05mm），微观裂缝一般为肉眼不可见裂缝，宏观裂缝为肉眼可见裂缝。从微观上看，混凝土是带裂缝工作的，重要的是如何避免可见裂缝，特别是要防止出现对结构安全有影响的裂缝。

1）裂缝的成因和类型

钢筋混凝土构件产生裂缝的原因很多，除结构受力、温度影响、混凝土收缩影响、地基不均匀沉降等因素外，还与材料、设计、施工及使用环境等因素有关。一般将钢筋混凝土构件因承受荷载而产生的裂缝分为两大类：

第一类是由外荷载作用（拉力、压力、弯矩、扭矩、剪力等）引起的裂缝，称为荷载裂缝（也称受力裂缝）。结构构件产生受力裂缝与荷载有关，受力裂缝预示结构构件存在严重缺陷或承载力不足。

第二类是由变形荷载作用（温度变化、混凝土收缩、地基不均匀沉降等）引起的裂缝，称为变形裂缝（也称非受力裂缝），当结构构件受变形荷载作用后，在结构构件内部产生应力，当应力超过混凝土允许应力时，就会引起构件混凝土开裂。

2）常见裂缝的特征

①受力裂缝。受力裂缝一般出现在受力（应力）较大部位或构件薄弱部位，如构件的受拉区、受剪区或有严重振动的部位等。

混凝土现浇板的受力裂缝一般出现在板底跨中位置，且平行于板的长边，为板的跨中正弯矩在板底产生的拉应力超过混凝土的抗拉强度所致；也可能出现在现浇板板面位于次梁边缘，为板的支座负弯矩作用所致。现浇板面四角出现的与对角线几乎垂直的45°斜裂缝，为楼板受荷载作用后，中间产生挠度，四角受到墙体或梁的约束而产生负弯矩，导致板角出现45°斜裂缝。

梁的受力裂缝一般出现在梁的跨中底部和梁的支座边缘。跨中底部的受力裂缝与梁垂直，呈下宽上窄形态，裂缝从梁下部向上发展，由跨中向两侧发展，裂缝逐渐倾斜，为受正弯矩作用所致；支座边缘顶部的受力裂缝呈上宽下窄形态，系受支座负弯矩作用所致；梁的支座边缘斜裂缝呈45°斜向形态，系受弯矩和剪力作用所致。

柱的受力裂缝根据受力方式不同而有所区别，轴心受压柱的受力裂缝一般出现在柱的四个侧面为竖向间断裂缝；大偏心受压柱的受力裂缝一般首先在远离纵向作用力的柱一侧出现水平裂缝，然后在靠近纵向作用力的柱一侧出现多条竖向间断裂缝；小偏心受压柱的受力裂缝一般在靠近纵向作用力的柱一侧出现多条竖向间断裂缝。

②变形裂缝。变形裂缝主要是由于温度变化、混凝土收缩、地基不均匀沉降等因素引起的变形而产生。混凝土现浇板的变形裂缝（非荷载裂缝）一般呈上宽下窄形态，不少为贯穿裂缝，板面与板底的裂缝位置大致相近，但不完全吻合。现浇板的收缩裂缝方向与约束和抗拉能力有关，因此，裂缝方向一般垂直于约束较大的方向和垂直于抗拉能力较弱的方向，即垂直于长边、平行于短边。混凝土梁因温差影响产生的裂缝一般发生在梁的两侧，裂缝呈竖向形态，上宽下窄，从上部向下发展；因混凝土收缩影响产生的裂缝一般发生在梁的两侧中间，裂缝呈枣核形态。混凝土柱因基础不均匀沉降或拆模过早，在柱的上下端等施工缝部位容易出现水平环向裂缝。

③钢筋锈蚀引起的裂缝。在钢筋混凝土结构中，由于钢筋锈蚀后体积膨胀将混凝土保护层胀裂，形成锈蚀裂缝。钢筋锈蚀产生的混凝土表面裂缝与其他原因形成的裂缝区别在

于：A. 裂缝下必有钢筋，而且钢筋已经锈蚀；B. 裂缝与钢筋的方向一致，沿着钢筋开裂；C. 大多数情况下，首先出现在构件的边角处。

因混凝土劣化，钢筋锈蚀膨胀而产生的沿钢筋裂缝表明钢筋已失去混凝土的保护，且受力钢筋的截面面积已有削弱，构件的承载力和耐久性受到明显影响。

2. 钢筋混凝土结构构件的检查重点和检查方法

（1）检查重点

1）对混凝土构件进行检查时，应重点检查构件控制截面、薄弱截面、节点与连接部位、支座部位、潮湿和有腐蚀性介质作用部位。

2）外部损伤应重点检查构件混凝土表面蜂窝、孔洞、裂缝、风化剥落、钢筋外露锈蚀及受力裂缝等其他损伤情况。

3）构件材料性能及劣化缺陷应重点检查构件混凝土强度、混凝土保护层厚度、碳化深度、钢筋配置（数量、直径）、钢材性能等。

4）连接构造应重点检查构件连接的构造方式和材料，连接用预埋件的构造、尺寸及锚固等。

5）结构变形应重点检查构件的变形、结构整体变形、构件安装偏差等。

（2）检查方法

1）裂缝检查

主要检查裂缝的宽度、深度、长度、走向、形态、分布特征及裂缝的变化等，绘制裂缝示意图。

裂缝形态主要有表面裂缝、浅层裂缝、贯穿裂缝、龟裂。裂缝宽度形态有上宽下窄、下宽上窄、枣核形等。

裂缝宽度可采用读数显微镜、裂缝测宽仪等仪器进行测量。测量时应在测点处进行标识，读取构件的测点裂缝宽度。

裂缝深度可采用超声波、裂缝测深仪等仪器进行测量，需要时可结合钻芯检测。钻芯检测时，可先向裂缝中注入有色液体，然后在裂缝处钻取芯样，通过芯样内有色液体渗入的程度判断裂缝深度。

裂缝变化的观测可采用在裂缝位置设置石膏饼标记，进行定期观测，记录裂缝宽度的变化情况，判断裂缝是否趋于稳定。

2）变形检查

①梁、板跨中变形检查。梁、板跨中的变形一般采用水准仪、全站仪进行测量，将构件支座及跨中的若干点作为测点，量测构件支座与跨中的相对高差，利用该相对高差计算构件的变形。也可在构件支座之间拉紧一根细钢丝或琴弦，在构件支座及跨中的若干点测量构件与钢丝（或琴弦）之间的相对高差，计算构件的变形。

对实测数据进行分析时，应考虑施工误差的影响。

②柱、屋架垂直度测量。柱、屋架的垂直度一般采用经纬仪或全站仪进行测量，测定构件顶部相对于底部的水平位移，确定倾斜率和倾斜方向。在不具备仪器检测条件的情况下，可采用吊挂线锤的方法进行测量，但选用的吊锤重量应满足测量高度的吊锤稳定要求。

3）钢筋锈蚀检查

首先观察混凝土构件表面的裂缝是否与钢筋锈蚀裂缝特征相吻合，然后凿开裂缝处钢筋的混凝土保护层，直接观察钢筋的锈蚀情况。测量钢筋直径时应将钢筋除锈，使钢筋露出光泽，然后用游标卡尺测量钢筋实际尺寸。

4）混凝土外部损伤检查

对混凝土构件外部损伤应进行全数检查，详细记录构件损伤情况，并绘制示意图，注明损伤构件的名称、轴线位置、损伤部位、损伤层厚度等。

3. 混凝土结构构件的安全性评价

（1）采用《危险房屋鉴定标准》进行评定时，混凝土结构构件有下列现象之一者，应评定为危险点：

1）混凝土结构构件承载力与其作用效应的比值（$R/\gamma_0 S$），主要构件 <0.90，一般构件 <0.85。

2）梁、板产生超过 $l_0/150$ 的挠度，且受拉区的裂缝宽度大于 1.0mm；或梁、板受力主筋处产生横向水平裂缝或斜裂缝，缝宽大于 0.5mm，板产生宽度大于 1.0mm 的受拉裂缝。

3）简支梁、连续梁跨中或中间支座受拉区产生竖向裂缝，其一侧向上或向下延伸达梁高的 2/3 以上，且缝宽大于 1.0mm，或在支座附近出现剪切斜裂缝。

4）梁、板主筋的钢筋截面锈损率超过 15%，或混凝土保护层因钢筋锈蚀而严重脱落、露筋。

5）预应力梁、板产生竖向通长裂缝，或端部混凝土松散露筋，或预制板底部出现横向断裂缝或明显下挠变形。

6）现浇板面周边产生裂缝，或板底产生交叉裂缝。

7）压弯构件保护层剥落，主筋多处外露锈蚀；端节点连接松动，且伴有明显的裂缝；柱因受压产生竖向裂缝，保护层剥落，主筋外露锈蚀；或一侧产生水平裂缝，缝宽大于 1.0mm，另一侧混凝土被压碎，主筋外露锈蚀。

8）柱或墙产生相对于房屋整体的倾斜、位移，其倾斜率超过 10‰，或其侧向位移量大于 $h/300$。

9）构件混凝土有效截面削弱达 15% 以上，或受力主筋截断超过 10%；柱、墙因主筋锈蚀已导致混凝土保护层严重脱落，或受压区混凝土出现压碎迹象。

10）钢筋混凝土墙中部产生斜裂缝。

11）屋架产生大于 $l_0/200$ 的挠度，且下弦产生横断裂缝，缝宽大于 1.0mm。

12) 屋架的支撑系统失效导致倾斜，其倾斜率大于 20‰。

13) 梁、板有效搁置长度小于现行相关标准规定值的 70%。

14) 悬挑构件受拉区的裂缝宽度大于 0.5mm。

（2）采用《民用建筑可靠性鉴定标准》GB 50292—2015 评定混凝土结构构件的安全性等级时，应按承载能力、构造、不适于承载的位移或变形、裂缝或其他损伤等四个检查项目，分别评定每一受检构件的等级，并取其中最低一级作为该构件安全性等级。

1) 当按承载能力评定混凝土结构构件的安全性等级时，应按表 5-2 的规定分别评定每一验算项目的等级，并应取其中最低等级作为该构件承载能力的安全性等级。

混凝土结构构件承载能力等级的评定　　　　　　　　表 5-2

构件类别	$R/(\gamma_0 S)$			
	a_u 级	b_u 级	c_u 级	d_u 级
主要构件及节点、连接	≥ 1.00	≥ 0.95	≥ 0.90	<0.90
一般构件	≥ 1.00	≥ 0.90	≥ 0.85	<0.85

注：1. 表中 R 和 S 分别为结构构件的抗力和作用效应，γ_0 为结构重要性系数。
　　2. 结构倾覆、滑移、疲劳的验算，按国家现行相关规范进行。

2) 当按构造评定混凝土结构构件的安全性等级时，应按标准表 5-3 的规定分别评定每个检查项目的等级，并应取其中最低等级作为该构件构造的安全性等级。

混凝土结构构件构造等级的评定　　　　　　　　表 5-3

检查项目	a_u 级或 b_u 级	c_u 级或 d_u 级
结构构造	结构、构件的构造合理，符合国家现行相关规范要求	结构、构件的构造不当，或有明显缺陷，不符合国家现行相关规范要求
连接或节点构造	连接方式正确，构造符合国家现行相关规范要求，无缺陷，或仅有局部的表面缺陷，工作无异常	连接方式不当，构造有明显缺陷，已导致焊缝或螺栓等发生变形、滑移、局部拉脱、剪坏或裂缝
受力预埋件	构造合理，受力可靠，无变形、滑移、松动或其他损坏	构造有明显缺陷，已导致预埋件发生变形、滑移、松动或其他损坏

3) 当混凝土结构构件的安全性按不适于承载的位移或变形评定时，应符合下列规定：

①对桁架的挠度，当其实测值大于其计算跨度的 1/400 时，应按规定验算其承载能力。验算时，应考虑由位移产生的附加应力的影响，并应按下列规定评级：

A. 当验算结果不低于 b_u 级时，仍可定为 b_u 级；

B. 当验算结果低于 b_u 级时，应根据其实际严重程度定为 c_u 级或 d_u 级。

②对除桁架外其他混凝土受弯构件不适于承载的变形的评定，应按标准表 5-4 的规定评级。

混凝土受弯构件不适于承载的变形的评定 表 5-4

检查项目	构件类别		c_u 级或 d_u 级
挠度	主要受弯构件——主梁、托梁等		$>l_0/200$
	一般受弯构件	$l_0 \leqslant 7m$	$>l_0/120$，或 $>47mm$
		$7m<l_0 \leqslant 9m$	$>l_0/150$，或 $>50mm$
		$l_0>9m$	$>l_0/180$
侧向弯曲的矢高	预制屋面梁或深梁		$>l_0/400$

注：1. 表中 l_0 为计算跨度；
2. 评定结果取 c_u 级或 d_u 级，应根据其实际严重程度确定。

③对柱顶的水平位移或倾斜，当其实测值大于标准表 5-5 所列的限值时，应按下列规定评级：

A. 当该位移与整个结构有关时，应根据标准表 5-5 的评定结果，取与上部承重结构相同的级别作为该柱的水平位移等级。

B. 当该位移只是孤立事件时，则应在柱的承载能力验算中考虑此附加位移的影响。

C. 当该位移尚在发展时，应直接定为 d_u 级。

各类结构不适于承载的侧向位移等级的评定 表 5-5

检查项目	结构类别		顶点位移	层间位移
			c_u 级或 d_u 级	c_u 级或 d_u 级
结构平面内的侧向位移	单层建筑		$>H/150$	—
	多层建筑		$>H/200$	$>H_i/150$
	高层建筑	框架	$>H/250$ 或 $>300mm$	$>H_i/150$
		框架剪力墙、框架筒体	$>H/300$ 或 $>400mm$	$>H_i/250$
	单层排架平面外侧倾		$>H/350$	—

注：表中 H 为结构顶点高度；H_i 为第 i 层层间高度。

4）当混凝土结构构件的安全性按不适于承载的裂缝宽度的评定时，应符合下列规定：

①受力裂缝应按标准表 5-6 的规定进行评级，并应根据其实际严重程度定为 c_u 级或 d_u 级。

②当混凝土结构构件出现下列情况之一的非受力裂缝时，也应视为不适于承载的裂缝，并应根据其实际严重程度定为 c_u 级或 d_u 级：

A. 因主筋锈蚀或腐蚀，导致混凝土产生沿主筋方向开裂、保护层脱落或掉角。

B. 因温度、收缩等作用产生的裂缝，其宽度已比标准表 5-6 规定的弯曲裂缝宽度值超过 50%，且分析表明已显著影响结构的受力。

③当混凝土结构构件同时存在受力和非受力裂缝时，应按标准分别评定其等级，并取其中较低一级作为该构件的裂缝等级。

混凝土结构构件不适于承载的裂缝宽度的评定   表 5-6

检查项目	环境	构件类别		c_u 级或 d_u 级
受力主筋处的弯曲裂缝、一般弯剪裂缝和受拉裂缝宽度（mm）	室内正常环境	钢筋混凝土	主要构件	>0.50
			一般构件	>0.70
		预应力混凝土	主要构件	>0.20（0.30）
			一般构件	>0.30（0.50）
	高湿度环境	钢筋混凝土	任何构件	>0.40
		预应力混凝土		>0.10（0.20）
剪切裂缝和受压裂缝（mm）	任何环境	钢筋混凝土或预应力混凝土		出现裂缝

注：1. 表中的剪切裂缝系指斜拉裂缝和斜压裂缝。
    2. 高湿度环境系指露天环境、开敞式房屋易遭飘雨部位、经常受蒸汽或冷凝水作用的场所，以及与土壤直接接触的部件等。
    3. 表中括号内的限值适用于热轧钢筋配筋的预应力混凝土构件。
    4. 裂缝宽度以表面测量值为准。

5）当混凝土结构构件有较大范围损伤时，应根据其实际严重程度直接定为 c_u 级或 d_u 级。

（3）采用《工业建筑可靠性鉴定标准》GB 50144—2008 评定混凝土结构构件的安全性等级时，应按承载能力、构造和连接两个项目评定，并取其中的较低等级作为构件的安全性等级。

1）当按承载能力评定混凝土构件的安全性等级时，应按标准表 5-7 的规定进行评级。

混凝土构件承载能力评定等级   表 5-7

构件种类	$R/(\gamma_0 S)$			
	a	b	c	d
重要构件	≥1.00	<1.00，≥0.90	<0.90，≥0.85	<0.85
次要构件	≥1.00	<1.00，≥0.87	<0.87，≥0.82	<0.82

注：1. 混凝土构件的抗力 R 与作用效应 $\gamma_0 S$ 的比值 $R/\gamma_0 S$，应取各受力状态验算结果中的最低值，γ_0 为结构重要性系数。
    2. 当构件出现受压及斜压裂缝时，视其严重程度，承载能力项目直接评为 c 级或 d 级；当出现过宽的受力裂缝、过度的变形、严重的缺陷损伤及腐蚀情况时，应按相关规定考虑其对承载能力的影响，且承载能力项目评定等级不应高于 b 级。

2）当按混凝土构件的构造和连接（包括构造、预埋件、连接节点的焊接或螺栓等）评定混凝土构件的安全性等级时，应根据对构件安全使用的影响程度按下列规定评定：

①当结构构件的构造合理，满足国家现行标准要求时评为 a 级；基本满足国家现行标准要求时评为 b 级；当结构构件的构造不满足国家现行标准要求时，根据其不符合的程度评为 c 级或 d 级。

②当预埋件的锚板和锚筋的构造合理、受力可靠，经检查无变形或位移等异常情况，符合国家现行标准规范的安全性要求，不必采取措施的评为 a 级；对略低于国家现行标准

规范的安全性要求，仍能满足结构安全性的下限水平要求，不影响安全，可不采取措施的评为 b 级。当预埋件的构造有缺陷，锚板有变形或锚板、锚筋与混凝土之间有滑移、拔脱现象，不符合国家现行标准规范的安全性要求，影响安全，应采取措施的评为 c 级；对极不符合国家现行标准规范的安全性要求，已严重影响安全，必须及时或立即采取措施的评为 d 级。

③当连接节点的焊缝或螺栓连接方式正确，构造符合国家现行规范规定和使用要求，或仅有局部表面缺陷，工作无异常并符合规定的安全性要求，不必采取措施的评为 a 级；对略低于国家现行标准规范的安全性要求，仍能满足结构安全性的下限水平要求，不影响安全，可不采取措施的评为 b 级。当节点焊缝或螺栓接连方式不当，有局部拔脱、剪断、破损或滑移，不符合国家现行标准规范的安全性要求，应采取措施的评为 c 级；对极不符合国家现行标准规范的安全性要求，已严重影响安全，必须及时或立即采取措施的评为 d 级。

④对混凝土构件的构造和连接的安全性评定时，应取结构构件构造、预埋件的锚板和锚筋构件和连接节点的焊缝或螺栓连接方式中较低等级作为构造和连接项目的评定等级。

5.4.2　钢结构构件

钢结构因受力可靠、重量轻、体积小、强度高、制造简单、工业化程度高、施工周期短等优点，在超高层、大跨度及工业厂房中大量采用。由于设计、施工、材料、使用等多种因素的影响，钢结构构件在使用过程中会产生各种损伤，主要包括钢结构构件的变形、裂缝、锈蚀、腐蚀等。

1. 钢结构构件的损伤及原因

（1）结构构件的变形

因受设计、施工（制作、安装）、材料及使用等因素影响，钢结构构件在施工和使用阶段会产生一定的变形，变形可分为整体变形和局部变形。整体变形指整个结构的尺寸和外形发生变化，如：梁和桁架的整平面内垂直变形（即挠度）和平面外侧向变形；柱子柱身的倾斜和挠曲。局部变形指结构构件局部区域出现变形，如：杆件、连接板、腹板、翼缘板等部件的局部变形。钢结构构件在使用过程中产生过大的整体变形，表明结构的承载能力或稳定性不能满足使用要求，甚至会引起结构的破坏。

（2）结构构件的裂缝

因钢材材质缺陷、构件的疲劳损伤、严重超载、遭受意外撞击等因素影响，构件薄弱点附近形成应力集中，使钢材在很小区域内产生较大的应变而产生微裂缝，在动力荷载或静力荷载反复作用下，微裂缝逐渐扩展，当该截面上的应力超过钢材晶粒格间的结合力时，就会发生钢材的脆性破坏,导致构件失效。构件裂缝大多出现在承受动力荷载的构件(如吊车梁)中。一般承受静力荷载的构件极少发现有裂缝。

(3)结构构件的锈蚀

结构构件的锈蚀是由于钢材与外界介质相互作用产生的。锈蚀可分为化学腐蚀和电化学腐蚀两种。化学腐蚀是大气和工业废气中所含的氧气、硫酸气、碳酸气或非电解质的液体与钢材表面作用产生氧化物而引起的腐蚀。电化学腐蚀是钢材内部含有不同程度的其他金属杂质,它们之间具有不同的电极电位,在与电介质或水、潮湿气体接触时,产生原电池作用,使钢材腐蚀。

构件的锈蚀速度与环境、湿度、温度以及有害介质存在有关,其中湿度是一个决定性的因素。一般而言,室外构件比室内构件容易锈蚀;处于湿度大环境下的构件、构件易积灰部位、构件涂层难以涂刷到的部位容易锈蚀。钢材的锈蚀状态可分为为全面锈蚀(普遍性锈蚀)和局部锈蚀。电化学反应引起的点腐蚀、抗腐蚀、晶间腐蚀会使构件产生脆性破坏,使构件在无明显变形征兆的情况下,尤其是在冲击荷载作用下突然发生脆性断裂,造成结构破坏。

(4)结构构件的失稳

当支撑体系存在重大缺陷、结构抵抗侧向作用(如风、吊车制动、地震等)的能力不足或结构构件刚度不够时,结构会产生过大变形、振动和晃动,严重的会导致结构整体失稳。

由于构件截面偏小或构件长细比偏大,常会发生单个受压构件或轻钢屋架平面外的失稳。

(5)结构构件连接缺陷

1)焊接连接缺陷

由于焊接操作不当、焊接材料质量不合格、焊接条件不当、焊件表面未清理干净等因素影响,钢结构构件焊接时产生焊缝成形不良、夹渣、咬边、焊瘤、气孔、裂纹、未焊透等焊接缺陷。裂纹是焊缝连接中最危险的缺陷。

2)螺栓连接缺陷

螺栓连接缺陷主要包括:因紧固力不均匀或螺栓规格不一致,紧固后的螺栓外露丝扣不满足验收规范要求;由于材质问题高强螺栓断裂;由于施工缺陷,摩擦型高强螺栓连接处产生滑移。

2. 钢结构构件的检查重点和检查方法

(1)检查重点

1)变形检查

重点检查钢梁、吊车梁、檩条、桁架、屋架等构件平面内垂直变形(挠度)和平面外侧向变形;钢柱柱身的倾斜和挠曲;板件凹凸,局部变形及房屋整体变形。

2）裂缝检查

重点检查承受动力荷载的构件；严重超载使用的构件；构件开孔部位、变截面处等薄弱部位。

3）锈蚀检查

重点检查埋入地下或处于干湿交替环境且裸露构件的地面附近部位；构件组合截面净空小于 12mm，涂层难于涂刷到且易积灰的部位；支座埋设在砖墙内的部位；直接面临侵蚀性介质的构件；露天结构可能存积水或遭受结露或水蒸气侵蚀的部位等。

4）构造与连接的检查

重点检查构件支撑体系构造与连接；连接节点的几何尺寸及连接方式；连接节点焊缝及高强度螺栓工作状况；构件节点的明显外部损伤等。

（2）检查方法

1）变形检查

首先采用目测方法观察结构构件是否有柱身倾斜或挠曲、梁或屋架下弦挠度过大、屋架或桁架平面出现扭曲、屋面局部下陷等异常现象。

对明显存在异常现象的结构构件采用仪器进行检测。柱、屋架的垂直度测量一般采用经纬仪或全站仪，测定构件顶部相对于底部的水平位移，确定倾斜率和倾斜方向。在不具备仪器检测条件的情况下，可采用吊挂线锤的方法进行测量，但选用的吊锤重量应满足测量高度的吊锤稳定要求。梁、屋架下挠变形一般采用水准仪、全站仪进行测量，将构件支座及跨中的若干点作为测点，量测构件支座与跨中的相对高差，利用该相对高差计算构件的变形值。

柱的垂直度偏差实测值应区分是施工造成的，还是使用过程中受力后造成的。屋架下弦变形实测值应考虑屋架设计的起拱值。

2）裂缝检查

裂缝检查时用包有橡皮的木槌轻轻敲击构件的各部位，根据敲击声音判断是否存在裂纹损伤；用 10 倍以上放大镜观察构件油漆表面是否有成直线的黑褐色锈痕、油漆小块条形起鼓、里面有锈末等现象，判断是否存在裂纹损伤；采用滴油扩散法检查。在构件表面滴油剂，无裂缝处油渍呈圆弧状扩散，有裂缝处油渗入裂缝，油渍则呈线状扩散。

对可能存在裂纹损伤的部位应将油漆铲去仔细观察，对发现有裂缝的构件用放大镜检查，记录裂缝位置，用裂缝测宽仪或刻度放大镜测量裂缝宽度。

3）锈蚀检查

钢材表面锈蚀等级可分为 A、B、C、D 四级。

A 级：良好。构件基本没有锈蚀，漆膜还有光泽，个别构件可有少量锈点。

B 级：局部锈蚀。构件基本没有锈蚀，面漆有局部脱落，但底漆是完好的，个别构件有少量锈点或在构件边缘、死角、缝隙、隐蔽部位有锈蚀。

C级：较严重。构件局部有锈蚀，面漆脱落面积达20%左右，底漆也有局部透锈，其基本金属完好，应进行维护准备工作。

D级：严重。构件锈蚀面积达40%左右，面漆大片脱落，但基本金属没有破坏，应立即进行维护工作。

钢材表面锈蚀可通过目视评定，评定时应在良好的散射日光下或在照明相当的人工照明条件下进行。对D级锈蚀，应测量钢板厚度的削弱程度，以进一步判定钢材的锈蚀程度。检测钢板厚度可用超声波测厚仪或游标卡尺，精度要求0.01mm。

4）构造与连接的检查

采用目测结合量具测量的方法，对照原施工图检查构件的几何尺寸及连接方式，对于变形、松动、滑移、断裂的构件节点应确定部位和程度。

焊缝内部缺陷分为Ⅰ、Ⅱ、Ⅲ、Ⅳ四个级别，Ⅰ、Ⅱ级焊缝除了外观质量检查外，还应进行焊缝内部缺陷检测。焊缝内部缺陷检测一般采用超声波探伤方法，当超声波探伤不能对缺陷做出判断时，应采用射线探伤方法。

5）螺栓检查

采用目测方法，对照原施工图对螺栓的直径、个数、排列方式进行检查，检查螺栓是否有错位、错排、漏栓等现象。采用目测和锤敲相结合的方法检查螺栓是否有松动或脱落现象，检查螺栓的外露丝扣是否满足要求。

查阅施工资料，检查高强度螺栓检测报告，如：高强度螺栓连接摩擦面的抗滑移系数检验；扭剪型高强度螺栓连接副预拉力复验，高强度大六角头螺栓连接副扭矩系数复验，高强度螺栓连接副施工扭矩检验等。

3. 钢结构构件的安全性等级评定

（1）采用《危险房屋鉴定标准》JGJ 125—2016进行评定时，钢结构构件有下列现象之一者，应评定为危险点：

1）钢结构构件承载力与其作用效应的比值（$R/\gamma_0 S$），主要构件<0.90，一般构件<0.85；

2）构件或连接件有裂缝或锐角切口；焊缝、螺栓或铆接有拉开、变形、滑移、松动、剪坏等严重损坏；

3）连接方式不当，构造有严重缺陷；

4）受力构件因锈蚀导致截面锈损量大于原截面的10%；

5）梁、板等构件挠度大于$l_0/250$，或大于45mm；

6）实腹梁侧弯矢高大于$l_0/600$，且有发展迹象；

7）受压构件的长细比大于现行国家标准《钢结构设计规范》GB 50017—2017中规定

值的 1.2 倍；

8）钢柱顶位移，平面内大于 $h/150$，平面外大于 $h/500$；或大于 40mm；

9）屋架产生大于 $l_0/250$ 或大于 40mm 的挠度；屋架支撑系统松动失稳，导致屋架倾斜，倾斜量超过 $h/150$。

（2）采用《民用建筑可靠性鉴定标准》GB 50292—2015 评定钢结构构件的安全性等级时，应按承载能力、构造以及不适于承载的位移或变形等三个检查项目，分别评定每一受检构件等级；钢结构节点、连接域的安全性鉴定，应按承载能力和构造两个检查项目，分别评定每一节点、连接域等级；对冷弯薄壁型钢结构、轻钢结构、钢桩以及地处有腐蚀性介质的工业区，或高湿、临海地区的钢结构，尚应以不适于承载的锈蚀作为检查项目评定其等级；然后取其中最低一级作为该构件的安全性等级。

1）当按承载能力评定钢结构构件的安全性等级时，应按标准表 5-8 的规定分别评定每一验算项目的等级，并应取其中最低等级作为该构件承载能力的安全性等级。

钢结构构件承载能力等级的评定　　　　　　　　　　表 5-8

构件类别	$R/(\gamma_0 S)$			
	a_u 级	b_u 级	c_u 级	d_u 级
主要构件及节点、连接域	≥ 1.00	≥ 0.95	≥ 0.90	<0.90
一般构件	≥ 1.00	≥ 0.90	≥ 0.85	<0.85

注：1. 表中 R 和 S 分别为结构构件的抗力和作用效应；γ_0 为现行国家标准《建筑结构可靠度设计统一标准》GB 50068—2001 规定的结构重要性系数。
2. 结构倾覆、滑移、疲劳、脆断的验算，应符合国家现行有关规范的规定。
3. 当构件或连接出现脆性断裂、疲劳开裂或局部失稳变形迹象时，应直接定为 d_u 级。
4. 节点、连接域的验算应包括其板件和连接的验算。

2）当按构造评定钢结构构件的安全性等级时，应按标准表 5-9 的规定分别评定每个检查项目的等级，并应取其中最低等级作为该构件构造的安全性等级。

钢结构构件构造等级的评定　　　　　　　　　　表 5-9

检查项目	a_u 级或 b_u 级	c_u 级或 d_u 级
构件构造	构件组成形式、长细比或高跨比、宽厚比或高厚比等符合国家现行相关规范规定；无缺陷，或仅有局部表面缺陷；工作无异常	构件组成形式、长细比或高跨比、宽厚比或高厚比等不符合国家现行相关规范规定；存在明显缺陷，已影响或显著影响正常工作
节点、连接构造	节点构造、连接方式正确，符合国家现行相关规范规定；构造无缺陷或仅有局部的表面缺陷，工作无异常	节点构造、连接方式不当，不符合国家现行相关规范规定；构造有明显缺陷，已影响或显著影响正常工作

注：1. 构造缺陷还包括施工遗留的缺陷；对焊缝系指夹渣、气泡、咬边、烧穿、漏焊、少焊、未焊透以及焊脚尺寸不足等；对铆钉或螺栓系指漏铆、漏栓、错位、错排及掉头等；其他施工遗留的缺陷根据实际情况确定。
2. 节点、连接构造的局部表面缺陷包括焊缝表面质量稍差、焊缝尺寸稍有不足、连接板位置稍有偏差等；节点、连接构造的明显缺陷包括焊接部位有裂纹，部分螺栓或铆钉有松动、变形、断裂、脱落或节点板、连接板、铸件有裂纹或显著变形等。

3）当按不适于承载的位移或变形评定钢结构构件的安全性时，应符合下列规定：

①对桁架、屋架或托架的挠度，当其实测值大于桁架计算跨度的 1/400 时，应验算其承载能力。验算时，应考虑由于位移产生的附加应力的影响，并按下列原则评级：

A. 当验算结果不低于 b_u 级时，仍定为 b_u 级，但宜附加观察使用一段时间的限制；

B. 当验算结果低于 b_u 级时，应根据其实际严重程度定为 c_u 级或 d_u 级。

②对桁架顶点的侧向位移，当其实测值大于桁架高度的 1/200，且有可能发展时，应定为 c_u 级或 d_u 级。

③对其他钢结构受弯构件不适于承载的变形的评定，应按标准表 5-10 的规定评级。

钢结构受弯构件不适于承载的变形的评定 表 5-10

检查项目	构件类别			c_u 级或 d_u 级
挠度	主要构件	网架	屋盖的短向	$>l_s/250$，且可能发展
			楼盖的短向	$>l_s/200$，且可能发展
		主梁、托梁		$>l_0/200$
	一般构件	其他梁		$>l_0/150$
		檩条梁		$>l_0/100$
侧向弯曲的矢高	深梁			$>l_0/400$
	一般实腹梁			$>l_0/350$

注：表中 l_0 为构件计算跨度；l_s 为网架短向计算跨度。

④当柱顶的水平位移或倾斜实测值大于标准表 5-11 所列的限值时，应按下列规定评级：

A. 当该位移与整个结构有关时，应取与上部承重结构相同的级别作为该柱的水平位移等级。

B. 当该位移只是孤立事件时，则应在柱的承载能力验算中考虑此附加位移的影响。

C. 当该位移尚在发展时，应直接定为 d_u 级。

各类结构不适于承载的位移或倾斜等级的评定 表 5-11

检查项目	结构类别		顶点位移	层间位移
			c_u 级或 d_u 级	c_u 级或 d_u 级
结构平面内的侧向位移	单层建筑		$>H/150$	—
	多层建筑		$>H/200$	$>H_i/150$
	高层建筑	框架	$>H/250$ 或 $>300mm$	$>H_i/150$
		框架剪力墙框架筒体	$>H/300$ 或 $>400mm$	$>H_i/250$
	单层排架平面外侧倾		$>H/350$	—

注：表中 H 为结构顶点高度；H_i 为第 i 层层间高度。

⑤对偏差超限或其他使用原因引起的柱、桁架受压弦杆的弯曲，当弯曲矢高实测值大于柱的自由长度的1/660时，应在承载能力的验算中考虑其所引起的附加弯矩的影响。

⑥对钢桁架中有整体弯曲变形，但无明显局部缺陷的双角钢受压腹杆，其整体弯曲变形不大于标准表5-12规定的限值时，其安全性可根据实际完好程度评为 a_u 级或 b_u 级；当整体弯曲变形已大于该表规定的限值时，应根据实际严重程度评为 c_u 级或 d_u 级。

钢桁架双角钢受压腹杆整体弯曲变形限值　　　　　　　表5-12

$\sigma = N/\varphi A$	对 a_u 级和 b_u 级压杆的双向弯曲限值			
	方向	弯曲矢高与杆件长度之比		
f	平面外	1/550	1/750	≤ 1/850	—
	平面内	1/1000	1/900	1/800	—
0.9f	平面外	1/350	1/450	1/550	≤ 1/850
	平面内	1/1000	1/750	1/650	1/500
0.8f	平面外	1/250	1/350	1/550	≤ 1/850
	平面内	1/1000	1/500	1/400	1/350
0.7f	平面外	1/200	1/250	≤ 1/300	
	平面内	1/750	1/450	1/350	
≤ 0.6f	平面外	1/150	≤ 1/200	—	
	平面内	1/400	1/350	—	

4）当按不适于承载的锈蚀评定钢结构构件的安全性时，应按剩余的完好截面验算其承载能力，并同时应兼顾锈蚀产生的受力偏心效应，并应按标准表5-13的规定评级。

钢结构构件不适于承载的锈蚀的评定　　　　　　　表5-13

等级	评定标准
c_u	在结构的主要受力部位，构件截面平均锈蚀深度 $\triangle t$ 大于 0.1t，但不大于 0.15t
d_u	在结构的主要受力部位，构件截面平均锈蚀深度 $\triangle t$ 大于 0.15t

注：表中 t 为锈蚀部位构件原截面的壁厚，或钢板的板厚。

5）对钢网架结构的焊接空心球节点和螺栓球节点的安全性鉴定，除应按承载能力和构造项目评级外，尚应按下列项目评级：

①空心球壳出现可见的变形时，应定为 c_u 级；

②空心球壳出现裂纹时，应定为 d_u 级；

③螺栓球节点的筒松动时，应定为 c_u 级；

④螺栓未能按设计要求的长度拧入螺栓球时，应定为 d_u 级；

⑤螺栓球出现裂纹，应定为 d_u 级；

⑥螺栓球节点的螺栓出现脱丝，应定为 d_u 级。

6）对摩擦型高强度螺栓连接，当其摩擦面有翘曲，未能形成闭合面时，应直接定为 c_u 级。

7）对大跨度钢结构支座节点，当铰支座不能实现设计所要求的转动或滑移时，应定为 c_u 级；当支座的焊缝出现裂纹、锚栓出现变形或断裂时，应定为 d_u 级。

8）对橡胶支座，当橡胶板与螺栓或锚栓发生挤压变形时，应定为 c_u 级；当橡胶支座板相对支承柱或梁顶面发生滑移时，应定为 c_u 级；当橡胶支座板严重老化时，应定为 d_u 级。

（3）采用《工业建筑可靠性鉴定标准》GB 50144—2008 评定钢结构构件的安全性等级时，应按承载能力（包括构造和连接）项目评定，并取其中最低等级作为构件的安全性等级。

1）当按承载能力评定钢结构构件的安全性等级时，应按标准表 5-14 的规定评定。在确定构件抗力时，应考虑实际的材料性能和结构构造，以及缺陷损伤、腐蚀、过大变形和偏差的影响。

钢构件承载能力等级的评定 表 5-14

构件种类	$R/\gamma_0 S$			
	a	b	c	d
重要构件、连接	≥ 1.00	<1.00，>0.95	<0.95，>0.90	<0.90
次要构件	≥ 1.00	<1.00，>0.92	<0.92，>0.87	<0.87

注：1. 当结构构造和施工质量满足国家现行规范要求，或虽不满足要求但在确定抗力和荷载作用效应已考虑了这种不利因素时，可按表中规定评级，否则不应按表中数值评级，可根据经验按照对承载能力的影响程度，评为 b 级、c 级或 d 级。

2. 构件有裂缝、断裂、存在不适于继续承载的变形时，应评为 c 级或 d 级。

3. 吊车梁受拉区或吊车桁架受拉杆及其节点板有裂缝时，应评为 d 级。

4. 构件存在严重、较大面积的均匀腐蚀并使截面有明显削弱或对材料力学性能有不利影响时，应按相关规定进行检测验算，并按表中规定评定其承载能力项目的等级。

5. 吊车梁的疲劳性能应根据疲劳强度验算结果、已使用年限和吊车梁系统的损伤程度进行评级，不受表中数值的限制。

2）钢桁架中有整体弯曲缺陷但无明显局部缺陷的双角钢受压腹杆，其整体弯曲不超过标准表 5-15 中的限值时，其承载能力可评为 a 级或 b 级；若整体弯曲严重已超过表中限值时，可根据实际情况对其承载能力影响的严重程度，评为 c 级或 d 级。

双角钢受压腹杆的双向弯曲缺陷的容许限值 表 5-15

所受轴压力设计值与无缺陷时的抗压承载力之比	方向	双向弯曲的限值弯曲矢高与杆件长度之比						
1.0	平面外	1/400	1/500	1/700	1/800	—	—	—
	平面内	0	1/1000	1/900	1/800	—	—	—
0.9	平面外	1/250	1/300	1/400	1/500	1/600	1/700	1/800
	平面内	0	1/1000	1/750	1/650	1/600	1/550	1/500

续表

所受轴压力设计值与无缺陷时的抗压承载力之比	方向	双向弯曲的限值弯曲矢高与杆件长度之比						
0.8	平面外	1/150	1/200	1/250	1/300	1/400	1/500	1/800
	平面内	0	1/1000	1/600	1/550	1/450	1/400	1/350
0.7	平面外	1/100	1/150	1/200	1/250	1/300	1/400	1/800
	平面内	0	1/750	1/450	1/350	1/300	1/250	1/250
0.6	平面外	1/100	1/150	1/200	1/300	1/500	1/700	1/800
	平面内	0	1/300	1/250	1/200	1/180	1/170	1/170

5.4.3 砌体结构构件鉴定

砌体结构使用地方材料，施工简便，保温、隔热性能良好，被广泛用作房屋的墙、柱和基础，作为承重结构构件和围护结构构件。由于设计、施工、材料、使用等多种因素的影响，砌体结构构件在使用过程中会产生各种损伤，主要有砌体强度不足、稳定性不足、整体刚度不足、裂缝、变形及砌体的腐蚀等。

1. 砌体结构构件的损伤及原因

（1）砌体强度不足

当砌体强度不足时，砌体会出现局部被压裂、压碎、剪断、拉裂、变形等现象，会因砌体承载力不足导致房屋局部或整体倒塌。

砌体强度不足与设计缺陷（强度不足，构件截面偏小）、施工质量（砌筑砂浆强度过低，砂浆饱满度严重不足）、材料质量、使用不当（拆改墙体，水、电管线开槽削弱构件断面过多）等有关。

（2）砌体稳定性不足

砌体稳定性不足会导致结构失稳变形，严重的会造成房屋局部或整体倒塌。

砌体稳定性不足与墙柱的高厚比（高厚比过大，超过规范限值）、施工（施工工艺错误，施工质量差）、材料质量不合格等有关。

（3）房屋整体刚度不足

房屋在使用过程中因房屋整体刚度不足会出现颤动现象，有吊车的工业厂房和空旷的仓库尤为明显，严重的会造成房屋局部或整体倒塌。

房屋整体刚度不足与设计缺陷（方案或计算简图错误）、施工工艺错误（如未设马牙槎、构造柱未后浇）、使用不当（随意拆开洞口，墙开洞面积过大）等有关。

（4）砌体裂缝

1）裂缝的成因和类型

砖砌体裂缝按其产生的原因可分为荷载裂缝和变形裂缝。

荷载裂缝是指砌体因受荷载作用而产生的裂缝。当砌体因荷载作用产生的应力超过其抗压、抗拉、抗剪强度时，会产生荷载裂缝。荷载裂缝习惯也称为受力裂缝。

变形裂缝是指砌体因受外界温度和湿度变化、地基基础变形和不均匀沉降、材料本身的收缩等作用引起砌体变形所产生的裂缝。因变形作用砖砌体内产生较大的附加应力，当该应力超过材料强度时，就会造成砌体的开裂，即产生变形裂缝。常见的变形裂缝有沉降裂缝、温度裂缝、收缩裂缝等。

国内外调查结果表明，砖砌体结构房屋产生的裂缝，属于变形作用引起的约占90%，其中也包括变形与荷载共同作用，但以变形为主；属于荷载作用引起的约占10%，其中也包括变形和荷载共同作用，但以荷载作用为主。

2）常见裂缝的特征

①荷载裂缝。砌体因抗压强度不足而产生的裂缝一般发生在下部墙、柱面，通常为贯通几皮砖的竖向裂缝或斜向裂缝，裂缝方向与应力一致，裂缝宽度一般为中间宽，两端窄。在多层建筑中，较多出现在底层砌体；在轴心受压柱中，一般出现在柱下部1/3高度附近。

A.当砌体因局部抗压强度不足时，在梁端下部砌体通常产生斜裂缝或竖向裂缝，有时出现局部压碎现象。

B.当砌体因承受大偏心荷载作用产生裂缝时，砌体受压截面会产生竖向裂缝，受拉截面边缘会产生水平裂缝，并不断向纵向力偏心方向延伸，导致砌体受压截面压裂、压碎或砌体产生纵向弯曲。

C.当砌体因受到弯矩作用或水平剪切作用而产生的水平裂缝将破坏砌体的整体性，使裂缝上下两部分砌体相互独立，特别是裂缝上部砌体将随时有失稳倒塌的可能。

D.当砌体因抗拉强度不足产生的受拉裂缝与应力垂直，较常见的是沿灰缝开裂。

E.当砌体因抗弯强度不足产生的裂缝在构件的受拉区外边缘较宽，受压区不明显，多数裂缝沿灰缝开展。

砌体结构常见荷载裂缝形成的原因和特征见表5-16。

砌体结构常见荷载裂缝形成的原因和特征 表5-16

原因	一般裂缝特征	裂缝表现
中心受压 （压力与砖顶面垂直）	裂缝平行于压力方向，先在砖长条面中部断裂，沿竖向砂浆缝上下贯通；贯通裂缝之间还可能出现新的竖向裂缝	

续表

原因	一般裂缝特征	裂缝表现
中心受拉 （拉力与砖顶面垂直）	裂缝垂直于拉力方向，在水平砂浆缝与砖的界面上形成通缝	
中心受拉 （拉力与砖顶面平行）	裂缝垂直于拉力方向，沿竖向砂浆缝和水平砂浆缝形成齿缝（Ⅰ）；或由于砖受拉后断裂，沿断裂面和竖向砂浆缝连成通缝（Ⅱ）	（Ⅰ）　　（Ⅱ）
较大偏心受压 （$e>0.7y$，$e \leqslant 0.95y$）	裂缝发生在垂直于压力方向的远离压力一侧，在水平砂浆缝与砖界面上形成的通缝	
较小偏心受压 （$e \leqslant 0.7y$）	裂缝发生在平行于压力方向的近压力一侧，出现沿砖长条面中部断裂并沿竖向砂浆缝上下贯通的竖缝	
局部受压 （局压面积较大时）	在局部受压界面附近的局压面积以内，形成平行于压力方向的密集竖向裂缝，受压砖块断裂，甚至压碎	
局部受压 （局压面积较小时）	在局部受压界面附近的局压面积以内，形成大体平行于压力方向的纵向劈裂裂缝	

续表

原因	一般裂缝特征	裂缝表现
弯曲受拉 （砖的顶面受拉）	裂缝发生在弯曲的受拉一侧，是在砖的顶面与砂浆缝界面上形成通缝	
弯曲受拉 （砖的条面受拉）	裂缝发生在弯曲的受拉一侧，是在砖的条面、顶面与砂浆缝界面上形成齿缝	
弯剪	因正应力和剪应力组合后主拉应力大于砌体强度而发生的大致45°方向的斜裂缝，沿水平砂浆缝和相应竖向砂浆缝形成齿缝	
压剪	因正应力和剪应力组合后主拉应力大于砌体强度而发生的大致45°方向的斜裂缝，沿水平砂浆缝和相应竖向砂浆缝形成齿缝或沿剪力作用方向，在水平砂浆缝与砖的界面上形成通缝	（a）　　（b）
直剪	裂缝平行于剪力方向，因承受剪力作用的砖断裂而形成	
网状配筋砌体受压	网状钢筋片之间的砌体被压酥，出现大量密集、短小、平行于压力作用方向的裂缝	

209

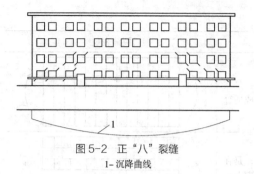

图 5-2 正"八"裂缝
1- 沉降曲线

图 5-3 倒"八"字裂缝
1- 沉降曲线

图 5-4 地基土不均匀造成斜裂缝
1- 地基软弱；2- 沉降曲线

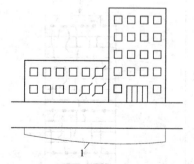

图 5-5 房屋高度、荷载差异造成斜裂缝
1- 沉降曲线

②沉降裂缝。沉降裂缝是指因地基基础不均匀沉降引起的墙体裂缝。房屋地基发生不均匀沉降后，下沉较大部位与下沉较小部位之间出现了相对位移，使得砌体内产生附加拉力和剪力，当这种附加拉力和剪力超过砌体的极限强度时，砌体便出现裂缝，裂缝随不均匀沉降量的增大而不断扩大。一般在地基沉降稳定后，裂缝不再变化。

A. 当房屋两端沉降小，中间沉降大时，纵墙上出现的斜裂缝多数通过窗洞的两个对角，在墙面上呈正"八"字形分布（图 5-2）。

B. 当房屋两端沉降大，中间沉降小时，纵墙上出现的斜裂缝多数通过窗洞的两个对角，在墙面上呈倒"八"字形分布（图 5-3）。

C. 当房屋地基软弱一端产生较大沉降，沉降大的一端上部墙体出现斜裂缝（图 5-4）。

D. 当立面高度差异较大的房屋因地基产生的沉降差，使低层房屋墙体靠近高层部分局部倾斜过大，纵墙上出现斜裂缝（图 5-5）。

E. 当新建的房屋高度明显高于原房屋，且相邻距离较近，导致原房屋产生新的不均匀沉降，出现斜裂缝（图 5-6）。

F. 在高度不同的房屋间设置沉降缝的，地基基础发生不均匀沉降时，两部分房屋均向缝一侧倾斜。当沉降缝宽度较小，或缝内填塞了建筑垃圾时，产生的水平挤压力使较低部分的房屋出现斜裂缝（图 5-7）。

G. 当房屋产生局部不均匀沉降时，由于墙体有自重下坠作用，造成垂直拉应力，使墙体产生水平裂缝。

H. 当沉降单元上部受到阻力作用时，窗间墙受到较大的水平剪力，在上下对角线位置出现成对的水平裂缝，沉降大的一边裂缝在下，沉降小的一边裂缝在上。缝宽都是靠窗洞处较大，向窗间墙的中部逐渐减小。

I. 当地基突变，一端沉降较大时，地基突变处上部墙体会出现竖向裂缝（图5-8）。

J. 当大窗洞下窗下墙下的基础沉降大于窗间墙下的基础沉降时，形成窗下墙体的局部反向弯曲变形，窗下墙常会在窗洞下口的中间或边口出现竖向裂缝（图5-9）。

③温度和收缩裂缝。温度和收缩裂缝是指由温度应力和材料收缩引起的墙体裂缝。当自然界温度发生变化或材料发生收缩时，房屋各部分构件将产生各自不相同的变形，当彼此受到约束作用而产生的应力超过其极限强度时，砌体以及砌体与相关的构件间就会出现不同形式的温度和收缩裂缝。随着气温或环境温度变化，温度裂缝宽度、长度、数量会发生变化，但不会无限制地扩展恶化。

A. 墙体两端附近的内外纵、横墙正"八"字形斜裂缝，一般出现在房屋顶层两端的1~2个开间内，也有扩大到房屋长度的1/3左右，严重时发展至顶层以下的1~2层。两端有窗洞时，裂缝一般通过窗洞的两对角，靠窗洞一端大，向两边逐渐缩小。无窗洞位置裂缝宽度一般为中间大，两端小（图5-10、图5-11）。

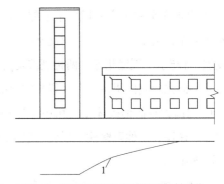

图5-6　相邻建筑物的影响造成的斜裂缝
1- 沉降分布曲线

图5-7　沉降缝附近的裂缝

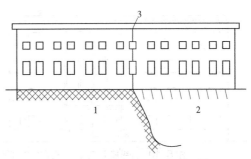

图5-8　岩土地基突变引起的竖向裂缝
1- 基岩；2- 软土；3- 裂缝

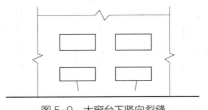

图5-9　大窗台下竖向裂缝

B.出现在平屋顶房屋檐口下或屋顶圈梁下2~3批砖灰缝位置的水平裂缝，沿外墙顶部断续分布，两端较多，向中间逐渐减少。出现在房屋顶部四角的包角裂缝，由四角向中部发展，常与水平裂缝相连。两种裂缝均可能贯穿墙厚。部分裂缝缝口有向外张口的现象，墙的外侧面比内侧面明显，有时裂缝的上部砌体有向外微凸现象（图5-12）。

C.在高大空旷的砌体结构房屋（特别是内框架房屋）外纵墙窗口上下位置出现的水平裂缝，往往会延伸至壁柱。裂缝一般由墙体内侧面逐渐向外扩展，窗下口裂缝比上口明显（图5-13）。

D.当房屋长度较长，又未按规定设置伸缩缝时，会在房屋中部产生贯穿房屋全高的竖向裂缝（图5-14）。

E.发生在女儿墙的墙脚和墙顶部位的裂缝，一般房屋短边女儿墙比长边女儿墙开裂严重，现浇整体式屋面女儿墙比装配式屋面板屋面女儿墙开裂严重。严重时会造成女儿墙根部和平屋顶交接处砌体外凸或女儿墙外倾（图5-15、图5-16）。

④振动裂缝。因生产设备运行、施工、冲击、爆破等产生较大振动时，砖墙面会产生振动裂缝，裂缝呈不规则形状，在砖砌体的薄弱部位或应力集中的开口处（如门窗洞角）反应明显。当发生地震时，砖混结构房屋墙体产生的裂缝大多为斜裂缝或交叉裂缝，在纵横墙交接处产生竖直裂缝，沿墙的长度方向产生水平裂缝。

⑤筒拱结构裂缝。砖砌筒拱结构受地基不均匀沉降、温度变化、振动和施工质量等因素影响，拱砌体外纵墙上和主拱砌体会产生裂缝。拱砌体外纵墙上裂缝通常为斜向和竖

图5-10　外纵墙上"八"字形温度裂缝图　　　　图5-11　横墙上温度斜裂缝

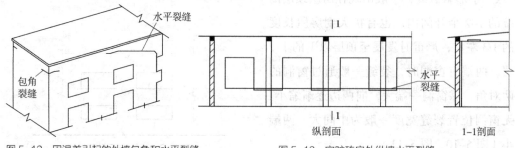

图5-12　因温差引起的外墙包角和水平裂缝　　　图5-13　空旷砖房外纵墙水平裂缝

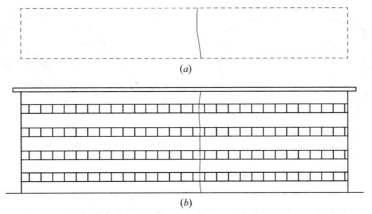

图 5-14 贯通房屋全高的竖向温度裂缝

（a）楼（屋）盖上的裂缝 ;（b）砖墙裂缝

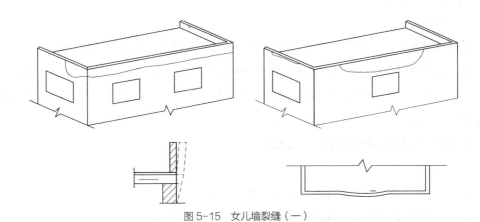

图 5-15 女儿墙裂缝（一）

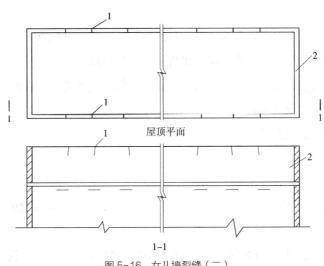

屋顶平面

1-1

图 5-16 女儿墙裂缝（二）

1-裂缝 ; 2-女儿墙

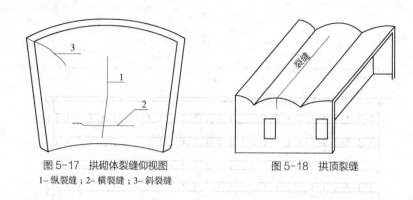

图 5-17 拱砌体裂缝仰视图
1-纵裂缝；2-横裂缝；3-斜裂缝

图 5-18 拱顶裂缝

向裂缝，一般产生在纵墙门窗洞削弱的断面上，大多沿砌体的齿缝砂浆开展。主拱砌体上的裂缝通常为垂直于拱跨的纵缝，常出现在拱顶或拱跨 1/4 处，裂缝宽度大多为上宽下窄（图 5-17、图 5-18）。

（5）砌体腐蚀

砖砌体抗腐蚀、抗冻性能较差。当砌体受材料质量缺陷、大自然（风、霜、雨、雪）的侵蚀、化学物质的侵蚀、反复冻融、使用养护不当等因素影响时，墙面会产生粉化、酥松、剥落等现象。砖砌体的腐蚀削弱了墙体的有效截面，降低了砖砌体的承载力，严重时会导致墙体倒塌。

2. 砌体结构构件的检查重点和检查方法

（1）检查重点

1）房屋纵横墙交接处是否出现斜向或竖向裂缝。

2）承重墙体是否出现荷载裂缝和变形，有无拆改承重墙现象。

3）承重墙、柱变截面处是否出现因偏心受压、应力集中等原因产生的水平裂缝和竖向裂缝。

4）筒拱结构砌体拱脚是否发生位移，外纵墙及拱顶是否出现裂缝。

5）混凝土梁、屋架端部下砌体是否出现压裂、压碎现象。

6）加层改造房屋在荷载不对称或荷载差异大部位的承重墙与柱是否出现裂缝。

7）承重墙、柱的受腐蚀程度。

8）空旷房屋墙、柱高厚比。

（2）检查方法

1）裂缝检查

主要检查裂缝的宽度、深度、长度、走向、形态、分布特征及裂缝的变化等，绘制裂缝示意图。

裂缝宽度可采用钢尺、读数显微镜、裂缝测宽仪等仪器进行测量。测量时应在测点处进行标识，读取构件的测点裂缝宽度。

裂缝变化的观测可采用在裂缝位置设置石膏饼标记，进行定期观测，记录裂缝宽度的变化情况，判断裂缝是否趋于稳定。

2）构件损伤检查

对受损伤的构件采用目测与检测相结合、定性与定量相结合的方法进行全数检查。对受环境侵蚀而损伤的构件，应确定侵蚀源、侵蚀程度和侵蚀速度；对受冻融影响而损伤的构件，应确定损伤深度；对火灾造成的损伤，应确定影响区域和受影响的构件，确定影响程度；对人为原因造成的损伤，应确定损伤程度。

3）构件检测

①砌体块材强度可采用现场取样法、回弹法进行检测。

②砌筑砂浆强度可采用推出法、筒压法、砂浆片剪切法、点荷法、砂浆片局压法进行检测。

③砌体强度可采用原位轴压法、扁顶法、切制抗压试件法进行检测。

4）砌筑质量与构造的检查

①可采取剔凿表面抹灰的方法检查砌筑方法、留槎和灰缝质量等。砌筑方法主要检查上下错缝、内外搭砌等是否符合要求。灰缝质量主要检查灰缝厚度、灰缝饱满度和平直程度等。

②采用钢筋定位仪配合局部破损方法检查砌体中的拉结筋间距，可取 5~6 个连续间距的平均间距作为代表值。

③检查砌体构件的高厚比，其厚度值应取构件厚度的实测值。

④采取剔除表面抹灰的方法检查跨度较大的屋架和梁支承面下的垫块和锚固措施。

⑤用钢筋定位仪检查圈梁、构造柱或芯柱的设置。

5）墙、柱垂直度测量

墙、柱的垂直度一般采用经纬仪或全站仪进行测量，测定构件顶部相对于底部的水平位移，确定倾斜率和倾斜方向。在不具备仪器检测条件的情况下，可采用吊挂线锤的方法进行测量，但选用的吊锤重量应满足测量高度的吊锤稳定要求。

3. 砌体结构构件的安全性等级评定

（1）采用《危险房屋鉴定标准》JGJ 125—2016 进行评定时，砌体结构构件有下列现象之一者，应评定为危险点：

1）砌体构件承载力与其作用效应的比值（$R/\gamma_0 S$），主要构件 <0.90，一般构件 <0.85。

2）承重墙或柱因受压产生缝宽大于 1.0mm、缝长超过层高 1/2 的竖向裂缝，或产生缝长超过层高 1/3 的多条竖向裂缝。

3）承重墙或柱表面风化、剥落、砂浆粉化等，有效截面削弱达 15% 以上。

4）支承梁或屋架端部的墙体或柱截面因局部受压产生多条竖向裂缝，或裂缝宽度已超过 1.0mm。

5）墙或柱因偏心受压产生水平裂缝。

6）单片墙或柱产生相对于房屋整体的局部倾斜变形大于 7‰，或相邻构件连接处断裂成通缝。

7）墙或柱出现因刚度不足引起的挠曲鼓闪等侧弯变形现象，侧弯变形矢高大于 $h/150$，或在挠曲部位出现水平或交叉裂缝。

8）砖过梁中部产生明显竖向裂缝，或端部产生明显斜裂缝，或支承过梁的墙体产生受力裂缝，或产生明显的弯曲、下挠变形。

9）砖筒拱、扁壳、波形筒拱的拱顶沿母线产生裂缝，或拱曲面明显变形，或拱脚明显位移，或拱体拉杆锈蚀严重，或拉杆体系失效。

10）墙体高厚比超过现行国家标准《砌体结构设计规范》GB 50003—2011 允许高厚比的 1.2 倍。

（2）采用《民用建筑可靠性鉴定标准》GB 50292—2015 评定砌体结构构件的安全性等级时，应按承载能力、构造、不适于承载的位移和裂缝或其他损伤等四个检查项目，分别评定每一受检构件等级，并应取其中最低一级作为该构件的安全性等级。

1）当按承载能力评定砌体结构构件的安全性等级时，应按标准表 5-17 的规定分别评定每一验算项目的等级，并应取其中最低等级作为该构件承载能力的安全性等级。

砌体构件承载能力等级的评定　　表 5-17

构件类别	$R/(\gamma_0 S)$			
	a_u 级	b_u 级	c_u 级	d_u 级
主要构件及连接	≥ 1.00	≥ 0.95	≥ 0.90	<0.90
一般构件	≥ 1.00	≥ 0.90	≥ 0.85	<0.85

注：1. 表中 R 和 S 分别为结构构件的抗力和作用效应；γ_0 为结构重要性系数，按国家现行相关规范的规定取值。
　　2. 结构倾覆、滑移、漂浮的验算，按国家现行有关规范的规定进行。

2）当按连接及构造评定砌体结构构件的安全性等级时，应按标准表 5-18 的规定分别评定每个检查项目的等级，并应取其中最低等级作为该构件的安全性等级。

砌体结构构件构造等级的评定　　表 5-18

检查项目	a_u 级或 b_u 级	c_u 级或 d_u 级
墙、柱的高厚比	符合国家现行相关规范的规定	不符合国家现行相关规范的规定，且已超过国家标准《砌体结构设计规范》GB 50003—2011 规定限值的 10%
连接及构造	连接及砌筑方式正确，构造符合国家现行相关规范规定，无缺陷或仅有局部的表面缺陷，工作无异常	连接及砌筑方式不当，构造有严重缺陷，已导致构件或连接部位开裂、变形、位移、松动，或已造成其他损坏

注：1. 构件支承长度的检查与评定包含在"连接及构造"的项目中。
　　2. 构造缺陷包括施工遗留的缺陷。

3）当按不适于承载的位移或变形评定砌体结构构件安全性时，应符合下列规定：

①当墙、柱的水平位移或倾斜实测值大于标准表5-19规定的界限值时，应按下列规定评级：

A. 当该位移与整个结构有关，应考虑侧向位移对使用性的影响，并根据的评定结果，取与上部承重结构相同的级别作为该墙、柱的水平位移等级；

B. 当该位移只是孤立事件时，则应在其承载能力验算中考虑此附加位移的影响。当验算结果不低于 b_u 级时，仍可定为 b_u 级；当验算结果低于 b_u 级时，应根据其实际严重程度定为 c_u 级或 d_u 级。

C. 当该位移尚在发展时，应直接定为 d_u 级。

不适于承载的侧向位移等级的评定　　　　　　表5-19

检查项目	结构类别			顶点位移 c_u 级或 c_u 级	层间位移 c_u 级或 c_u 级
结构平面内的侧向位移（mm）	单层建筑	墙	$H \leq 7\text{m}$	>H/250	—
			$H>7\text{m}$	>H/300	—
		柱	$H \leq 7\text{m}$	>H/300	—
			$H>7\text{m}$	>H/330	—
	多层建筑	墙	$H \leq 10\text{m}$	>H/300	>H/300
			$H>10\text{m}$	>H/330	
		柱	$H \leq 10\text{m}$	>H/330	>H/330
	单层排架平面外侧倾			>H/350	—

注：1. 表中 H 为结构顶点高度；H_i 为第 i 层层间高度；
　　2. 墙包括带壁柱墙。

②除带壁柱墙外，对偏差或使用原因造成的其他柱的弯曲，当其矢高实测值大于柱的自由长度的1/300时，应在其承载能力验算中计入附加弯矩的影响。

③对拱或壳体结构构件出现的下列位移或变形，可根据其实际严重程度定为 c_u 级或 d_u 级：

A. 拱脚或壳的边梁出现水平位移；

B. 拱轴线或筒拱、扁壳的曲面发生变形。

4）当按不适于承载的裂缝评定砌体结构构件安全性时，应符合下列规定：

①当砌体结构的承重构件出现下列受力裂缝时，应视为不适于承载的裂缝，并应根据其严重程度评为 c_u 级或 d_u 级。

A. 桁架、主梁支座下的墙、柱的端部或中部，出现沿块材断裂或贯通的竖向裂缝或斜裂缝。

B.空旷房屋承重外墙的变截面处，出现水平裂缝或沿块材断裂的斜向裂缝。

C.砖砌过梁的跨中或支座出现裂缝；或虽未出现肉眼可见的裂缝，但发现其跨度范围内有集中荷载。

D.筒拱、双曲筒拱、扁壳等的拱面、壳面，出现沿拱顶母线或对角线的裂缝。

E.拱、壳支座附近或支承的墙体上出现沿块材断裂的斜裂缝。

F.其他明显的受压、受弯或受剪裂缝。

②当砌体结构、构件出现下列非受力裂缝时，应视为不适于承载的裂缝，并应根据其实际严重程度评为 c_u 级或 d_u 级。

A.纵横墙连接处出现通长的竖向裂缝。

B.承重墙体墙身裂缝严重，且最大裂缝宽度已大于 5mm。

C.独立柱已出现宽度大于 1.5mm 的裂缝，或有断裂、错位迹象。

D.其他显著影响结构整体性的裂缝。

③当砌体结构、构件存在可能影响结构安全的损伤时，应根据其严重程度直接定为 c_u 级或 d_u 级。

（3）采用《工业建筑可靠性鉴定标准》GB 50144—2008 进行评定时，砌体结构构件的安全性等级应按承载能力、构造和连接两个项目评定，并取其中的较低等级作为构件的安全性等级。

1）当按承载能力评定砌体结构构件的安全性等级时，应按标准表 5-20 的规定评定。

砌体构件承载能力评定等级　　　　　　表 5-20

构件种类	$R/\gamma_0 S$			
	a	b	c	d
重要构件	≥ 1.00	<1.00，≥ 0.90	<0.90，≥ 0.85	<0.85
次要构件	≥ 1.00	<1.00，≥ 0.87	<0.87，≥ 0.82	<0.82

注：1.表中 R 和 S 分别为结构构件的抗力和作用效应，γ_0 为结构重要性系数。
　　2.当砌体构件出现受压、受弯、受剪、受拉等受力裂缝时，应按相关规定考虑其对承载能力的影响，且承载能力项目评定等级不应高于 b 级。
　　3.当构件受到较大面积腐蚀并使截面严重削弱时，应评定为 c 级或 d 级。

2）当按连接及构造评定砌体结构构件的安全性等级时，应按下列规定的原则评定：

a 级：墙、柱高厚比不大于国家现行设计规范允许值，连接和构造符合国家现行规范的要求。

b 级：墙、柱高厚比大于国家现行设计规范允许值，但不超过 10%；或连接和构造局部不符合国家现行规范的要求，但不影响构件的安全使用。

c 级：墙、柱高厚比大于国家现行设计规范允许值，但不超过 20%；或连接和构造不符合国家现行规范的要求，已影响构件的安全使用。

d级：墙、柱高厚比大于国家现行设计规范允许值，且超过20%；或连接和构造严重不符合国家现行规范的要求，已危及构件的安全。

5.4.4　木结构构件鉴定

木材具有容重小，材料性能比较稳定，可就地取材，制作简便，容易加工和安装等优点而广泛地应用于中、小型建筑。作为房屋的主要承重结构构件，木结构在正常的使用条件下，其结构性能和耐久性是有保证的。由于设计、施工、材料、使用等多种因素的影响，木结构构件在使用过程中会产生各种损伤，如：结构构件的变形过大、裂缝、整体稳定性不足等。

1. 木结构构件的损伤及原因

（1）木结构构件承载能力不足

木结构构件承载能力不足一般表现为受弯构件产生过大的挠度，受压构件产生明显侧弯变形，木屋架挠度过大或上弦杆及受压腹杆被压弯。

造成木构件承载能力不足的主要原因有：设计时凭经验确定构件截面偏小；施工中材料代换时，代用材料截面或强度低于原设计材料；使用过程中，改变房屋用途，增加荷载，或改变屋面、顶棚做法，或增挂悬吊物，实际荷载超过了设计荷载；选用材料本身存在裂缝、木节、腐朽等影响承载能力的缺陷。

（2）木结构构件的变形过大

木结构构件的变形主要表现为：当屋面檩条变形较大时，屋面会产生波浪式变形；木梁变形较大时，顶棚下垂，抹灰顶棚会多处出现裂缝；木屋架变形较大时，杆件弯曲、节点松动等，较大的变形往往是木结构症害的综合反映。木构件的变形随着时间推移而增加的变形速度，在正常情况下是越来越慢。如变形突然增大或增加速度越来越大，则属异常现象，往往是由于结构中产生了局部破坏的隐患，是结构进一步破坏的预兆。

造成木构件变形的主要原因有：设计时忽视了刚度验算，强度满足了设计要求，但挠度超过了容许值；施工时材料代用不当；正放方檩条改为斜放而没有相应加大截面；制作安装偏差过大；使用过程中随意增加荷载等。

（3）木构件的裂缝

裂缝是木材中最常见的缺陷之一，木材裂缝对结构强度和稳定性的影响，在构件的不同部位影响程度不同。对于木屋架中仅承受拉力或压力的木杆件，少数与杆件轴线基本平行的轻微裂缝，对构件的承载能力影响不大。但在屋架下弦接头处及其木夹板的受剪面及受剪面附近，或其他任何承受剪力的部位出现的裂缝会使木构件抗剪强度明显降低，造成构件连接处的破损，严重的会导致屋架垮塌。屋架其他杆件出现的斜向裂缝，亦会对屋架造成不利影响。对于受压构件，如果裂缝长而深，就会使构件分成两半，从而降低了构件的刚度，严重的会使构件失去稳定。对于受弯构件，在受弯侧面出现纵向裂缝，使得构件受剪面减小。特别是构件端部剪应力最大，侧面裂缝会使构件剪切变形加大，使得构件的上半部、下半部因剪切变形而产生位移。

造成木构件裂缝的主要原因有：木材干燥过程中所产生的干缩裂缝；施工过程中下料方法不当（如包心下料）致使木材开裂严重，保管不善（如堆放场所条件不良和堆放方法不当）也会加剧裂缝的开展；施工安排不合理（如木屋架、木檩条安装后，屋盖长期不封闭）等。

（4）木构件的材质缺陷

1）斜纹

斜纹会使板材容易开裂和翘曲，使板材严重弯曲，是木材的常见缺陷之一。斜纹使木材的顺纹抗拉、顺纹抗压和抗弯强度降低，纹理越斜，影响就越大。

造成木材斜纹的主要原因有：天然斜纹，即木材在生长过程中由于纤维排列不正常而出现的斜向纹理，在原木中呈螺旋状的扭转；人工斜纹，由于下料方向不正确，锯截面与木纹方向不平行，把通直的树干锯出斜纹来。

2）木节

木节是树木生长过程中形成的一种天然缺陷，分为活节、死节、漏节三种。活节质地坚硬，构造正常，与周围木材联系较好，对木材强度影响较小。死节有的质地坚硬，有的较软，有的已开始腐朽，但均与周围木材成脱离和半脱离状态。漏节本身木质构造已大部分破坏，而且深入树干内部，和内部腐朽相连。木节对木材抗拉强度影响较大，对抗弯强度的影响程度上取决于木节在构件截面高度上的位置，而对受压和受剪影响较小。木节对原木影响较小，对方木和板材影响较大。

3）腐朽

木材腐朽是由于木腐菌的侵害造成的，木腐菌体内有水解酶和发酵酶等，可以分解木材的纤维素和木质素，破坏木材的物理和力学性能。一般木材在含水率35%~50%、温度25~30℃、又有足够空气的条件下，最易腐朽。木材腐朽后颜色变得暗淡、无光泽、结构变松、变软、易碎，最后成为一种干的或湿的呈蜂窝状或粉末状的软块，完全丧失了承载能力。

4）虫蛀

木材的虫蛀一般指甲壳虫和白蚁等昆虫对木材的侵害。甲壳虫主要侵害含水率较低的木材，而白蚁喜欢蛀蚀潮湿的木结构。被白蚁蛀蚀过的木构件，往往表面看不到明显痕迹，而内部已被蛀空。

（5）木结构的整体稳定性不足

木结构的整体稳定性不足主要表现为在垂直于结构平面的外力（如风力、悬挂起重设备的制动力等）作用下，结构会产生过大的倾斜和侧向变形，在垂直荷载作用下，亦会引起受压上弦向桁架平面外凸出。木结构的整体稳定性不足会导致结构失稳破坏。

造成木结构整体稳定性不足的主要原因有：支撑体系不完善，支撑杆件布置不当或锚固不可靠，导致整体结构的纵向刚度薄弱；施工缺陷和材料缺陷导致结构整体稳定性不足等。

（6）木屋架端节点受剪面强度不够

当屋架端节点受剪面强度不够时，端节点沿剪力面被推开，出现严重变形，保险螺栓也被拉脱或拉断，导致屋垮塌。

屋架端节点受剪面强度不够的主要原因有：设计受剪面偏小；施工用料不当，木材受剪面或受剪面附近出现裂缝；施工中随意将承受剪力的下弦端头伸出部分锯短等。

2. 木结构构件的检查重点和检查方法

（1）检查重点

1）变形的检查

木结构构件变形应重点检查受弯构件的挠度；受压构件的侧弯变形；木屋架的挠度和出平面倾斜等。

2）材质缺陷的检查

木结构构件材质缺陷应重点检查木构件受剪部位的裂缝；木材斜纹、死节、漏节、心腐等缺陷对构件的影响；受拉构件、受弯构件的受拉区、连接以及接头处的剪切面等部位存在的木材缺陷是否引起构件异常变形。

3）腐朽及蛀蚀的检查

木结构构件腐朽及蛀蚀应重点检查木檩条和木梁入墙部分；置于墙内的木柱和屋架支座；易受潮环境的木柱脚；封闭顶棚内的木檩条、木椽子；干湿交替，温湿度较高等使用环境中的木构件；易受蛀蚀的重点部位（木梁、木搁栅端部，木梁与木柱的连接节点，木屋架端节点，木柱脚等）。

4）造与连接的检查

木结构构件构造与连接应重点检查柱、梁节点连接方式，节点是否存在松动、变形、滑移等可能导致连接失效的现象；木屋架的构造与连接方式，木屋架端节点与墙、柱的锚固。

（2）检查方法

1）变形的检查

首先采用目测方法观察结构构件是否有柱身倾斜或挠曲、梁或屋架下弦挠度过大、屋架平面出现扭曲、屋面局部下陷等异常现象。

对明显存在异常现象的结构构件采用仪器进行检测。采用水准仪、全站仪或拉线的方法测量受弯构件挠度和挠度曲线；采用经纬仪、全站仪或悬挂吊锤的方法测量竖向杆件的侧向变形及其变形曲线，采用吊挂线锤的方法进行测量时，所选用的吊锤重量应满足测量高度的吊锤稳定要求。

2）材质缺陷的检查

通过检查构件上存在的木节、斜纹、心腐等缺陷的部位,测量木节的大小,斜纹的斜率,分析对构件的影响程度;对影响构件承载力的裂缝,应明确部位,测量裂缝长度、宽度、深度。

3）腐朽及蛀蚀的检查

采用观察结合敲击方法对木构件腐朽及蛀蚀情况进行检查,通过观察靠墙体处木构件表面情况,如有霉白色和黑点出现,则木材内部或埋入砌体部分已发生腐朽的可能性较大;当置于墙体内的木柱四周墙体及抹灰层出现相对位移或产生裂缝时,则有可能是木柱腐朽下沉所致;当截面较大的木梁柱一侧表面有隆起现象时,则有可能是被蛀蚀的迹象。用小锤轻击被检查的木构件,如出现"扑扑"的空壳声,则表明木材内部多数已有腐朽或蛀蚀出现的空洞;用钢钎插入木构件的可疑部位,如有内部松软的感觉,则表明木材内部已开始腐朽。对出现腐朽、虫蛀的木构件,应查明受损部位及受损程度。

4）构造与连接的检查

根据规范要求,对照检查木结构构造与连接方式。采用目测方法对梁、柱节点逐个检查;对木屋架端节点和上、下弦接头是否有过量的滑移,受拉节点承压面是否离缝或产生挤压变形,杆件受剪面是否有裂缝等进行检查。

5）支撑系统的检查

对照规范要求,检查屋盖支撑布置是否齐全;检查杆件截面尺寸是否满足构造要求;检查支撑杆件及连接节点是否存在弯曲、松脱等失效现象。

3. 木结构构件的安全性等级评定

（1）采用《危险房屋鉴定标准》JGJ 125—2016 进行评定时,木结构构件有下列现象之一者,应评定为危险点:

1）木结构构件承载力与其作用效应的比值（$R/\gamma_0 S$）,主要构件 <0.90,一般构件 <0.85。

2）连接方式不当,构造有严重缺陷,已导致节点松动变形、滑移、沿剪切面开裂、剪坏或铁件严重锈蚀、松动致使连接失效等损坏。

3）主梁产生大于 $l_0/150$ 的挠度,或受拉区伴有较严重的材质缺陷。

4）屋架产生大于 $l_0/120$ 的挠度,或平面外倾斜量超过屋架高度的 1/120,或顶部、端部节点产生腐朽或劈裂。

5）檩条、搁栅产生大于 $l_0/100$ 的挠度,或入墙木质部位腐朽、虫蛀。

6）木柱侧弯变形,其矢高大于 $h/150$,或柱顶劈裂、柱身断裂、柱脚腐朽等受损面积大于原截面 20% 以上。

7）对受拉、受弯、偏心受压和轴心受压构件,其斜纹理或斜裂缝的斜率 ρ 分别大于 7%、10%、15% 和 20%。

8）存在心腐缺陷的木质构件。

9）受压或受弯木构件干缩裂缝深度超过构件直径的 1/2，且裂缝长度超过构件长度的 2/3。

（2）采用《民用建筑可靠性鉴定标准》GB 50292—2015 评定木结构构件的安全性等级时，应按承载能力、构造、不适于承载的位移或变形、裂缝以及危险性的腐朽和虫蛀等六个检查项目，分别评定每一受检构件等级，并应取其中最低一级作为该构件的安全性等级。

1）当按承载能力评定木结构构件及其连接的安全性等级时，应按标准表 5-21 的规定分别评定每一验算项目的等级，并应取其中最低等级作为该构件承载能力的安全性等级。

木结构构件及其连接承载能力等级的评定　表 5-21

构件类别	$R/（\gamma_0 S）$			
	a_u 级	b_u 级	c_u 级	d_u 级
主要构件及连接	≥ 1.0	≥ 0.95	≥ 0.90	<0.90
一般构件	≥ 1.0	≥ 0.90	≥ 0.85	<0.85

注：表中 R 和 S 分别为结构构件的抗力和作用效应；γ_0 为结构重要性系数。

2）当按构造评定木结构构件的安全性等级时，应按表 5-22 的规定分别评定每个检查项目的等级，并应取其中最低等级作为该构件构造的安全性等级。

木结构构件构造等级的评定　表 5-22

检查项目	安全性等级	
	a_u 级或 b_u 级	c_u 级或 d_u 级
构件构造	构件长细比或高跨比、截面高宽比等符合国家现行设计规范的规定；无缺陷、损伤，或仅有局部表面缺陷；工作无异常	构件长细比或高跨比、截面高宽比等不符合国家现行设计规范的规定；存在明显缺陷或损伤；已影响或显著影响正常工作
节点、连接构造	节点、连接方式正确，构造符合国家现行设计规范规定；无缺陷，或仅有局部的表面缺陷；通风良好；工作无异常	节点、连接方式不当，构造有明显缺陷、通风不良，已导致连接松弛变形、滑移、沿剪面开裂或其他损坏

注：构件支承长度检查结果不参加评定，当存在问题时，需在鉴定报告中说明，并提出处理意见。

3）当按不适于承载的变形评定木结构构件的安全性等级时，应按表 5-23 的规定评级。

4）当木结构构件具有斜裂缝或下列斜率（ρ）的斜纹理时，应根据其严重程度定为 c_u 级或 d_u 级。

　　①对受拉构件及拉弯构件　　　　　$\rho > 10\%$

　　②对受弯构件及偏压构件　　　　　$\rho > 15\%$

　　③对受压构件　　　　　　　　　　$\rho > 20\%$

木结构构件不适于承载的变形的评定 表 5-23

检查项目		c_u 级或 d_u 级
挠度	桁架、屋架、托架	$>l_0/200$
	主梁	$>l_0^2$（3000h）或 $>l_0/150$
	搁栅、檩条	$>l_0^2$（2400h）或 $>l_0/120$
	椽条	$>l_0/100$，或已劈裂
侧向弯曲的矢高	柱或其他受压构件	$>l_c/200$
	矩形截面梁	$>l_0/150$

注：1. 表中 l_0 为计算跨度；l_c 为柱的无支长度；h 为截面高度。

　　2. 表中的侧向弯曲，主要是由木材生长原因或干燥、施工不当所引起的。

　　3. 评定结果取 c_u 级或 d_u 级，应根据其实际严重程度确定。

5）当按危险性腐朽或虫蛀评定木结构构件的安全性等级时，应按表 5-24 的规定评级；当封入墙、保护层内的木构件或其连接已受潮时，即使木材尚未腐朽，也应直接定为 c_u 级。

木结构构件危险性腐朽、虫蛀的评定 表 5-24

检查项目		c_u 级或 d_u 级
表层腐朽	上部承重结构构件	截面上的腐朽面积大于原截面面积的 5%，或按剩余截面验算不合格
	木桩	截面上的腐朽面积大于原截面面积的 10%
心腐	任何构件	有心腐
虫蛀		有新蛀孔；或未见蛀孔，但敲击有空鼓音，或用仪器探测，内有蛀洞

5.5 房屋鉴定评级

5.5.1 房屋危险性评级

1. 危险性等级划分

（1）构件危险性鉴定等级划分

构件危险性鉴定等级划分为危险构件和非危险构件两类。

（2）楼层危险性鉴定等级划分

A_u 级：无危险点。

B_u 级：有危险点。

C_u 级：局部危险。

D_u 级：整体危险。

（3）房屋危险性鉴定等级划分

A 级：无危险构件，房屋结构能满足安全使用要求。

B 级：个别结构构件评定为危险构件，但不影响主体结构安全，基本能满足安全使用要求。

C 级：部分承重结构不能满足安全使用要求，房屋局部处于危险状态，构成局部危房。

D 级：承重结构已不能满足安全使用要求，房屋整体处于危险状态，构成整幢危房。

2. 危险性评定原则

（1）全面分析综合判断原则

房屋危险性鉴定以房屋的地基、基础及上部结构构件的危险性程度判定为依据，结合下列因素进行全面分析和综合判断。

1）各危险构件的损伤程度。

2）危险构件在整幢房屋中的重要性、数量和比例。

3）危险构件相互间的关联作用及对房屋整体稳定性的影响。

4）周围环境、使用情况和人为因素对房屋结构整体的影响。

5）房屋结构的可修复性。

（2）关联性判定原则

在地基、基础、上部结构构件危险性呈关联状态时，应联系结构的关联性判定其影响范围。房屋危险性等级鉴定应符合下列规定：

1）在第一阶段地基危险性鉴定中，当地基评定为危险状态时，应将房屋评定为 D 级。

2）当地基评定为非危险状态时，应在第二阶段鉴定中，综合评定房屋基础及上部结构（含地下室）的状况后作出判断。

（3）兼顾影响范围原则

对传力体系简单的两层及两层以下房屋，可根据危险构件影响范围直接评定其危险性等级。

3. 评定方法

（1）房屋危险性鉴定的阶段与层次

房屋危险性鉴定根据两个阶段、三个层次的方法进行评定。

1）两个阶段

①第一阶段为地基危险性鉴定，评定房屋地基的危险性状态。

②第二阶段为基础及上部结构危险性鉴定，综合评定房屋的危险性等级。

2）基础及上部结构危险性鉴定

①第一层次为构件危险性鉴定，其等级评定为危险构件和非危险构件两类。

②第二层次为楼层危险性鉴定，其等级评定为 A_u、B_u、C_u、D_u 四个等级。

③第三层次为房屋危险性鉴定，其等级评定为 A、B、C、D 四个等级。

（2）基础危险构件综合比例计算公式

基础危险构件综合比例应按下式确定。

$$R_f = n_{df}/n_f \qquad\qquad 式（5-1）$$

式中　R_f——基础层危险构件综合比例（%）；

　　　n_{df}——基础危险构件数量；

　　　n_f——基础构件数量。

（3）上部结构（含地下室）各楼层的危险构件综合比例计算公式

上部结构（含地下室）各楼层的危险构件综合比例应按下式确定。

$$R_{si} = (3.5n_{dpci} + 2.7n_{dsci} + 1.8n_{dcci} + 2.7n_{dwi} + 1.9n_{drti} + 1.9n_{dpmbi} + 1.4n_{dsmbi} + n_{dsbi} + n_{dsi}$$
$$+ n_{dsmi})/(3.5n_{pci} + 2.7n_{sci} + 1.8n_{cci} + 2.7n_{wi} + 1.9n_{rti} + 1.9n_{pmbi} + 1.4n_{smbi} + n_{sbi} + n_{si} + n_{smi}) \qquad 式（5-2）$$

式中　　　　　　　R_{si}——第 i 层危险构件综合比例（%）；

n_{dpci}、n_{dsci}、n_{dcci}、n_{dwi}——第 i 层中柱、边柱、角柱及墙体危险构件数量；

　n_{pci}、n_{sci}、n_{cci}、n_{wi}——第 i 层中柱、边柱、角柱及墙体构件数量；

　　n_{drti}、n_{dpmbi}、n_{dsmbi}——第 i 层屋架、中梁、边梁危险构件数量；

　　　n_{rti}、n_{pmbi}、n_{smbi}——第 i 层屋架、中梁、边梁构件数量；

　　　　　　n_{dsbi}、n_{dsi}——第 i 层次梁、楼屋面板危险构件数量；

　　　　　　n_{sbi}、n_{si}——第 i 层次梁、楼屋面板构件数量；

　　　　　　　　n_{dsmi}——第 i 层围护结构危险构件数量；

　　　　　　　　n_{smi}——第 i 层围护结构构件数量。

当本层下任一楼层中竖向承重构件（含基础）评定为危险构件时，本层与该危险构件上下对应位置的竖向构件不论其是否评定为危险构件，均应计入危险构件数量。

（4）基础及上部结构（含地下室）楼层危险性等级判定准则

1）当 $R_f=0$ 或 $R_{si}=0$ 时，楼层危险性等级评定为 A_u 级。

2）当 $0<R_f<5\%$ 或 $0<R_{si}<5\%$ 时，楼层危险性等级评定为 B_u 级。

3）当 $5\% \leqslant R_f<25\%$ 或 $5\% \leqslant R_{si}<25\%$ 时，楼层危险性等级评定为 C_u 级。

4）当 $R_f \geqslant 25\%$ 或 $R_{si} \geqslant 25\%$ 时，楼层危险性等级评定为 D_u 级。

（5）整体结构（含基础、地下室）危险构件综合比例

$$R = (3.5n_{df} + 3.5\sum_{i=1}^{F+B+f}n_{dpci} + 2.7\sum_{i=1}^{F+B+f}n_{dsci} + 1.8\sum_{i=1}^{F+B+f}n_{dcci} + 2.7\sum_{i=1}^{F+B+f}n_{dwi} + 1.9\sum_{i=1}^{F+B+f}n_{drti} +$$
$$1.9\sum_{i=1}^{F+B+f}n_{dpmbi} + 1.4\sum_{i=1}^{F+B+f}n_{dsmbi} + \sum_{i=1}^{F+B+f}n_{dsbi} + \sum_{i=1}^{F+B+f}n_{dsi} + \sum_{i=1}^{F+B+f}n_{dsmi})/(3.5n_f + 3.5\sum_{i=1}^{F+B+f}n_{pci} +$$
$$2.7\sum_{i=1}^{F+B+f}n_{sci} + 1.8\sum_{i=1}^{F+B+f}n_{cci} + 2.7\sum_{i=1}^{F+B+f}n_{wi} + 1.9\sum_{i=1}^{F+B+f}n_{rti} + 1.9\sum_{i=1}^{F+B+f}n_{pmbi} + 1.4\sum_{i=1}^{F+B+f}n_{smbi} +$$
$$\sum_{i=1}^{F+B+f}n_{sbi} + \sum_{i=1}^{F+B+f}n_{si} + \sum_{i=1}^{F+B+f}n_{smi}) \qquad 式（5-3）$$

式中　　R——整体结构危险构件综合比例；

　　　　F——上部结构层数；

　　　　B——地下室结构层数；

　　　　f——基础层数。

4. 房屋危险性等级判定准则

1）A 级评定

当 R=0，且基础及上部结构各楼层（含地下室）危险性等级只含 A$_u$ 级，评定为 A 级。

2）B、C 级评定

当 0<R<5%，若基础及上部结构各楼层（含地下室）危险性等级不含 D$_u$ 级时，评定为 B 级，否则为 C 级。

3）C、D 级评定

当 5% ≤ R<25%，若基础及上部结构各楼层（含地下室）危险性等级中 D$_u$ 级的层数不超过（F+B+f）/3 时，评定为 C 级，否则为 D 级。

4）D 级评定

5）当 R ≥ 25% 时，评定为 D 级。

5.5.2　民用建筑可靠性评级

1. 等级划分

（1）安全性等级划分

1）单个构件（检查项目）

A$_u$ 级：安全性符合标准对 A$_u$ 级的要求，具有足够的承载能力，不必采取措施。

B$_u$ 级：安全性略低于标准对 A$_u$ 级的要求，尚不显著影响承载能力，可不采取措施。

C$_u$ 级：安全性不符合标准对 A$_u$ 级的要求，显著影响承载能力，应采取措施。

D$_u$ 级：安全性不符合标准对 A$_u$ 级的要求，已严重影响承载能力，必须及时或立即采取措施。

2）子单元（构件集）

A$_u$ 级：安全性符合标准对 A$_u$ 级的要求，不影响整体承载，可能有个别一般构件应采取措施。

B$_u$ 级：安全性略低于标准对 A$_u$ 级的要求，尚不显著影响整体承载，可能有极少数构件应采取措施。

C$_u$ 级：安全性不符合标准对 A$_u$ 级的要求，则显著影响整体承载，应采取措施，且可能有极少数构件必须立即采取措施。

D$_u$ 级：安全性极不符合标准对 A$_u$ 级的要求，严重影响整体承载，必须立即采取措施。

3）鉴定单元

As_u 级：安全性符合标准对 As_u 级的要求，不影响整体承载，可能有极少数一般构件应采取措施。

Bs_u 级：安全性略低于标准对 As_u 级的要求，尚不显著影响整体承载，可能有极少数构件应采取措施。

Cs_u 级：安全性不符合标准对 As_u 级的要求，显著影响整体承载，应采取措施，且可能有少数构件必须立即采取措施。

Ds_u 级：安全性极不符合标准对 As_u 级的要求，严重影响整体承载，必须立即采取措施。

（2）使用性等级划分

1）单个构件（检查项目）

a_s 级：使用性符合标准对 a_s 级的要求，具有正常的使用功能，不必采取措施。

b_s 级：使用性略低于标准对 a_s 级的要求，尚不显著影响使用功能，可不采取措施。

c_s 级：使用性不符合标准对 a_s 级的要求，显著影响使用功能，应采取措施。

2）子单元（构件集）

A_s 级：使用性符合标准对 A_s 级的要求，不影响整体使用功能，可能有极少数一般构件应采取措施。

B_s 级：使用性略低于标准对 A_s 级的要求，尚不显著影响整体使用功能，可能有极少数构件应采取措施。

C_s 级：使用性不符合标准对 A_s 级的要求，显著影响整体使用功能，应采取措施。

3）鉴定单元

A_{ss} 级：使用性符合标准对 A_{ss} 级的要求，不影响整体使用功能，可能有极少数一般构件应采取措施。

B_{ss} 级：使用性略低于标准对 A_{ss} 级的要求，尚不显著影响整体使用功能，可能有极少数构件应采取措施。

C_{ss} 级：使用性不符合标准对 A_{ss} 级的要求，显著影响整体使用功能，应采取措施。

（3）可靠性等级划分

1）单个构件

a 级：可靠性符合标准对 a 级的规定，具有正常的承载功能和使用功能，不必采取措施。

b 级：可靠性略低于标准对 a 级的规定，尚不显著影响承载功能和使用功能，可不采取措施。

c 级：可靠性不符合标准对 a 级的规定，显著影响承载功能和使用功能，应采取措施。

d 级：可靠性极不符合标准对 a 级的规定，已严重影响安全，必须及时或立即采取措施。

2）子单元

A级：可靠性符合标准对 A 级的规定，不影响整体承载功能和使用功能，可能有个别一般构件应采取措施。

B级：可靠性略低于标准对 A 级的规定，但尚不显著影响整体承载功能和使用功能，可能有极少数构件应采取措施。

C级：可靠性不符合标准对 A 级的规定，显著影响整体承载功能和使用功能，应采取措施，且可能有极少数构件必须及时采取措施。

D级：可靠性极不符合标准对 A 级的规定，已严重影响安全，必须及时或立即采取措施。

3）鉴定单元

Ⅰ级：可靠性符合标准对 Ⅰ 级的规定，不影响整体承载功能和使用功能，可能有极少数一般构件应在安全性或使用性方面采取措施。

Ⅱ级：可靠性略低于标准对 Ⅰ 级的规定，尚不显著影响整体承载功能和使用功能，可能有极少数构件应在安全性或使用性方面采取措施。

Ⅲ级：可靠性不符合标准对 Ⅰ 级的规定，显著影响整体承载功能和使用功能，应采取措施，且可能有极少数构件必须及时采取措施。

Ⅳ级：可靠性极不符合标准对 Ⅰ 级的规定，已严重影响安全，必须及时或立即采取措施。

2. 层次评定原则

（1）安全性和使用性的鉴定评级按构件、子单元和鉴定单元各分三个层次。每一层次分为四个安全性等级和三个使用性等级，并应按规定的检查项目和步骤，从第一层构件开始，逐层进行。

1）按规定划分单个构件，根据构件各检查项目评定结果，确定单个构件等级；

2）根据子单元各检查项目及各构件集的评定结果，确定子单元等级；

3）根据各子单元的评定结果，确定鉴定单元等级。

（2）各层次可靠性鉴定评级以该层次安全性和使用性的评定结果为依据综合确定。每一层次的可靠性等级应分为四级。

（3）当仅要求鉴定某层次的安全性或使用性时，检查和评定工作可只进行到该层次相应程序规定的步骤。

（4）当建筑物中的构件同时符合下列条件时，可不参与鉴定。当有必要给出该构件的安全性等级时，可根据其实际完好程度定为 A_u 级或 B_u 级：

1）该构件未受结构性改变、修复、修理或用途、使用条件改变的影响；

2）该构件未遭明显的损坏；

3）该构件工作正常，且不怀疑其可靠性不足；

4）在下一目标使用年限内，该构件所承受的作用和所处的环境，与过去相比不会发生显著变化。

3. 安全性评定方法

（1）单个构件安全性评定

1）混凝土结构构件

混凝土结构构件的安全性鉴定，应按承载能力、构造、不适于承载的位移或变形、裂缝或其他损伤等四个检查项目，分别评定每一受检构件的等级，并取其中最低一级作为该构件安全性等级。

2）钢结构构件

钢结构构件的安全性鉴定，应按承载能力、构造以及不适于承载的位移或变形等三个检查项目，分别评定每一受检构件等级；钢结构节点、连接域的安全性鉴定，应按承载能力和构造两个检查项目，分别评定每一节点、连接域等级；对冷弯薄壁型钢结构、轻钢结构、钢桩以及地处有腐蚀性介质的工业区，或高湿、临海地区的钢结构，尚应以不适于承载的锈蚀作为检查项目评定其等级；然后取其中最低一级作为该构件的安全性等级。

3）砌体结构构件

砌体结构构件的安全性鉴定，应按承载能力、构造、不适于承载的位移和裂缝或其他损伤等四个检查项目，分别评定每一受检构件等级，并应取其中最低一级作为该构件的安全性等级。

4）木结构构件

木结构构件的安全性鉴定，应按承载能力、构造、不适于承载的位移或变形、裂缝以及危险性的腐朽和虫蛀等六个检查项目，分别评定每一受检构件等级，并应取其中最低一级作为该构件的安全性等级。

（2）子单元安全性评定

1）地基基础

地基基础子单元的安全性鉴定评级，应根据地基变形或地基承载力的评定结果进行确定。对建在斜坡场地的建筑物，还应按边坡场地稳定性的评定结果进行确定。

地基基础子单元的安全性等级，应根据标准对地基基础和场地的评定结果，按其中最低一级确定。

2）上部承重结构

上部承重结构子单元的安全性鉴定评级，应根据其结构承载功能等级、结构整体性等级以及结构侧向位移等级的评定结果，按下列原则确定：

①一般情况下，应按上部结构承载功能和结构侧向位移或倾斜的评级结果，取其中较低一级作为上部承重结构（子单元）的安全性等级。

②当上部承重结构按上款评为 B_u 级，但当发现各主要构件集所含的 C_u 级构件处于 C_u

级构件交汇的节点连接处，或不止一个 C_u 级存在于人群密集场所或其他破坏后果严重的部位时，宜将所评等级降为 C_u 级。

③当上部承重结构按承载功能和结构侧向位移或倾斜的评级结果，评为 C_u 级，但当发现其主要构件集有下列情况之一时，宜将所评等级降为 D_u 级。

A. 多层或高层房屋中，其底层柱集为 C_u 级；

B. 多层或高层房屋的底层，或任一空旷层，或框支剪力墙结构的框架层的柱集为 D_u 级；

C. 在人群密集场所或其他破坏后果严重部位，出现不止一个 D_u 级构件；

D. 任何种类房屋中，有 50% 以上的构件为 C_u 级。

④当上部承重结构按承载功能和结构侧向位移或倾斜的评级结果，评为 A_u 级或 B_u 级，而结构整体性等级为 C_u 级或 D_u 级时，应将所评的上部承重结构安全性等级降为 C_u 级。

⑤当上部承重结构在按本条规定作了调整后仍为 A_u 级或 B_u 级，但当发现被评为 C_u 级或 D_u 级的一般构件集，已被设计成参与支撑系统或其他抗侧力系统工作，或已在抗震加固中，加强了其与主要构件集的锚固时，应将上部承重结构所评的安全性等级降为 C_u 级。

⑥上部结构承载功能的等级的评定，可按下列规定确定：

A. A_u 级：不含 C_u 级和 D_u 级代表层（或区）；可含 B_u 级，但含量不多于 30%。

B. B_u 级：不含 D_u 级代表层（或区）；可含 C_u 级，但含量不多于 15%。

C. C_u 级：可含 C_u 级和 D_u 级代表层（或区）；当仅含 C_u 级时，其含量不多于 50%；当仅含 D_u 级时，其含量不多于 10%；当同时含有 C_u 级和 D_u 级时，其 C_u 级含量不应多于 25%，D_u 级含量不多于 5%。

D. D_u 级：其 C_u 级或 D_u 级代表层（或区）的含量多于 C_u 级的规定数。

⑦结构整体牢固性等级的评定，可按下列原则确定：

A. 当四个检查项目均不低于 B_u 级时，可按占多数的等级确定。

B. 当仅一个检查项目低于 B_u 级时，可根据实际情况定为 B_u 级或 C_u 级。

C. 每个项目评定结果取 A_u 级或 B_u 级，应根据其实际完好程度确定；取 C_u 级或 D_u 级，应根据其实际严重程度确定。

⑧不适于承载的侧向位移，可按下列规定评级：

A. 当检测值已超出相关标准规定的界限，且有部分构件出现裂缝、变形或其他局部损坏迹象时，应根据实际严重程度定为 C_u 级或 D_u 级。

B. 当检测值虽已超出相关标准规定的界限，但尚未发现上款所述情况时，应进一步进行计入该位移影响的结构内力计算分析，并按标准的规定验算各构件的承载能力。

C. 当验算结果均不低于 B_u 级时，仍可将该结构定为 B_u 级，但宜附加观察使用一段时间的限制。

D. 当构件承载能力的验算结果有低于 B_u 级时，应定为 C_u 级。

⑨当不要求评定围护系统可靠性时，可不将围护系统承重部分列为子单元，将其安全性鉴定并入上部承重结构中。

⑩当仅要求对某个子单元的安全性进行鉴定时，该子单元与其他相邻子单元之间的交叉部位，也应进行检查，并应在鉴定报告中提出处理意见。

3）围护系统承重部分

围护系统承重部分的安全性，应在该系统专设的和参与该系统工作的各种承重构件的安全性评级的基础上，根据该部分结构承载功能等级和结构整体性等级的评定结果，按下列规定确定：

①当仅有 A_u 级和 B_u 级时，可按占多数级别确定。

②当含有 C_u 级或 D_u 级时，C_u 级或 D_u 级属于结构承载功能问题时，可按最低等级确定；C_u 级或 D_u 级属于结构整体性问题时，可定为 C_u 级。

③围护系统承重部分评定的安全性等级，不应高于上部承重结构的等级。

（3）鉴定单元安全性评定

鉴定单元的安全性等级，应根据地基基础、上部承重结构、围护系统承重部分的相关评定结果，按下列规定评级：

1）一般情况下，应根据地基基础和上部承重结构的评定结果按其中较低等级确定。

2）当鉴定单元的安全性等级按上款评为 A_u 级或 B_u 级，但围护系统承重部分的等级为 C_u 级或 D_u 级时，可根据实际情况将鉴定单元所评等级降低一级或二级，但最后所定的等级不得低于 C_{su} 级。

3）对建筑物处于有危房的建筑群中，且直接受到其威胁，或建筑物朝一个方向倾斜，且速度开始变快的，可直接评为 D_{su} 级。

4. 使用性评定方法

（1）单个构件使用性评定

1）混凝土结构构件

混凝土结构构件的使用性等级，应按下列规定进行评定：

①应按位移或变形、裂缝、缺陷和损伤等四个检查项目，分别评定每一受检构件的等级，并取其中最低一级作为该构件使用性等级。

②混凝土结构构件碳化深度的测定结果，主要用于鉴定分析，不参与评级。但当构件主筋已处于碳化区内时，则应在鉴定报告中指出，并应结合其他项目的检测结果提出处理的建议。

2）钢结构构件

钢结构构件的使用性鉴定，应按位移或变形、缺陷和锈蚀或腐蚀等三个检查项目，分别评定每一受检构件等级，并以其中最低一级作为该构件的使用性等级；对钢结构受拉构件，除应按以上三个检查项目评级外，尚应以长细比作为检查项目参与上述评级。

3）砌体结构构件

砌体结构构件的使用性鉴定，应按位移、非受力裂缝、腐蚀等三个检查项目，分别评定每一受检构件等级，并取其中最低一级作为该构件的安全性等级。

4）木结构构件

木结构构件的使用性鉴定，应按位移、干缩裂缝和初期腐朽等三个检查项目的检测结果，分别评定每一受检构件等级，并取其中最低一级作为该构件的安全性等级。

（2）子单元使用性评定

1）地基基础

地基基础的使用性，可根据其上部承重结构或围护系统的工作状态进行评定。

地基基础的使用等级应按下列规定评定：

①当上部承重结构和围护系统的使用性检查未发现问题，或所发现问题与地基基础无关时，可根据实际情况定为 A_s 级或 B_s 级。

②当上部承重结构和围护系统所发现的问题与地基基础有关时，可根据上部承重结构和围护系统所评的等级，取其中较低一级作为地基基础使用性等。

2）上部承重结构

上部承重结构子单元的使用性鉴定评级，应根据其所含各种构件集的使用性等级和结构的侧向位移等级进行评定。当建筑物的使用要求对振动有限制时，还应评估振动的影响。

上部承重结构的使用性等级，应按上部结构使用功能和结构侧移所评等级中较低等级作为其使用性等级。

3）围护系统承重部分

围护系统（子单元）的使用性鉴定评级，应根据使用功能及其承重部分，按检查项目及其评定标准逐项评级，并应按下列原则确定围护系统的使用功能等级：

①一般情况下，可取其中最低等级作为围护系统的使用功能等级。

②当鉴定的房屋对表中各检查项目的要求有主次之分时，也可取主要项目中的最低等级作为围护系统使用功能等级。

③当按上款主要项目所评的等级为 A_s 级或 B_s 级，但有多于一个次要项目为 C_s 级时，应将围护系统所评等级降为 C_s 级。

（3）鉴定单元使用性评定

鉴定单元的使用性鉴定评级，应根据地基基础、上部承重结构和围护系统的使用性等级，以及与整幢建筑有关的其他使用功能问题进行评定。

鉴定单元的使用性等级，按三个子单元中最低的等级确定。

当鉴定单元的使用性等级评为 A_{ss} 级或 B_{ss} 级，但遇到房屋内外装修已大部分老化或残损，或房屋管道、设备已需全部更新时，宜将所评等级降为 C_{ss} 级。

5. 可靠性评定方法

可靠性评定以其安全性和使用性的评定结果为依据逐层进行。

各层次的可靠性等级评定应根据其安全性和使用性的评定结果，按下列规定确定：

1）当该层次安全性等级低于 b_u 级、B_u 级或 B_{su} 级时，应按安全性等级确定。

2）除上款情形外，可按安全性等级和正常使用性等级中较低的一个等级确定。

3）当考虑鉴定对象的重要性或特殊性时，可对本条第 2 款的评定结果作不大于一级的调整。

4）当不要求给出可靠性等级时，各层次的可靠性，宜采取直接列出其安全性等级和使用性等级的形式予以表示。

5.5.3　工业建筑可靠性评级

1. 等级划分

（1）安全性等级划分

1）单个构件

a 级：符合国家现行标准规范的安全性要求，安全，不必采取措施。

b 级：略低于国家现行标准规范的安全性要求，仍能满足结构安全性的下限水平要求，不影响安全，可不采取措施。

c 级：不符合国家现行标准规范的安全性要求，影响安全，应采取措施。

d 级：极不符合国家现行标准规范的安全性要求，已严重影响安全，必须及时或立即采取措施。

2）结构系统

A 级：符合国家现行标准规范的安全性要求，不影响整体安全，可能有个别次要构件宜采取适当措施。

B 级：略低于国家现行标准规范的安全性要求，仍能满足结构安全性的下限水平要求，尚不明显影响整体安全，可能有极少数构件应采取措施。

C 级：不符合国家现行标准规范的安全性要求，影响整体安全，应采取措施，且可能有极少数构件必须立即采取措施。

D 级：极不符合国家现行标准规范的安全性要求，已严重影响整体安全，必须立即采取措施。

（2）使用性等级划分

1）单个构件

a 级：符合国家现行标准规范的正常使用要求，在目标使用年限内能正常使用，不必采取措施。

b 级：略低于国家现行标准规范的正常使用要求，在目标使用年限内尚不明显影响正常使用，可不采取措施。

c 级：不符合国家现行标准规范的正常使用要求，在目标使用年限内明显影响正常使用，应采取措施。

2）结构系统

A 级：符合国家现行标准规范的正常使用要求，在目标使用年限内不影响整体正常使用，可能有个别次要构件宜采取适当措施。

B 级：略低于国家现行标准规范的正常使用要求，在目标使用年限内尚不明显影响整体正常使用，可能有极少数构件应采取措施。

C 级：不符合国家现行标准规范的正常使用要求，在目标使用年限内明显影响整体正常使用，应采取措施。

（3）可靠性等级划分

1）单个构件

a 级：符合国家现行标准规范的可靠性要求，安全，在目标使用年限内能正常使用或尚不明显影响正常使用，不必采取措施。

b 级：略低于国家现行标准规范的可靠性要求，仍能满足结构可靠性的下限水平要求，不影响安全，在目标使用年限内能正常使用或尚不明显影响正常使用，可不采取措施。

c 级：不符合国家现行标准规范的可靠性要求，或影响安全，或在目标使用年限内明显影响正常使用，应采取措施。

d 级：极不符合国家现行标准规范的可靠性要求，已严重影响安全、必须立即采取措施。

2）结构系统

A 级：符合国家现行标准规范的可靠性要求，不影响整体安全，在目标使用年限内不影响或尚不明显影响整体正常使用，可能有个别次要构件宜采取适当措施。

B 级：略低于国家现行标准规范的可靠性要求，仍能满足结构可靠性的下限水平要求，尚不明显影响整体安全，在目标使用年限内不影响或尚不明显影响整体正常使用，可能有极少数构件应采取措施。

C 级：不符合国家现行标准规范的可靠性要求，或影响整体安全，或在目标使用年限内明显影响整体正常使用，应采取措施，且可能有极少数构件必须立即采取措施。

D 级：极不符合国家现行标准规范的可靠性要求，已严重影响整体安全，必须立即采取措施。

3）鉴定单元

一级：符合国家现行标准规范的可靠性要求，不影响整体安全，在目标使用年限内不影响整体正常使用，可能有极少数次要构件宜采取适当措施。

二级：略低于国家现行标准规范的可靠性要求，仍能满足结构可靠性的下限水平要求，尚不明显影响整体安全，在目标使用年限内不影响或尚不明显影响整体正常使用，可能有极少数构件应采取措施，极个别次要构件必须立即采取措施。

三级：不符合国家现行标准规范的可靠性要求，影响整体安全，在目标使用年限内明显影响整体正常使用，应采取措施，且可能有极少数构件必须立即采取措施。

四级：极不符合国家现行标准规范的可靠性要求，已严重影响整体安全，必须立即采取措施。

2. 综合评定原则

可靠性鉴定评级划分构件、结构系统和鉴定单元三个层次。构件和结构系统两个层次包括安全性等级和使用性等级评定，需要时可综合评定其可靠性等级。构件和结构系统每一层次分为四个安全性等级和三个使用性等级，各层次的可靠性分四个安全性等级，并按规定的检查项目和步骤，分层次进行评定。当不要求评定可靠性等级时，可直接给出安全性和正常使用性评定结果。

3. 评定方法

（1）安全性评定

1）单个构件安全性评定

①混凝土构件

混凝土构件的安全性等级应按承载能力、构造和连接两个项目评定，并取其中较低等级作为构件的安全性等级。

②钢构件

钢构件的安全性等级应按承载能力（包括构造和连接）项目评定，并取其中最低等级作为构件的安全性等级。

③砌体构件

砌体构件的安全性等级应按承载能力、构造和连接两个项目评定，并取其中的较低等级作为构件的安全性等级。

2）结构系统安全性评定

①地基基础

地基基础的安全性等级评定应遵循下列原则：

A. 根据地基变形观测资料和建、构筑物现状进行评定。必要时，可按地基基础的承载力进行评定。

B. 建在斜坡场地上的工业建筑，应对边坡场地的稳定性进行检测评定。

C. 对有大面积地面荷载或软弱地基上的工业建筑，应评价地面荷载、相邻建筑以及循环工作荷载引起的附加沉降或桩基侧移对工业建筑安全使用的影响。

②上部承重结构

上部承重结构的安全性等级，应按结构整体性和承载功能两个项目评定，并取其中较低的评定等级作为上部承重结构的安全性等级，必要时应考虑过大水平位移或明显振动对该结构系统或其中部分结构安全性的影响。

③围护结构系统

围护结构系统的安全性等级，应按承重围护结构的承载功能和非承重围护结构的构造连接两个项目进行评定，并取两个项目中较低的评定等级作为该围护结构系统的安全性等级。

（2）使用性评定

1）单个构件使用性评定

①混凝土构件

混凝土构件的使用性等级应按裂缝、变形、缺陷和损伤、腐蚀四个项目评定，并取其中的最低等级作为构件的使用性等级。

②钢构件

钢构件的使用性等级应按变形、偏差、一般构造和腐蚀等项目进行评定，并取其中最低等级作为构件的使用性等级。

③砌体构件

砌体构件的使用性等级应按裂缝、缺陷和损伤、腐蚀三个项目评定，并取其中的最低等级作为构件的使用性等级。

2）结构系统使用性评定

①地基基础

地基基础的使用性等级宜根据上部承重结构和围护结构使用状况评定。

②上部承重结构

上部承重结构的使用性等级应按上部承重结构使用状况和结构水平位移两个项目评定，并取其中较低的评定等级作为上部承重结构的使用性等级，必要时尚应考虑振动对该结构系统或其中部分结构正常使用性的影响。

③围护结构系统

围护结构系统的使用性等级，应根据承重围护结构的使用状况、围护系统的使用功能两个项目评定，并取两个项目中较低评定等级作为该围护结构系统的使用性等级。

（3）可靠性评定

1）构件可靠性评定

构件可靠性等级应根据构件安全性等级和使用性等级评定结果，按下列原则评定：

①当构件的使用性等级为 c 级、安全性等级不低于 b 级时，宜定为 c 级；其他情况，

应按安全性等级确定；

②位于生产工艺流程关键部位的构件，可按安全性等级和使用性等级中的较低等级确定或调整。

2）结构系统可靠性评定

结构系统的可靠性等级应根据每个结构系统的安全性等级和使用性等级评定结果，按下列原则评定：

①当系统的使用性等级为 C 级，安全性等级不低于 B 级时，宜定为 C 级；其他情况，应按安全性等级确定；

②位于生产工艺流程重要区域的结构系统，可按安全性等级和使用性等级中的较低等级确定或调整。

3）鉴定单元可靠性评定

鉴定单元的可靠性等级应根据地基基础、上部承重结构和围护结构系统的可靠性等级评定结果，以地基基础、上部承重结构为主，按下列原则确定：

①当围护结构系统与地基基础和上部承重结构的等级相差不大于一级时，可按地基基础和上部承重结构中的较低等级作为该鉴定单元的可靠性等级。

②当围护结构系统比地基基础和上部承重结构中的较低等级低二级时，可按地基基础和上部承重结构中的较低等级降一级作为该鉴定单元的可靠性等级。

③当围护结构系统比地基基础和上部承重结构中的较低等级低三级时，可根据本条第2款的原则和实际情况，按地基基础和上部承重结构中的较低等级降一级或降二级作为该鉴定单元的可靠性等级。

5.5.4 房屋完损等级评定

1. 等级划分

（1）完好房

房屋的结构构件完好，装修和设备完好、齐全完整，管道畅通，现状良好，使用正常。或虽个别分项有轻微损坏，但一般经过小修就能修复的。

（2）基本完好房

房屋结构基本完好，少量构部件有轻微损坏，装修基本完好，油漆缺乏保养，设备、管道现状基本完好，能正常使用，经过一般性的维修能修复的。

（3）一般损坏房

房屋结构一般损坏，部分构部件有损坏或变形，屋面局部漏雨，装修局部有破损，油漆老化，设备管道不够通畅，水卫、电照管线、器具和零件有部分老化、损坏或残缺，需要进行中修或局部大修更换部件。

（4）严重损坏房

房屋年久失修，结构有明显变形或损坏，屋面严重漏雨，装修严重变形、破损，油漆老化见底，设备陈旧不齐全，管道严重堵塞，水卫、电照的管线、器具和零件残缺及严重损坏，需进行大修或翻建、改建。

（5）危险房

结构已严重损坏，或承重构件已属危险构件，随时可能丧失稳定和承载能力，不能保证居住和使用安全的房屋。

2. 评定原则

1）房屋完损等级的评定一般以幢为评定单位。

2）房屋完损等级评定着眼于房屋使用管理，因此不涉及房屋原设计质量、原使用功能和工业建筑的评定，房屋完损等级评定不应超出标准的适用范围。

3）房屋完损等级评定时，一般不进行结构验算。

4）当所评定房屋损坏程度超出严重损坏标准出现危险房屋时，应更换其他标准进行评定。

3. 评定方法

（1）据房屋的结构、装修、设备三个部分的各个项目完好或损坏程度进行评定

1）结构组成部分为：基础、承重构件、非承重墙、屋面和楼地面。

2）装修组成部分为：门窗、外抹灰、内抹灰、顶棚和细木装修。

3）设备组成部分为：水卫、电照、暖气及特种设备（如消防栓、避雷装置、电梯等）。

（2）钢筋混凝土结构、混合结构、砖木结构房屋

1）完好房。凡符合下列条件之一者可评为完好房：

①结构、装修、设备部分各项完损程度符合完好标准。

②装修、设备部分有一、二项完损程度符合基本完好的标准，其余符合完好标准。

2）基本完好房。凡符合下列条件之一者可评为基本完好房：

①结构、装修、设备部分各项完损程度符合基本完好标准。

②装修、设备部分中有一、二项完损程度符合一般损坏的标准，其余符合基本完好以上的标准。

3）一般损坏房。凡符合下列条件之一者可评为一般损坏房：

①结构、装修、设备部分各项完损程度符合一般损坏的标准。

②在装修、设备部分中有一、二项完损程度符合严重损坏标准，其余符合一般损坏以上标准。

③结构部分除基础、承重构件、屋面外，可有一项和装修或设备部分中的一项完损程度符合严重损坏的标准，其余符合一般损坏以上的标准。

4）严重损坏房。凡符合下列条件之一者可评为严重损坏房：

①结构、装修、设备部分各项完损程度符合严重损坏标准。

②结构、装修、设备部分中有少数项目完损程度符合一般损坏标准，其余符合严重损坏的标准。

5）房屋评定等级释义

完好房：结构、装修、设备部分各项完损程度符合完好标准的。

基本完好房：结构、装修、设备各部分各项完损程度符合基本完好标准的，或者有少量项目完好程度符合完好标准的。

一般损坏房：结构、装修、设备部分各项完损程度符合一般损坏标准，或者有少量项目完损程度符合基本完好标准的。

严重损坏房：结构、装修、设备部分各项完损程度符合严重损坏标准，或者有少量项目完损程度符合一般损坏标准的。

5.6 专项鉴定评级

专项鉴定是指根据委托人的要求，在特定条件下对专门性项目进行鉴定的活动。专项鉴定包括安全性应急鉴定，火灾后建筑结构鉴定，施工对相邻房屋影响鉴定，房屋抗震鉴定等。专项鉴定所涉及的鉴定范围和技术要求具有针对性，专项鉴定仅对委托事项提出鉴定结论。

5.6.1 房屋安全性应急鉴定

房屋安全性应急鉴定是指因突发事件造成房屋损坏，或导致房屋存在安全隐患，或房屋严重受损并可能导致次生灾害的发生而进行的鉴定。

1. 适用范围和鉴定依据

应急鉴定可依据《危险房屋鉴定标准》JGJ 125—2016、《房屋完损等级评定标准》（城住字 [84] 第 678 号）、《火灾后建筑结构鉴定标准》CECS 252：2009 等相关标准进行。

2. 鉴定方法及工作内容

（1）鉴定方法

房屋安全性应急鉴定是房屋安全鉴定的一种特殊形式。因爆炸、地震、火灾、台风、水淹、交通事故、地质灾害、房屋倒塌等涉及房屋安全的突发性事件发生后，房屋鉴定机构根据委托方要求对遭遇突发事件引起的房屋损坏进行鉴定，对房屋损坏程度及影响范围进行应急评估。应急鉴定要根据房屋损坏现状，依据相应的鉴定标准，在最短的时间内出具应急鉴定意见，并提出紧急处理建议，避免突发性事件导致的次生灾害发生，将灾害对社会公共利益或者人民生命财产造成的影响和损失降到最低，为决策机关或委托人应急处理突发事件提供技术支撑。

鉴定因时间和现场的局限，主要采用目测和仪器检测相结合的方法，根据房屋结构构件工作状态进行综合判断，出具应急鉴定建议。根据需要再进行详细鉴定。

（2）工作内容

1）收集资料。收集受损房屋的施工图纸和相关施工资料、地质资料、监测资料、事故发生区域房屋使用环境、周边影响因素等相关材料。

2）调查灾情。调查事件发生时间、地点、受灾程度、影响范围、灾害原因及对周边的影响等。

3）现场查勘。第一时间进入现场查勘，初步判断房屋受损状况，确定需及时排除险情的房屋和立即停止使用的房屋，判断是否可能引发次生灾害的发生。

4）出具应急鉴定报告。房屋安全性应急鉴定报告应明确提出鉴定结论和应急处理建议。处理建议应快速有效、安全可靠、具有可操作性。

5）完成安全性应急鉴定后，对仍需使用的房屋应进行安全性和适修性的详细鉴定。

3. 应急鉴定的特点和注意事项

（1）房屋安全性应急鉴定的特点

1）应急事件具有因果性、偶然性、潜伏性。每一次应急事件都为突发事故，事出必有因，有自然灾害引起的事故，也有人为原因引起的事故。故应急鉴定必须遵循科学、客观、公正的原则，根据事故原因、灾害类型、受损程度，依据现行条例、规范、标准等进行鉴定。应急鉴定还需重点排查事故引起的房屋潜在安全隐患，避免次生灾害的发生。

2）应急事件处置具有特殊性、专门性。突发事件根据其影响程度、严重性分为不同的等级，每一次应急事件按事发地点及等级，由各级（国家、省市、地区、街道）政府部门组织应急处置。故应急鉴定应服从政府相关部门统一调度，按事件处置时间节点和要求做好应急鉴定。

（2）房屋安全性应急鉴定的主要事项

应急事件处理及应急鉴定整个过程中均体现一个"急"和一个"快"字，突发事件发生后，鉴定机构应迅速响应，在第一时间到达事故发生地，迅速展开调查、在最短时间内提出鉴定意见和应急处置建议，为决策机关处置突发性事件提供技术支撑。进入现场的鉴定人员应采取可靠的安全防护措施，避免在鉴定过程中发生人员伤害事故。鉴定人员进行现场查勘，应注意保护好事故现场，并做好相关证据保全工作。应根据现场查勘情况进行综合分析，对突发事件影响房屋的程度及发展趋势作出初步判断。

5.6.2　火灾后建筑结构鉴定

火灾后建筑结构鉴定是指房屋受火灾影响后，对其构件损伤状态和安全性进行鉴定评级或对整体结构的安全性、可靠性进行鉴定评级。

1. 适用范围和鉴定依据

构件损伤状态和安全性等级可依据国家行业标准《火灾后建筑结构鉴定标准》（CECS252）进行评定；房屋整体安全性或可靠性等级可分别按国家现行标准《危险房屋鉴定标准》JGJ 125—2016、《民用建筑可靠性鉴定标准》GB 50292—2015、《工业建筑可靠性鉴定标准》GB 50144—2008 相关规定进行评定。

2. 鉴定方法及工作内容

（1）鉴定方法

1）火灾后建筑结构鉴定分初步鉴定和详细鉴定两个阶段。

2）通过初步鉴定评定结构构件损伤状态等级，对不需要进行详细检测鉴定的结构，可根据初步鉴定结果直接编制鉴定报告。

3）对于损伤等级为 Ⅱ$_b$、Ⅲ 的重要构件进一步做详细鉴定，通过详细鉴定评定构件安全性等级。

4）对于需要进行房屋整体安全性或可靠性鉴定的，按相关鉴定标准规定执行。

（2）工作内容

1）初步鉴定

①现场初步调查

现场调查要详细了解火场可燃物特性、通风条件、持续燃烧时间、灭火过程等火场信息。观察房屋整体损伤程度。

②火作用调查

勘察火场各种残留物的分布、熔化、变形、烧损程度，初步判断结构构件所受的温度范围和作用时间，绘制过火区域示意图、火场温度分布图。

③查阅资料

查阅火灾报告、受火灾影响房屋施工图纸和相关施工资料。根据现场初步调查和火作用分析资料，结合房屋施工图纸对结构所能承受的火灾作用能力做出初步判断。

④现场查勘

采用外观目测、锤击回声、探针、开挖深槽（孔）等手段对各种结构构件损伤情况进行检查，初步判断各种构件的损伤程度。

混凝土结构构件可按构件表面烟灰、混凝土颜色、锤击反应、裂缝、混凝土脱落、受力钢筋的露筋和粘结性能、变形等内容评价结构构件损伤程度。

钢结构构件（连接）可按涂装与防火保护层、残余变形与撕裂、局部屈曲与扭曲、整体变形（挠度、弯曲矢高、柱顶侧移）等内容评价结构构件损伤程度。

砌体结构构件可按外观损伤、变形裂缝与受力裂缝、侧向位移变形（多层房屋的层间及顶点位移或倾斜，单层房屋的墙、柱位移或倾斜）等内容评价结构构件损伤程度。

⑤初步鉴定评级

根据结构构件表观损伤特征，评定结构构件损伤状态等级。当构件严重破坏，难以加固修复，需要拆除或更换时，该构件可直接评为Ⅳ级。对不需要进行详细检测鉴定的，可根据初步鉴定结果直接编制鉴定报告。

2）详细鉴定

①火作用详细调查

根据火灾对结构的作用温度、持续时间及分布范围调查，结合构件的受火状况及材料特性，推定构件表面曾经达到的温度及构件内部截面曾经达到的温度。

②结构构件现状检测

重点对在初步鉴定阶段中评为Ⅱ_b和Ⅲ级的构件进行检测。对直接暴露于火焰或高温烟气的结构构件，应全数检查烧灼损伤部位，检测构件损伤层厚度；对承受温度应力作用的结构构件及连接节点，应检查变形、裂损状况；对于重要结构构件或连接，应对材料性能进行取样检验；对于不便观察或仅通过观察难以发现问题的结构构件，可辅以温度作用应力分析判断。

③结构分析与构件校核

进行火灾后结构构件的分析，应针对不同的结构或构件（包括节点连接），考虑火灾过程中的最不利温度条件和结构实际作用荷载组合，并考虑火灾后结构残余状态的材料力学性能、连接状态、结构构件的变形及几何形状的变化等。

进行火灾后结构构件的校核，应考虑上述不利影响，按照现行设计规范和标准的规定进行验算分析，对于烧灼严重、变形明显等损伤严重的结构构件，必要时应采用更精确的计算模型进行分析。

④详细鉴定评级

受火灾影响的结构构件详细鉴定应根据结构构件表观损伤状态特征，结合检测结果综合评定损伤等级。对不需要进行房屋整体安全性或可靠性鉴定的，可根据详细鉴定结果编制鉴定报告。

3. 鉴定评级

（1）初步鉴定评级

火灾后结构构件损伤状态等级初步鉴定划分为：Ⅱ_a级；Ⅱ_b级；Ⅲ级；Ⅳ级。

Ⅱ_a级：轻微或未直接遭受烧灼作用，结构材料及结构性能未受或仅受轻微影响，可不必采取措施或仅采取提高耐久性的措施。

Ⅱ_b级：轻度烧灼，未对结构材料及结构性能产生明显影响，尚不影响结构安全，应采取提高耐久性或局部处理和外观修复措施。

Ⅲ级：中度烧灼尚未破坏，显著影响结构材料或结构性能，明显变形或开裂，对结构安全或正常使用产生不利影响，应采取加固或局部更换措施。

Ⅳ级：破坏，火灾中或火灾后结构倒塌或构件塌落；结构严重烧灼损坏、变形损坏或开裂损坏，结构承载能力丧失或大部丧失，危及结构安全，必须或必须立即采取安全支护、彻底加固或拆除更换措施。

注：火灾后结构构件损伤状态不评Ⅰ级。

（2）详细鉴定评级

火灾后结构构件损伤状态等级详细鉴定划分为：b级、c级、d级。

b级：基本符合国家现行标准规范下限水平要求，尚不影响安全，尚可正常使用，宜采取适当措施。

c级：不符合国家现行标准要求，在目标使用年限内影响安全和正常使用，应采取措施。

d级：严重不符合国家现行标准要求，严重影响安全，必须及时或立即加固或拆除。

注：火灾后的结构构件不评a级。

4. 火灾后建筑结构鉴定注意事项

1）发生火灾后应及时对房屋结构构件进行查勘鉴定。现场查勘、检测应在具备工作面及保障安全的前提下进行，对有垮塌危险的结构构件，应首先采取有效防范措施，防止次生灾害发生。

2）火灾后建筑结构鉴定可根据实际情况分为初步鉴定和详细鉴定两个阶段进行。建筑结构烧损严重，无加固修缮价值和烧损非常轻微的一般建筑结构，可仅进行初步鉴定，其他需要保留的建筑结构均宜进行详细鉴定。

3）火灾后建筑结构鉴定调查和检测的对象一般应为整个建筑结构，或者是相对独立的部分结构。对于局部小范围火灾，经初步调查确认受损范围仅发生在有限区域时，调查和检测对象也可仅考虑火灾影响区域范围内的结构或构件。

4）火灾后建筑结构分析与构件校核应在考虑火灾作用对结构材料性能、结构受力性能的不利影响后，按照国家现行设计规范和标准的规定进行复核验算。

5）初步鉴定应评定各类构件的损伤状态等级。详细鉴定应评定各类构件的安全性等级。当建筑结构全面烧损严重应当拆除，或建筑结构过火烧损非常轻微，或建筑结构烧损比较严重，修复费用超过拆除重建费用的可不做详细鉴定。

6）如委托方要求对房屋整体安全性或可靠性进行鉴定的，应根据相关标准进行鉴定。

7）对结构存在重大安全隐患，且可能导致次生灾害发生的，应及时发出告知书给委托方。

5.6.3 施工对相邻房屋影响鉴定

1. 适用范围和鉴定依据

施工对相邻房屋影响鉴定是指开挖、降水、打桩等工程施工对相邻房屋影响的鉴定。在工程施工前对相邻房屋进行查勘鉴定的目的是了解房屋的安全性和进行证据保全，对存在的安全隐患及时提出处理意见，确保施工期间房屋的正常安全使用。在工程施工中或施工后对相邻房屋进行查勘鉴定，主要目的是为了明确房屋损坏的原因及界定房屋损坏的责任，减少因施工导致的纠纷。

施工对相邻房屋影响鉴定主要根据委托人的委托事项，依据《危险房屋鉴定标准》JGJ 125—2016、《民用建筑可靠性鉴定标准》GB 50292—2015、《工业建筑可靠性鉴定标准》GB 50144—2008 和国家现行相关规范、标准、规程进行鉴定。

2. 鉴定方法及工作内容

（1）鉴定方法

相邻施工影响鉴定一般情况下采用两次对比的方法进行，即施工前对房屋现状进行保全鉴定，施工结束后对房屋进行复查鉴定。通过两次鉴定结果对比，对房屋是否受到施工影响及产生的影响程度作出鉴定结论。

对于不具备前后对比条件的施工对相邻房屋影响的鉴定项目进行鉴定时，应详细了解工程情况，并对房屋损伤构件、房屋整体倾斜及房屋裂缝等进行查勘检测，通过对损伤构件、房屋倾斜及裂缝的特征分析，判断其产生是否和相邻施工影响存在因果关系。对受条件限制不能判断两者是否存在因果关系的情形应在鉴定报告中加以说明。

（2）工作内容

1）收集资料

收集新建工程的基本情况，包括岩土工程勘察报告、施工场地平面图、工程概况、施工进度及施工方案等。收集所鉴定房屋的施工图及相关施工资料，包括基础形式、上部结构形式、房屋使用历史及修缮情况、房屋与新建工程相对位置等。

2）编制鉴定检测方案

根据工程实际情况编制鉴定检测方案，如遇矛盾突出且涉及其他利害人的，鉴定检测方案宜征求相关利害人的意见，并得到委托方的确认。

3）现场查勘

对房屋的现状要进行认真检查，对已有损坏部位应详细记录，对可能产生影响的敏感部位及构件应进行重点检查，并可留下影像资料。

4）变形监测

对相邻房屋进行变形（包括沉降、倾斜、水平位移等）监测，监测次数可根据工程实际情况确定，但不得少于两次。

①沉降监测。在房屋外墙布置若干个沉降监测点，采用全站仪监测观测期内房屋沉降情况，通过前后沉降观测结果对比，计算总沉降量及沉降速率。

②倾斜监测。在房屋外阳角布置若干个倾斜监测点，采用全站仪监测观测期内房屋倾斜情况。倾斜监测宜从两个方向测量其倾斜量，并确定其倾斜方向和倾斜率。通过前后观测结果对比，确定房屋在观测期内的倾斜量是否发生变化，并确定房屋现状实际倾斜率。

③水平位移监测。在房屋外墙布置若干个水平位移监测点，采用全站仪监测观测期内房屋水平位移情况。通过前后观测结果对比，确定在观测期内房屋是否发生水平位移和发生的位移量。

5）裂缝检查

首次检查应对房屋已有的裂缝进行详细记录，对房屋已有裂缝的观测，应选取有代表性或对结构有影响的裂缝做好裂缝观测标记，测量裂缝宽度，一般情况下应绘制裂缝示意图（包括裂缝走向、裂缝位置、裂缝宽度测点等），也可拍摄照片留存。

复查时应重点检查原标记裂缝的变化情况以及是否产生新的对结构有影响的裂缝。

6）编制鉴定报告

鉴定报告应对前后检查情况进行详细叙述，内容必须详尽、细致、完善，并附损坏示意图和照片。鉴定结论必须具有充分可靠的依据，不能含糊不清，模棱两可，应对前后检查情况是否发生变化作出明确结论，亦应对所发生的变化是否影响结构安全作出明确结论。

3. 施工对相邻房屋影响注意事项

1）施工对相邻房屋影响的鉴定应根据合同约定的项目实施。对特定项目进行鉴定时，若无约定对房屋整体安全性进行鉴定的，可不对房屋整体安全性作出评价。

2）当委托人要求对房屋整体安全性进行鉴定评级时，应综合考虑房屋原有结构状况，对房屋结构构件进行抽测，并结合施工对相邻房屋的影响程度，对房屋整体安全性提出鉴定意见。如所鉴定房屋存在安全隐患，应区分是先天不足造成，还是施工影响所致，或判断各自的关联度。

3）房屋的沉降、倾斜、位移等项目检测应由有相应资质的单位实施。

4）所鉴定房屋的沉降或倾斜尚未稳定的，鉴定报告应明确提出跟踪监测的建议。

5.6.4 房屋抗震鉴定

抗震鉴定是根据建筑物抗震设防类别、后续使用年限等，对既有房屋的整体抗震性能做出全面正确的评价。现行《建筑抗震鉴定标准》GB 50023—2009，仅适用于已交付使用，结构相对安全的现有建筑；对于结构安全不确定的既有建筑，抗震鉴定应结合现行相关鉴定标准对结构安全性进行鉴定，为后续的加固设计或决策措施提供全面的技术依据。抗震鉴定不适用于尚在施工的在建建筑和未交付使用的新建建筑。

1. 适用范围和鉴定依据

既有房屋的抗震鉴定依据现行《建筑抗震鉴定标准》和其他相关的技术标准进行抗震鉴定。对于列入文物保护范围的古建筑，则应按文物保护建筑的相关技术标准进行抗震鉴定。

2. 鉴定方法及工作内容

（1）鉴定方法

1）鉴定分级

建筑结构的抗震鉴定分两级进行。第一级鉴定以宏观控制和构造鉴定为主进行综合评价，检查结构布置、材料强度、结构整体性、局部构造措施等。第二级鉴定以抗震验算为主结合构造鉴定进行综合评价，引入整体影响系数和局部影响系数以考虑构造影响，进行结构抗震验算，进而评定结构的综合抗震能力。

对于后续使用年限 30 年的 A 类建筑，首先进行第一级鉴定。如果第一级鉴定符合要求，则评定为满足抗震鉴定要求，无需进入第二级鉴定；如果第一级鉴定不符合要求，则需要进入第二级鉴定。

对于后续使用年限 40 年的 B 类建筑，首先进行第一级鉴定，然后进行第二级鉴定，根据第二级鉴定结果评定是否满足抗震鉴定要求。

对于后续使用年限 50 年的 C 类建筑，应完全按照现行《建筑抗震设计规范》GB 50011—2010 的各项要求进行抗震鉴定，包括抗震措施鉴定和抗震承载力鉴定。

2）现有建筑的抗震设防分类

根据《建筑工程抗震设防分类标准》GB 50223—2008，现有建筑分为以下四类：

特殊设防类（甲类）：应经专门研究按不低于乙类的要求核查抗震措施；应按高于本地区设防烈度的要求进行抗震验算。

重点设防类（乙类）：6~8 度设防区应按比本地区设防烈度提高一度的要求核查抗震措施，9 度设防区应适当提高要求；应按不低于本地区设防烈度的要求进行抗震验算。

标准设防类（丙类）：应按本地区设防烈度的要求核查抗震措施、进行抗震验算。

适度设防类（丁类）：6~9 度设防区可按比本地区设防烈度降低一度的要求核查抗震措施；可按比本地区设防烈度适当降低的要求进行抗震验算。6 度设防区可不作抗震鉴定。

3）现有建筑的后续使用年限

在抗震鉴定中，应首先选择现有建筑的后续使用年限，并按照选定的后续使用年限确定相应的抗震鉴定方法和各项鉴定标准。

A 类建筑（后续使用年限 30 年）：通常是在执行 89 版规范前设计建造的房屋，主要包括 80 年代及以前建造的房屋，还有部分 20 世纪 90 年代初期仍按 74 版规范设计建造的房屋。

B类建筑（后续使用年限40年）：通常指执行89版规范设计建造的房屋，主要包括20世纪90年代建造的房屋，还有部分2000年代初期仍按89版规范设计建造的房屋。20世纪90年代初期和20世纪80年代按74版规范设计建造的房屋，如果条件具备（需要后续使用40年、房屋结构现状良好）时宜纳入B类建筑。

C类建筑（后续使用年限50年）：通常指执行2001版规范以后设计建造的房屋，主要包括2000年代建造的房屋。对于C类建筑，应完全按照现行设计规范的各项要求进行抗震鉴定。

4）在下列情况下，应对既有建筑进行抗震鉴定：

①接近或超过设计使用年限需要继续使用的建筑。

②原设计未考虑抗震设防或抗震设防标准需要提高的建筑。

③需要改变建筑功能、改变使用环境、进行结构改造的建筑。

④其他需要进行抗震鉴定的建筑。

（2）工作内容

1）收集鉴定原始资料：工程勘察报告、工程设计图纸、工程质量保证资料及其他相关资料。

2）现场查勘和检测：对基础现状、房屋垂直度、结构布置、构件尺寸、配筋情况、材料强度进行必要的调查和检测，进而核查建筑现状与原始资料的符合程度和施工质量，检测房屋受损情况和结构缺陷。

3）抗震能力鉴定：根据建筑结构类型及结构布置、后续使用年限、抗震设防类别、抗震设防烈度，采用相应的逐级鉴定方法和鉴定标准核查抗震措施、验算抗震承载力，分析建筑的综合抗震能力。同时还应对建筑所在场地、地基和基础进行抗震鉴定。

4）作出鉴定意见：对现有建筑的整体抗震性能作出评价，提出相应的处理意见。

3. 抗震鉴定的宏观控制注意事项

对于结构布置明显不规则或材料强度过低的现有建筑，抗震鉴定时需要满足以下宏观控制要求：

1）当建筑物的平面、立面、质量、刚度分布和墙柱等抗侧力构件的布置明显不对称、不连续，出现扭转不规则、平面布置偏心、凹凸不规则、楼板不连续、上下层墙柱不连续、上下错层、相邻层刚度突变等情况时，应针对这些薄弱环节和薄弱部位按有关设计规范的相关规定进行鉴定，并进行对地震扭转效应不利影响的分析。

2）检查结构体系。对于其破坏可能导致整个结构体系丧失抗震能力或竖向承载能力的关键性部件或构件，以及上下错层或不同类型结构体系相连的相应部位，应适当提高其抗震鉴定要求。

3）检查结构材料的实际强度。当实际强度低于规定的最低强度要求时，应提出建议要求采取相应的抗震减灾措施。

4）建筑物的层数及高度应满足规定的最大限值要求，结构构件的连接构造应满足结构整体性的要求，非结构构件的支承或连接应可靠。

5）当建筑场地位于不利地段时，应符合地基基础的有关鉴定要求。

6）根据建筑所在场地、地基和基础的因素，现有建筑的抗震鉴定要求可按现行《建筑抗震鉴定标准》GB 50023—2009适当调整。在对上部结构进行抗震鉴定的同时，还应对建筑所在场地、地基和基础进行抗震鉴定。

5.7 鉴定文书

鉴定文书是鉴定机构和鉴定人依照法定条件和程序，运用科学技术或者专门知识，对委托人委托的鉴定事项中涉及的专门性问题进行分析、鉴别和判断后，出具反映鉴定过程和鉴定结论的书面载体，是房屋鉴定工作的最终成果。鉴定文书是说明房屋安全、使用、完损、抗震等技术性能（或状况）的证明性文件，是房屋安全使用和安全管理的技术支撑，在一定条件下，是具有法律效力的技术性文书。

5.7.1 鉴定文书的重要性和作用

1. 鉴定文书的重要性

鉴定文书的质量代表着鉴定工作的质量和水平。如果因为鉴定文书中的鉴定结论及建议等部分出现错误，导致发生塌房伤人之类的责任事故,给国家和人民的生命财产带来损失，鉴定人员将因此承担法律责任（行政、民事、刑事责任和经济赔偿责任）。所以编制鉴定文书的人员既要熟悉房屋安全管理法规和相关鉴定技术标准，掌握与工业与民用建筑专业相关的专业技术知识，又应具备较强的文字表达能力，同时要有高度的社会责任感和良好的职业道德和操守,才能使房屋鉴定工作真正做到客观、公正、科学,承担起社会赋予的责任。

2. 鉴定文书的作用

1）告知委托人（业主、使用人、物业服务企业或其他利害相关人）被鉴定房屋的现时技术状态。

2）告知相关责任人为确保被鉴定房屋的安全和正常使用应采取的相关技术措施。

3）供相关管理部门作为对被鉴定房屋实施安全管理的技术依据（安全检查、抢险排危、督修、危旧房改造等）。

4）可作为司法机关对诉讼案件审判的证据。

5）为房屋的修缮、改造、抗震加固提供设计和决策参考。

6）为房屋突发事件的处理提供技术依据。

5.7.2 鉴定文书的编制

1. 鉴定文书的内容

鉴定文书一般由封面、正文和附件组成。

鉴定文书的封面一般包括鉴定机构名称、报告编号、报告制作日期等。封二可写明鉴定机构声明、地址和联系电话。

鉴定文书的正文一般包括标题、编号、基本情况、概况、鉴定依据、检查和检测情况、原因分析、鉴定结论、处理建议、落款及附件等内容。

鉴定文书内容可以根据不同项目的特点作相应调整。

2. 鉴定文书的格式

（1）标题与编号

标题为"××××（如房屋安全、房屋可靠性、房屋应急、房屋抗震、房屋完损状况等）鉴定书（报告）"。

编号由"鉴定机构缩略名、年份、文书性质缩略语及序号"组成。年份、序号用阿拉伯数字标识，年份应标全称，用六角括号"〔〕"括入，序号不编虚位（即 1 不编 001）。编号是鉴定文书唯一性标识。

（2）页面与文字

1）鉴定文书纸张幅面为 A4，有较大附图时，附图可用 A3 幅面。

2）鉴定文书应当用计算机编写绘制；页边距可为左右、上下边距各空 2cm（首页上边距空 4cm，左边距留出装订线 1cm）。

3）文字采用国务院正式颁布实施的简化汉字，并参照下列规定：

A. 大标题：2 号黑体，居中排列。

B. 编号：4 号仿宋体，居右排列。

C. 文内标题：一级标题用 3 号黑体；二级标题用 4 号黑体，段首空 2 字。

D. 正文：4 号仿宋体，两端对齐，段首空 2 字。

E. 文内编号：用"一、（一）、1、（1）、1）、①"表示。

F. 页眉：正文每页页眉的右上角注明正文共几页，同时注明本页是第几页。

G. 表格：用统一的三线表，图表说明和表内文字用 5 号仿宋体。

H. 落款：落款应与正文同页，不宜使用"此页无正文"字样。日期采用简体汉字。

I. 附件：在发文日期下空一行，附件名称用 4 号仿宋体。

4）鉴定文书中表示物理量的数字用阿拉伯数字表示，采用国家颁布实施的法定计量单位及其代号。

（3）图纸绘制

1）总平面图应绘出指北针，标明房屋的层数、方位、街巷名称及其四至关系，被鉴定房屋用粗实线表示，其余用细实线表示，图形比例根据图幅自定。

2）分层平面图（剖面图、构件图）应按建筑制图规则绘制，标明轴线编号、开间、进深、总长、总宽尺寸、门窗、洞口位置，图形比例根据图幅自定。

3）房屋的损坏情况应在分层平面图中用规定的符号标出或采用文字说明，并在符号附近标注损坏量化数值；平面图无法标明时，应另绘剖面图或构件图表示损坏情况；房屋无损坏时，可以不附分层平面图。

3. 鉴定文书的制作

（1）基本要求

1）基本概念清楚，使用统一的专业术语和国家标准计量单位、符号和文字，同一文书中要保持计量单位和符号的一致。

2）文字简练，层次分明，简明扼要，描述客观、清晰、准确，不得使用有歧义的字、词、句。

（2）鉴定文书的制作

1）鉴定文书应由参加鉴定的鉴定人按照规定的要求制作。

2）鉴定文书的撰稿由鉴定人负责；校对一般由第二鉴定人负责，审核由专业科室负责人（或技术负责人）负责；签发由机构负责人或被授权人负责。

3）鉴定人、审核人、签发人应在鉴定文书的相应位置处签名。

4）鉴定文书编号处应当加盖房屋安全鉴定专用章红印；鉴定文书制作日期处应当加盖鉴定机构鉴定专用章红印；各页之间加盖鉴定机构鉴定专用章红印作为骑缝章。

（3）鉴定文书的修改

鉴定文书的正本一般不得修改，如无条件重新打印而需在个别地方修改的，应在修改处加盖更正章。

（4）补充鉴定的鉴定文书制作

对已发送的鉴定文书，因委托人增加新的鉴定要求，或委托的鉴定事项有遗漏等需要进行补充鉴定的，鉴定机构以补充文件的形式进行。补充鉴定的性质定位于原委托鉴定的组成部分，补充鉴定意见与原鉴定意见构成了一个完整的鉴定意见。如需出具全新鉴定文书的，应重新登记、编号，并注明所替代的原鉴定文书。应收回原鉴定文书归档。

4. 鉴定文书的编制要点

房屋鉴定文书（报告）内容宜包括房屋概况、鉴定目的和内容、鉴定依据、现场检查检测结果、结构承载力验算结果、房屋损坏原因分析、鉴定评级、鉴定结论、处理建议、报告附件等部分。

（1）房屋概况

房屋概况的描述应包括：房屋地址、建筑年代、结构形式、层数、使用用途、维修和改造历史等。

房屋结构形式主要有：钢筋混凝土结构、砌体结构、混合结构、砖木结构、简易结构、钢结构等。除注明建筑物的结构形式外，尚应进一步阐明建筑物的结构承重体系（主要的竖向和水平承重构件类型）；若建筑物原设计用途与现状用途或计划用途不同，也应在报告中注明。

（2）委托鉴定事项

委托鉴定事项主要包括：委托人、委托日期、鉴定对象、鉴定目的、鉴定事项、查勘日期、房屋地址等基本信息。

委托鉴定事项通常根据双方约定的事项来确定。委托鉴定的内容应列出具体的鉴定项目（如：对×××房屋进行安全鉴定，对××××房屋××构件所产生的裂缝（或变形等缺陷）是否影响构件安全使用进行鉴定；对×××工程施工（开挖、降水、振动、撞击等）是否影响相邻房屋结构安全进行鉴定；对××房屋墙体（或顶棚、屋面）渗水原因进行鉴定等）。也可以在鉴定工作方案确定的鉴定项目基础上做相应的修改（如委托事项不明确或委托事项与鉴定结论不符等）。

（3）鉴定依据

1）鉴定依据主要列出该次鉴定所采用的国家（行业、地方）鉴定标准、检测标准（规程）、设计规范、设计施工图纸及有关技术资料（如标准图集）、第三方提供的检测报告、以及经现场实地勘察和实物检测的有关数据等。

2）各类技术标准、规范的名称应准确，且应使用现行版本，各项鉴定依据的排列先后次序宜为：鉴定标准（规程）、检测标准（规程）、设计规范、政府规章。

3）未使用的技术标准和规范不应列入。

4）一幢房屋的鉴定不应同时引用2个或2个以上的鉴定标准（如危险房屋鉴定标准、可靠性鉴定标准、完损等级评定标准的混用）。

（4）检查情况

1）施工图及资料核查。应重点核查房屋地基基础、上部承重结构、围护结构的功能要求，包括房屋大修、改造、改变使用功能等情况。

2）现场查勘。应根据委托要求和对相应的检查项目，从地基基础、上部承重结构构件、围护结构构件逐项进行查勘，并描述房屋结构体系及结构构件布置、房屋使用功能是否与施工图相符和结构构件损伤情况。

3）地基基础现状一般情况下可以通过上部结构的倾斜或沉降裂缝等外观特征来判断，在未开挖检查地基基础的情况下，不应直接描述地基基础的损坏（如老化、潮湿、断裂等）。

4）上部承重结构构件的损伤应明确构件类型、损伤部位及损伤形态。一般应叙述构件检测方法、样本确定方法、检测数量、检测结果等。采用其他检测机构提供的检测数据时，应写明检测数据的来源，重要的检测数据不宜直接表达，应说明见附件或某检测机构检测报告。

①裂缝描述宜用平面分布图、裂缝展开图等图示方法，若用文字表述应包括存在裂缝的构件类型、裂缝所在部位、裂缝的形态（水平、竖直或斜向裂缝）、长度及宽度，长度和宽度单位应使用毫米（mm）。并图示或附照。

②变形与倾斜的测量结果应真实反映整体与层间的测量数值，注意整体与局部的影响区别。整体倾斜测量时，同一方向测点不宜少于2个；高度超过10m不宜采用线锤进行测量；测量结果宜用图示，注明测量方法、测点位置、测量高差、倾斜值、倾斜方向及倾斜率；测量高度单位应为米（m），倾斜值单位应为毫米（mm）。

③材料强度（混凝土抗压强度、砖强度、砌筑砂浆强度）检测，应满足鉴定、检测标准要求。现场检测结果宜列表，列表如超过一页时宜作为报告附件，且列表中应注明检测方法、构件类型、构件检测位置（楼层、轴线号）、检测值。有设计文件资料的应同时列出设计值对比；对检测结果宜进行批量推定和分析，以便确定计算时的强度取值，检测结果单位应为MPa。

④钢筋配置情况检测结果宜列表，且应注明检测方法、构件和钢筋类型、构件检测位置（楼层、轴线号）、检测值；有设计文件资料的应同时列出设计值对比；应区分光圆钢筋和带肋钢筋的符号；柱纵向钢筋检测结果应区分柱截面的短边和长边方向，不应只列出全截面钢筋；对检测结果宜应进行分析，有图纸资料的应说明与图纸是否相符；无图纸资料的若需与设计规范的最小配筋率等构造要求对比时，所选规范应宜为房屋建造时适用的规范。

（5）结构承载力复核

编制鉴定文书时可直接引用结构构件复核结果，但应交代复核条件和复核的依据。

1）计算参数应完整、齐全。计算参数包括结构体系、场地类别、地震信息（抗震设防烈度、抗震等级、地震分组、地震基本加速度等）、材料强度（混凝土强度、砖砌块强度、砌筑砂浆强度、钢筋强度等）、楼（屋）面恒载和活载、风荷载（基本风压值、地面粗糙度）、计算模型简图等。

2）应注明采用的计算分析程序（计算模块）、正版软件用户号。

3）结构复核时所依据的设计规范应根据鉴定目的和鉴定类型确定。对涉及改造、使用功能改变的应按现行规范执行，一般性鉴定宜采用建造时期处在有效期内相应的设计规范但不低于89系列规范。

4）验算项目应完整。钢筋混凝土框架结构一般包括柱轴压比验算、柱（梁、板）承载力验算和整体变形验算。砌体结构一般包括墙体（柱）受压承载力验算、墙体高厚比验算、梁（板）承载力验算等。对涉及加层的建筑，应进行地基和基础的承载力验算、地基变形和稳定验算等。

5）构件材料强度实测值低于楼层计算取值的构件应按实测值取值，且应进行单个构件的承载力复核（可取截面控制内力手算复核）。

6）各验算项目结果宜列表摘录，且应注明验算项目、构件类型、构件位置（楼层、轴线号）、验算值及规范限值。有设计文件资料的应同时列出设计值对比。

7）验算结果里对承载力不满足规范要求的构件应逐一列出或附图标示。

8）钢筋混凝土柱承载力计算结果中，纵向钢筋不应按全截面配筋量比较，应区分短边和长边（X、Y）方向。

9）钢筋混凝土构件的配筋（楼板受力筋和钢筋混凝土框架柱、梁端纵向钢筋和箍筋，楼板受力筋）的计算结果应考虑是构造要求（最小配筋率、体积配箍率等）控制还是承载力控制，在构件安全性评级时注意区分。

10）钢筋混凝土柱、梁构件配筋是否满足要求应分纵向钢筋和箍筋两种情况来说明。

11）验算结果里的箍筋单位应为（mm^2/m）或（$mm^2/0.1m$），不应为 mm^2，也不应只列出单肢箍筋的面积，列出的箍筋配筋计算值应与采用的单位相匹配。

12）对现浇钢筋混凝土楼（屋）盖的梁构件，若按矩形截面复核跨中底部纵向钢筋配筋量不满足要求但相差不大时，应按 T 形截面再次复核。

13）对满足塑性法计算条件的连续次梁和现浇板构件，若按弹性法复核配筋不满足要求但相差不大时，应按塑性法再次复核。

14）整体变形计算中验算的应是结构的"最大弹性层间位移角"，不应使用"层间相对位移"、"顶点相对位移"等不规范用词。

（6）原因分析

1）原因分析应做到思路要清晰、原因要具体、明确，依据要充分。对主次原因比较明确，其原因分析应以主次原因予以表述分析结果；对可能涉及多种原因，且无法用量化来判断主次地位，可将原因排列表述，其原因分析应以与其有关予以表述分析结果；对原因不明确，且有一定的关联性，其原因分析宜以不排除其影响以表述分析结果。

2）原因分析的深度应根据鉴定类型需要而定，对于一般小的鉴定项目或形成原因简单的鉴定项目，可简明扼要指出原因即可，此时可与鉴定结论合并阐述；

3）对于司法鉴定等涉及纠纷性质的鉴定项目，原因分析应作为报告的重点内容单列，尽可能详尽分析，且要做到有理有据。

（7）鉴定结论

1）鉴定结论应严谨、公正、引用标准规范准确，要与鉴定委托事项对应。鉴定结论涉及的内容在检查情况中应有表述。

2）鉴定结论文字应简明扼要，可简要概括房屋存在的损坏情况（必要时分析损坏的原因）和对房屋安全的影响程度，依据相关鉴定标准，评定房屋的等级。

3）对地基基础沉降尚未稳定，仍有进一步变化和发展可能的房屋，不宜评定房屋目前的安全等级（危险房屋除外），但应说明原因，且应要求对房屋加强沉降观测。

（8）处理建议

对鉴定项目提出处理建议时，应掌握以下原则：

1）对所鉴定房屋需要进行加固或维修的应提出原则性的处理建议。处理建议应具有针对性、适用性。

2）对危险房屋一般根据《城市危险房屋管理规定》中观察使用、处理使用、停止使用、整体拆除四类方法提出处理建议。

3）对重要的结构构件的加固补强处理宜注明应由有资质的设计单位设计和有资质的施工单位施工。

（9）报告附件

报告附件一般包括：附图、照片、检测报告等。

5.7.3　鉴定文书的管理

1. 鉴定文书的发送

1）鉴定文书应当在委托约定的工作时限内发出。

2）鉴定文书一般一式三份，一份留存归档，二份发给鉴定委托人。委托方另有要求的，按委托协议书执行。

3）鉴定文书的发送应按委托合同约定的方式进行。一般采用委托人自取或委托鉴定机构邮寄（包括挂号和机要）的方式发送鉴定文书。

4）鉴定文书领取人应办理签收手续。采用邮寄方式发送的，原则上应采用挂号函，并保留相关凭据，以备查询。

2. 鉴定文书的归档

鉴定人在鉴定项目完成后，应及时将下列资料整理立卷，归档保管。

1）鉴定文书正本和鉴定文书的签发稿（包括纸质文件和电子文件）。

2）鉴定委托合同书或委托书。

3）委托人提供的身份证明文件、相关证明及其他合法证件的复印件。

4）初始调查记录和委托人提供的重要资料复印件。

5）现场查勘记录、声像资料。

6）结构检测报告。

7）复核验算和分析判断的技术资料。

8）会议记录、专家咨询意见。

9）鉴定过程中形成的其他材料。

3. 鉴定文书档案管理

1）档案管理人员接收鉴定资料后，应做好资料的整理、装订、微机录入、装盒、编号、入库等工作，其程序、方法、手续应符合国家技术档案管理的有关规定。

2）档案管理人员必须严格遵守保密纪律，认真执行档案材料的移交、接收、管理、借阅等制度，不得丢失、泄密，确保档案资料的安全。

3）归档后的鉴定档案资料需要借阅或复印须经单位负责人批准。在查阅过程中不得任意拆散、撕毁档案材料，复印时也不得改变原件内容。

4）鉴定档案的保管期限根据档案管理的有关规定确定，一般不应少于10年。过期或多余的文件资料应集中按有关规定进行处理，不得随意丢弃。

5）鉴定机构应根据档案管理的法律、法规，结合本单位的实际情况，制定本单位的档案管理规定，并严格执行。

6 房屋结构验算

在既有建筑鉴定中，结构验算是相对重要而关键的环节。结构设计计算与鉴定中的结构验算有所不同，结构设计计算是研究在假设条件下结构应该达到的目标，而结构鉴定验算是研究在现状条件下结构实际达到的目标。

结构验算受各种客观因素的制约较大，如建造年代的时间跨度、建设新旧标准的差异（含设计、施工、检测标准）、施工工艺差异、既有结构存在的各种缺陷或损伤等。因此，结构验算与结构设计及算相比较为复杂。结构验算中如何处理这些差异和缺陷，如何建立符合现状的计算模型，如何合理选取各种参数，使结构验算能真正体现建筑的受力状态，是鉴定人员进行结构验算的关键工作。

6.1 验算原则与类型

当房屋鉴定进行结构分析与验算时，要掌握实际结构的基本参数（整体抗力模型、构件及连接构造、材质参数、几何参数等）；结构上的作用、作用变迁、使用管理；内力和抗力的分析（分析深入程度要超过设计计算）；作用效应组合等。必要时要直接采用结构可靠度理论方法进行可靠度分析，有时也要进行现场结构试验才能检验判断。

6.1.1 基本原则

结构分析与结构或构件验算的方法应符合国家现行设计规范的规定；结构分析与结构或构件验算所采用的计算模型应符合结构的实际受力和构造状况；结构上的作用标准值应按相关标准的规定取值；作用效应的分项系数和组合系数应按现行国家标准的规定确定。

1. 荷载组合

承载能力极限状态验算时应考虑荷载效应的基本组合，必要时还要考虑荷载效应的偶然组合。应采用下列表达式进行验算：

$$\gamma_0 S_d \leq R_d \qquad \text{式（6-1）}$$

式中　γ_0——结构重要性系数，应按照各有关建筑结构设计规范的规定采用；

S_d——荷载组合的效应设计值；

R_d——结构构件抗力的设计值，应按照各有关建筑结构设计规范的规定采用。

荷载基本组合的效应设计值，应从可变荷载控制组合值与永久荷载控制组合值中取用最不利的效应设计值确定。

对应正常使用极限状态设计时，变形过大或裂缝过宽虽影响正常使用，但危害程度不及荷载效应引起的结构破坏造成的损失那么大，所以可适当降低对可靠度的要求。计算时取荷载标准值，可不乘分项系数，也不考虑结构重要性系数 γ_0。

正常使用极限状态设计简单表达式：

$$S_d \leqslant C \qquad\qquad 式（6-2）$$

在正常使用状态下，可变荷载作用时间的长短对于变形和裂缝的大小显然是有影响的。可变荷载的最大值并非长期作用于结构之上，所以应按其在设计基准期内作用时间的长短和可变荷载超越总时间或超越次数，对其标准值进行折减。《建筑结构可靠度设计统一标准》GB 50068—2001 采用一个小于 1 的准永久值系数和频遇值系数来考虑这种折减。准永久值系数是根据在设计基准期内荷载达到和超过该值的总持续时间与设计基准期内总持续时间的比值而确定。频遇值系数，是根据在设计基准期间可变荷载超越的总时间或超越的次数来确定的。

$$准永久值 = 可变荷载标准值 \times 准永久值系数（\psi_q）$$
$$频遇值 = 可变荷载标准值 \times 频遇值系数（\psi_f）$$

根据实际验算的需要，常须区分荷载的短期作用（标准组合、频遇组合）和荷载的长期作用（准永久组合）下构件的变形大小和裂缝宽度验算。所以，《建筑结构可靠度设计统一标准》GB 50068—2001 规定按不同的设计目的，分别选用荷载的标准组合、频遇组合和荷载的准永久组合。

2. 荷载取值

（1）永久荷载取值

建筑设计时所选用的永久荷载是指在设计基准期内基本不随时间变化，其随机性基本表现在空间上，如自重、非承重结构的材料重量、土压力和预加应力等。而鉴定过程中的建筑永久荷载相对于拟建建筑有如下特点：

1）一些原先设计时按随机变量考虑的永久荷载。例如，结构自重是最常见的永久荷载，在设计阶段因为存在材料、施工等不确定因素的影响，所以应按随机变量处理；而结构一旦建成，这些因素的影响便不再考虑，结构自重客观上是确定的，应按确定性量处理。

2）一些原先设计时按随机过程考虑的可变荷载应转换为永久荷载，应按确定性量考虑。例如，对于一些以自重对结构施加作用的设备，设计时由于事先缺乏具体的信息以及对未来较长时间里更换、改造等可能情况的考虑，往往将其自重按可变荷载考虑，并以随机过程为基本模型。当建筑建成并投入一定时间的使用，需按另一较短的目标期分析其可靠性时，如果当前的荷载信息以及人们对未来情况的预测和控制足以保证在新的目标期内保持当前的状态，则可将它们直接按确定性的永久荷载考虑。

3）所谓"验证荷载"的存在，是既有结构已实际承受了某些荷载及其组合的作用。例如工业厂房吊车梁最大起吊荷载以及建筑受到的风和雪荷载等。这种验证荷载的存在，对既有结构可靠性的影响，既是有利于结构可靠性评定的特殊信息，又有其不确定而增加分析难度的特点。

因此，既有建筑进行可靠性鉴定时，对永久荷载亦应采用标准值作为代表值。但与建筑结构设计时相比，有以下联系和区别：

1）对结构自重，应按构件和连接的实际尺寸与荷载规范中规定的材料单位体积的自重计算确定；

2）当仅对不便实测的某些连接构造，其尺寸允许按结构详图采用；

3）当对荷载规范有规定时，应根据对结构的不利状态取上限值或下限值；

4）当遇到下列情况之一时，材料和构件的自重标准值应按现场抽样称重确定：

①现行荷载规范尚无规定；

②自重变异较大的材料或构件，如现场制作的保温材料、混凝土薄壁构件等；

③有理由怀疑规定值与实际情况有显著出入时。

（2）活荷载取值

楼面活荷载按其随时间变异的特点，可分为持久性和临时性两类。

持久性的活荷载是指楼面上在某一时段内基本上保持不变的荷载，例如，民用住宅的家具、物品、工业厂房内的机器、设备和堆料、还包括常在的人员重量，这些荷载除非在房间内进行一次搬迁，一般变化不大。

临时性活荷载是指楼面上偶然出现的短期荷载。例如，聚会时的人群、房屋维修时工具与材料的堆积，室内扫除时家具的集聚等。

对于上述荷载标准值的取值，应符合现行国家标准《建筑结构荷载规范》GB 50009—2012 的相关要求。对不上人的屋面，应考虑加固施工荷载；当估计的荷载低于现行荷载规范规定的屋面均布活荷载或集中荷载时，应按现行荷载规范的规定值采用；当估计的荷载高于现行规范规定值时，应按实际情况采用；若施工过大时，宜采取措施降低施工荷载。

3. 构件材料强度的取值

既有建筑的构件材料强度与新建建筑的构件材料强度取值原则有所不同，因为既有建筑已经建成，构件材料强度未必与设计资料提供的相关信息完全相符，故而必须进行全面、详细的检测，在此基础上确定其强度。

（1）构件材料强度的标准值构件材料强度的标准值应根据结构的实际状况和已获得的检测数据按下列原则确定：

1）若原设计文件有效，且不怀疑结构有严重的性能退化或设计、施工偏差，可采用原设计的标准值取值。

2）当材料的种类和性能与原设计不符或材料性能已显著退化时，应根据实测数据按国家现行有关检测技术标准的规定取值。

（2）对既有建筑某种构件的材料强度进行检测时，除应按该类材料结构现行检测标准的要求，选择适用的检测方法外，尚应遵守下列规定：

1）受检构件应随机地选自同一总体（同批）；

2）在受检构件上选择的检测强度部位应不影响该构件承载；

3）当按检测结果推定每一受检构件材料强度值（即单个构件的强度推定值）时，应符合该现行检测方法的规定。

（3）当按检测结果确定构件材料强度的标准值时，应遵守下列规定：

1）当受检构件仅 2~4 个，且检测结果仅用于鉴定这些构件时，允许取受检构件强度推定值中的最低值作为材料强度标准值。

2）当受检构件数量（n）不少于 5 个，且检测结果用于鉴定一种构件时，应按下式确定其强度标准值（f_k）：

$$f_k = m_f - k \times s \hspace{3cm} 式（6-3）$$

式中　m_f——按 n 个构件算得的材料强度均值；

　　　　s——按 n 个构件算得的材料强度标准差；

　　　　k——与 α、C 和 n 有关的材料标准强度计算系数；

　　　　α——确定材料强度标准值所取的概率分布下分位数，一般取 $\alpha=0.05$；

　　　　C——检测所取的置信水平，对钢材，可取 C=0.90；对混凝土和木材，可取
　　　　　　　C=0.75；对砌体，可取 C=0.60。

当按 n 个受检构件材料强度标准差算得的变异系数：对钢材大于 0.10，对混凝土、砌体和木材大于 0.20 时，不宜直接按（C.0.2）式计算构件材料的强度标准值，而应先检查导致离散性增大的原因。若查明系混入不同总体（不同批）的样本所致，宜分别进行统计，并分别按（C.0.2）式确定其强度标准值。

结构或构件的几何参数应采用实测值，并应计入锈蚀、腐蚀、腐朽、虫蛀、风化、局部缺陷或缺损以及施工偏差等的影响。

6.1.2　结构验算类型

1. 构件验算

构件验算是以梁、板、墙、柱为主要对象的承载能力验算。即强度、刚度验算两个部分。

强度验算主要包括构件受压、受弯、受剪、受拉是否具有足够的强度；刚度验算主要包括构件位移、变形是否具有足够的稳定性；目的是验算构件上最大等效应力是否超过材

料允许应力，构件上给定点的变形量是否超出设定的限度。

2. 结构整体验算

结构整体验算应包括：建筑地基基础的承载力和变形验算，以及上部承重结构的承载力和变形验算。

（1）地基基础验算

1）地基承载力验算是指在特定的鉴定条件下，结合建筑的实际使用状况，依据已有建筑的实际使用荷载对地基进行承载力验算，其中地基承载力的特征值应考虑建筑已使用时间、土质及原建筑设计时基础底面处的平均压力等因素。

2）基础承载力验算是指在特定的鉴定条件下，根据已有建筑的实际使用荷载，结合建筑现状的基础形式，对已有基础的抗弯、剪切、冲切等进行承载力验算。

3）地基变形验算是指在特定的鉴定条件下，地基在建筑实际上部荷载的作用下，对土体被压缩而产生的相应变形估算。若地基变形量过大，将会影响建筑的正常使用，甚至危及建筑的安全。

（2）上部承重结构验算

承载力验算是指在特定的鉴定条件下，根据已有建筑的实际使用荷载对建筑每一类构件进行综合的承载力验算。

变形验算是指在特定的鉴定条件下，根据已有建筑的实际使用荷载对建筑实际每一类构件进行综合的变形验算，其中主要还包括在地震区域对建筑整体的位移验算。

6.2 结构验算过程中对房屋原有缺陷的判断

6.2.1 因设计原因产生的缺陷

（1）部分框架、部分砌体平面组合结构

部分建筑设计于《建筑抗震设计规范》GBJ 11—1989（目前已废止）实施之前，在设计过程中仅考虑建筑使用功能和正常使用荷载的作用，建筑整体采用框架结构承重，而局部楼梯间、电梯间等部位采用砌体结构承重。由于框架结构属于柔性体系，砌体结构属于刚性体系，在地震力的作用下，两种结构的变形无法协同工作，由于砌体结构的脆性特征会过早产生开裂破坏而将地震力转移至框架部分中，使得框架部分产生设计时未考虑的附加应力而破坏。

在结构验算中，应严格按照结构现状进行建模，依据建筑的鉴定类型，对结构构件的抗震性能采用相应的规范、标准进行验算。同时，对砌体结构构件的抗震性能进行重点验算。

（2）底层框架、上部砌体立面组合结构

底层采用框架结构，上部采用砌体结构的建筑建于20世纪90年代前，该类建筑的结构类型属于上刚下柔的结构，在地震力的作用下，首层框架结构易产生薄弱层，致使框架部分先于砌体结构破坏。现行规范要求底层应采用框架－抗震墙结构体系，底层和上层并应满足一定刚度比的要求，同时过渡层应进行加强，满足一定的构造刚度。

在结构验算中，应严格按照结构现状进行建模，依据建筑的鉴定类型，对结构构件的抗震性能采用相应的规范、标准进行验算。同时，对建筑变形和框架结构中框架柱的抗震性能进行重点验算。

（3）内框架结构

砌体内框架结构是在2000年版规范实施之后被限制使用的结构体系，当时规范禁止采用单排柱的内框架结构，在2010年版规范实施后，该种结构体系被完全禁止使用。

内框架结构是指建筑外墙采用砖砌体承重，内部采用框架柱、梁承重，框架梁在端部与砖墙、墙垛或设有构造柱的墙连接。由于砖砌体部分与框架部分的变形能力差异，在地震作用下，无法实现协同工作，因此在地震区是不宜使用的。

在结构验算中，应严格按照结构现状进行建模，依据建筑的鉴定类型，对结构构件的抗震性能采用相应的规范、标准进行验算。同时，对建筑变形和框架结构中框架柱的抗震性能进行重点验算。

（4）单跨框架结构

单跨框架结构因其在地震作用下的冗余度较小，在现行规范中属于限制使用的结构体系。在多层框架结构中，仅局部使用单跨框架的结构，不包含在此范围内。

在结构验算中，应严格按照结构现状进行建模，依据建筑的鉴定类型，对结构构件的抗震性能采用相应的规范、标准进行验算。同时，对建筑变形和框架结构中框架柱的抗震性能、整体抗倾覆能力进行重点验算。

（5）楼梯间刚度对纯框架结构影响

经历汶川地震后，较多现浇框架、砖混结构的楼梯因其在结构体系中实际承担的斜撑作用而吸收了地震力，给与之相邻的框架柱增加了附加应力，造成其自身及框架结构的破坏。因此，在2010版规范中增加了楼梯刚度影响的相关要求。

在结构验算中，应增加楼梯刚度的影响。以PKPM为例，在整体建模的同时输入楼梯模型，生成相应数据后，在新生成的"LT"文件夹内进行整体验算。

（6）现行规范禁止使用的结构体系

由于不同时期对于建筑抗震理念的差异，部分建筑结构体系在当时是可行的，而在目前的情况下，已被禁止或限制使用。例如，纯板柱结构（或纯密肋模壳结构）、板柱－抗震墙体系的使用高度等。

纯板柱结构在 20 世纪 90 年代曾被广泛使用于多层商场、办公楼等场所，依据当时的相关规范该结构体系列入框架结构中，相应的抗震构造、抗震等级等均按照框架结构实施，但随着抗震理念的逐步完善，纯板柱结构的抗震性能明显低于框架结构，因此，现行规范禁止使用该种体系，应采用板柱 – 抗震墙体系，其中由抗震墙作为第一道防线。

板柱 – 抗震墙体系在《建筑抗震设计规范》GBJ 11—1989（目前已废止）中，同样列入框架 – 抗震墙（即剪力墙）结构体系中，其适用高度等同于同等条件下的框架 – 抗震墙结构，但基于目前相关的研究结果表明，板柱 – 抗震墙结构的抗震性能明显低于框架 – 剪力墙结构，因此在现行规范中降低了其适用高度。

在结构验算中，应严格按照结构现状进行建模，依据建筑的鉴定类型，重点对结构构件正常使用荷载下的承载力采用相应的规范、标准进行验算。同时，对建筑结构体系的不足应明确指出。

6.2.2　因施工原因产生的缺陷

（1）砌体结构

1）砂浆强度不足

当砌体砌筑砂浆强度不足时，应按照实测强度进行验算，当材料的最低强度等级低于《砌体结构设计规范》GB 50003—2011 的相关要求时，可不进行承载力验算，其安全性等级可按照相关鉴定标准直接进行评述。

2）组砌方式构造措施不当

当砌体组砌方式构造措施不当的，节点连接不良，砌体形成通缝时，可不进行承载力验算，其安全性等级可按照相关鉴定标准直接进行评定。

3）施工偏差使构件偏心受力

当施工偏差使构件产生偏心受力时，在验算过程中应增加因构件偏心引起的附加弯矩。

（2）混凝土结构

1）混凝土强度不足。当混凝土强度不足时，应按照实测强度对构件承载力进行验算。当混凝土的最低强度等级低于《混凝土结构设计规范》GB 50010—2010 的最低要求 C15 时，可不进行承载力验算，其安全性可直接进行评述。

2）构件内钢筋位移造成保护层过薄或过厚。当构件内钢筋位移，造成保护层过厚时，应按照实际的构件有效计算高度验算；保护层过薄时，可不进行验算，按照相关鉴定标准中的构造缺陷直接评述。

3）定位轴线偏差过大。当定位轴线偏差过大时，应按照实测结果进行结构验算。

4）构件尺寸偏差过大。当构件尺寸偏差过大时，应按照实际构件尺寸进行结构验算。

（3）钢结构

1）钢材锈蚀严重有效截面积减小。当钢材有效截面减小时，应按照实测截面进行验算。

2）螺栓缺陷、焊缝缺陷。当钢结构构件连接有严重缺陷的，可不进行验算，直接按相关鉴定标准的构造要求评定。

3）支撑体系缺陷。钢结构支撑体系与其承载力具有同等重要性。在实际工程中，钢结构出现的破坏或者事故往往与其支撑体系的不健全密切相关，很多情况下，钢构件在未出现承载力极限状态的情况下，因支撑体系缺陷而出现整体性的变形甚至倒塌。例如有吊车的门式刚架建筑未按照规定设置柱间支撑极易引起建筑整体倾覆，屋面檩条未按照规定设置拉条及撑杆易引起檩条平面外变形等。

当钢结构存在支撑体系缺陷时，可不进行验算，按照相关鉴定标准中的结构整体性直接评定。

6.2.3　因装修、改造产生的缺陷

（1）超载

因房屋改变用途或装修改造导致房屋超载，应按照实际使用荷载和构件布置进行结构验算。

（2）构件截面削弱

因房屋装修改造造成构件截面削弱的，应按照削弱后的实测构件截面尺寸进行结构验算。

6.3　结构验算的类别与程序

既有结构验算主要服务于房屋延长使用年限，房屋结构的安全复核与评定，房屋改变用途、改建、扩建、加固修复或重新设计。所以结构验算是一项既繁琐又复杂的技术工作。

6.3.1　既有结构验算的类别

结构验算是依照《工程结构可靠性设计统一标准》GB 50153—2008，对房屋安全性、适用性、耐久性及抗灾害能力的评定。通过结构验算对使用功能是否提出限制使用或完善构造的要求。结构验算分为两种类别：

（1）承载能力极限状态验算

1）当结构需要安全复核、改变用途或延长使用年限时，应进行承载能力极限状态验算；

2）当结构需要改建、扩建、加固改造或重新设计时，应进行承载能力极限状态验算。

（2）正常使用极限状态验算

1）对需要控制变形的构件，应进行变形验算；

2）对使用上限制出现裂缝的构件，应进行混凝土拉应力验算；

3）对允许出现裂缝的构件，应进行受力裂缝宽度验算；

4）对有舒适度要求的楼盖结构，应进行竖向自振频率验算。

6.3.2 结构验算一般程序

结构构件、整体验算是房屋鉴定过程中重要环节。结构验算程序主要包括：

（1）结构体系判断

验算的过程中必须查明拟鉴定的建筑结构体系，判断结构形式是否存在缺陷。

（2）结构模型构建

验算的过程中对其结构整体进行必要、合理的技术简化，构建合理的结构模型。构建结构模型时应该尽量能够与建筑的现状相符，但是把结构的每一个细节全部在结构模型中体现也不是完全必要的。鉴定工作的结构验算与结构设计中的结构验算是有区别的，要通过合理的简化真正模拟既有建筑的工作状态并进行有针对性地验算。

（3）鉴定荷载选取

所谓的"鉴定荷载"是指依据前述的既有建筑荷载取值原则选取相应的永久荷载、可变荷载及地震作用（在抗震区）。在合理检测的前提下，依据既有建筑构件强度取值的原则确定不同构件的材料强度值。同时还应合理选用材料性能、结构性能（如承载能力、刚度等）、尺寸、条件等参数。

（4）受力状态和内力变化分析

在验算的过程中，要注意构件的实际受力状态和内力变化分析。因为实际受力状态并不是传统假定受力方式，一般情况下构件端节点位移不协调，其内力均有所变化。

（5）验算时设计规范选用

在结构验算中，涉及设计规范的使用问题，一般情况下应结合鉴定目的选取设计规范较为合理。

1）当鉴定目的属于下一步需要扩建、改造、接层、增荷或装饰装修时。因其后期建设行为更接近新建工程，故应采用现行设计规范进行结构验算。

2）当鉴定目的属于正常使用，不发生扩建、改造、接层、增荷或装饰装修时，应采用不低于89年设计规范进行结构验算。

现行设计规范是正常设计的规范，当直接用于鉴定时，其鉴定应考虑的实际条件在现行设计规范中通常是不能预见的；而且现行规范比以前用的规范有更严格的要求；会使现存结构可能被判为不安全，造成"危险房屋"的大量产生。89年设计规范以前的计算方法采用经验系数法，而其后的设计规范采用的极限概率法，基于不同计算理论设计的构件，其验算的结果必然存在偏差，同样存在"计算出来"的不安全。

鉴于设计规范的现状，用鉴定目的予以区分设计规范的适用范围，即可满足鉴定需求，又不过多造成资源的浪费。

3）对于远年建筑（包括历史风貌建筑），应注重构件自身和传力路径及抗震性能（地震设防区域）参照其他规范予以复核，并指明其缺陷位置及处理方法。

6.4 不同结构构件验算

6.4.1 砌体结构构件验算

1. 受压构件验算

（1）受压构件的承载力，应符合下式的要求：

$$N \leqslant \varphi f A \qquad \text{式（6-4）}$$

式中　N——轴向力设计值；

　　　φ——高厚比 β 和轴向力的偏心距 e 对受压构件承载力的影响系数；

　　　f——砌体的抗压强度设计值；

　　　A——截面面积。

（2）确定影响系数 φ 时，构件高厚比 β 应按下列公式计算：

对矩形截面：
$$\beta = \gamma_\beta \frac{H_0}{h}$$

$$\text{式（6-5）}$$

对 T 形截面：
$$\beta = \gamma_\beta \frac{H_0}{h_T}$$

式中　γ_β——不同材料砌体构件的高厚比修正系数；

　　　H_0——受压构件的计算高度；

　　　h——矩形截面轴向力偏心方向的边长，当轴心受压时为截面较小边长；

　　　h_T——T 形截面的折算厚度，可近似按 $3.5i$ 计算，i 为截面回转半径。

（3）受压构件的计算高度 H_0，应根据房屋类别和构件支承条件等按高厚比修正系数 γ_β 取值。表中的构件高度 H 应按下列规定采用：

1）在房屋底层，为楼板顶面到构件下端支点的距离。下端支点的位置，可取在基础顶面。当埋置较深且有刚性地坪时，可取室外地面下 500mm 处；

2）在房屋其他层次，为楼板或其他水平支点间的距离；

高厚比修正系数 γ_β 表 6-1

砌体材料类别	γ_β
烧结土普通砖、烧结多孔砖	1.0
混凝土普通砖、混凝土多孔砖、混凝土及轻集料混凝土砌块	1.1
蒸压灰砂普通砖、蒸压粉煤灰普通砖、细料石	1.2
粗料石、毛石	1.5

受压构件的计算高度 H_0 表 6-2

房屋类别			柱		带壁柱墙或周边拉接的墙		
			排架方向	垂直排架方向	$s>2H$	$2H \geqslant s>H$	$s \leqslant H$
有吊车的单层房屋	变截面柱上段	弹性方案	$2.5H_u$	$1.25H_u$	$2.5H_u$		
		刚性、刚弹性方案	$2.0H_u$	$1.25H_u$	$2.0H_u$		
	变截面柱下段		$1.0H_l$	$0.8H_l$	$1.0H_l$		
无吊车的单层和多层房屋	单跨	弹性方案	$1.5H$	$1.0H$	$1.5H$		
		刚弹性方案	$1.2H$	$1.0H$	$1.2H$		
	多跨	弹性方案	$1.25H$	$1.0H$	$1.25H$		
		刚弹性方案	$1.10H$	$1.0H$	$1.1H$		
	刚性方案		$1.0H$	$1.0H$	$1.0H$	$0.4s+0.2H$	$0.6s$

3）对于无壁柱的山墙，可取层高加山墙尖高度的 1/2；对于带壁柱的山墙可取壁柱处的山墙高度。

（4）局部受压

砌体截面中受局部均匀压力时的承载力，应满足下式的要求：

$$N_l \leqslant \gamma f A_l \qquad 式（6-6）$$

式中 N_l——局部受压面积上的轴向力设计值；

γ——砌体局部抗压强度提高系数；

f——砌体的抗压强度设计值，局部受压面积小于 $0.3m^2$，可不考虑强度调整系数 γ_a 的影响；

A_l——局部受压面积。

砌体局部抗压强度提高系数 γ，应符合下列规定：

γ 可按下式计算：

$$\gamma = 1 + 0.35 \sqrt{\frac{A_0}{A_l} - 1} \qquad 式（6-7）$$

式中 A_0——影响砌体局部抗压强度的计算面积。

梁端支承处砌体的局部受压承载力，应按下列公式计算：

$$\varphi N_0 + N_l \leqslant \eta \gamma f A_l$$

$$\varphi = 1.5 - 0.5 \frac{A_0}{A_l}$$

$$N_0 = \sigma_0 A_l \qquad\qquad 式（6-8）$$

$$A_l = a_0 b$$

$$a_0 = 10 \sqrt{\frac{h_c}{f}}$$

式中　φ——上部荷载的折减系数，当 A_0/A_l 大于或等于 3 时，应取 φ 等于 0；

　　　N_0——局部受压面积内上部轴向力设计值（N）；

　　　N_l——梁端支承压力设计值（N）；

　　　σ_0——上部平均压应力设计值（N/mm²）；

　　　η——梁端低面压应力图形的完整系数，应取 0.7，对于过梁和墙梁应取 1.0；

　　　a_0——梁端有效支承长度（mm）；当 $a_0 > a$ 时，应取 $a_0 = a$，a 为梁端实际支承长度（mm）；

　　　b——梁的截面宽度（mm）；

　　　h_c——梁的截面高度（mm）；

　　　f——砌体的抗压强度设计值（MPa）。

（5）柱受压承载力验算例题

无筋砌体砖柱。截面尺寸为 370mm×490mm，柱计算高度为 3.6m，采用 MU10 烧结普通砖和 M5 水泥砂浆砌筑（f=0.88×0.9×1.5=1.188MPa），施工质量控制为 B 级，确定该柱受压承载力。

计算 β，由相关规范可知：

$$\beta = \gamma_\beta \frac{H_0}{h} = 1.0 \times \frac{3.6}{0.37} = 9.73$$

查《砌体结构设计规范》GB 50003—2011 附录 D　φ=0.876

柱受压承载力为：　$N_u = \varphi f A = 0.876 \times 1.188 \times 370 \times 490 = 188.68$kN

（6）梁局部受压承载力验算例题

【例 6-1】假定梁截面尺寸为 200mm×550mm，梁伸入墙体 240mm，墙体厚为 240mm，砖强度等级为 MU10，水泥砂浆强度等级为 M5，传至梁底墙体截面上的上部轴向力设计值 N_0=274.08kN，楼面梁支座反力设计值 N_L=54.24kN，验算其局部受压承载力。

【解】

$$a_0 = 10 \sqrt{\frac{h_c}{f}}，水泥砂浆 f = 0.9 \times 1.3 = 1.17$$

$$a_0 = 10\sqrt{\frac{550}{1.17}} = 216.5\text{mm}$$

$$A_l = a_0 b = 0.2165 \times 0.2 = 0.0433\text{m}^2$$

$$A_0 = (b+2h)h = (0.2+2\times0.24)\times0.24 = 0.163\text{m}^2$$

$$\frac{A_0}{A_l} = 3.76 > 3, \quad \psi = 0, \quad \gamma = 1 \times 0.35\sqrt{\frac{A_0}{A_l} - 1} = 1.58 < 2$$

$$\psi N_0 + N_l = 54.24\text{kN} < \eta\gamma f A_l = 0.7 \times 1.58 \times 0.9 \times 1.3 \times 0.0433 \times 10^3 = 56\text{kN}$$

局部受压验算满足要求。

2. 高厚比验算

（1）计算公式

墙、柱的高厚比应按下式验算：

$$\beta = \frac{H_0}{h} \leq \mu_1\mu_2[\beta] \qquad\qquad 式（6-9）$$

式中　H_0——墙、柱的计算高度；

　　　　h——墙厚或矩形与 H_0 相对应的边长；

　　　　μ_1——自承重墙允许高厚比的修正系数；

　　　　μ_2——有门窗洞口墙允许高厚比的修正系数；

　　　　$[\beta]$——墙、柱的允许高厚比，应按表6-3采用。

墙、柱的允许高厚比 $[\beta]$ 值　　　　　　　　　　　　表6-3

砌体类型	砂浆强度等级	墙	柱
无筋砌体	M2.5	22	15
	M5.0 或 Mb5.0、Ms5.0	24	16
	≥ M7.5 或 Mb7.5、Ms7.5	26	17
配筋砌块砌体	—	30	21

（2）验算的一般规定

1）带壁柱墙和带构造柱墙的高厚比验算，应按下列规定进行：

①按公式验算带壁柱墙的高厚比，此时公式中 h 应改用带壁柱墙截面的折算厚度 h_T，在确定截面回转半径时，墙截面的翼缘宽度，可按砌体规范规定采用；当确定带壁柱墙的计算高度 H_0 时，s 应取相邻横墙间的距离。

②当构造柱截面宽度不小于墙厚时，可按公式验算带构造柱墙的高厚比，此时公式中 h 取墙厚；当确定墙的计算高度 H_0 时，s 应取相邻横墙间的距离；墙的允许高厚比 $[\beta]$ 可乘以提高系数 μ_c：

$$\mu_c = 1 + \gamma \frac{b_c}{l} \qquad\qquad 式（6-10）$$

式中　γ——系数。对细料石砌体，$\gamma=0$；对混凝土砌块、混凝土多孔砖、粗料石、毛料石砌体，$\gamma=1.0$；其他砌体，$\gamma=1.5$；

　　　　b_c——构造柱沿墙长方向的宽度；

　　　　l——构造柱的间距。

当 $b_c/l>0.25$ 时取 $b_c/l=0.25$；当 $b_c/l<0.05$ 时取 $b_c/l=0$。

注：考虑构造柱有利作用的高厚比验算不适用于施工阶段。

③按公式验算壁柱间墙或构造柱间墙的高厚比，此时 s 应取相邻壁柱间或相邻构造柱间的距离。设有钢筋混凝土圈梁的带壁柱墙或带构造柱墙，当 $b/s \geqslant 1/30$ 时，圈梁可视作壁柱间墙或构造间墙的不动铰支点（b 为圈梁宽度）。如不允许增加圈梁宽度，可按墙体平面外等刚度原则增加圈梁高度，以满足壁柱间墙或构造柱间墙不动铰支点的要求。

2）厚度 $h \leqslant 240mm$ 的自承重墙，允许高厚比修正系数 μ_1 应按下列规定采用：

当 $h=240mm$　$\mu_1=1.2$；

当 $h=90mm$　$\mu_1=1.5$；

当 $240mm>h>90mm$　μ_1 可按插入法取值。

注：①上端为自由端墙的允许高厚比，除按上述规定提高外，尚可提高 30%；

②对厚度小于 90mm 的墙，当双面用不低于 M10 的水泥砂浆抹面，包括抹面层的墙厚不小于 90mm 时，可按墙厚等于 90mm 验算高厚比。

3）对有门窗洞口的墙，允许高厚比修正系数 μ_2 应按下式计算：

$$\mu_2 = 1 + 0.4 \frac{b_s}{s} \qquad\qquad 式（6-11）$$

式中：b_s——在宽度 s 范围内的门窗洞口总宽度；

　　　　s——相邻横墙或壁柱之间的距离。

当按公式算得 μ_2 的值小于 0.7 时，应采用 0.7。当洞口高度等于或小于墙高的 1/5 时，可取 μ_2 等于 1.0。

（3）高厚比验算例题

【例6-2】图为某刚性方案房屋的底层局部承重墙，墙体厚240mm，采用 MU10 级烧结普通砖，M5 级混合砂浆。横墙有门洞 900mm×400mm。试验算其高厚比。

【解】

横墙高 $H=4.5+0.3=4.8m$，横墙两端纵墙间距 $s=6000mm$　$2H=9.6m>s=6m>H=4.8m$ 由《砌体结构设计规范》GB 50003—2011 表 5.1.3 规定，刚性方案：

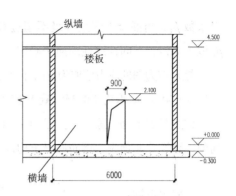

$$H_0 = 0.4s + 0.2H = 0.4 \times 6 + 0.2 \times 4.8 = 3.36\text{m}$$

$$\beta = \frac{H_0}{h} = \frac{3.36}{0.24} = 14$$

查规范，$[\beta]=24$，横墙为承重墙，$\mu_1=1.0$

$$\mu_2 = 1 - 0.4 \frac{b_s}{s} = 1 - 0.4 \times \frac{0.9}{6} = 0.94 > 0.7$$

$\mu_1 \mu_2 [\beta] = 1 \times 0.94 \times 24 = 22.56$

$\beta = 14 < 22.56$　满足要求。

6.4.2　混凝土结构构件验算

1. 正截面受弯承载力验算

（1）单排筋矩形截面梁受弯承载力计算的基本假定

正截面承载力应按下列基本假定进行计算：

1）截面应变保持平面；

2）不考虑混凝土的抗拉强度；

3）混凝土受压的应力与应变曲线按下列规定采用：

当 $\varepsilon_c \leqslant \varepsilon_0$ 时，

$$\sigma_c = f_c \left[1 - \left(1 - \frac{\varepsilon_c}{\varepsilon_0} \right)^n \right]$$

$$\sigma_c = f_c$$

当 $\varepsilon_0 < \varepsilon_c \leqslant \varepsilon_{cu}$ 时，

$$n = 2 - \frac{1}{60}\left(f_{cu,k} - 50 \right)$$
$$\varepsilon_0 = 0.002 + 0.5\left(f_{cu,k} - 50 \right) \times 10^{-5} \qquad \text{式（6-12）}$$
$$\varepsilon_{cu} = 0.0033 - \left(f_{cu,k} - 50 \right) \times 10^{-5}$$

式中　σ_c——混凝土压应变为 ε_c 时的混凝土压应力；

　　　f_c——混凝土轴心抗压强度设计值，按混凝土规范采用；

　　　ε_0——混凝土压应力刚达到 f_c 时的混凝土压应变，当计算的 $\varepsilon_0 < 0.002$ 时，取为 0.002；

　　　$f_{cu,k}$——混凝土立方体抗压强度标准值，按混凝土规范采用；

　　　n——系数，当计算的 n 大于 2.0 时，取为 2.0。

4）纵向钢筋的应力取等于钢筋应变与其弹性模量的乘积，但其绝对值不应大于其相应的强度设计值。纵向受拉钢筋的极限拉应变取为 0.01。

受弯构件、偏心受力构件正截面受压区混凝土的应力图形可简化为等效的矩形应力图。

矩形应力图的受压区高度 x 可取按照截面应变保持平面假定时所确定的中和轴高度乘

271

以系数 β_1。当混凝土强度等级不超过 C50 时，β_1 取为 0.8；当混凝土强度等级为 C80 时，β_1 取为 0.74，其间按线性内插法确定。

矩形应力图的应力值取为混凝土轴心抗压强度设计值 f_c 乘以系数 α_1。当混凝土强度等级不超过 C50 时，α_1 取为 1.0，当混凝土强度等级为 C80 时，α_1 取为 0.94，其间按线性内插法确定。

纵向受拉钢筋屈服与受压区混凝土破坏同事发生时的相对界限受压区高度 ε_b 应按下列公式计算（非预应力钢筋混凝土构件）：

有屈服点钢筋

$$\varepsilon_b = \frac{\beta_1}{1 + \dfrac{f_y}{E_s \varepsilon_{cu}}}$$

无屈服点钢筋

$$\varepsilon_b = \frac{\beta_1}{1 + \dfrac{0.002}{\varepsilon_{cu}} + \dfrac{f_y}{E_s \varepsilon_{cu}}}$$

式（6–13）

式中　ε_b——相对界限受压区高度：$\varepsilon_b = x_b / h_0$；

　　　x_b——界限受压区高度；

　　　h_0——截面有效高度：纵向受拉钢筋合理点至截面受压边缘的距离；

　　　f_y——普通钢筋受拉强度设计值，按混凝土规范采用；

　　　E_s——钢筋弹性模量，按混凝土规范采用；

　　　β_1——系数，按混凝土规范采用。

（2）计算步骤

一般情况下，已知截面尺寸 b、h 及材料强度 f_c、f_y 和设计弯矩值 M，求计算所需钢筋面积 A_s 是否小于现配置钢筋 A_{s0}。

利用基本公式及混凝土规范，求出 x：$x = h_0 - \sqrt{h_0^2 - \dfrac{2M}{\alpha_1 f_c b}}$

当 $x < \varepsilon_b h_0$ 时，根据 $\alpha_1 f_c b x = f_y A_s$，求出 A_s

验算现配置钢筋 A_{s0} 与 A_s 比值，根据《民用建筑可靠性鉴定标准》GB 50292—2015，该比值大于 0.95（配置钢筋比值不能代表承载力的抗力与作用效应的比值）。

2. 斜截面受剪承载力验算

（1）矩形、T 形和 I 形截面的受弯构件，其受剪截面应符合下列条件：

当 $h_w / b \leqslant 4$ 时，　　　$V \leqslant 0.25 \beta_c f_c b h_0$

当 $h_w / b \geqslant 6$ 时，　　　$V \leqslant 0.2 \beta_c f_c b h_0$

当 $4 \leqslant h_w / b \leqslant 6$ 时，按线性内插法确定。　　　　　　　式（6–14）

式中　V——构件斜截面上的最大剪力设计值；

　　　β_c——混凝土强度影响系数：当混凝土强度等级不超过 C50 时，取 $\beta_c = 1.0$；当混凝土强度等级为 C80 时，取 $\beta_c=0.8$；其间按线性内插法确定；

h_w——截面的腹板高度：对矩形截面，取有效高度；对 T 形截面，取有效高度减去翼缘高度；对于 I 形截面，取腹板净高。

矩形、T 形和 I 形截面的一般受弯构件，当仅配置箍筋时，其斜截面的受剪承载力应符合下列规定：

$$V \leqslant V_{cs} + V_p$$
$$V_{cs} = 0.7 f_t bh_0 + 1.25 f_{yv} \frac{A_{sv}}{s} h_0 \qquad 式（6-15）$$
$$V_p = 0.05 N_{p0}$$

式中 V——构件斜截面上的最大剪力设计值；

V_{cs}——构件斜截面上混凝土和箍筋的受剪承载力设计值；

V_p——由预加力所提高的构件受剪承载力设计值；

A_{sv}——配置在同一截面内箍筋各肢的全部截面面积：$A_{sv}=nA_{sv1}$，此处，n 为在同一截面内箍筋的肢数，A_{sv1} 为单肢箍筋的截面面积；

s——沿构件长度方向的箍筋间距；

f_{yv}——箍筋抗拉强度设计值，按混凝土规范采用；

N_{p0}——计算截面上混凝土法向预应力等于 0 时的纵向预应力钢筋计非预应力钢筋的合力。

对集中荷载作用下（包括作用有多种荷载，其中集中荷载对支座截面或节点边缘所产生的剪力值占总剪力值的 75% 以上的情况）的独立梁，应将公式改为下列公式：

$$V_{cs} = \frac{1.75}{\lambda+1} f_t bh_0 + f_{yv} \frac{A_{sv}}{s} h_0 \qquad 式（6-16）$$

式中 λ——计算截面的剪跨比，可取 $\lambda=a/h_0$，a 为集中荷载作用点至支座或节点边缘的距离；当 $\lambda<1.5$ 时，取 $\lambda=1.5$，当 $\lambda>3$ 时，取 $\lambda=3$；集中荷载作用点至支座之间的箍筋，应均匀配置。

（2）计算步骤

一般情况下，已知截面尺寸 b、h 及材料强度，要求复核箍筋数量。

1）验算截面尺寸和构造配箍条件

2）箍筋计算

可按下式计算 $\dfrac{nA_{sv1}}{s} \geqslant \dfrac{V - 0.7 f_t bh_0}{1.25 f_{yv} h_0}$ 或 $\dfrac{nA_{sv1}}{s} \geqslant \dfrac{V - \dfrac{1.75}{\lambda+1} f_t bh_0}{f_{yv} h_0}$ 式（6-17）

3）验算现配置钢筋 A'_{sv1} 与 A_{sv1} 比值，根据《民用建筑可靠性鉴定标准》GB 50292—2015，该比值大于 0.95。

（3）纵向受拉钢筋及箍筋验算例题

【例6-3】已知矩形截面梁，梁宽b=200mm，梁高为h=450mm，承受弯矩设计值M=80kN·m，剪力设计值V=80.00kN（均布荷载），实配纵向受拉钢筋3Φ20（f_y=300N/mm²，89规范f_y=310N/mm²），箍筋采用φ8@200（f_y=210N/mm²），混凝土强度等级为C20（f_c=9.6N/mm²，f_{cm}=11.9N/mm²），环境类别为一类，试求纵向受拉钢筋及箍筋计算所需截面面积。

【解】

1）按现行规范计算

$$f_c = 9.6 \text{N}/\text{mm}^2, f_t = 1.1 \text{N}/\text{mm}^2, f_y = 300 \text{N}/\text{mm}^2, f_{yv} = 210 \text{N}/\text{mm}^2$$

①截面验算：V=40.00kN<0.25$\beta_c f_c bh_0$=249.00kN 截面满足要求。

②按单排筋计算：a_s=35mm，h_0=450−35=415mm。

$$x = h_0 - \sqrt{h_0^2 - \frac{2M}{\alpha_1 f_c b}} = 116.9 \text{mm} < \xi_b h_0 = 0.55 \times 415 = 228.3 \text{mm}$$

③下部纵筋：$A_s = \frac{\alpha_1 f_c bx}{f_y} = 748.2 \text{mm}^2$，$\rho_{min}$=0.20%<$\rho$=0.83%<$\rho_{max}$=2.50%

实配钢筋为3Φ20，A_s=952mm²，配筋满足要求。

④受剪箍筋计算：$V \leqslant 0.7 f_t bh_0 + 1.25 f_{yv} \frac{A_{sv}}{s} h_0$，

$$\frac{A_{sv}}{s} = 0.185 > \rho_{sv,max} = 0.24 \frac{f_t}{f_y} = 0.126,$$

实配钢筋$\frac{A_{sv}}{s} = \frac{2 \times 3.14 \times 16}{200} = 0.502$，配筋满足要求。

2）按89规范计算

$$f_c = 10 \text{N}/\text{mm}^2, f_{cm} = 11 \text{N}/\text{mm}^2, f_y = 310 \text{N}/\text{mm}^2, f_{yv} = 210 \text{N}/\text{mm}^2$$

①截面验算：V=40.00kN<0.25$f_c bh_0$=249.00kN 截面满足要求。

②按单排筋计算：a_s=35mm，h_0=450−35=415mm，

$$x = h_0 - \sqrt{h_0^2 - \frac{2M}{\alpha_1 f_{cm} b}} = 99.6 \text{mm} < \xi_b h_0 = 0.55 \times 415 = 228.3 \text{mm}$$

③下部纵筋：$A_s = \frac{\alpha_1 f_{cm} bx}{f_y} = 706.8 \text{mm}^2$，$\rho_{min}$=0.15%<$\rho$=0.79%<$\rho_{max}$=2.50%

实配钢筋3Φ20，A_s=952mm²，配筋满足要求。

④受剪箍筋计算：$V \leqslant 0.07 f_c bh_0 + 1.5 f_{yv} \frac{A_{sv}}{s} h_0$，$\frac{A_{sv}}{s}$=0.168

实配钢筋$\frac{A_{sv}}{s} = \frac{2 \times 3.14 \times 16}{200} = 0.502$，配筋满足要求。

说明：《混凝土结构设计规范》GB 50010—2010中混凝土强度取消了89版《混凝土结构设计规范》中的弯曲抗压强度f_{cm}，因此，不同规范计算出来的配筋恰好存在将近6%差异，而这个差异又恰好是构件安全性评定为c_u和b_u的临界值。

3. 受压构件承载力验算

（1）轴心受压构件

钢筋混凝土轴心受压构件，当配置箍筋符合相关要求时，其正截面受压承载力应符合下列规定：

$$N \leqslant 0.9\varphi\left(f_{c}A + f'_{y}A'_{s}\right) \qquad \text{式（6-18）}$$

式中　N——轴向压力设计值；

　　　φ——钢筋混凝土构件的稳定系数，按混凝土规范采用；

　　　f_{c}——混凝土轴心抗压强度设计值，按混凝土规范采用；

　　　A——构件截面面积；

　　　A'_{s}——全部纵向钢筋的截面面积。

当纵向钢筋配筋率大于 3% 时，公式中的 A 应改用（$A-A'_{s}$）代替。

钢筋混凝土轴心受压构件，当配置螺旋式或焊接环式间接钢筋（符合间距不大于 80mm 及 d_{cor}/5，且不宜小于 40mm 时），其正截面受压承载力应符合下列规定：

$$N \leqslant 0.9\left(f_{c}A_{cor} + f'_{y}A'_{s} + 2\alpha f_{y}A_{ss0}\right)$$
$$A_{ss0} = \frac{\pi d_{cor}A_{ss1}}{s} \qquad \text{式（6-19）}$$

式中　f_{y}——间接钢筋的抗拉强度设计值；

　　　A_{cor}——构件的核心截面面积：间接钢筋内表面范围内的混凝土面积；

　　　A_{ss0}——螺旋式或焊接环式间接钢筋的换算截面面积；

　　　d_{cor}——构件的核心截面直径：间接钢筋内表面之间的距离；

　　　A_{ss1}——螺旋式或焊接环式单根间接钢筋的截面面积；

　　　s——间接钢筋沿构件轴线方向的间距；

　　　α——间接钢筋对混凝土约束的折减系数：当混凝土强度等级不超过 C50 时，取 1.0；
　　　　　　当混凝土强度等级为 C80 时，取 0.85，其间按线性内插法确定。

（2）偏心受压构件

对于矩形、T 形、I 形、环形及圆形截面偏心受压构件，其偏心距增大系数可按下列公式计算：

$$\eta = 1 + \frac{1}{1400e_{i}/h_{0}}\left(\frac{l_{0}}{h}\right)^{2}\zeta_{1}\zeta_{2}$$
$$\zeta_{1} = \frac{0.5f_{c}A}{N} \qquad \text{式（6-20）}$$
$$\zeta_{2} = 1.15 - 0.01\frac{l_{0}}{h}$$

式中 l_0——构件计算长度，按混凝土规范确定；

　　h——截面高度；其中，对环形截面取外直径；对圆形截面取直径；

　　h_0——截面有效高度；

　　ζ_1——偏心受压构件的截面曲率修正系数，当 $\zeta_1 > 1.0$ 时，取 1.0；

　　A——构件的截面面积；

　　ζ_2——构件长细比对截面曲率的影响系数，当 $l_0/h < 15$ 时，取 1.0。

在偏心受压构件的正截面承载力计算中，应计入轴向压力在偏心方向存在的附加偏心距 e_a，其值应取 20mm 和偏心方向截面最大尺寸的 1/30 两者中的较大值。

矩形截面偏心受压构件（非预应力）正截面受压承载力应符合下列规定

$$N \leqslant \alpha_1 f_c bx + f'_y A'_s - \sigma_s A_s$$
$$Ne \leqslant \alpha_1 f_c bx(h_0 - \frac{x}{2}) + f'_y A'_s (h_0 - a'_s)$$
$$e = \eta e_i + \frac{h}{2} - a_s$$
$$e_i = e_0 + e_a$$

式（6-21）

式中 e——轴向压力作用点至纵向普通受拉钢筋合力点的距离；

　　η——偏心受压构件考虑二阶弯矩影响的轴向压力偏心距增大系数，按混凝土规范确定；

　　σ_s——受拉边或受压较小边的纵向普通钢筋的应力；

　　e_i——初始偏心距；

　　a_s——纵向普通受拉钢筋合力点至截面近边缘的距离；

　　e_0——轴向压力对截面重心的偏心距：$e_0 = M/N$；

　　e_a——附加偏心距。

（3）轴向压力构件验算例题

【例 6-4】已知钢筋混凝土矩形柱 $b = 350\text{mm}$，$h = 350\text{mm}$，计算长度 $L = 4.80\text{m}$，混凝土强度等级 C25，$f_c = 11.90\text{N/mm}^2$，纵筋级别 HRB335，$f_y = 300\text{N/mm}^2$，内配有 8 Φ20，计算该柱所能承担的轴向压力设计值 N_u。

【解】

$l_0/b = 4800/350 = 13.7$，查混凝土规范可知，$\varphi = 0.92$。

$$\rho' = \frac{A'_s}{A} = \frac{3927}{350 \times 350} = 0.032 > 0.03$$

依据规范可知：

$$N_u = 0.9\varphi [f_c(A - A'_s) + f'_y A'_s]$$
$$= 0.9 \times 0.929 \times [11.99 \times (350 \times 350 - 3927) + 300 \times 3927] = 2143.8\text{kN}$$

4. 墙梁承载力验算

墙梁包括简支墙梁、连续墙梁和框支墙梁。可划分为承重墙梁和自承重墙梁。

采用烧结普通砖和烧结多孔砖砌体和配筋砌体的墙梁设计应符合表6-4的规定。

墙梁的一般规定

表6-4

墙梁类别	墙体总高度（m）	跨度（m）	墙体高跨比 h_w/l_{0i}	托梁高跨比 h_b/l_{0i}	洞宽比 h_h/l_{0i}	洞宽 h_h
承重墙梁	≤ 18	≤ 9	≥ 0.4	≥ 1/10	≤ 0.3	≤ $5h_w/6$ 且 $h_w-h_h ≥ 0.4m$
自承重墙梁	≤ 18	≤ 12	≥ 1/3	≥ 1/15	≤ 0.8	—

墙梁计算高度范围内每跨允许设置一个洞口；洞口边至支座中心的距离不应小于 $0.1l_{0i}$，距边支座不应小于 $0.15l_{0i}$，距中支座不应小于 $0.07l_{0i}$。对多层房屋的墙梁，各层洞口宜设置在相同位置，并宜上、下对齐。

（1）计算简图

墙梁的计算简图，应采用分析图。各计算参数应按下列规定取用：

1）墙梁计算跨度，对简支墙梁和连续墙梁取净跨的1.1倍或支座中心线距离的较小值，框支墙梁支座中心线距离，取框架柱轴线间的距离；

2）墙体计算高度，取托梁顶面上一层墙体（包括梁顶）高度，当 h_w 大于 l_0 时，取 h_w 等于 l_0；

3）墙梁跨中截面计算高度，取 $H_0=h_w+0.5h_b$；

4）翼墙计算宽度，取窗间墙宽度或横墙间距的2/3，且每边不大于3.5倍的墙体厚度和墙梁计算跨度的1/6；

5）框架柱计算高度，取 $H_c=H_{cn}+0.5h_b$；H_{cn} 为框架柱的净高，取基础顶面至托梁底面的距离。

（2）计算荷载

墙梁的计算荷载，应按下列规定采用：

1）使用阶段墙梁上的荷载

①承重墙梁

A. 托梁顶面的荷载设计值 Q_1、F_1，取托梁自重及本层楼盖的恒荷载和活荷载；

B. 墙梁顶面的荷载设计值 Q_2，取托梁以上各层墙体自重，以及墙梁顶面以上层楼（屋）盖的恒荷载和活荷载；集中荷载可沿作用的跨度近似化为均布荷载。

②自承重墙梁

墙梁顶面的荷载设计值 Q_2，取托梁自重及托梁以上墙体自重。

2）施工阶段托梁上的荷载

①托梁自重及本层楼盖的恒荷载；

②本层楼盖的施工荷载；

③墙体自重，可取高度为 $l_{0max}/3$ 的墙体自重，开洞时尚应按洞顶以下实际分布的墙体自重复核；l_{0max} 为各计算跨度的最大值。

（3）正截面承载力

墙梁的托梁正截面承载力，应按下列规定计算：

托梁跨中截面应按混凝土偏心受拉构件计算，第 i 跨跨中最大弯矩设计值 M_{bi} 及轴心拉力设计值 N_{bti} 可按下列公式计算：

$$M_{bi} = M_{1i} + \alpha_M M_{2i}$$

$$N_{bti} = \eta_N \frac{M_{2i}}{H_0}$$

$$\alpha_M = \varphi_M (1.7 \frac{h_b}{l_0} - 0.03)$$

当为简支墙梁时：

$$\varphi_M = 4.5 - 10 \frac{a}{l_0}$$

当为连续墙梁和框支墙梁时：

$$\eta_N = 0.44 + 2.1 \frac{h_w}{l_0}$$

$$\eta_N = 0.8 + 2.6 \frac{h_w}{l_{0i}}$$

$$\varphi_M = 3.8 - 8.0 \frac{a_i}{l_{0i}} \qquad\qquad 式（6-22）$$

$$\alpha_M = \varphi_M (2.7 \frac{h_b}{l_{0i}} - 0.08)$$

式中　M_{1i}——荷载设计值 Q_1、F_1 作用下的简支梁跨中弯矩或按连续梁、框架分析的托梁第 i 跨跨中最大弯矩；

　　　M_{2i}——荷载设计值 Q_2 作用下的简支梁跨中弯矩或按连续梁、框架分析的托梁第 i 跨跨中最大弯矩；

　　　α_M——考虑墙梁组合作用的托梁跨中截面弯矩系数，可按公式计算，但对自承重简支墙梁应乘以折减系数 0.8；当公式中的 $h_b/l_0 > 1/6$ 时，取 $h_b/l_0 = 1/6$；当公式中的 $h_b/l_0 > 1/7$ 时，取 $h_b/l_0 = 1/7$；当 $\alpha_M = 1.0$；

　　　η_N——考虑墙梁组合作用的托梁跨中截面轴力系数，可按公式计算，但对自承重简支墙梁应乘以折减系数 0.8；当 $h_w/l_{0i} > 1$ 时，取 $h_w/l_{0i} = 1$；

　　　φ_M——洞口对托梁跨中截面弯矩的影响系数，对无洞口墙梁取 1.0，对有洞口墙梁可按公式计算；

　　　a_i——洞口边缘至墙梁最近支座中心的距离，当 $a_i > 0.35l_{0i}$。

托梁支座截面应按混凝土受弯构件计算,第 j 支座的弯矩设计值 M_{bj} 可按下列公式计算:

$$M_{bj} = M_{1j} + \alpha_M M_{2j}$$
$$\alpha_M = 0.7 - \frac{a_i}{l_{0i}} \qquad 式(6-23)$$

式中　M_{1j}——荷载设计值 Q_1、F_1 作用下按连续梁或框架分析的托梁第 j 支座截面的弯矩设计值;

　　　M_{2j}——荷载设计值 Q_2 作用下按连续梁或框架分析的托梁第 j 支座截面的弯矩设计值;

　　　α_M——考虑墙梁组合作用的托梁支座截面弯矩系数,无洞口墙梁取 0.4,有洞口墙梁可按公式计算。

（4）斜截面受剪承载力

墙梁的托梁斜截面受剪承载力应按混凝土受弯构件计算第 j 支座边缘截面的剪力设计值 V_{bj} 可按下式计算:

$$V_{bj} = V_{1j} + \beta_v V_{2j} \qquad 式(6-24)$$

式中　V_{1j}——荷载设计值 Q_1、F_1 作用下按简支梁、连续梁或框架分析的托梁第 j 支座边缘截面剪力设计值;

　　　V_{2j}——荷载设计值 Q_2 作用下按简支梁、连续梁或框架分析的托梁第 j 支座边缘截面剪力设计值;

　　　β_v——考虑墙梁组合作用的托梁剪力系数,无洞口墙梁取 0.6,中间支座截面取 0.7;有洞口墙梁边支座截面取 0.7,中间支座截面取 0.8;对自承重墙梁,无洞口时取 0.45,有洞口时取 0.5。

墙梁的墙体受剪承载力,应按公式验算,当墙梁支座处墙体中设置上、下贯通的落地混凝土构造柱,且其截面不小于 240mm × 240mm 时,可不验算墙梁的墙体受剪承载力。

$$V_2 \leqslant \varepsilon_1 \varepsilon_2 (0.2 + \frac{h_b}{l_{0i}} + \frac{h_t}{l_{0i}}) f h h_w \qquad 式(6-25)$$

式中　V_2——荷载设计值 Q_2 作用下按墙梁支座边缘截面剪力的最大值;

　　　ε_1——翼墙影响系数,对单层墙梁取 1.0,对多层墙梁,当 $b_t/h=3$ 时取 1.3,当 $b_t/h=7$ 时取 1.5;当 $3<b_t/h<7$ 时,按线性插入取值;

　　　ε_2——洞口影响系数,无洞口墙梁取 1.0,多层有洞口墙梁取 0.9,单层有洞口墙梁取 0.6;

　　　h_t——墙梁顶面圈梁截面高度。

（5）使用阶段托梁验算例题

【例 6-5】已知某五层商店住宅进深 6m,开间 3.3m,其局部平剖面及楼盖恒载和

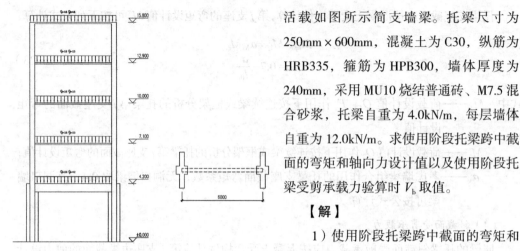

活载如图所示简支墙梁。托梁尺寸为250mm×600mm，混凝土为C30，纵筋为HRB335，箍筋为HPB300，墙体厚度为240mm，采用MU10烧结普通砖、M7.5混合砂浆，托梁自重为4.0kN/m，每层墙体自重为12.0kN/m。求使用阶段托梁跨中截面的弯矩和轴向力设计值以及使用阶段托梁受剪承载力验算时 V_b 取值。

【解】

1）使用阶段托梁跨中截面的弯矩和轴向力设计值

①确定计算跨度 l_0

$$l_n=6-2\times\left(0.25+\frac{0.37}{2}\right)=5.13\text{m}$$

$$1.1\,l_n=5.643\text{m}；\quad l_c=6\text{m}，\quad 故取\,l_0=5.643\text{m}$$

$$h_w=7.1-4.2=2.9\text{m}<l_0，\quad 取\,h_w=2.9\text{m}，\quad 故\,H_0=h_w+0.5h_b=2.9+0.5\times0.6=3.2\text{m}$$

②确定墙梁荷载设计值 Q_1、Q_2

按永久荷载控制，作用于托梁顶面上的 Q_1：

$$Q_1=1.35\times\left(4.0+4.2\times3.3\right)+1.4\times0.7\times2.0\times3.3=30.579\text{kN/m}$$

作用于墙梁顶面上的 Q_2：

墙体自重：$\qquad\qquad 1.35\times12.0\times4=64.8\text{kN/m}$

二层以上楼（屋）盖：

$$\left[\left(1.35\times2.5+1.4\times0.7\times2.0\right)\times3+1.35\times4.5+1.4\times0.7\times0.6\right]\times3.3=74.804\text{kN/m}$$

$$Q_2=64.8+74.804=139.604\text{kN/m}$$

按可变荷载控制时，作用于托梁顶面上的 Q_1：

$$Q_1=1.2\times\left(4.0+4.2\times3.3\right)+1.4\times2.0\times3.3=30.672\text{kN/m}$$

作用于墙梁顶面上的 Q_2：

墙体自重：$\qquad\qquad 1.2\times12.0\times4=57.6\text{kN/m}$

二层以上楼（屋）盖：

$$\left[\left(1.2\times2.5+1.4\times2.0\right)\times3+\left(1.2\times4.5+1.4\times0.6\right)\right]\times3.3=78.012\text{kN/m}$$

$$Q_2=57.6+78.012=135.612\text{kN/m}$$

故按永久荷载控制计算，$Q_1=30.58\text{kN/m}$，$Q_2=139.604\text{kN/m}$

③由砌体规范可知，计算 M_b 和 N_{bt}

$$M_1 = \frac{Q_1 l_0^2}{8} = 121.72 \text{kN·m}$$

$$M_2 = \frac{Q_2 l_0^2}{8} = 555.67 \text{kN·m}$$

无洞口，　　　$\psi_M = 1.0$；$h_b / l_0 = \dfrac{0.6}{5.643} = \dfrac{1}{9.4} < \dfrac{1}{6}$

$$\alpha_M = \psi_M \left(1.7 \frac{h_b}{l_0} - 0.03 \right) = 1 \times \left(1.7 \times \frac{0.6}{5.643} - 0.03 \right) = 0.151$$

$$\eta_N = 0.44 + 2.1 \frac{h_w}{l_0} = 0.44 + 2.1 \times \frac{2.9}{5.643} = 1.519$$

$$H_0 = h_w + 0.5 h_b = 2.9 + 0.5 \times 0.6 = 3.2 \text{m}$$

$$N_{bt} = \eta_N \frac{M_2}{H_0} = 263.77 \text{kN}$$

2）托梁斜截面受剪承载力

$$V_1 = \frac{Q_1 l_n}{2} = 78.44 \text{kN}$$

$$V_2 = \frac{Q_2 l_n}{2} = 358.07 \text{kN}$$

$$\beta_v = 0.6,$$

$$V_b = V_1 + \beta_v V_2 = 293.28 \text{kN}$$

5. 挑梁抗倾覆验算

（1）砌体墙中混凝土挑梁的抗倾覆，应按下列公式进行验算：

$$M_{OV} \leqslant M_r \qquad\qquad 式（6-26）$$

式中　M_{OV}——挑梁的荷载设计值对计算倾覆点产生的倾覆力矩；

　　　M_r——挑梁的抗倾覆力矩设计值。

（2）挑梁计算倾覆点至墙外边缘的距离可按下列规定采用：

1）当 l_1 不小于 $2.2h_b$ 时（l_1 为挑梁埋入砌体墙中的长度，h_b 为挑梁的截面高度），梁计算倾覆点到墙外边缘的距离可按公式计算，且其结果不应大于 $0.13l_1$。

$$x_0 = 0.3 h_b \qquad\qquad 式（6-27）$$

式中　x_0——计算倾覆点至墙外边缘的距离（mm）。

2）当 l_1 小于 $2.2h_b$ 时，梁计算倾覆点到墙外边缘的距离可按下式计算：

$$x_0 = 0.13 l_1 \qquad\qquad 式（6-28）$$

3）当挑梁下有混凝土构造柱或垫梁时，计算倾覆点到墙外边缘的距离可取 $0.5x_0$。

挑梁的抗倾覆力矩设计值，可按下式计算：

$$M_r=0.8G_r（l_2-x_0）\qquad 式（6-29）$$

式中　G_r——挑梁的抗倾覆荷载，为挑梁尾端上部45°扩展角的阴影范围（其水平长度为l_3）内本层的砌体与楼面恒荷载标准值之和；当上部楼层无挑梁时，抗倾覆荷载中可计及上部楼层的楼面永久荷载；

l_2——G_r作用点至墙外边缘的距离；

挑梁的最大弯矩设计值M_{max}与最大剪力设计值V_{max}，可按下列公式计算：

$$M_{max}=M_0$$
$$V_{max}=V_0\qquad 式（6-30）$$

式中　M_0——挑梁的荷载设计值对计算倾覆点截面产生的弯矩；

V_0——挑梁的荷载设计值在挑梁墙外边缘处截面产生的剪力。

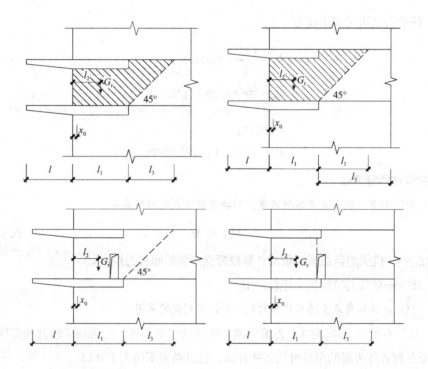

（3）挑梁抗倾覆承载力验算例题

某钢筋混凝土挑梁如图所示，埋置于丁字形（带翼缘）截面的墙体中，房屋开间3.6m。挑梁采用C20混凝土，截面$b×h_b$=240mm×300mm。挑梁上、下墙厚均为240mm，采用MU10烧结多孔砖、M5混合砂浆砌筑，施工控制等级为B级。已知墙面荷载标准值为5.32kN/m²；楼面恒荷载标准值为2.8kN/m²，活荷载标准值为2kN/m²；阳台恒荷载标准值为2.6kN/m²，活荷载标准值为2.5kN/m²；挑梁自重标准值为1.8kN/m；挑梁端部恒载标准值为 3.5kN/m。验算挑梁抗倾覆承载力。

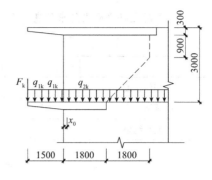

1）确定荷载值

楼面恒荷载：$g_{2k}=2.8 \times 3.6=10.08$kN/m

阳台恒荷载：$g_{1k}=2.6 \times 3.6=9.36$kN/m

阳台活荷载：$q_{1k}=2.5 \times 3.6=9$kN/m

挑梁自重：$g_k=1.8$kN/m

挑梁端部集中恒载：$F_k=3.5 \times 3.6=12.6$kN

2）确定倾覆点

$$l_1=1.8\text{m}>2.2h_b=2.2 \times 0.3=0.66\text{m}$$

取 $x_0=0.3h_b=0.09$m$<0.13l_1=0.234$m

3）倾覆力矩与抗倾覆力矩

活荷载控制：

$M_{oy}=[1.2 \times （1.8+9.36）+1.4 \times 0.9] \times （1.5+0.09）^2/2+1.2 \times 12.6 \times （1.5+0.09）$
$=56.90$kN·m

恒荷载控制

$M_{oy}=[1.35 \times （1.8+9.36）+1.4 \times 0.7 \times 0.9] \times （1.5+0.09）^2/2+1.25 \times 12.6 \times （1.5+0.09）$
$=57.24$kN·m

取 $M_{oy}=57.24$kN·m

$M_r=0.8G_r（l_2-x_0）$（可将墙体部分视为矩形减去小三角形部分）

$M_r=0.8 \times [（10.08+1.8 \times 1/2 \times （1.8-0.09）^2+5.32 \times 3.6 \times 2.7 \times （3.6/2-0.09）-$
$5.32 \times 1.8 \times 1.8 \times 1/2 \times （1.8+2/3 \times 1.8-0.09）]=64.57$kN·m$>M_{oy}$，故满足要求。

6.4.3　钢结构构件验算

1.轴心受压构件验算

（1）已知构件参数（表6-5）

表6-5

热轧普通工字钢：I16 毛截面面积：$A=26.11$cm^2 净截面系数：0.92 净截面面积：$A_n=24.02$cm^2 钢材牌号：Q235 钢材强度折减系数：1.00 容许长细比：$[\varphi]=150.00$	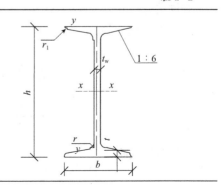

（2）两主轴平面内约束信息（表6-6）

表6-6

	x平面内	y平面内
构件长度	$l=3.00$m	
顶端约束	固接	铰接
底端约束	固接	固接
示意图		
计算长度系数	$m_x=0.50$	$m_y=0.70$
计算长度	$l_{0x}=1.50$m	$l_{0y}=2.10$m
回转半径	$i_x=6.57$cm	$i_y=1.89$cm

（3）荷载参数：轴心受压 $N = 200.00$kN

（4）强度验算

构件截面的最大厚度为 9.90mm，

根据《钢结构设计规范》GB 50017—2003 表3.4.1-1，

$$f = 215.00\text{N/mm}^2$$

根据《碳素结构钢》GB/T 700—2006 及《低合金高强度结构钢》GB/T 1591—2008，

$$f_y = 235.00\text{N/mm}^2$$

根据公式 5.1.1-1，

$$= \frac{N}{A_n} = \frac{200.00\times10^3}{24.02\times10^2} = 83.26\text{N/mm}^2 < 1.00\times f = 1.00\times215.00 = 215.00\text{N/mm}^2$$

强度满足

（5）整体稳定验算

$$l_x = \frac{l_{0x}}{i_x} = \frac{1.50\times10^2}{6.57} = 22.83$$

$$l_y = \frac{l_{0y}}{i_y} = \frac{2.10\times10^2}{1.89} = 111.11$$

双轴对称截面

根据《钢结构设计规范》GB 50017—2003 表 5.1.2-1，对于 x 轴，属于 a 类截面，查附录 C，得 x 方向稳定系数为 0.976，

对于 y 轴，属于 b 类截面，查附录 C，得 y 方向稳定系数为 0.486，

$\min(j_x, j_y) = 0.486$

两个主轴方向的最大长细比为 111.11，不大于设定的长细比 150.00。

根据规范公式 5.1.2-1，

$$\frac{N}{jA} = \frac{200.00 \times 10^3}{0.486 \times 26.11 \times 10^2} = 157.52 \text{N/mm}^2 < 1.00 \times f = 1.00 \times 215.00 = 215.00 \text{N/mm}^2$$

整体稳定满足

（6）局部稳定验算

翼缘板自由外伸宽度 b 与其厚度 t 之比：

$$\frac{b}{t} = \frac{41.00}{9.90} = 4.14 < (10 + 0.1\,l)\sqrt{\frac{235}{f_y}} = (10 + 0.1 \times 100.00) \times \sqrt{\frac{235}{235.00}} = 20.00$$

根据规范 5.4.1-1，翼缘稳定满足。

腹板净高 h_0 与其厚度 t_w 之比：

$$\frac{h_0}{t_w} = \frac{124.20}{6.00} = 20.70 < (25 + 0.5\,l)\sqrt{\frac{235}{f_y}} = (25 + 0.5 \times 100.00) \times \sqrt{\frac{235}{235.00}} = 75.00$$

根据规范 5.4.2-1，腹板稳定满足。

2. 受弯构件验算

（1）已知构件参数（表 6-7）

表 6-7

热轧普通工字钢：I12.6

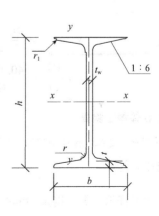

热轧普通工字钢：I12.6
钢材牌号：Q235
钢材强度折减系数：1.00
腹板厚度：$t_w = 5.00$mm
毛截面面积：$A = 18.10$cm^2
截面惯性矩：$I_x = 488.00$cm^4
半截面面积矩：$S_x = 44.20$cm^3
回转半径：$i_x = 5.19$cm
$i_y = 1.61$cm
截面模量：$W_x = 77.40$cm^3
$W_y = 12.70$cm^3
截面模量折减系数：0.95
净截面模量：$W_{nx} = 73.53$cm^3
$W_{ny} = 12.07$cm^3
受压翼缘自由长度：$l_1 = 2.00$m
截面塑性发展系数：$g_x = 1.05$
$g_y = 1.05$

计算截面处的内力设计值：M_x=20.00kN·m、M_y=0.00kN·m、V=40.00kN，梁上剪力最大值：V_{max}=40.00kN。

（2）强度验算

构件截面的最大厚度为 8.40mm，根据表 3.4.1-1，

$$f=215.00\text{N/mm}^2，\ f_v=125.00\text{N/mm}^2$$

根据《碳素结构钢》GB/T 700—2006 及《低合金高强度结构钢》GB/T 1591—2008，

$$f_y=235.00\text{N/mm}^2$$

1）抗弯强度

$$\frac{M_x}{g_x W_{nx}}+\frac{M_y}{g_y W_{ny}}=\frac{20.00\times10^6}{1.05\times73.53\times10^3}+\frac{0.00\times10^6}{1.05\times12.07\times10^3}$$
$$=259.05\text{N/mm}^2>1.00\times f=1.00\times215.00=215.00\text{N/mm}^2$$

抗弯强度不满足

2）抗剪强度

根据公式 4.1.2，

$$\tau_{max}=\frac{V_{max}\,S}{I_x\,t_w}=\frac{40.00\times10^3\times44.20\times10^3}{488.00\times10^4\times5.00}$$
$$=72.46\text{N/mm}^2<1.00\times f_v=1.00\times125.00=125.00\text{N/mm}^2$$

抗剪强度满足

3）折算应力

根据公式 4.1.4-1，

$$\sqrt{s^2+3t^2}=\sqrt{205.35^2+3\times59.92^2}$$
$$=230.08\text{N/mm}^2<b_1\times1.00\times f=1.10\times1.00\times215.00=236.50\text{N/mm}^2，折算应力满足$$

其中，

$$s=\frac{My_1}{I_n}=\frac{20.00\times10^6\times47.60}{463.60\times10^4}=205.35\text{N/mm}^2$$

$$t=\frac{VS_1}{I_x\,t_w}=\frac{40.00\times10^3\times36.55\times10^3}{488.00\times10^4\times5.00}=59.92\text{N/mm}^2$$

3. 整体稳定验算

简支梁 I12.6，钢号 Q235，受压翼缘自由长度 l1 为 2.00m，跨中无侧向支承，集中荷载作用在上翼缘

查表并插值计算，得 $j_b'=\min(1.0\,,1.07-\frac{0.282}{j_b})=0.929$

根据公式 4.2.3，

$$\frac{M_x}{j_b W_x} + \frac{M_y}{g_y W_y} = \frac{20.00 \times 10^6}{0.929 \times 77.40 \times 10^3} + \frac{0.00 \times 10^6}{1.05 \times 12.70 \times 10^3}$$

$$= 278.15 \text{N/mm}^2 > 1.00 \times f = 1.00 \times 215.00 = 215.00 \text{ N/mm}^2, \text{ 故整体稳定不满足}$$

6.4.4 正常使用性验算

1. 钢筋混凝土构件裂缝验算

（1）裂缝验算公式

在矩形、T 形、倒 T 形和 I 形截面的钢筋混凝土受拉、受弯和偏心受压构件及预应力混凝土轴心受拉和受弯构件中，按荷载效应的标准组合并考虑长期作用影响的最大裂缝宽度（mm）可按下列公式计算：

$$\omega_{\max} = \alpha_{cr} \psi \frac{\sigma_s}{E_s} \left(1.9 c_s + 0.08 \frac{d_{eq}}{\rho_{te}} \right)$$

$$\psi = 1.1 - 0.65 \frac{f_{tk}}{\rho_{te} \sigma_s}$$

$$d_{eq} = \frac{\sum n_i d_i^2}{\sum n_i \upsilon_i d_i} \qquad\qquad \text{式（6-31）}$$

$$\rho_{te} = \frac{A_s + A_p}{A_{te}}$$

式中　α_{cr}——构件受力特征系数，按表 6-8 采用；

　　　ψ——裂缝间纵向受拉钢筋应变不均匀系数：当 $\psi < 0.2$ 时，取 $\psi = 0.2$；当 $\psi > 1.0$ 时，取 $\psi = 1.0$；对直接承受重复荷载的构件，取 $\psi = 1.0$；

　　　σ_s——按荷载准永久组合计算的钢筋混凝土构件纵向受拉普通钢筋应力或按标准组合计算的预应力混凝土构件纵向受拉钢筋等效应力；

　　　E_s——钢筋的弹性模量，按混凝土规范采用；

　　　c_s——最外层纵向受拉钢筋外边缘至受拉区底边的距离（mm）：当 $c_s < 20$ 时，取 $c_s = 20$；当 $c_s > 65$ 时，取 $c_s = 65$；

　　　ρ_{te}——按有效受拉混凝土截面面积计算的纵向受拉钢筋配筋率；对无粘接后张构件，仅取纵向受拉普通钢筋计算配筋率；在最大裂缝宽度计算中，当 $\rho_{te} < 0.01$ 时，取 $\rho_{te} = 0.01$；

　　　A_{te}——有效受拉混凝土截面面积：对轴心受拉构件，取构件截面面积；对受弯、偏心受压和偏心受拉构件，取 $A_{te} = 0.5bh + (b_f - b) h_f$，此处，$b_f$，$b_h$ 为受拉构件翼缘的宽度、高度；

　　　A_s——受拉区纵向普通钢筋截面面积；

　　　A_p——受拉区纵向预应力筋截面面积；

　　　d_{eq}——受拉区纵向钢筋的等效直径（mm）；对无粘结后张构件，仅为受拉区纵向受拉普通钢筋的等效直径；

d_i——受拉区第 i 种钢筋的公称直径；对于有粘接预应力钢绞线的直径取为 $\sqrt{n_1}d_{p1}$，

其中 d_{p1} 为单根钢绞线的公称直径，n_1 为单束钢绞线根数；

n_i——受拉区第 i 种纵向钢筋的根数；对于有粘接预应力钢绞线，取为钢绞线束数；

v_i——受拉区第 i 种纵向钢筋的相对粘接特性系数，按表 6-9 查用。

构件受力特征系数   表 6-8

类型	α_{cr}	
	钢筋混凝土构件	预应力混凝土构件
受弯、偏心受压	1.9	1.5
偏心受拉	2.4	—
轴心受拉	2.7	2.2

钢筋的相对粘接特性系数   表 6-9

钢筋类别	钢筋		先张法预应力筋			后张法预应力筋		
	光圆钢筋	带肋钢筋	带肋钢筋	螺旋肋钢筋	钢绞线	带肋钢筋	钢绞线	光面钢丝
v_i	0.7	1.0	1.0	0.8	0.6	0.8	0.5	0.4

在荷载准永久组合或标准组合下，钢筋混凝土构件受拉区纵向钢筋的应力或预应力混凝土构件受拉区纵向钢筋的等效应力可按下列公式计算：

钢筋混凝土构件受拉区纵向钢筋的应力

轴心受拉构件 $\qquad \sigma_{sq} = \dfrac{N_q}{A_s}$

偏心受拉构件 $\qquad \sigma_{sq} = \dfrac{N_q e'}{A_s(h_0 - a'_s)}$ $\qquad$ 式（6-32）

受弯构件 $\qquad \sigma_{sq} = \dfrac{M_q}{0.87 h_0 A_s}$

式中 A_s——受拉区纵向普通钢筋截面面积；对轴心受拉构件，取全部纵向普通钢筋截面面积；对偏心受拉构件，取受拉较大边的纵向普通钢筋截面面积；对受弯、偏心受压构件，取受拉区纵向普通钢筋截面面积；

N_q、M_q——按荷载准永久组合计算的轴向力值、弯矩值。

（2）裂缝宽度验算例题

【例 6-6】某空腹屋架下弦的截面尺寸为 $b \times h = 200mm \times 140mm$，混凝土强度等级为 C30，钢筋为 HRB335 级，配置 6Φ20 钢筋，混凝土保护层厚度 $c=25mm$，按荷载效应标注组合计算的轴拉力 $N_q=250kN$，计算最大裂缝宽度。

【解】

查规范，$f_{tk}=2.01N/mm^2$，$E_s=2.0 \times 10^5 N/mm^2$

由规范式得：

$$\sigma_{sq} = \frac{N_q}{A_s} = 132.7 \text{N/mm}^2$$

由规范式求 Ψ：

$$\rho_{te} = \frac{A_s}{bh} = \frac{1884}{220 \times 140} = 0.061 > 0.01$$

$$\psi = 1.1 - 0.65 \frac{f_{tk}}{\rho_{te} \sigma_s} = 0.939$$

查表，$\alpha_{cr} = 2.7$

由规范式求 ω_{max}：

$$d_{eq} = \frac{\sum n_i d_i^2}{\sum n_i v_i d_i} = \frac{20}{1.0} = 20 \text{mm};$$

$$\omega_{max} = \alpha_{cr} \psi \frac{\sigma_s}{E_s} \left(1.9 c_s + 0.08 \frac{d_{eq}}{\rho_{te}} \right)$$

$$= 2.7 \times B \frac{B_s}{\theta} 0.939 \times \frac{132.7}{2.0 \times 10^5} \times \left(1.9 \times 25 + \frac{0.08 \times 20}{0.061} \right)$$

$$= 0.124 \text{mm}$$

2. 钢筋混凝土构件挠度验算

钢筋混凝土和预应力混凝土受弯构件的挠度可按照结构力学方法计算，且不应超过相关规范规定的限值。

在等截面构件中，可假定各同号弯矩区段内的刚度相等，并取用该区段内最大弯矩处的刚度。当计算跨度内的支座截面刚度不大于跨中截面刚度的 2 倍或不小于跨中截面刚度的 1/2 时，该跨也可按等刚度构件进行计算，其构件刚度可取跨中最大弯矩截面的刚度。

（1）挠度验算公式

矩形、T 形、倒 T 形和 I 形截面受弯构件考虑荷载长期作用影响的刚度 B 可按下列规定计算：

$$B = \frac{M_k}{M_q(\theta - 1) + M_k} B_s \qquad \qquad 式（6-33）$$

式中 M_k——按荷载的标准组合计算的弯矩，取计算区段内的最大弯矩值；

M_q——按荷载的准永久组合计算的弯矩，取计算区段内的最大弯矩值；

B_s——按荷载准永久组合计算的钢筋混凝土受弯构件或按标准组合计算的预应力混凝土受弯构件的短期刚度，按下式计算；

θ——考虑荷载长期作用对挠度增大的影响系数。

按裂缝控制等级要求的荷载组合作用下，钢筋混凝土受弯构件和预应力混凝土受弯构件的短期刚度 B_s，可按下列公式计算：

$$B_s = \frac{E_s A_s h_0^2}{1.15\psi + 0.2 + \dfrac{6\alpha_E \rho}{1+3.5\gamma'_f}}$$ 式（6-34）

式中　ψ——裂缝间纵向受拉普通钢筋应变不均匀系数；

　　　α_E——钢筋弹性模量与混凝土弹性模量的比值，即 E_s/E_c；

　　　ρ——纵向受拉钢筋配筋率：对钢筋混凝土受弯构件，取为 $A_s/(bh_0)$；

　γ_f，γ'_f——受拉或受压翼缘截面面积与腹板有效截面面积的比值；

　　　γ——混凝土构件的截面抵抗矩塑性影响系数。

（2）考虑荷载长期作用对挠度增大的影响系数

1）钢筋混凝土受弯构件

$$\rho' = A'_s/(bh_0), \rho = A_s/(bh_0)$$

当 $\rho'=0$ 时，取 $\theta=2.0$；当 $\rho'=\rho$ 时，取 $\theta=1.6$；当 ρ' 为中间数值时，θ 按线性内插法取用。对翼缘位于受拉区的倒 T 形截面，θ 应增加 20%。

2）预应力混凝土受弯构件，取 $\theta=2.0$。

（3）简支梁挠度验算例题

【例 6-7】某矩形截面简支梁，截面尺寸 $b \times h = 250\text{mm} \times 500\text{mm}$，计算跨度 $l_0=6.0\text{m}$，承受均永久荷载标准值 $g_k=14\text{kN/m}$（含自重），活荷载标准值 $q_k=8\text{kN/m}$，混凝土保护层厚度 $c=25\text{mm}$，楼面活荷载准永久系数 $\psi_q=0.5$。采用 C25 混凝土，配 4 Φ 22 钢筋纵向受拉钢筋。确定使用环境下该梁的挠度值。

【解】

1）确定短期值 B_s

查规范及表，$f_{tk}=1.78\text{N/mm}^2$，$E_s=2.0\times10^5\text{N/mm}^2$，$E_c=2.08\times10^4\text{N/mm}^2$，$f_y=300\text{N/mm}^2$，$a_s=36\text{mm}$，$h_0=h-a_s=464\text{mm}$

$M_k = (g_k+q_k)\, l_0^2 /8 = 99\text{kN·m}$

$M_q = (g_k+\psi_q q_k)\, l_0^2 /8 = 81\text{kN·m}$

$\alpha_E = \dfrac{E_s}{E_c} = \dfrac{2.0\times10^5}{2.8\times10^4} = 7.143$

$\rho_{te} = \dfrac{A_s}{0.5bh} = 0.0243$

$\sigma_{sk} = \dfrac{M_k}{0.87h_0 A_s} = 161.34\text{N/mm}^2$

$\psi = 1.1 - 0.65\dfrac{f_{tk}}{\rho_{te}\sigma_s} = 1.1 - 0.65\times\dfrac{1.78}{0.0243\times161.34} = 0.805$

矩形截面，取 $\gamma'_f=0$；$\rho=\dfrac{A_s}{bh_0}=\dfrac{1520}{250\times464}=0.0131$

求 B_s：

$$B_s=\frac{E_sA_sh_0^2}{1.15\psi+0.2+\dfrac{6\alpha_E\rho}{1+3.5\gamma'_f}}=\frac{2.0\times10^5\times1520\times464^2}{1.15\times0.805+0.2+\dfrac{6\times7.143\times0.0131}{1+3.5\times0}}=3.879\times10^{13}\,\text{N·mm}^2$$

2）确定 B

由规范式，且 $\rho'=0$；故取 $\theta=2.0$；

$$B=\frac{M_k}{M_q(\theta-1)+M_k}B_s=\frac{99\times10^6}{81\times(2-1)\times10^6+99\times10^6}\times3.879\times10^{13}=2.133\times10^{13}$$

3）计算挠度值 f

$$f=\frac{5(g_k+q_k)l_0^4}{384\cdot B}=17.41\text{mm}$$

查《混凝土结构设计规范》表，挠度限值为 $\dfrac{l_0}{200}=\dfrac{6000}{200}=30\text{mm}>f=17.4\text{mm}$，故满足要求。

6.5 不同结构整体验算

6.5.1 地基基础的承载力和变形验算

1. 地基基础的承载力验算

（1）验算基本要求

地基基础承载力验算首先应以建筑实际情况为基本条件，应对现状的基础状况进行了解，基础埋深、基础截面的实际情况等基本参数是复核验算的基本条件。

1）地基承载力特征值的确定

①通过搜集原始资料，获取地基承载力的特征值，当缺少相关资料时可由载荷试验或其他原位测试、公式计算、并结合工程实践经验等方法综合确定。

②在此基础上，当基础宽度大于3m或埋置深度大于0.5m时，从载荷试验或其他原位测试、经验值等方法确定的地基承载力特征值，尚应按下式修正：

$$f_a=f_{ak}+\eta_b\gamma(b-3)+\eta_d\gamma_m(d-0.5) \qquad 式（6-35）$$

式中　f_a——修正后的地基承载力特征值；

　　　f_{ak}——地基承载力特征值；

　η_b、η_d——基础宽度和埋深的地基承载力修正系数；

　　　γ——基础底面以下土的重度，地下水位以下取浮重度；

b——基础底面宽度（m），当基础宽小于 3m 按 3m 取值，大于 6m 按 6m 取值；

γ_m——基础底面以上土的加权平均重度，地下水位以下取浮重度；

d——基础埋置深度（m），一般自室外地面标高算起。

在填方整平地区，可自填土地面标高算起，但填土在上部结构施工后完成时，应从天然地面标高算起。对于地下室，如采用箱形基础或筏基时，基础埋置深度自室外地面标高算起；当采用独立基础或条形基础时，应从室内地面标高算起。

③沉降稳定的建筑物，地基承载力设计值尚可考虑地基土的压密效应而予提高，提高的幅度应根据既有建筑基底平均压力值、建成年限、地基土类别和当地成熟经验确定。

2）基底压力的确定

基底压力的确定时，传至基础底面上的荷载应按正常使用极限状态下荷载效应标准组合，相应的抗力应采用地基承载力特征值或单桩承载力特征值。

基础底面的压力，可按下列公式确定：

①当轴心荷载作用时：

$$P_k = (F_k + G_k)/A \qquad\qquad 式（6-36）$$

式中　F_k——相应于荷载效应标准组合时，上部结构传至基础顶面的竖向力值；

G_k——基础自重和基础上的土重；

A——基础底面面积。

②当偏心荷载作用时：

$$P_{kmax} = (F_k + G_k)/A + M_k/W$$
$$P_{kmin} = (F_k + G_k)/A - M_k/W \qquad\qquad 式（6-37）$$

式中　M_k——相应于荷载效应标准组合时，作用于基础底面的力矩值；

W——基础底面的抵抗矩；

P_{kmax}——相应于荷载效应标准组合时，基础底面边缘的最大压力值；

P_{kmin}——相应于荷载效应标准组合时，基础底面边缘的最小压力值。

3）基础底面的压力，应符合下式要求：

①当轴心荷载作用时：

$$P_k \leqslant f_a \qquad\qquad 式（6-38）$$

式中　P_k——相应于荷载效应标准组合时，基础底面处的平均压力值；

f_a——修正后的地基承载力特征值。

②当偏心荷载作用时，除符合上式要求外，尚应符合下式要求：

$$P_{kmax} \leqslant 1.2 f_a \qquad\qquad 式（6-39）$$

式中　P_{kmax}——相应于荷载效应标准组合时，基础底面边缘的最大压力。

（2）承载力验算例题

1）地基承载力特征值计算

【例6-8】某住宅楼为6层，经岩土工程勘察得地基承载力特征值f_{ak}=170kPa。基础底面宽度为1.2m，埋深4.8m（如图所示），试求经深宽修正后的地基承载力特征值f_a。

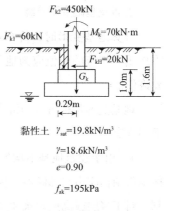

黏性土　γ_{sat}=19.8kN/m³

γ=18.6kN/m³

e=0.90

f_{ak}=195kPa

【解】

已知该地基土的孔隙比e为0.716，液性指数I_L为0.66。基底以上土的加权平均重度γ_m为15.3kN/m³。

根据公式计算：

因基础宽度b=1.2m<3.00m，故只需进行基础深度修正。根据孔隙比及液性指数，由规范表查得，η_d=1.6，故

$$f_a=170+1.6 \times 15.3 \times （4.8-0.5）=275.3kPa$$

2）偏心荷载作用下基底压力计算：

一单层厂房柱基，上部结构传到基础顶面的荷载为：F_{k2}=450kN，M_k=70kN·m，F_{kH}=20kN，基础埋深1.6m，基础梁传到基础顶面的荷载F_{k1}=60kN，基础尺寸为2.3m×1.5m。

试验算其地基承载力是否满足要求。

①荷载计算：

$$F_k+G_k=450+70+1.5 \times 2.3 \times 1.6 \times 20=620.4kN$$

$$M_k=60 \times 0.29+20 \times 1+70=107.4kN·m$$

②地基承载力特征值计算：

$$f_a=195+1.0 \times 18.6 \times （1.6-0.5）=215.5kPa$$

③基底压力计算：

$$p_{k\,min}^{\,max} = \frac{F_k+G_k}{A} \pm \frac{M}{W}$$

$$= \frac{620.4}{1.5 \times 2.3} \pm \frac{107.4}{\frac{1}{6} \times 1.5 \times 2.3^2}$$

$$= 179.8 \pm 81.2$$

$$= \begin{matrix} 261.0kPa \\ 98.6kPa \end{matrix}$$

由计算可得：

$$P_{kmax}=261.0>1.2f_a=258.6$$

$$P=179.8<f_a=215.5$$

故该基础地基承载力不满足要求。

2. 地基基础变形验算

计算地基变形时，传至基础底面上的荷载应按长期效应组合，不应计入风荷载和地震作用。相应的限值应为地基变形允许值。建筑物的地基变形计算值不应大于地基变形允许值。

地基变形特征可分为沉降量、沉降差、倾斜、局部倾斜。在计算地基变形时，应符合下列规定：

1）由于建筑地基不均匀、荷载差异很大、体型复杂等因素引起的地基变形，对于砌体承重结构应由局部倾斜值控制；对于框架结构和单层排架结构应由相邻柱基的沉降差控制；对于多层或高层建筑和高耸结构应由倾斜值控制；必要时尚应控制平均沉降量。

2）在必要情况下，需要分别预估建筑物在施工期间和使用期间的地基变形值，以便预留建筑物有关部分之间的净空，选择连接方法和施工顺序。

3）计算地基变形时，地基内的应力分布，可采用各向同性均质线性变形体理论。其最终变形量可按下式进行计算：

$$s = \psi_s s' = \psi_s \sum_{i=1}^{n} \frac{p_0}{E_{si}} (z_i \bar{\alpha}_i - z_{i-1} \bar{\alpha}_{i-1}) \qquad \text{式（6-40）}$$

式中　s——地基最终变形量（mm）；

　　　s'——按分层总和法计算出的地基变形量；

　　　ψ_s——沉降计算经验系数，根据地区沉降观测资料及经验确定，无地区经验时可采用相关规范中规定的数值；

　　　n——地基变形计算深度范围内所划分的土层数；

　　　p_0——对应于荷载效应准永久组合时的基础底面处的附加压力（kPa）；

　　　E_{si}——基础底面下第 i 层土的压缩模量，应取土的自重压力至土的自重压力与附加压力之和的压力段计算（MPa）；

　z_i、z_{i-1}——基础底面至第 i 层土、第 $i-1$ 层土底面的距离（m）；

　α_i、α_{i-1}——基础底面计算点至第 i 层土、第 $i-1$ 层土底面范围内平均附加应力系数，可按相关规范采用。

6.5.2　上部承重结构的承载力和变形验算

1. 砖混结构验算

（1）验算基本要求

1）当验算被鉴定结构或构件的承载能力时应遵守下列规定：

①结构构件验算采用的结构分析方法，应符合国家现行设计规范的规定。

②结构构件验算使用的计算模型，应符合其实际受力与构造状况。

③结构上的作用应经调查或检测核实。

2）结构构件作用效应的确定应符合下列要求：

①作用的组合、作用的分项系数及组合值系数,应按现行国家标准《建筑结构荷载规范》GB 50009—2012 的规定执行。

②当结构受到温度、变形等作用,且对其承载有显著影响时应计入由此产生的附加内力。

3）构件材料强度的标准值应根据结构的实际状态按下列原则确定：

①若原设计文件有效,且不怀疑结构有严重的性能退化或设计、施工偏差可采用原设计的标准值。

②若调查表明实际情况不符合上款的要求,应按《民用建筑可靠性鉴定标准》GB 50292—2015 的规定进行现场检测,并按其规定确定标准值。

4）结构或构件的几何参数应采用实测值,并应计入锈蚀、腐蚀、腐朽、虫蛀风化局部缺陷或缺损以及施工偏差等的影响。

（2）承载力验算例题

1）工程概况

某实验小学三层教学楼,结构形式采用砖混结构。各层层高均为 3.6m,标准开间 3.30m,进深 6.60m, 楼板以及屋面板为 80 厚钢筋混凝土现浇板,无吊顶, 外墙为 370mm 墙、内墙为 240mm 墙, 墙面和梁侧抹灰均为 15mm, 钢筋混凝土工程部分采用 C30 混凝土以及 HPB300、HRB335 钢筋, 施工质量控制等级为 B 级。

2）验算依据

基本雪压：$0.4kN/m^2$。

现场实测强度:砖强度首层 MU10,二层以上 MU7.5;砌筑砂浆强度首层推定值 8.5MPa, 二层推定值 6.5MPa, 三层推定值 5.5MPa。

3）各层实测平面图

4）荷载计算

①楼面荷载计算

10mm 水磨石地面面层	$0.25kN/m^2$
25mm 厚水泥砂浆找平层抹面	$0.50kN/m^2$
80mm 厚混凝土现浇板	$2.00kN/m^2$
15mm 厚混合砂浆天棚抹灰	$0.26kN/m^2$
楼盖永久荷载标准值	$3.01kN/m^2$
楼面可变荷载标准值	$2.00kN/m^2$

②屋面荷载计算

APP 改性沥青防水层	$0.30kN/m^2$

20mm 厚水泥砂浆找平层	0.40kN/m^2
150mm 厚水泥珍珠岩保温找坡层	0.52kN/m^2
APP 改性沥青隔汽层	0.05kN/m^2
25mm 厚水泥砂浆找平层抹面	0.50kN/m^2
80mm 厚混凝土现浇板	2.00kN/m^2
15mm 厚混合砂浆天棚抹灰	0.26kN/m^2
屋盖永久荷载标准值	4.03kN/m^2
屋面可变荷载标准值	0.50kN/m^2

5）各层受压计算结果平面图（计算采用 PKPM–QITI 模块）

2. 混凝土框架结构验算

（1）验算基本要求

此处与砖混部分相同。

（2）承载力验算实例

1）工程概况

某五层现浇框架教学楼，近似呈矩形，平面尺寸为 33250mm×14650mm，横向柱距为 6600mm；2400mm、6600mm；纵向柱距为 7500mm。该建筑楼、屋盖均采用钢筋混凝土现浇板，室内外高差 0.45m，首层层高为 3.60m，二层以上为 3.30m。

梁、柱主筋为 HRB335 钢筋，箍筋为 HPB300 钢筋。框架外填充墙采用 250 厚加气混凝土砌块，内填充墙采用 200 厚加气混凝土砌块。

设计混凝土强度等级：梁、板、柱为 C30，经现场检测梁、柱混凝土强度，各层混凝土强度检测值约为 32.6MPa、30.5MPa、29.8MPa、31.2MPa、29.5MPa。结构验算时构件强度取值采用设计值。

2）各层平面图

3）荷载计算

①楼面恒荷载：

30mm 水磨石楼面	0.75kN/m^2
100 厚钢筋混凝土板	2.50kN/m^2
水泥砂浆、刮腻子顶棚	0.25kN/m^2
楼面恒荷载合计	$g_k=3.5\text{kN/m}^2$

②楼面活载

教室	$q_k=2.50\text{kN/m}^2$
走廊	$q_k=2.50\text{kN/m}^2$
楼梯间	$q_k=3.50\text{kN/m}^2$

③屋面恒荷载：

20 厚水泥砂浆保护层	0.40kN/m²
25 厚水泥砂浆找平层及防水卷材	0.90kN/m²
120 厚憎水膨胀珍珠岩保温板	0.50kN/m²
1 : 6 水泥砂浆找坡	1.80kN/m²
120 厚现浇钢筋混凝土屋面板	3.00kN/m²
水泥砂浆、刮腻子顶棚	0.25kN/m²
屋面恒荷载合计	g_k=6.85kN/m²
④屋面活载：根据荷载规范取为	q_k=0.50kN/m²

⑤填充墙自重

250 厚加气混凝土砌块墙	$0.25 \times 10 \times 3.3$=8.25kN/m²
200 厚加气混凝土砌块墙	$0.20 \times 10 \times 3.3$=6.60kN/m²

说明：加气混凝土砌块容重按照 10kN/m³。

4）各层构件计算结果平面图（计算采用 PKPM–SATWE 模块）。

（3）变形验算实例

1）验算条件同前

2）建筑变形验算结果

参数选择

结构材料信息：	钢混凝土结构
混凝土容重（kN/m³）：	Gc=26.00
钢材容重（kN/m³）：	Gs=78.00
水平力的夹角（Degree）：	ARF=0.00
地下室层数：	MBASE=0
竖向荷载计算信息：	按模拟"施工 3"加荷计算
风荷载计算信息：	计算 X, Y 两个方向的风荷载
地震力计算信息：	不计算地震力
结构类别：	框架结构
裙房层数：	MANNEX=0
转换层所在层号：	MCHANGE=0
嵌固端所在层号：	MQIANGU=1
墙元细分最大控制长度（m）：	DMAX=1.00
弹性板细分最大控制长度（m）：	DMAX_S=1.00
弹性板与梁变形是否协调：	是

墙元网格： 侧向出口结点

是否对全楼强制采用刚性楼板假定： 否

地下室是否强制采用刚性楼板假定： 否

墙梁跨中节点作为刚性楼板的从节点： 是

计算墙倾覆力矩时只考虑腹板和有效翼缘： 否

结构所在地区： 全国

风荷载信息 ....

修正后的基本风压（kN/m^2）： w_o=0.55

风荷载作用下舒适度验算风压（kN/m^2）： w_{oc}=0.55

地面粗糙程度： A 类

结构 X 向基本周期（秒）： Tx=0.31

结构 Y 向基本周期（秒）： Ty=0.31

是否考虑顺风向风振： 是

风荷载作用下结构的阻尼比（%）： WDAMP=5.00

风荷载作用下舒适度验算阻尼比（%）： WDAMPC=2.00

是否计算横风向风振： 否

是否计算扭转风振： 否

承载力设计时风荷载效应放大系数： WENL=1.00

结构底层底部距离自然地面高度（m）： DBOT=0.00

体形变化分段数： MPART=1

各段最高层号： NSTI=5

各段体形系数（X）： USLX=1.30

各段体形系数（Y）： USIY=1.30

设缝多塔背风面体型系数： USB=0.50

地震信息 ....

结构规则性信息： 不规则

框架的抗震等级： NF=2

剪力墙的抗震等级： NW=2

钢框架的抗震等级： NS=2

抗震构造措施的抗震等级： NGZDJ= 不改变

按《建筑抗震设计规范》GB 50011—2010（6.1.3-3）降低嵌固端以下抗震构造

措施的抗震等级： 否

活荷载信息 ....

考虑活荷不利布置的层数 ：	从第 1 到 5 层
柱、墙活荷载是否折减 ：	不折减
传到基础的活荷载是否折减 ：	折减
考虑结构使用年限的活荷载调整系数 ：	FACLD=1.00

柱，墙，基础活荷载折减系数 ：

计算截面以上的层数	折减系数
1	1.00
2~3	0.85
4~5	0.70
6~8	0.65
9~20	0.60
>20	0.55
梁楼面活荷载折减设置 ：	不折减

调整信息 ....

楼板作为翼缘对梁刚度的影响方式 ：	梁刚度放大系数按 GB 50011—2010 规范取值
托墙梁刚度放大系数 ：	BK_TQL=1.00
梁端负弯矩调幅系数 ：	BT=0.85
梁活荷载内力放大系数 ：	BM=1.00
连梁刚度折减系数 ：	BLZ=1.00
梁扭矩折减系数 ：	TB=0.40
全楼地震力放大系数 ：	RSF=1.00
$0.2V_0$ 调整方式 ：	alpha*V_0 和 beta*Vmax 两者取小
$0.2V_0$ 调整中 V_0 的系数 ：	alpha=0.20
$0.2V_0$ 调整中 Vmax 的系数 ：	beta=1.50
$0.2V_0$ 调整分段数 ：	VSEG=0
$0.2V_0$ 调整上限 ：	KQ_L=2.00
是否调整与框支柱相连的梁内力 ：	IREGU_KZZB=0
框支柱调整上限 ：	KZZ_L=5.00

框支剪力墙结构底部加强区剪力墙抗震等级

自动提高一级 ：	是
柱实配钢筋超配系数 ：	CPCOEF91=1.15
墙实配钢筋超配系数 ：	CPCOEF91_W=1.15

是否按《建筑抗震设计规范》GB 50011—2010 5.2.5 调整楼层地震力 ：　IAUTO525=1

弱轴方向的动位移比例因子： XI1=0.00

强轴方向的动位移比例因子： XI2=0.00

薄弱层判断方式： 按《高层建筑混凝土结构技术规程》和《建筑抗震设计规范》从严判断

判断薄弱层所采用的楼层刚度算法： 剪切刚度算法

强制指定的薄弱层个数： NWEAK=0

薄弱层地震内力放大系数： WEAKCOEF=1.25

强制指定的加强层个数： NSTREN=0

配筋信息 ....

梁主筋强度（N/mm^2）： IB=300

梁箍筋强度（N/mm^2）： JB=270

柱主筋强度（N/mm^2）： IC=300

柱箍筋强度（N/mm^2）： JC=270

墙主筋强度（N/mm^2）： IW=300

墙水平分布筋强度（N/mm^2）： FYH=210

墙竖向分布筋强度（N/mm^2）： FYW=300

边缘构件箍筋强度（N/mm^2）： JWB=270

梁箍筋最大间距（mm）： SB=100.00

柱箍筋最大间距（mm）： SC=100.00

墙水平分布筋最大间距（mm）： SWH=200.00

墙竖向分布筋配筋率（%）： RWV=0.30

墙最小水平分布筋配筋率（%）： RWHMIN=0.00

梁抗剪配筋采用交叉斜筋时，箍筋与对角斜筋的配筋强度比： RGX=1.00

设计信息 ....

结构重要性系数： R_{wo}=1.00

钢柱计算长度计算原则（X 向 /Y 向）： 有侧移 / 有侧移

梁端在梁柱重叠部分简化： 不作为刚域

柱端在梁柱重叠部分简化： 不作为刚域

是否考虑 P–Delt 效应： 否

柱配筋计算原则： 按单偏压计算

柱双偏压配筋时是否进行迭代优化： 否

按高规或高钢规进行构件设计： 否

钢构件截面净毛面积比：	RN=0.85
梁按压弯计算的最小轴压比：	UcMinB=0.15
梁保护层厚度（mm）：	BCB=20.00
柱保护层厚度（mm）：	ACA=20.00
剪力墙构造边缘构件的设计执行《高层建筑混凝土结构技术规程》7.2.16-4：	是
框架梁端配筋考虑受压钢筋：	是
结构中的框架部分轴压比限值按纯框架结构的规定采用：	否
当边缘构件轴压比小于《建筑抗震设计规范》6.4.5条规定的限值时一律设置构造边缘构件：	是
是否按《混凝土结构设计规范》B.0.4考虑柱二阶效应：	否
次梁设计是否执行《高层建筑混凝土结构技术规程》5.2.3-4条：	是
柱剪跨比计算原则：	简化方式
支撑按柱设计临界角度（Deg）：	ABr2Col=20.00

荷载组合信息 ···

恒载分项系数：	CDEAD=1.20
活载分项系数：	CLIVE=1.40
风荷载分项系数：	CWIND=1.40
水平地震力分项系数：	CEA_H=1.30
竖向地震力分项系数：	CEA_V=0.50
温度荷载分项系数：	CTEMP=1.40
吊车荷载分项系数：	CCRAN=1.40
特殊风荷载分项系数：	CSPW=1.40
活荷载的组合值系数：	CD_L=0.70
风荷载的组合值系数：	CD_W=0.60
重力荷载代表值效应的活荷组合值系数：	CEA_L=0.50
重力荷载代表值效应的吊车荷载组合值系数：	CEA_C=0.50
吊车荷载组合值系数：	CD_C=0.70
温度作用的组合值系数：	
仅考虑恒载、活载参与组合：	CD_TDL=0.60
考虑风荷载参与组合：	CD_TW=0.00

考虑地震作用参与组合：　　　　　　　　CD_TE=0.00

混凝土构件温度效应折减系数：　　　　　　CC_T=0.30

结构位移

所有位移的单位为毫米（mm）

Floor：层号

Tower：塔号

Jmax：最大位移对应的节点号

JmaxD：最大层间位移对应的节点号

Max-（Z）：节点的最大竖向位移

h：层高

Max-（X），Max-（Y）：X，Y 方向的节点最大位移

Ave-（X），Ave-（Y）：X，Y 方向的层平均位移

Max-Dx，Max-Dy：X，Y 方向的最大层间位移

Ave-Dx，Ave-Dy：X，Y 方向的平均层间位移

Ratio-（X），Ratio-（Y）：最大位移与层平均位移的比值

Ratio-Dx，Ratio-Dy：最大层间位移与平均层间位移的比值

Max-Dx/h，Max-Dy/h：X，Y 方向的最大层间位移角

DxR/Dx，DyR/Dy：X，Y 方向的有害位移角占总位移角的百分比例

Ratio_AX，Ratio_AY：本层位移角与上层位移角的 1.3 倍及上三层平均位移角的 1.2
　　　　　　　　倍的比值的大者

X-Disp，Y-Disp，Z-Disp：节点 X，Y，Z 方向的位移

=== 工况　1===X 方向风荷载作用下的楼层最大位移

Floor	Tower	Jmax	Max-（X）	Ave-（X）	Ratio-（X）	h
JmaxD	Max-Dx	Ave-Dx	Ratio-Dx	Max-Dx/h	DxR/Dx	Ratio_AX
5	1	273	2.45	2.39	1.03	3600.
273	0.20	0.19	1.03	1/9999.	65.1%	1.00
4	1	212	2.25	2.19	1.03	3600.
212	0.33	0.32	1.03	1/9999.	36.7%	1.27
3	1	151	1.92	1.87	1.03	3600.
204	0.45	0.44	1.03	1/8028.	26.5%	1.42
2	1	90	1.47	1.44	1.03	3600.
90	0.57	0.55	1.03	1/6348.	13.2%	1.45
1	1	29	0.91	0.89	1.03	5100.
29	0.91	0.89	1.03	1/5618.	99.9%	1.19

X 方向最大层间位移角：   1/5618.（第 1 层第 1 塔）

X 方向最大位移与层平均位移的比值：   1.03（第 5 层第 1 塔）

X 方向最大层间位移与平均层间位移的比值： 1.03（第 2 层第 1 塔）

=== 工况　2===Y 方向风荷载作用下的楼层最大位移

Floor	Tower	Jmax	Max–（Y）	Ave–（Y）	Ratio–(Y)	h
JmaxD	Max–Dy	Ave–Dy	Ratio–Dy	Max–Dy/h	DyR/Dy	Ratio_AY
5	1	273	6.15	5.53	1.11	3600.
277	0.49	0.45	1.10	1/7282.	65.4%	1.00
4	1	212	5.65	5.08	1.11	3600.
212	0.82	0.75	1.10	1/4372.	37.2%	1.27
3	1	151	4.83	4.33	1.12	3600.
151	1.13	1.03	1.10	1/3177.	26.4%	1.43
2	1	90	3.70	3.30	1.12	3600.
94	1.44	1.30	1.10	1/2502.	8.2%	1.46
1	1	29	2.26	2.00	1.13	5100.
29	2.26	2.00	1.13	1/2257.	99.2%	1.14

Y 方向最大层间位移角：   1/2257.（第 1 层第 1 塔）

Y 方向最大位移与层平均位移的比值：   1.13（第 1 层第 1 塔）

Y 方向最大层间位移与平均层间位移的比值： 1.13（第 1 层第 1 塔）

=== 工况　3=== 竖向恒载作用下的楼层最大位移

Floor	Tower	Jmax	Max–（Z）
5	1	284	−3.19
4	1	223	−2.54
3	1	162	−2.71
2	1	101	−2.65
1	1	40	−2.45

=== 工况　4=== 竖向活载作用下的楼层最大位移

Floor	Tower	Jmax	Max–（Z）
5	1	284	−0.38
4	1	223	−1.03
3	1	162	−1.00
2	1	101	−0.95
1	1	40	−0.90

（以上为仅考虑安全性时进行的变形验算）

3.混凝土结构抗震鉴定验算

（1）验算基本要求

1）首先根据建筑的建造年代及设计时所依据的规范，将其分类：

在 20 世纪 70 年代及以前建造经耐久性鉴定可继续使用的现有建筑，其后续使用年限不应少于 30 年，简称 A 类建筑；

在 20 世纪 80 年代建造的现有建筑，宜采用 40 年或更长，且不得少于 30 年；在 20 世纪 90 年代（按当时施行的抗震设计规范系列设计）建造的现有建筑，后续使用年限不宜少于 40 年，条件许可时应采用 50 年，简称 B 类建筑；

在 2001 年以后（按当时施行的《抗震设计规范》系列设计）建造的现有建筑，后续使用年限宜采用 50 年，简称 C 类建筑。

2）按照不同类别按照规范的相关规定进行验算

抗震鉴定分为两级。第一级鉴定应以宏观控制和构造鉴定为主进行综合评价，第二级鉴定应以抗震验算为主结合构造影响进行综合评价。

A 类建筑的抗震鉴定，当符合第一级鉴定的各项要求时，建筑可评为满足抗震鉴定要求，不再进行第二级鉴定；当不符合第一级鉴定要求时，除本标准各章有明确规定的情况外，应由第二级鉴定做出判断。

B 类建筑的抗震鉴定，应检查其抗震措施和现有抗震承载力再做出判断。当抗震措施不满足鉴定要求而现有抗震承载力较高时，可通过构造影响系数进行综合抗震能力的评定；当抗震措施鉴定满足要求时，主要抗侧力构件的抗震承载力不低于规定的 95%、次要抗侧力构件的抗震承载力不低于规定的 90%，也可不要求进行加固处理。

C 类建筑应满足现行抗震设计规范的相关要求。

（2）抗震鉴定验算例题

1）工程概况

建筑位于 9 度区 II 类场地，四层现浇钢筋混凝土框架，层高首层 4.5m、其余楼层 3.6m，采用外挂墙板和轻质内隔墙，梁、柱混凝土强度等级 C15，梁截面 250mm×500mm，1 层柱 400mm×500mm，2~4 层柱 400mm×400mm。纵向柱距 3600mm，横向 6000mm、3000mm。

2）第一级鉴定

①结构体系要求

A.连接方式：双向钢筋混凝土框架结构，刚接节点，满足要求。

B.规则性：平立面布置对称均匀，无砌体结构相连，满足要求。

C.楼屋盖长宽比：L/B=39.6/15=2.64>2.0，不满足要求。

②整体性连接要求

A. 材料强度：C13<C18，不满足要求。

B. 构件尺寸：柱截面宽度 400=400，满足要求。

C. 配筋要求：

角柱配筋率 0.804%（配 8 Φ 16）<1.0%，不满足要求；

其他柱 0.804% ≈ 0.8%，满足要求；

柱加密区箍筋φ 6@200< φ 8@150，不满足要求；

梁端加密区箍筋间距 @150=@150，满足要求；

梁纵筋锚固满足非抗震设计要求。

D. 轴压比要求：0.68<0.8，满足要求。

③第一级鉴定结论

第一级鉴定中有 4 项不符合要求，需进行第二级鉴定。

3）第二级鉴定

①体系影响系数：柱箍筋仅符合非抗震设计要求，取 0.8。

②局部影响系数：楼屋盖长宽比略超，取 0.9。

③典型平面框架选取：取中部平面框架。

④楼层综合抗震能力指数计算

A. 弹性地震剪力（采用底部剪力法计算）

估算周期 $T=0.09N=0.36s$，水平地震影响 $\alpha=0.27$。

层	G_i（kN）	H_i（m）	G_iH_i	F_i（kN）	V_i（kN）
4	610	15.3	9333	224	224
3	760	11.7	8892	214	438
2	760	8.1	6156	148	586
1	800	4.5	3600	87	673
Σ	2930		27981	673	

B. 楼层综合抗震能力指数

层	V_y（kN）	V_e（kN）	ζ_y	ψ_1	ψ_2	β
4	212	224	0.946			0.681
3	361	438	0.721	0.8	0.9	0.519
2	360	586	0.614			0.442
1	464	673	0.689			0.496

通过验算，其楼层综合抗震能力指数均小于 1.0，不满足抗震鉴定的要求。

6.6 既有建筑加固后的复核验算

6.6.1 概述

建筑结构的加固是一项牵涉面广受诸多因素制约、不定性多而繁杂的综合工程。结构加固是以提高或恢复建筑物结构降低的或已丧失的可靠性，使其失去部分抗力的构件或结构重新获得或大于原有抗力为目的。结构加固主要内容包括：提高结构构件承载力、通过增加结构构件刚度来降低荷载作用下的变形及位移、增强构件稳定性以降低结构裂缝开展并改善其耐久性。结构加固的依据主要是结构加固设计技术文件。

1. 结构加固设计主要类型

1）对原结构增加荷载，原结构需要的加固设计。

2）因弥补施工缺陷需要的加固设计。

3）建筑物稳定性加固设计。

4）房屋抗震加固设计。

5）后期结构改造加固设计。

6）结构损伤加固设计。

7）结构遭受 灾害后的加固设计。

2. 结构加固设计要点

（1）结构加固设计的原则

1）加固设计应做到技术可靠、经济合理、施工方便和确保质量。

2）加固设计前应进行可靠性鉴定，以可靠性鉴定结论和委托方提出的要求确定设计内容及范围。

3）结构加固设计应与施工方法紧密结合，并应采取有效措施保证新旧结构连接可靠，协同工作。

（2）结构需要加固设计的前提

1）当既有建筑接近或超过设计使用年限需要继续使用时；

2）原设计未考虑抗震设防或抗震设防要求提高时；

3）需要改变结构的用途和使用环境时；

4）需要进行接建、改建、夹层改造时；

5）经可靠性鉴定确认需要加固时。

可根据委托方提出的要求，由有资格的专业技术人员按规范的规定和业主的要求进行加固设计。

（3）加固设计范围与流程

1）加固设计可按整幢建筑或其中某独立区段确定。也可按指定的结构、构件或连接确定，但均应考虑该结构的整体性。

2）加固设计应以结构体系完善为宗旨。当发现原砌体结构无圈梁和构造柱，或涉及结构整体牢固性部位无拉结、锚固和必要的支撑，或这些构造措施设置的数量不足，或设置不当，均应在本次的加固设计中，予以补足或加以改造。

3）结构加固设计应与实际施工方法紧密结合。确保新增构件与原结构的连接可靠，粘结牢固；避免对加固部分对结构、构件和地基基础造成不利的影响。

4）结构加固设计应充分考虑因高温、高湿、低温、冻融、化学腐蚀、振动、温度应力、地基不均匀沉降等因素引起的原结构损坏，应在加固设计中提出有效的防治对策和加固治理顺序。

5）结构加固设计应综合考虑其技术经济效果与结构加固的适修性，避免结构构件不必要的拆除或更换。

6）对加固过程中可能出现的结构倾斜、失稳、过大变形或坍塌，加固设计文件中应提出有效的临时性安全措施，

7）加固设计应按照新建工程的建设流程进行。

当加固设计单位提供的相关技术资料和施工单位提供的施工验收资料是有效的，无须进行加固后的复核验算。

但是目前仍存在业主方在进行加固设计、施工的过程中，未能严格执行新建工程的建设流程，往往存在设计文件未进行施工图审查、设计文件为无相关资格的单位提供、施工过程未进行监理、施工材料存在缺陷等问题。

6.6.2 加固后复核验算

为保证结构加固后的安全性及使用性，加固后的复核验算主要是要对建筑加固设计的方式、数量等进行复核，为真正实现建筑加固后的承载能力提供有效地保证。

1. 复核验算前的核查

1）对加固设计单位提供的资料进行审核。

2）检查加固前是否有进行可靠性鉴定及安全性鉴定的报告。

3）检查加固资料内容是否与鉴定报告相符。

4）检查加固方式是否合理、可行等。

2. 加固部位的检测

加固部位的检测是加固后复核验算的主要组成部分。

1）加固材料是否满足设计及加固施工验收规范的要求。

2）加固部位的查勘检测数据或检测报告。

3）加固部位和方式是否与图纸相符等。

3. 复核验算

按照建筑加固后的实际情况，结合前述鉴定中的结构验算，对建筑的安全性、使用性、抗震性进行复核验算。

1）验算结构、构件承载力时，应考虑原结构在加固时的实际受力状况，包括加固部分应变滞后的特点，以及加固部分与原结构共同工作程度。

2）结构加固后改变传力路线或使结构质量增大时，应对相关结构、构件及建筑地基基础进行必要的验算。

3）地震区结构、构件的加固时，除应满足承载力要求外，尚应复核其抗震能力，不应存在因局部加强或刚度突变而形成的新薄弱部位，同时，还应考虑结构刚度增大而导致地震作用效应增大的影响。

4. 复核验算依据

1）当建筑未进行层数改变的加固时，结构验算应遵循《民用建筑可靠性鉴定标准》GB 50292—2015、《工业建筑可靠性鉴定标准》GB 50144—2008、《建筑抗震鉴定标准》GB 50023—2009 等规范的相关要求。

2）当建筑进行层数改变的加固时，结构验算应遵循《机械工业厂房结构设计规范》GB 50906—2013、《建筑抗震设计规范》GB 50011—2010 等规范的相关要求。

7 鉴定标准介绍与解读

7.1 概述

房屋鉴定标准是衡量房屋结构能否正常使用的尺度；是对房屋某一使用阶段的安全性、使用性、耐久性等级评价的依据；是对房屋存在的问题进行定量、定性分析。鉴定标准的核心是最大限度获得房屋的有效价值和利用价值。

既有房屋结构的鉴定不同于拟建房屋结构的设计，鉴定的整个过程都不能脱离客观存在的鉴定个体，鉴定是建立在对既有房屋结构进行现场查勘、检测基础上的分析。因此，鉴定标准源于设计规范，又不同于设计规范。

结构设计思路是以拟定的荷载及荷载效应，选定构件尺寸，确定结构计算简图，按照构造规定配筋，完成构件及结构设计。

鉴定思路是以现场检测荷载及调整后的荷载效应，实测构件尺寸，按照实际的结构计算简图、实际的构造和配筋，完成构件及结构验算。也就是说鉴定标准低于设计规范，所以不能用鉴定标准进行结构验收和抗震验收。

7.1.1 遵循房屋鉴定标准的目的

遵循鉴定标准，主要出于经济因素和可利用价值，最大限度地保证建筑物的长期安全使用，其主要目的：一是为房屋的日常技术管理和大、中、小修或抢险提供技术依据；二是为房屋改变使用条件、改建或扩建提供技术依据；三是为房屋遭受各种灾害后的损坏程度进行评价；四是为制定修缮或加固方案提供技术依据；五是为房屋的事故处理提供技术依据。

7.1.2 房屋鉴定标准的分类

房屋鉴定是通过一系列技术手段开展的对房屋是否满足一定技术性能要求的评价工作。按我国现行相关技术标准，房屋鉴定一般可分为以下五类：

（1）房屋完损等级鉴定

（2）危险房屋鉴定

（3）工业建筑可靠性鉴定

（4）民用建筑可靠性鉴定

（5）房屋特殊作用鉴定（包括：抗震、火灾、突发事件鉴定）

7.1.3 房屋鉴定方法综述

既有房屋鉴定的基本方法，主要有传统经验法、实用鉴定法和可靠度鉴定法等。

1. 传统经验法

传统经验法是 20 世纪 60 至 90 年代我国较普遍采用的鉴定方法，这种方法主要是按原设计规程校核，依据工程技术专家的经验，以现场观察检测结果进行房屋结构综合评价，专家个人经验是前提。

传统经验法的现场观察检测鉴定较为简单，大多不使用现代测试技术手段，其分析判断结果有时受鉴定人认知和技术水平的影响难以做到准确无误，容易产生错判或漏判。由于缺乏必要的测试技术仪器检测，以及科学的定量分析评价方法的程序，鉴定多以定性分析判断为主，故在工程处理方案上一般偏于保守。

传统经验法尽管存在一些不足之处，但房屋鉴定、维修、管理的专业技术人员，一般都对所管理的房屋的建造与使用情况比较熟悉，且鉴定程序简单、成本低，尤其对结构简单，以及加固维修投资不大的房屋进行鉴定仍然是可行的。

2. 实用鉴定法

实用鉴定法，是在传统经验法的基础上发展起来的一种鉴定方法。它克服了传统经验法只通过现场踏勘检查、依据鉴定专家的经验进行定性分析、而不能通过检测仪器在现场直接测试获取必要的数据、进行定量性分析的缺点。实用鉴定法，主要是采用现代测试技术，在现场踏勘检查的基础上，通过仪器直接测量必要的数据，运用数学和数理统计的理论，进行定性和定量分析，进而得出鉴定结论，大大提高了鉴定结果的科学性。实用鉴定法的具体鉴定工作程序如图 7-1 所示。

3. 概率法（可靠度鉴定法）

实用鉴定法虽然较传统经验法有较大的突破，评价的结论比传统经验法更科学、更接近实际。然而既有房屋本身的作用力 S、结构抗力 R 等影响房屋承载能力的诸因素都是随机变量，其作用过程也是随机过程。而采用鉴定时点的应力值进行计算以及进行结构分析则属于定值法的范围。用定值法的固定值来估计既有房屋的随机变量的变化对房屋的不定性影响，显然是不合理的。

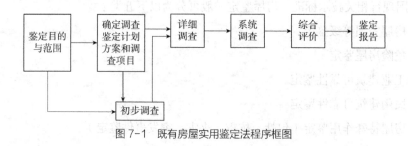

图 7-1　既有房屋实用鉴定法程序框图

随着概率论和数理统计方法的应用，对既有房屋危险性的评价和鉴定已成为一种新的方法即可靠度鉴定法，又称可靠概率鉴定法。这种方法是运用概率论和数理统计原理，利用非定值统计规律对房屋的可靠度进行鉴定的方法。既有房屋的可靠性是指房屋结构在规定的时间内、规定的条件下，完成预定功能的概率。也就是说可靠性评价是由既有房屋的可靠度来衡量的，完成一定功能的概率称为可靠度。

可靠度鉴定法是用概率的方法来分析房屋的可靠度，其中房屋结构抗力 R，作用力 S 都是随机变量，他们之间的关系表示为：

（1）当 $R \geqslant S$ 或 $<S$，$R>S$ 表示可靠，结构处于安全状态；

（2）当 $R=S$ 表示结构恰好达到极限状态；

（3）当 $R<S$ 表示结构处于失效。

应当说明可靠度鉴定法在理论上是完善的，但目前实际应用还有很大困难，条件还不太具备。其原因首先在于结构物的不确定性，这种不确定性来源于房屋结构材料强度的差异和计算模型与实际工作状态之间的差异，减少材料强度的离散性、提高理论计算的精度。其次，根据校准试验的比较分析，各类结构构件的可靠度指标往往不一致，切实落实可靠性的质量控制措施也是十分必要的。

经过相关专家的近十年的研究及应用可以得出结论：上述传统经验法、实用鉴定法和可靠度鉴定法各有其适用范围，且各具优缺点，但总的来看仍受到下列三点制约：

一是鉴定人掌握既有房屋的实际情况，以及了解这种实际情况的方法、手段、水平如何；

二是鉴定人的专业知识、实践经验以及鉴定团队中建筑结构专家所占的比例如何；

三是掌握运用现代科学技术状况，特别是概率论统计数学及其可靠度理论和现代计算手段，即计算机及其软件应用的程度如何。

目前，传统经验法已基本被淘汰，我国现在普遍采用的是以《民用建筑可靠性鉴定标准》GB 50292—2015 和《工业建筑可靠性鉴定标准》GB 50144—2008 为代表的鉴定方法。它们总体上趋于实用鉴定法，但这两个标准在一些原则性的规定和具体条款上已引入概率鉴定法的思想。从发展趋势上看，概率鉴定法仍然是可靠性鉴定方法发展的方向，其理论基础为"现有结构可靠性理论"。

需要指出的是：在目前的概率极限状态分析中，只用到统计平均值和均方差，并非实际的概率分布，并且在分离导出分项系数时还作了一些假定，运算中采用了一些近似的处理方法，因而计算结果是近似的，所以只能称为近似概率法。总体来讲既有房屋可靠性鉴定技术的发展很快，随着科学技术水平的提高而逐步完善，近似概率法亦将逐步普及和应用。

7.1.4 主要鉴定标准间的相互关系

近年来，建设工程质量检测和鉴定技术已超过了单纯的结构安全范畴，已经发展为包括结构安全性鉴定、结构抗灾能力评估、工程质量问题鉴定、灾后结构的鉴定与评估、结构的耐久性和剩余寿命评估以及工程质量问题产生原因的分析和综合工程技术等。鉴定标准在上述问题的深度和广度上均进行了较广泛的涉及，使工程结构的鉴定实践和应用有了长足的发展。目前各类鉴定标准在适用性方面均进行了较为明确的划分。

1.《房屋完损等级评定标准》

《房屋完损等级评定标准》，自 1985 年 1 月 1 日首次发布，是我国在房屋完损评定方面的第一部国家级标准，业内简称"完标"。"完标"的主要作用是为房地产管理部门较科学地掌握所管房屋的完损状况和估算所管房屋的价值提供依据。主要目的是为房地产管理部门掌握各类房屋的完损情况，并为房屋技术管理和修缮计划的安排，以及城市规划、改造，提供基础资料和依据。其《房屋完损等级评定标准》所要求的评定方法主要为传统经验法，对房屋完损等级评估主要依据是鉴定专家对房屋外观和缺陷的评价，适用范围更多的局限于房屋管理部门（如房管所、企业产单位等），也有时用于房屋鉴定部门对成片改造旧房的安全性和价值评估。该标准已使用 30 余年未作修订，其作用已日趋平淡，对房屋安全性的鉴定已逐步被《民用建筑可靠性鉴定标准》、《危险房屋鉴定标准》取代。

2.《危险房屋鉴定标准》

《危险房屋鉴定标准》CJ 13—1986 自 1986 年 9 月 1 日开始实施，业内简称"危标"。1999 年修订为《危险房屋鉴定标准》JGJ 125—1999，2004 年修订。

"危险房屋鉴定"是指当房屋承重结构出现可能影响安全的异常征兆时，对建筑物进行的以抢险和紧急加固为目标的安全性检查与鉴定。初始时的"危标"由于计划经济环境下控制"危房"泛滥，虽然标准偏低，仍然存在使用价值。2004 年修订"危标"不仅向《民用建筑可靠性鉴定标准》靠近，而且扩大了适用范围，因为"危标"规定："危险房屋鉴定及对有特殊要求的工业建筑和公共建筑、保护建筑和高层建筑以及在偶然作用下的房屋危险性鉴定，除应符合本标准规定外，尚应符合国家现行有关强制性标准的规定"。这是将适用范围为扩大的重要原因。

"危标"主要解决危与修的问题，不能解决房屋改造利用的问题。因此进行房屋改造前的专门鉴定时，应该首先选择使用《民用建筑可靠性鉴定标准》。

2016 年"危标"再次修订，包括理论和方法都发生了根本性的变化。

3.《工业建筑可靠性鉴定标准》

《工业建筑可靠性鉴定标准》GB 50144—2008，自 2009 年 5 月 1 日起实施，业内简称"工业可标"。源于《工业厂房可靠性鉴定标准》GBJ 144—1990。早于《民用建筑可靠性鉴定标准》GB 50292—1999。

"工业可标"是第一次引入"传力树"概念分析法进行工程结构系统安全性分析。传力树是由基本构件和非基本构件组成的传力系统，树表示构件与系统之间的逻辑关系。其特点一是以传力为特征，符合建筑结构计算单元承重结构体系的受力和传力特点。在系统的可靠性分析中，着重考虑最受关注的系统发生失效状态或故障状态的根本原因；二是将传力系统形象化，清晰地显示出"树"中的各个部分所处的地位及作用；三是用逻辑推理关系，表示构件之间、构件与系统之间的内在联系。按照传力树的定义，在单层工业厂房中传力树一般是指一片或多片横向排架组成的系统。

4.《民用建筑可靠性鉴定标准》

《民用建筑可靠性鉴定标准》GB 50292，自 1999 年 10 月 1 日开始实施，2015 年修订，业内简称"民用可标"。"民用可标"是我国第一部按《建筑结构结构可靠度设计统一标准》要求编写的、用于既有房屋可靠性鉴定的国家标准，适用于建成并投入使用 2 年以上的建筑物（新版"民用可标"已取消了 2 年的限制），可理解为除特殊环境外，一般民用建筑物和附属构筑物的可靠性鉴定均可采用"民用可标"进行。按"民用可标"的使用范围规定，安全性鉴定包括了危房鉴定，但又不止于危房鉴定。在《城市危险房屋管理规定》（建设部令 129 号修正）中，安全性鉴定和危房鉴定（危险性鉴定）是同一个概念，即危房鉴定也称为安全鉴定。

"民用可标"非常明确地将"危险房屋鉴定"归类于"应急鉴定"之中，且现行颁布实施的相关特殊环境中的鉴定标准或规程（如火灾、地震、地质灾害等）也采纳了"民用可标"中的相关等级划分原则。但需要指出的是，"民用可标"一般仅对房屋处于正常使用荷载条件下（即竖向荷载）的可靠性进行评判，其他条件下的建筑物可靠性鉴定尚应满足相关标准的要求。如：《工业建筑可靠性鉴定标准》《建筑抗震鉴定标准》《火灾后建筑结构鉴定标准》等。

5.《建筑抗震鉴定标准》

《建筑抗震鉴定标准》GB 50023—2009，自 2009-07-01 开始实施，业内简称"抗标"。源于《建筑抗震鉴定标准》TJ 23—1977。

建筑抗震鉴定评级的目的是对既有建筑的抗震性能进行评价，并对抗震加固或采取其他抗震减灾对策提供依据，以减轻地震破坏，减少损失。即抗震鉴定评级合格的建筑在遭遇到相当于抗震设防烈度的地震影响时，一般不致倒塌伤人或造成重大财产损失，经维修后仍可继续使用。标准的重点是对房屋的抗震性能进行评价，一般不涉及房屋的结构安全性评价内容，其鉴定结果按被鉴房屋抗震性能的不符合程度、部位及其对结构整体抗震性能影响的大小以及有关的非抗震缺陷等实际情况，结合使用要求、城市规划和加固难易程度等因素的分析，通过技术经济比较，得出相应的维修、加固、改造或更新等抗震减灾对策。

需要指出的是，一般按"民用可标"、"工业可标"、"危标"对建筑物进行鉴定时，若发现抗震性能的重要缺陷，应在鉴定报告中告知或做特殊的备注。

7.2 《房屋完损等级评定标准》介绍

房屋在使用过程中，由于材料的老化、构件强度的降低、结构安全储备的减少，再加之自然灾害和人为不当使用，必然会产生由完好到损坏，由小损到大损，由损至危的客观过程。采用《房屋完损等级评定标准》（试行）》（城住字〔1984〕第 678 号），对房屋完损等级进行评定，掌握房屋完损程度，及时维护维修，确保房屋正常使用。

7.2.1 适用条件

为提高房屋完好率，制定房屋维修计划，一般情况下《房屋完损等级评定标准》适用于公产、自管产、私产房（不包括工业建筑）完损等级的评定。评定古典建筑的完损等级时，可参考该标准。对现有房屋原设计质量和原使用功能的鉴定，不属该标准的评定范围。

7.2.2 理论缘由

《房屋完损等级评定标准》是依据房屋耐久性能评定的理念，通过检查确定结构构件是否达到相应的损伤状态。对于已经达到相应状态的构件提出相应的加固、修复及防护的建议，保证结构在预期使用年限内的安全性、适用性和经济性。

房屋耐久性能评定依照耐久性的极限状态进行，而耐久性的极限状态是以结构的适用性或建筑功能受到影响的表面损伤状况为标志或限值。这种标志会出现两种情况，一是安全性受到影响的损伤程度是耐久性极限状态的标志；二是适用性受到影响的损伤状况也应该成为耐久性极限状态的标志。

上述两种耐久性的极限状态标志，是区分房屋完损等级的理论基础。在鉴定时，关键在于查勘判断哪种标志先出现。

（1）当适用性的损伤状况的标志或限值不明显，但已经明显影响安全性时，可以以安全性受到影响的损伤状态作为耐久性的极限状态标志。

（2）当安全性的损伤状况的标志或限值不明显，可以以适用性受到影响的损伤状态作为耐久性的极限状态标志。

7.2.3 评定要求及方法

1. 评定要求

房屋完损等级评定，首先要确定需要评定的项目，按房屋结构、装修、设备分为三大组成部分，并具体划分为 14 个项目。

（1）结构部分包括：基础、承重构件、非承重墙、屋面、楼地面；

（2）装修部分包括：门窗、外抹灰、内抹灰、顶棚、细木装修；

（3）设备部分包括：水卫、电照、暖气及特别设备（如消防栓、避雷装置等）。

2. 评定方法

"完标"采用传统经验法进行鉴定，鉴定过程易受客观环境、知识水平和个人本性的影响，唯一性较差。要求鉴定人员具有较高的责任心、公正性和自觉性。

（1）"完标"等级评定是根据各类房屋的结构、装修、设备三大组成部分的完损程度，对整幢房屋进行综合评定。

（2）"完标"等级评定是在结构没有危险的前提下。

（3）在评定某项目的完损程度时，当一个分项工程内有几种损坏程度时，应以最严重的某一程度为准，来评定该分项的完损程度。

（4）分项的完损程度一旦确定，再评定项目的完损程度时，以符合某一完损程度数量最多的为准。

（5）"完标"主要关注的是房屋建筑功能（装饰、装修、外墙、立面、渗漏、表面腐朽）的完好程度，对房屋结构性能（承载力、变形、裂缝等）的好坏无明确评级标准，一般不应采用该标准作房屋危险程度的评级或鉴定。

7.2.4 评定内容及等级形式

1. 评定主要内容

房屋完损等级评定多以影响房屋适用性的使用功能和感观为主。

（1）建筑物整体倾斜或构件局部倾斜；

（2）受弯构件（梁、板）的挠度变形；

（3）构件开裂，包括温度开裂、收缩开裂、不均匀沉降开裂、围护结构开裂等；

（4）构件局部缺陷、损伤，因施工胀模等造成的尺寸偏差；

（5）屋面、墙面渗漏、返潮、结露，门窗、管道渗漏；

（6）受外界环境影响的振动、噪声、晃动；

（7）内、外墙装饰层空鼓、剥落等；

（8）设备老化与完损；

（9）其他影响感观的问题。

2. 评定等级形式

房屋完损等级评定的结论是将被评定房屋划分为五个等级：

（1）完好房

结构完好，装修完好，设备完好，且房屋各部分完好无损，无需修理或经过一般小修就能正常使用。

（2）基本完好房

结构基本完好，少量构件有轻微损坏；装修基本完好，小部分有损坏，油漆缺乏保养，小部分装饰材料老化、损坏；设备基本完好，部分设备有轻微损坏。房屋损坏部分不影响房屋正常使用，一般性维修可修复。

（3）一般损坏房

结构一般性损坏，部分构件损坏或变形，屋面局部渗漏，部分结构变形，有裂缝；装修局部有破损，油漆老化，抹灰和装饰砖小面积脱落，门窗有破损；设备部分损坏、老化、残缺、不能正常使用，管道不够通畅，水电等不能正常使用。房屋需进行中修或局部大修、更换部分构件才能正常使用。

（4）严重损坏房

结构严重损坏，结构有明显变形或损坏，屋面严重渗漏，构件严重损坏；装修严重变形、破损，装饰材料严重老化、脱落，门窗严重松动、变形或腐蚀；设备陈旧不齐全，管道严重堵塞，水、卫、电等设备残缺不全或损坏严重。房屋需进行全面大修、翻修或改建，才能正常使用。

（5）危险房

指结构已严重损坏，承重构件已属危险构件，随时可能丧失稳定和承载能力，不能保证居住和使用安全的房屋。

对于发现危房、严重损坏房屋和一般损坏房的承重结构损坏情况，应在报告表格中记载损坏内容、程度、数量、部位等，以作为危险房屋鉴定或作为修理、查勘时的依据。

7.3 《危险房屋鉴定标准》介绍

房屋在使用过程中，由于自然灾害和人为不当使用，各种房屋安全隐患随着环境和时间的变化逐渐显现出来，并形成由构件危险到局部危险，由局部危险到整体危险。采用《危险房屋鉴定标准》对房屋危险性进行评定，及时发现危险房屋，并按照房的危险等级及时采取处理措施，确保人民生命财产损失的最小化，为房屋安全使用保驾护航。

7.3.1 适用条件

《危险房屋鉴定标准》JGJ 125—2016 的适用范围为建筑高度不超过 100m 的"既有房屋"，包括工业建筑、民用建筑、公共建筑、高层建筑、文物保护建筑等。

对于有特殊要求的工业建筑和公共建筑如高温、高湿、强震、腐蚀等特殊环境下的工业与民用建筑，以及各类文物建筑、优秀历史建筑等既有房屋的鉴定还应遵照相关法律法规来进行。

多层房屋指层数不超过六层或建筑总高度不大于 24m 的房屋，对于住宅类建筑，低层建筑不再单独列出；高层房屋指层数超过六层或建筑总高度大于 24m 但不大于 100m 的房屋。

7.3.2 理论缘由

《危险房屋鉴定标准》JGJ 125-1999 采用了基于模糊数学理论和"隶属度"评判方法，在一定条件下会出现与实际情况不符的误判。究其原因主要有两个方面：

一是模糊数学对事物的模糊判别中不需要建立分析对象的具体力学模型，会不可避免的遗漏很多重要信息，在房屋危险性鉴定时将可能造成意想不到的误判。

二是隶属函数计算在进行承重构件分配时，不考虑构件在房屋体系中所处位置的因素，即同一类构件，无论其所处位置如何，其权重均相同。例如框架柱与构造柱、中柱与边柱、底层柱与顶层柱，它们在结构体系中的作用、影响的重要性差别很大，在房屋危险性鉴定时将可能造成错判。

为解决原标准模糊综合评判方法存在的问题，上海市房地产科学研究院等科研院所组成标准编制组对原标准进行了修订，形成了新版《危险房屋鉴定标准》JGJ 125—2016，以下简称"危标"。新"危标"依据"传力树"理论，采用了危险构件综合占比的评定方法。即在综合考虑现行《民用建筑可靠性鉴定标准》GB 50292—2015、《工业建筑可靠性鉴定标准》GB 50144—2008 评判方法的基础上，结合危险房屋鉴定的特点，提出了全面综合考虑"基础及上部结构（含地下室）"两个组成部分情况的一种新的评定方法。新的评定方法继承了原标准中数构件、定各组成部分危险构件比例的做法，继续采用四等级的评定标准，创新性地以房屋危险构件综合比例大小，来反映房屋的危险性等级。

7.3.3 评定要求及方法

1. 评定要求

房屋危险性等级评定按照两阶段三层次进行鉴定。

（1）第一阶段鉴定

第一阶段为地基危险性鉴定。地基危险性的鉴定，在一般情况下可通过沉降观测资料和其不均匀沉降引起上部结构反应的检查结果进行判定。比如，当地基沉降速率达到一定程度，且无收敛趋势；或者由于地基不均匀沉降导致上部倾斜及开裂严重到一定程度时，可不进行第二阶段的鉴定，直接评定为危险房屋。

（2）第二阶段鉴定

第二阶段为上部结构鉴定。上部结构鉴定始于第一阶段地基评定鉴定为非危险状态时，即综合考虑房屋基础、上部结构（含地下室）的情况再做出判断。

（3）上部结构鉴定三个层次

第一层次为构件危险性鉴定。即根据构件的承载力验算结果、变形情况、结构损伤等情况进行判定，其等级评定结果为危险构件和非危险构件两类；

第二层次为楼层危险性鉴定。即在考虑楼层位置、构件类型、构件位置等因素的情况下，确定危险构件数量占楼层构件总数的综合比例，根据综合比例的大小判定楼层的危险性等级，将楼层危险性等级评定为 A_u、B_u、C_u、D_u 四个等级；

第三层次为房屋危险性鉴定。即综合考虑各楼层的危险性及分布情况，综合评定房屋的危险性等级，房屋危险性等级评定为 A、B、C、D 四个等级。

2. 评定方法

《危险房屋鉴定标准》JGJ 125—2016，提出鉴定方法为综合评定方法。查阅文献资料发现，无论是基于模糊数学的隶属度法，还是贴近度法、加权平均法、模糊层次分析法及面积法，归根到底都是以危险构件或危险面积占房屋整体比重的大小，作为判断房屋危险性程度的一个指标。

新"危标"提出的综合评定方法，基本以"全面分析，综合判断"为原则，通过每一危险构件考虑多变量因素对整幢房屋的影响，按照房屋危险构件综合比例大小和危险性程度判定，来评定房屋的危险性等级。新"危标"在遵守本标准基本规定的同时，也给予鉴定人员以充分发挥工程实践经验和综合分析能力的空间，更好地确保鉴定结论的科学性。

危险性程度判定的主要包括：各危险构件的损伤程度；危险构件在整幢房屋中的重要性、数量和比例；危险构件相互间的关联作用及对房屋整体稳定性的影响；周围环境、使用情况和人为因素对房屋结构整体的影响；房屋结构的可修复性等。

7.3.4　评定内容及等级形式

1. 评定主要内容

房屋危险性鉴定分别从构件、楼层、房屋的角度判定其危险性，以房屋的地基、基础及上部结构构件的危险性程度判定为基础，并进行全面分析和综合判断，最终按危险程度大与小评定为 A、B、C、D 四级。

（1）构件危险程度判定

构件危险性的鉴定，即根据构件的承载力验算结果、变形情况、构件损伤等情况进行判定，其等级评定为危险构件和非危险构件两类。在构件承载力计算中，本标准引入了抗力与效应之比调整系数 ϕ，根据房屋的建造年代不同，ϕ 取用不同的数值。

建筑设计规范每一期的结构可靠度修订，均较前一期有不同程度地提高，但同时产生以下问题：

1）不同时期所采用的规范标准不同，当初建造的房屋在结构形式、建造材料、施工工艺等各方面均可能无法达到现行规范的要求。

2）采用现行设计规范评定当初建造的既有建筑显得过于保守，使得当某幢房屋在完全满足当初设计规范的情况下，采用现行设计规范验算后竟出现大量承载力不足的现象，显然不甚合理。

3）使用现行设计规范评定当初建造的既有建筑，特别是在房屋危险性鉴定中，会造成大量原本满足当初设计规范的构件被"算"出来是危险的。

4）我国建筑设计规范结构可靠度的三次调整，有明显逐步提高趋势。如：

①从材料分项系数、材料强度取值、承载力计算方法等，影响结构抗力的参数；

②从荷载取值影响作用效应的参数；

③从分析计算其结构抗力与作用效应之比等，发现砌体构件受压承载力、混凝土结构正截面及斜截面承载力、木构件受拉及受弯承载力与相应的作用效应之比均有不同程度的降低。

5）基于"满足当初建造时的设计规范要求即为安全"的原则，所以本标准对 1989 年以前建造、1989~2002 年间建造及 2002 年以后建造三个时期房屋结构抗力与作用效应之比进行了调整，调整系数 ϕ 的取值见表 7-1。

结构构件抗力与效应之比调整系数（ϕ）　　　　表 7-1

构件类型 房屋类型	砌体构件	混凝土构件	木构件	钢构件
Ⅰ	1.15（1.10）	1.20（1.10）	1.20（1.15）	1.00
Ⅱ	1.05（1.00）	1.10（1.05）	1.10（1.05）	1.00
Ⅲ	1.00	1.00	1.00	1.00

注：1. 房屋类型按建造年代分类，Ⅰ类房屋指 1989 年以前建造的房屋，Ⅱ类房屋指 1989~2002 年间建造的房屋，Ⅲ类房屋是指 2002 年以后建造的房屋；
　　2. 对楼面活荷载标准值在历次《建筑结构荷载规范》GB 50009 修订中未调高的试验室、阅览室、会议室、食堂、餐厅等民用建筑及工业建筑，采用括号内数值。

（2）楼层危险程度判定

基础及上部结构（含地下室）楼层危险性等级按以下准则判定，其中 R_f 为基础层危险构件综合比例，R_{si} 为第 i 层危险构件综合比例。

1）当 R_f=0 或 R_{si}=0 时，楼层危险性等级评定为 A_u 级；

2）当 0<R_f<5% 或 0<R_{si}<5% 时，楼层危险性等级评定为 B_u 级；

3）当 5% ≤ R_f<25% 或 5% ≤ R_{si}<25% 时，楼层危险性等级评定为 C_u 级；

4）当 R_f ≥ 25% 或 R_{si} ≥ 25% 时，楼层危险性等级评定为 D_u 级。

"危标"在确定楼层危险性等级时，考虑了各构件承载类型，对中柱、边柱、角柱、中梁、边梁、楼板及围护构件分别赋予不同的权重系数。并规定当下层竖向构件评定为危险构件时，其上部楼层该轴线位置的竖向构件均计入危险构件数量。在分层计算时，对于局部地下室或局部出屋面楼层，可合并归入相邻楼层计算危险构件综合比例，不单独作为一层计算。

（3）房屋整体危险程度判定

房屋整体的危险性等级判定，采用房屋整体结构（含地下室）危险构件综合比例值 R，并结合基础、楼层（含地下室）危险性等级两个参数进行综合判定。主要是针对计算房屋整体结构（含地下室）危险构件综合比例时，不能反映危险构件的分布情况，特别是当危险构件集中出现在某层或集中出现在各层的同一部位时，整体结构（含地下室）危险构件综合比例所代表的计算结果可能导致其危险程度降低，增加楼层危险性等级判定后，可有效避免这类情况的出现。

1）$R=0$，基础及上部结构楼层（含地下室）危险性等级只含 A_u 级，评定为 A 级；

2）$0<R_f<5\%$，当基础及上部结构楼层（含地下室）危险性等级不含 D_u 级时，评定为 B 级，否则评定为 C 级；

3）$5\% \leqslant R_f<25\%$，当基础及上部结构楼层（含地下室）危险性等级为 D_u 级的层数不超过 $(F+B+f)/3$ 时，评定为 C 级，否则评定为 D 级；

4）$R_f \geqslant 25\%$ 时，评定为 D 级。

（4）关联性判定

在地基、基础、上部结构构件危险性的判断上，应考虑其危险关联度。当构件危险性呈关联状态时，应联系结构的关联性判定其影响范围。

（5）直接评定

对传力体系简单的两层及两层以下房屋，可根据危险构件影响范围直接评定其危险性等级。

2. 评定等级形式

房屋危险性鉴定应以幢为鉴定单位，通过房屋的地基基础及上部结构两个阶段的等级评定进行综合分析，分别从构件、楼层、房屋整体危险程度的判定其危险性，由小到大评定等级。

（1）房屋基础及楼层危险性鉴定等级

1）A_u 级：无危险点；

2）B_u 级：有危险点；

3）C_u 级：局部危险；

4）D_u 级：整体危险。

（2）房屋危险性鉴定等级划

1）A 级：无危险构件，房屋结构能满足安全使用要求；

2）B级：个别结构构件评定为危险构件，但不影响主体结构安全，基本能满足安全使用要求；

3）C级：部分承重结构不能满足安全使用要求，房屋局部处于危险状态，构成局部危房；

4）D级：承重结构已不能满足安全使用要求，房屋整体处于危险状态，构成整幢危房。

7.3.5 危险房屋的处理

被评定为存在危险的构件或处于危险等级状态的房屋，必须提出处理建议，这是危险房屋鉴定的重要目的。在处理危险房屋的认识上，包括部分政府管理人员在内的相当数量的人们，认为当房屋被判定为危房后，就要立即进行拆除，这是不科学的，既造成经济上的浪费，又不利于社会矛盾的解决。

每幢危险房屋主体结构实际受损程度的轻重都不尽相同，且不同结构体系、不同结构类型的房屋，在对其主体结构危险构件进行解危排险时，操作难易程度也各不相同。因此对于危险房屋的处理，应根据房屋自身的结构特点以及实际使用情况酌情采取合理的处理措施。"危标"参照《城市危险房屋管理规定》的内容编写了如下规定，作为处理建议，为相关人员处理危险房屋时提供依据。

（1）观察使用：适用于采取适当安全技术措施后，尚能短期使用，但需继续观察的房屋。

（2）处理使用：适用于采取适当技术措施后，可解除危险的房屋。

（3）停止使用：适用于已无修缮价值，暂时不便拆除，又不危及相邻建筑和影响他人安全的房屋。

（4）整体拆除：适用于整幢危险且无修缮价值，需立即拆除的房屋。

（5）按相关规定处理：适用于有特殊规定的房屋，如文物建筑或认定具有保护价值的历史建筑等。

7.4 《工业建筑可靠性鉴定标准》介绍

《工业建筑可靠性鉴定标准》GB 50144—2008，源于《工业厂房可靠性鉴定标准》GB 50144—1990，且早于《民用建筑可靠性鉴定标准》GB 50292—1999，简称"工业可标"。

7.4.1 适用条件

"工业可标"适用于下列既有工业建筑的可靠性鉴定：

（1）以混凝土结构、钢结构、砌体结构为承重结构的单层和多层厂房等建筑物。

（2）烟囱、贮仓、通廊、水池等构筑物。

（3）地震区、特殊地基土地区、特殊环境中或灾害后的工业建筑的可靠性鉴定，除应执行本标准外，尚应遵守国家现行有关标准规范的规定。

7.4.2 理论缘由

"工业可标"是依靠结构可靠度理论，第一次引入"传力树"概念分析法，进行工程结构系统安全性分析。传力树是由基本构件和非基本构件组成的传力系统，树表示构件与系统之间的逻辑关系。传力树概念的特点：

一是以传力为特征，符合建筑结构计算单元承重结构体系的受力和传力特点。在系统的可靠性分析中，着重考虑最受关注的系统发生失效状态或故障状态的根本原因。

二是将传力系统形象化，清晰地显示出"树"中的各个部分所处的地位及作用。

三是用逻辑推理关系，表示构件之间、构件与系统之间的内在联系。

按照传力树的定义，在单层工业厂房中传力树一般是指一片或多片横向排架组成的系统。厂房单元的承重结构体系传力树图如图 7-2、图 7-3 所求。

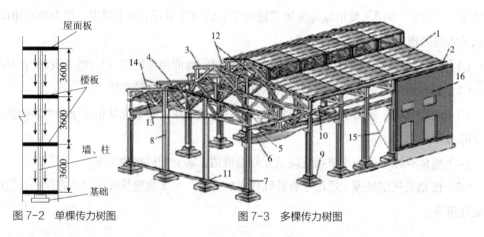

图 7-2　单棵传力树图　　　　　图 7-3　多棵传力树图

7.4.3 评定要求及方法

1. 评定要求

"工业可标"采用分级多层次综合评定方法。分级多层次评定等级划分主要包括：构件、结构系统和鉴定单元三个层次，每个层次划分为四个等级；其中构件和结构系统两个层次的鉴定评级，还应细分安全性和使用性等级评定。安全性分为四个等级，使用性分为三个等级，各层次的可靠性鉴定分为四个等级。

鉴定单元可由安全性和使用性等级进行综合评定。与民用建筑鉴定标准不同的是，当委托方需要可靠性等级时，在各层次上，安全性和正常使用性并不分开鉴定，而是直接对可靠性进行评级，见表 7-2。

工业建筑可靠性鉴定评级的层次、等级划分及项目内容 　　　　表 7-2

层次	I		II			III
层名	鉴定单元		结构系统			构件
可靠性鉴定	可靠性等级	一、二、三、四	安全性评定	等级	A、B、C、D	a、b、c、d
				地基基础	地基变形、斜坡稳定性承载力	
	建筑物整体或某一区域			上部承重结构	整体性	
					承载能力	承载能力构造和连接
				围护结构	承载能力、构造连接	
			正常使用性评定	等级	A、B、C	a、b、c
				地基基础	影响上部结构正常使用的地基变形	
				上部承重结构	使用状况	变形、裂缝、缺陷损伤、腐蚀
					水平位移	
				围护系统	功能与状况	

2. 评定方法

"工业可标"是依靠结构可靠度理论，结合结构重要性、失效敏感性和结构可靠度分析，以房屋结构的安全性、适用性和耐久性来评定房屋的可靠程度。这种逐级综合评定方法，构成了工业建筑可靠性程度的层级评定。

（1）结构极限状态分析评定

1）结构作用效应分析，是确定结构或截面上的作用效应，通常包括截面内力以及变形和裂缝；

2）结构或构件承载能力极限状态的校核时，当结构构件的变形或裂缝较大或对其有怀疑时，还应进行正常使用极限状态的校核。校核是将截面内力与结构抗力相比较，以验证结构或构件是否安全可靠；

3）正常使用极限状态的校核是变形和裂缝与规定的限值相比较，以验证结构或构件能否正常使用。

（2）结构系统安全性与正常使用性并重评定

1）当结构的使用性等级较低时，为保证正常的安全生产，也需要对结构进行处理使其能正常使用，因此在系统的使用性等级为 C 级、安全性等级不低于 B 级时，确定为 C 级；

2）其他情况要以安全性等级确定，以便采取措施处理确保安全；

3）对位于生产工艺流程重要区域的结构系统，除考虑结构系统自身的可靠性外，还应充分考虑生产和使用上的高要求以及对人员安全和生产的影响，其可靠性评级，可以安全性等级和使用性等级中的较低等级直接确定。

7.4.4 评定内容及等级形式

1. 鉴定主要内容

（1）构件可靠性评定

1）混凝土结构构件

混凝土结构构件可靠性等级评定，主要包括影响安全性等级的两个项目，即承载能力、包括（构造和连接）等级评定；其次包括影响使用性等级的四个项目，即裂缝、变形、缺陷和损伤、腐蚀等。

2）钢结构构件

钢结构构件可靠性等级评定，主要包括影响安全性等级的项目，即承载能力、构造和连接等级评定；其次包括影响使用性评定的四个项目，即变形、偏差、一般构造、腐蚀等。

3）砌体结构构件

砌体结构构件可靠性等级评定，主要包括影响安全性等级的两个项目，即承载能力、构造和连接等级评定；其次包括影响使用性评定的裂缝、缺陷和损伤、腐蚀三个项目等。

（2）结构系统可靠性评定

结构系统可靠程度评定，主要包括地基基础、上部承重结构和维护结构系统的可靠性等级评定。

1）地基基础

地基基础等级评定，主要包括影响安全性评定的两个项目，即地基基础承载功能、变形和位移状况的两个项目等；其次包括影响使用性评定的上部承重结构和维护结构的使用状况等。

2）上部承重结构

上部承重结构等级评定，主要包括影响安全性评定的两个项目，即结构整体性和承载功能等；其次包括影响使用性评定的两个项目，即上部承重结构使用状况和结构水平位移。

3）围护结构系统

围护结构系统等级评定，主要包括影响安全性评定的两个项目，即承重维护结构的承载功能和非承重围护结构的构造相连；其次包括影响使用性的两个项目，即承重围护结构使用状况和围护系统的使用功能。

（3）鉴定单元可靠性评定

鉴定单元可靠性等级评定，主要包括地基基础结构、围护结构系统的可靠性等级评定。以地基基础和上部承重结构为主。

2. 评定等级形式

工业建筑可靠性鉴定等级的评定单元，被划分为构件、结构系统和鉴定单元三个层次，

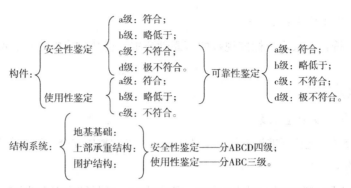

鉴定单元：根据地基基础、上部承重结构、围护结构的结果，以前两个为主。

图7-4 工业建筑可靠性鉴定等级的评定单元

每个层次划分为四个等级；其中结构系统和构件两个层次的鉴定评级，应包括安全性等级和使用性等级评定，需要时可由此评定其可靠性等级，如图7-4所示。

（1）构件等级评定（包括构件本身及构件间的连接点）

1）构件的安全性等级

a级：符合国家现行标准规范的安全性要求，安全，不必采取措施；

b级：略低于国家现行标准规范的安全性要求，仍能满足结构安全性的下限水平要求，不影响安全，可不必采取措施；

c级：不符合国家现行标准规范的安全性要求，影响安全，应采取措施；

d级：极不符合国家现行标准规范的安全性要求，已严重影响安全，必须及时或立即采取措施。

2）构件的使用性等级

a级：符合国家现行标准规范的正常使用要求，在目标使用年限内能正常使用，不必采取措施；

b级：略低于国家现行标准规范的正常使用要求，在目标使用年限内尚不明显影响正常使用，可不采取措施；

c级：不符合国家现行标准规范的正常使用要求，在目标使用年限内明显影响正常使用，应采取措施。

3）构件的可靠性等级

a级：符合国家现行标准规范的可靠性要求，安全，在目标使用年限内能正常使用或尚不明显影响正常使用，不必采取措施；

b级：略低于国家现行标准规范的可靠性要求，仍能满足结构可靠性的下限水平要求，不影响安全，在目标使用年限内能正常使用或尚不明显影响正常使用，可不采取措施；

c级：不符合国家现行标准规范的可靠性要求，或影响安全，或在目标使用年限明显影响正常使用，应采取措施；

d级：极不符合国家现行标准规范的可靠性要求，已严重影响安全，必须立即采取措施。

（2）结构系统等级评定

1）结构系统的安全性等级

A级：符合国家现行标准规范的安全性要求，不影响整体安全，可能有个别次要构件宜采取适当措施；

B级：略低于国家现行标准规范的安全性要求，仍能满足结构安全性的下限水平要求，尚不显著影响整体安全，可能有极少数构件应采取措施；

C级：不符合国家现行标准规范的安全性要求，影响整体安全，应采取措施，且可能有极少数构件必须立即采取措施；

D级：极不符合国家现行标准规范的安全性要求，已严重影响整体安全，必须立即采取措施。

2）结构系统的使用性等级

A级：符合国家现行标准规范的正常使用要求，在目标使用年限内不影响整体正常使用，可能有个别次要构件宜采取适当措施；

B级：略低于国家现行标准规范的正常使用要求，在目标使用年限内尚不明显影响整体正常使用，可能有极少数构件应采取措施；

C级：不符合国家现行标准规范的正常使用要求，在目标使用年限内明显影响整体正常使用，应采取措施。

3）结构系统的可靠性等级

A级：符合国家现行标准规范的可靠性要求，不影响整体安全，在目标使用年限内不影响或不明显影响整体正常使用，可能有个别次要构件宜采取适当措施；

B级：略低于国家现行标准规范的可靠性要求，仍能满足结构可靠性的下限水平要求，尚不显著影响整体安全，在目标使用年限内不影响或尚不显著影响整体正常使用，可能有极少数构件应采取措施；

C级：不符合国家现行标准规范的可靠性要求，或影响整体安全，或在目标使用年限内影响整体正常使用，应采取措施，且可能有极少数构件必须立即采取措施；

D级：极不符合国家现行标准规范的可靠性要求，已严重影响整体安全，必须立即采取措施。

（3）鉴定单元等级评定

一级：符合国家现行标准规范的可靠性要求，不影响整体安全，在目标使用年限内不影响整体正常使用，可能有极少数次要构件宜采取适当措施；

二级：略低于国家现行标准规范的可靠性要求，仍能满足结构可靠性的下限水平要求，尚不明显影响整体安全，在目标使用年限内不影响或尚不明显影响整体正常使用，可能有极少数构件应采取措施，极个别次要构件必须立即采取措施；

三级：不符合国家现行标准规范的可靠性要求，影响整体安全，在目标使用年限内明显影响整体正常使用，应采取措施，且可能有极少数构件必须立即采取措施；

四级：极不符合国家现行标准规范的可靠性要求，已严重影响整体安全，必须立即采取措施。

7.5 《民用建筑可靠性鉴定标准》介绍

《民用建筑可靠性鉴定标准》GB 50292—2015（以下简称"民用可标"），源于《民用建筑可靠性鉴定标准》GB 50292—1999。晚于《工业厂房可靠性鉴定标准》GB 50144—1990，和《工业建筑可靠性鉴定标准》GB 50144—2008。

"民用可标"自1999年颁布实施以来，我国建筑物的可靠性鉴定、检测和加固技术得到了长足的发展，已形成了独自标准体系和技术队伍。"民用可标"的广泛应用，使房屋"寿命"得到延续，使房屋使用价值得到充分利用，为国民经济的持续发展作出了积极贡献。

7.5.1 适用条件

《民用建筑可靠性鉴定标准》GB 50292—2015，适用于以混凝土结构、钢结构、砌体结构、木结构为承重结构的民用建筑及其附属构筑物的可靠性鉴定。其适用范围见表7-3。

民用建筑可靠性鉴定标准的适用范围　　　　　　表7-3

鉴定类别	适用情况
可靠性鉴定	1. 建筑物达到设计使用年限拟继续使用时
	2. 建筑物改变用途或使用环境前
	3. 建筑物改造或增容、改建或扩建前
	4. 遭受灾害或事故时
	5. 存在较严重的质量缺陷或出现较严重的腐蚀、损伤、变形时
	6. 建筑物大修前
	7. 其他需要掌握结构可靠性水平时
安全性鉴定	1. 各种应急鉴定
	2. 国家法规规定的房屋安全性统一检查

续表

鉴定类别	适用情况
安全性鉴定	3.临时性房屋需延长使用期限
	4.使用性鉴定中发现安全问题
正常使用性鉴定	1.建筑物使用维护的常规检查
	2.建筑物有较高舒适度要求
专项鉴定	1.结构的维修改造有专门要求时
	2.结构存在耐久性损伤影响其耐久年限时
	3.结构存在明显的振动影响时
	4.结构需进行长期监测时

7.5.2 理论缘由

《民用建筑可靠性鉴定标准》GB 50292—2015，是依靠结构可靠度理论进行结构系统安全性分析，并以极限概率为基础，以结构传力树模式分层，以结构失效程度进行鉴定度量。

极限概率分析分为承载能力极限状态和正常使用极限状态分析，并通过结构或构件的安全性和使用性评定等级予以表述；结构失效程度的鉴定度量会产生不同的鉴定类别；鉴定度量差异，产生了不同的评定等级。所以"民用可标"是鉴定过程中对结构各种功能要求评定的约束准则。

可靠性鉴定的实质是对现有建筑物在未来时间里能否完成预定功能的一种预测，是对未来结构材料、结构构件或结构体系的实际性能的推断，始终应着眼于建筑物和环境未来可能遭受的各种作用的变化。通过结构或结构构件的力学分析和校核，最终判定建筑物在目标使用期内的可靠性是否满足要求。

7.5.3 评定要求及方法

1.评定要求

可靠性鉴定可划分为安全性鉴定与正常使用性鉴定两个部分。使用性鉴定之所以不再细分为适用性鉴定与耐久性鉴定，是因为现行《建筑结构可靠度设计统一标准》GB 50068—2001对这两种功能的标志及其界限是综合给出的。至少在当前是不直分开处理的。

《民用建筑可靠性鉴定标准》GB 50292—2015，采用多层次分级综合评定方法。多层次划分是将民用建筑划分为构件、子单元和鉴定单元三个层次，并评定出各层次安全性鉴定、使用性鉴定和可靠性鉴定等级。分级评定是将安全性鉴定划分为四个等级，使用性鉴定划分为三个等级、可靠性鉴定划分为四个等级，见表7-4。

可靠性鉴定评级的层次、等级划分、工作步骤和内容　　　　表7-4

层次		一		二		三
层名		构件		子单元		鉴定单元
安全性鉴定	等级	a_u、b_u、c_u、d_u		A_u、B_u、C_u、D_u		A_{su}、B_{su}、C_{su}、D_{su}
	地基基础	—		地基变形评级	地基基础评级	鉴定单元安全性评级
		按同类材料构件各检查项目评定单个基础等级		边坡场地稳定性评级		
				地基承载力评级		
	上部承重结构	按承载能力、构造、不适于承载的位移或损伤等检查项目评定单个构件等级		每种构件集评级	上部承重结构评级	
				结构侧向位移评级		
		—		按结构布置、支撑、圈梁、结构间连系等检查项目评定结构整体性等级		
	围护系统承重部分	按上部承重结构检查项目及步骤评定围护系统承重部分各层次安全性等级				
使用性鉴定	等级	a_s、b_s、c_s		A_s、B_s、C_s		A_{ss}、B_{ss}、C_{ss}
	地基基础	—		按上部承重结构和围护系统工作状态评估地基基础等级		鉴定单元正常使用性评级
	上部承重结构	按位移、裂缝、风化、锈蚀等检查项目评定单个构件等级		每种构件集评级	上部承重结构评级	
				结构侧向位移评级		
	围护系统功能	—		按屋面防水、吊顶、墙、门窗、地下防水及其他防护设施等检查项目评定围护系统功能等级	围护系统评级	
		按上部承重结构检查项目及步骤评定围护系统承重部分各层次使用性等级				
可靠性鉴定	等级	a、b、c、d		A、B、C、D		I、II、III、IV
	地基基础	以同层次安全性和正常使用性评定结果并列表达，或按本标准规定的原则确定其可靠性等级				鉴定单元可靠性评级
	上部承重结构					
	围护系统					

2. 评定方法

"民用可标"与"工用可标"一样，都是依靠结构可靠度理论，结合结构重要性、失效敏感性和结构可靠度分析，以房屋结构的安全性、适用性和耐久性来评定房屋的可靠程度。这种逐级综合评定方法，构成了民用建筑可靠性程度的层级评定。

（1）结构极限状态分析评定

1）结构作用效应分析，是确定结构或截面上的作用效应，分析结构失效过程逻辑关系，如截面内力以及裂缝、变形、侧向位移引起的结构或构件失效分析；

2）结构或构件承载能力极限状态的校核时，当结构构件的裂缝、变形、侧向位移较大或对其有怀疑时，还应进行正常使用极限状态的校核。校核是将截面内力与结构抗力相比较，以验证结构或构件是否安全可靠；

3）正常使用极限状态的校核是裂缝和变形与位移规定的限值相比较，以验证结构或构件能否正常使用。

（2）构件集筛分评定

结构分析或构件分析应按照构件集的规定，将代表层（或区）中的承重构件划分为若干主要构件集和一般构件集，通过最小值筛分，评定每种构件集的安全性等级，推定上部承重结构承载功能的安全性等级。

（3）结构系统安全性与使用性并重评定

1）当结构的使用性等级较低时，为确保证安全也需要对结构进行处理，使其能正常使用。因此在系统的使用性等级为 C 级、安全性等级不低于 B 级时，确定为 C 级；

2）对于 C 级构件过于集中的代表层（或区），应根据实际关联情况进行等级降级处理，以确保安全。

（4）安全性和使用性的鉴定

安全性和使用性的鉴定，应按构件、子单元和鉴定单元三个层次进行等级评定。每个层次规定的检查项目包括地基基础、上部承重结构、围护系统三个组成部分，其最低等级为检查项目的评定等级，三个组成部分最低等级构成层次的评定等级。

鉴定评级步骤应从第一层构件开始，逐层进行。

1）根据构件各检查项目评定结果，确定单个构件等级；

2）根据子单元各检查项目及各构件集的评定结果，确定子单元等级；

3）根据各子单元的评定结果，确定鉴定单元等级。

（5）可靠性鉴定

各层次可靠性鉴定，应以该层次安全性和使用性的评定结果为依据综合确定。每一层次的可靠性等级分为四级。

1）当不要求给出可靠性等级时，宜采取直接列出其安全性等级和使用性等级的形式予以表示。

2）当需要给出民用建筑各层次的可靠性等级时，应根据其安全性和正常使用性的评定结果，按下列规定确定：

①当该层次安全性等级低于 b_u 级、B_u 级或 B_{su} 级时，应按安全性等级确定。

②除上款情形外，可按安全性等级和正常使用性等级中较低的一个等级确定。

③当考虑鉴定对象的重要性或特殊性时，可对本条第②款的评定结果作不大于一级的调整。

（6）适修性鉴定

所谓适修性，是指一种能反映残损结构鉴定适修程度与修复价值的技术与经济的综合特性。对于这一特性，建筑物所有或管理部门尤为关注。因为残损结构鉴定的评级固然重要，但鉴定评级后更需要关于结构鉴定能否修复及是否值得修复的评价意见。

民用建筑适修性子单元和鉴定单元，分别按 4 个等级进行评定。

子元或其某组成部分的 4 个适修性等级用 Ar′，Br′，Cr′，Dr′ 表示；鉴定单元的 4 个适修性等级用 Ar，Br，Cr，Dr 表示。各层次适修性的评级标准详见《民用建筑可靠性鉴定标准》GB 50292—2015。

7.5.4 评定内容及等级形式

1. 评定主要内容

（1）构件可靠性评定

1）混凝土结构构件

混凝土结构构件可靠性等级评定，主要包括影响安全性等级的两个项目，即承载能力、构造和连接等级评定；其次包括影响使用性等级的四个项目，即裂缝、变形、缺陷和损伤、腐蚀等。通过鉴定项目最小值的选取和构件集的筛分进行综合评定。

2）钢结构构件

钢结构构件可靠性等级评定，主要包括影响安全性等级的两个项目，即承载能力、构造和连接等级评定；其次包括影响使用性等级的四个项目，即变形、偏差、一般构造、腐蚀等。通过鉴定项目最小值的选取和构件集的筛分进行综合评定。

3）砌体结构构件

砌体结构构件可靠性等级评定，主要包括影响安全性等级的两个项目，即承载能力、构造和连接等级评定；其次包括影响使用性等级的裂缝、缺陷和损伤、腐蚀三个项目等。通过鉴定项目最小值的选取和构件集的筛分进行综合评定。

（2）子单元可靠性评定

1）地基基础

地基基础子单元的安全性鉴定评级，应根据地基变形或地基承载力的评定结果进行确定；使用性评级可根据其上部承重结构或围护系统的工作状态进行评定。

2）上部承重结构

上部承重结构子单元的安全性鉴定评级，应根据其结构承载功能等级、结构整体性等级以及结构侧向位移等级的评定结果进行确定；使用性鉴定评级，应根据其所含各种构件集的使用性等级和结构的侧向位移等级进行评定。

3）围护系统承重部分的安全性，应在该系统专设的和参与该系统工作的各种承重构件的安全性评级的基础上，根据该部分结构承载功能等级和结构整体性等级的评定结果进行确定；使用性鉴定评级，应根据该系统的使用功能及其承重部分的使用性等级进行评定。

（3）单元可靠性评定

单元的安全性鉴定评级，应根据其地基基础、上部承重结构和围护系统承重部分等的安全性等级，以及与整幢建筑有关的其他安全问题进行评定；使用性鉴定评级，应根据地基基础、上部承重结构和围护系统的使用性等级，以及与整幢建筑有关的其他使用功能问题进行评定。

2. 评定等级形式

可靠性鉴定是通过房屋的构件、子单元、鉴定单元三个方面的等级进行综合分析评定，分别由大到小评定出可靠性等级。

（1）构件（包括单个构件或其检查项目）

1）构件的安全性等级

a_u级：安全性符合本标准对 a_u 级的规定，具有足够的承载能力，不必采取措施；

b_u级：安全性略低于本标准对 a_u 级的规定，尚不显著影响承载能力，可不采取措施；

c_u级：安全性不符合本标准对 a_u 级的规定，显著影响承载能力，应采取措施；

d_u级：安全性不符合本标准对 a_u 级的规定，已严重影响承载能力，必须及时或立即采取措施。

2）构件的使用性等级

a_s级：使用性符合本标准对 a_s 级的规定，具有正常的使用功能，不必采取措施；

b_s级：使用性略低于本标准对 a_s 级的规定，尚不显著影响使用功能，可不采取措施；

c_s级：使用性不符合本标准对 a_s 级的规定，显著影响使用功能，应采取措施。

3）构件的可靠性等级

a级：可靠性符合本标准对 a 级的规定，具有正常的承载功能和使用功能，不必采取措施；

b级：可靠性略低于本标准对 a 级的规定，尚不显著影响承载功能和使用功能，可不采取措施；

c级：可靠性不符合本标准对 a 级的规定，显著影响承载功能和使用功能，应采取措施；

d级：可靠性极不符合本标准对 a 级的规定，已严重影响安全，必须及时或立即采取措施。

（2）子单元（包括子单元中的某种构件集）

1）子单元的安全性等级

A_u级：安全性符合本标准对 A_u 级的规定，不影响整体承载，可能有个别一般构件应采取措施；

B_u 级：安全性略低于本标准对 A_u 级的规定，尚不显著影响整体承载，可能有极少数构件应采取措施；

C_u 级：安全性不符合本标准对 A_u 级的规定，显著影响整体承载，应采取措施，且可能有极少数构件必须立即采取措施。

D_u 级：安全性极不符合本标准对 A_u 级的规定，严重影响整体承载，必须立即采取措施。

2）子单元的使用性等级

A_s 级：使用性符合本标准对 A_s 级的规定，不影响整体使用功能，可能有极少数一般构件应采取措施；

B_s 级：使用性略低于本标准对 A_s 级的规定，尚不显著影响整体使用功能，可能有极少数构件应采取措施；

C_s 级：使用性不符合本标准对 A_s 级的规定，显著影响整体使用功能，应采取措施。

3）子单元的可靠性等级

A 级：可靠性符合本标准对 A 级的规定，不影响整体承载功能和使用功能，可能有个别一般构件应采取措施；

B 级：可靠性略低于本标准对 A 级的规定，但尚不显著影响整体承载功能和使用功能，可能有极少数构件应采取措施；

C 级：可靠性不符合本标准对 A 级的规定，显著影响整体承载功能和使用功能，应采取措施，且可能有极少数构件必须及时采取措施；

D 级：可靠性极不符合本标准对 A 级的规定，已严重影响安全，必须及时或立即采取措施。

（3）鉴定单元

1）鉴定单元的安全性等级

A_{su} 级：安全性符合本标准对 A_{su} 级的规定，不影响整体承载，可能有极少数一般构件应采取措施；

B_{su} 级：安全性略低于本标准对 A_{su} 级的规定，尚不显著影响整体承载，可能有极少数构件应采取措施；

C_{su} 级：安全性不符合本标准对 A_{su} 级的规定，显著影响整体承载，应采取措施，且可能有极少数构件必须及时采取措施；

D_{su} 级：安全性严重不符合本标准对 A_{su} 级的规定，严重影响整体承载，必须立即采取措施。

2）鉴定单元的使用性等级

A_{ss} 级：使用性符合本标准对 A_{ss} 级的规定，不影响整体使用功能，可能有极少数一般构件应采取措施；

B_{ss} 级：使用性略低于本标准对 A_{ss} 级的规定，尚不显著影响整体使用功能，可能有极少数构件应采取措施；

C_{ss} 级：使用性不符合本标准对 A_{ss} 级的规定，显著影响整体使用功能，应采取措施。

3）鉴定单元的可靠性等级

Ⅰ级：可靠性符合本标准对Ⅰ级的规定，不影响整体承载功能和使用功能，可能有极少数一般构件应在安全性或使用性方面采取措施；

Ⅱ级：可靠性略低于本标准对Ⅰ级的规定，尚不显著影响整体承载功能和使用功能，可能有极少数构件应在安全性或使用性方面采取措施；

Ⅲ级：可靠性不符合本标准对Ⅰ级的规定，显著影响整体承载功能和使用功能，应采取措施，且可能有极少数构件必须及时采取措施；

Ⅳ级：可靠性极不符合本标准对Ⅰ级的规定，已严重影响安全，必须及时或立即采取措施。

7.6 《建筑抗震鉴定标准》介绍

《建筑抗震鉴定标准》GB 50023—2009（以下简称"抗标"），自 2009 年 7 月 1 日正式实施。源于《建筑抗震鉴定标准》GB 50023—1995。

"抗标"总结了近年来我国发生的地震，特别是 2008 年汶川大地震的震害经验教训，吸收了建筑抗震鉴定技术的最新科研成果，对现有建筑的抗震鉴定方法进行了创新、补充和完善。现有建筑抗震鉴定的设防目标与现行《建筑抗震设计规范》GB 50011—2010 一致，即"小震不坏、中震可修、大震不倒"。"抗标"的广泛应用，使房屋使用安全得以提高，使地震灾害减到最小。

7.6.1 适用条件

《建筑抗震鉴定标准》GB 50023—2009。适用于抗震设防烈度为 6~9 度地区的既有房屋（含各类工业与民用建筑物），不适用于新建建筑工程（含烂尾楼）的抗震设计和施工质量评定，也不适用于古建筑、文物建筑、危险房屋和行业有特殊要求的建筑物鉴定。下列情况下，现有建筑应进行抗震鉴定：

（1）接近或超过设计使用年限需要继续使用的建筑。

（2）原设计未考虑抗震设防或抗震设防要求提高的建筑。

（3）需要改变结构的用途和使用环境的建筑。

（4）其他有必要进行抗震鉴定的建筑。如遭受灾害地震、火灾、爆炸、撞击受损的建筑发生工程质量事故或质量低劣的建筑等。

7.6.2 理论缘由

抗震鉴定是针对已有建筑而言的，目的是对其抗震能力评估，评定的尺度就是抗震鉴定标准。抗震鉴定标准，源于抗震设计标准，但又不同于抗震设计标准。其理论基础与抗震设计标准相同，即"基于性能结构理论"。区别在于：

（1）在结构抗震设计时，根据建筑物的重要性和用途确定其性能目标，由不同的性能目标提出不同的抗震设防标准，使设计的建筑在未来地震中具备预期的功能。

（2）在结构抗震鉴定时，根据建筑物抗震设防目标实际达到的程度，评估建筑在未来地震中所具备剩余预期的功能。

结构综合抗震能力是指整体结构抵抗既定烈度的地震作用的能力，是由结构的承载力与变形能力共同决定的。在相同的地震作用下，结构综合抗震能力的强弱决定了结构震害损伤程度和倒塌的风险程度。结构综合抗震能力不仅取决于建造结构所用的材料以及施工质量，更取决于合理的抗震设计。抗震设计是以抗震措施为主，同时抗震概念也衍生出抗震构造措施。

7.6.3 评定要求及方法

1. 评定要求

抗震鉴定主要针对结构抗震措施和抗震构造措施两项进行鉴定，确定建筑结构综合抗震实际能力。这对于最大程度地降低震害损失以及保护人民生命财产安全，具有重要的意义。

（1）抗震措施：除地震作用计算和抗力计算以外的抗震设计内容，包括抗震构造措施。

（2）抗震构造措施：根据抗震概念设计原则，一般不需要计算而对结构和非结构各部分必须采取的各种细部要求。

建筑综合抗震能力鉴定分为两级评定。第一级鉴定应以宏观控制和构造鉴定为主进行综合评价（抗震构造措施鉴定）；第二级鉴定应以抗震验算为主结合构造影响进行综合评价（抗震验算）。

2. 评定方法

（1）第一级鉴定

第一级鉴定一般来说包括结构体系、材料实际强度、整体性连接构造和局部易损易倒部位构造四方面的鉴定内容。第一级鉴定主要考虑结构承载力与结构延性构造的互补因素即：

当结构承载力较高时，除了保证整体性所需的构造外，延性方面的构造鉴定要求可适当降低；

当结构承载力较低时，则可用较高的延性方面的构造予以弥补。

（2）第二级鉴定

第二级鉴定可采用标准中给出的简化计算方法或按规定方法进行构件承载力验算。

对于 A 类建筑，当满足第一级鉴定的各项要求时，可不再进行第二级鉴定，否则应进行第二级鉴定并结合第一级鉴定的构造影响，对抗震能力进行综合评定。

对于 B 类建筑，即使满足抗震措施鉴定的各项要求时，仍应进行抗震承载力验算，但可参照 A 类建筑的鉴定方法，计及构造的影响对抗震能力进行综合评定。

此外，与《民用建筑可靠性鉴定标准》GB 50292—2015 相协调，B 类建筑当抗震措施满足鉴定要求时，主要抗侧力构件的抗震承载力不低于规定值的 95%、次要抗侧力构件的抗震承载力不低于规定值的 90%，也可认为满足鉴定要求不进行加固处理。

这里主要抗侧力构件系指为结构提供主要侧向刚度及承受主要水平地震作用的构件，如框架柱、钢筋混凝土抗震墙等，次要抗侧力构件则是指框架梁及剪力墙中的连梁等。

（3）不同后续使用年限建筑的抗震鉴定

不同后续使用年限的建筑，采用的抗震鉴定方法不同。

1）对后续使用年限为 30 年的建筑，简称 A 类建筑。通常指在 1989 版设计规范正式执行前设计建造的房屋，各地执行 1989 版规范的时间不同，一般不晚于 1993 年 7 月 1 日。A 类建筑的抗震鉴定基本上保持了原 1995 版鉴定标准的有关规定，同原 1995 版鉴定标准相比，在地震作用或综合抗震能力指数计算方法，考虑了场地处于不利地段时地震影响的增大，增加了 7 度（0.15g）和 8 度（0.30g）的鉴定要求，提高了重点设防类建筑的鉴定要求。

2）对后续使用年限为 40 年的建筑，简称 B 类建筑。通常指在 1989 版设计规范正式执行后，2001 版设计规范正式执行前设计建造的房屋，各地执行 2001 版规范的时间一般不晚于 2003 年 1 月 1 日。B 类建筑的鉴定要求，基本按照 1989 版规范的有关规定，从鉴定的角度按结构体系、材料实际达到的强度等级、整体性连接构造、局部易损易倒部位、抗震承载力验算几个方面加以归纳整理而成。其中，凡现行规范比 89 版抗规放松的要求，也反映到鉴定标准中。同时吸取了汶川地震的经验教训，结合现行规范的修订动向，有些鉴定要求有所提高。与 A 类建筑相同，增加了场地处于不利地段时地籍影响的增大，增加了 7 度（0.15g）和 8 度（0.30g）的鉴定内容，提高了重点设防类建筑的鉴定要求。

3）对于按 1989 版规范系列设计建造的现有建筑，由于本地区设防烈度提高或是设防类别提高而进行鉴定时，当"出于经济理由"选择 40 年的后续使用年限确有困难时，允许略少于 40 年。

4）对后续使用年限为 50 年的建筑，简称 C 类建筑，按现行国家标准《建筑抗震设计规范》GB 50011—2010 的方法进行鉴定，相关条文未列入鉴定标准中。对于 C 类建筑，鉴定人员应按现行规范进行鉴定，但可参照鉴定标准的精神进行综合抗震能力的评定。

由于所选择的后续使用年限不同，采用的鉴定方法不同，达到抗震设防略有不同，得到的抗震鉴定结论可能会有差异，因此，在抗震鉴定时必须在鉴定报告中注明所采用后续使用年限，在抗震加固设计时，在加固设计施工总说明中同样应予以注明。

7.6.4 评定内容及等级形式

1.评定主要内容

（1）第一级鉴定

1）当建筑的平、立面，质量、刚度分布和墙体等抗侧力构件的布置在平面内明显不对称时，应进行地震扭转效应不利影响的分析；当结构竖向构件上下不连续或刚度沿高度分布突变时，应找出薄弱部位并按相应的要求鉴定。

2）检查结构体系，应找出其破坏会导致整个体系丧失抗震能力或丧失对重力的承载能力的部件或构件；当房屋有错层或不同类型结构体系相连时，应提高其相应部位的抗震鉴定要求。

3）检查结构材料实际达到的强度等级，当低于规定的最低要求时，应提出采取相应的抗震减灾对策。

4）多层建筑的高度和层数，应符合本标准各章规定的最大值限值要求。

5）当结构构件的尺寸、截面形式等不利于抗震时，宜提高该构件的配筋等构造抗震鉴定要求。

6）结构构件的连接构造应满足结构整体性的要求；装配式厂房应有较完整的支撑系统。

7）非结构构件与主体结构的连接构造应满足不倒塌伤人的要求；位于出入口及人流通道等处，应有可靠的连接。

8）当建筑场地位于不利地段时，尚应符合地基基础的有关鉴定要求。

（2）第二级鉴定

第二级鉴定是在第一级鉴定基础上进行的。当符合第一级鉴定标准时，则可不进行第二级鉴定。

1）抗震设防核查和验算应符合下列要求：

丙类，应按本地区设防烈度的要求核查其抗震措施并进行抗震验算。

乙类，6~8度应按比本地区设防烈度提高一度的要求核查其抗震措施，9度时应适当提高要求；抗震验算应按不低于本地区设防烈度的要求采用。

甲类，应经专门研究按不低于乙类的要求核查其抗震措施，抗震验算应按高于本地区设防烈度的要求采用。

丁类，7~9度时，应允许按比本地区设防烈度降低一度的要求核查其抗震措施，抗震验算应允许比本地区设防烈度适当降低的要求；6度时应允许不作抗震鉴定。

2）根据实际需要和可能,按规定选择其后续使用年限;不同后续使用年限的现有建筑,其抗震鉴定方法应符合标准的规定。

3）"抗标"中给出的后续使用年限是一个最低要求，当经济技术条件许可时（如政府投资项目）应采用更高的要求鉴定，即尽可能提高其抗震能力。

（3）抗震鉴定应区别对待

1）建筑结构类型不同的结构，其检查的重点、项目内容和要求不同，应采用不同的鉴定方法。

2）对重点部位与一般部位，应按不同的要求进行检查和鉴定。（注：重点部位指影响该类建筑结构整体抗震性能的关键部位和易导致局部倒塌伤人的构件、部件，以及地震时可能造成次生灾害的部位。）

3）对抗震性能有整体影响的构件和仅有局部影响的构件，在综合抗震能力分析时应分别对待。

2. 评定等级形式

（1）是否满足第一级鉴定

（2）是否满足第二级鉴定

7.7 《火灾后建筑结构鉴定标准》介绍

《火灾后建筑结构鉴定标准》CECS 252—2009，由中国工程建设标准化协会发布，2009年9月1日开始实施。主要用于建筑结构火灾后的构件损伤状态鉴定，是可靠性鉴定的延伸。

7.7.1 适用条件

《火灾后建筑结构鉴定标准》CECS 252—2009，适用于火灾后的工业与民用建筑中的混凝土结构、钢结构、砌体结构的检测与鉴定。并以火灾后建筑结构构件的安全性鉴定为主，结构可靠性鉴定可根据建筑类型，按现行国家标准"民用可标"、"工业可标"等进行鉴定，火灾后建筑结构的鉴定除应满足上述执行标准外，尚应符合国家现行有关标准的规定。

7.7.2 理论缘由

《火灾后建筑结构鉴定标准》CECS 252—2009，结构部分源于可靠性鉴定标准，将燃烧理论与结构极限状态分析相结合，用于火灾后建筑结构的安全性评估和火灾后建筑结构损伤状态等级判定。

火灾对建筑结构构件性能的影响直接与火灾温度、火灾燃烧时间、构件种类、材料的力学性能等直接相关，通过研究各种材料和构件火灾后的性能，可以判定火灾后建筑结构的安全性；火灾后混凝土构件、钢结构构件、砌体结构构件的影响范围和程度可以通过现场调查、检测判断，再按现行的设计、计算方法可以对各种结构构件的可靠度进行分析，从而对其结构的可靠性进行判断。

7.7.3 评定要求及方法

1. 评定要求

建筑结构火灾后的安全性鉴定应以结构构件的安全性鉴定为主并对整体结构进行结构分析和鉴定评级。火灾后结构构件的鉴定评级分初步鉴定评级和详细鉴定评级。初步鉴定评级应根据构件烧灼损伤、变形、开裂（或断裂）程度按四级（Ⅱ$_a$、Ⅱ$_b$、Ⅲ、Ⅳ级）评定损伤状态等级；详细鉴定评级应根据检测鉴定分析结果评定 a、b、c、d 级。

2. 评定方法

《火灾后建筑结构鉴定标准》CECS 252—2009 的鉴定方法仍然为以极限状态分析为基础的实用鉴定法。以结构构件的安全性鉴定为主，并对整体结构进行结构分析和鉴定评级。

（1）混凝土结构、砌体结构、钢结构房屋发生火灾后，对火灾影响的程度、范围以及房屋火灾后可靠性的判定等均应采用或参照该标准开展检测、鉴定工作，火灾后建筑物的加固、改造、设计和施工等均应在鉴定之后进行。

（2）火灾后建筑物和建筑结构构件的鉴定以安全性鉴定为主。结构的可靠性鉴定可根据建筑类型，按现行国家标准"民用可标"或"工业可标"进行鉴定。

（3）对直接暴露于火焰或高温烟气的结构烧灼损伤状况、温度作用损伤或损坏、结构材料性能等应全数开展检测、鉴定工作。

7.7.4 鉴定内容及等级形式

1. 评定主要内容

建筑结构火灾后的鉴定程序可根据结构鉴定的需要分为初步鉴定和详细鉴定两阶段进行。

（1）初步鉴定

包括初步调查；查阅文件和证据资料；了解火灾起因和部位；调查火荷载密度、燃烧物燃烧条件、查找温度判定证据；初步鉴定的结论与建议；如果需要进行详细鉴定应提出详细鉴定方案和建议。

（2）详细鉴定

包括制定详细检测鉴定方案；详细查阅并研究相关文件资料；对火灾温度、作用时间和范围的详细调查分析；对火灾后结构的整体和构件进行详细检查与检测；结构分析；火灾后结构构件及整体结构鉴定评级；鉴定结论与建议。

2. 评定等级形式

（1）初步鉴定评级

火灾后结构构件的初步鉴定评级应根据构件烧灼损伤、变形、开裂或断裂程度按下列标准评定等级。

Ⅰ级——轻微或未直接遭受烧灼作用，结构材料及结构性能未受或仅受轻微影响，可不采取措施，仅采取提高耐久性的措施。

Ⅱ级——轻度烧灼，但未对结构材料及结构性能产生明显影响，尚不影响结构安全，应采取提高耐久性或局部处理和外观修复措施。

Ⅲ级——中度烧灼尚未破坏，显著影响结构材料或结构性能，明显变形或开裂，对结构安全性或正常使用性产生不利影响，应采取加固或局部更换措施。

Ⅳ级——破坏，火灾中或火灾后结构倒塌或构件塌落，结构严重烧灼损坏、变形损坏或开裂损坏，结构承载能力丧失或大部丧失，危及结构安全，必须或必须立即采取安全支护、彻底加固或拆除更换措施。

（2）详细鉴定评级

火灾后结构构件的详细鉴定评级应根据检测鉴定分析结果评定 b、c、d 级。

b 级：基本符合国家现行标准规范下限水平要求，尚不影响安全，尚可正常使用，宜采取适当措施；

c 级：不符合国家现行标准规范要求，在目标使用年限内影响安全和正常使用，应采取措施；

d 级：严重不符合国家现行标准规范要求，严重影响安全，必须及时或立即采取加固措施或拆除。

注：火灾后结构构件不评 a 级。

7.8 《地震现场工作 第二部分：建筑物安全鉴定》介绍

《地震现场工作 第二部分：建筑物安全鉴定》GB 18208.2—2001 标准，2001 年 8 月 1 日开始实施。

地震是威胁人类安全的主要自然灾害之一，地震造成的生命和财产的损失最主要原因是房屋建筑的破坏和倒塌，尤其在强余震的情况下随意居住不安全房屋所造成的二次灾害。为保障灾区人民的生命和财产安全，减少人员伤亡和经济损失，地震现场建筑物安全鉴定是地震应急期间开展抗震救灾工作的一项紧迫而重要的任务。多次地震应急救灾的实践证明，在地震应急期间，在地震现场快速、及时、高效地做好受震房屋建筑安全鉴定工作，是妥善安置灾民的一条有效途径。标准的实施，使地震现场对受震房屋的安全性鉴定工作初步达到了规范化和标准化程度。

7.8.1 适用条件

本标准仅适用于震后地震应急期间，在预期的地震作用中，在地震现场对受震建筑进行安全鉴定。不适用于震前和震后根据抗震设防烈度的要求，对建筑物进行抗震鉴定和危房鉴定。

7.8.2 理论缘由

《地震现场工作 第二部分：建筑物安全鉴定》GB/T 18208.2—2001，是依据抗震设防能力和地基失效理论，在发生较强地震后的应急期间，对震损后原建筑的抗震能力必须进行评判，对预期地震作用下的建筑安全可以进行鉴别和评定。

7.8.3 评定方法与原则

1. 评定要求

地震灾害的突发性、复杂性、严重性等特点决定了地震现场应急工作的重要性和紧迫性，地震现场建筑物安全鉴定不同于震前或震后以设防烈度进行的建筑抗震鉴定和危房鉴定工作，时效性要求极强，对房屋进行细致全面的检查、调研和对结构进行精确的监测与验算是不现实的。因此，采用了基于专家经验的主观定性快速评价方法，只对单体建筑进行快速鉴定，以现场目测其震损情况、查建筑档案和震害预测结果等资料、询问用户该结构的震前状况和以往震害经验为主，必要时采用仪器测试和结构验算。

对建筑物上部结构的震损，按所处的地震作用、建筑物的使用性质和原抗震设防能力，以及场地、地基和毗邻震害的影响等诸多因素来对受震建筑的安全进行判断，并划分为安全建筑和暂不使用建筑。

2. 评定方法

地震对建筑物安全性的影响可以从建筑物受震后的现状表现加以区分。

7.8.4 鉴定内容及等级形式

1. 评定主要内容

（1）地震现场应着重对下列受震建筑进行安全鉴定：

1）抗震救灾重要的建筑；

2）人员密集的公共建筑和居住建筑；

3）对恢复正常社会秩序有影响的建筑。

（2）在遭受严重破坏性地震的场区，应首先鉴定下列受震建筑：

1）在抗震救灾应急期，急需恢复使用或在使用的建筑；

2）用作救灾避难场所和危及救灾避难场所安全的建筑；

3）生产、贮藏有毒、有害等危险物品的建筑。

2. 评定等级形式

（1）地震建筑的安全鉴定

地震建筑的安全鉴定，应按所处的地震作用、建筑物的使用性质、震损现状和原抗震设防能力，以及场地、地基和毗邻震害的影响，进行综合判断。

（2）建筑抗震设防水准的确定

抗震设防建筑的原设计或抗震鉴定中的设防烈度，可通过检查现状进行核对，并按查核结果采用。未经抗震设防的建筑，可在地震现场判断原建筑在震前达到抗震鉴定标准（《建筑抗震鉴定标准》GB 50023—2009）中相应的设防烈度。

（3）受震建筑安全鉴定的结果，分为安全建筑和暂不使用建筑两类，并根据在地震应急期的使用性质，将受震建筑分为甲、乙、丙、丁四类。

1）甲类建筑：用作救灾避难中心和指挥部的建筑；

2）乙类建筑：生产、贮藏有毒、有害等危险物品或地震时不能中断使用的建筑和在地震应急期有大量人员活动的公共建筑；

3）丙类建筑：人员密集的公共建筑和居住建筑；

4）丁类建筑：除上述三类之外的其他建筑，也称一般建筑。

（4）安全建筑

1）甲类安全建筑，应无震损，或有个别损伤点，不影响承载能力和稳定性，若该建筑震前已有轻度损坏，但在震时应无扩展。

2）乙类安全建筑，主体结构和非结构构件无震损，或有个别损伤点，但不影响承载能力和稳定性；震损的抹灰层或其他装修装饰，无发生或再发生成片、成块跌落的迹象；若该建筑震前已有轻度损坏，但在震时应无明显扩展。

3）丙类安全建筑，主体结构可出现少量轻度震损，不影响建筑结构的稳定性，承载能力可稍有降低；震损的非结构构件或装修装饰，在采取紧急措施后，不再有发生倾倒、跌落的迹象；震前原已损坏处可有扩展，但不危及建筑整体和局部的安全。

4）丁类安全建筑，受震建筑的整体可为轻度震损，个别震损可较明显，不影响整体和局部稳定性，个别构件承载能力可有下降，整体可稍有降低，非结构构件和装修装饰可有损坏，或已震落震倒，在采取紧急措施后，不再有发生倾倒、跌落的迹象，受震建筑在震前已有的破损，可有扩展，但不危及建筑整体和局部的安全。

（5）不符合本标准条款有关要求的建筑物，应鉴定为暂不使用建筑。对暂不使用建筑进行应急排险后，可按受震建筑进行安全鉴定。

8 既有房屋加固改造

8.1 概述

8.1.1 既有房屋加固技术的现状

1. 安全性的需求

随着我国国民经济实力的不断增强，建筑结构的可靠度水平也在不断提高。由于规范的不断修订完善，使得部分既有房屋结构可靠性水平落后于现行规范要求；因施工作业不规范及偷工减料，导致既有房屋存在质量缺陷；因房屋受温度、湿度、荷载等不利外部环境因素的长期作用，维护不善，使得可靠度降低；人们对房屋功能、性能要求的提高；城市住房紧张等诸多因素都促使现有建筑拆除重建或鉴定加固。限于我国的基本国情，还没有足够资金对不满足要求的所有房屋拆除重建，即使有足够的资金来拆除重建，那也是浪费，更会带来建筑物剩余价值评估、居民安置、建筑垃圾的回收利用和城市环境等问题，于是人们纷纷把目光投向了房屋的加固改造。

2. 加固市场需求

对存在性能缺陷或安全隐患的建筑进行维修改造已成为我国建筑行业的重要组成部分。近年来巨额资金继续不断地投入到建筑物维修改造行业，且逐年增长。以我国现存的办公用房为例，由于既有办公用房的总量太大，需维修改造的办公用房的绝对量很大。在现存的低层老旧办公用房中，多数年代久远，加上一些非法改造，结构安全性难以保证。

20世纪50年代的办公用房已使用60余年，且这些办公用房的砖砌体砂浆强度偏低，部分楼盖与屋盖采用木结构，防火性能差，结构安全性也难以保证。

20世纪60年代的简易楼，强调节约革新，采用薄墙、浅基础，导致结构安全度很低。

20世纪70年代中后期，办公建筑的设计与施工逐步趋于正规，但由于这一时期的结构设计在抗震方面考虑较少，而我国大部分地区处于地震区，因此，这一期间建造的建筑在抗震性能方面有很大的隐患。

20世纪80年代与20世纪90年代初建造的建筑，由于处于建设的快速发展期与中国经济的转型期，我们必须看到这一时期有些工程的施工质量比较低劣。以上因素都在结构的安全性能方面留下较大的隐患。

在既有办公用房中，部分低层老旧办公用房存在设施不配套、使用功能差、能耗高等问题，这些建筑实际上远达不到办公用房的基本需求及社会发展的要求。由于使用环境、施工质量、材料强度、维护管理不当等因素，部分既有办公用房存在裂缝、钢筋锈蚀、保护层胀裂等现象，这些问题都直接影响既有建筑物的安全性能和使用功能。

国内既有建筑面临的严峻局面已引起了全社会的关注，并以立法的形式来规范既有房屋的管理。2009 年 1 月 1 日生效的《中华人民共和国循环经济促进法》是国家可持续发展、保护资源、保护能源、保护国有资产、保护环境和节约巨大建设资金的重要法律措施。该法第三章第二十五条规定：城市人民政府和建筑物的所有者或使用者，应当采取措施，加强建筑物维护管理，延长建筑物使用寿命。对符合城市规划和工程建设标准，在合理使用寿命内的建筑物，除为了公共利益的需要外，城市人民政府不得决定拆除。

因此，既有房屋的加固改造将成为未来房屋安全管理和使用过程中的一项重要工作。

8.1.2　既有房屋改造必要性

既有房屋在长期使用过程中，在内部或外部、人为或自然的因素作用下，将发生材料老化，建筑损伤，这种损伤的累积势必造成建筑性能退化；原有结构的设计缺陷（如结构传力途径不明确，结构体系不合理，抗震设防不足等），也将影响房屋的正常使用和安全性；业主对既有房屋不能满足使用功能需求的结构改变，对结构产生危害；解决这些问题都必须通过加固对结构进行技术改造。

为了充分利用既有房屋这种庞大资源，通过鉴定、加固或改造，延长使用寿命，以满足业主需要是解决既有房屋问题的最佳途径之一。

8.1.3　既有房屋加固分类

1. 安全性能加固

当建筑结构由于安全性不足时，需要对结构进行加固。

安全性主要是针对构件而言，通过检测构件的实际强度、材料的物理力学性能、裂缝、变形等，对不同的项目做出评级，根据各分项评级结果对建筑物进行安全性评定。但建筑的安全性评定不考虑建筑物的抗震情况。

1）房屋破损后进行的安全性加固

房屋受外因影响，其结构构件受损严重，且影响安全性能，为使房屋能满足安全使用要求而进行的加固。

2）因先天不足进行的安全性加固

房屋因先天不足，导致在正常使用情况下房屋结构安全性能明显降低，可能发生或已发生结构变形和破坏，为保持结构必要的安全性而进行的加固。

3）因改变房屋用途进行的加固

房屋本身既无破损也无先天不足，因满足业主新的用途而进行的加固。

4）因房屋改造而进行的加固

房屋本身无损坏，只是为了提高和改善其使用功能而进行的加固。

2. 抗震性能加固

当建筑结构由于抗震性能不足时，需要对结构进行加固。

抗震性能是针对建筑物整体而言，需对建筑物整体进行承载能力复核验算、抗震验算，并根据抗震设计规范、抗震鉴定标准的相关规定综合考虑，最终给出建筑物抗震鉴定结论意见。加固分为三种情况：

1）房屋震后进行的抗震加固

由于房屋受地震影响其结构受损严重，为恢复其抗震性能，对房屋结构抗震性能进行的恢复性加固。

2）房屋抗震性能因先天不足进行的抗震加固

房屋结构在正常使用情况下，在结构抗震性能严重不足，在未来可能发生的地震灾害结构会发生严重破坏，为保持结构必要的整体抗震性能而进行的抗震加固。

3）结合房屋改造而进行的抗震加固

房屋改造的过程是抗震加固最佳时期，可以确保抗震体系进行完整地加固。如果房屋不进行改造，抗震体系加固则很难完整。

8.2 既有房屋加固设计的依据

8.2.1 既有房屋加固设计与各类鉴定报告的关系

既有房屋的加固设计是以房屋安全性、可靠性以及抗震鉴定的报告所提供的数据为依据的。

（1）与既有房屋安全性鉴定报告的结合

既有房屋安全性鉴定主要是为构件和结构的加固提供依据，主要是以内力分析和截面验算为主。

建筑加固设计时要充分考虑安全性鉴定报告中对构件和结构的安全性提示，依据设计标准对构件和结构进行加固设计，同时要审视、甄别鉴定报告中各类检测数据的代表性和覆盖性。

（2）与既有房屋可靠性鉴定报告的结合

可靠性鉴定就是通过调查、检测，对既有建筑物的安全性、适用性和耐久性进行全过程评定。建筑加固设计时要充分考虑可靠性鉴定报告中对构件和结构的可靠性提示，依据设计标准对构件和结构进行：加固设计，同时要审视、甄别鉴定报告中各类检测数据的代表性和覆盖性。尤其对 C 级构件集过于集中的区域和部位，在加固设计时要缜密考虑。

（3）与既有房屋抗震鉴定报告的结合

为了减轻地震破坏，减少损失，对既有房屋的整体抗震性能作出评价，提出抗震加固对策，并为抗震加固或采取其他抗震减灾对策提供依据。建筑抗震加固设计时要充分考虑抗震鉴定报告中对于二级鉴定中构件和结构的抗震措施的提示，依据抗震设计标准对构件和结构整体性进行加固设计，同时要审视、甄别鉴定报告中各类检测数据的代表性和覆盖性。尤其对抗震措施不足的区域和部位，在加固设计时要缜密考虑。

8.2.2　加固遵循的规范及标准

1. 鉴定方面的规范及标准

（1）国家标准及行业标准

1）《工业建筑可靠性鉴定标准》GB 50144—2008

2）《民用建筑可靠性鉴定标准》GB 50292—2015

3）《危险房屋鉴定标准》JGJ 125—2016

4）《民用建筑修缮工程查勘与设计规程》JGJ 117—1998

5）《古建筑木结构维护与加固技术规范》GB 50165—1992

6）《建筑抗震鉴定标准》GB 50023—2009

7）《构筑物抗震鉴定标准》GB 50117—2014

8）《火灾后建筑结构鉴定标准》CECS252：2009

（2）地方标准

1）《现有建筑抗震鉴定与加固规程》DGJ 08—81—2000（鉴定部分）

2）《石结构房屋抗震鉴定及加固规程》DBJ 13—12—1993（鉴定部分）

3）《房屋鉴定与结构检测操作规程》DB11/T 849—2011

2. 加固改造及修缮的规范及标准

（1）国家标准、行业标准及协会标准

1）《砌体结构加固设计规范》GB 50702—2011

2）《混凝土结构加固设计规范》GB 50367—2013

3）《古建筑木结构维护与加固技术规范》GB 50165—1992

4）《混凝土结构后锚固技术规程》JGJ 145—2013

5）《既有建筑地基基础加固技术规范》JGJ 123—2012

6）《建筑地基处理技术规范》JGJ 79—2012

7）《房屋渗漏修缮技术规程》JGJ/T 53—2011

8）《建筑抗震加固技术规程》JGJ 116—2009

9）《公共建筑节能改造技术规范》JGJ 176—2009

10)《碳纤维片材加固混凝土结构技术规程》CECS 146：2003（2007 版）

11)《既有建筑节能改造技术规程》JGJ/T 129—2012

12)《民用建筑修缮工程查勘与设计规程》JGJ 117—1998

13)《钢筋阻锈剂应用技术规程》YB/T 9231—2009

14)《民用房屋修缮工程施工规程》CJJ/T 53—1993

15)《碳纤维片材加固混凝土结构技术规程》CECS 146：2003（2007 版）

16)《喷射混凝土加固技术规程》CECS 161：2004

17)《钢结构检测评定及加固技术规程》YB 9257—1996

18)《钢结构加固技术规程》CECS 77：96

19)《砖混结构房屋加层技术规范》CECS 78：96

20)《混凝土结构加固技术规范》CECS 25：90

（2）国务院机关事务管理局标准

《中央国家机关办公用房维修标准》国管房地 85-2004（综合）

注：该标准内容涵盖承重结构、围护结构、装饰装修工程、给水排水工程、供热、采暖工程、通风、空调工程、电梯工程、电气工程、建筑智能化系统工程等的维护、大中修及改造、更新的标准，可供当前公用房屋的维修加固、改造参照使用。

（3）地方标准

1)《自密实高性能混凝土技术规程》DBJ 13-55-2004

2)《碳纤维复合材料加固混凝土受弯构件技术规程》DB 21/T 1272-2003

3)《纤维复合材料加固混凝土结构技术规程》DG/TJ 08-012-2002

4)《钢筋混凝土结构外粘钢板加固技术规程》DB 42/203-2000

5)《现有建筑抗震鉴定与加固规程》DGJ 08-81-2000

6)《石结构房屋抗震鉴定及加固规程》DBJ 13-12-93

8.2.3　加固设计应满足的基本条件及结果

1. 加固设计应满足的基本条件

房屋结构经鉴定确认需要加固时，应根据鉴定结论和委托方提出的要求，按规范的规定和业主的要求进行加固设计。

2. 加固设计应满足的结果

建筑结构加固设计，应与实际施工方法紧密结合，采取有效措施，保证新增构件和部件与原结构连接可靠，新增截面与原截面粘结牢固，形成整体共同工作；并应避免对未加固部分，以及相关的结构、构件和地基基础造成不利的影响。

8.3 既有房屋加固改造的基本原则及方法

8.3.1 房屋加固原则

（1）结构鉴定先行的原则

既有房屋结构加固前应进行结构鉴定，确定是否需要加固、加固的内容和范围。经结构鉴定确认需要加固时，应根据鉴定结论和委托方提出的要求，由有资质的设计单位和专业技术人员进行加固设计。对于加固后既有房屋结构的后续使用年限，由委托方和设计方按实际情况共同商定。

（2）加固设计综合性原则

既有房屋结构的加固设计，包括结构总体布局、设计计算及连接构造，应充分考虑加固结构的受力特征、施工的可行性，并应避免对未加固部分以及相关的结构、构件和地基基础造成不利的影响，充分发挥加固效率。

（3）充分利用原结构的原则

既有房屋结构加固设计采用的结构分析方法，除需要考虑下列因素外，还应与新建建筑结构相同。

1）验算结构、构件承载力时，应考虑原结构在加固时的实际受力状况。既有建筑梁、柱等结构构件已经承受一定荷载，且加固过程中很难进行全面卸荷，因此，结构加固时，原结构已有一定的应力水平，新增部分存在应力滞后现象，不同的加固方法对应变滞后要有一定考虑，具体实施时应详加计算。此外，结构加固后，新增部分与原结构共同承载，应确保能共同工作。

2）结构上的作用，应经调查或检测核实，并应按现行国家标准的规定和要求确定其标准值或代表值。

3）结构、构件的尺寸，对原有部分应采用实测值。

4）原结构、构件的材料强度标准值应按下列规定取值：

①当原设计文件有效且不怀疑结构有严重的性能退化时，可采用原设计的标准值。

②当结构鉴定认为应重新进行现场检测时，应采用检测结果推定的标准值。

（4）新旧结构平衡的原则

地震区结构、构件的加固，除应满足承载力要求外，尚应复核其抗震能力。应按照新的结构体系进行结构整体计算，充分考虑新增结构对抗震性能的影响，应避免新增构件造成局部刚度突变，形成薄弱环节。同时，还应考虑结构刚度增大而导致地震作用效应增大的影响。

（5）采取适当措施的原则

结构加固时原结构的应力水平不宜过高，否则应采取卸荷措施。结构加固设计要考虑原结构应力水平，并采取适当的措施。

（6）避免原结构损伤的原则

既有房屋加固设计时，应充分了解加固方案实施时对现有结构构件的影响，避免损伤原结构，由于现场条件限制，部分加固方案如需要局部损伤原结构，必须经原设计单位同意后实施。

（7）满足相关规范、标准、规程的原则

既有房屋结构加固设计与施工验收可依据《混凝土结构加固设计规范》GB 50367—2013、《建筑抗震加固技术规程》JGJ 116—2009、《钢结构加固技术规范》CECS 77 及《建筑结构加固工程施工质量验收规范》GB 50550—2010 等。

8.3.2 房屋加固程序

结构加固一般应按照下图 8-1 所示程序进行。

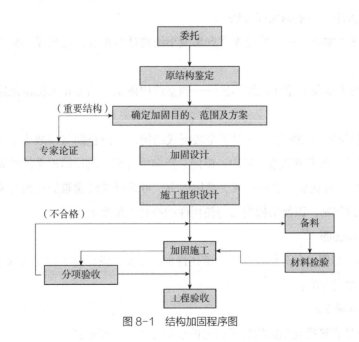

图 8-1 结构加固程序图

8.3.3 房屋加固方法概述

1.混凝土结构加固

混凝土结构的加固可分为直接加固与间接加固两类方法，设计时可根据实际条件和使用要求选择适宜的加固方法及配合使用的技术。

（1）直接加固法

直接加固法是直接提高结构构件或节点承载力的加固，主要包括：

1）增大截面法——传统加固方法。

2）置换混凝土法——置换掉强度偏低的受压区混凝土或存在严重缺陷的局部混凝土。

3）外粘型钢法——以型钢外包于构件主要受力部位的方法。

4）外粘钢板法——以薄钢板用结构胶粘贴于构件主要受力面的加固方法。

5）外贴纤维复合材料加固法——以碳纤维、玻璃纤维等复合材料，用结构胶粘贴于构件主要受力部位的加固方法。

6）绕丝加固法——通过缠绕钢丝使被加固构件混凝土受到约束，而提高其极限承载力和延性的加固方法。

（2）间接加固法

间接加固法是采取一定措施作用于结构整体，用以减小或改变构件内力来达到加固目的的方法，主要包括：

1）外加预应力加固法——通过从结构或构件外部对结构施加预应力，减小或改变原结构构件内力大小和性质的加固方法。

2）增设支点加固法——外设支撑点来减小结构计算跨度，达到减小构件内力的加固方法。

3）新增剪力墙及支撑体系加固法——调整结构体系，满足相关标准规定和要求的加固方法。

4）增设拉结连系加固法——对于全装配式结构，为防止偶然事故下个别构件失效而引起的连续倒塌，在房屋周边、纵向、横向、竖向增设相应的拉结连系的加固法。

5）减轻结构荷载加固法——减少结构内力，可通过减轻建筑的楼面与屋面自重或将原使用荷载予以限制，以使结构内力与使用性能符合规范要求。

2. 砌体结构加固

砌体结构的加固可分为构件加固与整体性加固两类，设计时可根据实际条件和使用要求选择适宜的加固方法。

（1）构件加固方法

构件加固是直接提高结构构件承载力的加固方法，主要包括：

1）水泥砂浆面层和钢筋网砂浆面层加固。在墙体的一侧或两侧采用水泥砂浆面层和钢筋网砂浆面层加固。

2）钢筋混凝土板墙加固。在墙体的一侧或两侧采用现浇钢筋混凝土板墙加固。

3）钢绞线网 – 聚合物砂浆面层加固。在墙体的一侧或两侧采用钢绞线网 – 聚合物砂浆面层加固。

4）墙体局部拆砌。砌筑质量很差或砂浆强度很低的墙体可以采用局部拆砌的方案加固处理。采用墙体局部拆砌时，应对上部结构做好临时的支顶工作。

5）墙体裂缝修补。墙体裂缝的修补与加固应以结构鉴定结论为依据，有针对性地采取适用的裂缝加固方法。

6）压力灌浆加固。借助于压缩空气，将复合水泥浆液、砂浆或化学浆液，注入砌体裂缝、欠饱满灰缝、孔洞以及疏松不实砌体，达到恢复结构整体性、提高砌体强度和耐久性、改善结构防水抗渗性能的目的。

（2）整体性加固方法

房屋整体性不满足抗震要求时，可采取增设抗震墙或外加圈梁、混凝土柱等方法。

1）新增抗震墙。当房屋因平面布局不合理或抗震横墙间距过大而导致房屋抗震承载力不满足要求时，一般宜采用新增抗震墙的办法进行加固。

2）外加圈梁–钢筋混凝土柱加固。在楼、屋盖处增设圈梁和替代内墙圈梁的拉杆，在砌体墙交接处等增设钢筋混凝土构造柱，形成约束砌体墙的加固方法。利用外加圈梁、混凝土柱，在水平和竖向将多层砌体结构的墙段加以分割和包围，形成对墙段的有效约束，可以有效提高结构的抗震能力。

3. 钢结构加固

钢结构加固的主要方法有减轻荷载、改变传力路径与受力体系、加大原结构构件截面和连接强度、阻止裂纹扩展等。

根据加固的对象，钢结构的加固可分为钢柱的加固、钢梁的加固、钢屋架或托架的加固、吊车梁的加固、连接和节点的加固、裂缝的修复和加固等。

根据损害范围，钢结构的加固可分为两大类：一是局部加固，一般只对某些承载能力不足的杆件或连接节点进行加固；二是全面加固，是对整体结构进行加固。

从设计的角度，钢结构的加固主要可分为三大类：

（1）改变结构计算图形

通过改变荷载分布状况、传力路径、节点性质和边界条件，或增设杆件、支撑、施加预应力、考虑空间协同工作等措施对结构系统进行加固的方法。

（2）不改变结构计算图形

在不改变结构计算图形的前提下，对原结构构件截面和连接进行补强的方法。此时对构件的加固方法又称为加大构件截面加固法。

（3）减少计算长度

对于有侧移的结构体系或长细比较大的压杆，可以通过对侧移结构增加位移约束或对压杆加跨中约束的方法来减少结构构件的计算长度，而较大幅度提高结构或构件的承载能力。

从施工的角度，钢结构的加固可分为两大类：卸载和部分卸载加固；在负载状态下进行加固，这是加固工作量最小、最简单的方法。

8.4 混凝土结构加固与施工要点

8.4.1 结构体系加固

1. 基本概念

结构体系加固法是针对原结构的整体设计缺陷，用新增一定结构（如剪力墙或侧向支撑）或设施（如阻尼器）的办法，来改进与完善原有结构体系或形成较合理的新体系，提高结构整体承载力、刚度和延性，以满足现行相关规范及标准规定的加固方法。

2. 构造措施及施工要点

1）新增剪力墙的布置应规则、对称，截面尺寸及材料强度自下而上宜逐渐减小，避免突变。剪力墙的厚度应不低于140mm，混凝土强度等级不低于C20。新增剪力墙应设基础，应考虑新旧地基土未经压实和已经压实差异对新旧结构所产生的变形协调问题，作为简化处理，新增剪力墙地基承载力应乘以0.85~0.9降低系数。新增剪力墙与原结构应有可靠连接。

2）新增剪力墙宜设置在框架的轴线位置，墙体的竖向和水平分布钢筋宜双排布置，且两排钢筋之间的拉结筋间距不应大于600mm，墙体周边宜设置边缘构件。

3）原混凝土表面应凿毛，浇筑混凝土前应清洗并保持湿润，浇筑后应加强养护。

8.4.2 混凝土构件加固

1. 增大截面加固法

（1）基本概念

增大截面加固法是增大原结构截面面积或增配钢筋，以提高其承载力和刚度，或改变其自振频率的一种直接加固法。增大截面加固法所起的作用主要体现在：

1）在钢筋混凝土受弯构件受压区加混凝土现浇层，可增加截面有效高度，扩大截面面积，从而提高构件正截面抗弯，斜截面抗剪能力和截面刚度，起到加固补强的作用。

2）在适筋范围内，混凝土受弯构件正截面承载力随钢筋面积和强度的增大而提高。在原构件正截面配筋率不太高的情况下，增大主筋面积可有效地提高原构件正截面抗弯承载力。在截面的受拉区加现浇混凝土围套增加构件截面，通过新加部分和原构件共同工作，可有效地提高构件承载力，改善正常使用性能。

增大截面加固法施工工艺简单、适应性强，并具有成熟的设计和施工经验；适用于梁、板、柱、墙和一般构造物的混凝土的加固；但现场施工的湿作业时间长，对生产和生活有一定的影响，且加固后的建筑物净空有一定的减小。

（2）构造措施及施工要点

1）新增纵向受力钢筋端部应有可靠的锚固。柱的新增纵向受力钢筋的下端应伸入基础并应满足锚固要求；梁的新增纵向受力钢筋，其两端应可靠锚固；上端应穿过楼板与上层柱脚连接或在屋面板处封顶锚固。

2）为保证混凝土施工质量，新增混凝土应满足最小尺寸要求。新增混凝土层的最小厚度，梁、柱采用人工浇筑时，不应小于 60mm，采用喷射混凝土施工时，不应小于 50mm；板不应小于 40mm。

3）原结构结合面进行凿毛处理，使新旧两部分混凝土能整体工作共同受力，且设置一定数量的贯穿结合面的剪力筋。凿毛处理时，应凿去风化酥松层、碳化锈裂层及严重油污层，直至完全漏出坚实的基层为止，并在此基础上凿毛，使表面凹凸差大于等于 4mm，然后用水冲干净。浇筑混凝土前宜涂刷混凝土界面结合剂一道，随涂随浇。

2. 置换混凝土加固法

（1）基本概念

置换混凝土加固法是针对既有混凝土结构和施工中的混凝土结构，由于结构构件裂损或混凝土存在蜂窝、孔洞、夹渣、疏松等缺陷，或混凝土强度偏低，需采用替换的办法用优质的混凝土将这部分劣质混凝土置换掉，达到恢复结构基本功能的目的。

该法的优点与增大截面法相近，且加固后不影响建筑物的净空，但同样存在施工的湿作业时间长的缺点；适用于受压区混凝土强度偏低或有严重缺陷的梁、柱等混凝土承重构件的加固。

（2）构造措施及施工要点

1）置换混凝土法加固之前，宜对被置换的构件进行卸荷。卸荷方法有直接卸荷和支顶卸荷。在卸荷状态下将质量低劣的混凝土或缺陷混凝土彻底剔凿干净。对于外观质量完好的低强混凝土，除特殊情况外，一般可仅置换受压区混凝土，但为恢复或提高结构应有的耐久性，可用高强度聚合物砂浆对其余部分进行抹面封闭处理。

置换混凝土时，原构件所受荷载将由未置换部分承担，应对原结构、构件在施工全过程中的承载状态进行验算、监控，以保证置换混凝土施工过程的安全。一般情况下，应进行卸荷，卸荷方案依据现场条件确定。

2）为保证施工质量，置换混凝土也应满足浇筑最小尺寸要求，板不应小于 40mm，梁、柱采用人工浇筑时，不应小于 60mm。

3）为增强置换混凝土与原基材混凝土的结合能力，原构件结合面应进行凿毛处理。结合面宜涂刷混凝土界面剂一道，对于要求较高或剪应力较大的结合面，尚应植入一定的抗剪连接筋。

4）置换用的混凝土，流动性应大，强度等级应比原构件混凝土提高一级，且不应低于 C30。置换混凝土宜采用微膨胀或无收缩混凝土；当体量较小时，宜采用细石混凝土、高强度灌浆料等。

3. 外加预应力加固法

（1）基本概念

外加预应力加固法是指采用预应力筋对建筑物的梁、板、柱或桁架进行加固的方法。这种方法不仅具有施工简便的特点，而且可在基本不增加梁、板截面高度和不影响结构使用空间的条件下，提高梁、板的抗弯、抗剪承载力，改善其在使用阶段的性能。这主要是因为预应力所产生的负弯矩抵消了一部分荷载弯矩，致使梁（板）的弯矩减小。

采用外加预应力方法加固混凝土结构时，应根据被加固构件的受力性质、构造特点和现场条件，选择相适应的方法：

1）预应力水平拉杆加固法

预应力水平拉杆加固的混凝土受弯构件，由于预应力和新增外部荷载的共同作用，拉杆内产生轴向拉力，该力通过杆端锚固偏心地传递到构件上（当拉杆与梁板底面紧密贴合时，拉杆会与构件共同工作，此时尚有一部分压力直接传递给构件底面），在构件中产生偏心受压作用，该作用克服了部分外荷载产生的弯矩，减少了外荷载效应，从而提高了构件的抗弯能力。同时，由于拉杆传给构件的压力作用，构件裂缝发展得以缓解、控制、斜截面抗剪承载力也随之提高。

由于水平拉杆的作用，原构件的截面应力特征由受弯变成了偏心受压，因此，加固后构件的承载力主要取决于压弯状态下原构件的承载力。

2）预应力下撑拉杆加固法

钢筋混凝土构件采用预应力下撑式拉杆加固后，形成一个由被加固构件和下撑式拉杆组成的复合超静定结构体系，在外荷载和预应力共同作用下，拉杆中产生轴向力并通过与构件的结合点（下撑点和杆端锚固点）传递给被加固构件，抵消了部分外荷载，改变了原构件截面内力特征，从而提高了构件的承载能力。

该法能降低被加固构件的应力水平，不仅使加固效果好，而且还能较大幅度地提高结构整体承载力，但加固后对原结构外观有一定影响；适用于大跨度或重型结构的加固。

（2）构造措施及施工要点

1）拉杆预应力的建立，当拉杆为普通热轧钢筋时，可采用横向张拉及竖向张拉等方法，拉杆与锚板可焊接连接；当构件跨度较大时，为便于拉杆的绷直和就位，拉杆与锚板不宜直接焊接，应采用螺栓连接。拉杆和撑杆预应力施加方法应根据施工条件及预应力值大小确定，预应力值较大时，宜采用机械法张拉；预应力值较小时，可采用横向张拉、竖向张拉等张拉方法；对于预应力撑杆还可以采用钢楔楔顶法。

2）预应力拉杆及撑杆端部应有可靠的锚固，锚固承载力必须大于等于拉杆和撑杆本身的承载力。

3）体外预应力的节点主要包括转向块及锚固区。有关锚固区的节点构造与普通预应力钢筋混凝土结构的要求基本相同。转向块有一定的特殊性，应详加考虑。转向块的设置宜使梁在受弯变形的各个阶段，特别是在极限状态下梁体的挠度较大时，尽量使体外束与混凝土截面重心之间的偏心距保持不变，从而不至于降低体外束的作用，这样在设计中一般可不考虑体外束的二阶效应，按通常方法计算。

4）转向块应根据体外束产生的垂直分力和水平分力进行设计，并应考虑转向块处的集中力对结构整体及局部受力的影响，以保证将预应力可靠地传递至梁体。

5）梁体上的体外束是通过转换块变换方向的，这样的转换块与预应力钢材的接触区域，将存在摩擦和横向力的挤压作用。

6）体外束锚固区和转向块的设置应根据体外束的设计线性确定，对多折现体外束，转向块宜布置在距梁端 1/4~1/3 跨度的范围内，必要时可增设中间定位用转向块，对多跨连续梁采用多折线体外束时，可在中间支座或其他部位增设锚固块。

7）体外束的锚固块与转向块之间或两个转向块之间的自由段长度不应大于 8m，超过该长度应设置防震装置。

8）在转向块设计时，必须考虑转向块的曲率半径、转向块造成的体外预应力筋的弯折对体外预应力筋的摩擦损失及极限强度降低的影响，转向块的设置个数、位置等对体外预应力加固造成的影响。

4. 外粘型钢加固法

（1）基本概念

外粘型钢加固法是把型钢或钢板包在被加固构件的外边，外包钢加固钢筋混凝土梁一般应采用湿式外包法，即采用环氧树脂灌浆等方法把型钢与被加固构件粘结成一整体，加固后的构件，由于受拉和受压钢截面面积大幅度提高，因此正截面承载力和截面刚度大幅度提高。

该法也称湿式外粘型钢加固法，优点是构件截面尺寸增加不多，而构件承载力可大幅度提高，并且经加固后原构件混凝土受到外包钢的约束，圆柱子的承载力和延性得到改善。同时，此法还具有受力可靠、施工简便、现场工作量较小，但用钢量较大，且不宜在无防护的情况下用于 600℃ 以上高温环境场所；适用于使用上不允许显著增大原构件截面尺寸，但又要求大幅度提高其承载能力的混凝土结构加固。

（2）构造措施及施工要点

1）应控制加固构件承载力提高的幅度，不宜过大。

2）钢材一般选用 Q235 钢，角钢厚度不小于 5mm，一般为 5~8mm 为宜，边长对梁不小于 50mm，对柱不小于 75mm。

3）沿梁柱轴线方向每隔一定间距用扁钢箍板或缀板与角钢焊接。

4）箍板或缀板面积不小于 40mm×4mm，间距不大于 500mm，并节点区加密。

5）型钢的两端应有可靠的连接和锚固，以保证有效地发挥作用。

6）型钢加固梁柱时应将原构件截面棱角打磨成半径 ≥ 7mm 的圆角。

7）型钢胶缝控制在 3~5mm 以内，且注胶应在焊接完成后进行。

8）型钢表面应抹不小于 25mm 厚的高强砂浆作防护层，并有防腐蚀、防水措施加以保护。

5. 粘贴纤维复合材加固法

（1）基本概念

粘贴纤维复合材加固法是用胶结材料把纤维增强复合材料（碳纤维、玻璃纤维等）贴于被加固构件的受拉区域，使它与被加固截面共同工作，达到提高截面受弯、受剪及轴心受压、大偏心受压及受拉承载力的加固方法。除具有粘贴钢板相似的优点外，还具有耐腐蚀、耐潮湿、几乎不增加结构自重、耐用、维护费用较低等优点，但需要进行专门的防火处理，适用于各种受力性质的混凝土结构构件和一般构筑物。

值得注意的是，当采用粘贴纤维复合材料加固方法来提高混凝土梁的承载能力是有限制的，以不形成"超筋梁"导致混凝土构件受压侧的混凝土压坏为度。

（2）构造措施及施工要点

1）基层处理施工

①用砂轮机或磨光机将混凝土表面劣化层（风化层、石灰游离、砂浆剥离、粉刷层、污物等）除去并打磨至粗骨料出现为止。

②打磨过后用毛刷或高压空气枪将粉尘及松动物质去除，并确保作业表面充分干燥、平整无灰尘。

③若柱面存在凹面部位时，须使用环氧树脂砂浆修整（找平作业），使其凹面成曲线平滑化，以利于片材粘贴。

2）底胶涂刷

选用适当胶材料针对经过上述处理后的施工面进行底胶涂刷施工。施工过程及注意事项如下：

①将底胶的甲料和乙料严格按照生产厂家规定配比，置于搅拌槽中用低速电动搅拌器充分搅拌均匀，一次搅拌量应为在可使用时间内所用的施工量，超过可使用时间的材料不能继续使用（可使用时间依据材料使用说明书的指示）。

②施工面用滚筒毛刷含浸底胶均匀涂刷，涂刷量随施工面的状况不同而定，要斟酌使

用，涂刷次数依据现场状况决定是否需要涂刷第二道，涂刷第二道时必须等第一道初凝后才能进行。

③底胶的指触干燥时间约 3~12 小时。

④施工现场严禁火源，施工人员必须使用适当的防护工具。

3）粘贴

①涂刷浸渍树脂前必须先确认底胶状况为指触干燥。

②碳纤维片材应预先用剪刀或刀片依据设计尺寸裁切。

③将环氧树脂甲料及乙料依据规定配比称重后置于搅拌槽中用低速电动搅拌均匀，一次搅拌量应为在可使用时间内所用的施工量，超过可使用时间的材料不能继续使用（在可使用时间内的材料依据使用说明的指示）。

④施工时用滚筒毛刷把浸渍胶均匀涂刷在施工面上。碳纤维片材平顺的贴在涂有浸渍胶的施工区域，并用刮刀沿纤维方向刮平以除去气泡和贴平片材。利用适当工具（脱泡滚轮或凹槽式塑料滚轮）沿纤维方向来回滚压以便使碳纤维片材充分浸透和除去气泡，拱起的部位和角落容易产生气泡，须小心除泡。

⑤在也已贴好的碳纤维片材上，再涂刷一道用含浸渍胶，用滚筒毛刷将浸渍胶重复上一个步骤，使碳布完全浸透。碳纤维片材粘贴 1 层 30 分钟后才可进行 2 层粘贴，在此期间要注意片材是否有浮移或错位现象，若有则要用刮刀或滚筒压平修整。

⑥碳纤维片材搭接时，纤维方向搭接处长度须大于 200mm。

⑦施工人员须穿着适当的防护工具（如面罩、眼镜、手套）。

4）养护

室外施工时为了不使雨水、砂、灰尘等附着于碳纤维片材上，须使用塑料布养护。其养护原则如下：

①纤维片材粘贴施工后要用塑料布覆盖 24 小时以上，以防止雨淋或风砂、灰尘的污染，注意覆盖布不可碰触到施工面。

②当平均温度 20℃以上时须养护 1 周，当平均温度 10℃以下时须养护 2 周。

③平均温度在 10℃以下时，初期硬化养护时间约 2 天；平均温度在 10~20℃时，初期硬化养护时间约 1~2 天；平均温度在 20℃以上时，初期硬化养护时间约 1 天。

5）碳布表面保护．

碳纤维施工完成后，需对其表面涂刷防腐涂料并按照设计要求进行抹灰。值得注意的是，在柱加固施工时，遇到柱与剪力墙相交时，碳纤维布不能够闭合形成环状箍，则需要在墙上锚固，一般采用 2 条竖向的碳纤维布做压条，用结构胶粘剂把碳纤维布压在墙上，从而达到加固效果。

对于梁柱核心区，碳纤维布不能够包裹柱，一般采用钢筋进行等强代换，等强钢筋穿梁后相互焊接成一个整体，对柱进行围箍，钢筋的具体型号规格根据实际情况计算而得。值得注意的是，等强代换钢筋必须将柱牢牢箍紧，否则，便失去了作用。在施工过程中会经常遇见等强钢筋不能够紧贴柱穿梁，从而不能够实现等代作用。在施工过程中可以采用钢楔顶住钢筋与柱的空隙，从而是等代箍筋受力。或者采用韧性更好的钢丝或钢绞线进行等强代换。

6. 粘贴钢板加固法

（1）基本概念

粘贴钢板加固法是以薄钢板用结构胶粘贴于构件主要受力面，以提高截面受弯及受拉承载力的加固方法。

钢筋混凝土受弯构件外部粘钢加固是在构件承载力不足区段（正截面受拉区、正截面受压区或斜截面）表面粘贴钢板，这样可提高被加固构件的承载力，且施工方便。该法施工快速、现场无湿作业或仅有抹灰等少量湿作业，对生产和生活影响小，且加固后对原结构外观和原有净空无显著影响，但加固效果在很大程度上取决于胶粘工艺与操作水平；适用于承受静力作用且处于正常湿度环境中的受弯或受拉构件的加固。

（2）构造措施及施工要点

1）表面处理：表面处理包括加固构件结合面处理和钢板贴合面处理，它是粘钢加固施工过程中最关键的工序。首先应打掉构件的抹灰层，如局部有破损，应凿毛后用高强度水泥砂浆修补后再进行处理。

2）卸荷：为减轻和消除后粘钢板的应力、应变滞后现象，粘钢前宜对构件进行卸荷，如用千斤顶顶升方式卸荷，对于承受均布荷载的梁，应采用多点（至少两点）均匀顶升；对于有次梁作用的主梁，每根次梁下要设一个千斤顶。顶起吨位以顶面不出现裂缝为准。

3）配胶：粘钢使用的粘结剂在使用前应进行现场质量检验，合格后方能使用，使用时应按产品说明书规定进行配制，一般采用轴式搅拌器搅拌至色泽均匀为止，容器内不得有油污，搅拌时应避免雨水进入容器，并按同一方向进行搅拌，以免带入空气形成气泡，降低粘结性能。

4）涂敷胶及粘贴：粘结剂配制好后，用抹刀同时涂抹在已处理好的混凝土表面和钢板上，为使胶能充分浸润、渗透、扩散、粘附于结合面，宜先用少量胶于结合面来回刮抹数遍，再涂抹至 1~3mm 的厚度，中间厚边缘薄，然后将钢板贴于预定位置，若是立面粘贴，为防止流淌，可加一层蜡玻璃丝布。钢板粘贴后，用手锤沿粘贴面轻轻敲击钢板，如无空洞声，表示已粘密实，否则应剥下钢板补胶，重新粘贴。

5）固定与加压：钢板粘贴后应立即用卡具夹紧或支撑，最好采用膨胀型锚栓固定，并适当加压，以使胶液刚从钢板边沿挤出为度，膨胀型锚栓一般是钢板的永久附加锚固，其埋设孔洞应与钢板一道于涂胶前配钻。

6）固化：粘结剂在常温下固化，保持在 20℃以上，24 小时即可拆除夹具或支撑，三天可受力使用。若低于 15℃，应采用人工加热，一般用红外线灯加热，固化期中不得对钢板有任何扰动。

7）检验：先查看钢板周边是否有漏胶，观察胶液的色泽、硬化程度，并以小锤敲击钢板检验钢板的有效粘结面积。锚固区有效粘结面积不应小于 90%，非锚固区有效粘结面积不应小于 70%。不密实区可补钻注胶孔和排气孔进行补注。

8）防腐处理：灌注粘钢施工后，应按设计要求进行防腐处理。当外抹砂浆保护层防腐时，为有利于砂浆粘结，可于钢板表面粘结或外包一层钢丝网或涂刮灌注胶后点粘一层豆石，最好在抹灰时涂刷一道混凝土界面剂。

7. 增设支点加固法

（1）基本概念

增设支点加固法是用增设支撑点来减小结构计算跨度，达到减小结构内力及相应提高结构承载力的加固方法。

增设支点加固法适用于梁、板、桁架、网架等结构的加固，该方法按支撑结构受力性能的不同可分为刚性支点加固法和弹性支点加固法两种。设计时，应根据被加固结构的结构特点和工作条件选用其中一种，设计支撑结构或构件时，宜采用有预加力的方案。预加力的大小，应以支点处被支顶构件表面不出现裂缝和不增设附加钢筋为准，制作支撑结构和构件的材料，应根据被加固结构所处的环境及使用要求确定，当在高湿度或高温环境中使用钢构件及其连接时，应采取有效的防锈、隔热措施。

（2）构造措施及施工要点

1）为降低原结构应力应变水平、充分发挥支撑结构潜力及提高结构加固效果，设计支撑结构或构件时，宜采用有预加力的方案，尤其是弹性支点加固。

2）增设支点加固法，对支撑结构与被加固结构在支撑点的连接及支撑结构另一端的固定，应根据支撑结构的类型及受力性质的不同，分别采用锚栓连接、植筋连接、钢套连接及钢筋箍连接等方法。

8. 钢丝绳网片－聚合物砂浆外加层加固法

（1）基本概念

高强钢丝绳网片为高强钢丝绳编织成的钢丝绳网；聚合物砂浆是掺有改性环氧乳液或其他改性共聚物乳液的高强度水泥砂浆，也称复合砂浆，适合承重结构用的聚合物砂浆除了应能改善其自身的物理力学性能外，还应能显著提高其锚固钢筋和粘结混凝土的能力。高强钢丝绳网片－聚合物砂浆加固技术是在混凝土结构构件表面围套中配置以钢丝绳构成的环形箍筋或 U 形箍筋，形成外加层，以提高承载力和使用功能的一种直接加固方法。

（2）构造措施及施工要点

1）网片应采取小直径不松散的高强度钢丝绳制作，绳的直径在 2.5~4.5mm 范围内。若采用航空用高强度钢丝绳时，也可使用规格为 2.4mm 的高强度钢丝绳。钢丝绳的结构形式应为 6×7+IWS 金属股芯右交互捻钢丝绳或 1×19 单股左捻钢丝绳（钢绞线）。

2）网片的主筋（即纵向受力钢丝绳）与横向筋（即横向钢丝绳，也称箍筋）的交点处，应采用同品种钢材制作的绳扣束紧，主筋的端部应采用带套环的绳扣（如压管套环等）通过加压进行锚固，套环及其绳扣或压管的构造与尺寸应经设计计算确定。

3）基层表面应清洁、无油污、无浮尘，施工时可选用高压水或气压缩机进行清洁除尘。

4）由于聚合物砂浆的流坠性比较严重，应根据实际情况采取一定措施减少聚合物砂浆的流坠问题。

5）聚合物砂浆施工时，环境温度不宜高于 30℃，砂浆抹涂必须密实，不得存在空鼓现象。

6）砂浆施工后保养很重要，是避免高强聚合物砂浆表面发生裂纹的重要措施。

9. 绕丝加固法

（1）基本概念

绕丝加固法是通过缠绕退火钢丝使被加固的受压构件混凝土受到约束作用，从而提高其极限承载力和延性的一种直接加固法。该法的优缺点与增大截面法相近；适用于混凝土结构构件斜截面承载力不足的加固，或需对受压构件施加横向约束力的场合。

（2）构造措施及施工要点

1）清理、修整原结构。

2）剔除局部混凝土。

3）界面处理。

4）原结构构件经清理、修整后，应按设计的规定，凿除绕丝、焊接部位的局部混凝土保护层。其范围和深度大小以能进行焊接作业为度；对方形截面构件，尚应对其四周棱角进行圆化处理，圆化半径不应小于 30mm。然后将绕丝部位的混凝土表面凿毛，并冲洗干净。原构件表凿毛后，应按设计的规定涂刷水泥浆或界面剂，其涂刷质量应符合产品说明书的要求；涂刷水泥浆时，应采用 42.5 级水泥浆涂刷一遍。若设计要求浇筑混凝土前原构件表面需保持湿润状态时，应提前 24h 反复进行浇水。

5）绕丝前，应采用多次点焊法将钢丝、构造钢筋的端部焊牢在原构件纵向钢筋上。若混凝土保护层较厚，焊接构造钢筋时可在原钢筋端部加固焊短钢筋作为过渡。绕丝应连续，间距应均匀，并使力绷紧；每隔一定距离用点焊加以固定。绕丝的末端也应与原钢筋焊牢。绕丝完成后，尚应在钢丝与原构件表面之间打入钢梢予以绷紧。

10. 节点加固法

（1）基本概念

强节点是结构抗震设计的基本原则。节点是结构受力中最重要的部位，因构造复杂、钢筋密集，节点又是施工质量最难保证的部位。框架梁柱节点可以采用外包钢等方法加固，对于直接加固确有困难的节点，亦可从结构体系加固方面着手，即采用增设剪力墙或侧向支撑等间接加固方法补救。

（2）构造措施及施工要点

1）现浇框架梁柱节点因钢筋过于密集而产生的混凝土振捣不实、蜂窝、孔洞等质量缺陷，可采用高压化学灌浆补强。为使浆液易渗透并充满所有孔洞裂缝，灌浆应保持较高压力（0.2~0.4MPa），为保证灌浆能达到较高压力，整个节点宜用薄形钢板（3~4mm）外包密封。

2）对于核心区配筋不足而导致承载力不满足规范规定时，应采用"外包钢板加高强度螺栓"方法加固。钢板厚度5~10mm，纵横钢板，应彼此互焊，并完全封闭整个节点。

3）所有钢板表面均作防腐防火处理。

11. 托换技术

（1）基本概念

托换技术是托屋架拔柱、托梁拆墙及托（框架）梁拔柱等结构改造技术的总称，是在不拆或少拆上部结构的情况下实施拆除、更换柱子或墙的一门综合性技术，包括相关结构加固技术、上部结构顶升技术及断柱、拆墙技术等。适用于已有建筑物的加固改造；与传统做法相比，具有施工时间短、费用低、对生活和生产影响小等优点，但对技术要求较高，需由熟练工人来完成，才能确保安全。

（2）构造措施及施工要点

1）托换技术在一定范围内完全改变了原结构的传力途径，改由托换结构传递。

2）托换结构承载力应满足新的传力要求，且变形不能过大。托梁（托架）宜配置一定数量预应力筋，以降低截面高度、减小结构变形，实现主动托换，并可防止上部结构裂缝、减小断柱或拆墙时的冲击动量，提高安全可靠性。

3）托换施工总程序为相关结构加固、托换结构施工安装以及断柱拆墙三大步骤。

4）断柱拆墙，使结构由一种受力状态进入另一种受力状态，一方面切口部位会产生较大冲击力，另一方面托换体系是否可靠必将经受考验。因此，对其质量应进行严格检查，对其过程应进行严密监测和控制。

12. 裂缝修补技术

（1）基本概念

裂缝修补技术是根据混凝土裂缝的起因、性状和大小，采用不同封护方法进行修补，使结构因开裂而降低的使用功能、美观性和耐久性得以恢复的一种专门技术；适用于已有建筑物中各类裂缝的处理，但对受力性裂缝以及承载力不足引起的裂缝，除修补外，尚应采取相应的加固措施。

裂缝对混凝土建筑危害主要表现在对结构耐久性和正常使用功能的降低。裂缝的存在及超出规范允许值时会引起钢筋锈蚀，降低结构耐久性；裂缝对建筑正常使用功能的影响，主要是降低了结构的防水性能和气密性，影响建筑美观，给人们造成一种不安全的精神压力和心理负担。

裂缝修复一般采用内部修复法。内部修补法是用压力泵把胶结材料压入混凝土裂缝中，结硬后起到补缝作用，并通过其胶结性使原结构恢复整体性，该方法适用于裂缝宽度较大，对结构的整体性和安全性及耐久性等有影响，或有防水防渗等要求的裂缝的修补。

（2）构造措施及施工要点

1）对影响结构、构件承载力的裂缝（结构性裂缝）修补后，必须进行检测确定修补质量满足设计要求。

2）裂缝表面封闭修补后，封缝的胶膜、胶泥层和纤维布应均匀、平整、不出现裂缝、孔洞和脱落，粘贴纤维布的宽度允许偏差为 –3~+5mm，长度允许偏差为 –5~+10mm，中心线允许偏差为 ±5mm。

3）裂缝注射灌缝胶修补后，固化期达到 7d 时，可采用取芯法检验压注修补质量，芯样检验采用劈裂抗拉强度测定方法。检验结果符合下列条件之一时为符合设计要求：

①沿裂缝方向施加的劈力，其破坏应发生在混凝土部分（即内聚破坏）；

②破坏虽有部分发生在界面上，但其破坏面积不大于破坏总面积的 15%。

4）裂缝压力注浆法修补后，可采用超声波法进行检测，并与压浆前的超声检测结果对比（前后波形变化）确定压浆修补效果。

5）裂缝填充密封修补后，不仅要检验表面纤维布封闭保护效果，还要检查隔离层。

13. 植筋技术

（1）基本概念

植筋是指采用结构胶粘剂或水泥基材料，将钢筋或全螺纹螺杆锚固于混凝土基材中，是一项对混凝土结构较简捷、有效的连接与锚固技术，已广泛应用于既有建筑物的加固改造工程。植筋可采用普通钢筋或螺栓式锚筋，适用于施工中漏埋钢筋或钢筋偏离设计位置的补救，构件加大截面加固的补筋，上部结构扩跨、顶升对梁、柱的接长，房屋加层接柱以及高层建筑增设剪力墙的植筋等。

（2）构造措施及施工要点

1）锚固构造措施应满足《混凝土结构加固设计规范》GB 50367—2013 的有关规定。

2）结构胶添加了纳米防沉材料,但每次使用前应检查包装桶内胶有无沉淀,若有沉淀,用细棍重新搅拌均匀即可。

3）冬季气温低时,结构胶偶有结晶变稠现象,只需对结构胶加热至50℃左右,待结晶消除搅匀即可,对胶性能无影响。

4）当采用A、B胶配置时,搅拌时间应予以保证,冬季施工并应再延长3分钟左右。配胶工具不得混用。

5）施工场所平均温度低于0℃,可采用碘钨灯、电炉或水浴等增温方式,将胶在使用前预热至30~50℃左右使用,应注意桶内不得混入水。若施工场所平均温度低于-5℃,建议对锚固部位也加温至0℃以上,并维持24小时以上。

6）当周围环境温度越高,或每次配胶量越大,可操作时间越短时,应预计使用期内的每次需要的配胶量,以避免不必要的浪费。

14. 锚栓技术

（1）基本概念

锚栓是后锚固组件的总称,应用范围很广。后锚固是在既有建筑结构上的锚固,是通过相关技术手段将被连接件锚固到已有结构上的技术。

锚栓按锚固机理不同分为膨胀型锚栓、扩孔型锚栓、粘结型锚栓、混凝土螺钉、射钉、混凝土钉等。承重结构用的锚栓,应采用有机械锁键效应的后扩底锚栓,也可采用适应开裂混凝土性能的定型化学锚栓。当采用定型化学锚栓时,其产品说明书标明的有效锚固深度：对承受拉力的锚栓,不得小于$8.0d_0$（d_0为锚栓公称直径）；对承受剪力的锚栓,不得小于$6.5d_0$。

当定型化学锚栓产品说明书标明的有效锚固深度大于$10d_0$时,应按植筋的设计规定核算其承载力。

在考虑地震作用的结构中严禁采用膨胀型锚栓作为承重构件的连接件。当在地震区承重结构中采用锚栓时,应采用加长型后扩底锚栓,且仅允许用于设防烈度不高于8度,建于Ⅰ、Ⅱ类场地的建筑物；定型化学锚栓仅允许用于设防烈度不高于7度的建筑物。

（2）构造措施及施工要点

1）锚栓应布置在坚实的结构层中,不应布置在混凝土保护层中,有效锚固深度不应包括装饰层或抹灰层。

2）混凝土构件的最小厚度h_{min}不应小于$1.5h_{ef}$,且不应小于100mm。

3）承重结构用的锚栓,其公称直径不得小于12mm,按构造要求确定的锚固深度h_{ef}不应小于60mm,且不应小于混凝土保护厚度。

4）后锚固连接的母体即基材,必须坚实可靠。混凝土采用锚栓技术时,其混凝土强度等级,对重要构件不应低于C30级；对一般构件不应低于C20级。

15. 阻锈技术

（1）基本概念

既有建筑混凝土结构中钢筋的防锈与锈蚀损坏的修复所使用的阻锈剂分为掺加型和喷涂型两类。掺加型是将阻锈剂掺入混凝土或砂浆中使用，适用于局部混凝土缺陷及钢筋锈蚀的补挖处理。喷涂型，是直接将阻锈剂喷涂或涂刷在病害混凝土表面或局部剔凿后的混凝土表面。

（2）构造措施及施工要点

下列情况应采用喷涂型阻锈剂进行阻锈处理：

1）结构安全性鉴定发现下列问题之一时：

①承重构件混凝土的密实性差，且已导致其强度等级低于设计要求的等级两档以上；

②混凝土保护层厚度平均值达不到现行国家标准《混凝土结构设计规范》GB 50010—2010 规定值的 75%，或两次抽检结果，其合格点率均达不到现行国家标准《混凝土结构工程施工质量验收规范》GB 50204—2015 的规定；

③锈蚀探测表明：内部钢筋已处于"有腐蚀可能"状态；

④重要结构的使用环境或使用条件与原设计相比，已显著改变，其结构可靠性鉴定表明这种改变有损于混凝土构件的耐久性。

2）未作钢筋防锈处理的露天重要结构、地下结构、文物建筑、使用除冰盐的工程以及临海的重要工程结构。

3）委托方要求对已有结构、构件的内部钢筋进行加强防护时。

16. 喷射混凝土

（1）基本概念

喷射混凝土是利用压缩空气将混凝土喷射到指定部位的结构表面的一种混凝土浇筑技术。分干喷与湿喷，我国目前主要采用干喷。优点是施工简便、不用支模，与基层的粘结力强（新旧混凝土粘结抗拉强度接近于混凝土的内聚抗拉强度），密实度高，费用较低。缺点是设备复杂，技术要求高。适用于既有建筑改造、结构加固及非平面结构等薄壁层（30~80mm）混凝土浇筑。

（2）构造措施及施工要点

1）混凝土的配合比宜通过试配试喷来确定。其强度应符合设计要求，且应满足节约水泥、回弹量少、粘附性好等要求。

2）水泥应优先采用硅酸盐或普通硅酸盐水泥，强度等级应不低于 32.5MPa。石子应采用坚硬耐久性好的卵石或碎石，粒径不应大于 12mm，宜采用连续级配；当掺入短纤维材料时，不应大于 10mm。水质要求与普通混凝土相同。

3）喷射混凝土的抗压强度一般可达 20~35MPa，轴心抗拉强度为抗压强度的

8.5%~10.2%，抗弯强度约为抗压强度的 15%~20%，抗剪强度一般在 3.0~6.5MPa，与旧混凝土的粘结强度一般在 1.0~2.5MPa，弹性模量在 $2.16~2.85 \times 10^4$MPa，抗渗指标一般在 0.5~3.2MPa，抗冻性良好。

17. 纤维混凝土或纤维砂浆

（1）基本概念

在混凝土或砂浆中掺入定量的短纤维所形成的复合材料称为纤维混凝土或纤维砂浆。与普通混凝土或砂浆相比，纤维混凝土或纤维砂浆的性能有较大改善与提高，可分别满足不同的要求。钢纤维、碳纤维、玻璃纤维混凝土或砂浆的抗拉、抗剪、抗弯强度及构件的抗裂、抗冲击、抗疲劳、抗震、抗暴等性能提高较多，适用于对承载力有较高要求的结构加固；矿棉、岩棉及各种合成纤维混凝土或砂浆的极限延伸率有大幅度提高，适用于非结构性裂缝控制以及对构件抗裂、弯曲韧性、抗冲击性能有较高要求的结构加固。

（2）构造措施及施工要点

1）纤维的长度应与加固层厚度应相对应，对于喷射混凝土或砂浆，钢纤维、碳纤维及玻璃纤维一般为 20~35mm，矿棉、岩棉一般为 15~30mm，合成纤维一般为 6~25mm。

2）合成纤维在混凝土或砂浆中应具有化学稳定性，保持强度不降低；用于防止收缩裂缝的合成纤维，其抗拉强度不宜低于 280MPa，用于结构增强、增韧的合成纤维宜选用弹性模量和强度均较高的纤维。

3）纤维产品的最小体积率，钢纤维为 0.25%~0.35%，碳纤维、玻璃纤维为 0.2%~0.25%，矿棉、岩棉为 0.15%~0.20%，合成纤维为 0.1%~0.15%。

18. 改性混凝土与砂浆

在混凝土或砂浆中掺入定量的树脂、聚合物、膨胀剂等，可显著改变或改善混凝土或砂浆性能，以满足不同需要。树脂粘结力较强，强度较高，树脂混凝土或砂浆多用于结构补强加固；聚合物极限延伸率较大，具有对液体的不渗透性，抗碳化和抗冻性好，聚合砂浆或混凝土多用于防渗堵漏及增强结构耐久性；膨胀剂可改善混凝土或砂浆的收缩性能，减小收缩值，膨胀混凝土或膨胀砂浆多用于结构较大面积的薄层补强加固及缺陷修补。

8.5 砌体结构加固与施工要点

8.5.1 水泥砂浆面层和钢筋网砂浆面层加固

1. 基本概念

水泥砂浆面层加固是用一定强度等级的水泥砂浆、混合砂浆、纤维砂浆或树脂水泥砂浆等喷抹于墙体表面，达到提高墙体承载力的一种加固方法，该法属于复合截面加固法的一种。其优点是施工工艺简单、适应性强，砌体加固后承载力有较大提高，并具有成熟的设计和施工经验，适用于柱、带壁柱墙的加固。其缺点是现场施工的湿作业时间长，对生产和生活有一定的影响，且加固后的建筑物净空有一定的减小。

钢筋网砂浆面层加固是在面层砂浆中配设一道钢筋网、钢板网或焊接钢丝网，达到提高墙体承载力和变形性能（延性）的一种加固方法。该法属于复合截面加固法的一种。其优点与钢筋混凝土外加层加固法相近，但提高承载力不如前者；适用于砌体墙的加固，有时也用于钢筋混凝土外加层加固带壁柱墙时两侧穿墙箍筋的封闭。

2. 构造措施及施工要点

1）加固时水泥砂浆面层的厚度宜为 20mm，钢筋网砂浆面层的厚度宜为 35mm，再厚则已不经济。钢筋外保护层厚度不应小于 10mm，钢筋网与墙面的空隙不宜小于 5mm，这是因为钢筋的外保护层要确保钢筋避免锈蚀。而试验和现场检测表明，钢筋网竖筋紧靠墙面将会导致钢筋与墙体无粘结，加固效果不好，而采用 5mm 的间隙有较强的粘结能力，使得钢筋网砂浆与原墙体共同作用。

2）钢筋网的试验结果表明，钢筋间距不宜太小或太大，网格尺寸实心墙宜为 300mm×300mm，空斗墙宜为 200mm×200mm，这样钢筋的作用才能发挥出来。

3）单面加面层的钢筋网应采用 L 形锚筋，用水泥砂浆固定在墙体上；双面加面层的钢筋网应采用 S 形穿墙筋连接，L 形锚筋的间距宜为 600mm，S 形穿墙筋的间距宜为 900mm，呈梅花状布置。

4）钢筋网四周应与楼板或大梁、柱或墙体连接，可采用锚筋、插入短筋、拉结筋等连接方法进行连接。

5）当钢筋网的横向钢筋遇有门窗洞口时，单面加固宜将钢筋弯入窗洞侧边锚固；双面加固宜将两侧横向钢筋在洞口闭合。

8.5.2 钢筋混凝土板墙加固

1. 基本概念

钢筋混凝土板墙加固是在砌体墙体两侧或一侧增设现浇混凝土组合层，形成"砌体—混凝土"组合墙体，从而达到大幅度提高墙体承载力和变形性能的一种加固方法。其优点是墙体在平面内及平面外的抗弯承载力、抗剪承载力及延性均得到较大的提高，适用于增幅较大的静力加固及抗震加固。

2. 构造措施及施工要点

1）板墙混凝土强度等级宜采用 C20，厚度宜采用 60~100mm。

2）板墙可配置单排钢筋网片，竖向钢筋可采用 $\phi12$，横向钢筋可采用 $\phi6$，间距宜为 150~200mm。

3）板墙与原有墙体的连接，可沿墙高每隔 0.7~1.0m 在两端各设 1 根 $\phi12$ 的拉结钢筋，其一端锚入板墙内的长度不宜小于 500mm，另一端应锚固在端部的原有墙体内。

4）双面板墙宜采用 S 形 $\phi8$ 穿墙筋与原墙体连接，间距宜为 900mm，并且呈梅花状布置；单面板墙宜采用 L 形 $\phi8$ 锚筋与原墙体连接，锚筋在砌体内的锚固深度不应小于 120mm，锚筋间距宜为 600mm，呈梅花状交错排列。

5）竖向钢筋应连续贯通穿过楼板，为避免钻孔太密，造成楼板过大损伤，在楼板处可以集中配筋方式穿过。

6）板墙应有基础，基础埋深宜与原基础相同。

8.5.3 钢绞线网—聚合物砂浆面层加固

1. 基本概念

采用专用预制钢绞线网片及其配件和聚合物砂浆加固结构构件的技术。钢绞线网片为采用钢绞线和钢制卡扣，在工厂使用专门的机械和工艺制作的网片。聚合物砂浆为按一定比例掺有改性环氧乳液或丙烯酸酯乳液的高强度水泥砂浆。聚合物砂浆除了能改善其自身的物理力学性能外，还具有较高的锚固钢绞线和粘结能力。

2. 构造措施及施工要点

1）当被加固的结构构件为混凝土时，其现场检测结果推定的混凝土强度等级不应低于 C15，且混凝土表面的正拉粘结强度不应低于 1.5MPa。

2）当对砌体结构构件进行加固时，应将网片设计成仅受拉应力作用，并能与砌体变形协调、共同受力。

3）张拉环安装于钢绞线端部后应仔细检查，如有松动或脱落必须更换。

4）网片安装过程中应保证网片与构件之间 4~5mm 的间隔，可视实际情况安装砂浆垫块。

5）钢绞线网片安装固定完成后，进行检验批验收合格后，方可进入下道工序施工。在渗透性聚合物砂浆施工前，被加固构件表面应做喷湿处理。

6）若有局部采用水泥砂浆填补的部位，砂浆具有完全强度后，再安装固定网片，以免网片端部固定不牢。

7）喷涂渗透性聚合物砂浆时，宜优先选用压力喷射法，当工程量小时，也可采用人工涂抹法，但应用力赶压密实。喷涂应分 3~4 道进行，后一道喷涂应在前一道初期硬化后进行。

8.5.4 墙体局部拆砌

1. 基本概念

当砌筑质量很差、砂浆强度很低的墙体需要加固时，可以采用局部拆砌的方案加固处理。墙体拆除前，应根据墙体承重情况及加固方案，制订详细的拆除方案，拆除方案须经过设计单位认可后方可实施。

2. 构造措施及施工要点

1）砌筑砂浆强度等级宜比原墙体提高一级，且不低于 M5。砖强度等级不宜低于MU10。

2）墙体厚度不应小于 240mm；墙体中可沿墙体高度每隔 0.7~1.0m，设置一层与墙同宽的细石混凝土现浇带，厚度 120mm，纵向钢筋 3ϕ6，横向系筋 ϕ6@200。

3）新砌墙体与原墙体应有可靠连接。新旧墙体的连接可根据具体情况采用设置混凝土构造柱等方案。

4）新砌墙体与楼板、屋盖板、板的连接应保证侧向荷载及竖向荷载的有效传递。

8.5.5 开裂墙体加固

（1）基本概念

墙体裂缝的修补与加固应以鉴定结论为依据。通过现场检测、分析，对裂缝的成因及对结构的危害做出鉴定，才能有针对性地采取相应的裂缝修补方法。

在进行裂缝修补前，应根据砌体构件的受力状态和裂缝的特征等因素进行分析，确定造成砌体裂缝的原因，以便有针对性地进行裂缝修补或采取相应的加固措施。

墙体裂缝按照其特点可以分为三类：

1）静止裂缝：裂缝形态、数量、宽度均已稳定的裂缝。

2）活动裂缝：裂缝宽度在现有条件下，随着结构构件受力、变形或环境温、湿度变化而变化，时张时闭。该类裂缝修复时，宜先找出成因，确认已经稳定后，再按静止裂缝的处理方法修补；若无法或不易消除其成因，应确定该类裂缝对结构的危害，从而采取针对性措施。

3）尚在发展的裂缝：对裂缝宽度、长度或数量尚在发展之中的裂缝应先确定裂缝的危害。继续发展的裂缝可能对结构造成严重破坏的，应立即进行处理；如裂缝对结构影响较小，可待其停止发展后，再进行修补或加固。

（2）构造措施及施工要点

1）带裂缝墙体原墙承载力满足规范要求时，可以采取表面封闭的方法修补。

2）带裂缝墙体原墙承载力不满足规范的要求时，宜采取结构加固修补方法，包括：
①采用水泥砂浆面层加固法加固，裂缝区宜配置钢筋以增强拉结。
②采用水泥砂浆面层与裂缝区压力灌浆联合加固修补，裂缝区宜配置钢筋以增强拉结。
③采用钢筋网砂浆面层与裂缝区压力灌浆联合加固修补。

8.5.6 压力灌浆加固

（1）基本概念

压力灌浆是借助于压缩空气，将复合水泥浆液、砂浆或化学砂浆注入砌体裂缝、欠饱满灰缝、孔洞以及疏松不实砌体，达到恢复结构整体性、提高砌体强度和耐久性、改善结构防水抗渗性能的目的。对于活动裂缝及受力裂缝尚宜辅助钢丝网或纤维片等措施，以承担所产生的拉应力。

（2）构造措施及施工要点

1）化学灌浆不含水泥，故黏度低，可灌性好，能渗入细微孔隙及裂缝，且粘结强度高，耐久性好，多用于要求较高的密实性砌体的补强加固。

2）水泥聚合物灌浆是常用的砌体灌浆液，是在纯水泥浆中掺入定量的胶质悬浮剂，达到提高浆液的粘结能力、改善浆液的可灌性、增强砌体强度的作用。

3）灌浆应做到浆液饱满无漏灌，浆体密实无气泡，粘结牢固。对于边角墙和小断面砌体，应以较小压力，缓慢灌注，避免高压灌注损坏墙体。

8.5.7 新增抗震墙

1. 基本概念

当房屋因平面布局不合理、抗震横墙间距过大而导致房屋抗震承载力不满足要求时，一般宜采用新增抗震墙的办法进行加固。

根据实际工程情况，可以采用增设砌体抗震墙或现浇钢筋混凝土抗震墙。

2. 构造措施及施工要点

（1）新增混凝土抗震墙的技术要点

1）原墙体砌筑的砂浆实际强度等级不宜低于 M2.5。

2）现浇混凝土墙沿平面宜对称布置，沿高度应连续布置，其厚度可为 140~160mm，混凝土强度等级宜采用 C20。

3）现浇混凝土墙可采用构造配筋，并应与原有的砌体墙、柱和梁板均应有可靠连接。

4）新增混凝土抗震墙应设基础，基础的设计应考虑新旧墙基础沉降差异的影响，埋深宜与原相邻抗震墙相同。

（2）新增砌体抗震墙的技术要点

1）砌筑砂浆的强度等级应比原墙体实际强度等级高一级，且不应低于 M2.5。

2）新增墙应有基础，其埋深宜与相邻抗震墙相同，宽度不应小于计算宽度的 1.15 倍。

3）新增砌体抗震墙与原墙应有可靠连接。

4）新增砌体抗震墙顶应设置与墙等宽的现浇钢筋混凝土压顶梁，并与楼盖、屋盖梁、板可靠连接，保证侧向荷载及竖向荷载的有效传递。

8.5.8　外加圈梁—钢筋混凝土柱加固

1. 基本概念

该法属于增大截面加固法的一种。在楼、屋盖处增设圈梁（外墙设圈梁、内墙可设替代内墙去圈梁的拉杆），在砌体墙交接处等增设钢筋混凝土构造柱，形成约束砌体墙的加固方法。利用外加圈梁、混凝土柱，在水平和竖向将多层砌体结构的墙段加以分割和包围，形成对砌体结构墙体的有效约束，可以有效提高结构的抗震能力。其优点亦与钢筋混凝土外加层加固法相近，但承载力提高有限，且较难满足抗震要求，一般仅在非地震区应用。

2. 构造措施及施工要点

（1）外加圈梁的技术要点

1）增设的圈梁应与墙体可靠连接；圈梁在楼、屋盖平面内应闭合，在阳台、楼梯间等圈梁标高变换处，应有局部加强措施；变形缝两侧的圈梁应分别闭合。

2）圈梁应现浇，其混凝土强度等级不应低于 C20，钢筋可采用 HPB300 和 HRB335 热轧钢筋。

3）圈梁截面高度不应小于 180mm，宽度不应小于 120mm。

4）增设的圈梁应与墙体可靠连接。

（2）外加混凝土柱的技术要点

1）外加柱应在房屋四角、楼梯间和不规则平面的对应转角处设置，并应根据房屋的抗震设防烈度和层数在内外墙交接处隔开间或每开间设置。

2）外加柱宜在平面内对称布置，应由底层设起，并沿房屋全高贯通，不得错位。

3）外加柱应与圈梁或钢拉杆连成闭合系统。

4）外加柱应设置基础，并应设置拉结筋、销键、压浆锚杆或锚筋等与原墙体、原基础可靠连接。

5）当采用外加柱增强墙体的受剪承载力时，替代内墙圈梁的刚拉杆不宜少于 $2\phi16$。

6）柱的混凝土强度等级宜采用 C20。

8.6　钢结构加固与施工要点

8.6.1　钢结构加固的一般规定

当钢结构存在严重缺陷、遭受损伤或使用条件发生改变，经检查、验算结构的强度（包括连接）、刚度或稳定性等不满足设计要求时，应对钢结构进行加固。钢结构加固前，应根据建筑物的种类，分别按现行国家标准《工业建筑可靠性鉴定标准》GB 50144—2008或《民用建筑可靠性鉴定标准》GB 50292—2015进行可靠性鉴定。当与抗震加固结合进行时，尚应按现行国家标准《建筑抗震设计规范》GB 50011—2010或《建筑抗震鉴定标准》GB 50023—2009进行抗震能力鉴定。

1. 钢结构加固的一般原则

（1）制定方案兼顾总体效应原则

制定建筑物的加固改造方案时，除要考虑鉴定结论和委托方提出的加固改造内容及项目外，还要考虑加固后建筑物的总体效应。

（2）材料的选用和强度的取值原则

1）加固改造设计时，原结构的材料强度按如下规定取用：若原结构材料种类和性能与原结构一致，则按原设计值取用；若原结构无材料强度资料，则可通过检测评定材料的强度等级，再按现行规范取值。

2）加固改造材料的要求。加固用的钢材一般选用HPB300级或HRB335级钢。加固用水泥宜选取普通硅酸盐水泥，强度等级不应低于42.5级。加固用混凝土的强度等级，应比原结构的混凝土强度等级提高一级，且加固上部结构构件的混凝土的强度等级不应低于C20，加固用混凝土内加入早强、高强、免收缩、微膨胀、自流密实的外加剂使混凝土改性。

（3）荷载取值的原则

加固结构承受的荷载，应进行实地调查后取值。在一般情况下，当原结构按当时的荷载规范取值时，在鉴定阶段对结构的验算仍按原荷载规范取值；已经确定需要加固时，加固验算应按现行国家标准《建筑结构荷载规范》GB 50009—2012的规定取值。

（4）承载能力及变形验算的原则

进行承载力验算时，结构的计算简图应根据结构的实际受力状况和结构的实际尺寸确定。构件的截面面积应采用实际有效截面面积，即应考虑结构的损伤、缺陷、锈蚀等造成的不利影响。验算时，应考虑结构在加固时的实际受力程度、加固部分的受力滞后特点以及加固部分与原结构协同工作的程度。

（5）与抗震设防结合的原则

我国是一个多地震的国家，6度及6度以上的地震区几乎遍及全国各地。1976年以前建造的建筑物，对抗震设防考虑不足，1989年以前的抗震设计规范也只规定了7度以上地震区才设防。为了使这些建筑物遇地震时具有相应的安全保证，应结合抗震加固方案确定承载能力和耐久性加固、处理方案。

2. 先设计后加固原则

由于高温、腐蚀、冻融、振动、地基不均匀沉降等原因造成的结构损坏，应在加固设计时提出相应的处理对策，随后再加固。结构的加固应综合考虑其经济性，尽量不损伤原结构，并保留有利用价值的结构构件，避免不必要的构件拆除或更换。

8.6.2 钢结构加工的手段及方法

钢结构加固时的施工方法有：负荷加固、卸荷加固和从原结构上拆下加固或更新部件进行加固。加固施工方法应根据用户要求、结构实际受力状态，在确保质量和安全的前提下，由设计人员和施工单位协商确定。钢结构加固施工需要拆下或卸荷时，必须措施合理、传力明确、确保安全。

减轻屋面荷载加固法是卸荷法中最常用的一种。减轻屋面荷载可以减小屋架结构各构件内力，有效提高结构安全性。减轻屋面荷载的方法主要是拆换屋面结构以减轻屋面自重。

1. 改变结构计算图形的加固

改变结构计算图形的加固方法是指采用改变荷载分布状况、传力途径、节点性质和边界条件，增设附加杆件和支撑、施加预应力、考虑空间协同工作等措施对结构进行加固的方法。

改变结构计算图形是一种效率较高且经济的加固方法，但实际应用时受到建筑功能、结构形式的限制较多。此外，当采用改变结构计算图形加固方法时，应重新进行被加固结构承载力和正常使用极限状态计算，应考虑计算图形改变引起结构杆件内力变化、内力重分布对相关结构（包括地基）、节点承载力和使用功能的影响。并需采取合理可行的构造措施，必要时还需要对地基、基础受力情况进行验算或进行加固。

采用施加预应力，调整内力的方法加固结构时，应在加固设计中规定调整内力（应力）或规定位移（应变）的数值和允许偏差及其检测位置和检验方法。

改变结构计算图形的一般加固方法有：

（1）增加结构或构件的刚度

对结构或构件需要增加刚度时，可采用下列方法进行加固：

1）增加支撑形成空间结构并按空间结构验算。

2）加设支撑增加结构刚度，或者调整结构的自振频率等以提高结构承载力和改善结构动力特性。

3）增设支撑或辅助杆件使结构的长细比减少以提高其稳定性。

4）在排架结构中重点加强某一列柱的刚度，使之承受大部分水平力，以减轻其他柱列负荷。

5）在塔架等结构中设置拉杆或适度张紧的拉索以加强结构的刚度。

（2）改变受弯杆件截面内力

对受弯杆件可采用下列改变其截面内力的方法进行加固。

1) 改变荷载的分布, 例如将一个集中荷载转化为多个集中荷载。

2) 改变端部支承情况, 例如变铰接为刚接。

3) 增加中间支座或将简支结构端部连接成为连续结构。

4) 调整连续结构的支座位置。

5) 将结构变为撑杆式结构。

6) 施加预应力。

（3）改变桁架杆件内力

1) 增设撑杆变桁架为撑杆式结构。

2) 加设预应力拉杆。

2. 增大构件截面的加固

加大构件截面法是指原结构与新增型钢经过焊接或螺栓连接组合形成新的型钢断面, 在重新计算构件的截面特性并考虑加固强度的折减之后, 最终使得构件满足新增荷载作用下的承载力要求的加固方法。加大构件截面法是一种传统且非常有效的加固方法, 在满足一定前提条件下, 还可在负荷状态下加固, 是钢结构中最常用的方法。

采用加大截面的方法加固钢构件, 应考虑构件的受力情况及存在的缺陷, 在方便施工、连接可靠的前提下选取最有效的界面形式, 所选的界面形式应有利于满足加固技术要求并考虑已有缺陷和损伤的状况。

3. 连接与加固

钢结构连接方法有焊缝、铆钉、普通螺栓和高强度螺栓连接等, 连接方法的选择, 应根据结构需要加固的原因、目的、受力状况、构造及施工条件, 并考虑结构原有的连接方法来确定。

钢结构加固一般宜采用焊缝连接、摩擦型高强度螺栓连接, 有依据时亦可采用焊缝和摩擦型高强度螺栓的混合连接。当采用焊缝连接时, 应采用经评定认可的焊接工艺及连接材料。

加固连接方式的选用必须满足既不破坏原结构功能, 又能参与加固后受力工作的要求。目前铆接由于施工繁杂已渐被淘汰, 焊接因不需要钻孔等工序往往被优先考虑选用, 但焊接对钢材材性要求最高, 在原结构资料不全、材性不明情况下, 用焊接加固必须取材样复验, 以保证可焊性。

4. 裂纹的修复与加固

钢结构因荷载反复作用及材料选择、构件制造、施工安装不当等原因产生的具有扩展性或脆断倾向性裂纹损伤时, 应设法修补。在裂纹修复前, 必须分析产生裂纹的原因及其影响的严重性, 有针对性地采取改善结构实际工作状态或进行加固的措施。对不宜采用修复加固的构件, 应予拆除更换。在进行裂纹构件修复加固设计时, 对承受动力作用的结构还需进行疲劳验算; 必要时应进行抗脆断计算等专项研究。

为提高钢结构的抗脆断性断裂和疲劳破坏的性能，在结构加固的构造设计和制造工艺方面应遵循以下原则：降低应力集中程度，避免和减少各类加工缺陷，选择不产生较大残余拉应力的制作工艺和构造形式，采用厚度尽可能小的轧制板件等。

在结构构件上发现裂纹时，作为临时应急措施之一，可于板件裂纹端处 $0.5 \sim 1.0t$（t 为板厚）处钻孔，以防止其进一步急剧扩展，并及时根据裂纹性质及扩展倾向在采取恰当措施修复加固。

5. 钢结构的防腐与防火

（1）加固钢结构防腐处理

对加固钢结构进行防腐处理前，应对原有钢结构锈蚀程度进行评估，应重点检查下列构件与部位：

1）埋入地下的地面附近部位。

2）可能存积水或遭受潮气侵蚀部位。

3）干湿交替构件。

4）易积灰且温度变化大的构件。

5）组合截面净空小于 12mm，难以涂刷油漆的部位。

6）屋盖结构、柱与屋架节点、吊车梁与柱节点、钢悬索节点部位。

一般室外钢结构比室内易锈蚀，湿度大易积灰部分易锈蚀，焊接节点处易锈蚀，难以涂刷到的部位易锈蚀。出现锈蚀的钢结构表面应及时进行处理，包括旧漆膜处理、表面处理、涂层选择与涂层施工等。

加固钢结构的防腐处理应结合原有钢结构防腐处理方式，遵守《工业建筑防腐蚀设计规范》GB 50046—2008、《钢结构、管道涂装技术规程》YB/T 9256—1996 的有关规定，综合考虑结构的重要性、环境侵蚀条件、维护条件及使用寿命以及施工条件与工程造价等因素，合理选用表面处理方法、涂料与涂装要求。

（2）加固钢结构防火处理

加固钢结构防火设计原则是在设计所采用的防火措施条件下，能保证构件在所规定的耐火极限时间内，其承载力仍不小于各种作用产生的组合效应。加固钢结构防火设计时应考虑加固后钢结构使用用途的变化。

钢结构防火设计应符合《建筑设计防火规范》GB 50016—2014《石油化工企业设计防火规范》GB 50160—2008、《高层民用建筑钢结构技术规程》JGJ 99—2015 等的有关规定。设计时应合理确定防火类别与建筑物的防火等级，必要时应与消防部门共同商定设防标准。

民用建筑及大型公共建筑的承重钢结构宜采用喷涂防火涂料防火方式，一般应有建筑师与结构工程师按建筑物耐火等级及构件耐火时限，根据《钢结构防火涂料应用技术规范》CECS 24 选用涂料类别与构造做法。

8.7 地基基础加固与施工要点

8.7.1 基础补强注浆加固

（1）基本概念

既有建筑物改建增层工程因基础底面积不足而使地基承载力或变形不满足规范要求，从而导致既有建筑开裂和倾斜，或由于基础材料老化、浸水、地震或施工质量等因素的影响，原有地基基础不能满足安全要求，可采用基础补强注浆进行加固。

（2）构造措施及施工要点

基础补强注浆加固施工，应符合下列规定：

1）在原基础裂损处钻孔，注浆管直径可为 25mm，钻孔与水平面的倾角不应小于30°，钻孔孔径不应小于注浆管的直径，钻孔孔距可为 0.5~1.0m。

2）浆液材料可采用水泥浆或改性环氧树脂等，注浆压力可取 0.1~0.3MPa。如果浆液不下沉，可逐渐加大压力至 0.6MPa，浆液在 10~15min 内不再下沉，可停止注浆。

3）对单独基础每边钻孔不应少于 2 个；对条形基础应沿基础纵向分段施工，每段长度可取 1.5~2.0m。

8.7.2 扩大基础

（1）基本概念

扩大基础加固包括加大基础底面积法、加深基础法和抬墙梁法等。加大基础底面积法适用于当既有建筑物荷载增加、地基承载力或基础底面积尺寸不满足设计要求，且基础埋置较浅，基础具有扩大条件时的加固，可采用混凝土套或钢筋混凝土套扩大基础底面积。设计时，应采取有效措施，保证新、旧基础的连接牢固和变形协调。

（2）构造措施及施工要点

扩大基础底面积法的设计和施工，应符合下列规定：

1）当基础承受偏心受压荷载时，可采用不对称加宽基础；当承受中心受压荷载时，可采用对称加宽基础。

2）在灌注混凝土前，应将原基础凿毛和刷洗干净，刷一层高强度等级水泥浆或涂混凝土界面剂，增加新、老混凝土基础的黏结力。

3）对基础加宽部分，地基上应铺设厚度和材料与原基础垫层相同的夯实垫层。

4）当采用混凝土套加固时，基础每边加宽后的外形尺寸应符合现行国家标准《建筑地基基础设计规范》GB 50007—2011 中有关无筋扩展基础或刚性基础台阶宽高比允许值的规定，沿基础高度隔一定距离应设置锚固钢筋。

5）当采用钢筋混凝土套加固时，基础加宽部分的主筋应与原基础内主筋焊接连接。

6）对条形基础加宽时，应按长度 1.5~2.0m 划分单独区段，并采用分批、分段、间隔施工的方法。

8.7.3 锚杆静压桩

1.基本概念

锚杆静压桩是锚杆和静力压桩两项技术巧妙结合而形成的一种桩基施工新工艺，是一项地基加固处理新技术。加固机理类同于打入桩及大型压入桩，受力直接和清晰。但施工工艺既不同于打入桩，也不同于大型压入桩，在对施工条件要求及"文明清洁施工"方面明显优越于打入桩及大型压入桩。其工艺是对需要进行地基基础加固的既有建筑物基础连为一体，并利用既有建筑物自重作反力，用千斤顶将预制桩段压入土中，桩段间用硫黄胶泥或焊接连接。锚杆静压桩法适用于淤泥、淤泥质土、黏性土、粉土、人工填土、湿陷性黄土等地基加固。

2.构造措施及施工要点

（1）锚杆静压桩设计规定

锚杆静压桩设计应符合下列规定：

1）锚杆静压桩的单桩竖向承载力可通过单桩载荷试验确定；当无试验资料时，可按地区经验确定，也可按国家现行标准《建筑地基基础设计规范》GB 50007—2011 和《建筑桩基技术规范》JGJ 94—2008 有关规定估算。

2）压桩孔应布置在墙体的内外两侧或柱子四周。设计桩数应由上部结构荷载及单桩竖向承载力计算确定;施工时,压桩力不得大于该加固部分的结构自重荷载。压桩孔可预留，或在扩大基础上由人工或机械开凿，压桩孔的截面形状，可做成上小下大的截头锥形，压桩孔洞口的底板、板面应设保护附加钢筋，其孔口每边不宜小于桩截面边长的 50~100mm。

3）当既有建筑基础承载力和刚度不满足压桩要求时，应对基础进行加固补强，或采用新浇筑钢筋混凝土挑梁或抬梁作为压桩承台。

4）桩身制作除应满足现行行业标准《建筑桩基技术规范》JGJ 94—2008 的规定外，尚应符合下列规定：

①桩身可采用钢筋混凝土桩、钢管桩、预制管桩、型钢等。

②钢筋混凝土桩宜采用方形，其边长宜为 200~350mm；钢管桩直径宜为 100~600mm，壁厚宜为 5~10mm；预制管桩直径宜为 400~600mm，壁厚不宜小于 10mm。

③每段桩节长度，应根据施工净空高度及机具条件确定，每段桩节长度宜为 1.0~3.0m。

④钢筋混凝土桩的主筋配置应按计算确定，且应满足最小配筋率要求。当方桩截面边

长为 200mm 时，配筋不宜少于 4ϕ10 ；当边长为 250mm 时，配筋不宜少于 4ϕ12 ；当边长为 300mm 时，配筋不宜少于 4ϕ14 ；当边长为 350mm 时，配筋不宜少于 4ϕ16 ；抗拔桩主筋由计算确定。

⑤钢筋宜选用 HRB335 级以上，桩身混凝土强度等级不应低于 C30 级。

⑥当单桩承载力设计值大于 1500kN 时，宜选用直径不小于 ϕ400mm 的钢管桩。

⑦当桩身承受拉应力时，桩节的连接应采用焊接接头；其他情况下，桩节的连接可采用硫黄胶泥或其他方式连接。当采用硫黄胶泥接头连接时，桩节两端连接处，应设置焊接钢筋网片，一端应预埋插筋，另一端应预留插筋孔和吊装孔；当采用焊接接头时，桩节的两端均应设置预埋连接件。

5）原基础承台除应满足承载力要求外，尚应符合下列规定：

①承台周边至边桩的净距不宜小于 300mm。

②承台厚度不宜小于 400mm。

③桩顶嵌入承台内长度应为 50~100mm；当桩承受拉力或有特殊要求时，应在桩顶四角增设锚固筋，锚固筋伸入承台内的锚固长度，应满足钢筋锚固要求；

④压桩孔内应采用混凝土强度等级为 C30 或不低于基础强度等级的微膨胀早强混凝土浇筑密实；

⑤当原基础厚度小于 350mm 时，压桩孔应采用 2ϕ16 钢筋交叉焊接于锚杆上，并应在浇筑压桩孔混凝土时，在桩孔顶面以上浇筑桩帽，厚度不得小于 150mm。

6）锚杆应根据压桩力大小通过计算确定。锚杆可采用带螺纹锚杆、端头带镦粗锚杆或带爪肢锚杆，并应符合下列规定：

①当压桩力小于 400kN 时，可采用 M24 锚杆；当压桩力为 400~500kN 时，可采用 M27 锚杆。

②锚杆螺栓的锚固深度可采用 12~15 倍螺栓直径，且不应小于 300mm，锚杆露出承台顶面长度应满足压桩机具要求，且不应小于 120mm。

③锚杆螺栓在锚杆孔内的胶粘剂可采用植筋胶、环氧砂浆或硫黄胶泥等。

④锚杆与压桩孔、周围结构及承台边缘的距离不应小于 200mm。

（2）锚杆静压桩施工规定

锚杆静压桩施工应符合下列规定：

1）锚杆静压桩施工前，应做好下列准备工作：

①清理压桩孔和锚杆孔施工工作面。

②制作锚杆螺栓和桩节。

③开凿压桩孔，孔壁凿毛；将原承台钢筋割断后弯起，待压桩后再焊接。

④开凿锚杆孔，应确保锚杆孔内清洁干燥后再埋设锚杆，并以胶粘剂加以封固。

2）压桩施工应符合下列规定：

①压桩架应保持竖直，锚固螺栓的螺母或锚具应均衡紧固，压桩过程中，应随时拧紧松动的螺母；

②就位的桩节应保持竖直，使千斤顶、桩节及压桩孔轴线重合，不得采用偏心加压；压桩时，应垫钢板或桩垫，套上钢桩帽后再进行压桩。桩位允许偏差应为 ±20mm，桩节垂直度允许偏差应为桩节长度的 ±1.0%；钢管桩平整度允许偏差应为 ±2mm，接桩处的坡口应为 45°，焊缝应饱满、无气孔、无杂质，焊缝高度应为 $h = t + 1$（mm，t 为壁厚）；

③桩应一次连续压到设计标高。当必须中途停压时，桩端应停留在软弱土层中，且停压的间隔时间不宜超过 24h；

④压桩施工应对称进行，在同一个独立基础上，不应数台压桩机同时加压施工；

⑤焊接接桩前，应对准上、下节桩的垂直轴线，且应清除焊面铁锈后，方可进行满焊施工；

⑥采用硫黄胶泥接桩时，其操作施工应按现行国家标准《建筑地基工程施工质量验收标准》GB 50202—2018 的规定执行；

⑦可根据静力触探资料，预估最大压桩力选择压桩设备。最大压桩力 $P_{p(z)}$ 和设计最终压桩力 P_p 可分别按下式计算：

$$P_{p(z)} = K_s \cdot p_{s(z)}$$

$$P_p = K_p \cdot R_d$$

式中　$P_{p(z)}$——桩入土深度为 z 时的最大压桩力（kN）；

$\quad\quad K_s$——换算系数（m^2），可根据当地经验确定；

$\quad\quad p_{s(z)}$——桩入土深度为 z 时的最大比贯入阻力（kPa）；

$\quad\quad P_p$——设计最终压桩力（kN）；

$\quad\quad K_p$——压桩力系数，可根据当地经验确定，且不宜小于 2.0；

$\quad\quad R_d$——单桩竖向承载力特征值（kN）。

⑧桩尖应达到设计深度，且压桩力不小于设计单桩承载力 1.5 倍时的持续时间不少于 5min 时，可终止压桩。

⑨封桩前，应凿毛和刷洗干净桩顶桩侧表面，并涂混凝土界面剂，压桩孔内封桩应采用 C30 或 C35 微膨胀混凝土，封桩可采用不施加预应力的方法或施加预应力的方法。

8.7.4　树根桩

1. 基本概念

树根桩是一种小直径的钻孔灌注桩，其直径通常为 100~300mm，国外是在钢套管的导向下用旋转法钻进，在托换工程中使用时，往往要钻穿原有建筑物的基础进入地基土中直至设计标高，清孔后下放钢筋（钢筋数量从 1 根到数根，视桩径而定），同时放入注浆管，再用压力注入水泥浆；边灌、边振、边拔管（升浆法）而成桩。亦可放入钢筋笼后再放碎石，然后注入水泥浆或水泥砂浆而成桩。树根桩适用于淤泥、淤泥质土、黏性土、粉土、砂土、碎石土及人工填土等地基加固。

2. 构造措施及施工要点

（1）树根桩设规定

树根桩设计，应符合下列规定：

1）树根桩的直径宜为 150~400mm，桩长不宜超过 30m，桩的布置可采用直桩或网状结构斜桩。

2）树根桩的单桩竖向承载力可通过单桩载荷试验确定；当无试验资料时，也可按现行国家标准《建筑地基基础设计规范》GB 50007—2011 的有关规定估算。

3）桩身混凝土强度等级不应低于 C20；混凝土细石骨料粒径宜为 10~25mm；钢筋笼外径宜小于设计桩径的 40~60mm；主筋直径宜为 12~18mm；箍筋直径宜为 6~8mm，间距宜为 150~250mm；主筋不得少于 3 根；桩承受压力作用时，主筋长度不得小于桩长的 2/3；桩承受拉力作用时，桩身应通长配筋；对直径小于 200mm 树根桩，宜注水泥砂浆，砂粒粒径不宜大于 0.5mm。

4）有经验地区，可用钢管代替树根桩中的钢筋笼，并采用压力注浆提高承载力。

5）树根桩设计时，应对既有建筑的基础进行承载力的验算。当基础不满足承载力要求时，应对原基础进行加固或增设新的桩承台。

6）网状结构树根桩设计时，可将桩及周围土体视作整体结构进行整体验算，并应对网状结构中的单根树根桩进行内力分析和计算。

7）网状结构树根桩的整体稳定性计算，可采用假定滑动面不通过网状结构树根桩的加固体进行计算，有地区经验时，可按圆弧滑动法，考虑树根桩的抗滑力进行计算。

（2）树根桩施工规定

树根桩施工，应符合下列规定：

1）桩位允许偏差应为 ±20mm；直桩垂直度和斜桩倾斜度允许偏差不应大于 1%。

2）可采用钻机成孔，穿过原基础混凝土。在土层中钻孔时，应采用清水或天然地基泥浆护壁；可在孔口附近下一段套管；作为端承桩使用时，钻孔应全桩长下套管。钻孔到设计标高后，清孔至孔口泛清水为止；当土层中有地下水，且成孔困难时，可采用套管跟进成孔或利用套管替代钢筋笼一次成桩。

3）钢筋笼宜整根吊放。当分节吊放时，节间钢筋搭接焊缝采用双面焊时，搭接长度不得小于 5 倍钢筋直径；采用单面焊时，搭接长度不得小于 10 倍钢筋直径。注浆管应直插到孔底，需二次注浆的树根桩应插两根注浆管，施工时，应缩短吊放和焊接时间。

4）当采用碎石和细石填料时，填料应经清洗，投入量不应小于计算桩孔体积的90%。填灌时，应同时采用注浆管注水清孔。

5）注浆材料可采用水泥浆、水泥砂浆或细石混凝土，当采用碎石填灌时，注浆应采用水泥浆。

6）当采用一次注浆时，泵的最大工作压力不应低于1.5MPa。注浆时，起始注浆压力不应小于1.0MPa，待浆液经注浆管从孔底压出后，注浆压力可调整为0.1~0.3MPa，浆液泛出孔口时，应停止注浆。

当采用二次注浆时，泵的最大工作压力不宜低于4.0MPa，且待第一次注浆的浆液初凝时，方可进行第二次注浆。浆液的初凝时间根据水泥品种和外加剂掺量确定，且宜为45~100min。第二次注浆压力宜为1.0~3.0MPa，二次注浆不宜采用水泥砂浆和细石混凝土。

7）注浆施工时，应采用间隔施工、间歇施工或增加速凝剂掺量等技术措施，防止出现相邻桩冒浆和窜孔现象。

8）树根桩施工，桩身不得出现缩颈和塌孔。

9）拔管后应立即在桩顶填充碎石，并在桩顶1~2m范围内补充注浆。

8.7.5　坑式静压桩

1.基本概念

坑式静压桩是对既有建筑物地基的加固方法，是采用既有建筑物自重做反力，用千斤顶将桩段逐段压入土中的托换方法。千斤顶上的反力梁可利用原有基础下的基础梁或基础板，对无基础梁或基础板的既有建筑，则可将底层墙体加固后再进行托换。坑式静压桩适用于淤泥、淤泥质土、黏性土、粉土、湿陷性黄土和人工填土且地下水位较低的地基加固。

2.构造措施及施工要点

（1）坑式静压桩设计规定

坑式静压桩设计应符合下列规定：

1）坑式静压桩的单桩承载力，可按现行国家标准《建筑地基基础设计规范》GB 50007—2011的有关规定估算。

2）桩身可采用直径为100~600mm的开口钢管，或边长为150~350mm的预制钢筋混凝土方桩，每节桩长可按既有建筑基础下坑的净空高度和千斤顶的行程确定。

3）钢管桩管内应满灌混凝土，桩管外宜做防腐处理，桩段之间的连接宜用焊接连接；钢筋混凝土预制桩，上、下桩节之间宜用预埋插筋并采用硫黄胶泥接桩，或采用上、下桩节预埋铁件焊接成桩。

4）桩的平面布置应根据既有建筑的墙体和基础形式及荷载大小确定，可采用一字形、三角形、正方形或梅花形等布置方式，应避开门窗等墙体薄弱部位，且应设置在结构受力节点位置。

5）当既有建筑基础承载力不能满足压桩反力时，应对原基础进行加固，增设钢筋混凝土地梁、型钢梁或钢筋混凝土垫块，加强基础结构的承载力和刚度。

（2）坑式静压桩施工应符合下列规定：

1）施工时，先在贴近被加固建筑物的一侧开挖竖向工作坑，对砂土或软弱土等地基应进行坑壁支护，并在基础梁、承台梁或直接在基础底面下开挖竖向工作坑。

2）压桩施工时，应在第一节桩桩顶上安置千斤顶及测力传感器，再驱动千斤顶压桩，每压入下一节桩后，再接上一节桩。

3）钢管桩各节的连接处可采用套管接头；当钢管桩较长或土中有障碍物时，需采用焊接接头，整个焊口（包括套管接头）应为满焊；预制钢筋混凝土方桩，桩尖可将主筋合拢焊在桩尖辅助钢筋上，在密实砂和碎石类土中，可在桩尖处包以钢板桩靴，桩与桩间接头，可采用焊接或硫黄胶泥接头。

4）桩位允许偏差应为 ±20mm；桩节垂直度允许偏差不应大于桩节长度的 1%。

5）桩尖到达设计深度后，压桩力不得小于单桩竖向承载力特征值的 2 倍，且持续时间不应少于 5min。

6）封桩可采用预应力法或非预应力法施工：

①对钢筋混凝土方桩，压桩达到设计深度后，应采用 C30 微膨胀早强混凝土将桩与原基础浇筑成整体。

②当施加预应力封桩时，可采用型钢支架托换，再浇筑混凝土；对钢管桩，应根据工程要求，在钢管内浇筑微膨胀早强混凝土，最后用混凝土将桩与原基础浇筑成整体。

8.7.6 注浆加固

1. 基本概念

注浆法也常称为灌浆法，是利用液压、气压或电化学原理，通过注浆管将各种能固化的浆液注入地基土中，浆液以填充、渗透和挤密的方式，将土颗粒或岩石裂隙中的水分和空气排除后占据其位置，经过一定时间后，浆液将原来松散的土粒胶结成一个整体，以改善地基土的物理力学性质。注浆法常用于既有建筑物下提高地基承载力、减小地基土变形，或用于减小土渗透性，防止地基土出现流沙、管涌，或者用于降低土压缩性，提高压缩模量，如对基坑被动区土体进行注浆加固以提高被动土压力、减小围护桩位移等，以及可用于建筑物的纠偏或顶升。常用的灌浆材料有水泥系浆材、化学浆材和混合型浆材。水泥系浆材有水泥浆、黏土水泥浆和粉煤灰水泥浆，化学浆材的有环氧树脂类、木质素等，混合型浆材有聚合物水玻璃浆材、聚合物水泥浆材、水泥水玻璃浆材等。注浆加固适用于砂土、粉土、黏性土和人工填土等地基加固。

2. 构造措施及施工要点

（1）注浆加固设计规定

注浆加固设计应符合下列规定：

1）劈裂注浆加固地基的浆液材料可选用以水泥为主剂的悬浊液，或选用水泥和水玻璃的双液型混合液。防渗堵漏注浆的浆液可选用水玻璃、水玻璃与水泥的混合液或化学浆液，不宜采用对环境有污染的化学浆液。对有地下水流动的地基土层加固，不宜采用单液水泥浆，宜采用双液注浆或其他初凝时间短的速凝配方。压密注浆可选用低坍落度的水泥砂浆，并应设置排水通道。

2）注浆孔间距应根据现场试验确定，宜为 1.2~2.0m；注浆孔可布置在基础外侧或基础内，基础内注浆后，应采取措施对基础进行封孔。

3）浆液的初凝时间应根据地基土质条件和注浆目的确定，砂土地基中宜为 5~20min，黏性土地基中宜为 1~2h。

4）注浆量和注浆有效范围的初步设计，可按经验公式确定。施工图设计前，应通过现场注浆试验确定。在黏性土地基中，浆液注入率宜为 15%~20%。注浆点上的覆盖土厚度不应小于 2.0m。

5）劈裂注浆的注浆压力，在砂土中宜为 0.2~0.5MPa，在黏性土中宜为 0.2~0.3MPa；对压密注浆，水泥砂浆浆液坍落度宜为 25~75mm，注浆压力宜为 1.0~7.0MPa。当采用水泥 – 水玻璃双液快凝浆液时，注浆压力不应大于 1MPa。

（2）注浆加固施工规定

注浆加固施工，应符合下列规定：

1）施工场地应预先平整，并沿钻孔位置开挖沟槽和集水坑。

2）注浆施工时，宜采用自动流量和压力记录仪，并应及时对资料进行整理分析。

3）注浆孔的孔径宜为 70~110mm，垂直度偏差不应大于 1%。

4）套管注浆施工，可按下列步骤进行：

①钻机与注浆设备就位。

②钻孔或采用振动法将套管置入土层。

③当采用钻孔法时，应从钻杆内注入封闭泥浆，插入孔径为 50mm 的金属套管。

④待封闭泥浆凝固后，移动花管自下向上或自上向下进行注浆。

5）塑料阀管注浆施工可按下列步骤进行：

①钻机与灌浆设备就位。

②钻孔。

③当钻孔钻到设计深度后，从钻杆内灌入封闭泥浆，或直接采用封闭泥浆钻孔。

④插入塑料单向阀管到设计深度。当注浆孔较深时，阀管中应加入水，以减小阀管插入土层时的弯曲。

⑤待封闭泥浆凝固后，在塑料阀管中插入双向密封注浆芯管，再进行注浆，注浆时，应在设计注浆深度范围内自下而上（或自上而下）移动注浆芯管。

⑥当使用同一塑料阀管进行反复注浆时，每次注浆完毕后，应用清水冲洗塑料阀管中的残留浆液。对于不宜采用清水冲洗的场地，宜用陶土浆灌满阀管内。

6）注浆管注浆施工可按下列步骤进行：

①钻机与灌浆设备就位。

②钻孔或采用振动法将金属注浆管压入土层。

③当采用钻孔法时，应从钻杆内灌入封闭泥浆，然后插入金属注浆管。

④待封闭泥浆凝固后（采用钻孔法时），捅去金属管的活络堵头进行注浆，注浆时，应在设计注浆深度范围内，自下而上移动注浆管。

7）低坍落度砂浆压密注浆施工可按下列步骤进行：

①钻机与灌浆设备就位。

②钻孔或采用振动法将金属注浆管置入土层。

③向底层注入低坍落度水泥砂浆，应在设计注浆深度范围内，自下而上移动注浆管。

8）封闭泥浆的 7d 立方体试块的抗压强度应为 0.3~0.5MPa，浆液黏度应为 80″~90″。

9）注浆用水泥的强度等级不宜小于 32.5 级。

10）注浆时可掺用粉煤灰，掺入量可为水泥重量的 20% ~50%。

11）根据工程需要，浆液拌制时，可根据下列情况加入外加剂：

①加速浆体凝固的水玻璃，其模数应为 3.0~3.3。水玻璃掺量应通过试验确定，宜为水泥用量的 0.5% ~3%。

②为提高浆液扩散能力和可泵性，可掺加表面活性剂（或减水剂），其掺加量应通过试验确定。

③为提高浆液均匀性和稳定性，防止固体颗粒离析和沉淀，可掺加膨润土，膨润土掺加量不宜大于水泥用量的 5%。

④可掺加早强剂、微膨胀剂、抗冻剂、缓凝剂等，其掺加量应分别通过试验确定。

12）注浆用水不得采用 pH 值小于 4 的酸性水或工业废水。

13）水泥浆的水灰比宜为 0.6~2.0，常用水胶比为 1.0。

14）劈裂注浆的流量宜为 7~15L/min。充填型灌浆的流量不宜大于 20L/min。压密注浆的流量宜为 10~40L/min。

15）注浆管上拔时，宜使用拔管机。塑料阀管注浆时，注浆芯管每次上拔高度应与阀管开孔间距一致，且宜为330mm；套管或注浆管注浆时，每次上拔或下钻高度宜为300~500mm；采用砂浆压密注浆，每次上拔高度宜为400~600mm。

16）浆体应经过搅拌机充分搅拌均匀后，方可开始压注。注浆过程中，应不停缓慢搅拌，搅拌时间不应大于浆液初凝时间。浆液在泵送前，应经过筛网过滤。

17）在日平均温度低于5℃或最低温度低于-3℃的条件下注浆时，应在施工现场采取保温措施，确保浆液不冻结。

18）浆液水温不得超过35℃，且不得将盛浆桶和注浆管路在注浆体静止状态暴露于阳光下，防止浆液凝固。

19）注浆顺序应根据地基土质条件、现场环境、周边排水条件及注浆目的等确定，并应符合下列规定：

①注浆应采用先外围后内部的跳孔间隔的注浆施工，不得采用单向推进的压注方式。

②对有地下水流动的土层注浆，应自水头高的一端开始注浆。

③对注浆范围以外有边界约束条件时，可采用从边界约束远侧往近侧推进的注浆的方式，深度方向宜由下向上进行注浆。

④对渗透系数相近的土层注浆，应先注浆封顶，再由下至上进行注浆。

20）既有建筑地基注浆时，应对既有建筑及其邻近建筑、地下管线和地面的沉降、倾斜、位移和裂缝进行监测，且应采用多孔间隔注浆和缩短浆液凝固时间等技术措施，减少既有建筑基础、地下管线和地面因注浆而产生的附加沉降。

8.7.7　石灰桩

1. 基本概念

石灰桩是指采用机械或人工在地基中成孔，然后贯入生石灰或按一定比例加入粉煤灰、炉渣、火山灰等掺合料及少量外加剂进行振密或夯实而形成的桩体，石灰桩与改良后的桩周土共同承担上部建筑物载荷。石灰桩适用于加固地下水位以下的黏性土、粉土、松散粉细砂、淤泥、淤泥质土、杂填土或饱和黄土等地基加固，对重要工程或地质条件复杂而又缺乏经验的地区，施工前，应通过现场试验确定其适用性。

2. 构造措施及施工要点

（1）石灰桩加固设计规定

石灰桩加固设计应符合下列规定：

1）石灰桩桩身材料宜采用生石灰和粉煤灰（火山灰或其他掺合料）。生石灰氧化钙含量不得低于70%，含粉量不得超过10%，最大块径不得大于50mm。

2）石灰桩的配合比（体积比）宜为生石灰：粉煤灰＝1:1、1:1.5或1:2。为提高桩身强度，可掺入适量水泥、砂或石屑。

3）石灰桩桩径应由成孔机具确定。桩距宜为 2.5~3.5 倍桩径，桩的布置可按三角形或正方形布置。石灰桩地基处理的范围应比基础的宽度加宽 1~2 排桩，且不小于加固深度的一半。石灰桩桩长应由加固目的和地基土质等决定。

4）成桩时，石灰桩材料的干密度 ρ_d 不应小于 $1.1t/m^3$，石灰桩每延米灌灰量可按下式估算：

$$q = \eta_c \, (\, \pi d^2/4 \,)$$

式中　η_c——充盈系数，可取 1.4~1.8。振动管外投料成桩取高值；螺旋钻成桩取低值；

　　　　d——设计桩径（m）。

5）在石灰桩顶部宜铺设 200~300mm 厚的石屑或碎石垫层。

6）复合地基承载力和变形计算，应符合现行行业标准《建筑地基处理技术规范》JGJ 79—2012 的有关规定。

（2）石灰桩施工规定

石灰桩施工应符合下列规定：

1）根据加固设计要求、土质条件、现场条件和机具供应情况，可选用振动成桩法（分管内填料成桩和管外填料成桩）、锤击成桩法、螺旋钻成桩法或洛阳铲成桩工艺等。桩位中心点的允许偏差不应超过桩距设计值的 8%，桩的垂直度允许偏差不应大于桩长的 1.5%。

2）采用振动成桩法和锤击成桩法施工时，应符合下列规定：

①采用振动管内填料成桩法时，为防止生石灰膨胀堵住桩管，应加压缩空气装置及空中加料装置；管外填料成桩，应控制每次填料数量及沉管的深度；采用锤击成桩法时，应根据锤击的能量，控制分段的填料量和成桩长度。

②桩顶上部空孔部分，应采用 3：7 灰土或素土填孔封顶。

3）采用螺旋钻成桩法施工时，应符合下列规定：

①根据成孔时电流大小和土质情况，检验场地情况与原勘察报告和设计要求是否相符；

②钻杆达设计要求深度后，提钻检查成孔质量，清除钻杆上泥土；

③施工过程中，将钻杆沉入孔底，钻杆反转，叶片将填料边搅拌边压入孔底，钻杆被压密的填料逐渐顶起，钻尖升至离地面 1.0~1.5m 或预定标高后停止填料，用 3：7 灰土或素土封顶。

4）洛阳铲成桩法适用于施工场地狭窄的地基加固工程。洛阳铲成桩直径可为 200~300mm，每层回填料厚度不宜大于 300mm，用杆状重锤分层夯实。

5）施工过程中，应设专人监测成孔及回填料的质量，并做好施工记录。如发现地基土质与勘察资料不符时，应查明情况并采取有效处理措施后，方可继续施工。

6）当地基土含水量很高时，石灰桩应由外向内或沿地下水流方向施打，且宜采用间隔跳打施工。

8.7.8 其他地基加固方法

（1）基本概念

除上述方法外，地基加固还有其他方法，如旋喷桩、灰土挤密桩硅化注浆、碱液注浆、人工挖孔混凝土灌注桩等。

旋喷桩适用于处理淤泥、淤泥质土、黏性土、粉土、砂土、黄土、素填土和碎石土等地基。对于砾石粒径过大，含量过多及淤泥、淤泥质土有大量纤维质的腐殖土等，应通过现场试验确定其适用性。

灰土挤密桩适用于处理地下水位以上的粉土、黏性土、素填土、杂填土和湿陷性黄土等地基。

水泥土搅拌桩适用于处理正常固结的淤泥与淤泥质土、素填土、软－可塑黏性土、松散－中密粉细砂、稍密－中密粉土、松散－稍密中粗砂、饱和黄土等地基。

硅化注浆可分双液硅化法和单液硅化法。当地基土为渗透系数大于 2.0m/d 的粗颗粒土时，可采用双液硅化法（水玻璃和氯化钙）；当地基的渗透系数为 0.1~2.0m/d 的湿陷性黄土时，可采用单液硅化法（水玻璃）；对自重湿陷性黄土，宜采用无压力单液硅化法。

碱液注浆适用于处理非自重湿陷性黄土地基。

人工挖孔混凝土灌注桩适用于地基变形过大或地基承载力不足等情况的基础托换加固。

（2）构造措施及施工要点

旋喷桩、灰土挤密桩、水泥土搅拌桩、硅化注浆、碱液注浆的设计与施工应符合现行行业标准《建筑地基处理技术规范》JGJ 79—2012 的有关规定。人工挖孔混凝土灌注桩的设计与施工应符合现行行业标准《建筑桩基技术规范》JGJ 94—2008 的有关规定。

8.8 加固设计与施工实例

8.8.1 混凝土结构加固改造案例

1. 工程概况

苏州××广场坐落于苏福路两侧，由于地基沉降导致地下室地板上浮拱起，造成框架梁、墙出现不同程度的裂缝，柱顶及梁墙节点出现不同程度损害，需要对其相应部位进行加固处理。主要加固方案是：框架柱外包钢，框架梁底粘钢、粘贴纤维布，柱、梁、墙及底板裂缝修补，梁柱混凝土酥裂剥落处理。

2. 加固方案

（1）包钢加固

施工流程：混凝土表面处理→角钢及扁钢表面处理→焊接角钢骨架→密封及通气实验→配制树脂胶→压力灌胶→封口→角钢骨架防护处理。图 8-2 为包钢加固的示例。

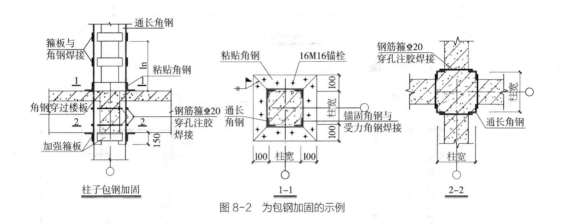

图 8-2　为包钢加固的示例

（2）粘钢加固

施工流程：熟悉图纸→根据构件状况设计加固方案→搭设脚手架→放线→被加固构件卸荷→被粘结构件表面处理（剔凿、打磨、钻孔）→予排钢板→粘结剂配置→涂胶→粘钢→安装→植螺栓→固定加压→表面防锈处理→垃圾清运→检验→养护。图 8-3 为粘包钢加固的示例。

（3）粘贴碳纤维加固

施工流程：施工准备→混凝土表面处理→涂刷底胶→构件表面残缺面修补→粘贴碳纤维→表面养护→找平材料配置→底层或树脂配制→浸渍树脂配制。图 8-4 所示为粘贴碳纤维的示例。

3. 混凝土材料变形原理

混凝土材料的本构关系是指材料的应变随着应力的变化曲线。曲线由上升段和下降段组成（图 8-5），计算采用的应力 - 应变曲线表达式为：

上升段计算公式：

$$\sigma = \sigma_0 [2(\frac{\varepsilon}{\varepsilon_0}) - (\frac{\varepsilon}{\varepsilon_0})^2] \qquad \varepsilon \leqslant \varepsilon_0$$

下降段计算公式：

$$\sigma = \sigma_0 [1 - 0.15(\frac{\varepsilon - \varepsilon_0}{\varepsilon_u - \varepsilon_0})] \qquad \varepsilon < \varepsilon_0 \leqslant \varepsilon_u$$

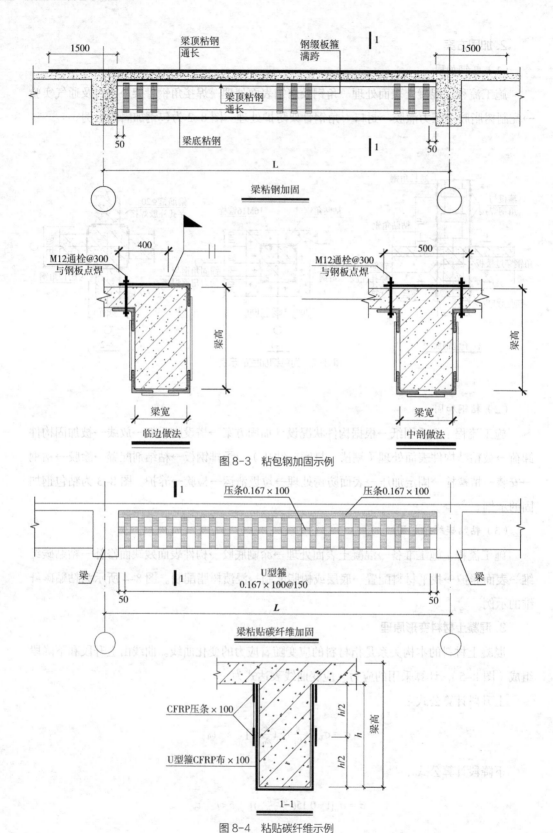

图 8-3　粘包钢加固示例

图 8-4　粘贴碳纤维示例

4.混凝土梁挠曲变形分析

加固梁跨度为 8m，梁截面为 600mm×800mm，混凝土强度 C30，基于上述原理我们对此梁进行实体建模分析，得到计算结果如图 8-6、图 8-7 所示。

计算结果表明，在荷载作用下，加固后梁的挠度明显变小，较加固前减少挠度 1/320，承载力提高约 30%，可以满足现行设计规范要求。

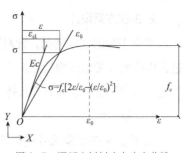

图 8-5　混凝土材料应力应变曲线

图 8-6　加固前荷载作用下的应力和变形

图 8-7　加固后荷载作用下的应力和变形

5.加固总结

每种加固方法都有它的优点和局限性，结合现场情况，我们对不同部位的不同结构都相应采取不同的加固工艺，这不仅在很大程度上节省了材料，确保了建筑物外观，更重要的是使结构更加安全可靠。

8.8.2　砌体结构加固改造案例

1.工程概况

某家属楼为 6 层砖混结构房屋，共 4 个单元，总建筑面积约 5000m²。该房屋墙体设计采用机制 MU7.5 黏土砖，1、2 层墙体采用 M7.5 混合砂浆，其他采用 M5 混合砂浆。除基础垫层混凝土采用 C10 混凝土外，其他现浇混凝土构件采用 C20 混凝土。

根据有关检测部门出具的检测报告，该房屋存在多处质量问题，主要有：①部分楼层砂浆强度偏低，经验算，部分墙体承载力达不到设计要求；②部分挑梁混凝土强度达不到要求，经验算部分构件正截面承载力及斜截面承载力达不到设计要求；③顶层部分墙体存在温度变形裂缝。

2. 加固方案设计

结合工程的实际情况，针对该房屋各部分特点，分别进行加固方案设计。在方案设计过程中应充分考虑结构特点及房屋使用情况，避免加固施工对房屋使用性能造成大的影响。为此，考虑该房屋加固方案具体如下。

（1）墙体加固

由于砂浆强度偏低造成砌体承载力不足，故在墙体两侧采用增加钢筋网片水泥砂浆面层的加固方法，以提高墙体承载力。其中水平分布筋采用 $\phi6@300$，竖向分布筋采用 $\phi8@300$，拉结筋为 $\phi6@600$。墙面分布钢筋应与墙体四周楼板、大梁、混凝土柱等进行可靠连接，底层钢筋应伸入室内地坪以下 500mm，并与地圈梁可靠连接，具体做法可以参考有关抗震加固图集。

（2）墙体裂缝处理

该房屋顶层墙体斜裂缝主要由温度变形引起，在裂缝处理上，传统的加固方法一般采用对墙体裂缝进行灌浆处理或直接对裂缝进行封闭处理，然后外加钢筋网片面层的方法。但从以往的加固经验看，这 2 类加固方法对温度裂缝这类反复变形裂缝的处理效果不太理想。近年来，采用粘贴碳素纤维布的方法对墙体裂缝进行处理，取得了良好的加固效果。处理方案如下。

1）墙面处理：首先将墙面抹灰沿裂缝两侧剔除 500mm，将墙面清理干净并对墙面进行打磨。对于墙面凹陷较大部位应采用高强度等级水泥砂浆进行处理，待水泥砂浆达到强度后方可进行打磨处理。

2）裂缝灌浆处理：对于宽度较大的裂缝，应进行压力灌缝，施工工艺可参考《混凝土结构加固技术规程》CECS25：90 进行，对于裂缝宽度较小的，可不进行该部分处理。

3）粘贴碳纤维布：跨缝进行粘贴碳素纤维布处理，每侧碳纤维布长度为 300mm。在粘贴碳纤维布时应注意：不同部位可以调整碳纤维方向以保证碳纤维布长度与裂缝方向垂直，且应保证碳纤维布沿裂缝方向满布，必要时碳纤维布可以重叠。

4）表面抹灰。从受力上分析：温度裂缝属于变形裂缝，采用普通钢筋网片很难约束墙体微小的温度变形，而碳素纤维布与墙体充分粘结，可以充分约束墙体变形。而且碳素纤维布应力即使超过 2000MPa，仍处于弹性变形阶段，变形量较小。正是因为这些特点，才使得碳素纤维布在处理裂缝时效果良好。采用这种方法在处理混凝土非荷载裂缝时同样可以取得良好的加固效果。

（3）挑梁加固设计

本例中由于构件实测混凝土强度较低，查阅以前类似工程加固资料，采用方法多为 2 类：①将挑梁改简支构件，方法多为增设挑梁端头柱或加斜拉杆；②在挑梁上部增设受拉钢筋。但这两类方法存在对结构改变较大、施工操作难度大等问题，同时考虑到该挑梁构件本身截面较小，决定在挑梁受压区增大截面方法进行加固。

该挑梁构件原截面为240mm×240mm，原设计强度为C20，但实测强度仅为C13。现将高度另加110mm，加固构造应满足《混凝土结构加固技术规程》CECS25:90及新版《混凝土结构设计规范》GB 50010—2010中关于叠合构件的要求。计算时，应按照叠合构件计算要求进行计算，正截面承载力计算过程见表8-1。计算过程中因新加混凝土为C25，应注意混凝土强度取值问题。

在表8-1中，原构件受弯承载力为46.9kN·m，但根据实测混凝土强度计算实际受弯承载力只有33.3kN·m。经加大截面后，抗弯承载力为74.9kN·m，满足原设计46.9kN·m的要求。抗剪承载力原设计为58.33kN，而原构件实际承载力为42.83kN，经加固后达到65.82kN，满足要求。此外还应按叠合构件进行叠合面抗剪验算，可根据新版《混凝土结构设计规范》GB 50010—2010中叠合构件进行计算，经验算满足要求。

根据计算，受压区钢筋选用2φ14，U形箍筋选用φ6钢筋。施工时，新增受压钢筋采用植筋技术植入与挑梁相连构造柱中；原构件受压区钢筋保护层应剔开，将新增U形箍筋与原构件箍筋焊接，采用单面焊，焊缝长度60mm；结合面处应剔凿，间距100mm，深度6mm。

3. 结论

通过以上加固方案的实施，解决了该住宅楼存在的安全隐患问题，取得了良好的加固效果及经济效果。从这个加固实例中可见，在砖混结构房屋加固设计的过程中应根据加固部位的具体特点，并结合其在整个结构中的重要程度，灵活选择加固手段。只有这样才能

正截面承载力计算 表8-1

构件	加固构件	加固后构件	备注
截面 $b \times h$（mm²）	240×240	240×350	
受压区混凝土 f_c（MPa）	（9.6）实测5.0	11.6	括号中数据为原设计值
受拉钢筋面积 A_s（mm²）	910	910	
受拉钢筋 f_y（MPa）	310	310	
受压钢筋面积 A_s（mm²）	157	308	
受压钢筋 f_y（MPa）	210	310	
相对受压区高度 ζ	（0.395）0.920	0.207	L1构件 $\zeta > \zeta_h$ 取为 $\zeta = \zeta_h$
受压区高度 x（mm）	（81）189	66	L2构件 $x/0.8 < 110$，中性轴位于新加混凝土部分
受弯承载力 M_u（kN·m）	（46.9）33.2	74.9	L1构件 $\zeta > \zeta_h$ 取为 $\zeta = \zeta_h$
箍筋	2φ6	2φ6	
箍筋强度 f_{yv}（MPa）	210	210	
箍筋间距 s（mm）	150	150	
混凝土 f_t（MPa）	（1.1）0.65	0.65	L2混凝土强度取新旧混凝土较低值
抗剪承载力 V（kN）	（58.33）42.83	65.82	满足要求

在加固效果、经济比较中寻求较好的平衡点。

8.8.3 钢结构加固改造案例

1. 工程概况

山东××股份特殊钢厂一炼钢车间建于1970年，分一期、二期工程，总建筑面积11000m²。使用过程中未进行过重大土建技术改造。厂房结构类型以独立基础、钢筋混凝土柱、钢筋混凝土屋面梁、钢筋混凝土屋架、钢屋架、钢天窗架、钢筋混凝土大型屋面板体系为主。一期厂房为24m、18m钢屋架，钢天窗架；二期采用24m、18m钢筋混凝土拱形屋架，钢筋混凝土天窗架。屋面体系均为钢筋混凝土密肋板、大型屋面板。厂房投产至今分别作过三次可靠性检测鉴定。主跨吊车由原设计30t升级为40t。原有钢筋混凝土吊车梁部分更换为钢吊车梁。为满足生产产量的日益提高，保证生产的顺利进行，据2003年8月"山东省××工程质量检验测试中心"的检验报告，总公司于2003年9月决定对该厂房进行加固和维修，施工工期为二个月。

2. 加固范围及方案

根据"山东省××工程质量监督检验测试中心"2003年8月的检验报告，经技术人员现场查看及查阅有关工程资料，从安全可靠和经济合理的角度出发，首先确定加固范围，并对主要构件提出以下加固方案。

（1）钢屋架

1）根据我国《钢结构设计规范》GBJ 17—1988进行复核，钢屋架上弦CD与支座斜杆Ba的承载力不足（$0.90 < R/\gamma_{os} < 0.95$），在目前使用条件下，虽没发生安全问题，但安全度较低，应采取加固措施，加固范围为全部24m跨钢屋架。

2）跨中下弦柔性系杆TC-35的长细比低于国家规范要求，宜采取加固措施。

3）在钢屋架上悬挂附加重量导致结构存在安全隐患，副跨车间现有的悬挂荷载应该撤除。确因生产需要而不能撤除者，近期可分散悬挂于下弦节点，不允许悬挂于上弦和其他杆件中央。从长期来看，应在屋架加固时同时考虑生产所必需的悬挂荷载。

4）钢屋架锚栓普遍松动，所有钢屋架支座螺栓应全面紧固一次，个别支撑连接螺栓漏拧，也应紧固。

5）所有锈蚀部位均应除锈补刷油漆。

对钢屋架个别受压杆件承载力不足，采用粘贴钢板加固技术。因建筑物已经使用近30年，钢结构内部应力场已经形成，如采用焊接方法，将破坏原结构应力场，可能会对整个建筑带来隐患。

（2）钢筋混凝土密肋板、大型屋面板（图8-8、图8-9）

建筑物使用时间较长，混凝土构件的碳化深度基本上已达到混凝土保护层的厚度，并且产生细微的裂缝，考虑构件承载力下降不多，以及施工条件，工程造价等因素，并考虑构件的耐久性决定选用粘贴碳纤维进行加固。

加固范围及要求如下：

1）屋面开孔附近的 D 级板不能继续使用，必须立即更换或加固。其他部位的 C、D 级板雨漏部位应立即进行耐久性处理。

2）C 级板及钢筋混凝土屋面梁下弦杆应根据使用情况采取粘贴碳纤维加固，加固简图如图 8-8 所示。

3）换密肋板后的重量不允许超过现有屋面重量。屋面改造或加固时，要进行钢屋架和天窗架等结构与连接的承载力复核。

4）必须防止密肋板、大型板处于潮湿甚至雨漏环境，避免长时期的有害气体（如 CO_2 和 SO_2 等）侵蚀。

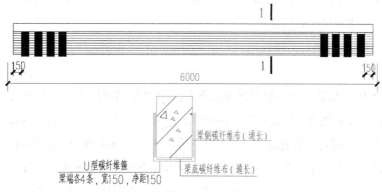

图 8-8　钢筋混凝土梁加固详图

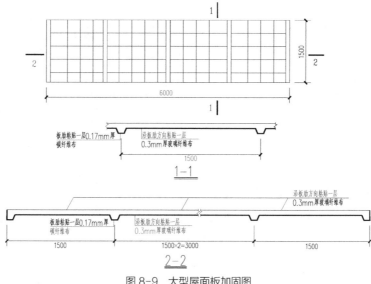

图 8-9　大型屋面板加固图

5）屋面板不允许超载。

3. 加固施工

加固施工的具体步骤和要求如下：

1）沿梁长度方向，在混凝土 3 个面粘贴碳纤维布，再在梁端粘贴碳纤维箍，其作用是增强抗剪能力和增加梁底碳纤维布的锚固。

2）根据碳纤维加固施工方法与要求，先对混凝土表面缺陷（蜂窝、麻面、空洞、漏筋、裂缝、混凝土脱落等）进行检查、修补，再用底胶进行混凝土面处理，待底胶稍干后用修补胶进行修补，最后用粘结胶把碳纤维粘于处理好的混凝土构件表面。严格按《碳纤维片材加固混凝土结构技术规程》CECS 146—2003 要求进行施工。

3）粘钢加固施工方法与要求：除去钢构件表面浮灰，用钢丝砂轮片打磨出结构本体，同时除去钢板表面油漆、锈迹，新旧钢板均打磨至漏出金属光泽，并用丙酮进行擦洗。

4）粘钢加固时，在钢板表面均匀涂抹结构胶，通过拧紧 C 形卡具的紧固螺栓，对粘贴的钢板加压，来保证粘贴质量。

5）加固好的构件进行防锈处理。

4. 结论

本工程实例说明粘钢及粘贴纤维布增强复合材料加固可以增强构件的抗弯、抗剪能力，提高构件的承载能力；提高原构件的延性，增强抗震能力；提高构件的抗裂性，延长构件的使用寿命。同时又具有施工工艺简便不影响生产，不增加结构的截面尺寸和重量，为旧工业建筑改造提供了一条好的途径。而且随着社会发展和技术进步，加固用材料也从最初进口到现在我国加固企业自主生产，所以粘钢及粘贴纤维布增强复合材料加固的应用也会越来越广泛。

9 我国现存建筑风格概述

建筑是人类文化财富中重要的组成部分，是人类文明的标志。建筑是技术与艺术共同构成的综合体，是一个时代生产力和人们审美情趣结合的产物，涵盖了当时的社会、政治与经济的背景。不同国家、不同民族、不同地区的建筑形式反映出各自不同的文化特点，但他们绝不是孤立的，而是无时无刻不在彼此进行交流。每一栋建筑都是人类文明的结晶。认知不同时代的建筑风格，也就了解建筑发展的历史，对房屋鉴定工作具有积极意义。

概括来讲世界建筑主要分为三大类：

一是西方建筑，以欧洲为核心包括欧、美等国建筑。

二是东方建筑，以中国古典建筑为核心包括日、韩、中南半岛。

三是伊斯兰建筑，以伊斯兰教影响地区为核心包括中亚、伊朗、印度古建筑。

中国建筑作为世界建筑史的重要组成部分，历史悠久，既有传承，又海纳百川。世界各类建筑在中国都有建树，充分体现了中国存量建筑的多样性，传承、共融、并存，构筑了中国存量建筑的灿烂与辉煌。

中国的建筑按其建筑建设时段分大致为三大类：

一是中国古代建筑。1840 年鸦片战争前建设的建筑多为古代建筑，这个时期的建筑具有我国民族建筑特色；

二是中国近代建筑。从 1840 年鸦片战争开始到 1949 年中华人民共和国成立之间的建筑为近代建筑，这个时期我国的建筑处于承上启下、中西交汇、新旧接替的过渡时期，是我国建筑发展史上一个急剧变化的阶段；

三是中国现代建筑。1949 年中华人民共和国成立以后到现在的 60 余年间的建筑为现代建筑，现代建筑在数量、规模、类型、地区分布及现代化水平上都突破了近代建筑的局限，展现出崭新的姿态。

9.1 中国古典建筑

中国古典建筑礼制思想明确，等级森严，在形制、色彩、规模、结构、部件等都有严格规定，并体现天人合一的思想，强调建筑与自然的互相协调与融合。选址强调建造因地制宜，依山就势，园林体现尤其明显。建筑规划多以众多的单体建筑组合成一组建筑群体，大到宫殿，小到宅院。中国古典建筑大致有以下的特点：

（1）建筑材料：建筑多以木材为主，砖石材料为辅。

（2）结构方式：以木构架结构形式组成承载框架，主要有抬梁式木构架、穿斗式木构架、井干式木构架。

（3）空间布局：承重与围护结构分工明确，空间布局灵活。

（4）单体建筑构件：采用等级标准化，建筑构件实行模数制，便于加工、组装与施工。

（5）平面布局：内向含蓄，多层次，均衡对称。

（6）斗拱结构：通过斗拱构件将上部荷载传递于横梁和立柱之上，形成传力体系。

（7）榫卯结构：榫卯是在两个木构件上所采用的一种凹凸结合的连接方式。是木件之间多与少、高与低、长与短之间的巧妙组合，可有效地限制木件向各个方向的扭动，节点虽不是刚接，但能保证建筑物的刚度协调，榫卯结合是结构整体性和抗震的关键，可以保障力的有效传递。

（8）装修与装饰：装修、装饰讲究且变化多样的，凡一切建筑部位或构件，都要美化，所选用的形象、色彩因部位与构件性质不同而有别，色彩装饰浓烈。

9.1.1 中国古典建筑分类

中国古典建筑分为官式和民间两大体系，按用途分为：宫殿建筑、民居建筑、标志性建筑。

1. 宫殿建筑

早在春秋战国时代《考工记》中："匠人营国，方九里，旁三门。国中九经九纬，经涂九轨，左祖右社，面朝后市，市朝一夫。"已明确宫殿建筑规划标准。宋代的《营造法式》、明代的《园冶》、清代的《清工部工程做法则例》都明确了中式古典建筑建造标准。

宫殿建筑又称官式建筑，如宫殿、坛庙、陵寝、寺庙、宅第等。是皇帝为了巩固自己的统治，突出皇权的威严，满足精神生活和物质生活的享受而建造的规模巨大、气势雄伟的建筑物。这些建筑大都金玉交辉、巍峨壮观。

宫殿建筑平面布局形式有严格的方向性，常为南北向，只有少数建筑群因受地形地势限制采取变通形式，也有由于宗教信仰或风水思想的影响而变异方向的。中轴对称是宫殿建筑布局的主要方式，中轴线上的建筑高大华丽，轴线两侧的建筑相对低小简单。

宫殿建筑斗拱硕大，以金黄色的琉璃瓦铺顶，雕梁画栋，汉白玉台基、栏板、梁柱，以及周围的建筑小品，体现了皇权的至高无上等级观念。

（1）北京故宫

北京故宫位于北京市中心，旧称紫禁城。是明、清两代皇宫，无与伦比的古代建筑杰作，中国现存最大、最完整的古建筑群。北京故宫严格地按《周礼·考工记》中"前朝后市，左祖右社"的帝都营建原则建造。整个故宫在建筑布置上，用形体变化、高低起伏的手法组合成一个整体。在功能上符合封建社会的等级制度。

北京故宫是明、清两朝二十余个皇帝举行仪式、办理政务和居住的宫殿。故宫城平面为矩形，东西宽 753 米，南北深 961 米，占地面积 72 万平方米，建筑面积 15 万平方米，有房屋 8000 多间，都是木结构、黄琉璃瓦顶、青白石底座，饰以金碧辉煌的彩画。沿着一条南北向中轴线排列，并向两旁展开，南北取直，左右对称。这条中轴线不仅贯穿在紫禁城内，而且南达永定门，北到鼓楼、钟楼，贯穿了整个城市，气魄宏伟，规划严整，极为壮观。从整个建筑布局来看，故宫可分为前后两个部分：

故宫前部宫殿，主要建筑有太和殿、中和殿、保和殿三大宫殿，建筑造型宏伟壮丽，庭院明朗开阔，象征封建政权至高无上，太和殿坐落在紫禁城对角线的中心，故宫的设计者认为这样可以显示皇帝的威严（图 9-1）。

故宫后部宫殿，主要建筑有乾清宫、交泰殿、坤宁宫和御花园。东西两侧是东六宫和西六宫，是皇帝处理政务和后妃们居住的地方。

太和殿、中和殿和保和殿，都建在汉白玉砌成的 8 米高的台基上，远望犹如神话中的琼宫仙阙。第一座大殿太和殿是最富丽堂皇的建筑，俗称"金銮殿"，是皇帝举行大典的地方，殿高 28 米，东西 63 米，南北 35 米，有直径达 1 米的大柱 92 根，其中 6 根围绕御座的是沥粉金漆的蟠龙柱。御座设在殿内高 2 米的台上，前有造型美观的仙鹤、炉、鼎，后面有精雕细刻的围屏。整个大殿装饰得金碧辉煌，庄严绚丽。中和殿是皇帝去太和殿举行大典前稍事休息和演习礼仪的地方。保和殿是每年除夕皇帝赐宴外藩王公的场所。故宫是中国宫殿建筑最后的、也是最成熟最典型的宫殿建筑。

（2）外八庙建筑（图 9-2）

外八庙建造于承德避暑山庄的周围，采用彩色的琉璃瓦，有的甚至用镏金鱼鳞瓦覆顶，远远望去，巍峨壮观，金碧辉煌，一派富丽堂皇的景象，这与避暑山庄古朴典雅的亭、轩、榭、阁，形成鲜明的对比。

多数寺院建筑依山建造，在布局上运用了一些特殊手法。例如将轴线对称式和自由

图 9-1　太和殿

图 9-2　外八庙

式布局结合在一起，巧妙利用地形来解决平面高差问题，叠置人工假山来增加空间趣味等。在平面比例关系上多次运用相似比例图形和矩形的构图，以获得和谐感。特别是普宁寺的后半部布局是一组包括大乘阁、喇嘛塔、小型殿台等 19 座建筑的群体，组成以建筑物来体现的佛教"坛城"，运用象征手法表达出佛经上的天国世界，这种布局在中国建筑史上是少见的。

普宁寺大乘阁"外八庙"中的主殿有好几座采用多层楼阁建筑，是体形庞大的中空式建筑，最高的大乘阁高达 39.16 米。这些实例反映了中国古代工匠运用合理的构架形式和木材帮拼方法建造高层木结构房屋的技术水平，在中国建筑技术史上占有重要地位。

清帝兴建这些寺庙，是为了顺应蒙、藏等少数民族信奉喇嘛教的习俗，寺庙的建筑形制不仅应用了琉璃瓦顶、方亭、牌楼、彩画等汉族建筑传统手法，同时也应用了红白高台、群楼、梯形窗、喇嘛塔、镏金铜瓦等藏族、蒙古族的建筑手法，建筑形式别具一格。

2. 民居建筑

中国的民居是我国传统建筑中的一个重要类型，是我国古代建筑中民间建筑体系中的重要组成内容。民居作为传统建筑内容之一，因其分布广，数量又多，并且与各民族人民的生活、生产、习俗、审美观念密切相关，故它具有明显的地方特色和浓厚的民族特色。

中国汉族地区传统古代民居的主流是规整式住宅，多以中轴对称布置和封闭独立的院落进行布局，庭院方阔，尺度合宜，宁静亲切，花木井然。因地制宜，因材致用。

民居建筑以"间"为单位构成单座建筑，再以单座建筑组成庭院，进而以庭院为单元，组成各种形式的组群。以一条主要的纵轴线为主，将主要建筑物布置在主轴线上，次要建筑物则布置在主要建筑物前的两侧，东西对峙，组成为一个方形或长方形院落。民居与官式建筑具有明显的等级规定，一般可从建筑物的屋顶式样和檐来区别。

（1）按屋顶式样分类

1）硬山顶建筑（图 9-3）

硬山式屋顶是汉族传统建筑双坡屋顶形式之一。硬山顶屋面以中间横向正脊为界分前后两面坡，是两坡出水的五脊二坡式，属于双面坡的一种。特点是有一条正脊，四条垂脊，形成两面屋坡。左右两侧用砖石垒砌的山墙同屋面齐平或略高出屋面，屋顶的檩木不外悬出山墙，屋面夹于两边山墙之间。和悬山顶不同，硬山顶最大的特点就是其两侧山墙把檩头全部包封住，由于其屋檐不出山墙，故名硬山。高出的山墙称风火山墙，其主要作用是防止火灾发生时，火势顺房蔓延。常用于中国汉族民间居住建筑中。

2）卷棚顶建筑（图 9-4）

卷棚式屋顶（又称元宝顶）是古代汉族建筑的一种屋顶样式。为双坡屋顶，两坡相交处不作大脊，由瓦垄直接卷过屋面成弧形的曲面卷棚顶整体外貌与硬山、悬山一样，唯一的区别是没有明显的正脊，屋面前坡与脊部呈弧形滚向后坡，颇具一种曲线所独有的阴柔之美。

图9-3 硬山顶建筑

图9-4 卷棚顶建筑

卷棚顶是两坡出水，其特征在于前后两坡相接处没有明显外露的正脊，而是成弧线曲面。与左右山墙的悬山式和硬山式不同，卷棚顶可分为悬山卷棚、硬山卷棚，另外，卷棚顶也可以是歇山式，因此可以看作是歇山、悬山、硬山的变形。

卷棚顶线条流畅、风格平缓，因此多用于园林建筑，在宫殿中也多用于太监、佣人等所居的边房。承德避暑山庄宫殿区建筑都采用了卷棚顶，以表现此为离宫，和正式宫廷相区分。

（2）按地域分类

民居建筑的建筑风格按照地域不同可分为北方建筑（京派）、江南建筑（江南派）、徽南建筑（徽派）和岭南建筑等几大流派。民居建筑讲究"静"和"净"，环境的平和与建筑的含蓄。

1）北方民居建筑

①北京四合院（图9-5）

四合院是北京地区乃至华北地区的传统住宅，是北方民用建筑的典型代表。这种住宅形式，起始于元、明，现存的四合院，以清代时期建设的为多。标准四合院是由北房、南房及东西厢房四面围合，用卡子墙把房屋连接起来，形成一个封闭式院落。四合院通常由一至三个院落组成，其基本特点是按南北轴线对称布置房屋和院落，坐北朝南，大门一般开在东南角，门内建有影壁，外人看不到院内的活动。正房位于中轴线上，侧面为耳房及左右厢房。正房是长辈的起居室，厢房则供晚辈起居用，这种庄重的布局，亦体现了华北人民正统、严谨的传统性格。住宅设计注重保温防寒避风沙，砖木结构，外围砌砖墙，整个院落被房屋与墙垣包围，硬山式屋顶，墙壁和屋顶都比较厚实。

四合院大门迎面有照壁，南房三间是客室或者书房，北面正房三间，高大宽敞，两边各有耳房一间，所谓"三正两耳"。东西边，各有三间厢房相对称。在正房后面，有的还有后罩房五间。这就是北京的标准四合院。

不过，北京的房屋院落，不全是这样标准的四合院，有的院落有大有小，房有多有少，院落位置有东有西，因此院落的形式也各不一样，不过大体上都本着四合院的基本规格。

在清代府制，因封爵等级不同，所居府第的规制也有差别，它们主要表现在中轴线上有几重院，主要建筑如门殿寝楼的规模、建筑物上的装饰如梁架彩绘、门钉数目、屋顶用瓦的类别和颜色、屋脊兽吻的数目等。这些府第尽管规模大小不同，但其最基本的规格，还是以四合院为基础，这些大小不同的四合院，多数分布在北京内城的东西两城。

②山西民居（图9-6）

山西民居是北方汉族传统民居建筑的一个重要流派。最具代表性的要数祁县和平遥。山西民居与其他地区汉族传统民居的共同特点都是聚族而居，坐北朝南，注重内采光；以木梁承重，以砖、石、土砌护墙；以堂屋为中心，以雕梁画栋和装饰屋顶、檐口见长。其所占地面之大，外墙之高，砖石木料上之工艺，楼阁别院之复杂，房子造法形式与其他山西讲究房子相同，但较近于北平官式，做工极其完美。外墙石造雄厚惊人，为建筑之荣耀。

图9-5 北京四合院　　　　　图9-6 山西民居

晋商大院中，出名最早的是乔家大院，占地8724.8平方米，建筑面积4175平方米。整个院落呈双"喜"字形，分为6个大院，内套20个小院，313间房屋。院与院相衔，院中有院，院内有园。屋与屋相接，鳞次栉比的悬山顶、歇山顶、硬山顶、卷棚顶及平面顶上，都有通道与堞墙相连。从高处俯瞰，整体布局为城堡式建筑。显示了中国古代劳动人民高超的建筑艺术水平。

2）江南民居建筑

江南建筑集中在长江中下游的河网地区。组群比较密集，庭院比较狭窄。城镇中大型组群（大住宅、会馆、店铺、寺庙、祠堂等）很多，而且带有楼房；小型建筑（一般住宅、店铺）自由灵活。屋顶坡度陡峻，翼角高翘，装修精致富丽，雕刻彩绘很多。总的风格是秀丽灵巧。

江南民居依水势而建，错落有致，白墙、黑瓦，优雅别致。园林"曲径通幽处，禅房花木深"，"虽为人做，宛自天成"，将自然和人文完美结合，可谓"一园，尽揽天下之美"。这里还有数不清的各式小桥，把水和人家连为一体。生活在这里的人们，优雅、恬适，与自然和谐地相处。体现出江南文化的丰富多彩，灵秀、清新。

①徽南建筑（图9-7）

作为徽州建筑艺术典范的"古建三绝"——古民居、古祠堂、古牌坊更是令人赞叹不已。徽州古民居受徽州文化传统和优美地理位置等因素的影响，形成独具一格的徽派建筑风格。粉墙、青瓦、马头墙、砖木石雕以及层楼叠院、高脊飞檐、曲径回廊、亭台楼榭等的和谐组合，构成徽派建筑的基调。

徽派古民居规模宏伟、结构合理、布局协调、风格清新典雅，尤其是装饰在门罩、窗楣、梁柱、窗扇上的砖、木、石雕，工艺精湛，形成多样，造型逼真，栩栩如生。徽州民居讲究自然情趣和山水灵气，房屋布局重视与周围环境的协调，自古有"无山无水不成居"之说。

徽派古民居，多为三间、四合等格局的砖木结构楼房，平面有口、凹、H、日等几种类型。两层多进，各进皆开天井，充分发挥通风、透光、排水作用。人们坐在室内，可以晨沐朝霞、夜观星斗。经过天井的"二次折光"，比较柔和，给人以静谧之感。雨水通过天井四周的水枧流入阴沟，俗称"四水归堂"，意为"肥水不外流"，体现了徽商聚财、敛财的思想。民居楼上极为开阔，俗称"跑马楼"。天井周沿，还设有雕刻精美的栏杆和"美人靠"。一些大的家族，随着子孙繁衍，房子就一进一进地套建，形成"三十六个天井，七十二个槛窗"的豪门深宅，似有"庭院深深深几许"之感。

徽商贾而好儒、崇文重学，走进徽州，人们可以从众多鳞次栉比的古民居中看到"东方文化的缩影"。

②岭南建筑（图9-8）

岭南系我国南方五岭之南的概称，其境域主要涉及福建南部、广东全部、广西东部及南部。岭南建筑及其装饰是我国建筑之林中一枝奇葩，岭南建筑从颇具江南特色到兼具中西方建筑风格，它在历史中经历了数次变化，最终形成了自身的独特风格，其以简练、朴素、通透、雅淡的风貌展现在南国大地上。岭南建筑具有隔热、遮阳、通风的特点，建筑物顶部常做成多层斜坡顶，外立面颜色以深灰色、浅色为主，布局、装饰的格调十分自由和自然。

岭南建筑经历了四个发展阶段：第一阶段是明清时期的书院、祠堂建筑；第二阶段是

图9-7　徽南建筑

图9-8　岭南建筑

清末民初的西大屋、竹筒屋和商业骑楼建筑；第三阶段是西洋建筑的传入，中外建筑师将中西建筑融合起来；第四阶段是新中国成立后，中西建筑技术融合，古为今用，洋为中用，使岭南建筑逐渐进入现代建筑的发展的阶段，形成具有鲜明地方特色的岭南派建筑风格。

岭南建筑采用的砌墙材料有三合土、卵石、蚝壳、砖等，清代以后多用青砖和红砖（由花岗岩石和红砂岩石制成），柱和梁多采用木材和石材，屋架主要采用木材，基础采用石材。

3）少数民族民居建筑

中国少数民族地区的居住建筑具有多元性、多样性和兼容性，体现少数民族建筑文化的特点。

①客家土楼（图9-9）

客家民居建筑的风格和形式，在不同的历史时期和不同的地区有不同的变化，其中最具特色的为客家土楼（又称福建土楼）。客家土楼是中华文明的一颗明珠，是中国古建筑的一朵奇葩，它以历史悠久、风格独特、规模宏大、结构精巧等特点独立于世界民居建筑艺术之林。土楼民居以种姓聚族而群居特点和它的建造特色都与客家人的历史有密切相关。客家人居住的大多是偏僻的山区或深山密林之中，当时不但建筑材料匮乏，豺狼虎豹、盗贼嘈杂，加上惧怕当地人的袭扰，客家人便营造"抵御性"的城堡式建筑住宅。这样也就形成了客家民居独特的建筑形式——土楼。

客家土楼是世界上独一无二的山区大型夯土民居建筑，创造性的生土建筑艺术杰作。土楼依山就势，布局合理，吸收了中国传统建筑规划的"风水"理念，适应聚族而居的生活和防御的要求，巧妙地利用了山间狭小的平地和当地的生土、木材、鹅卵石等建筑材料，是一种自成体系，具有节约、坚固、防御性强特点，又极富美感的生土高层建筑类型，现已被正式列入《世界遗产名录》。

②吊脚楼（图9-10）

"吊脚楼"为苗族、壮族、布依族、侗族、水族、土家族等族传统民居，在湘西、鄂西、贵州地区的吊脚楼也很多。吊脚楼多依山就势而建，属于干栏式建筑，但与一般所指干栏

图9-9　客家土楼

图9-10　吊脚楼

有所不同。干栏应该全部悬空的，所以称吊脚楼为半干栏式建筑。正屋建在实地上，厢房除一边靠在实地和正房相连，其余三边皆悬空，靠柱子支撑。

吊脚楼有很多好处，高悬地面既通风干燥，又能防毒蛇、野兽，楼板下还可放杂物。吊楼还有鲜明的民族特色，优雅的"丝檐"和宽绰的"走栏"使吊脚楼自成一格。依山的吊脚楼，在平地上用木柱撑起分上下两层，节约土地，造价较廉；上层通风、干燥、防潮，是居室；下层是猪牛栏圈或用来堆放杂物。有的吊脚楼为三层建筑，除了屋顶盖瓦以外，上上下下全部用杉木建造。屋柱用大杉木凿眼，柱与柱之间用大小不一的杉木斜穿直套连在一起，尽管不用一个铁钉也十分坚固。吊脚楼讲究的里里外外都涂上桐油又干净又亮堂。底层不宜住人，是用来饲养家禽，放置农具和重物的。第二层是饮食起居的地方，内设卧室，外人一般都不入内。第三层透风干燥，十分宽敞，除作居室外，还隔出小间用作储粮和存物。

③回族建筑（图 9-11）

回族建筑是回族文化的重要组成部分，具有鲜明的民族特点和地方特色。尤其是回族清真寺的装饰艺术，不仅反映了回族文化特有的精神意韵，而且表现了不同时代的清真寺的精神风貌，记载着伊斯兰教文化和中国传统文化融合与发展的历史。而中国传统建筑风格的清真寺，正是中西文化结合的产物。

回族建筑采用的符号是"拱"。"拱"是从伊斯兰建筑的新月、穹顶、门窗造型中提炼演变而来的。"拱"作为建筑符号，虽然不是回族建筑所独有，但却是回族建筑普遍具备的一个特征。传统伊斯兰建筑常用的"拱"的形式有弧形拱、半圆拱、三心拱、S型尖拱、等边尖拱、马蹄拱、复叶形拱等。

回族建筑具有以下特点：

其一，建筑工艺的结合性。即将伊斯兰的装饰风格与中国传统建筑手法相融汇，通常采用白、蓝、绿等冷色布置大殿，体现了回族喜欢的审美心态。在重点装饰的天篷圣龛饰以彩画和金色花卉等图案，还嵌砖雕、挂金匾。在大殿以外的地方，或精雕细刻，或雕梁画栋使寺院充满富丽堂皇和庄严神圣的宗教气氛。

其二，布局的完整性。即多采用中国传统的四合院形制。其建筑以一定的中轴线排列，具有完整的空间。其间每一院都有独特的功能和艺术特色，又井然有序，展示了一个完整的建筑艺术风格。

其三，坚持伊斯兰教的基本原则，突出表现了清真寺的宗教特点。如寺内的圣翁皆背向正西的麦加克尔白、大殿内不设偶像、不搞偶像崇拜、寺内皆设礼拜大殿、沐浴室等。明显区别于其他宗教建筑。

其四，寺院园林化。我国回族清真寺内，往往小桥流水，山石叠翠，遍植树木花草，洋溢着浓郁的生活情趣，使人在崇敬之余，产生亲切感。

图 9-11　回族建筑　　　　　　　　　　　　　图 9-12　藏族建筑

④藏族建筑（图 9-12）

藏族最具代表性的民居是碉房。碉房多为石木结构，外形端庄稳固，风格古朴粗犷；外墙向上收缩，依山而建者，内坡仍为垂直。碉房一般分两层，以柱计算房间数。底层为牧畜圈和贮藏室，层高较低；二层为居住层，大间作堂屋、卧室、厨房、小间为储藏室或楼梯间。若有第三层，则多作经堂和晒台之用。因外观很像碉堡，故称为碉房。碉房具有坚实稳固、结构严密、楼角整齐的特点，既利于防风避寒，又便于御敌防盗。由于地域不同还有土库房、康房、崩康房的区别。

3. 中国标志性古建筑（图 9-13~ 图 9-17）

标志性建筑又称地标，是指某地方具有独特地理特色的建筑物或者自然物，例如摩天大楼、教堂、寺庙、雕像、灯塔、桥梁等。标志性建筑的基本特征就是人们可以用最简单的形态和最少的笔画来唤起对于它的记忆，一看到它就可以联想到其所在城市乃至整个国家，就像悉尼歌剧院、巴黎埃菲尔铁塔、北京天安门、意大利比萨斜塔、纽约自由女神像等世界上著名的标志性建筑一样。标志性建筑是一个城市的名片。标志性建筑与普通建筑的不同之处在于，标志建筑是整个城市中所有建筑的主角。

（1）北京天安门

天安门的特殊地位，它已不仅仅是一个建筑，而是代表着至高无上的权力，这种权力从数百年前延续至今，天安门已成为新中国的标志和国家象征。

天安门是明清两代皇城的正门，初建时仅为三层楼式木牌坊，成化年间重修，始建城楼，清顺治八年重建为今天的宽九楹深五楹重檐歇山顶城楼样式，城楼长 60 余米，高34.7 米，由城台和城楼两部分组成，城楼为重檐歇山殿顶，上覆黄琉璃瓦，60 根巨柱高耸，地面金砖铺成，一平如砥；南北两面均为菱花格扇门；天花、门拱、梁枋上雕绘着传统的金龙彩绘和吉祥图案，城台下有券门五阙，中间的券门最大，位于北京城的中轴线上，过去只有皇帝才可以由此出入。

天安门前雄伟的石狮和精美的华表都是明永乐年间的古物，白色的石狮和华表与红色的天安门城楼构成鲜明的色彩对比，组成了完美和谐的建筑整体。

（2）天坛祈年殿

天坛是世界上规模最大的古代祭祀性建筑群，始建于明永乐十八年，与紫禁城同时修建而成，祈年殿是天坛的主体建筑，它是一座三重檐攒尖顶圆形大殿，采用青蓝色琉璃瓦，表示天空的颜色。大殿通高38米，按照"敬天礼神"的"天数"而建，殿顶周长三十丈，表示一个月有三十天；大殿中部四根通天柱象征一年的四季；中层十二根金柱，象征一年的十二个月；外层十二根檐柱，象征一日的十二个时辰；中外层共二十四柱，象征一年的二十四节令；三层相加共二十八柱，象征天上的二十八星宿；加上顶部的八根童子柱，共三十六柱，象征三十六天罡；大殿的鎏金宝顶有一根雷公柱，是"一统天下"的象征。

祈年殿是北京的标志性建筑，是中国古典木制建筑的巅峰作品，体现了中国"天人合一"的哲学思想，在世界建筑之林中拥有很高的地位。

（3）应县木塔

应县木塔的全名为佛宫寺释迦塔，位于山西省朔州市应县县城内西北角的佛宫寺院内，同时也是佛宫寺的主体建筑。建于辽清宁二年（即公元1056年），它是我国现存最古老最高大的纯木结构楼阁式建筑，是我国古建筑中的瑰宝，世界木结构建筑的典范。

木塔位于整个寺庙南北的中轴线上的山门与大殿之间，属于"前塔后殿"的布局。整个塔建造在四米高的台基上，塔整体高67.31米，底层直径30.27米，呈平面八角形。第一层立面重檐，以上各层均为单檐，共五层六檐，各层间夹设暗层，实为九层。因底层为重檐并有回廊，故塔的外观为六层屋檐。

应县木塔的设计，大胆继承了汉、唐以来富有民族特点的重楼形式，充分利用传统建筑技巧，广泛采用斗拱结构，全塔共用斗拱54种，每个斗拱都有一定的组合形式，有的将梁、枋、柱结成一个整体，每层都形成了一个八边形中空结构层。设计科学严密，构造

图9-13　北京天安门

图9-14　天坛祈年殿

图9-15　应县木塔

图9-16　孔庙牌坊

图9-17　布达拉宫

完美，巧夺天工，是一座体现民族风格、民族特点，又符合宗教要求的建筑，在中国古代建筑艺术中可以说达到了最高水平，即使现代也有较高的研究价值。

（4）孔庙牌坊

曲阜孔庙是第一座祭祀孔子的庙宇，初建于公元前478年，以孔子的故居为庙，以皇宫的规格而建，是我国三大古建筑群之一，在世界建筑史上占有重要地位。孔庙前后九进院落，有殿阁466间，总面积22万平方米，殿宇雕梁画栋，周围有垣墙及角楼。庙内有金代碑亭一座，保存历代碑刻2000余方。

孔庙万古长春牌坊，位于孔林的林道上，石质结构，六柱五间五楼，庑殿顶坊中的"万古长春"四字，为明万历二十二年（1594年）初建时所刻。坊长22.71米，宽7.96米。清雍正年间重修加固。整个石坊气势宏伟，造型优美。

9.1.2　中国古建筑结构种类

中国古代建筑惯用木构架作房屋的承重结构。此结构方式，由立柱、横梁、顺檩等主要构件建造而成，各个构件之间的节点以榫卯相吻合，构成富有弹性的框架。

中式木构架主要有抬梁结构、穿斗结构、混合式结构和井干四种不同的结构方式最为普遍。

1. 木构架（图9-18~图9-21）

（1）抬梁式构架

中国古代建筑中最为普遍的木构架形式。它是在柱子上放梁、梁上放短柱、短柱上再放短梁，梁上又抬梁，层层叠落直至屋脊，各个梁头再架檩条以承托屋椽的形式。故称作抬梁式构架。宫殿、坛庙、寺院等大型建筑物中常采用这种结构方式。

（2）穿斗式构架（立贴式）

穿斗式构架是用穿枋把一排排的柱子穿连起来成为排架，然后用枋、檩斗接而成，故称作穿斗式。即用柱距较密、柱径较细的落地柱与短柱直接承檩，柱间不施梁而用若干穿枋联系，并以挑枋承托出檐。这种结构多用于民居和较小的建筑物，在我国南方使用普遍。优点是用料较小，山面抗风性能好；缺点是室内柱密而空间不开阔。因此，它有时和叠梁式构架混合使用，以适用不同地势。

（3）混合式构架

混合式山墙处使用穿斗式，中间使用抬梁式。这样既增加了室内空间，又不必全部使用大木料。

（4）井干式构架

井干式构架是一种不用立柱和大梁的房屋结构，这种结构以圆木或矩形、六角形木料平行向上层层叠置，在转角处木料端部交叉咬合，形成房屋四壁，再在左右两侧壁上立矮柱承脊檩构成房屋。这种结构比较原始简单，因其所围成的空间似井而得名，现在除少数森林地区外已很少使用。

另外，还有一种干栏式木构架，贵州民居苗族、水族中的吊脚楼都属于干栏式建筑。

图9-18 抬梁式构架

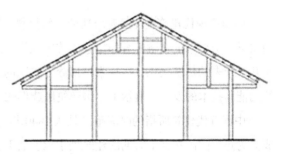

图9-19 穿斗式构架

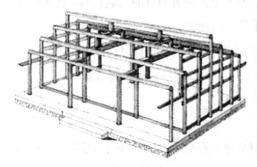

图9-20 抬梁穿斗混合式构架

图9-21 井干式构架

木构架结构有很多优点，首先，承重与围护结构分工明确，屋顶重量由木构架来承担，外墙起遮挡阳光、隔热防寒的作用，内墙起分割室内空间的作用。由于墙壁不承重，这种结构赋予建筑物以极大的灵活性。其次，有利于防震、抗震，木构架结构很类似今天的框架结构，由于木材具有的特性，而构架的结构所用斗拱和榫卯又都有若干伸缩余地，因此在一定限度内可减少由地震对这种构架所引起的危害。"墙倒屋不塌"形象地表达了这种结构的特点。

2. 斗拱结构

斗栱是中国木构架建筑中最特殊的构件。斗是斗形垫木块，栱是弓形短木，它们逐层纵横交错叠加，成一组上大下小的托架，斗拱最初孤立地置于柱上或挑梁外端，分别起传递梁的荷载于柱身和支承屋檐重量以增加出檐深度的作用。它是大型建筑不可缺少的部件，同梁、枋结合为一体成为保持木构架整体性的结构层的一部分，除上述功能外，它还是柱网和屋顶构架间主要装饰性构件，显示其等级差别。

中国古代建筑斗拱结构是对世界建筑的一大贡献。结构主要以木、砖、石为建筑材料，以木结构建筑为主要代表形式。

9.2 中国近代建筑

中国近现代建筑是伴随着新功能、新材料、新技术的出现应运而生的，因与旧形式之间缺乏一个正常的交融汇合的过程，传统风格形式遇到尖锐的挑战。相对于外来建筑，情系几千年来的传统文化，在探索"民族形式"的道路上尽管走得曲折，但是并没有损害建筑功能与技术的发展，显示了中国建筑民族形式风格具有茁壮的生命力和审美根基。

中国近代建筑所指的时间范围是从 1840 年鸦片战争开始，到 1949 年中华人民共和国成立为止。中国在这个时期的建筑处于承上启下、中西交汇、新旧接替的过渡时期，这是中国建筑发展史上一个急剧变化的阶段，并形成新旧两大建筑体系。

旧建筑体系是原有的传统建筑体系的延续，基本上沿袭着旧有的功能布局、技术体系和风格面貌，但受新建筑体系的影响也出现若干局部的变化。

新建筑体系包括从西方引进的和中国自身发展出来的新型建筑，具有近代的新功能、新技术和新风格，其中即使是引进的西方建筑，也不同程度地渗透着中国特点。

9.2.1 中国近代建筑分类

中国近代建筑的风格面貌相当庞杂。这个时期建筑存量中国民族特色的建筑，又有西方各种风格的建筑。中与西，新与旧，民族化与近代化，出现了错综复杂的交织情况。中国近代建筑的风格发展，主要反映在新体系建筑中，由新体系建筑的外来形式和民族形式两条演变途径构成中国近代建筑风格的发展主流。

1. 外来近代形式建筑（图9-22~图9-25）

（1）"殖民式"建筑

19世纪下半叶到20世纪30年代，西方国家的建筑风格经历了由古典复兴建筑、浪漫主义建筑，通过折衷主义建筑、新艺术运动向现代主义建筑的转化过程，这些不断变化的建筑风格都曾先后地或交错地在中国近代建筑中反映出来。在某一个帝国主义国家独占租借地的城市，如青岛、大连、哈尔滨等，建筑风格较为单一；在几个帝国主义国家共同占领租借地的城市，如上海、天津、汉口等，则出现建筑风格纷然杂陈的局面。

从建筑风格的演变来看，近代中国首先传播的外来形式是西方各国的古典式和"殖民式"。像青岛德国的殖民地总督的官邸，建筑墙体用的是不规则的石材，带有明显的哥特式风格，很有中世纪欧洲建筑的风格。

（2）"交融式"建筑

对于外国人设计与建造的建筑物，国人在最初只是用猎奇的目光偶尔去注视。但西方建筑在实用性、功能性等方面的优势以及西方强势文化的侵入下，这些接近日常生活的西式建筑逐渐在中国立足并发展，人们在自觉与不自觉中，将西方的建筑元素引入传统建筑中，这是当时中西文化交融大背景下的必然结果，民众的心理由鄙夷逐渐到理解和赞同，并逐渐产生了以西式建筑为时尚的风气，这是与学习西方文化的逐渐深入同步的。北京中华圣公会救主堂的建筑代表了1900年以后北京教堂的复古主义风格，建筑材料选用中式的青砖、灰筒瓦使得教堂整体风格颇具中国传统建筑的韵味，但建筑平面以及细节的处理却均为典型的欧洲建筑风格。

教堂内部结构也同样是中西建筑风格统一的典范，其承重结构均为典型的中国式建筑风格，以木柱、桁架支撑屋顶荷载，地面铺设木质地板。教堂平面十字处设立圣坛，圣坛亦为木质，四周围以中式红木围栏，雕有花草装饰，圣餐桌背后设有中式冰纹格子隔扇，

图9-22 "殖民式"建筑

图9-23 "交融式"建筑

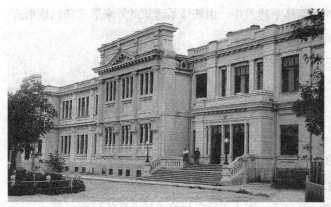

图9-24 "折衷式"建筑

图9-25 向现代主义"过渡"的建筑

圣坛摆设均为传统中国红木家具。教堂内设圣洗池，并且配备有完整的上下水装置，是那个时代建筑中非常少见的。教会建筑有意揉入利用中国建筑形式，做出表达教会尊重中华文化的姿态。

（3）"折衷式"建筑

进入20世纪后，外来建筑形式逐渐以折衷主义为主流，出现了两种状况。一种是在不同类型建筑中，采用不同的历史风格，如银行用古典式，商店、俱乐部用文艺复兴式，住宅用西班牙式等等，形成城市建筑群体的折衷主义风貌；另一种是在同一幢建筑上，混用古希腊建筑、古罗马建筑、文艺复兴建筑、巴洛克建筑、洛可可风格等各种式样，形成单幢建筑的折衷主义面貌。如哈尔滨中东铁路俱乐部，建于1903年，砖混结构，地上二层，地下一层，折衷主义建筑风格，仿莫斯科大剧院风格。

（4）向现代主义过渡的建筑

从20年代末开始，随着欧美各国现代主义建筑的发展和传播，中国新式建筑也出现向现代主义建筑过渡的趋势。从带有芝加哥学派特点的上海沙逊大厦到模仿美国摩天楼的上海国际饭店，可以看出这种踪迹，但真正体现现代主义建筑精神的建筑实践在当时还极少。

2. 近代民族形式建筑（图9-26~图9-29）

20世纪20~30年代近代民族形式建筑达到高潮。其中有五四运动以来，民族意识高涨，国民政府推行中国本位文化，很自然地会把中国民族形式融入建筑设计中，涌现出一批由中国建筑师和少数外国建筑师设计的不同形态的民族形式建筑作品，使近代民族形式建筑进入繁盛期。

（1）仿古式（又称宫殿式、复古式）。这类建筑从整体格局到细部装饰都保持传统建筑的形制，有的完全模仿古建筑的定型模式。

如仿喇嘛寺殿阁的南京中山陵藏经楼，是一座仿清代喇嘛寺的古典建筑。建筑包括主楼、僧房和碑廊三个部分，面积达 3000 多平方米，由著名建筑师卢奉璋设计，1936 年冬竣工。主楼为重檐歇山式宫殿建筑，高 20.8 米，顶上盖绿色琉璃瓦，屋脊为黄色琉璃瓦，正脊中央饰有紫铜回轮华盖，梁、柱、额枋均饰以彩绘。楼内珍藏孙中山先生的经典著作和奉安照片等珍贵史料。

如 1933 年落成的旧上海市政府大楼的建筑采用古典主义形式，坐北朝南，东西对称。大楼中间主体部分的屋顶略高，用单檐歇山式，两翼屋顶略低，用庑殿式。中间与两翼屋顶过度自然。大楼的基座、主体、屋顶三者比例谐调视觉匀称。底层基础砌以石围，大石阶直达二层门厅平台，又绕主楼形成回廊走道，边沿配以石栏。台阶中央镶嵌巨大丹陛，镌刻沧海云天日出图纹。

整体而言，旧上海市政府大楼是一幢采用现代工艺手段，再现传统营造法式的典范之作。

（2）混合式（又称古典式）。这类建筑的平面布局和空间组织注重功能性，外观则是"中西合璧"的，只在重点部位保持传统建筑的格局。

如上海市图书馆，1934~1935 年建造，平面呈"工"字形，建筑为 2 层平屋顶钢筋混凝土结构，正中央设门楼，门楼仿古代明楼的形式。重檐歇山顶，屋脊高出屋面约 2.5 米，附以华丽的檐饰，檐下有斗拱，上覆黄色玻璃瓦盖。门楼四周平台围以石栏平台，大楼整体如同中国式传统庙堂。内部装修均为中华民族传统风格；红色的柱子，天花彩画藻井，但也融入西洋风格的现代装潢，充分显示了中国建筑特色。

（3）"现代式"。当时称为"现代化的中国建筑"是具有新功能和采用新技术、新造型的建筑；适当点缀某些经过简化的传统构件和细部装饰来取得民族格调。南京的外交部大楼、国民大会堂、中央医院，北京的交通银行，上海的大新公司、中国银行等都属这一类。这类建筑追求新功能、新技术、新造型与民族风格的统一，是当时民族形式风格创作探索的重要进展。

如南京的外交部大楼，西式平顶，钢筋混凝土结构，平面呈 T 字形，中部五层，两端四层。水泥砂浆仿石勒脚，褐色泰山砖饰墙身，砖砖丝缝，檐下用褐色琉璃砖砌出类似中式昂的

图 9-26　南京中山陵藏经楼　　　　　　图 9-27　旧上海市政府大楼

图 9-28　上海市图书馆

图 9-29　南京的外交部大楼

装饰，门廊宽大开敞，三面走道。立面采用了西方文艺复兴时建筑"三段式"（勒脚、墙身、檐部）划分方式，细部为中国传统装饰，内部天花、藻井等。

外墙为泰山面砖饰面。这种设计方法是近代中国建筑师探求发展的可贵实例，并产生广泛影响。通面阔 51 米，通进深 55 米，建筑面积大约 5000 平方米。该建筑是中国近代建筑史上新民族形式的典型建筑实例之一。

3. 标志性民族建筑（图 9-30、图 9-31）

从 20 世纪 20 年代起，近代中式民族形式建筑活动进入盛期，到 20 世纪 30 年代达到高潮。在南京、上海、北京等地的行政建筑、会堂建筑、文化教育建筑、纪念性建筑以至某些银行建筑、体育建筑、医院建筑、商业建筑中，涌现出一批民族形式建筑作品。民族形式的建筑从整体格局到细部装饰都保持传统建筑的形制。有的完全模仿古建筑的定型模式，如北京燕京大学（今北京大学）、京师图书馆、北京协和医院、南京中央博物院等不同处理手法的近代中式民族形式建筑。

（1）京师图书馆

京师图书馆兴建于 1909 年，1931 年扩建新馆，主楼建筑面积 13000 平方米，琉璃正门高大，气势宏伟。门内庭院开阔，环境疏朗，主楼仿中国古代宫殿式建筑形式，重檐庑殿顶，覆绿琉璃瓦，周围是汉白玉须弥座式栏杆与西方现代建筑结构完美的结合，代表了民国初期广为流行的建筑风格。

（2）南京中央博物院

南京中央博物院的建筑设计思想是力图体现中国早期的建筑风格，以弘扬中华民族传统文化精神，这座建筑主要表现为造型朴实雄浑，屋面坡度较平缓，立面上的柱子从中心往两边逐渐加高，使檐部缓缓翘起，减弱大屋顶的沉重感。尤其是屋顶下简洁而粗壮有力的斗拱，主要是起结构受力作用。大殿前建有宽大的三层平台，衬托主体建筑的雄伟高大。其结构多按《营造法式》设计，大殿为七开间，屋面为四面曲面坡的四阿式，上铺棕黄色琉璃瓦，外墙加中国古典式挑檐，使之与大殿风格协调。整座建筑物设计科学合理，是在满足新功能的要求下，采用新结构、新材料建造的仿辽式殿宇的优秀实例。

图9-30　北京图书馆

图9-31　南京中央博物院

9.2.2　中国近代民居建筑种类（图9-32~图9-42）

近代中国的农村、集镇、中小城市和大城市的旧城区，仍然采取传统的住宅形式。新的居住建筑类型主要集中在通都大邑的部分地区。

自近代以来，西方多元的建筑文化汹涌而来，中国的民族传统的民居建筑风格受到强烈的冲击，并从此开始变化。西方各个时期的风格与流派，在中国建筑中杂陈并列逐渐呈现出一种交汇与融合的趋势。

首先，表现在建筑材料方面，特定历史条件下，很多建材、家具、装饰，除了通过进口外，在中国无法找到，在当地寻找近似的替代品也成为了一种办法。

其次，海外留学归来的我国第一代建筑师是传播折衷主义风格的力量之一，以西方建筑体系为主，结合东方建筑风格的"大杂烩"。

装饰主义风格在这一时期也大量运用，融合了东方艺术的异国情调，结合了西方现代的几何体和速度感的装饰效果。

再次，国人对西方文明的崇慕及对中国传统文化的留恋心理也形成了近代民居中西交

图9-32　新中式民居（西式平房）

图9-33　西式住宅

汇。许多人在认同洋房的同时，也通过一些方式保留传统文化。在中国近现代政治经济环境的剧烈变化下，中国居住建筑风格也在发生演变。

这一时期单层和多层居住建筑的承重结构多为木结构、砖（石）木结构、砖混结构，高层建筑采用钢筋混凝土结构和钢结构。

1. 新中式民居

黄旭初（1931 年任广西壮族自治区主席）故居，位于容县杨村镇东华村，建于民国初期，是一组平面呈长方形的砖木结构悬山顶的平房，占地面积约 130 平方米。主体建筑由两座正房及两边横廊组成，砖木结构三层楼房，整高约 10 米，四坡屋面盖小青瓦，西南屋面上建有一方形硬山式砖木小阁楼。该楼四周砌女儿墙以天沟排水。室内楼地面铺红阶砖，各层外墙设双开玻璃窗，其中在底层大厅的天面塑有浮雕图案。整幢建筑采用"中式屋顶"、"西式墙身"的中西结合式建筑。颇具我国南方古朴实用的民房建筑特点。

2. 西式民居

（1）颜惠庆故居，位于天津和平区睦南道 24~26 号，建于 20 世纪 20 年代中叶，该建筑为三层砖混结构楼房，欧洲中世纪古典式主义建筑特征，红瓦坡顶，琉缸砖清水墙面，四联拱形外廊十分精巧。因墙体外檐凹凸结合，民间也称其为"疙瘩楼"。该建筑立面呈对称布置，端正规整。内部房间装修考究，并设有造型各异的壁炉。

内部房间宽敞明亮，地板及门窗均为名贵的菲律宾木材，充溢着雍容华贵的欧陆风情。墙头上面方形的日式玻璃灯独树一帜，铸铁大门典雅秀丽。

颜惠庆（1877~1950），字骏人，上海人，著名外交家。中华人民共和国成立后，历任华东军政委员会副主席、中央人民政府政治法律委员会委员等职。

（2）曹锟旧居，位于天津和平区河北路 211 号，1922 年建，有前后两道院。前院建中西结合二层带地下室主楼一座，砖木结构，高台阶；后院建三座二层小洋楼，并列建一座花墙将前后院分开。三所小楼中右侧是少爷楼；左侧为小姐楼；中间是宾客楼。靠两侧院墙建两座条形带地下室小楼，整所住宅共有楼房 78 间，平房 27 间，建筑面积 2370 平方米。

3. 中西合璧式民居

天津市庆王府始建于 1922 年，原为清末太监大总管小德张亲自设计、督建的私宅，在原英租界列为华人楼房之冠。后被清室第四代庆亲王载振购得并举家居住于此，因而得名"庆王府"。庆王府占地面积 4327 平方米，建筑面积 5922 平方米，为砖木结构二层（设有地下室）内天井围合式建筑。整体建筑适应当时的西化生活，更结合了中国传统文化意象，外西内中，是五大道洋楼之中西风东渐的典型建筑。

4. 独院式民居

1900 年前后出现了独院式高级住宅。这些住宅基本上是当时西方流行的高级住宅的

图 9-34　中西合璧式住宅

图 9-35　曹锟旧居

翻版，一般都处在城市的环境优越地段。房舍宽敞，有大片绿地，建筑多为一、二层楼的砖（石）木结构；内设客厅、卧室、餐厅、卫生间、书房、弹子房等，设备考究，装饰豪华，外观大多为法、英、德等国的府邸形式，居住者主要是外国官员和资本家。辛亥革命前后，中国上层人物也开始仿建。

从近代实业家张謇在南通建造的"濠南别业"，可以看出这类中国业主的独院式高级住宅的特点：建筑形式和技术设备大多采取西方做法，而平面布置、装修、庭园绿化等方面则保存着中国传统特色。1920 年代以后，独户型住宅形态逐渐从豪华型独院式高级住宅转向舒适型花园住宅，建造数量增多，在上海、南京等城市形成了成片的花园住宅区。

5. 里弄民居

里弄住宅最早于 19 世纪 50~60 年代出现在上海，是从欧洲输入的密集居住方式，后来汉口、南京、天津、福州、青岛等地也相继在租界、码头、商业中心附近形成里弄住宅区。上海的里弄住宅按不同阶层居民的生活需要分为石库门里弄、新式里弄、花园里弄和公寓式里弄。早期石库门里弄明显地反映出中西建筑方式的交汇。里弄住宅属于联户型、多户型住宅，布局紧凑，用地节约，空间利用充分。

图 9-36　独院式住宅

图 9-37　里弄住宅

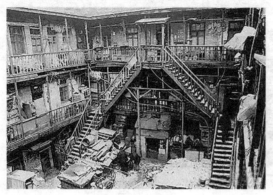

图 9-38　居住大院

6. 居住大院

在青岛、沈阳、哈尔滨等地相当普遍。"大院"大小不等，由二、三层高的外廊式楼房围合而成，多为砖木结构，院内设公用的上下水设施。一个大院居住十几户甚至几十户，建筑密度大，居住水平较低。

7. 高层公寓

高层公寓是大城市人口密集和地价高昂的产物，高的达十层以上。这些高层公寓多位于交通方便的地段，以不同间数的单元组成标准层，采用钢框架、钢筋混凝土框架等先进结构，设有电梯、暖气、煤气、热水等设备，有的底层为商店，有的有中西餐厅等服务设施，外观多为简洁的摩天楼形式。

（1）上海大厦。原名百老汇大厦，上海大厦始建于 1930 年，1934 年 10 月竣工开业，原名百老汇大厦，1951 年由上海市人民政府命名为上海大厦。上海大厦地处外滩，建筑占地面积 $5225m^2$，高为 22 层，建筑面积为 $24596m^2$。建筑立面摒弃欧洲文艺复兴时期建筑繁复的装饰线条，采用几何立方体组合，第十一层起逐层收缩，形成近代摩天楼风姿，建筑外观整体形象端庄稳重、高峻挺拔。

（2）毕卡第公寓。毕卡第公寓是上海法租界西部贝当路上的一座豪华公寓，今为徐汇区衡山路 534 号的衡山宾馆。毕卡第系法国北部的大区名。1979 年以后对外开放，衡山宾馆成为五星级酒店。公寓住户多为西方国家富

毕卡迪公寓高 15 层，标高 65 米（中间高两边低），20 世纪 80 年代以前曾长期是上海西区最高建筑。艺术装饰主义风格，立面简洁。地处贝当路、汶林路等多条道路交汇点，为上海市优秀历史保护建筑。

图 9-39　百老汇大厦

图 9-40　毕卡第公寓

8. 特色建筑

（1）开平碉楼

在广东开平市的田野上，一座座欧式古典风格的小楼与中国南方农村的传统土屋交错，形成中国绝无仅有的乡间景色。碉楼中西合璧，融会了各种建筑风格的精髓。开平境内最多的时候共有 3000 多座碉楼，目前尚存 1800 多座，分布在开平 15 个镇。这些碉楼是 20 世纪开平华侨与村民主动把外国建筑文化与当地建筑文化相结合的结晶。其数量之多，建筑之精美，风格之多样，堪称世界最大的"碉楼博物馆"。

开平碉楼是中国乡土建筑的一枝奇葩，是广府建筑的一个特殊类型，它融中西建筑艺术与技术于一体，是岭南侨乡文化的历史见证，也是中外文化交融与激荡的展现，2007 年被确认为世界文化遗产。

碉楼汇集了希腊式柱廊、罗马式穹顶、哥特式尖拱和伊斯兰式穹隆等多种欧亚建筑风格；在结构组成上，合璧了英式城堡中的角楼、葡式建筑中的裙楼、印度建筑的廊亭等东西不同建筑智慧；在内部空间利用上，充分实现了日常生活与防范匪盗的平衡，突破了强调传统礼制的对称平面格局，并充分注重室内空间的舒适性、私密性和卫生性；在建筑材料上，应用了现代钢筋混凝土结构，推动了西方现代建筑材料在岭南的使用和普及。

（2）骑楼

骑楼是地中海气候影响下产生的一种建筑形式，最早盛行于南欧、地中海一带。这种建筑形式在近代流传到了中国，并在岭南地区特别是广州得到了最为广泛的应用。

20 世纪初，广州扩建马路，人们将西方古典建筑与广州传统建筑结构相结合，演变成为有广州特色的骑楼式建筑风格。骑楼建筑立面多为三段式，从上到下分为楼顶、楼身、骑楼底三部分。楼顶有山花和女儿墙，是重点装饰部分，通常雕塑着各种西式图案或商铺商号；中部有西式窗套、中式窗、阳台；骑楼底有支撑柱装饰，构成骑楼建筑的特色。骑楼是室内环境与室外环境的一种过渡，也是交通的缓冲空间。由于岭南地区炎热多雨的气候环境以及浓厚的商业氛围，骑楼在广州得以流行开来，遍布于各商业街。

图 9-41　开平碉楼

图 9-42　骑楼

骑楼上楼下廊，廊内的空间有利于街道和沿街店铺的通风、散热和散湿，同时避免了道路吸收太阳辐射过多而增加城市热岛效应，既便于来往行人遮阳挡雨，商店也可敞开铺面陈列多种商品，以广招顾客，商业实用性非常突出。骑楼街区通过规划形成良好的光环境：白天天然采光充分，同时避免出现炫光现象；夜晚人工照明良好，形成灯火辉煌的城市景观。骑楼的柱列也可以阻挡来自道路的部分高频噪声。

9.3 西式建筑

欧洲建筑在大的概念上应归属于西方建筑。从古希腊时代起到 20 世纪 30~40 年代，欧洲一直是西方建筑文明的中心，第二次世界大战结束后，这个中心逐渐偏移到了北美。欧洲建筑真正的源头是古希腊文明。公元前 5 世纪到公元前 4 世纪，古希腊的建筑艺术达到鼎盛，以雅典卫城及其神庙为代表的一个个建筑杰作横空出世，它们简单而纯净，和谐而完美，具有惊人的艺术创造力。

公元前 1 世纪，古希腊人的"光荣"被古罗马人的"伟大"所取代，后者兴建的宫殿、凯旋门、竞技场、剧场和大浴场雄伟壮观、富丽堂皇，他们和古希腊建筑一道被视为垂范千古的经典，成为西方建筑文化最深刻的根源。

罗马风格建筑之后兴起于西欧的哥特式建筑则体现了中世纪建筑的最高成就。

15 世纪的文艺复兴运动开始，热情复兴古希腊古罗马的建筑风格，建筑大师们在此基础上进行了艺术再创造为世界留下了众多光辉灿烂的建筑杰作。

19 世纪下半叶，欧洲建筑艺术思潮更迭频繁，四五百年间先后出现了巴洛克、古典主义、洛可可、新古典主义、浪漫主义和折衷主义等不同的建筑风格。

19 世纪末 20 世纪初，在大工业日益兴盛的背景下，西方建筑的传统形制和美学体系发生了根本性的变化。其设计的核心从以往的注重审美明显的转移到追求技术与功能上，这直接导致了现代主义建筑的成熟和向全世界的扩散。

20 世纪 70 年代之后，现代主义建筑的发展极端——"国际式"建筑形成对西方世界多年的垄断，又被"后现代主义建筑"打破，一个多种风格流派争相登场的局面呈现在今天。

9.3.1 古希腊建筑（公元前 5 世纪～公元前 1 世纪）

古希腊建筑的遗产有三个主题。一是知道要恰当设计建筑物必须遵循一定的数学比例；二是发现梁柱结构体系；三是创建了建筑形象模型，包括一系列装饰物术语、雕塑以及风格。

1. 古希腊建筑特点

（1）平面布局比例

古希腊建筑的最大贡献是发明了梁柱结构体系，建筑按 1：1.618 或 1：2 的矩形布局。中央是厅堂，大殿，周围是柱子，可统称为环柱式建筑。这样的造型结构，使得古希腊建筑更具艺术感。因为在阳光的照耀下，各建筑产生出丰富的光影效果和虚实变化，与其他封闭的建筑相比，阳光的照耀消除了封闭墙面的沉闷之感，加强了希腊建筑的雕刻艺术的特色。

（2）柱式的定型

古希腊建筑共有四种柱式：

1）陶立克柱式；

2）爱奥尼克柱式；

3）科林斯式柱式；

4）女郎雕像柱式。

这四种柱式是在人们的摸索中慢慢形成的，后面的柱式总与前面柱式之间有一定的联系，有一定的进步意义，而贯穿四种柱式的则是永远不变的人体美与数的和谐。柱式的发展对古希腊建筑的结构起了决定性的作用，并且对后来的古罗马，欧洲的建筑风格产生了重大的影响。

（3）建筑与装饰均雕刻化

古希腊建筑多为双面披坡屋顶，山花墙装饰采用圆雕、高浮雕、浅浮雕等装饰手法，创造了独特的装饰艺术。从爱奥尼克柱式柱头上的旋涡，科林斯式柱式柱头上的由忍冬草叶片组成的花篮，到女郎雕像柱式上神态自如的少女以及山墙檐口上的浮雕，都是精美的雕刻艺术。雕刻是古希腊建筑的一个重要的组成部分，是雕刻创造了完美的古希腊建筑艺术，也正是因为雕刻使古希腊建筑具有一种生机盎然的崇高美，它们表现了人作为万物之灵的自豪与高贵。

（4）古希腊建筑缺点

古希腊建筑以石材为主，体量巨大而笨重。石梁跨度一般是 4~5m，最大不过 7~8m。石柱密集，建筑形式变化较少，内部空间封闭简单。

2. 古希腊建筑代表（图9-43~图9-47）

巴特农神庙。巴特农神庙是雅典卫城最重要的主体建筑。它采用典型的长方形的列柱回廊式形制。列柱采用多利克柱式，东西两面各为八根列柱，两侧各为 17 根列柱。每根柱高 10.43m，由 11 块鼓形大理石垒成。神庙的柱头、瓦当，整个檐部和雕刻，都施以红蓝为主的浓重色彩。

图 9-43 女郎雕像柱式

图 9-44 巴特农神庙

图 9-45 陶立克柱式

图 9-46 爱奥尼克柱式

图 9-47 科林斯式柱式

9.3.2 古罗马建筑（公元 1~3 世纪）

古罗马建筑继承古希腊建筑成就，在建筑形制、技术和艺术方面广泛创新，形成新的建筑风格，达到西方古代建筑的高峰。一到三世纪盛行，四世纪下半叶起潮趋衰落。

古罗马建筑的遗产有四个主题。一是发明了拱券结构体系；二是知道了用了火山灰制成天然混凝土；三是创建了穹窿、筒拱、交叉拱、十字拱和拱券平衡技术；四是创造出拱券覆盖的序列式组合空间。

1. 古罗马建筑特点

拱券结构是古罗马建筑最大成就之一，是古罗马建筑中最重要的组成部分，也是与古希腊建筑柱梁体系最明显的区别。

拱券技术发扬光大，得益于知道了用了火山灰制成天然混凝土，并将混凝土代替石材，使古希腊建筑体量巨大而笨重的梁柱体系，变得更加轻巧、更加高大、更加稳固，尤其是半圆形的穹顶技术的应用，使建筑结构空间更加开阔和通透。古罗马建筑是以拱券和墙体为主要承重结构，各种柱式大多采用壁柱的形式，成为建筑中的装饰。半圆形的拱券是古罗马建筑的重要特征。

拱券技术主要贡献：

（1）解决了拱券结构的笨重墙墩同柱式的矛盾，创造了券柱式；

（2）解决了柱式与多层建筑的矛盾，发展了叠柱式，创造了水平立面划分构图形式；

（3）解决了高大建筑体量构图，创造了巨柱式的垂直构图形式；

（4）解决了拱券与柱列结合，将券脚立在柱式檐部上的连续券；

（5）解决了柱式线脚与巨大建筑体积的矛盾，用一组线脚或复合线脚代替简单的线脚。

2. 古罗马建筑代表（图9-48~图9-50）

（1）万神庙。位于意大利的万神庙是至今完整保存的唯一一座罗马帝国时期建筑，始建于公元前27~25年，公元80年的火灾，使万神殿的大部分被毁。现今所见的万神殿主体建筑是公元120~124年所建。

万神庙平面式圆形，内部由8根巨大拱壁支柱支撑圆形穹顶。穹顶直径达43.3米是世界纪录，顶端高度也是43.3米。正中有直径8.92米的采光圆眼，成为整个建筑的唯一入光口。四周墙壁厚达6.2米，无窗无柱。

万神庙门廊高大雄壮，也华丽浮艳，代表着罗马建筑的典型风格。它面宽33米，正面有长方形柱廊，柱廊宽34米，深15.5米；有科林斯式石柱16根，分三排，前排8根，中、后排各4根。柱身高14.18米，底径1.43米，用整块埃及灰色花岗岩加工而成。柱头和柱

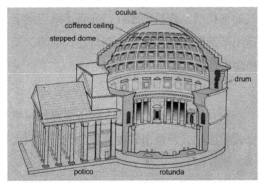

图9-48　意大利万神庙

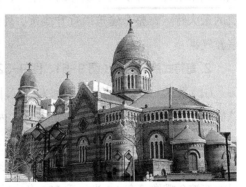

图9-49　罗马大角斗场　　　　　　　　图9-50　天津老西开教堂

基则是白色大理石。山花和檐头的雕像，大门扇、瓦、廊子里的天花梁和板，都是铜包金箔。

（2）罗马大角斗场。罗马大角斗场内部看台用三层混凝土制的筒形拱，每层 80 个拱，形成三圈不同高度的环形券廊（即拱券支撑起来的走廊），最上层则是 50 米高的实墙。看台逐层向后退，形成阶梯式坡度。每层的 80 个拱形成了 80 个开口，最上面两层则有 80 个窗洞。整个角斗场最多可容纳 5 万人，却因入场设计周到而不会出现拥堵混乱，这种入场的设计即使是今天的大型体育场依然沿用。

（3）天津老西开教堂。教堂平面呈长十字形，正面和后部耸立高大的塔楼 3 座。楼座以黄、红花砖砌成，上砌翠绿色圆肚形顶，檐下为半圆形拱窗，色彩对比鲜明。堂内为三通廊式，内墙彩绘壁画，装饰华丽。

9.3.3 哥特式建筑（公元 11~15 世纪）

哥特式建筑起源于 11 世纪下半叶的法国，盛行于公元 13~15 世纪，位于罗马式建筑和文艺复兴建筑之间，带有浓厚的宗教色彩；其高超的技术和艺术成就，成为欧洲中世纪的主要建筑风格之一。在建筑史上占有重要地位。

哥特式建筑结构比罗马式建筑更加轻巧，普遍使用矢状拱券，强调直线上升，墙壁较少，采用彩色的玻璃窗画作为装饰，大量的雕塑作为内部装饰开始出现。整体风格为高耸瘦削，轻快的尖拱顶，挺秀的小光塔，轻盈透气的飞扶壁，修长的簇柱，充满了垂直向上的动势。雕刻是哥特式教堂的主要装饰，大量运用半圆雕和高浮雕，早期与建筑依附，动态单一，形象呆板。中后期逐渐脱离建筑结构趋向于独立，活泼写实多变。

1. 哥特式建筑特点

哥特式建筑的特点是尖塔高耸、尖形拱门，与罗马式建筑造型稳重、线条圆浑的风格恰恰相反。在设计中利用尖肋拱顶、飞扶壁、修长的束柱，营造出轻盈修长的飞天感，大窗户及绘有圣经故事的花窗玻璃。

尖形拱券与圆形拱券相比，其拱推力小，整体性好，结构更加稳定。尖形拱券所形成的框架结构增加了支撑顶部的力量，使建筑可以建得更加高大。尖形拱券是哥特式建筑的最大特点，整个建筑以直升线条、外观雄伟，内部空阔，使教堂内产生一种浓厚的宗教气氛。

2. 哥特式建筑代表（图 9-51、图 9-52）

（1）米兰大教堂。位于意大利米兰市，长 158 米，最宽处 93 米。塔尖最高处达 108.5 米。总面积 11700 平方米，可容纳 35000 人。内部非常地宽广，置身于着幽暗而庄严的空间中简直快忘了自己是在一大商业都市的中心。教堂内外共有人物雕像 3159 尊，其中 2245 尊是外侧雕刻；有 96 个巨大的妖魔和怪兽形的排水口；顶上有 135 个尖塔，中央塔顶圣母玛丽亚镀金雕像，高 4.2 米，重 700 多公斤，由 3900 多片黄金包成。

图 9-51 米兰大教堂

图 9-52 广州石室圣心大教堂

（2）广州石室圣心大教堂。坐落于广州市区中心一德路。1863 年奠基历时 25 年始建成，是天主教广州教区最宏伟、最具有特色的一间大教堂。教堂建筑总面积为 2754 平方米，东西宽 35 米，南北长 78.69 米，由地面到塔尖高 58.5 米，可与闻名世界的法国巴黎圣母院相媲美。是国内现存最宏伟的双尖塔哥特式建筑之一，东南亚最大的石结构天主教建筑，也是全球四座全石结构哥特式教堂建筑之一。由于教堂的全部墙壁和柱子都是用花岗岩石砌造，所以又称之为"石室天主教堂"。

9.3.4　文艺复兴建筑（公元 15~17 世纪）

文艺复兴建筑是欧洲建筑史上继哥特式建筑之后出现的一种建筑风格。源于意大利，后传播到欧洲其他地区，形成带了有各自特点的各国文艺复兴建筑。

文艺复兴建筑在造型上排斥象征神权至上的高、尖特色的哥特式建筑宗教建筑，提倡复兴古罗马时期的建筑形式，使建筑的主题由宗教走向人生，即由寺院变为宫室。

文艺复兴建筑不是简单的复古和复制，而是着重探讨建筑美感的理性法则，以人体对称、和谐为美，以现实与人文这个主题，追求豪华，注重色彩的协调和自然，打破了风格主义的常规，不拘一格，创造出一种新颖而生动的活力。

1. 文艺复兴建筑特点

文艺复兴建筑，注重古典柱式比例和半圆形拱券、圆顶的应用，外加很多精美的饰物，以穹顶为中心塑造建筑形体。在设计及建造中大量采用古罗马的建筑主题、高低拱券、壁柱、窗子、穹顶、塔楼等，不同高度使用不同的柱式，即灵活又变通。建筑梁柱系统与拱券结构混合应用技术，反映了文艺复兴建筑结构和施工技术达到了新的水平。

2. 文艺复兴建筑代表（图 9-53、图 9-54）

（1）佛罗伦萨大教堂。位于意大利的佛罗伦萨大教堂，是意大利文艺复兴时期建筑的瑰宝。大教堂是整个建筑群的主体部分，始建于 1296 年，建成于 1462 年，当时正是佛罗

图 9-53　佛罗伦萨大教堂

图 9-54　澳门大三巴牌坊

伦萨的繁盛时期。教堂平面呈拉丁十字形状，本堂宽阔，长达 82.3 米，由 4 个 18.3 米见方的间跨组成，形制特殊。教堂的南、北、东三面各出半八角形巨室，巨室的外围包容有 5 个成放射状布置的小礼拜堂。

整个建筑群中最引人注目的是中央穹顶，顶高 106 米，穹顶的基部呈八角平面形，平面直径达 42.2 米。基座以上是各面都带有圆窗的鼓座。穹顶的结构分内外两层，内部由 8 根主肋和 16 根间肋组成，构造合理，受力均匀。内部墙壁上有一幅著名的壁画到达穹顶内部。

（2）澳门大三巴牌坊，其正式名称为圣保禄大教堂遗址，建于 1580 年，先后经历 3 次大火，屡焚屡建，直至 1835 年 10 月 26 日，最后一场大火将其烧得只剩下教堂正门大墙，此墙因类似中国传统牌坊而得名 "大三巴牌坊"，是澳门的标志性建筑物之一。大三巴牌坊建筑糅合了欧洲文艺复兴时期与东方建筑的风格而成，体现出东西艺术的交融，雕刻精细，巍峨壮观。由三至五层构成三角金字塔形，无论是牌坊顶端高耸的十字架，还是铜鸽下面的圣婴雕像和被天使、鲜花环绕的圣母塑像，都充满着浓郁的宗教气氛，给人以美的享受。牌坊上各种雕像栩栩如生，堪称 "立体的圣经"。

9.3.5　巴洛克式建筑（公元 17~18 世纪）

巴洛克式建筑是 17~18 世纪在意大利文艺复兴建筑基础上发展起来的一种建筑和装饰风格。其特点是外形自由，追求动态，喜好富丽的装饰和雕刻、强烈的色彩，常用穿插的曲面和椭圆形空间，意在追求在建筑空间组合中产生复杂变化的效果。是文艺复兴晚期手法主义的发展。

1. 巴洛克式建筑特点

巴洛克建筑风格打破了对古罗马建筑盲目崇拜，冲破了文艺复兴晚期古典主义者制定的种种清规戒律，反映了向往自由的世俗思想。巴洛克风格富丽堂皇、炫耀财富、追求新奇、标新立异、建筑形象和手法层出不穷。而且能造成相当强烈的神秘气氛，用非理性的组合，却又充满欢乐的兴致勃勃的气氛，取得反常的幻觉效果。

巴洛克建筑加工精细，大量使用壁画和雕刻进行刻意装饰，追求强烈的体积和光影变化，使建筑璀璨缤纷，富丽堂皇，显示了富有与高贵。

结构主体空间布局多为长方形，屋顶常采用圆形、椭圆形、梅花形、圆瓣十字形等高耸、雄伟的穹隆顶。双根柱使结构更加富丽、庄重，卷涡纹和曲线的设计，使建筑的不同要素具有聚合性和统一性。

2. 巴洛克式建筑代表

（1）圣彼得大教堂，位于梵蒂冈，是全世界第一大圆顶教堂。登教堂正中的圆穹顶部可眺望罗马全城；在圆穹内的环形平台上，可俯视教堂内部，欣赏圆穹内壁的大型镶嵌画。总面积 2.3 万平方米，主体建筑高 138 米，长约 211 米，最多可容纳近 6 万人同时祈祷。高大的石柱和墙壁、拱形的殿顶、到处是色彩艳丽的图案、栩栩如生的塑像、精美细致的浮雕，彩色大理石铺成的地面光亮照人（图 9–55）。

（2）哈尔滨的纯化医院建于 1920 年，为砖混结构，建筑采用 L 型平面，是国内最华美的巴洛克式建筑之一。亮到晃眼的明黄色，通体布满了抹灰做成的浮雕装饰，两侧是两根爱奥尼亚风格柱头与中式鼓座式柱础相结合的双倚柱，蝙蝠和祥云图案在入口正上方的额坊中栩栩如生，两根装饰着中国结图案的单倚柱一直延伸至与拱券会合，在单倚柱和拱券包围的区域内，精雕细琢的菊花浮雕将纯化医院的牌匾团团包围（图 9–56）。

西式建筑风格还有很多，如洛可可式建筑、新古典主义建筑、浪漫主义建筑、折衷主义建筑、现代主义建筑、后现代主义建筑等。这些建筑带有明显的时代印记，在我国存量建筑中多有建树，由于篇幅的关系不再赘述，以图片形式提示（图 9–57~ 图 9–66）。

9.3.6 伊斯兰建筑（公元 7 世纪中叶）

伊斯兰建筑是世界三大建筑体系之一，公元 7 世纪中叶伊斯兰教兴起于阿拉伯半岛，受伊斯兰文化圈的影响，伊斯兰建筑以独特的形式再现了伊斯兰文明。伊斯兰建筑奇想纵

图 9-55 梵蒂冈圣彼得大教堂

图 9-56 哈尔滨的纯化医院

图 9-57　洛可可式建筑：德国无忧宫

图 9-58　洛可可式建筑：武汉东方汇理银行

图 9-59　新古典主义建筑：美国白宫

图 9-60　新古典主义建筑：上海汇丰银行大楼

图 9-61　折衷主义建筑：巴黎歌剧院

图 9-62　折衷主义建筑：天津劝业场

横，庄重而富变化，雄健而不失雅致，而欧洲古典式建筑虽端庄方正，但缺少变化妙趣；哥特式建筑虽峻峭雄健，但韵味不足。

伊斯兰建筑涉及范围广，重要的代表就是清真寺。也包括其他类型的建筑，如陵墓、城堡及皇宫等。

图9-63 浪漫主义建筑：英国国会大厦

图9-64 浪漫主义建筑：贵阳北天主教堂

图9-65 现代主义建筑：德国
法古斯工厂（左）

图9-66 现代主义建筑：香港
汇丰银行（右）

1. 伊斯兰建筑特点

伊斯兰建筑以建筑群的主体集中式平面布局，主要包括院落礼拜殿、入口凹廊和宣礼塔。

（1）入口凹廊。由两侧宣礼塔加开高大拱门的矩形墙面组成，纵向有深度。

（2）礼拜殿。由矩形柱殿进行布局，形成方正柱网，横向拱券，顶部覆盖穹顶。常采用方形、圆形、正多边形等集中向心式平面。顶部穹窿高举，产生强烈的召唤效果。形成较大的方形礼拜空间。

（3）宣礼塔（拜楼）用于召唤穆斯林礼拜的塔楼，多作为宗教场所标志物。

伊斯兰建筑广泛使用多种拱券结构技术，采用大小穹顶覆盖主要空间。其中尖形、马蹄形、弓形、三叶形、复叶形和钟乳形拱券，是伊斯兰建筑的主要特点。

2. 伊斯兰建筑代表（图9-67、图9-68）

（1）土耳其蓝色清真。建于1609年。清真寺内墙壁全部用蓝、白两色的依兹尼克瓷砖装饰，故称蓝色清真寺。蓝色清真寺最大穹顶直径达27.5公尺，另外还有34个较小的穹顶，260扇拱券窗户透光性能极强，周围有六根高43公尺的巨大尖塔，成为世界十大奇景之一。

图 9-67　蓝色清真

图 9-68　南关清真寺

（2）位于宁夏银川老城南关清真寺是中国北方最大的清真寺之一。清真寺面积约 1 万平方米，建筑面积 2000 多平方米，主殿建筑高 26 米，上层大殿可容 1300 余人同时做礼拜。下层设沐浴室、小礼拜殿、女礼拜殿、阿拉伯语学校阿訇卧室、会客厅等。楼顶正中耸立一大四小绿色穹顶，顶端高悬着新月标志。大殿前两侧分别建有 30 米高的"宣礼塔"，中部设了一座直径 15 米的喷水池。整个建筑布局严谨，装饰华丽，精致典雅，宏伟壮观。

9.3.7　西式民居建筑（图 9-69~ 图 9-76）

西式民居建筑因所在地域不同有较大差别，大致分为西欧、中欧、东欧、北欧、南欧、西伯利亚和沿地中海居民等。

1. 英式民居

英式建筑以自然、优雅、含蓄、高贵为特点，外形对称简洁，体形凸凹起伏，窗户较多，窗间墙很窄，人字形形屋顶比较陡峭，配有精致的老虎窗，屋檐上极少装饰。

民居多注重私家庭院，室内常用深色木板做护板，板上做成浅浮雕。传统风格主要为哥特式和罗马式，有木结构的，也有砖结构的。

图 9-69　英式建筑

图 9-70　天津英式民居

图 9-71 法式民居

图 9-72 天津法式民居

图 9-73 德式民居

图 9-74 青岛德式民居

图 9-75 意大利民居

图 9-76 天津租界意大利民居

2. 法式民居

法式建筑体型以清新、亮丽为基调形成轻盈、活泼的建筑形态，追求建筑整体造型雄伟，建筑细部线条鲜明，凹凸有致，尤其是外观造型独特，大量采用斜坡面，颜色稳重大气，呈现出一种华贵。同时，也有意呈现建筑与周围环境的冲突，因此，法式建筑往往不求简单的协调，而是崇尚冲突之美。

法式建筑的另一个特点，就是对建筑的整体方面有着严格的把握，善于在细节雕琢上下工夫。它是一种基于对理想情景的考虑，追求建筑的诗意、诗境，力求在气质上给人深度的感染。

法国具有欧洲多样化地形特征，平面布局紧凑，出檐很小，屋顶的内部设置阁楼空间，作为储藏杂物之用，起居室和餐室以壁炉为中心布置，壁炉是整个住宅最核心的部分，充满浓郁的生活气息。

3. 德式民居

德国式民居在别墅方面最具有代表性的风格要数德式和城堡式。德式风格是从中世纪帝国民间住宅基础上发展起来的，与英国都铎风格建筑相近，也受巴洛克和哥特风格影响，不同的是每个立面几乎都有明显的装饰，俗称"绷带"式建筑，是日耳曼民族的主要民居形式。德国民居一般分二至三层，多为独院式，虽然各个造型独特，却有一种共同风格：整洁、典雅、端庄、简约精致、沉稳大方，但又不失迷人的优雅和浓郁的浪漫情怀。

4. 意式民居

意大利维琴察的圆厅别墅，是一座完全对称的建筑，以中央圆厅为中心向四边辐射，四个立面均有庄严的门廊和巨大的弧形台阶，富有古典韵味，由建筑师帕拉第奥于 1566 年所设计的。

从平面图来看，围绕中央圆形大厅周围的房间是对称的，甚至希腊十字型四臂端部的入口门厅也一模一样。这座建筑与自然环境融为一体，给人一种纯洁、端庄和高贵的美感，也有诗情画意。

9.3.8　中西合璧建筑（图 9-77~ 图 9-82）

从 19 世纪下半叶到 20 世纪初，随着西方列强的侵入，西方的近代建筑艺术也来到中国，中国传统的木结构古典建筑体系中逐步了以钢筋混凝土、钢框架结构为基础的近代建筑体系。在早期开放为通商口岸的沿海城市中这一点极为明显。20 世纪的前 20 年，以西方近代建筑类型和建筑技术为基础构成的中国近代开埠城市和被租借城市的西式建筑风貌已初具规模。从 20 世纪 20 年代开始，这个体系进入相对成熟的发展阶段，并最终在四十年代得以完善。这类建筑的平面布局和空间组织注重功能性，外观则是"中西合璧"的，只在重点部位保持传统建筑的风格。

图 9-77　圆明园的建筑

图 9-78　大栅栏西街

图 9-79　开平碉楼

图 9-80　上海外滩的万国建筑

图 9-81　上海市旧图书馆

图 9-82　哈尔滨的中央大街的建筑

　　北京的圆明园的建筑、天津原英租界五大道内的英、法、意、德、西班牙等国各式风貌建筑、上海的外滩的万国建筑、哈尔滨的中央大街的文艺复兴、巴洛克式等多种风格的建筑等均有中西合璧的建筑。上海市旧图书馆是一实例，它基本上是平屋顶的近代体型，但在中部耸立重檐歇山顶的殿楼。开平碉楼也是典型的中西合璧特色的民间建筑。

9.4　现代建筑

　　中国现代建筑泛指 20 世纪中叶以来的中国建筑。1949 年中华人民共和国成立后，中国建筑进入新的历史时期，大规模、有计划的国民经济建设，推动了建筑业的蓬勃发展。中国现代建筑在数量、规模、类型、地区分布及现代化水平上都突破近代的局限，展现出崭新的姿态。这一时期的中国建筑经历了以局部应用大屋顶为主要特征的复古风格时期，以国庆工程 10 大建筑为代表的社会主义建筑新风格时期、集现代设计方法和民族意蕴为一体的现代风格时期，自 20 世纪 80 年代以来，中国建筑逐步趋向开放和兼容，中国现代建筑开始向多元化发展。中国现代建筑的发展变化与这一时期的经济发展和建筑科技进步有非常紧密的联系，按其发展状况和特点，发展经历了三段时期，共五个阶段。

9.4.1 新中国初期建筑

中华人民共和国成立初期的建筑处于发展时期，这个时期共分有三个发展阶段：

1. 第一阶段建筑特点

第一阶段为国民经济恢复期（1949~1952年）。中华人民共和国成立后即着手医治战争创伤和从事国民经济恢复工作。当时国力有限，所建造的建筑规模小、造型简洁、很少装饰，但某些建筑反映出现代建筑思想的延续。

（1）重庆市人民大礼堂（图9-83）

重庆市人民大礼堂是这一时期少见的中国传统宫殿式建筑的代表。该建筑采用中国传统的民族形式，礼堂大厅屋面造型仿北京天坛祈年殿，不同之处在于设计了角钢网壳外附加木屋架做成琉璃瓦屋面。结构采用46.33米大跨度直径钢结构穹顶置于现浇钢筋混凝土楼柱上，在高为55米的大厅中间没有一根柱子。南北两翼配楼的两对塔式四角亭和八角亭也采用钢筋混凝土结构及琉璃瓦屋面装饰，有些部位做成砖木结构。仿天坛的36根红柱及配楼走廊的部分红柱，用板条包成。中心大厅入口处门楼，仿天安门造型。

建造的大型公共建筑主要有重庆劳动人民文化宫剧场、北京和平宾馆、上海同济大学文远楼、广州第一人民医院和北京儿童医院等。这些建筑大都讲究功能，造型简洁，并有创新精神。重庆劳动人民文化宫剧场（1952年建成、徐尚志设计）平面呈扇形，正立面呈弧形，仅有几根强有力的流线型钢筋混凝土柱子。

（2）北京和平宾馆（图9-84）

北京和平宾馆（1952年建成，杨廷宝设计）以熟练的艺术手法结合保留院内树木作不对称布局，建筑物底层开过街楼以解决交通问题。外表质朴，仅在平墙面上开洞，把建国初期的客观要求和实际可能处理得十分得体。

图9-83　重庆市人民大礼堂　　　　　　图9-84　北京和平宾馆

2. 第二阶段建筑特点（图9-85~图9-92）

第二阶段为第一个五年计划时期（1953~1957年），这段时期的建设规模在中国历史上是空前的。这一时期，我国开始大规模"学习苏联老大哥"的运动，大批苏联专家来到中国，在建筑领域全面学习苏联（排斥西方）的建筑艺术和风格。同时，中国建筑师努力寻求建筑中民族固有的建筑艺术风格，他们从不同的途径探索了有不同民族和地方色彩的建筑。归纳起来，大体有下述四种形式。

（1）以大屋顶为主要特征的民族形式建筑。这类建筑采用砖石和钢筋混凝土结构，最上层加设大屋顶。一般建筑为垂直三段作法（基座、墙身、屋顶），大型建筑为水平五段作法（中段为主体，两旁为两个侧翼和两个连接部分）。屋顶为钢结构或木结构，檐口构件有的用混凝土浇成，并在表面施加彩画。这类建筑在某些特定环境中有一定效果，如北京友谊宾馆，中部为重檐歇山顶，铺绿琉璃瓦。

（2）具有少数民族色彩的民族形式建筑。这类建筑以各民族长期形成的典型建筑形象为特征，如新疆乌鲁木齐的人民剧场等，结合地方和民间传统探索民族形式的建筑。这类建筑利用地方材料，采取民居风格，创造出质朴无华、令人感到亲切的形象。

（3）上海虹口公园鲁迅纪念馆（1956年建成）和鲁迅墓就是以南方民居的白墙、灰瓦、马头山墙等形象，来表达鲁迅质朴的气质。北京的对外贸易部大楼（1954年建成）则采取了北方民居风格，用普通灰砖、灰瓦、卷棚顶、栏杆等简洁形象来处理大型公共建筑。

图9-85 北京友谊宾馆

图9-86 乌鲁木齐的人民剧场

图9-87 鲁迅纪念馆

图9-88 北京天文馆

图 9-89　北京展览馆

图 9-90　军事博物馆

图 9-91　苏式住宅楼

图 9-92　筒子楼

（4）结合新型功能等要求探索民族形式的建筑。这类建筑以现代建筑结构和功能为基础，适当利用了构件形状和装饰纹样以探索民族形式，在本时期内占有很大比重。北京天文馆是中国第一座演示天象的建筑，以天象厅球顶为中心的建筑处理，简练而富有个性。北京电报大楼、北京首都剧场、北京友谊医院、北京火车站、南京曙光电影院、杭州饭店、兰州饭店、广州华侨大厦等均属这一类型。

（5）苏式建筑。20 世纪 50 年代，受苏联的援建和影响，我国北部很多城市出现了大批"苏式建筑"和"仿苏式建筑"，这些苏式建筑和仿苏式公共建筑，又有工业厂房和民用住宅。苏式建筑的标志性建筑当属中国人民革命军事博物馆、全国农业展览馆，仿苏式建筑有新疆昆仑宾馆、北京前门饭店和清华大学的主楼等。典型的苏式建筑和仿苏式建筑有两大特点，首先是左右呈中轴对称，平面规矩，中间高两边低，主楼高耸，回廊宽缓伸展。所谓"三段式"结构，即指屋顶、墙身、基座三个部分。

中国人民革命军事博物馆就是标准的苏式建筑，展览大楼建于 1958 年 10 月，1959 年 7 月竣工，是向国庆 10 周年献礼的首都十大建筑之一。博物馆占地面积 8 万多平方米，建筑面积 6 万多平方米。主楼高 94.7 米，主楼中央 7 层，两翼 4 层。整个建筑坐北朝南，顶端托举着金碧辉煌、直径 6 米的镀金中国人民解放军"八一"军徽，气势宏伟，巍峨壮观。

北京展览馆（原苏联展览馆）由苏联中央设计院设计，1954年建成。北京展览馆曾经是北京最高的建筑。它的大尖顶、红五星已经成了一代人的集体记忆，尤其是塔尖上那个巨大的红五星，被当时的年轻人视为"照亮前路的灯塔"。这些建筑代表着当时先进的建筑形态，对当时的中国建筑模式影响巨大。

北京和沈阳苏式住宅楼为纵横红砖墙承重，现浇混凝土楼板，木屋架坡屋顶，三至四层高，内部结构大致相同。一种是一梯2至5户的单元式住宅楼，八座楼围成一个方环形。一种就是人们常说的"筒子楼"，由一条长走廊（约50米长）串联着许多个单间住房，公用厨房和卫生间，因长长的走廊（约50米长），状如筒子，故名"筒子楼"。这些建筑物一般在20世纪60~70年代都进行了附加抗震柱和圈梁式的简易抗震加固。

3. 第三阶段建筑特点（图9-93~图9-96）

第三阶段为1958~1964年，这时期建筑界以"快速设计"、"快速施工"为核心，以"技术革新"、"技术革命"为手段的建筑活动，一些建筑设计和施工缺乏科学精神，质量普遍下降。尽管如此，经过广大建筑工作者的辛勤劳动，某些特定条件下的建筑活动，如国庆工程等仍然取得一些重大进展。这个时期也进行了薄壳结构、悬索结构的研究并获得一定成果。

1959年10月，全部完成通称为"十大建筑"的工程如：人民大会堂、中国历史博物馆和中国革命博物馆、中国人民革命军事博物馆、北京火车站、北京工人体育场、全国农业展览馆、迎宾馆（钓鱼台）、民族文化宫、民族饭店、华侨大厦等。

图9-93 人民大会堂

图9-94 人民英雄纪念碑

图9-95 北京工人体育馆

图9-96 中国美术馆

人民大会堂建筑面积 171800 平方米，东立面长 336 米，大会堂会场宽 76 米，深 60 米，三层座席，可容 1 万人。会堂有声、光、电、空调等现代化的设施。大会堂功能之复杂，结构、安全、电信、机电设备、庭园、道路、市政管线等专业工程质量要求之高，都是史无前例的。同时，完成了天安门广场的改建工程。改建后的广场宽 500 米，长 1090 米，两侧建筑物高 30~40 米。

广场中部的人民英雄纪念碑高 37.94 米，碑身为浮山花岗石，顶部为庑殿顶，周围有高 2 米描写近百年革命史的汉白玉浮雕 10 块，总长 40.68 米。纪念碑于 1958 年 5 月 1 日揭幕。国庆工程是一次创作高潮，代表了当时设计和施工的最高水平，体现了在中国共产党领导下一代人的伟大信念，对全国的建筑创作有重大影响。

1960 年冬，国民进入经济调整时期，此期间陆续完成一些未竣工的工程，北京工人体育馆比赛大厅为圆形，直径 110 米，采用净跨 94 米的圆形悬索结构（当时国内最大的）屋顶，创造出明快的体育建筑形象。中国美术馆恰当地运用了传统形式，取得丰富的建筑。

9.4.2　改革开放前、后时期建筑

1. 改革开放前期（图 9-97~图 9-102）

改革开放前期（1965 年~1976 年），建筑领域经受了一些变动，建筑设计和城市规划直到 1978 年才开始扭转长期混乱状态。从某些局部来看，一些建筑活动在特殊时期下仍取得了一些成绩。

如北京外交公寓 1973 年建成，砖混结构、地下一层、地上九层、高度 32.26m。外交公寓是塔式和板式的体型相结合，是北京第一批较高的建筑。使馆则比较轻巧活泼，有一些表现出派遣国的建筑特色。

如观众厅直径 110 米的圆形三向钢管球节点网架屋顶的上海体育馆；平面为长八角形、造型富于力感的南京五台山体育馆；

图 9-97　建国门外交公寓

图 9-98　巴基斯坦驻华大使馆

图 9-99　上海体育馆

图 9-100　扬州鉴真纪念堂

图 9-101　简易楼

图 9-102　普通住宅

如应用马鞍形悬索结构屋顶的杭州浙江体育馆；设备完善、有多种功能的首都体育馆；

如上海漕溪北路的高层住宅，仿古建筑扬州鉴真纪念堂；韶山毛主席纪念馆等。这些建筑在不同程度上体现了创新精神。

简易楼就是 20 世纪 60 年代，1964 年我国刚从"三年自然灾害"的阴影中走出来，本着勤俭节约的原则，兴建了一批二至三层低标准住宅楼，通称"简易楼"。简易楼的设计使用年限是 20 年，为二层或三层砖木结构，部分墙体为空斗墙（内横墙和三层楼的首层为实墙），空斗墙的墙体采用"一条一丁"或"三条一丁"立砖与平砖结合砌法砌筑，墙体是中空的，有的中空部分用渣土及碎砖充填，墙体的强度和稳定性偏低。屋盖多为（钢）木屋架，屋面为干挂瓦或水泥板，无保温隔热和防水层，多采用外廊式设计，每层居住五到八户人家不等，中间的楼梯连接着每层的走廊，走廊的一侧是居室门，户内无厨房、卫生间和暖气，采用公共水房和卫生间。

2. 改革开放后期

改革开放后（1977~2000 年）。建筑活动基本上仍然延续前一时期的设计思想和创作方法，从 1979 年起，建筑学术思想日趋活跃。

如建成的大型建筑有毛主席纪念堂、北京香山饭店、广州白天鹅宾馆等（图 9-103~图 9-108）。

图 9-103　毛主席纪念堂（左上）

图 9-104　北京香山饭店（左中）

图 9-105　广州白天鹅宾馆（左下）

图 9-106　深圳国际贸易中心大厦（右上）

图 9-107　20 世纪 90 年代住宅楼（右中）

图 9-108　新疆人民会堂（右下）

9.4.3 当代建筑特点

我国进入 21 世纪后，国民经济和建筑技术水平大幅度提高，新建造的建筑（特别是大型公共建筑）在建筑艺术和建筑结构等方面都有了突破性的发展，最明显的特征可用六个字概括：奇特、高耸、大跨。

1. 建筑造型奇特夸张

如最著名的造型奇特建筑之一的中央电视台新址大楼，此楼建于 2004 年至 2009 年，地处 CBD 核心区，占地 197000 平方米。总建筑面积约 55 万平方米，最高建筑 234 米，工程建安总投资约 50 亿元人民币。主楼的两座塔楼双向内倾斜 6 度，在 163 米以上由 "L" 形悬臂结构连为一体，建筑外表面的玻璃幕墙由强烈的不规则几何图案组成，造型独特、结构新颖、高新技术含量大，在国内外均属 "高、难、精、尖" 的特大型项目。世界高层建筑学会 "2013 年度高层建筑奖" 评选 7 日晚在美国芝加哥揭晓。中央电视台新址大楼获得最高奖——全球最佳高层建筑奖。

如东方之门（俗称 "秋裤"）是位于中国江苏省苏州市的一座 301.8 米高的摩天大楼。东方之门分北楼、南楼两部分，是一个外形为门的超高层建筑，在层高 238 米处两部分建筑连接起来。总投资金额达 45 亿元，是苏州著名的秋裤楼，被誉为 "世界第一门"，该工程预计 2014 年年底整体完工。

此外，还有外形像半个鸡蛋的北京国家大剧院、河北的福禄寿大厦、外形像酒瓶的四川宜宾五粮液大厦、安徽淮南钢琴小提琴大厦和贵州湄潭的茶壶形大厦均使建筑物有了奇特的外观（图 9-109~ 图 9-112）。

2. 建筑结构高度超高

在我国一般认为层数超过 10 层，高度超过 24m 的建筑为高层建筑，当建筑高度超过 100m 时，即为超高层建筑，超高层建筑是城市化、工业化和商业化的产物，一定程度上

图 9-109　中央电视台新址大楼

图 9-110　苏州东方之门

图 9-111　河北的福禄寿大厦

图 9-112　五粮液大厦

反映了一个国家（或地区）的社会和经济发展水平。我国进入 21 世纪后，超高层建筑如雨后春笋般的出现，目前正在赶超世界先进水平（图 9-113）。

当前中国共有 10 座城市欲建设总高超过美国第一高楼 541.3 米的纽约新世贸中心的第一高楼，同时还有 8 座城市欲建设的第一高楼其主体高度将超过纽约建筑主体第一高楼 420 米的 432 公园大道。规划中最高的大楼是长沙远大天空之城，计划建到 838 米，超过目前的世界第一高楼——828 米的迪拜哈利法塔。

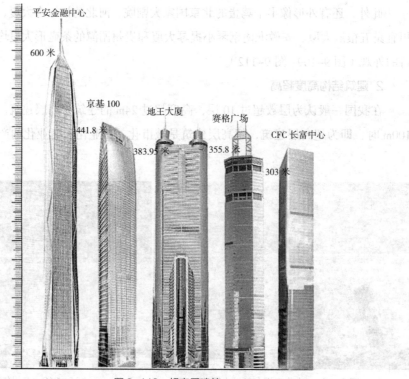

图 9-113　超高层建筑

440

深圳平安金融中心项目由中国平安人寿保险股份有限公司投资建设，是一幢以甲级写字楼为主的综合性大型超高层建筑，预计竣工时间为 2016 年。该项目位于深圳市福田商业中心区地段，福华路与益田路交汇处西南角。此工程地下五层，塔楼层数为 118 层，主体高度为 558.45 米，塔顶高度 660.00 米，总建筑面积约 46 万平方米，为目前的实际中国第一高楼。

上海中心大厦位于浦东小陆家嘴，主体建筑结构高度为 580 米，总高度 632 米，是目前中国国内建设中的第二高楼，将成为完全符合"绿色建筑"标准的摩天大楼。上海中心建筑外观呈螺旋式上升，建筑表面的开口由底部旋转贯穿至顶部，从天空向下俯瞰，上海中心非对称的顶部卷折状造型，与金茂大厦的点状和环球金融中心的线状顶部遥相辉应，将进一步丰富上海的城市天际线。上海中心大厦总投入达 148 亿元，2014 年竣工交付使用。

3. 建筑结构跨度超大

大跨度建筑通常是指跨度在 60m 以上的建筑，主要用于民用建筑的影剧院、体育场馆、展览馆、大会堂、航空港以及其他大型公共建筑。在工业建筑中则主要用于飞机装配车间、飞机库和其他大跨度厂房。大跨度建筑结构包括网架结构、网壳结构、悬索结构、膜结构、薄壳结构等基本空间结构及各类组合空间结构。大跨度空间结构技术的发展状况是代表一个国家建筑科技水平的重要标志之一。大跨度建筑结构的类型和形式十分丰富多彩，按结构形式分为五大类，它们各有特点，详见表 9-1。

表 9-1

名称	定义	跨度	特点	主要应用
网架	由多根杆件按照某种规律的几何图形通过节点连接起来的空间结构	大中小均适用	传力途径简捷，重量轻、刚度大、抗震性能好施工简便，生产效率高，平面布置灵活，造型轻巧，美观	最为广泛
网壳	曲面形网格结构称为网壳结构，有单层网壳和双层网壳之分	较大	杆件单一，受力合理，跨越能力大，安装简便，经济指标好，造型丰富多彩	体育场馆会展中心
薄壳	壳体结构（学术上把满足 $t/R \leq 1/20$ 的壳体定义为薄壳）	不如网壳	承载性能很好，充分发挥材料的潜力，强度高、刚度大、材料省，经济合理	不适用体育馆与影剧院
悬索	悬索结构是以能受拉的索作为基本承重构件，并将索按照一定规律布置所构成的一类结构体系	很大	不出现弯矩和剪力效应，充分利用钢材强度，形式多样，布置灵活，能适应多种建筑平面，安装简便，但分析设计理论与常规结构相比较为复杂	桥梁和体育馆
膜	以性能优良的柔软织物为材料，由膜内空气压力支承膜面，形成具有一定刚度、能够覆盖大空间的结构体系	随意性较大	自重轻、跨度大；建筑造型自由丰富；施工方便；具有良好的经济性和较高的安全性；透光性和自结性好；耐久性较差	无特别针对的应用

如我国的大跨度建筑有著名的中国国家大剧院，钢结构壳体，低矢高球形薄壳。东西轴长 212.20m，南北轴长为 143.64m，建筑总高度 46.285m，周长达 600 余米，地下最深处 -32.50m。壳体表面由 18398 块钛金属板和 1226 多块超白透明玻璃共同组成，两种材

质巧妙的拼接曲线，营造出舞台帷幕徐徐拉开的视觉效果。每当夜幕降临，透过渐开的"帷幕"，金碧辉煌的歌剧院尽收眼底，而壳体表面上星星点点、错落有致的"蘑菇灯"，如同扑朔迷离的点点繁星，与远处的夜空遥相呼应。使大剧院充满了一种含蓄而别致的韵味与美感。整个壳体风格简约大气，宛若一颗晶莹剔透的水上明珠（图9-114）。

如上海科技馆主体建筑平面为半圆环形，以混凝土框架为主，屋顶由空间网架、钢桁架组成，建筑中部大堂由一巨型椭球体网壳结构覆盖。这种薄壳结构体系选用25mm至30mm高的6061-T6铝钦合金工字形梁，节点形式为板式节点，板平面为圆盘形，用高强度不锈钢锁紧螺栓作固接，形成一个个三角，拼成椭球体薄壳结构。该网壳结构长轴尺寸67m，短轴尺寸51m，高42.2m，椭球体为沿椭圆平面长轴旋转体，削去下半部分而成。球体两侧各开有9m宽、16m高的大门洞，端部有个9m宽、5m高的小门洞。球体下端支座分成两个标高，分别在首层及地下一层平面，无论在结构形式、跨度尺寸及支承情况都属罕见，其设计、施工技术要求高、难度大（图9-115）。

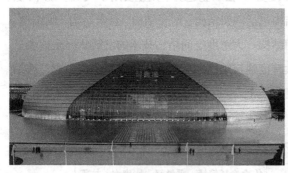

图9-114　中国国家大剧院

图9-115　上海科技馆

10 新型建筑结构

10.1 建筑工程新材料发展趋势

随着科学技术的发展，构成建筑的基本物质要素的建筑材料也在发展变化。现代新型建筑材料首先要具有时代性才能符合现代建筑的要求；其次要节能环保，符合生态化特点才能有利于社会的发展。

新型建筑材料是在传统建筑材料基础上产生的新一代建筑材料，主要包括多功能复合材料、新型墙体材料、保温隔热材料、防水密封材料和装饰装修材料等。

10.1.1 混凝土材料的改进

目前，我国的混凝土材料主要有加气混凝土、轻骨料混凝土、纤维混凝土、泡沫混凝土和普通混凝土等。随着制造技术水平的提高又出现了高强混凝土，甚至超高强混凝土。一般把强度等级为 C50 及其以上的混凝土称为高强混凝土，C100 强度等级以上的混凝土称为超高强混凝土。通过改良混凝土及其制造方法和在混凝土中掺入不同的材料，可制出不同性能和不同用途的混凝土，以满足不同的需求。

1. 高性能混凝土

高性能混凝土是混凝土材料发展的一个重要方向。所谓高性能是指混凝土具有高强度、高耐久性、高流动性等多方面的优越性能。高强度混凝土是发展和提高高层建筑、高耸结构、大跨度结构的重要措施。

从强度而言，抗压强度大于 C50 的混凝土即属于高强混凝土，采用高强混凝土，可以减小截面尺寸，减轻自重，因而可获得较大的经济效益。目前我国已制成 C100 的混凝土。

高强混凝土作为一种新的建筑材料，以其抗压强度高、抗变形能力强、密度大、孔隙率低的优越性，在高层建筑结构、大跨度桥梁结构以及某些特种结构中得到广泛的应用。高强混凝土最大的特点是抗压强度高，一般为普通强度混凝土的 4~6 倍，故可减小构件的截面，减轻自重，避免短柱，对结构抗震也有利，而且提高了经济效益。

高强混凝土材料为预应力技术提供了有利条件，采用高强度钢材和人为控制应力，大大提高了受弯构件的抗弯刚度和抗裂度，因此高强混凝土越来越多地应用于预应力结构。如大跨度房屋构件和桥梁中。由于高强混凝土密度大的特点，还具有抗冲击、抗爆炸、抗高渗、抗腐蚀的功能。

2. 活性微粉混凝土

活性微粉混凝土是一种超高强的混凝土，其立方体抗压强度可达 200~800MPa，抗拉强度可达 25~150MPa。级配曲线是不连续的台阶形曲线，其骨料粒径很小，接近于水泥颗粒的尺寸。水灰比可低到 0.15，需加入大量的超塑化剂，以改善其工作度。可用其建成细长或薄壁的结构，以扩大建筑使用的自由度。

3. 轻质混凝土

轻质混凝土是利用天然轻骨料、工业废料轻骨料、人造轻骨料制成的轻质混凝土。其密度较小、相对强度高以及保温、抗冻性能好。可利用工业废渣，并变废为宝，既降低成本，又减少城市或厂区的污染，同时减少堆积废料占用的土地，有利于环境保护。

4. 纤维增强混凝土

为了改善混凝土的抗拉性能差、延性差等缺点，可在混凝土中掺加纤维以改善混凝土性能。如钢纤维、耐碱玻璃纤维、碳纤维、芳纶纤维、聚丙烯纤维或尼龙合成纤维等。可大幅度提高纤维混凝土塑性变形性能的韧性。

5. 自密实混凝土

自密实混凝土不需机械振捣，而是依靠自重使混凝土密实。混凝土的流动度虽然高，但仍可以防止离析。这种混凝土的优点有：在施工现场无振动噪声；可进行夜间施工，不扰民；对工人健康无害；混凝土质量均匀、耐久；钢筋布置较密或构件体型复杂时也易于浇筑；施工速度快，现场劳动量小。

6. 智能混凝土

智能混凝土是利用混凝土组成的改变，可克服混凝土的某些不利性质，如高强混凝土水泥用量多，水灰比低，加入硅灰之类的活性材料，硬化后的混凝土密实度好。但高强混凝土在硬化早期阶段，具有明显的自主收缩和孔隙率较高，易于开裂等缺点。当采用掺量为 25% 的预湿轻骨料来替换骨料时，混凝土内部形成一个"蓄水器"，使混凝土得到持续的潮湿养护。这种加入"预湿骨料"的方法，可使混凝土的自生收缩大为降低，减少了微细裂缝。

7. 聚合物混凝土

聚合物混凝土可分为：聚合物胶结混凝土、聚合物浸渍混凝土、聚合物水泥混凝土。

（1）聚合物胶结混凝土

聚合物胶结混凝土又称树脂混凝土。聚合物混凝土与普通水泥混凝土相比，具有高强、耐蚀、耐磨、粘结力强等优点。常用一种或几种有机物及其固化剂，将天然或人工集料混合、成型、固化而成。常用的有机物有不饱和聚酯树脂、环氧树脂、呋喃树脂、酚醛树脂等，或用甲基丙烯酸甲酯、苯乙烯等单体。聚合物在此种混凝土中的含量为重量的 8%~25%。

（2）聚合物浸渍混凝土

以已硬化的水泥混凝土为基材，将聚合物填充其孔隙而成的一种混凝土 - 聚合物复合材料，其中聚合物含量为复合体重量的 5%~15%。

（3）聚合物水泥混凝

以聚合物和水泥共同作为胶凝材料的聚合物混凝土。其制作工艺与普通混凝土相似，在加水搅拌时掺入一定量的有机物及其辅助剂，经成型、养护后，其中的水泥与聚合物同时固化而成。

由于聚合物填充了水泥混凝土中的孔隙和微裂缝，可提高它的密实度，增强水泥石与集料间的粘结力，并缓和裂缝尖端的应力集中，改变普通水泥混凝土的原有性能，使之具有高强度、抗渗、抗冻、抗冲击、耐磨、耐化学腐蚀、抗射线等显著优点。可作为高效能结构材料应用于特种工程，例如腐蚀介质中的管、桩、柱、地面砖、海洋构筑物和路面、桥面板、混凝土储罐的耐蚀面层，新老混凝土的粘结、其他特殊用途的预制品，以及水利工程中对抗冲、耐磨、抗冻要求高的部位。也可应用于现场修补构筑物的表面和缺陷，以提高其使用性能。

10.1.2 建筑钢材的改进

建筑钢材通常可分为钢结构用钢、钢筋混凝土结构用钢和特殊钢。

1. 钢结构用钢

钢结构用钢主要有普通碳素结构钢和低合金结构钢。品种有型钢、钢管。其中型钢中有角钢、工字钢和槽钢。

2. 钢筋混凝土结构用钢

混凝土结构用钢主要包括钢筋和预应力钢绞线。在混凝土结构中选用格构钢架或钢管是混凝土结构中的特例。混凝土结构用钢按照不同标准可做如下分类：

（1）按加工方法可分为：热轧钢筋、热处理钢筋、冷拉钢筋、冷拔低碳钢丝和钢绞线管；

（2）按表面形状可分为光面钢筋和带肋钢筋；

（3）按钢材品种可分为低碳钢、中碳钢、高碳钢和合金钢等；

（4）按钢筋按强度可分为：Ⅰ、Ⅱ、Ⅲ、Ⅳ、Ⅴ 五类级别。

3. 特殊钢

特殊钢即具有特殊的化学成分（合金化）、采用特殊的工艺生产、具备特殊的组织和性能、能够满足特殊需要的钢类。与普通钢相比，特殊钢具有更高的强度和韧性、物理性能、化学性能、生物相容性和工艺性能。如"鸟巢"钢结构采用的 Q460 就是一种低合金高强度钢，它在受力强度达到 460MPa 时才会发生塑性变形。

10.1.3　新型墙体材料的改进

墙体材料在房屋建材中约占 70%，是建筑材料的重要组成部分。新型建材的改进一是减少高物耗、高能耗、高污染、低性能。二是向多功能、多用途、低物耗、低能耗、无毒、无污染等绿色环保方向发展。三是向高档化、配套化、标准化方向发展。四是向智能化材料发展。

如尽量利用资源丰富的粉煤灰、煤矸石、矿渣等，取代黏土生产粉煤灰烧结砖，煤矸石烧结砖，矿渣砖。如研发具有高性能、高强度、高刚度、耐高温、耐磨损、耐腐蚀、抗渗漏等性能结构材料。如研究开发具有自我诊断、自我预告和破坏、自我调节、自我修复的功能、可重复利用性的智能化材料等。

10.2　新型建筑结构的种类

随着新型建筑材料的发展与应用，涌现出了多种新型建筑结构种类和施工技术，且通过了安全、适用、经济性三大方面的考验。目前新型建筑结构种类基本如下：

10.2.1　型钢混凝土结构

型钢混凝土结构是指在型钢周围配置少量钢筋并浇筑混凝土的结构。型钢混凝土结构促进建筑结构的快速发展。丰富了高层及超高层建筑形式和使用功能。

1. 型钢混凝土结构的优点

（1）承载力高，刚度大，延性与抗震性能好，在多地震的我国具有广泛的应用。

（2）具有较大的抗扭及抗倾覆能力。

（3）相同截面的构件，型钢混凝土结构是混凝土结构承载能力一倍以上，可以设计出最佳截面尺寸，从而减轻结构自重，增加净空高度和使用面积。

（4）施工安装时，梁柱型钢骨架本身构成了一个强度、刚度较大的结构体系，可以作为浇注混凝土时挂模、滑模的骨架，大大减少支模的人工与材料投入，可实现连续化施工，缩短施工工期。

（5）与钢结构相比，型钢混凝土构件的外包混凝土可以防止钢构件的局部屈曲，明显地减少在钢结构中设置大量支撑的工作量。

（6）型钢混凝土防火防腐蚀性能好。基于此,型钢混凝土结构已与传统的四大结构并列，共同形成五大建筑结构体系。型钢混凝土存在一些尚未解决的问题，诸如型钢与混凝土之间粘结滑移，节点构造问题，以及尚未制定颁布适合我国基本国情的型钢混凝土设计规范等。

2. 型钢混凝土结构的建筑

天津和记黄埔地铁广场项目由四层地下室、八层裙房及四栋塔楼组成。四栋塔楼又分一栋办公楼 D 和 A、B、C 三栋公寓楼，其中办公楼共 55 层，总高度 260 米左右，结构形式为钢结构混凝土劲性结构；A、B、C 三栋公寓楼高分别为 57 层、53 层、49 层，总高度分别为 198 米、186 米、174 米。总建筑面积 32.4 万平方米，地上 26 万平方米，集商业、娱乐、餐饮、办公、住宅为一体的超高层建筑。和记黄埔项目一期工程包括地下四层和地上五层，其中地下一层为 1.35 万平方米的商业设施；地下二至四层为 3 万平方米的地下停车场；地上部分为 5.5 万平方米的商业设施。二期工程包括 6 万平方米的写字楼、1.8 万平方米的服务式公寓和 8.1 万平方米的住宅等。该项目位于天津市和平区南京路以南，长沙路以西，潼关道以北，与津汇广场相邻处，恰好是地铁营口道附近站点的"上盖"（图 10-1）。

图 10-1　天津和记黄埔地铁广场

10.2.2　钢管混凝土结构

钢管混凝土是指在钢管中填充混凝土而形成的构件。钢管混凝土结构其优越的力学性能，可避免或延缓钢管发生局部屈曲，使混凝土改变为三向受压的应力状态，因而混凝土抗压强度大大提高，使混凝土的抗压性能更为有利的发挥。钢管中填充混凝土用作承重柱，不仅可防止钢管内部锈蚀，增强钢管的稳定性，而且抗震强度大大提高。这是在混凝土技术上的一大突破。

1. 钢管混凝土结构的优点

（1）承载力高、刚度大、延性和抗震性能好。

（2）抗压、抗扭和抗剪性能好。

（3）塑性和韧性好。

（4）构件截面小，节约了建筑材料，增加了使用空间，且结构自重减轻，从而减小了基础的负担，同时减小了地震反应。

（5）可有效地防止高强混凝土的脆性破坏，为使用高强、高性能的材料奠定了基础。

（6）取材容易，施工方便，可为逆作法施工创造条件，可适应先进的泵灌混凝土工艺，是一种具有高效施工技术的结构。

（7）抗疲劳、耐冲击，耐火性能优于钢结构。

（8）在相同的条件下，相比其他结构体系，可节省钢材约50%，这就带来相当可观的经济效益。

目前对于钢管混凝土结构体系还有一些问题，诸如节点及墙柱的连接、屈服后的性能、在周期反复荷载下混凝土和钢的粘结力表现、钢管局部压屈的可能性、混凝土的水化热等诸多问题都有待进一步的研究。

2. 钢管混凝土结构的建筑

早在1999年我国已建成世界上最大最高的工程用钢管混凝土的建筑，即深圳赛格广场大厦（地上72层，高291.6m），这是我国自行投资、设计、全部采用国产钢材、自行加工和施工的第一个采用钢管混凝土的世界最高建筑物。该项目从侧面反映我国在钢管混凝土结构的研究及实施能力，尤其是近20年来，在构件性能和理论研究方面，我国已达到国际领先水平（图10-2）。

10.2.3　底部大空间框支剪力墙结构

底层为框架的剪力墙结构是为适应底层要求大开间而采用的一种结构形式。这种结构底层则改用框架结构，标准层（底层以上）采用剪力墙结构，即底层的竖向荷载和水平荷

图 10-2　深圳赛格广场大厦

载全部由框架的梁柱来承受。这种结构的特点是侧向刚度在底层楼盖处发生突变，在地震力冲击下，常因底层框架刚度太弱、侧移过大、延伸性差以及强度不足而引起破坏，甚至导致整栋建筑物的倒塌。地震区已禁止采用这种结构体系。

为了改善结构的受力性能，提高建筑物的抗震能力，在结构的平面布置中可以将一部分落地剪力墙贯通至基础，称为落地剪力墙；而另一部分剪力墙则在底层改为框架。底层为框架的剪力墙可称为框支剪力墙，借助于框支剪力墙，可以形成较大的空间，依靠落地剪力墙，可以增强和保证结构的抗震能力。

1. 底部大空间框支剪力墙结构的优点

（1）在同一地区，具有相同的设防烈度的两种结构，框支剪力墙结构因抗震能力较接近剪力墙结构，规范允许建造的高度比框架结构高得多；

（2）相比剪力墙结构，框支剪力墙结构建筑空间布置更灵活，更容易满足需要有较大空间的使用功能的要求；

（3）框支剪力墙结构在水平荷载（或地震水平）作用下的整体侧向变形介于弯曲型与剪切型之间，是中庸平和类型；在用料、舒适度等各方面都比较适中；

（4）由于框支剪力墙结构在水平荷载作用下的大部分剪力由剪力墙承担，底层的框架柱截面尺寸可以做得不必过大，从而节约使用空间；

（5）框支剪力墙结构转换层设计及造型选择余地较大，有利于大空间布局，如梁式转换、桁架转换、厚。

2. 底部大空间框支剪力墙结构的建筑图示（图 10-3）

图 10-3　底部大空间框支剪力墙结构的建筑图示

10.2.4　密肋壁板轻框结构

密肋壁板轻框结构主要由轻型框架（隐形框架）与密肋复合墙板构成。密肋复合墙板是以截面及配筋较小的钢筋混凝土为框格，内嵌以炉渣、粉煤灰等工业废料为主要原料的加气硅酸盐砌块。密肋壁板轻框结构属于节能结构体系（图 10-4）。

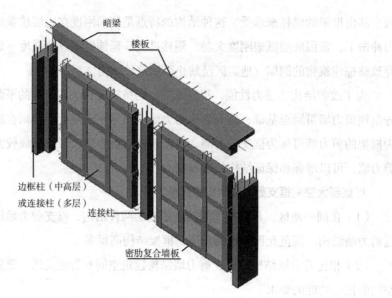

图 10-4　密肋楼板轻框结构

1.密肋壁板轻框结构的优点

（1）结构自重轻、抗震性能好、承载力高、整体性好，形成三级地震能量释放体系。即先填充块、再框格、后外框架的破坏机理，从而满足抗震设防的二阶段三水准的设计思想。

（2）结构适应性强。它打破了传统的建筑模式，以板块装配，组体灵活。针对不同层数，不同使用功能的建筑，通过改变墙板肋梁、肋柱的间距及配筋以调整墙板刚度及承载力，可通过改变墙体间框架柱的截面及配筋调整结构的刚度和承载力。

（3）虽然墙体厚度减小，但是保温性能好，且增大净使用面积。

（4）施工速度快。结构采用装配现浇式施工，机械化程度高，大大缩短工期。

（5）填充块体可有效提高结构的抗侧力刚度，拓展框架结构的建造高度。

（6）复合墙板不仅起围护、分隔空间和保温作用，而且可作为承力构件使用，从而可有效减小框架截面尺寸及配筋量，降低结构经济指标。

（7）社会与经济效益显著。保护环境，节约土地，大量利用工业废渣，降低造价。小高层以下的居住建筑中具有极好的应用前景。

2.密肋壁板轻框结构的建筑（图 10-5）

10.2.5　巨型结构体系

巨型结构是布置若干个巨大的竖向支撑结构（巨型组合柱、角筒体、边筒体等）并与梁式或桁架式转移楼层相结合，形成土结构与常规结构构件组成的次结构共同工作的一种结构体系。可分为巨型框架和巨型桁架两种结构体系。

图 10-5　密肋壁板轻框结构的建筑

　　巨型框架作为独立的承重结构，在巨型框架之间用较小的梁柱构件组成次框架以形成若干层建筑空间，而次框架上的竖向荷载或水平作用力则全部传递给巨型框架，通过巨型框架柱传给基础和地基。由于其独特的两级受力体系不仅有利于提高结构整体性，改善结构安全性能，减少材料用量和工程造价，亦可以给建筑设计带来更大的灵活性，因此，在超高层建筑中得到了广泛的应用。巨型结构体系可细分为：纯钢结构巨型框架、钢筋混凝土巨型框架、次结构为悬挂体系的巨型框架结构、圆锥形或环形巨型框架、超级巨型框架等。

　　巨型桁架是指整幢结构用巨柱、巨梁和巨型支撑等巨型杆件组成空间桁架，相邻立面的支撑交汇在角柱，形成巨型空间桁架结构。巨型桁架通常由角柱及巨型斜支撑组成，既是主要受力结构，传力明确，同时又有很强的装饰效果。可分为：纯钢结构和钢－混凝土混合结构。

1. 巨型结构体系的优点

　　（1）结构整体刚度大。由于巨型构件的截面尺寸比常规构件大得多，因此其刚度必然比普通结构的刚度大很多。

　　（2）侧向刚度大。体系侧向刚度大且沿高度分布均匀，传力途径明确，是一种理想的抗侧力结构体系。

　　（3）体系灵活多样，有利于抗震。巨型结构可以有各种不同的变化和组合，主结构和次结构可以采用不同的材料和体系。可以在不规则的建筑中采取适当的结构单元组成规则的巨型结构，对抗震有利。

　　（4）巨型结构的次结构截面小。巨型结构的次结构只是传力结构，故次结构的柱子不必连续，建筑物中可以布置大空间或空中台地或大门洞。次结构中的柱子仅承受巨型梁间的少数几层荷载，截面可以做得很小，给房间布置的灵活性创造了有利条件。

　　（5）施工进度快。巨型结构体系可先施工其主结构，待主结构完成后分开各个工作面

图 10-6 香港中银大厦

同时施工次结构，大大缩短了施工周期。

（6）具有更大的稳定性和更高的效能，可节省材料，降低造价，使建筑物更加经济实用。

2. 巨型结构体系的建筑

香港中银大厦坐落于我国香港维多利亚港附近，由建筑师贝聿铭设计，大楼地上 70 层，地下 4 层，总建筑面积 12.9 万平方米。楼高 315 米，加顶上两杆的高度共有 367.4 米，建成时为香港最高的建筑物，也是世界第五高建筑物。整座大楼采用由八片平面支撑和五根型钢混凝土柱所组成的混合结构"大型立体支撑体系"，即混凝土 - 钢结构立体支撑体系，其结构性能方具有独到之处（图 10-6）：

（1）采用几何不变的轴力代替几何可变的弯曲杆系，用以抵抗水平荷载，更加经济有效。

（2）利用多片平面支撑的组合，形成一个立体支撑体系，使立体支撑在承担全部水平荷载的同时，还承担了高楼的几乎全部的自重荷载，从而进一步增强了立体支撑抵抗倾覆力矩的能力。

（3）将抵抗倾覆力矩用的抗压和抗拉竖杆件，布置在建筑方形平面的四个角，从而在抵抗任何方向的水平力时，均具有最大的抗力矩的力偶臂。

（4）利用立体支撑及各支撑平面内的钢柱和斜杆，将各楼层重力荷载传递至角柱，加大了楼层重力荷载作为抵抗倾覆力矩平衡重的力偶臂，从而提高了作为平衡重的有效性。

10.2.6 超高层建筑及结构

对超高层建筑的定义，不同的国家有不同的标准。联合国于 1972 年举办的国际高层建筑会议将超高层建筑定义为 40 层以上或者高度超过 100m 的高层建筑；日本将 15 层以上建筑定义为超高层建筑。我国对超高层建筑无明确的定义，但在国家现行建筑规范和行业标准中均有一定说明，可分别从建筑的房屋高度、不规则程度两方面详细界定超高层建筑。

1. 按房屋高度界定

对于一般建筑，规范根据建筑物的高度等级、房屋类型、结构体系、抗震烈度的不同，从房屋高度方面明确了超高层建筑的最低房屋高度，即房屋高度超过表 10-1 中数值的一般建筑属于超高层建筑。

一般建筑高度与抗震设计的关系（单位：m）　　表 10-1

结构体系		非抗震设计	抗震设防烈度			
			6 度	7 度	8 度	9 度
钢筋混凝土结构	框架	70	60	55	45	25
	框架 – 剪力墙	170	160	140	120	50
	全部落地剪力墙	180	170	150	130	60
	部分框支剪力墙	150	140	120	100	—
框架 – 核心筒		220	210	180	140	70
筒中筒		300	280	230	170	80
板柱 – 剪力墙		70	70	35	30	—
钢结构框架		110	110	110	90	70
钢框架 – 支撑（剪力墙板）		260	260	220	200	140
各类钢筒体		360	300	300	260	180
钢框架 – 混凝土剪力墙		220	180	180	100	70
钢框架 – 混凝土核心筒		220	180	180	100	70
钢框筒 – 混凝土核心筒		220	180	180	150	70
混合钢框架 – 钢筋混凝土筒体		210	200	160	120	70
型钢混凝土框架 – 钢筋混凝土筒体		240	220	190	150	70

2. 按不规则程度界定

界定超高层建筑时，除了以建筑的一般高度为依据外，还应该考虑建筑的不规则程度，特别是不规则高层建筑，可能因其不规则程度而将其归为超高层建筑范围。通常对于不规则的高层建筑，可以根据其不规则程度的大小来界定其是否属于超高层建筑，而不规则程度的大小可以分别从"同时具有三项及其以上不规则"和"具有其中一项不规则"两种情况进行区别。

（1）具有下述三项及其以上不规则高层建筑

现代建筑存在众多造型不规则的建筑结构，如果单从高度考虑，该类建筑的房屋高度属于高层建筑高度范围，未达到超高层建筑房屋高度条件。但因其平面布置等方面的不规则，造成该类高层建筑如果同时具有以下三项及其以上的不规则因素时，可界定为超高层建筑。

该类建筑的不规则因素有：

1）楼层的最大弹性水平位移（或层间位移）大于该楼层两端弹性水平位移（或层间位移）平均值的 1.2 倍；

2）抗震设防烈度为 7 度时，建筑平面长宽比大于 6.0；抗震设防烈度为 8 度时，建筑平面长宽比大于 5.0；

3）结构平面凹进或凸出的一侧尺寸（从抗侧力构件截面中心算起）大于相应投影方向总尺寸的 30%；

4）结构平面突出部分的长度超过连接宽度；

5）楼板的尺寸和平面刚度急剧变化，例如，有效楼板宽度小于该层楼板典型宽度的 50%，或开洞面积大于该层楼面面积的 30%；

6）等效剪切刚度小于相邻上层的 70%，或小于其上相邻 3 个楼层等效剪切刚度平均值的 80%；

7）除顶层或裙房（辅楼）高度小于主楼的 20% 外，局部收进的水平向尺寸大于相邻下一层 25%；

8）下部楼层水平尺寸小于上部楼层水平尺寸的 90%，或整体外挑尺寸 >4m；

9）带转换层（抗震设防烈度 7 度的转换层位于 5 层以下，抗震设防烈度 8 度的转换层位于 3 层以下）、加强层，或错层（错层高度 ≥ 600mm 或梁高）等复杂结构的高层建筑（任一类型按一项不规则计）；

10）抗侧力结构的层间受剪承载力小于相邻上一层的 80%。

（2）具有下述其中一项不规则的高层建筑

现代高层建筑还存在众多造型独特的结构，该类建筑的结构形式不同于一般建筑，其不规则程度大于常见的不规则高层建筑。如果该类造型独特的高层建筑具有以下其中一项不规则因素，则可界定为超高层建筑：

1）结构平面凹进或凸出的一侧尺寸（从抗侧力构件截面中心算起）大于相应投影方向总尺寸的 40%；

2）抗震设防烈度 7 度时，结构平面突出长度超过连接宽度的 2 倍；抗震设防烈度 8 度时，结构平面突出长度超过连接宽度的 1.5 倍；

3）结构平面为角部重叠的平面图形或细腰形平面图形，其中角部重叠面积小于较小圈形 25%，细腰形平面中部两侧收进超过平面宽度 50%；

4）楼板的尺寸和平面刚度急剧变化，例如，有效楼板宽度小于该层楼板典型宽度的 40%，或开洞面积大于该层楼面面积的 35%（包括错层）；

5）等效剪切刚度小于相邻上层的 60%，或小于其上相邻 3 个楼层平均值的 70%；

6）除顶层或裙房（辅楼）高度小于主楼 20% 外，局部收进的水平向尺寸大于相邻下一层的 30%；

7）下部楼层水平尺寸小于上部楼层水平尺寸的 80%，或整体外挑尺寸 >5m；

8）转换层位置超过《高层建筑混凝土结构技术规程》JGJ 3—2010 规定的高位转换层的结构（即抗震设防烈度 7 度：5 层及其以上；抗震设防烈度 8 度：3 层及其以上）；

9）错层结构（错层高度 ≥ 1.2m）、连体结构或多塔楼高层建筑；

10）抗侧力结构的层间受剪承载力小于相邻上一层的 65%。以及几种特殊复杂的高层建筑：塔楼位置明显偏置的大底盘（裙房）高层建筑、厚板转换的高层建筑、巨型结构的高层建筑、单跨框架结构的高层建筑、超出规范规定的混合结构体系（如下部为钢筋混凝土结构、上部为钢结构）的高层建筑。

3. 典型的超高层建筑（图 10-7）

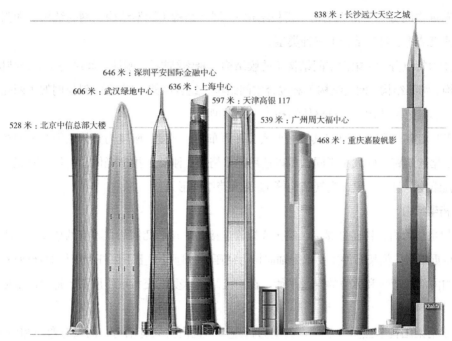

图 10-7　典型的超高层建筑

10.3　大跨度空间结构及建筑

10.3.1　大跨度空间结构简述

目前，大跨度空间建筑结构技术已在国内外得到广泛的推广和应用，特别是大型公共场所（如：大型体育场馆、歌舞剧院、展览馆、机场建筑（候机楼、停机库）和大礼堂等），很多都采用了大跨度空间建筑结构技术。大跨度结构的设计和建造技术已成为衡量一个国家建筑水平的重要标志，许多宏伟而富有特色的大跨度建筑已成为当地的标志性建筑和著名的人文景观。

大跨度间结构建筑的主要特点：

（1）自重轻、经济耐用（采用钢材和膜材等轻质高强材料制作，结构自重大大减轻）；

（2）刚度好、抗震性能强（具有三维受力特性，内力均匀，集中荷载的分散性较强，可承受不对称荷载或较大的集中荷载，整体刚度大）；

（3）便于工业化生产，现场安装快捷；形式多样化，造型美观（形式丰富多彩，千变万化，个性鲜明，为建筑师的自由建筑创作提供了广阔的想象空间）；

（4）建筑、结构和使用功能有效统一。

10.3.2　大跨度空间结构分类

按跨度空间分为：薄壳结构（折板结构）、网格结构（网架结构、网壳结构）和张力结构（薄膜结构、悬索结构）三种类型。

按受力特点分为：柔性空间结构（薄膜结构、悬索结构）、刚性空间结构（薄壳结构、折板结构、网架结构、网壳结构）和混合空间结构（组合网架（网壳）、斜拉网架（网壳）、索膜结构、张弦梁结构、张拉整体结构）三大类型。

大跨度建筑的跨度是决定其结构形式、平面布局、强度、刚度与整体性等要求的核心因素。根据建筑跨度的大小不同，可以选用梁、桁架、刚架、拱、壳体、折板、网壳、网架、吊挂结构、悬索、膜、充气结构等 12 类大跨结构形式。

1. 桁架结构

桁架是结构由直杆通过焊接、铆接或螺栓连接的三角形几何形状不变的单元框，组成格构式承重结构。桁架杆件主要承受轴向拉力或压力，通过对上下弦杆和腹杆的合理布置，实现结构内部的弯矩和剪力的自身平衡。在连接结点承受汇交力系作用下，将力逐步传递给支座。

由于桁架结构节点为铰连接，其受力特点是结构内力只有轴力，而没有弯矩和剪力。但实际结构中由于节点的非理想铰接，仍存在微小的弯矩和剪力。

桁架结构材料多以钢材为主，应用极广，具有自重轻、刚度大、受力明确、协调性强、节省钢材等优点，不但能满足大空间、大跨度的建筑功能和造型美观的要求，而且设计、制作、安装简便。但也存在侧向刚度小、抗变形能力差、耐热不耐火、耐锈蚀性差等缺点。

根据组成桁架杆件的轴线和所受外力的分布情况，桁架结构可分为平面桁架、空间桁架和管桁架。

（1）平面桁架（图 10-8）

平面桁架是因组成桁架的杆件的轴线和所受外力都在同一平面上，所以称为"平面桁架"。

（2）空间桁架（图 10-9）

空间桁架是因组成桁架各杆件的轴线和所受外力不是都在同一平面上。所以称为"空间桁架"。

（3）管桁架（图 10-10）

管桁架结构是指由钢管制成的桁架结构体系，所以称为"管桁架或管结构"。

图 10-8　平面桁架

图 10-9　空间桁架

图 10-10　管桁架

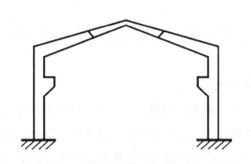
图 10-11　钢筋混凝土门式刚架

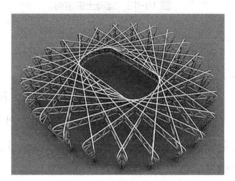
图 10-12　"鸟巢"刚架

2.刚架结构（图 10-11、图 10-12）

刚架结构是杆件相接采用刚性结合的结构，统称为刚架。刚架多由梁和柱为杆件组合而成，其内力虽有轴向力，却以弯矩为主。刚架的节点主要是刚节点，也可以有部分铰节点或组合节点。

刚架中的梁受竖载，柱受侧力，故梁柱合一的刚架仍然是横向受弯为主的结构。其内力虽有轴向力，却以弯矩为主，这是刚架承受荷载传力的基本特性。

刚架的类型主要有门式刚架和悬挑刚架两种。一是门式刚架，即由一根梁与两根柱刚接的门式刚架。二是悬挑刚架，即由单柱或双柱与挑梁刚接的悬挑刚架。

刚架节点是固结，在竖向荷载作用下柱对梁有约束作用，因而能减少梁的跨中弯矩；同样，在水平荷载作用下，梁对柱也有约束作用，能减少柱内的弯矩。也由于刚架节点固结的原因，梁、柱承载能力大，其产生的次应力也大，即节点存在弯矩，而且相互协调能力差，即力的传递不好。

由于刚架结构受力合理，轻巧美观，能跨越较大的跨度，制作又很方便，因而应用非常广泛。

3.拱形结构（图 10-13、图 10-14）

拱形结构是一种主要承受轴向压力并由两端推力维持平衡的曲线或折线形构件。拱结构比桁架结构具有更大的力学优点。

图 10-13　混凝土拱结构　　　　　　　　图 10-14　天津西站钢拱结构

按构造不同拱形结构分为：肋形拱、格构式拱、板式拱、筒拱、凹波拱、凸波拱、双波拱、折板拱箱形拱等。

按材质不同拱形结构分为：混凝土拱和钢拱两种类型。

拱结构跨越能力大，构造较简单，外形美观；耐久性能好，且养护、维修费用少；与钢桥及钢筋混凝土梁桥相比，可以节省大量钢材和水泥；有利于广泛采用。但由于拱结构是一种推力结构，对地基要求较高，要求采取特殊措施或设置单向推力墩以承受不平衡的推力。

4. 薄膜结构（图 10-15~ 图 10-18）

薄膜结构是由多种高强薄膜材料（PVC 或 Teflon）及加强构件（钢架、钢柱或钢索）通过一定的方式，使其内部产生一定的预张应力以形成某种空间形状，作为覆盖结构，并能承受一定的外荷载作用的一种空间结构形式。

膜结构体系由膜面、边索和脊索、谷索、支承结构、锚固系统，以及各部分之间的连接节点等组成。其特点：轻质稳定、透光性好、雕塑感强、足够安全、覆盖大跨度空间、抗震性能好、施工期短等。

膜结构可分为张拉膜结构和充气膜结构两大类。张拉膜结构是通过柱及钢架支承或钢索张拉成型。充气膜结构是靠室内不断充气，使室内外产生一定压力差（一般在 10~30mm

图 10-15　刚性边缘张拉膜　　　　　　　图 10-16　柔性边缘张拉膜

图 10-17　"水立方"充气式薄膜　　　　　图 10-18　深圳宝安体育场张拉式薄膜

水银柱之间），室内外的压力差使屋盖膜布受到一定的向上的浮力，从而实现较大的跨度。还有一次性充气定型膜实现较大的跨度。

5. 悬索结构（图 10-19、图 10-20）

悬索结构是由柔性悬索、立柱和锚拉绳及其边缘构件所形成的承重结构。由于索是柔软的，其抗弯刚度可以忽略，索横截面的弯矩和剪力为零，只有轴向的拉力作用。在支承处除有竖向反力外，还有向外的水平拉力以维持索的平衡。

图 10-19　北京亚运村平面悬索结构　　　　图 10-20　吉林速滑馆空间悬索结构

索的材料可以采用钢丝束、钢丝绳、钢绞线、链条、圆钢，以及其他受拉性能良好的线材。通过施加预应力，可使两组索在屋面荷载作用下始终贴紧，且获得良好组合。

悬索按受力状态分成平面悬索结构和空间悬索结构。平面悬索结构：主要在一个平面内受力的平面结构，多用于悬索桥和架空管道。空间悬索结构：一种处于空间受力状态的结构，多用于大跨度屋盖结构中。

6. 网架结构（图 10-21、图 10-22）

网架结构是由多杆件从两个或几个方向组成有规律网格形式，通过节点连结而成的空间构架，形成的高次超静定结构。网架结构按网格形状分为平板网架和曲面网架（网壳）大两类。

图 10-21　双层平板型网架　　　　　　　　　　图 10-22　网壳

平板型网架一般假定节点为铰接，单层网壳节点一般假定为刚接，双层网壳的节点可按铰接计算。一般情况下假定节点为铰接，其受力特点是结构内力只有轴力，而没有弯矩和剪力。但实际结构中由于节点的非理想铰接，仍存在微小的弯矩和剪力。

由于网架结构杆件之间的相互作用，整体性好、结构稳定、空间受力小、重量轻、刚度大、具有良好的抗震性能。其种类甚多，结构轻巧能覆盖各种建筑形状的平面。

网架结构种类很多，除上述网格结构外，还有简支网架结构、索网结构、斜拉网架（壳）结构、张拉网架（桁架）结构等。

11 相关法律法规

中华人民共和国主席令

第六十二号

《中华人民共和国物权法》已由中华人民共和国第十届全国人民代表大会第五次会议于 2007 年 3 月 16 日通过，现予公布，自 2007 年 10 月 1 日起施行。

中华人民共和国主席　胡锦涛

2007 年 3 月 16 日

中华人民共和国物权法

（2007 年 3 月 16 日第十届全国人民代表大会第五次会议通过）

第一编　总　则

第一章　基本原则

第一条　为了维护国家基本经济制度，维护社会主义市场经济秩序，明确物的归属，发挥物的效用，保护权利人的物权，根据宪法，制定本法。

第二条　因物的归属和利用而产生的民事关系，适用本法。

本法所称物，包括不动产和动产。法律规定权利作为物权客体的，依照其规定。

本法所称物权，是指权利人依法对特定的物享有直接支配和排他的权利，包括所有权、用益物权和担保物权。

第三条　国家在社会主义初级阶段，坚持公有制为主体、多种所有制经济共同发展的基本经济制度。

国家巩固和发展公有制经济，鼓励、支持和引导非公有制经济的发展。

国家实行社会主义市场经济，保障一切市场主体的平等法律地位和发展权利。

第四条　国家、集体、私人的物权和其他权利人的物权受法律保护，任何单位和个人不得侵犯。

第五条　物权的种类和内容，由法律规定。

第六条　不动产物权的设立、变更、转让和消灭，应当依照法律规定登记。动产物权的设立和转让，应当依照法律规定交付。

第七条　物权的取得和行使，应当遵守法律，尊重社会公德，不得损害公共利益和他人合法权益。

第八条　其他相关法律对物权另有特别规定的，依照其规定。

第二章　物权的设立、变更、转让和消灭

第一节　不动产登记

第九条　不动产物权的设立、变更、转让和消灭，经依法登记，发生效力；未经登记，不发生效力，但法律另有规定的除外。

依法属于国家所有的自然资源，所有权可以不登记。

第十条　不动产登记，由不动产所在地的登记机构办理。

国家对不动产实行统一登记制度。统一登记的范围、登记机构和登记办法，由法律、行政法规规定。

第十一条　当事人申请登记，应当根据不同登记事项提供权属证明和不动产界址、面积等必要材料。

第十二条　登记机构应当履行下列职责：

（一）查验申请人提供的权属证明和其他必要材料；

（二）就有关登记事项询问申请人；

（三）如实、及时登记有关事项；

（四）法律、行政法规规定的其他职责。

申请登记的不动产的有关情况需要进一步证明的，登记机构可以要求申请人补充材料，必要时可以实地查看。

第十三条　登记机构不得有下列行为：

（一）要求对不动产进行评估；

（二）以年检等名义进行重复登记；

（三）超出登记职责范围的其他行为。

第十四条　不动产物权的设立、变更、转让和消灭，依照法律规定应当登记的，自记载于不动产登记簿时发生效力。

第十五条　当事人之间订立有关设立、变更、转让和消灭不动产物权的合同，除法律另有规定或者合同另有约定外，自合同成立时生效；未办理物权登记的，不影响合同效力。

第十六条　不动产登记簿是物权归属和内容的根据。不动产登记簿由登记机构管理。

第十七条　不动产权属证书是权利人享有该不动产物权的证明。不动产权属证书记载的事项，应当与不动产登记簿一致；记载不一致的，除有证据证明不动产登记簿确有错误外，以不动产登记簿为准。

第十八条　权利人、利害关系人可以申请查询、复制登记资料，登记机构应当提供。

第十九条　权利人、利害关系人认为不动产登记簿记载的事项错误的，可以申请更正登记。不动产登记簿记载的权利人书面同意更正或者有证据证明登记确有错误的，登记机构应当予以更正。

不动产登记簿记载的权利人不同意更正的，利害关系人可以申请异议登记。登记机构予以异议登记的，申请人在异议登记之日起十五日内不起诉，异议登记失效。异议登记不当，造成权利人损害的，权利人可以向申请人请求损害赔偿。

第二十条　当事人签订买卖房屋或者其他不动产物权的协议，为保障将来实现物权，按照约定可以向登记机构申请预告登记。预告登记后，未经预告登记的权利人同意，处分该不动产的，不发生物权效力。

预告登记后，债权消灭或者自能够进行不动产登记之日起三个月内未申请登记的，预告登记失效。

第二十一条　当事人提供虚假材料申请登记，给他人造成损害的，应当承担赔偿责任。

因登记错误，给他人造成损害的，登记机构应当承担赔偿责任。登记机构赔偿后，可以向造成登记错误的人追偿。

第二十二条　不动产登记费按件收取，不得按照不动产的面积、体积或者价款的比例收取。具体收费标准由国务院有关部门会同价格主管部门规定。

第二节　动产交付

第二十三条　动产物权的设立和转让，自交付时发生效力，但法律另有规定的除外。

第二十四条　船舶、航空器和机动车等物权的设立、变更、转让和消灭，未经登记，不得对抗善意第三人。

第二十五条　动产物权设立和转让前，权利人已经依法占有该动产的，物权自法律行为生效时发生效力。

第二十六条　动产物权设立和转让前，第三人依法占有该动产的，负有交付义务的人可以通过转让请求第三人返还原物的权利代替交付。

第二十七条　动产物权转让时，双方又约定由出让人继续占有该动产的，物权自该约定生效时发生效力。

第三节 其他规定

第二十八条 因人民法院、仲裁委员会的法律文书或者人民政府的征收决定等，导致物权设立、变更、转让或者消灭的，自法律文书或者人民政府的征收决定等生效时发生效力。

第二十九条 因继承或者受遗赠取得物权的，自继承或者受遗赠开始时发生效力。

第三十条 因合法建造、拆除房屋等事实行为设立或者消灭物权的，自事实行为成就时发生效力。

第三十一条 依照本法第二十八条至第三十条规定享有不动产物权的，处分该物权时，依照法律规定需要办理登记的，未经登记，不发生物权效力。

第三章 物权的保护

第三十二条 物权受到侵害的，权利人可以通过和解、调解、仲裁、诉讼等途径解决。

第三十三条 因物权的归属、内容发生争议的，利害关系人可以请求确认权利。

第三十四条 无权占有不动产或者动产的，权利人可以请求返还原物。

第三十五条 妨害物权或者可能妨害物权的，权利人可以请求排除妨害或者消除危险。

第三十六条 造成不动产或者动产毁损的，权利人可以请求修理、重作、更换或者恢复原状。

第三十七条 侵害物权，造成权利人损害的，权利人可以请求损害赔偿，也可以请求承担其他民事责任。

第三十八条 本章规定的物权保护方式，可以单独适用，也可以根据权利被侵害的情形合并适用。

侵害物权，除承担民事责任外，违反行政管理规定的，依法承担行政责任；构成犯罪的，依法追究刑事责任。

第二编 所有权

第四章 一般规定

第三十九条 所有权人对自己的不动产或者动产，依法享有占有、使用、收益和处分的权利。

第四十条 所有权人有权在自己的不动产或者动产上设立用益物权和担保物权。用益物权人、担保物权人行使权利，不得损害所有权人的权益。

第四十一条 法律规定专属于国家所有的不动产和动产，任何单位和个人不能取得所有权。

第四十二条 为了公共利益的需要，依照法律规定的权限和程序可以征收集体所有的土地和单位、个人的房屋及其他不动产。

征收集体所有的土地，应当依法足额支付土地补偿费、安置补助费、地上附着物和青苗的补偿费等费用，安排被征地农民的社会保障费用，保障被征地农民的生活，维护被征地农民的合法权益。

征收单位、个人的房屋及其他不动产，应当依法给予拆迁补偿，维护被征收人的合法权益；征收个人住宅的，还应当保障被征收人的居住条件。

任何单位和个人不得贪污、挪用、私分、截留、拖欠征收补偿费等费用。

第四十三条 国家对耕地实行特殊保护，严格限制农用地转为建设用地，控制建设用地总量。不得违反法律规定的权限和程序征收集体所有的土地。

第四十四条 因抢险、救灾等紧急需要，依照法律规定的权限和程序可以征用单位、个人的不动产或者动产。被征用的不动产或者动产使用后，应当返还被征用人。单位、个人的不动产或者动产被征用或者征用后毁损、灭失的，应当给予补偿。

第五章 国家所有权和集体所有权、私人所有权

第四十五条 法律规定属于国家所有的财产，属于国家所有即全民所有。

国有财产由国务院代表国家行使所有权；法律另有规定的，依照其规定。

第四十六条 矿藏、水流、海域属于国家所有。

第四十七条 城市的土地，属于国家所有。法律规定属于国家所有的农村和城市郊区的土地，属于国家所有。

第四十八条 森林、山岭、草原、荒地、滩涂等自然资源，属于国家所有，但法律规定属于集体所有的除外。

第四十九条 法律规定属于国家所有的野生动植物资源，属于国家所有。

第五十条 无线电频谱资源属于国家所有。

第五十一条 法律规定属于国家所有的文物，属于国家所有。

第五十二条 国防资产属于国家所有。

铁路、公路、电力设施、电信设施和油气管道等基础设施，依照法律规定为国家所有的，属于国家所有。

第五十三条 国家机关对其直接支配的不动产和动产，享有占有、使用以及依照法律

和国务院的有关规定处分的权利。

第五十四条 国家举办的事业单位对其直接支配的不动产和动产，享有占有、使用以及依照法律和国务院的有关规定收益、处分的权利。

第五十五条 国家出资的企业，由国务院、地方人民政府依照法律、行政法规规定分别代表国家履行出资人职责，享有出资人权益。

第五十六条 国家所有的财产受法律保护，禁止任何单位和个人侵占、哄抢、私分、截留、破坏。

第五十七条 履行国有财产管理、监督职责的机构及其工作人员，应当依法加强对国有财产的管理、监督，促进国有财产保值增值，防止国有财产损失；滥用职权，玩忽职守，造成国有财产损失的，应当依法承担法律责任。

违反国有财产管理规定，在企业改制、合并分立、关联交易等过程中，低价转让、合谋私分、擅自担保或者以其他方式造成国有财产损失的，应当依法承担法律责任。

第五十八条 集体所有的不动产和动产包括：

（一）法律规定属于集体所有的土地和森林、山岭、草原、荒地、滩涂；

（二）集体所有的建筑物、生产设施、农田水利设施；

（三）集体所有的教育、科学、文化、卫生、体育等设施；

（四）集体所有的其他不动产和动产。

第五十九条 农民集体所有的不动产和动产，属于本集体成员集体所有。

下列事项应当依照法定程序经本集体成员决定：

（一）土地承包方案以及将土地发包给本集体以外的单位或者个人承包；

（二）个别土地承包经营权人之间承包地的调整；

（三）土地补偿费等费用的使用、分配办法；

（四）集体出资的企业的所有权变动等事项；

（五）法律规定的其他事项。

第六十条 对于集体所有的土地和森林、山岭、草原、荒地、滩涂等，依照下列规定行使所有权：

（一）属于村农民集体所有的，由村集体经济组织或者村民委员会代表集体行使所有权；

（二）分别属于村内两个以上农民集体所有的，由村内各该集体经济组织或者村民小组代表集体行使所有权；

（三）属于乡镇农民集体所有的，由乡镇集体经济组织代表集体行使所有权。

第六十一条 城镇集体所有的不动产和动产，依照法律、行政法规的规定由本集体享有占有、使用、收益和处分的权利。

第六十二条　集体经济组织或者村民委员会、村民小组应当依照法律、行政法规以及章程、村规民约向本集体成员公布集体财产的状况。

第六十三条　集体所有的财产受法律保护，禁止任何单位和个人侵占、哄抢、私分、破坏。

集体经济组织、村民委员会或者其负责人作出的决定侵害集体成员合法权益的，受侵害的集体成员可以请求人民法院予以撤销。

第六十四条　私人对其合法的收入、房屋、生活用品、生产工具、原材料等不动产和动产享有所有权。

第六十五条　私人合法的储蓄、投资及其收益受法律保护。

国家依照法律规定保护私人的继承权及其他合法权益。

第六十六条　私人的合法财产受法律保护，禁止任何单位和个人侵占、哄抢、破坏。

第六十七条　国家、集体和私人依法可以出资设立有限责任公司、股份有限公司或者其他企业。国家、集体和私人所有的不动产或者动产，投到企业的，由出资人按照约定或者出资比例享有资产收益、重大决策以及选择经营管理者等权利并履行义务。

第六十八条　企业法人对其不动产和动产依照法律、行政法规以及章程享有占有、使用、收益和处分的权利。

企业法人以外的法人，对其不动产和动产的权利，适用有关法律、行政法规以及章程的规定。

第六十九条　社会团体依法所有的不动产和动产，受法律保护。

第六章　业主的建筑物区分所有权

第七十条　业主对建筑物内的住宅、经营性用房等专有部分享有所有权，对专有部分以外的共有部分享有共有和共同管理的权利。

第七十一条　业主对其建筑物专有部分享有占有、使用、收益和处分的权利。业主行使权利不得危及建筑物的安全，不得损害其他业主的合法权益。

第七十二条　业主对建筑物专有部分以外的共有部分，享有权利，承担义务；不得以放弃权利不履行义务。

业主转让建筑物内的住宅、经营性用房，其对共有部分享有的共有和共同管理的权利一并转让。

第七十三条　建筑区划内的道路，属于业主共有，但属于城镇公共道路的除外。建筑区划内的绿地，属于业主共有，但属于城镇公共绿地或者明示属于个人的除外。建筑区划内的其他公共场所、公用设施和物业服务用房，属于业主共有。

第七十四条 建筑区划内，规划用于停放汽车的车位、车库应当首先满足业主的需要。

建筑区划内，规划用于停放汽车的车位、车库的归属，由当事人通过出售、附赠或者出租等方式约定。

占用业主共有的道路或者其他场地用于停放汽车的车位，属于业主共有。

第七十五条 业主可以设立业主大会，选举业主委员会。

地方人民政府有关部门应当对设立业主大会和选举业主委员会给予指导和协助。

第七十六条 下列事项由业主共同决定：

（一）制定和修改业主大会议事规则；

（二）制定和修改建筑物及其附属设施的管理规约；

（三）选举业主委员会或者更换业主委员会成员；

（四）选聘和解聘物业服务企业或者其他管理人；

（五）筹集和使用建筑物及其附属设施的维修资金；

（六）改建、重建建筑物及其附属设施；

（七）有关共有和共同管理权利的其他重大事项。

决定前款第五项和第六项规定的事项，应当经专有部分占建筑物总面积三分之二以上的业主且占总人数三分之二以上的业主同意。决定前款其他事项，应当经专有部分占建筑物总面积过半数的业主且占总人数过半数的业主同意。

第七十七条 业主不得违反法律、法规以及管理规约，将住宅改变为经营性用房。业主将住宅改变为经营性用房的，除遵守法律、法规以及管理规约外，应当经有利害关系的业主同意。

第七十八条 业主大会或者业主委员会的决定，对业主具有约束力。

业主大会或者业主委员会作出的决定侵害业主合法权益的，受侵害的业主可以请求人民法院予以撤销。

第七十九条 建筑物及其附属设施的维修资金，属于业主共有。经业主共同决定，可以用于电梯、水箱等共有部分的维修。维修资金的筹集、使用情况应当公布。

第八十条 建筑物及其附属设施的费用分摊、收益分配等事项，有约定的，按照约定；没有约定或者约定不明确的，按照业主专有部分占建筑物总面积的比例确定。

第八十一条 业主可以自行管理建筑物及其附属设施，也可以委托物业服务企业或者其他管理人管理。

对建设单位聘请的物业服务企业或者其他管理人，业主有权依法更换。

第八十二条 物业服务企业或者其他管理人根据业主的委托管理建筑区划内的建筑物及其附属设施，并接受业主的监督。

第八十三条 业主应当遵守法律、法规以及管理规约。

业主大会和业主委员会，对任意弃置垃圾、排放污染物或者噪声、违反规定饲养动物、违章搭建、侵占通道、拒付物业费等损害他人合法权益的行为，有权依照法律、法规以及管理规约，要求行为人停止侵害、消除危险、排除妨碍、赔偿损失。业主对侵害自己合法权益的行为，可以依法向人民法院提起诉讼。

第七章　相邻关系

第八十四条　不动产的相邻权利人应当按照有利生产、方便生活、团结互助、公平合理的原则，正确处理相邻关系。

第八十五条　法律、法规对处理相邻关系有规定的，依照其规定；法律、法规没有规定的，可以按照当地习惯。

第八十六条　不动产权利人应当为相邻权利人用水、排水提供必要的便利。

对自然流水的利用，应当在不动产的相邻权利人之间合理分配。对自然流水的排放，应当尊重自然流向。

第八十七条　不动产权利人对相邻权利人因通行等必须利用其土地的，应当提供必要的便利。

第八十八条　不动产权利人因建造、修缮建筑物以及铺设电线、电缆、水管、暖气和燃气管线等必须利用相邻土地、建筑物的，该土地、建筑物的权利人应当提供必要的便利。

第八十九条　建造建筑物，不得违反国家有关工程建设标准，妨碍相邻建筑物的通风、采光和日照。

第九十条　不动产权利人不得违反国家规定弃置固体废物，排放大气污染物、水污染物、噪声、光、电磁波辐射等有害物质。

第九十一条　不动产权利人挖掘土地、建造建筑物、铺设管线以及安装设备等，不得危及相邻不动产的安全。

第九十二条　不动产权利人因用水、排水、通行、铺设管线等利用相邻不动产的，应当尽量避免对相邻的不动产权利人造成损害；造成损害的，应当给予赔偿。

第八章　共　有

第九十三条　不动产或者动产可以由两个以上单位、个人共有。共有包括按份共有和共同共有。

第九十四条　按份共有人对共有的不动产或者动产按照其份额享有所有权。

第九十五条 共同共有人对共有的不动产或者动产共同享有所有权。

第九十六条 共有人按照约定管理共有的不动产或者动产；没有约定或者约定不明确的，各共有人都有管理的权利和义务。

第九十七条 处分共有的不动产或者动产以及对共有的不动产或者动产作重大修缮的，应当经占份额三分之二以上的按份共有人或者全体共同共有人同意，但共有人之间另有约定的除外。

第九十八条 对共有物的管理费用以及其他负担，有约定的，按照约定；没有约定或者约定不明确的，按份共有人按照其份额负担，共同共有人共同负担。

第九十九条 共有人约定不得分割共有的不动产或者动产，以维持共有关系的，应当按照约定，但共有人有重大理由需要分割的，可以请求分割；没有约定或者约定不明确的，按份共有人可以随时请求分割，共同共有人在共有的基础丧失或者有重大理由需要分割时可以请求分割。因分割对其他共有人造成损害的，应当给予赔偿。

第一百条 共有人可以协商确定分割方式。达不成协议，共有的不动产或者动产可以分割并且不会因分割减损价值的，应当对实物予以分割；难以分割或者因分割会减损价值的，应当对折价或者拍卖、变卖取得的价款予以分割。

共有人分割所得的不动产或者动产有瑕疵的，其他共有人应当分担损失。

第一百零一条 按份共有人可以转让其享有的共有的不动产或者动产份额。其他共有人在同等条件下享有优先购买的权利。

第一百零二条 因共有的不动产或者动产产生的债权债务，在对外关系上，共有人享有连带债权、承担连带债务，但法律另有规定或者第三人知道共有人不具有连带债权债务关系的除外；在共有人内部关系上，除共有人另有约定外，按份共有人按照份额享有债权、承担债务，共同共有人共同享有债权、承担债务。偿还债务超过自己应当承担份额的按份共有人，有权向其他共有人追偿。

第一百零三条 共有人对共有的不动产或者动产没有约定为按份共有或者共同共有，或者约定不明确的，除共有人具有家庭关系等外，视为按份共有。

第一百零四条 按份共有人对共有的不动产或者动产享有的份额，没有约定或者约定不明确的，按照出资额确定；不能确定出资额的，视为等额享有。

第一百零五条 两个以上单位、个人共同享有用益物权、担保物权的，参照本章规定。

第九章 所有权取得的特别规定

第一百零六条 无处分权人将不动产或者动产转让给受让人的，所有权人有权追回；除法律另有规定外，符合下列情形的，受让人取得该不动产或者动产的所有权：

（一）受让人受让该不动产或者动产时是善意的；

（二）以合理的价格转让；

（三）转让的不动产或者动产依照法律规定应当登记的已经登记，不需要登记的已经交付给受让人。

受让人依照前款规定取得不动产或者动产的所有权的，原所有权人有权向无处分权人请求赔偿损失。

当事人善意取得其他物权的，参照前两款规定。

第一百零七条 所有权人或者其他权利人有权追回遗失物。该遗失物通过转让被他人占有的，权利人有权向无处分权人请求损害赔偿，或者自知道或者应当知道受让人之日起二年内向受让人请求返还原物，但受让人通过拍卖或者向具有经营资格的经营者购得该遗失物的，权利人请求返还原物时应当支付受让人所付的费用。权利人向受让人支付所付费用后，有权向无处分权人追偿。

第一百零八条 善意受让人取得动产后，该动产上的原有权利消灭，但善意受让人在受让时知道或者应当知道该权利的除外。

第一百零九条 拾得遗失物，应当返还权利人。拾得人应当及时通知权利人领取，或者送交公安等有关部门。

第一百一十条 有关部门收到遗失物，知道权利人的，应当及时通知其领取；不知道的，应当及时发布招领公告。

第一百一十一条 拾得人在遗失物送交有关部门前，有关部门在遗失物被领取前，应当妥善保管遗失物。因故意或者重大过失致使遗失物毁损、灭失的，应当承担民事责任。

第一百一十二条 权利人领取遗失物时，应当向拾得人或者有关部门支付保管遗失物等支出的必要费用。

权利人悬赏寻找遗失物的，领取遗失物时应当按照承诺履行义务。

拾得人侵占遗失物的，无权请求保管遗失物等支出的费用，也无权请求权利人按照承诺履行义务。

第一百一十三条 遗失物自发布招领公告之日起六个月内无人认领的，归国家所有。

第一百一十四条 拾得漂流物、发现埋藏物或者隐藏物的，参照拾得遗失物的有关规定。文物保护法等法律另有规定的，依照其规定。

第一百一十五条 主物转让的，从物随主物转让，但当事人另有约定的除外。

第一百一十六条 天然孳息，由所有权人取得；既有所有权人又有用益物权人的，由用益物权人取得。当事人另有约定的，按照约定。

法定孳息，当事人有约定的，按照约定取得；没有约定或者约定不明确的，按照交易习惯取得。

第三编　用益物权

第十章　一般规定

第一百一十七条　用益物权人对他人所有的不动产或者动产，依法享有占有、使用和收益的权利。

第一百一十八条　国家所有或者国家所有由集体使用以及法律规定属于集体所有的自然资源，单位、个人依法可以占有、使用和收益。

第一百一十九条　国家实行自然资源有偿使用制度，但法律另有规定的除外。

第一百二十条　用益物权人行使权利，应当遵守法律有关保护和合理开发利用资源的规定。所有权人不得干涉用益物权人行使权利。

第一百二十一条　因不动产或者动产被征收、征用致使用益物权消灭或者影响用益物权行使的，用益物权人有权依照本法第四十二条、第四十四条的规定获得相应补偿。

第一百二十二条　依法取得的海域使用权受法律保护。

第一百二十三条　依法取得的探矿权、采矿权、取水权和使用水域、滩涂从事养殖、捕捞的权利受法律保护。

第十一章　土地承包经营权

第一百二十四条　农村集体经济组织实行家庭承包经营为基础、统分结合的双层经营体制。

农民集体所有和国家所有由农民集体使用的耕地、林地、草地以及其他用于农业的土地，依法实行土地承包经营制度。

第一百二十五条　土地承包经营权人依法对其承包经营的耕地、林地、草地等享有占有、使用和收益的权利，有权从事种植业、林业、畜牧业等农业生产。

第一百二十六条　耕地的承包期为三十年。草地的承包期为三十年至五十年。林地的承包期为三十年至七十年；特殊林木的林地承包期，经国务院林业行政主管部门批准可以延长。

前款规定的承包期届满，由土地承包经营权人按照国家有关规定继续承包。

第一百二十七条　土地承包经营权自土地承包经营权合同生效时设立。

县级以上地方人民政府应当向土地承包经营权人发放土地承包经营权证、林权证、草原使用权证，并登记造册，确认土地承包经营权。

第一百二十八条　土地承包经营权人依照农村土地承包法的规定，有权将土地承包经营权采取转包、互换、转让等方式流转。流转的期限不得超过承包期的剩余期限。未经依法批准，不得将承包地用于非农建设。

第一百二十九条　土地承包经营权人将土地承包经营权互换、转让，当事人要求登记的，应当向县级以上地方人民政府申请土地承包经营权变更登记；未经登记，不得对抗善意第三人。

第一百三十条　承包期内发包人不得调整承包地。

因自然灾害严重毁损承包地等特殊情形，需要适当调整承包的耕地和草地的，应当依照农村土地承包法等法律规定办理。

第一百三十一条　承包期内发包人不得收回承包地。农村土地承包法等法律另有规定的，依照其规定。

第一百三十二条　承包地被征收的，土地承包经营权人有权依照本法第四十二条第二款的规定获得相应补偿。

第一百三十三条　通过招标、拍卖、公开协商等方式承包荒地等农村土地，依照农村土地承包法等法律和国务院的有关规定，其土地承包经营权可以转让、入股、抵押或者以其他方式流转。

第一百三十四条　国家所有的农用地实行承包经营的，参照本法的有关规定。

第十二章　建设用地使用权

第一百三十五条　建设用地使用权人依法对国家所有的土地享有占有、使用和收益的权利，有权利用该土地建造建筑物、构筑物及其附属设施。

第一百三十六条　建设用地使用权可以在土地的地表、地上或者地下分别设立。新设立的建设用地使用权，不得损害已设立的用益物权。

第一百三十七条　设立建设用地使用权，可以采取出让或者划拨等方式。

工业、商业、旅游、娱乐和商品住宅等经营性用地以及同一土地有两个以上意向用地者的，应当采取招标、拍卖等公开竞价的方式出让。

严格限制以划拨方式设立建设用地使用权。采取划拨方式的，应当遵守法律、行政法规关于土地用途的规定。

第一百三十八条　采取招标、拍卖、协议等出让方式设立建设用地使用权的，当事人应当采取书面形式订立建设用地使用权出让合同。

建设用地使用权出让合同一般包括下列条款：

（一）当事人的名称和住所；

（二）土地界址、面积等；

（三）建筑物、构筑物及其附属设施占用的空间；

（四）土地用途；

（五）使用期限；

（六）出让金等费用及其支付方式；

（七）解决争议的方法。

第一百三十九条 设立建设用地使用权的，应当向登记机构申请建设用地使用权登记。建设用地使用权自登记时设立。登记机构应当向建设用地使用权人发放建设用地使用权证书。

第一百四十条 建设用地使用权人应当合理利用土地，不得改变土地用途；需要改变土地用途的，应当依法经有关行政主管部门批准。

第一百四十一条 建设用地使用权人应当依照法律规定以及合同约定支付出让金等费用。

第一百四十二条 建设用地使用权人建造的建筑物、构筑物及其附属设施的所有权属于建设用地使用权人，但有相反证据证明的除外。

第一百四十三条 建设用地使用权人有权将建设用地使用权转让、互换、出资、赠与或者抵押，但法律另有规定的除外。

第一百四十四条 建设用地使用权转让、互换、出资、赠与或者抵押的，当事人应当采取书面形式订立相应的合同。使用期限由当事人约定，但不得超过建设用地使用权的剩余期限。

第一百四十五条 建设用地使用权转让、互换、出资或者赠与的，应当向登记机构申请变更登记。

第一百四十六条 建设用地使用权转让、互换、出资或者赠与的，附着于该土地上的建筑物、构筑物及其附属设施一并处分。

第一百四十七条 建筑物、构筑物及其附属设施转让、互换、出资或者赠与的，该建筑物、构筑物及其附属设施占用范围内的建设用地使用权一并处分。

第一百四十八条 建设用地使用权期间届满前，因公共利益需要提前收回该土地的，应当依照本法第四十二条的规定对该土地上的房屋及其他不动产给予补偿，并退还相应的出让金。

第一百四十九条 住宅建设用地使用权期间届满的，自动续期。

非住宅建设用地使用权期间届满后的续期，依照法律规定办理。该土地上的房屋及其他不动产的归属，有约定的，按照约定；没有约定或者约定不明确的，依照法律、行政法规的规定办理。

第一百五十条 建设用地使用权消灭的，出让人应当及时办理注销登记。登记机构应当收回建设用地使用权证书。

第一百五十一条　集体所有的土地作为建设用地的，应当依照土地管理法等法律规定办理。

第十三章　宅基地使用权

第一百五十二条　宅基地使用权人依法对集体所有的土地享有占有和使用的权利，有权依法利用该土地建造住宅及其附属设施。

第一百五十三条　宅基地使用权的取得、行使和转让，适用土地管理法等法律和国家有关规定。

第一百五十四条　宅基地因自然灾害等原因灭失的，宅基地使用权消灭。对失去宅基地的村民，应当重新分配宅基地。

第一百五十五条　已经登记的宅基地使用权转让或者消灭的，应当及时办理变更登记或者注销登记。

第十四章　地役权

第一百五十六条　地役权人有权按照合同约定，利用他人的不动产，以提高自己的不动产的效益。

前款所称他人的不动产为供役地，自己的不动产为需役地。

第一百五十七条　设立地役权，当事人应当采取书面形式订立地役权合同。

地役权合同一般包括下列条款：

（一）当事人的姓名或者名称和住所；

（二）供役地和需役地的位置；

（三）利用目的和方法；

（四）利用期限；

（五）费用及其支付方式；

（六）解决争议的方法。

第一百五十八条　地役权自地役权合同生效时设立。当事人要求登记的，可以向登记机构申请地役权登记；未经登记，不得对抗善意第三人。

第一百五十九条　供役地权利人应当按照合同约定，允许地役权人利用其土地，不得妨害地役权人行使权利。

第一百六十条　地役权人应当按照合同约定的利用目的和方法利用供役地，尽量减少对供役地权利人物权的限制。

第一百六十一条 地役权的期限由当事人约定，但不得超过土地承包经营权、建设用地使用权等用益物权的剩余期限。

第一百六十二条 土地所有权人享有地役权或者负担地役权的，设立土地承包经营权、宅基地使用权时，该土地承包经营权人、宅基地使用权人继续享有或者负担已设立的地役权。

第一百六十三条 土地上已设立土地承包经营权、建设用地使用权、宅基地使用权等权利的，未经用益物权人同意，土地所有权人不得设立地役权。

第一百六十四条 地役权不得单独转让。土地承包经营权、建设用地使用权等转让的，地役权一并转让，但合同另有约定的除外。

第一百六十五条 地役权不得单独抵押。土地承包经营权、建设用地使用权等抵押的，在实现抵押权时，地役权一并转让。

第一百六十六条 需役地以及需役地上的土地承包经营权、建设用地使用权部分转让时，转让部分涉及地役权的，受让人同时享有地役权。

第一百六十七条 供役地以及供役地上的土地承包经营权、建设用地使用权部分转让时，转让部分涉及地役权的，地役权对受让人具有约束力。

第一百六十八条 地役权人有下列情形之一的，供役地权利人有权解除地役权合同，地役权消灭：

（一）违反法律规定或者合同约定，滥用地役权；

（二）有偿利用供役地，约定的付款期间届满后在合理期限内经两次催告未支付费用。

第一百六十九条 已经登记的地役权变更、转让或者消灭的，应当及时办理变更登记或者注销登记。

第四编 担保物权

第十五章 一般规定

第一百七十条 担保物权人在债务人不履行到期债务或者发生当事人约定的实现担保物权的情形，依法享有就担保财产优先受偿的权利，但法律另有规定的除外。

第一百七十一条 债权人在借贷、买卖等民事活动中，为保障实现其债权，需要担保的，可以依照本法和其他法律的规定设立担保物权。

第三人为债务人向债权人提供担保的，可以要求债务人提供反担保。反担保适用本法和其他法律的规定。

第一百七十二条 设立担保物权，应当依照本法和其他法律的规定订立担保合同。担保合同是主债权债务合同的从合同。主债权债务合同无效，担保合同无效，但法律另有规定的除外。

担保合同被确认无效后，债务人、担保人、债权人有过错的，应当根据其过错各自承担相应的民事责任。

第一百七十三条 担保物权的担保范围包括主债权及其利息、违约金、损害赔偿金、保管担保财产和实现担保物权的费用。当事人另有约定的，按照约定。

第一百七十四条 担保期间，担保财产毁损、灭失或者被征收等，担保物权人可以就获得的保险金、赔偿金或者补偿金等优先受偿。被担保债权的履行期未届满的，也可以提存该保险金、赔偿金或者补偿金等。

第一百七十五条 第三人提供担保，未经其书面同意，债权人允许债务人转移全部或者部分债务的，担保人不再承担相应的担保责任。

第一百七十六条 被担保的债权既有物的担保又有人的担保的，债务人不履行到期债务或者发生当事人约定的实现担保物权的情形，债权人应当按照约定实现债权；没有约定或者约定不明确，债务人自己提供物的担保的，债权人应当先就该物的担保实现债权；第三人提供物的担保的，债权人可以就物的担保实现债权，也可以要求保证人承担保证责任。提供担保的第三人承担担保责任后，有权向债务人追偿。

第一百七十七条 有下列情形之一的，担保物权消灭：

（一）主债权消灭；

（二）担保物权实现；

（三）债权人放弃担保物权；

（四）法律规定担保物权消灭的其他情形。

第一百七十八条 担保法与本法的规定不一致的，适用本法。

第十六章 抵押权

第一节 一般抵押权

第一百七十九条 为担保债务的履行，债务人或者第三人不转移财产的占有，将该财产抵押给债权人的，债务人不履行到期债务或者发生当事人约定的实现抵押权的情形，债权人有权就该财产优先受偿。

前款规定的债务人或者第三人为抵押人，债权人为抵押权人，提供担保的财产为抵押财产。

第一百八十条 债务人或者第三人有权处分的下列财产可以抵押：

（一）建筑物和其他土地附着物；

（二）建设用地使用权；

（三）以招标、拍卖、公开协商等方式取得的荒地等土地承包经营权；

（四）生产设备、原材料、半成品、产品；

（五）正在建造的建筑物、船舶、航空器；

（六）交通运输工具；

（七）法律、行政法规未禁止抵押的其他财产。

抵押人可以将前款所列财产一并抵押。

第一百八十一条　经当事人书面协议，企业、个体工商户、农业生产经营者可以将现有的以及将有的生产设备、原材料、半成品、产品抵押，债务人不履行到期债务或者发生当事人约定的实现抵押权的情形，债权人有权就实现抵押权时的动产优先受偿。

第一百八十二条　以建筑物抵押的，该建筑物占用范围内的建设用地使用权一并抵押。以建设用地使用权抵押的，该土地上的建筑物一并抵押。

抵押人未依照前款规定一并抵押的，未抵押的财产视为一并抵押。

第一百八十三条　乡镇、村企业的建设用地使用权不得单独抵押。以乡镇、村企业的厂房等建筑物抵押的，其占用范围内的建设用地使用权一并抵押。

第一百八十四条　下列财产不得抵押：

（一）土地所有权；

（二）耕地、宅基地、自留地、自留山等集体所有的土地使用权，但法律规定可以抵押的除外；

（三）学校、幼儿园、医院等以公益为目的的事业单位、社会团体的教育设施、医疗卫生设施和其他社会公益设施；

（四）所有权、使用权不明或者有争议的财产；

（五）依法被查封、扣押、监管的财产；

（六）法律、行政法规规定不得抵押的其他财产。

第一百八十五条　设立抵押权，当事人应当采取书面形式订立抵押合同。

抵押合同一般包括下列条款：

（一）被担保债权的种类和数额；

（二）债务人履行债务的期限；

（三）抵押财产的名称、数量、质量、状况、所在地、所有权归属或者使用权归属；

（四）担保的范围。

第一百八十六条　抵押权人在债务履行期届满前，不得与抵押人约定债务人不履行到期债务时抵押财产归债权人所有。

第一百八十七条 以本法第一百八十条第一款第一项至第三项规定的财产或者第五项规定的正在建造的建筑物抵押的，应当办理抵押登记。抵押权自登记时设立。

第一百八十八条 以本法第一百八十条第一款第四项、第六项规定的财产或者第五项规定的正在建造的船舶、航空器抵押的，抵押权自抵押合同生效时设立；未经登记，不得对抗善意第三人。

第一百八十九条 企业、个体工商户、农业生产经营者以本法第一百八十一条规定的动产抵押的，应当向抵押人住所地的工商行政管理部门办理登记。抵押权自抵押合同生效时设立；未经登记，不得对抗善意第三人。

依照本法第一百八十一条规定抵押的，不得对抗正常经营活动中已支付合理价款并取得抵押财产的买受人。

第一百九十条 订立抵押合同前抵押财产已出租的，原租赁关系不受该抵押权的影响。抵押权设立后抵押财产出租的，该租赁关系不得对抗已登记的抵押权。

第一百九十一条 抵押期间，抵押人经抵押权人同意转让抵押财产的，应当将转让所得的价款向抵押权人提前清偿债务或者提存。转让的价款超过债权数额的部分归抵押人所有，不足部分由债务人清偿。

抵押期间，抵押人未经抵押权人同意，不得转让抵押财产，但受让人代为清偿债务消灭抵押权的除外。

第一百九十二条 抵押权不得与债权分离而单独转让或者作为其他债权的担保。债权转让的，担保该债权的抵押权一并转让，但法律另有规定或者当事人另有约定的除外。

第一百九十三条 抵押人的行为足以使抵押财产价值减少的，抵押权人有权要求抵押人停止其行为。抵押财产价值减少的，抵押权人有权要求恢复抵押财产的价值，或者提供与减少的价值相应的担保。抵押人不恢复抵押财产的价值也不提供担保的，抵押权人有权要求债务人提前清偿债务。

第一百九十四条 抵押权人可以放弃抵押权或者抵押权的顺位。抵押权人与抵押人可以协议变更抵押权顺位以及被担保的债权数额等内容，但抵押权的变更，未经其他抵押权人书面同意，不得对其他抵押权人产生不利影响。

债务人以自己的财产设定抵押，抵押权人放弃该抵押权、抵押权顺位或者变更抵押权的，其他担保人在抵押权人丧失优先受偿权益的范围内免除担保责任，但其他担保人承诺仍然提供担保的除外。

第一百九十五条 债务人不履行到期债务或者发生当事人约定的实现抵押权的情形，抵押权人可以与抵押人协议以抵押财产折价或者以拍卖、变卖该抵押财产所得的价款优先受偿。协议损害其他债权人利益的，其他债权人可以在知道或者应当知道撤销事由之日起一年内请求人民法院撤销该协议。

抵押权人与抵押人未就抵押权实现方式达成协议的，抵押权人可以请求人民法院拍卖、变卖抵押财产。

抵押财产折价或者变卖的，应当参照市场价格。

第一百九十六条 依照本法第一百八十一条规定设定抵押的，抵押财产自下列情形之一发生时确定：

（一）债务履行期届满，债权未实现；

（二）抵押人被宣告破产或者被撤销；

（三）当事人约定的实现抵押权的情形；

（四）严重影响债权实现的其他情形。

第一百九十七条 债务人不履行到期债务或者发生当事人约定的实现抵押权的情形，致使抵押财产被人民法院依法扣押的，自扣押之日起抵押权人有权收取该抵押财产的天然孳息或者法定孳息，但抵押权人未通知应当清偿法定孳息的义务人的除外。

前款规定的孳息应当先充抵收取孳息的费用。

第一百九十八条 抵押财产折价或者拍卖、变卖后，其价款超过债权数额的部分归抵押人所有，不足部分由债务人清偿。

第一百九十九条 同一财产向两个以上债权人抵押的，拍卖、变卖抵押财产所得的价款依照下列规定清偿：

（一）抵押权已登记的，按照登记的先后顺序清偿；顺序相同的，按照债权比例清偿；

（二）抵押权已登记的先于未登记的受偿；

（三）抵押权未登记的，按照债权比例清偿。

第二百条 建设用地使用权抵押后，该土地上新增的建筑物不属于抵押财产。该建设用地使用权实现抵押权时，应当将该土地上新增的建筑物与建设用地使用权一并处分，但新增建筑物所得的价款，抵押权人无权优先受偿。

第二百零一条 依照本法第一百八十条第一款第三项规定的土地承包经营权抵押的，或者依照本法第一百八十三条规定以乡镇、村企业的厂房等建筑物占用范围内的建设用地使用权一并抵押的，实现抵押权后，未经法定程序，不得改变土地所有权的性质和土地用途。

第二百零二条 抵押权人应当在主债权诉讼时效期间行使抵押权；未行使的，人民法院不予保护。

第二节 最高额抵押权

第二百零三条 为担保债务的履行，债务人或者第三人对一定期间内将要连续发生的债权提供担保财产的，债务人不履行到期债务或者发生当事人约定的实现抵押权的情形，抵押权人有权在最高债权额限度内就该担保财产优先受偿。

最高额抵押权设立前已经存在的债权，经当事人同意，可以转入最高额抵押担保的债权范围。

第二百零四条 最高额抵押担保的债权确定前，部分债权转让的，最高额抵押权不得转让，但当事人另有约定的除外。

第二百零五条 最高额抵押担保的债权确定前，抵押权人与抵押人可以通过协议变更债权确定的期间、债权范围以及最高债权额，但变更的内容不得对其他抵押权人产生不利影响。

第二百零六条 有下列情形之一的，抵押权人的债权确定：

（一）约定的债权确定期间届满；

（二）没有约定债权确定期间或者约定不明确，抵押权人或者抵押人自最高额抵押权设立之日起满二年后请求确定债权；

（三）新的债权不可能发生；

（四）抵押财产被查封、扣押；

（五）债务人、抵押人被宣告破产或者被撤销；

（六）法律规定债权确定的其他情形。

第二百零七条 最高额抵押权除适用本节规定外，适用本章第一节一般抵押权的规定。

第十七章　质　权

第一节　动产质权

第二百零八条 为担保债务的履行，债务人或者第三人将其动产出质给债权人占有的，债务人不履行到期债务或者发生当事人约定的实现质权的情形，债权人有权就该动产优先受偿。

前款规定的债务人或者第三人为出质人，债权人为质权人，交付的动产为质押财产。

第二百零九条 法律、行政法规禁止转让的动产不得出质。

第二百一十条 设立质权，当事人应当采取书面形式订立质权合同。

质权合同一般包括下列条款：

（一）被担保债权的种类和数额；

（二）债务人履行债务的期限；

（三）质押财产的名称、数量、质量、状况；

（四）担保的范围；

（五）质押财产交付的时间。

第二百一十一条 质权人在债务履行期届满前，不得与出质人约定债务人不履行到期债务时质押财产归债权人所有。

第二百一十二条 质权自出质人交付质押财产时设立。

第二百一十三条 质权人有权收取质押财产的孳息，但合同另有约定的除外。

前款规定的孳息应当先充抵收取孳息的费用。

第二百一十四条 质权人在质权存续期间，未经出质人同意，擅自使用、处分质押财产，给出质人造成损害的，应当承担赔偿责任。

第二百一十五条 质权人负有妥善保管质押财产的义务；因保管不善致使质押财产毁损、灭失的，应当承担赔偿责任。

质权人的行为可能使质押财产毁损、灭失的，出质人可以要求质权人将质押财产提存，或者要求提前清偿债务并返还质押财产。

第二百一十六条 因不能归责于质权人的事由可能使质押财产毁损或者价值明显减少，足以危害质权人权利的，质权人有权要求出质人提供相应的担保；出质人不提供的，质权人可以拍卖、变卖质押财产，并与出质人通过协议将拍卖、变卖所得的价款提前清偿债务或者提存。

第二百一十七条 质权人在质权存续期间，未经出质人同意转质，造成质押财产毁损、灭失的，应当向出质人承担赔偿责任。

第二百一十八条 质权人可以放弃质权。债务人以自己的财产出质，质权人放弃该质权的，其他担保人在质权人丧失优先受偿权益的范围内免除担保责任，但其他担保人承诺仍然提供担保的除外。

第二百一十九条 债务人履行债务或者出质人提前清偿所担保的债权的，质权人应当返还质押财产。

债务人不履行到期债务或者发生当事人约定的实现质权的情形，质权人可以与出质人协议以质押财产折价，也可以就拍卖、变卖质押财产所得的价款优先受偿。

质押财产折价或者变卖的，应当参照市场价格。

第二百二十条 出质人可以请求质权人在债务履行期届满后及时行使质权；质权人不行使的，出质人可以请求人民法院拍卖、变卖质押财产。

出质人请求质权人及时行使质权，因质权人怠于行使权利造成损害的，由质权人承担赔偿责任。

第二百二十一条 质押财产折价或者拍卖、变卖后，其价款超过债权数额的部分归出质人所有，不足部分由债务人清偿。

第二百二十二条 出质人与质权人可以协议设立最高额质权。

最高额质权除适用本节有关规定外，参照本法第十六章第二节最高额抵押权的规定。

第二节 权利质权

第二百二十三条 债务人或者第三人有权处分的下列权利可以出质：

（一）汇票、支票、本票；

（二）债券、存款单；

（三）仓单、提单；

（四）可以转让的基金份额、股权；

（五）可以转让的注册商标专用权、专利权、著作权等知识产权中的财产权；

（六）应收账款；

（七）法律、行政法规规定可以出质的其他财产权利。

第二百二十四条 以汇票、支票、本票、债券、存款单、仓单、提单出质的，当事人应当订立书面合同。质权自权利凭证交付质权人时设立；没有权利凭证的，质权自有关部门办理出质登记时设立。

第二百二十五条 汇票、支票、本票、债券、存款单、仓单、提单的兑现日期或者提货日期先于主债权到期的，质权人可以兑现或者提货，并与出质人协议将兑现的价款或者提取的货物提前清偿债务或者提存。

第二百二十六条 以基金份额、股权出质的，当事人应当订立书面合同。以基金份额、证券登记结算机构登记的股权出质的，质权自证券登记结算机构办理出质登记时设立；以其他股权出质的，质权自工商行政管理部门办理出质登记时设立。

基金份额、股权出质后，不得转让，但经出质人与质权人协商同意的除外。出质人转让基金份额、股权所得的价款，应当向质权人提前清偿债务或者提存。

第二百二十七条 以注册商标专用权、专利权、著作权等知识产权中的财产权出质的，当事人应当订立书面合同。质权自有关主管部门办理出质登记时设立。

知识产权中的财产权出质后，出质人不得转让或者许可他人使用，但经出质人与质权人协商同意的除外。出质人转让或者许可他人使用出质的知识产权中的财产权所得的价款，应当向质权人提前清偿债务或者提存。

第二百二十八条 以应收账款出质的，当事人应当订立书面合同。质权自信贷征信机构办理出质登记时设立。

应收账款出质后，不得转让，但经出质人与质权人协商同意的除外。出质人转让应收账款所得的价款，应当向质权人提前清偿债务或者提存。

第二百二十九条 权利质权除适用本节规定外，适用本章第一节动产质权的规定。

第十八章 留置权

第二百三十条 债务人不履行到期债务，债权人可以留置已经合法占有的债务人的动产，并有权就该动产优先受偿。

前款规定的债权人为留置权人，占有的动产为留置财产。

第二百三十一条 债权人留置的动产，应当与债权属于同一法律关系，但企业之间留置的除外。

第二百三十二条 法律规定或者当事人约定不得留置的动产，不得留置。

第二百三十三条 留置财产为可分物的，留置财产的价值应当相当于债务的金额。

第二百三十四条 留置权人负有妥善保管留置财产的义务；因保管不善致使留置财产毁损、灭失的，应当承担赔偿责任。

第二百三十五条 留置权人有权收取留置财产的孳息。

前款规定的孳息应当先充抵收取孳息的费用。

第二百三十六条 留置权人与债务人应当约定留置财产后的债务履行期间；没有约定或者约定不明确的，留置权人应当给债务人两个月以上履行债务的期间，但鲜活易腐等不易保管的动产除外。债务人逾期未履行的，留置权人可以与债务人协议以留置财产折价，也可以就拍卖、变卖留置财产所得的价款优先受偿。

留置财产折价或者变卖的，应当参照市场价格。

第二百三十七条 债务人可以请求留置权人在债务履行期届满后行使留置权；留置权人不行使的，债务人可以请求人民法院拍卖、变卖留置财产。

第二百三十八条 留置财产折价或者拍卖、变卖后，其价款超过债权数额的部分归债务人所有，不足部分由债务人清偿。

第二百三十九条 同一动产上已设立抵押权或者质权，该动产又被留置的，留置权人优先受偿。

第二百四十条 留置权人对留置财产丧失占有或者留置权人接受债务人另行提供担保的，留置权消灭。

第五编 占 有

第十九章 占 有

第二百四十一条 基于合同关系等产生的占有，有关不动产或者动产的使用、收益、违约责任等，按照合同约定；合同没有约定或者约定不明确的，依照有关法律规定。

第二百四十二条　占有人因使用占有的不动产或者动产，致使该不动产或者动产受到损害的，恶意占有人应当承担赔偿责任。

第二百四十三条　不动产或者动产被占有人占有的，权利人可以请求返还原物及其孳息，但应当支付善意占有人因维护该不动产或者动产支出的必要费用。

第二百四十四条　占有的不动产或者动产毁损、灭失，该不动产或者动产的权利人请求赔偿的，占有人应当将因毁损、灭失取得的保险金、赔偿金或者补偿金等返还给权利人；权利人的损害未得到足够弥补的，恶意占有人还应当赔偿损失。

第二百四十五条　占有的不动产或者动产被侵占的，占有人有权请求返还原物；对妨害占有的行为，占有人有权请求排除妨害或者消除危险；因侵占或者妨害造成损害的，占有人有权请求损害赔偿。

占有人返还原物的请求权，自侵占发生之日起一年内未行使的，该请求权消灭。

附　则

第二百四十六条　法律、行政法规对不动产统一登记的范围、登记机构和登记办法作出规定前，地方性法规可以依照本法有关规定作出规定。

第二百四十七条　本法自 2007 年 10 月 1 日起施行。

中华人民共和国建筑法

（1997 年 11 月 1 日第八届全国人民代表大会常务委员会第二十八次会议通过 1997 年 11 月 1 日中华人民共和国主席令第 91 号公布 自 1998 年 3 月 1 日起施行）

第一章　总　则

第一条　为了加强对建筑活动的监督管理，维护建筑市场秩序，保证建筑工程的质量和安全，促进建筑业健康发展，制定本法。

第二条　在中华人民共和国境内从事建筑活动，实施对建筑活动的监督管理，应当遵守本法。本法所称建筑活动，是指各类房屋建筑及其附属设施的建造和与其配套的线路、管道、设备的安装活动。

第三条　建筑活动应当确保建筑工程质量和安全，符合国家的建筑工程安全标准。

第四条　国家扶持建筑业的发展，支持建筑科学技术研究，提高房屋建筑设计水平，鼓励节约能源和保护环境，提倡采用先进技术、先进设备、先进工艺、新型建筑材料和现代管理方式。

第五条　从事建筑活动应当遵守法律、法规，不得损害社会公共利益和他人的合法权益。任何单位和个人都不得妨碍和阻挠依法进行的建筑活动。

第六条　国务院建设行政主管部门对全国的建筑活动实施统一监督管理。

第二章　建筑许可

第一节　建筑工程施工许可

第七条　建筑工程开工前，建设单位应当按照国家有关规定向工程所在地县级以上人民政府建设行政主管部门申请领取施工许可证；但是，国务院建设行政主管部门确定的限额以下的小型工程除外。

按照国务院规定的权限和程序批准开工报告的建筑工程，不再领取施工许可证。

第八条　申请领取施工许可证，应当具备下列条件：

（一）已经办理该建筑工程用地批准手续；

（二）在城市规划区的建筑工程，已经取得规划许可证；

（三）需要拆迁的，其拆迁进度符合施工要求；

（四）已经确定建筑施工企业；

（五）有满足施工需要的施工图纸及技术资料；

（六）有保证工程质量和安全的具体措施；

（七）建设资金已经落实；

（八）法律、行政法规规定的其他条件。

建设行政主管部门应当自收到申请之日起十五日内，对符合条件的申请颁发施工许可证。

第九条 建设单位应当自领取施工许可证之日起三个月内开工。因故不能按期开工的，应当向发证机关申请延期；延期以两次为限，每次不超过三个月。既不开工又不申请延期或者超过延期时限的，施工许可证自行废止。

第十条 在建的建筑工程因故中止施工的，建设单位应当自中止施工之日起一个月内，向发证机关报告，并按照规定做好建筑工程的维护管理工作。

建筑工程恢复施工时，应当向发证机关报告；中止施工满一年的工程恢复施工前，建设单位应当报发证机关核验施工许可证。

第十一条 按照国务院有关规定批准开工报告的建筑工程，因故不能按期开工或者中止施工的，应当及时向批准机关报告情况。因故不能按期开工超过六个月的，应当重新办理开工报告的批准手续。

第二节 从业资格

第十二条 从事建筑活动的建筑施工企业、勘察单位、设计单位和工程监理单位，应当具备下列条件：

（一）有符合国家规定的注册资本；

（二）有与其从事的建筑活动相适应的具有法定执业资格的专业技术人员；

（三）有从事相关建筑活动所应有的技术装备；

（四）法律、行政法规规定的其他条件。

第十三条 从事建筑活动的建筑施工企业、勘察单位、设计单位和工程监理单位，按照其拥有的注册资本、专业技术人员、技术装备和已完成的建筑工程业绩等资质条件，划分为不同的资质等级，经资质审查合格，取得相应等级的资质证书后，方可在其资质等级许可的范围内从事建筑活动。

第十四条 从事建筑活动的专业技术人员，应当依法取得相应的执业资格证书，并在执业资格证书许可的范围内从事建筑活动。

第三章 建筑工程发包与承包

第一节 一般规定

第十五条 建筑工程的发包单位与承包单位应当依法订立书面合同，明确双方的权利和义务。

发包单位和承包单位应当全面履行合同约定的义务。不按照合同约定履行义务的，依法承担违约责任。

第十六条 建筑工程发包与承包的招标投标活动，应当遵循公开、公正、平等竞争的原则，择优选择承包单位。

建筑工程的招标投标，本法没有规定的，适用有关招标投标法律的规定。

第十七条 发包单位及其工作人员在建筑工程发包中不得收受贿赂、回扣或者索取其他好处。

承包单位及其工作人员不得利用向发包单位及其工作人员行贿、提供回扣或者给予其他好处等不正当手段承揽工程。

第十八条 建筑工程造价应当按照国家有关规定，由发包单位与承包单位在合同中约定。公开招标发包的，其造价的约定，须遵守招标投标法律的规定。

发包单位应当按照合同的约定，及时拨付工程款项。

第二节 发 包

第十九条 建筑工程依法实行招标发包，对不适于招标发包的可以直接发包。

第二十条 建筑工程实行公开招标的，发包单位应当依照法定程序和方式，发布招标公告，提供载有招标工程的主要技术要求、主要的合同条款、评标的标准和方法以及开标、评标、定标的程序等内容的招标文件。

开标应当在招标文件规定的时间、地点公开进行。开标后应当按照招标文件规定的评标标准和程序对标书进行评价、比较，在具备相应资质条件的投标者中，择优选定中标者。

第二十一条 建筑工程招标的开标、评标、定标由建设单位依法组织实施，并接受有关行政主管部门的监督。

第二十二条 建筑工程实行招标发包的，发包单位应当将建筑工程发包给依法中标的承包单位。建筑工程实行直接发包的，发包单位应当将建筑工程发包给具有相应资质条件的承包单位。

第二十三条 政府及其所属部门不得滥用行政权力，限定发包单位将招标发包的建筑工程发包给指定的承包单位。

第二十四条 提倡对建筑工程实行总承包，禁止将建筑工程肢解发包。

建筑工程的发包单位可以将建筑工程的勘察、设计、施工、设备采购一并发包给一个工程总承包单位，也可以将建筑工程勘察、设计、施工、设备采购的一项或者多项发包给一个工程总承包单位；但是，不得将应当由一个承包单位完成的建筑工程肢解成若干部分发包给几个承包单位。

第二十五条　按照合同约定，建筑材料、建筑构配件和设备由工程承包单位采购的，发包单位不得指定承包单位购入用于工程的建筑材料、建筑构配件和设备或者指定生产厂、供应商。

第三节　承　包

第二十六条　承包建筑工程的单位应当持有依法取得的资质证书，并在其资质等级许可的业务范围内承揽工程。

禁止建筑施工企业超越本企业资质等级许可的业务范围或者以任何形式用其他建筑施工企业的名义承揽工程。禁止建筑施工企业以任何形式允许其他单位或者个人使用本企业的资质证书、营业执照，以本企业的名义承揽工程。

第二十七条　大型建筑工程或者结构复杂的建筑工程，可以由两个以上的承包单位联合共同承包。共同承包的各方对承包合同的履行承担连带责任。

两个以上不同资质等级的单位实行联合共同承包的，应当按照资质等级低的单位的业务许可范围承揽工程。

第二十八条　禁止承包单位将其承包的全部建筑工程转包给他人，禁止承包单位将其承包的全部建筑工程肢解以后以分包的名义分别转包给他人。

第二十九条　建筑工程总承包单位可以将承包工程中的部分工程发包给具有相应资质条件的分包单位；但是，除总承包合同中约定的分包外，必须经建设单位认可。施工总承包的，建筑工程主体结构的施工必须由总承包单位自行完成。

建筑工程总承包单位按照总承包合同的约定对建设单位负责；分包单位按照分包合同的约定对总承包单位负责。总承包单位和分包单位就分包工程对建设单位承担连带责任。

禁止总承包单位将工程分包给不具备相应资质条件的单位。禁止分包单位将其承包的工程再分包。

第四章　建筑工程监理

第三十条　国家推行建筑工程监理制度。

国务院可以规定实行强制监理的建筑工程的范围。

第三十一条　实行监理的建筑工程，由建设单位委托具有相应资质条件的工程监理单位监理。建设单位与其委托的工程监理单位应当订立书面委托监理合同。

第三十二条 建筑工程监理应当依照法律、行政法规及有关的技术标准、设计文件和建筑工程承包合同，对承包单位在施工质量、建设工期和建设资金使用等方面，代表建设单位实施监督。

工程监理人员认为工程施工不符合工程设计要求、施工技术标准和合同约定的，有权要求建筑施工企业改正。

工程监理人员发现工程设计不符合建筑工程质量标准或者合同约定的质量要求的，应当报告建设单位要求设计单位改正。

第三十三条 实施建筑工程监理前，建设单位应当将委托的工程监理单位、监理的内容及监理权限，书面通知被监理的建筑施工企业。

第三十四条 工程监理单位应当在其资质等级许可的监理范围内，承担工程监理业务。

工程监理单位应当根据建设单位的委托，客观、公正地执行监理任务。

工程监理单位与被监理工程的承包单位以及建筑材料、建筑构配件和设备供应单位不得有隶属关系或者其他利害关系。

工程监理单位不得转让工程监理业务。

第三十五条 工程监理单位不按照委托监理合同的约定履行监理义务，对应当监督检查的项目不检查或者不按照规定检查，给建设单位造成损失的，应当承担相应的赔偿责任。

工程监理单位与承包单位串通，为承包单位谋取非法利益，给建设单位造成损失的，应当与承包单位承担连带赔偿责任。

第五章　建筑安全生产管理

第三十六条 建筑工程安全生产管理必须坚持安全第一、预防为主的方针，建立健全安全生产的责任制度和群防群治制度。

第三十七条 建筑工程设计应当符合按照国家规定制定的建筑安全规程和技术规范，保证工程的安全性能。

第三十八条 建筑施工企业在编制施工组织设计时，应当根据建筑工程的特点制定相应的安全技术措施；对专业性较强的工程项目，应当编制专项安全施工组织设计，并采取安全技术措施。

第三十九条 建筑施工企业应当在施工现场采取维护安全、防范危险、预防火灾等措施；有条件的，应当对施工现场实行封闭管理。

施工现场对毗邻的建筑物、构筑物和特殊作业环境可能造成损害的，建筑施工企业应当采取安全防护措施。

第四十条 建设单位应当向建筑施工企业提供与施工现场相关的地下管线资料，建筑施工企业应当采取措施加以保护。

第四十一条 建筑施工企业应当遵守有关环境保护和安全生产的法律、法规的规定，采取控制和处理施工现场的各种粉尘、废气、废水、固体废物以及噪声、振动对环境的污染和危害的措施。

第四十二条 有下列情形之一的，建设单位应当按照国家有关规定办理申请批准手续：

（一）需要临时占用规划批准范围以外场地的；

（二）可能损坏道路、管线、电力、邮电通讯等公共设施的；

（三）需要临时停水、停电、中断道路交通的；

（四）需要进行爆破作业的；

（五）法律、法规规定需要办理报批手续的其他情形。

第四十三条 建设行政主管部门负责建筑安全生产的管理，并依法接受劳动行政主管部门对建筑安全生产的指导和监督。

第四十四条 建筑施工企业必须依法加强对建筑安全生产的管理，执行安全生产责任制度，采取有效措施，防止伤亡和其他安全生产事故的发生。

建筑施工企业的法定代表人对本企业的安全生产负责。

第四十五条 施工现场安全由建筑施工企业负责。实行施工总承包的，由总承包单位负责。分包单位向总承包单位负责，服从总承包单位对施工现场的安全生产管理。

第四十六条 建筑施工企业应当建立健全劳动安全生产教育培训制度，加强对职工安全生产的教育培训；未经安全生产教育培训的人员，不得上岗作业。

第四十七条 建筑施工企业和作业人员在施工过程中，应当遵守有关安全生产的法律、法规和建筑行业安全规章、规程，不得违章指挥或者违章作业。作业人员有权对影响人身健康的作业程序和作业条件提出改进意见，有权获得安全生产所需的防护用品。作业人员对危及生命安全和人身健康的行为有权提出批评、检举和控告。

第四十八条 建筑施工企业必须为从事危险作业的职工办理意外伤害保险，支付保险费。

第四十九条 涉及建筑主体和承重结构变动的装修工程，建设单位应当在施工前委托原设计单位或者具有相应资质条件的设计单位提出设计方案；没有设计方案的，不得施工。

第五十条 房屋拆除应当由具备保证安全条件的建筑施工单位承担，由建筑施工单位负责人对安全负责。

第五十一条 施工中发生事故时，建筑施工企业应当采取紧急措施减少人员伤亡和事故损失，并按照国家有关规定及时向有关部门报告。

第六章　建筑工程质量管理

第五十二条　建筑工程勘察、设计、施工的质量必须符合国家有关建筑工程安全标准的要求，具体管理办法由国务院规定。

有关建筑工程安全的国家标准不能适应确保建筑安全的要求时，应当及时修订。

第五十三条　国家对从事建筑活动的单位推行质量体系认证制度。从事建筑活动的单位根据自愿原则可以向国务院产品质量监督管理部门或者国务院产品质量监督管理部门授权的部门认可的认证机构申请质量体系认证。经认证合格的，由认证机构颁发质量体系认证证书。

第五十四条　建设单位不得以任何理由，要求建筑设计单位或者建筑施工企业在工程设计或者施工作业中，违反法律、行政法规和建筑工程质量、安全标准，降低工程质量。

建筑设计单位和建筑施工企业对建设单位违反前款规定提出的降低工程质量的要求，应当予以拒绝。

第五十五条　建筑工程实行总承包的，工程质量由工程总承包单位负责，总承包单位将建筑工程分包给其他单位的，应当对分包工程的质量与分包单位承担连带责任。分包单位应当接受总承包单位的质量管理。

第五十六条　建筑工程的勘察、设计单位必须对其勘察、设计的质量负责。勘察、设计文件应当符合有关法律、行政法规的规定和建筑工程质量、安全标准、建筑工程勘察、设计技术规范以及合同的约定。设计文件选用的建筑材料、建筑构配件和设备，应当注明其规格、型号、性能等技术指标，其质量要求必须符合国家规定的标准。

第五十七条　建筑设计单位对设计文件选用的建筑材料、建筑构配件和设备，不得指定生产厂、供应商。

第五十八条　建筑施工企业对工程的施工质量负责。

建筑施工企业必须按照工程设计图纸和施工技术标准施工，不得偷工减料。工程设计的修改由原设计单位负责，建筑施工企业不得擅自修改工程设计。

第五十九条　建筑施工企业必须按照工程设计要求、施工技术标准和合同的约定，对建筑材料、建筑构配件和设备进行检验，不合格的不得使用。

第六十条　建筑物在合理使用寿命内，必须确保地基基础工程和主体结构的质量。

建筑工程竣工时，屋顶、墙面不得留有渗漏、开裂等质量缺陷；对已发现的质量缺陷，建筑施工企业应当修复。

第六十一条　交付竣工验收的建筑工程，必须符合规定的建筑工程质量标准，有完整的工程技术经济资料和经签署的工程保修书，并具备国家规定的其他竣工条件。

建筑工程竣工经验收合格后，方可交付使用；未经验收或者验收不合格的，不得交付使用。

第六十二条　建筑工程实行质量保修制度。

建筑工程的保修范围应当包括地基基础工程、主体结构工程、屋面防水工程和其他土建工程，以及电气管线、上下水管线的安装工程，供热、供冷系统工程等项目；保修的期限应当按照保证建筑物合理寿命年限内正常使用，维护使用者合法权益的原则确定。具体的保修范围和最低保修期限由国务院规定。

第六十三条　任何单位和个人对建筑工程的质量事故、质量缺陷都有权向建设行政主管部门或者其他有关部门进行检举、控告、投诉。

第七章　法律责任

第六十四条　违反本法规定，未取得施工许可证或者开工报告未经批准擅自施工的，责令改正，对不符合开工条件的责令停止施工，可以处以罚款。

第六十五条　发包单位将工程发包给不具有相应资质条件的承包单位的，或者违反本法规定将建筑工程肢解发包的，责令改正，处以罚款。

超越本单位资质等级承揽工程的，责令停止违法行为，处以罚款，可以责令停业整顿，降低资质等级；情节严重的，吊销资质证书；有违法所得的，予以没收。

未取得资质证书承揽工程的，予以取缔，并处罚款；有违法所得的，予以没收。

以欺骗手段取得资质证书的，吊销资质证书，处以罚款；构成犯罪的，依法追究刑事责任。

第六十六条　建筑施工企业转让、出借资质证书或者以其他方式允许他人以本企业的名义承揽工程的，责令改正，没收违法所得，并处罚款，可以责令停业整顿，降低资质等级；情节严重的，吊销资质证书。对因该项承揽工程不符合规定的质量标准造成的损失，建筑施工企业与使用本企业名义的单位或者个人承担连带赔偿责任。

第六十七条　承包单位将承包的工程转包的，或者违反本法规定进行分包的，责令改正，没收违法所得，并处罚款，可以责令停业整顿，降低资质等级；情节严重的，吊销资质证书。

承包单位有前款规定的违法行为的，对因转包工程或者违法分包的工程不符合规定的质量标准造成的损失，与接受转包或者分包的单位承担连带赔偿责任。

第六十八条　在工程发包与承包中索贿、受贿、行贿，构成犯罪的，依法追究刑事责任；不构成犯罪的，分别处以罚款，没收贿赂的财物，对直接负责的主管人员和其他直接责任人员给予处分。

对在工程承包中行贿的承包单位，除依照前款规定处罚外，可以责令停业整顿，降低资质等级或者吊销资质证书。

第六十九条 工程监理单位与建设单位或者建筑施工企业串通，弄虚作假、降低工程质量的，责令改正，处以罚款，降低资质等级或者吊销资质证书；有违法所得的，予以没收；造成损失的，承担连带赔偿责任；构成犯罪的，依法追究刑事责任。

工程监理单位转让监理业务的，责令改正，没收违法所得，可以责令停业整顿，降低资质等级；情节严重的，吊销资质证书。

第七十条 违反本法规定，涉及建筑主体或者承重结构变动的装修工程擅自施工的，责令改正，处以罚款；造成损失的，承担赔偿责任；构成犯罪的，依法追究刑事责任。

第七十一条 建筑施工企业违反本法规定，对建筑安全事故隐患不采取措施予以消除的，责令改正，可以处以罚款；情节严重的，责令停业整顿，降低资质等级或者吊销资质证书；构成犯罪的，依法追究刑事责任。

建筑施工企业的管理人员违章指挥、强令职工冒险作业，因而发生重大伤亡事故或者造成其他严重后果的，依法追究刑事责任。

第七十二条 建设单位违反本法规定，要求建筑设计单位或者建筑施工企业违反建筑工程质量、安全标准，降低工程质量的，责令改正，可以处以罚款；构成犯罪的，依法追究刑事责任。

第七十三条 建筑设计单位不按照建筑工程质量、安全标准进行设计的，责令改正，处以罚款；造成工程质量事故的，责令停业整顿，降低资质等级或者吊销资质证书，没收违法所得，并处罚款；造成损失的，承担赔偿责任；构成犯罪的，依法追究刑事责任。

第七十四条 建筑施工企业在施工中偷工减料的，使用不合格的建筑材料、建筑构配件和设备的，或者有其他不按照工程设计图纸或者施工技术标准施工的行为的，责令改正，处以罚款；情节严重的，责令停业整顿，降低资质等级或者吊销资质证书；造成建筑工程质量不符合规定的质量标准的，负责返工、修理，并赔偿因此造成的损失；构成犯罪的，依法追究刑事责任。

第七十五条 建筑施工企业违反本法规定，不履行保修义务或者拖延履行保修义务的，责令改正，可以处以罚款，并对在保修期内因屋顶、墙面渗漏、开裂等质量缺陷造成的损失，承担赔偿责任。

第七十六条 本法规定的责令停业整顿、降低资质等级和吊销资质证书的行政处罚，由颁发资质证书的机关决定；其他行政处罚，由建设行政主管部门或者有关部门依照法律和国务院规定的职权范围决定。

依照本法规定被吊销资质证书的，由工商行政管理部门吊销其营业执照。

第七十七条 违反本法规定，对不具备相应资质等级条件的单位颁发该等级资质证书的，由其上级机关责令收回所发的资质证书，对直接负责的主管人员和其他直接责任人员给予行政处分；构成犯罪的，依法追究刑事责任。

第七十八条 政府及其所属部门的工作人员违反本法规定，限定发包单位将招标发包的工程发包给指定的承包单位的，由上级机关责令改正；构成犯罪的，依法追究刑事责任。

第七十九条 负责颁发建筑工程施工许可证的部门及其工作人员对不符合施工条件的建筑工程颁发施工许可证的，负责工程质量监督检查或者竣工验收的部门及其工作人员对不合格的建筑工程出具质量合格文件或者按合格工程验收的，由上级机关责令改正，对责任人员给予行政处分；构成犯罪的，依法追究刑事责任；造成损失的，由该部门承担相应的赔偿责任。

第八十条 在建筑物的合理使用寿命内，因建筑工程质量不合格受到损害的，有权向责任者要求赔偿。

第八章 附 则

第八十一条 本法关于施工许可、建筑施工企业资质审查和建筑工程发包、承包、禁止转包，以及建筑工程监理、建筑工程安全和质量管理的规定，适用于其他专业建筑工程的建筑活动，具体办法由国务院规定。

第八十二条 建设行政主管部门和其他有关部门在对建筑活动实施监督管理中，除按照国务院有关规定收取费用外，不得收取其他费用。

第八十三条 省、自治区、直辖市人民政府确定的小型房屋建筑工程的建筑活动，参照本法执行。

依法核定作为文物保护的纪念建筑物和古建筑等的修缮，依照文物保护的有关法律规定执行。

抢险救灾及其他临时性房屋建筑和农民自建低层住宅的建筑活动，不适用本法。

第八十四条 军用房屋建筑工程建筑活动的具体管理办法，由国务院、中央军事委员会依据本法制定。

第八十五条 本法自 1998 年 3 月 1 日起施行。

中华人民共和国主席令

第七号

《中华人民共和国行政许可法》已由中华人民共和国第十届全国人民代表大会常务委员会第四次会议于 2003 年 8 月 27 日通过，现予公布，自 2004 年 7 月 1 日起施行。

中华人民共和国主席　胡锦涛

2003 年 8 月 27 日

中华人民共和国行政许可法

（2003 年 8 月 27 日第十届全国人民代表大会常务委员会第四次会议通过）

第一章　总　则

第一条　为了规范行政许可的设定和实施，保护公民、法人和其他组织的合法权益，维护公共利益和社会秩序，保障和监督行政机关有效实施行政管理，根据宪法，制定本法。

第二条　本法所称行政许可，是指行政机关根据公民、法人或者其他组织的申请，经依法审查，准予其从事特定活动的行为。

第三条　行政许可的设定和实施，适用本法。

有关行政机关对其他机关或者对其直接管理的事业单位的人事、财务、外事等事项的审批，不适用本法。

第四条　设定和实施行政许可，应当依照法定的权限、范围、条件和程序。

第五条　设定和实施行政许可，应当遵循公开、公平、公正的原则。

有关行政许可的规定应当公布；未经公布的，不得作为实施行政许可的依据。行政许可的实施和结果，除涉及国家秘密、商业秘密或者个人隐私的外，应当公开。

符合法定条件、标准的，申请人有依法取得行政许可的平等权利，行政机关不得歧视。

第六条　实施行政许可，应当遵循便民的原则，提高办事效率，提供优质服务。

第七条　公民、法人或者其他组织对行政机关实施行政许可，享有陈述权、申辩权；有权依法申请行政复议或者提起行政诉讼；其合法权益因行政机关违法实施行政许可受到损害的，有权依法要求赔偿。

第八条 公民、法人或者其他组织依法取得的行政许可受法律保护，行政机关不得擅自改变已经生效的行政许可。

行政许可所依据的法律、法规、规章修改或者废止，或者准予行政许可所依据的客观情况发生重大变化的，为了公共利益的需要，行政机关可以依法变更或者撤回已经生效的行政许可。由此给公民、法人或者其他组织造成财产损失的，行政机关应当依法给予补偿。

第九条 依法取得的行政许可，除法律、法规规定依照法定条件和程序可以转让的外，不得转让。

第十条 县级以上人民政府应当建立健全对行政机关实施行政许可的监督制度，加强对行政机关实施行政许可的监督检查。

行政机关应当对公民、法人或者其他组织从事行政许可事项的活动实施有效监督。

第二章　行政许可的设定

第十一条 设定行政许可，应当遵循经济和社会发展规律，有利于发挥公民、法人或者其他组织的积极性、主动性，维护公共利益和社会秩序，促进经济、社会和生态环境协调发展。

第十二条 下列事项可以设定行政许可：

（一）直接涉及国家安全、公共安全、经济宏观调控、生态环境保护以及直接关系人身健康、生命财产安全等特定活动，需要按照法定条件予以批准的事项；

（二）有限自然资源开发利用、公共资源配置以及直接关系公共利益的特定行业的市场准入等，需要赋予特定权利的事项；

（三）提供公众服务并且直接关系公共利益的职业、行业，需要确定具备特殊信誉、特殊条件或者特殊技能等资格、资质的事项；

（四）直接关系公共安全、人身健康、生命财产安全的重要设备、设施、产品、物品，需要按照技术标准、技术规范，通过检验、检测、检疫等方式进行审定的事项；

（五）企业或者其他组织的设立等，需要确定主体资格的事项；

（六）法律、行政法规规定可以设定行政许可的其他事项。

第十三条 本法第十二条所列事项，通过下列方式能够予以规范的，可以不设行政许可：

（一）公民、法人或者其他组织能够自主决定的；

（二）市场竞争机制能够有效调节的；

（三）行业组织或者中介机构能够自律管理的；

（四）行政机关采用事后监督等其他行政管理方式能够解决的。

第十四条 本法第十二条所列事项，法律可以设定行政许可。尚未制定法律的，行政法规可以设定行政许可。

必要时，国务院可以采用发布决定的方式设定行政许可。实施后，除临时性行政许可事项外，国务院应当及时提请全国人民代表大会及其常务委员会制定法律，或者自行制定行政法规。

第十五条 本法第十二条所列事项，尚未制定法律、行政法规的，地方性法规可以设定行政许可；尚未制定法律、行政法规和地方性法规的，因行政管理的需要，确需立即实施行政许可的，省、自治区、直辖市人民政府规章可以设定临时性的行政许可。临时性的行政许可实施满一年需要继续实施的，应当提请本级人民代表大会及其常务委员会制定地方性法规。

地方性法规和省、自治区、直辖市人民政府规章，不得设定应当由国家统一确定的公民、法人或者其他组织的资格、资质的行政许可；不得设定企业或者其他组织的设立登记及其前置性行政许可。其设定的行政许可，不得限制其他地区的个人或者企业到本地区从事生产经营和提供服务，不得限制其他地区的商品进入本地区市场。

第十六条 行政法规可以在法律设定的行政许可事项范围内，对实施该行政许可作出具体规定。

地方性法规可以在法律、行政法规设定的行政许可事项范围内，对实施该行政许可作出具体规定。

规章可以在上位法设定的行政许可事项范围内，对实施该行政许可作出具体规定。

法规、规章对实施上位法设定的行政许可作出的具体规定，不得增设行政许可；对行政许可条件作出的具体规定，不得增设违反上位法的其他条件。

第十七条 除本法第十四条、第十五条规定的外，其他规范性文件一律不得设定行政许可。

第十八条 设定行政许可，应当规定行政许可的实施机关、条件、程序、期限。

第十九条 起草法律草案、法规草案和省、自治区、直辖市人民政府规章草案，拟设定行政许可的，起草单位应当采取听证会、论证会等形式听取意见，并向制定机关说明设定该行政许可的必要性、对经济和社会可能产生的影响以及听取和采纳意见的情况。

第二十条 行政许可的设定机关应当定期对其设定的行政许可进行评价；对已设定的行政许可，认为通过本法第十三条所列方式能够解决的，应当对设定该行政许可的规定及时予以修改或者废止。

行政许可的实施机关可以对已设定的行政许可的实施情况及存在的必要性适时进行评价，并将意见报告该行政许可的设定机关。

公民、法人或者其他组织可以向行政许可的设定机关和实施机关就行政许可的设定和实施提出意见和建议。

第二十一条 省、自治区、直辖市人民政府对行政法规设定的有关经济事务的行政许可，根据本行政区域经济和社会发展情况，认为通过本法第十三条所列方式能够解决的，报国务院批准后，可以在本行政区域内停止实施该行政许可。

第三章　行政许可的实施机关

第二十二条 行政许可由具有行政许可权的行政机关在其法定职权范围内实施。

第二十三条 法律、法规授权的具有管理公共事务职能的组织，在法定授权范围内，以自己的名义实施行政许可。被授权的组织适用本法有关行政机关的规定。

第二十四条 行政机关在其法定职权范围内，依照法律、法规、规章的规定，可以委托其他行政机关实施行政许可。委托机关应当将受委托行政机关和受委托实施行政许可的内容予以公告。

委托行政机关对受委托行政机关实施行政许可的行为应当负责监督，并对该行为的后果承担法律责任。

受委托行政机关在委托范围内，以委托行政机关名义实施行政许可；不得再委托其他组织或者个人实施行政许可。

第二十五条 经国务院批准，省、自治区、直辖市人民政府根据精简、统一、效能的原则，可以决定一个行政机关行使有关行政机关的行政许可权。

第二十六条 行政许可需要行政机关内设的多个机构办理的，该行政机关应当确定一个机构统一受理行政许可申请，统一送达行政许可决定。

行政许可依法由地方人民政府两个以上部门分别实施的，本级人民政府可以确定一个部门受理行政许可申请并转告有关部门分别提出意见后统一办理，或者组织有关部门联合办理、集中办理。

第二十七条 行政机关实施行政许可，不得向申请人提出购买指定商品、接受有偿服务等不正当要求。

行政机关工作人员办理行政许可，不得索取或者收受申请人的财物，不得谋取其他利益。

第二十八条 对直接关系公共安全、人身健康、生命财产安全的设备、设施、产品、物品的检验、检测、检疫，除法律、行政法规规定由行政机关实施的外，应当逐步由符合法定条件的专业技术组织实施。专业技术组织及其有关人员对所实施的检验、检测、检疫结论承担法律责任。

第四章　行政许可的实施程序

第一节　申请与受理

第二十九条　公民、法人或者其他组织从事特定活动，依法需要取得行政许可的，应当向行政机关提出申请。申请书需要采用格式文本的，行政机关应当向申请人提供行政许可申请书格式文本。申请书格式文本中不得包含与申请行政许可事项没有直接关系的内容。

申请人可以委托代理人提出行政许可申请。但是，依法应当由申请人到行政机关办公场所提出行政许可申请的除外。

行政许可申请可以通过信函、电报、电传、传真、电子数据交换和电子邮件等方式提出。

第三十条　行政机关应当将法律、法规、规章规定的有关行政许可的事项、依据、条件、数量、程序、期限以及需要提交的全部材料的目录和申请书示范文本等在办公场所公示。

申请人要求行政机关对公示内容予以说明、解释的，行政机关应当说明、解释，提供准确、可靠的信息。

第三十一条　申请人申请行政许可，应当如实向行政机关提交有关材料和反映真实情况，并对其申请材料实质内容的真实性负责。行政机关不得要求申请人提交与其申请的行政许可事项无关的技术资料和其他材料。

第三十二条　行政机关对申请人提出的行政许可申请，应当根据下列情况分别作出处理：

（一）申请事项依法不需要取得行政许可的，应当即时告知申请人不受理；

（二）申请事项依法不属于本行政机关职权范围的，应当即时作出不予受理的决定，并告知申请人向有关行政机关申请；

（三）申请材料存在可以当场更正的错误的，应当允许申请人当场更正；

（四）申请材料不齐全或者不符合法定形式的，应当当场或者在五日内一次告知申请人需要补正的全部内容，逾期不告知的，自收到申请材料之日起即为受理；

（五）申请事项属于本行政机关职权范围，申请材料齐全、符合法定形式，或者申请人按照本行政机关的要求提交全部补正申请材料的，应当受理行政许可申请。

行政机关受理或者不予受理行政许可申请，应当出具加盖本行政机关专用印章和注明日期的书面凭证。

第三十三条　行政机关应当建立和完善有关制度，推行电子政务，在行政机关的网站上公布行政许可事项，方便申请人采取数据电文等方式提出行政许可申请；应当与其他行政机关共享有关行政许可信息，提高办事效率。

第二节　审查与决定

第三十四条　行政机关应当对申请人提交的申请材料进行审查。

申请人提交的申请材料齐全、符合法定形式，行政机关能够当场作出决定的，应当当场作出书面的行政许可决定。

根据法定条件和程序，需要对申请材料的实质内容进行核实的，行政机关应当指派两名以上工作人员进行核查。

第三十五条　依法应当先经下级行政机关审查后报上级行政机关决定的行政许可，下级行政机关应当在法定期限内将初步审查意见和全部申请材料直接报送上级行政机关。上级行政机关不得要求申请人重复提供申请材料。

第三十六条　行政机关对行政许可申请进行审查时，发现行政许可事项直接关系他人重大利益的，应当告知该利害关系人。申请人、利害关系人有权进行陈述和申辩。行政机关应当听取申请人、利害关系人的意见。

第三十七条　行政机关对行政许可申请进行审查后，除当场作出行政许可决定的外，应当在法定期限内按照规定程序作出行政许可决定。

第三十八条　申请人的申请符合法定条件、标准的，行政机关应当依法作出准予行政许可的书面决定。

行政机关依法作出不予行政许可的书面决定的，应当说明理由，并告知申请人享有依法申请行政复议或者提起行政诉讼的权利。

第三十九条　行政机关作出准予行政许可的决定，需要颁发行政许可证件的，应当向申请人颁发加盖本行政机关印章的下列行政许可证件：

（一）许可证、执照或者其他许可证书；

（二）资格证、资质证或者其他合格证书；

（三）行政机关的批准文件或者证明文件；

（四）法律、法规规定的其他行政许可证件。

行政机关实施检验、检测、检疫的，可以在检验、检测、检疫合格的设备、设施、产品、物品上加贴标签或者加盖检验、检测、检疫印章。

第四十条　行政机关作出的准予行政许可决定，应当予以公开，公众有权查阅。

第四十一条　法律、行政法规设定的行政许可，其适用范围没有地域限制的，申请人取得的行政许可在全国范围内有效。

第三节　期　限

第四十二条　除可以当场作出行政许可决定的外，行政机关应当自受理行政许可申请之日起二十日内作出行政许可决定。二十日内不能作出决定的,经本行政机关负责人批准,可以延长十日,并应当将延长期限的理由告知申请人。但是,法律、法规另有规定的,依照其规定。

依照本法第二十六条的规定,行政许可采取统一办理或者联合办理、集中办理的,办理的时间不得超过四十五日;四十五日内不能办结的,经本级人民政府负责人批准,可以延长十五日,并应当将延长期限的理由告知申请人。

第四十三条 依法应当先经下级行政机关审查后报上级行政机关决定的行政许可,下级行政机关应当自其受理行政许可申请之日起二十日内审查完毕。但是,法律、法规另有规定的,依照其规定。

第四十四条 行政机关作出准予行政许可的决定,应当自作出决定之日起十日内向申请人颁发、送达行政许可证件,或者加贴标签、加盖检验、检测、检疫印章。

第四十五条 行政机关作出行政许可决定,依法需要听证、招标、拍卖、检验、检测、检疫、鉴定和专家评审的,所需时间不计算在本节规定的期限内。行政机关应当将所需时间书面告知申请人。

第四节 听 证

第四十六条 法律、法规、规章规定实施行政许可应当听证的事项,或者行政机关认为需要听证的其他涉及公共利益的重大行政许可事项,行政机关应当向社会公告,并举行听证。

第四十七条 行政许可直接涉及申请人与他人之间重大利益关系的,行政机关在作出行政许可决定前,应当告知申请人、利害关系人享有要求听证的权利;申请人、利害关系人在被告知听证权利之日起五日内提出听证申请的,行政机关应当在二十日内组织听证。

申请人、利害关系人不承担行政机关组织听证的费用。

第四十八条 听证按照下列程序进行:

(一)行政机关应当于举行听证的七日前将举行听证的时间、地点通知申请人、利害关系人,必要时予以公告;

(二)听证应当公开举行;

(三)行政机关应当指定审查该行政许可申请的工作人员以外的人员为听证主持人,申请人、利害关系人认为主持人与该行政许可事项有直接利害关系的,有权申请回避;

(四)举行听证时,审查该行政许可申请的工作人员应当提供审查意见的证据、理由,申请人、利害关系人可以提出证据,并进行申辩和质证;

(五)听证应当制作笔录,听证笔录应当交听证参加人确认无误后签字或者盖章。

行政机关应当根据听证笔录,作出行政许可决定。

第五节 变更与延续

第四十九条 被许可人要求变更行政许可事项的，应当向作出行政许可决定的行政机关提出申请；符合法定条件、标准的，行政机关应当依法办理变更手续。

第五十条 被许可人需要延续依法取得的行政许可的有效期的，应当在该行政许可有效期届满三十日前向作出行政许可决定的行政机关提出申请。但是，法律、法规、规章另有规定的，依照其规定。

行政机关应当根据被许可人的申请，在该行政许可有效期届满前作出是否准予延续的决定；逾期未作决定的，视为准予延续。

第六节 特别规定

第五十一条 实施行政许可的程序，本节有规定的，适用本节规定；本节没有规定的，适用本章其他有关规定。

第五十二条 国务院实施行政许可的程序，适用有关法律、行政法规的规定。

第五十三条 实施本法第十二条第二项所列事项的行政许可的，行政机关应当通过招标、拍卖等公平竞争的方式作出决定。但是，法律、行政法规另有规定的，依照其规定。

行政机关通过招标、拍卖等方式作出行政许可决定的具体程序，依照有关法律、行政法规的规定。

行政机关按照招标、拍卖程序确定中标人、买受人后，应当作出准予行政许可的决定，并依法向中标人、买受人颁发行政许可证件。

行政机关违反本条规定，不采用招标、拍卖方式，或者违反招标、拍卖程序，损害申请人合法权益的，申请人可以依法申请行政复议或者提起行政诉讼。

第五十四条 实施本法第十二条第三项所列事项的行政许可，赋予公民特定资格，依法应当举行国家考试的，行政机关根据考试成绩和其他法定条件作出行政许可决定；赋予法人或者其他组织特定的资格、资质的，行政机关根据申请人的专业人员构成、技术条件、经营业绩和管理水平等的考核结果作出行政许可决定。但是，法律、行政法规另有规定的，依照其规定。

公民特定资格的考试依法由行政机关或者行业组织实施，公开举行。行政机关或者行业组织应当事先公布资格考试的报名条件、报考办法、考试科目以及考试大纲。但是，不得组织强制性的资格考试的考前培训，不得指定教材或者其他助考材料。

第五十五条 实施本法第十二条第四项所列事项的行政许可的，应当按照技术标准、技术规范依法进行检验、检测、检疫，行政机关根据检验、检测、检疫的结果作出行政许可决定。

行政机关实施检验、检测、检疫，应当自受理申请之日起五日内指派两名以上工作人员按照技术标准、技术规范进行检验、检测、检疫。不需要对检验、检测、检疫结果作进一步技术分析即可认定设备、设施、产品、物品是否符合技术标准、技术规范的，行政机关应当当场作出行政许可决定。

行政机关根据检验、检测、检疫结果，作出不予行政许可决定的，应当书面说明不予行政许可所依据的技术标准、技术规范。

第五十六条 实施本法第十二条第五项所列事项的行政许可，申请人提交的申请材料齐全、符合法定形式的，行政机关应当当场予以登记。需要对申请材料的实质内容进行核实的，行政机关依照本法第三十四条第三款的规定办理。

第五十七条 有数量限制的行政许可，两个或者两个以上申请人的申请均符合法定条件、标准的，行政机关应当根据受理行政许可申请的先后顺序作出准予行政许可的决定。但是，法律、行政法规另有规定的，依照其规定。

第五章　行政许可的费用

第五十八条 行政机关实施行政许可和对行政许可事项进行监督检查，不得收取任何费用。但是，法律、行政法规另有规定的，依照其规定。

行政机关提供行政许可申请书格式文本，不得收费。

行政机关实施行政许可所需经费应当列入本行政机关的预算，由本级财政予以保障，按照批准的预算予以核拨。

第五十九条 行政机关实施行政许可，依照法律、行政法规收取费用的，应当按照公布的法定项目和标准收费；所收取的费用必须全部上缴国库，任何机关或者个人不得以任何形式截留、挪用、私分或者变相私分。财政部门不得以任何形式向行政机关返还或者变相返还实施行政许可所收取的费用。

第六章　监督检查

第六十条 上级行政机关应当加强对下级行政机关实施行政许可的监督检查，及时纠正行政许可实施中的违法行为。

第六十一条 行政机关应当建立健全监督制度，通过核查反映被许可人从事行政许可事项活动情况的有关材料，履行监督责任。

行政机关依法对被许可人从事行政许可事项的活动进行监督检查时，应当将监督检查的情况和处理结果予以记录，由监督检查人员签字后归档。公众有权查阅行政机关监督检查记录。

行政机关应当创造条件，实现与被许可人、其他有关行政机关的计算机档案系统互联，核查被许可人从事行政许可事项活动情况。

第六十二条　行政机关可以对被许可人生产经营的产品依法进行抽样检查、检验、检测，对其生产经营场所依法进行实地检查。检查时，行政机关可以依法查阅或者要求被许可人报送有关材料；被许可人应当如实提供有关情况和材料。

行政机关根据法律、行政法规的规定，对直接关系公共安全、人身健康、生命财产安全的重要设备、设施进行定期检验。对检验合格的，行政机关应当发给相应的证明文件。

第六十三条　行政机关实施监督检查，不得妨碍被许可人正常的生产经营活动，不得索取或者收受被许可人的财物，不得谋取其他利益。

第六十四条　被许可人在作出行政许可决定的行政机关管辖区域外违法从事行政许可事项活动的，违法行为发生地的行政机关应当依法将被许可人的违法事实、处理结果抄告作出行政许可决定的行政机关。

第六十五条　个人和组织发现违法从事行政许可事项的活动，有权向行政机关举报，行政机关应当及时核实、处理。

第六十六条　被许可人未依法履行开发利用自然资源义务或者未依法履行利用公共资源义务的，行政机关应当责令限期改正；被许可人在规定期限内不改正的，行政机关应当依照有关法律、行政法规的规定予以处理。

第六十七条　取得直接关系公共利益的特定行业的市场准入行政许可的被许可人，应当按照国家规定的服务标准、资费标准和行政机关依法规定的条件，向用户提供安全、方便、稳定和价格合理的服务，并履行普遍服务的义务；未经作出行政许可决定的行政机关批准，不得擅自停业、歇业。

被许可人不履行前款规定的义务的，行政机关应当责令限期改正，或者依法采取有效措施督促其履行义务。

第六十八条　对直接关系公共安全、人身健康、生命财产安全的重要设备、设施，行政机关应当督促设计、建造、安装和使用单位建立相应的自检制度。

行政机关在监督检查时，发现直接关系公共安全、人身健康、生命财产安全的重要设备、设施存在安全隐患的，应当责令停止建造、安装和使用，并责令设计、建造、安装和使用单位立即改正。

第六十九条　有下列情形之一的，作出行政许可决定的行政机关或者其上级行政机关，根据利害关系人的请求或者依据职权，可以撤销行政许可：

（一）行政机关工作人员滥用职权、玩忽职守作出准予行政许可决定的；

（二）超越法定职权作出准予行政许可决定的；

（三）违反法定程序作出准予行政许可决定的；

（四）对不具备申请资格或者不符合法定条件的申请人准予行政许可的；

（五）依法可以撤销行政许可的其他情形。

被许可人以欺骗、贿赂等不正当手段取得行政许可的，应当予以撤销。

依照前两款的规定撤销行政许可，可能对公共利益造成重大损害的，不予撤销。

依照本条第一款的规定撤销行政许可，被许可人的合法权益受到损害的，行政机关应当依法给予赔偿。依照本条第二款的规定撤销行政许可的，被许可人基于行政许可取得的利益不受保护。

第七十条 有下列情形之一的，行政机关应当依法办理有关行政许可的注销手续：

（一）行政许可有效期届满未延续的；

（二）赋予公民特定资格的行政许可，该公民死亡或者丧失行为能力的；

（三）法人或者其他组织依法终止的；

（四）行政许可依法被撤销、撤回，或者行政许可证件依法被吊销的；

（五）因不可抗力导致行政许可事项无法实施的；

（六）法律、法规规定的应当注销行政许可的其他情形。

第七章　法律责任

第七十一条 违反本法第十七条规定设定的行政许可，有关机关应当责令设定该行政许可的机关改正，或者依法予以撤销。

第七十二条 行政机关及其工作人员违反本法的规定，有下列情形之一的，由其上级行政机关或者监察机关责令改正；情节严重的，对直接负责的主管人员和其他直接责任人员依法给予行政处分：

（一）对符合法定条件的行政许可申请不予受理的；

（二）不在办公场所公示依法应当公示的材料的；

（三）在受理、审查、决定行政许可过程中，未向申请人、利害关系人履行法定告知义务的；

（四）申请人提交的申请材料不齐全、不符合法定形式，不一次告知申请人必须补正的全部内容的；

（五）未依法说明不受理行政许可申请或者不予行政许可的理由的；

（六）依法应当举行听证而不举行听证的。

第七十三条 行政机关工作人员办理行政许可、实施监督检查，索取或者收受他人财物或者谋取其他利益，构成犯罪的，依法追究刑事责任；尚不构成犯罪的，依法给予行政处分。

第七十四条 行政机关实施行政许可，有下列情形之一的，由其上级行政机关或者监察机关责令改正，对直接负责的主管人员和其他直接责任人员依法给予行政处分；构成犯罪的，依法追究刑事责任：

（一）对不符合法定条件的申请人准予行政许可或者超越法定职权作出准予行政许可决定的；

（二）对符合法定条件的申请人不予行政许可或者不在法定期限内作出准予行政许可决定的；

（三）依法应当根据招标、拍卖结果或者考试成绩择优作出准予行政许可决定，未经招标、拍卖或者考试，或者不根据招标、拍卖结果或者考试成绩择优作出准予行政许可决定的。

第七十五条 行政机关实施行政许可，擅自收费或者不按照法定项目和标准收费的，由其上级行政机关或者监察机关责令退还非法收取的费用；对直接负责的主管人员和其他直接责任人员依法给予行政处分。

截留、挪用、私分或者变相私分实施行政许可依法收取的费用的，予以追缴；对直接负责的主管人员和其他直接责任人员依法给予行政处分；构成犯罪的，依法追究刑事责任。

第七十六条 行政机关违法实施行政许可，给当事人的合法权益造成损害的，应当依照国家赔偿法的规定给予赔偿。

第七十七条 行政机关不依法履行监督职责或者监督不力，造成严重后果的，由其上级行政机关或者监察机关责令改正，对直接负责的主管人员和其他直接责任人员依法给予行政处分；构成犯罪的，依法追究刑事责任。

第七十八条 行政许可申请人隐瞒有关情况或者提供虚假材料申请行政许可的，行政机关不予受理或者不予行政许可，并给予警告；行政许可申请属于直接关系公共安全、人身健康、生命财产安全事项的，申请人在一年内不得再次申请该行政许可。

第七十九条 被许可人以欺骗、贿赂等不正当手段取得行政许可的，行政机关应当依法给予行政处罚；取得的行政许可属于直接关系公共安全、人身健康、生命财产安全事项的，申请人在三年内不得再次申请该行政许可；构成犯罪的，依法追究刑事责任。

第八十条 被许可人有下列行为之一的，行政机关应当依法给予行政处罚；构成犯罪的，依法追究刑事责任：

（一）涂改、倒卖、出租、出借行政许可证件，或者以其他形式非法转让行政许可的；

（二）超越行政许可范围进行活动的；

（三）向负责监督检查的行政机关隐瞒有关情况、提供虚假材料或者拒绝提供反映其活动情况的真实材料的；

（四）法律、法规、规章规定的其他违法行为。

第八十一条 公民、法人或者其他组织未经行政许可，擅自从事依法应当取得行政许可的活动的，行政机关应当依法采取措施予以制止，并依法给予行政处罚；构成犯罪的，依法追究刑事责任。

第八章 附 则

第八十二条 本法规定的行政机关实施行政许可的期限以工作日计算，不含法定节假日。

第八十三条 本法自 2004 年 7 月 1 日起施行。

本法施行前有关行政许可的规定，制定机关应当依照本法规定予以清理；不符合本法规定的，自本法施行之日起停止执行。

全国人民代表大会常务委员会关于
司法鉴定管理问题的决定

（2005 年 2 月 28 日第十届全国人民代表大会常务委员会第十四次会议通过）

为了加强对鉴定人和鉴定机构的管理，适应司法机关和公民、组织进行诉讼的需要，保障诉讼活动的顺利进行，特作如下决定：

一、司法鉴定是指在诉讼活动中鉴定人运用科学技术或者专门知识对诉讼涉及的专门性问题进行鉴别和判断并提供鉴定意见的活动。

二、国家对从事下列司法鉴定业务的鉴定人和鉴定机构实行登记管理制度：

（一）法医类鉴定；

（二）物证类鉴定；

（三）声像资料鉴定；

（四）根据诉讼需要由国务院司法行政部门商最高人民法院、最高人民检察院确定的其他应当对鉴定人和鉴定机构实行登记管理的鉴定事项。

法律对前款规定事项的鉴定人和鉴定机构的管理另有规定的，从其规定。

三、国务院司法行政部门主管全国鉴定人和鉴定机构的登记管理工作。省级人民政府司法行政部门依照本决定的规定，负责对鉴定人和鉴定机构的登记、名册编制和公告。

四、具备下列条件之一的人员，可以申请登记从事司法鉴定业务：

（一）具有与所申请从事的司法鉴定业务相关的高级专业技术职称；

（二）具有与所申请从事的司法鉴定业务相关的专业执业资格或者高等院校相关专业本科以上学历，从事相关工作五年以上；

（三）具有与所申请从事的司法鉴定业务相关工作十年以上经历，具有较强的专业技能。

因故意犯罪或者职务过失犯罪受过刑事处罚的，受过开除公职处分的，以及被撤销鉴定人登记的人员，不得从事司法鉴定业务。

五、法人或者其他组织申请从事司法鉴定业务的，应当具备下列条件：

（一）有明确的业务范围；

（二）有在业务范围内进行司法鉴定所必需的仪器、设备；

（三）有在业务范围内进行司法鉴定所必需的依法通过计量认证或者实验室认可的检测实验室；

（四）每项司法鉴定业务有三名以上鉴定人。

六、申请从事司法鉴定业务的个人、法人或者其他组织，由省级人民政府司法行政部门审核，对符合条件的予以登记，编入鉴定人和鉴定机构名册并公告。

省级人民政府司法行政部门应当根据鉴定人或者鉴定机构的增加和撤销登记情况，定期更新所编制的鉴定人和鉴定机构名册并公告。

七、侦查机关根据侦查工作的需要设立的鉴定机构，不得面向社会接受委托从事司法鉴定业务。

人民法院和司法行政部门不得设立鉴定机构。

八、各鉴定机构之间没有隶属关系；鉴定机构接受委托从事司法鉴定业务，不受地域范围的限制。

鉴定人应当在一个鉴定机构中从事司法鉴定业务。

九、在诉讼中，对本决定第二条所规定的鉴定事项发生争议，需要鉴定的，应当委托列入鉴定人名册的鉴定人进行鉴定。鉴定人从事司法鉴定业务，由所在的鉴定机构统一接受委托。

鉴定人和鉴定机构应当在鉴定人和鉴定机构名册注明的业务范围内从事司法鉴定业务。

鉴定人应当依照诉讼法律规定实行回避。

十、司法鉴定实行鉴定人负责制度。鉴定人应当独立进行鉴定，对鉴定意见负责并在鉴定书上签名或者盖章。多人参加的鉴定，对鉴定意见有不同意见的，应当注明。

十一、在诉讼中，当事人对鉴定意见有异议的，经人民法院依法通知，鉴定人应当出庭作证。

十二、鉴定人和鉴定机构从事司法鉴定业务，应当遵守法律、法规，遵守职业道德和职业纪律，尊重科学，遵守技术操作规范。

十三、鉴定人或者鉴定机构有违反本决定规定行为的，由省级人民政府司法行政部门予以警告，责令改正。

鉴定人或者鉴定机构有下列情形之一的，由省级人民政府司法行政部门给予停止从事司法鉴定业务三个月以上一年以下的处罚；情节严重的，撤销登记：

（一）因严重不负责任给当事人合法权益造成重大损失的；

（二）提供虚假证明文件或者采取其他欺诈手段，骗取登记的；

（三）经人民法院依法通知，拒绝出庭作证的；

（四）法律、行政法规规定的其他情形。

鉴定人故意作虚假鉴定，构成犯罪的，依法追究刑事责任；尚不构成犯罪的，依照前款规定处罚。

十四、司法行政部门在鉴定人和鉴定机构的登记管理工作中，应当严格依法办事，积极推进司法鉴定的规范化、法制化。对于滥用职权、玩忽职守，造成严重后果的直接责任人员，应当追究相应的法律责任。

十五、司法鉴定的收费项目和收费标准由国务院司法行政部门商国务院价格主管部门确定。

十六、对鉴定人和鉴定机构进行登记、名册编制和公告的具体办法，由国务院司法行政部门制定，报国务院批准。

十七、本决定下列用语的含义是：

（一）法医类鉴定，包括法医病理鉴定、法医临床鉴定、法医精神病鉴定、法医物证鉴定和法医毒物鉴定。

（二）物证类鉴定，包括文书鉴定、痕迹鉴定和微量鉴定。

（三）声像资料鉴定，包括对录音带、录像带、磁盘、光盘、图片等载体上记录的声音、图像信息的真实性、完整性及其所反映的情况过程进行的鉴定和对记录的声音、图像中的语言、人体、物体作出种类或者同一认定。

十八、本决定自 2005 年 10 月 1 日起施行。

中华人民共和国司法部令

第 132 号

《司法鉴定程序通则》已经 2015 年 12 月 24 日司法部部务会议修订通过，现将修订后的《司法鉴定程序通则》发布，自 2016 年 5 月 1 日起施行。

部长　吴爱英

二〇一六年三月二日

司法鉴定程序通则

第一章　总　　则

第一条　为了规范司法鉴定机构和司法鉴定人的司法鉴定活动，保障司法鉴定质量，保障诉讼活动的顺利进行，根据《全国人民代表大会常务委员会关于司法鉴定管理问题的决定》和有关法律、法规的规定，制定本通则。

第二条　司法鉴定程序是指司法鉴定机构和司法鉴定人进行司法鉴定活动应当遵循的方式、方法、步骤以及相关的规则和标准。

本通则适用于司法鉴定机构和司法鉴定人从事各类司法鉴定业务的活动。

第三条　司法鉴定机构和司法鉴定人进行司法鉴定活动，应当遵守法律、法规、规章，遵守职业道德和职业纪律，尊重科学，遵守技术操作规范。

第四条　司法鉴定实行鉴定人负责制度。司法鉴定人应当依法独立、客观、公正地进行鉴定，并对自己作出的鉴定意见负责。

第五条　司法鉴定机构和司法鉴定人应当保守在执业活动中知悉的国家秘密、商业秘密，不得泄露个人隐私。

未经委托人的同意，不得向其他人或者组织提供与鉴定事项有关的信息，但法律、法规另有规定的除外。

第六条　司法鉴定机构和司法鉴定人在执业活动中应当依照有关诉讼法律和本通则规定实行回避。

第七条　司法鉴定人经人民法院依法通知，应当出庭作证，回答与鉴定事项有关的问题。

第八条　司法鉴定机构应当统一收取司法鉴定费用，收费的项目和标准执行国家的有关规定。

第九条　司法鉴定机构和司法鉴定人进行司法鉴定活动应当依法接受监督。对于有违反有关法律规定行为的，由司法行政机关依法给予相应的行政处罚；有违反司法鉴定行业规范行为的，由司法鉴定行业组织给予相应的行业处分。

第十条　司法鉴定机构应当加强对司法鉴定人进行司法鉴定活动的管理和监督。司法鉴定人有违反本通则或者所属司法鉴定机构管理规定行为的，司法鉴定机构应当予以纠正。

第二章　司法鉴定的委托与受理

第十一条　司法鉴定机构应当统一受理司法鉴定的委托。

第十二条　司法鉴定机构接受鉴定委托，应当要求委托人出具鉴定委托书，提供委托人的身份证明，并提供委托鉴定事项所需的鉴定材料。委托人委托他人代理的，应当要求出具委托书。

本通则所指鉴定材料包括检材和鉴定资料。检材是指与鉴定事项有关的生物检材和非生物检材；鉴定资料是指存在于各种载体上与鉴定事项有关的记录。

鉴定委托书应当载明委托人的名称或者姓名、拟委托的司法鉴定机构的名称、委托鉴定的事项、鉴定事项的用途以及鉴定要求等内容。

委托鉴定事项属于重新鉴定的，应当在委托书中注明。

第十三条　委托人应当向司法鉴定机构提供真实、完整、充分的鉴定材料，并对鉴定材料的真实性、合法性负责。

委托人不得要求或者暗示司法鉴定机构和司法鉴定人按其意图或者特定目的提供鉴定意见。

第十四条　司法鉴定机构收到委托，应当对委托的鉴定事项进行审查，对属于本机构司法鉴定业务范围，委托鉴定事项的用途及鉴定要求合法，提供的鉴定材料真实、完整、充分的鉴定委托，应当予以受理。

对提供的鉴定材料不完整、不充分的，司法鉴定机构可以要求委托人补充；委托人补充齐全的，可以受理。

第十五条　司法鉴定机构对符合受理条件的鉴定委托，应当即时作出受理的决定；不能即时决定受理的，应当在七个工作日内作出是否受理的决定，并通知委托人；对通过信函提出鉴定委托的，应当在十个工作日内作出是否受理的决定，并通知委托人；对疑难、复杂或者特殊鉴定事项的委托，可以与委托人协商确定受理的时间。

第十六条 具有下列情形之一的鉴定委托，司法鉴定机构不得受理：

（一）委托事项超出本机构司法鉴定业务范围的；

（二）鉴定材料不真实、不完整、不充分或者取得方式不合法的；

（三）鉴定事项的用途不合法或者违背社会公德的；

（四）鉴定要求不符合司法鉴定执业规则或者相关鉴定技术规范的；

（五）鉴定要求超出本机构技术条件和鉴定能力的；

（六）不符合本通则第二十九条规定的；

（七）其他不符合法律、法规、规章规定情形的。

对不予受理的，应当向委托人说明理由，退还其提供的鉴定材料。

第十七条 司法鉴定机构决定受理鉴定委托的，应当与委托人在协商一致的基础上签订司法鉴定协议书。

司法鉴定协议书应当载明下列事项：

（一）委托人和司法鉴定机构的基本情况；

（二）委托鉴定的事项及用途；

（三）委托鉴定的要求；

（四）委托鉴定事项涉及的案件的简要情况；

（五）委托人提供的鉴定材料的目录和数量；

（六）鉴定过程中双方的权利、义务；

（七）鉴定费用及收取方式；

（八）其他需要载明的事项。

因鉴定需要耗尽或者可能损坏检材的，或者在鉴定完成后无法完整退还检材的，应当事先向委托人讲明，征得其同意或者认可，并在协议书中载明。

在进行司法鉴定过程中需要变更协议书内容的，应当由协议双方协商确定。

第三章 司法鉴定的实施

第十八条 司法鉴定机构受理鉴定委托后，应当指定本机构中具有该鉴定事项执业资格的司法鉴定人进行鉴定。

委托人有特殊要求的，经双方协商一致，也可以从本机构中选择符合条件的司法鉴定人进行鉴定。

第十九条 司法鉴定机构对同一鉴定事项，应当指定或者选择二名司法鉴定人共同进行鉴定；对疑难、复杂或者特殊的鉴定事项，可以指定或者选择多名司法鉴定人进行鉴定。

第二十条 司法鉴定人本人或者其近亲属与委托人、委托的鉴定事项或者鉴定事项涉及的案件有利害关系，可能影响其独立、客观、公正进行鉴定的，应当回避。

司法鉴定人自行提出回避的，由其所属的司法鉴定机构决定；委托人要求司法鉴定人回避的，应当向该鉴定人所属的司法鉴定机构提出，由司法鉴定机构决定。委托人对司法鉴定机构是否实行回避的决定有异议的，可以撤销鉴定委托。

第二十一条 司法鉴定机构应当严格依照有关技术规范保管和使用鉴定材料，严格监控鉴定材料的接收、传递、检验、保存和处置，建立科学、严密的管理制度。

司法鉴定机构和司法鉴定人因严重不负责任造成鉴定材料损毁、遗失的，应当依法承担责任。

第二十二条 司法鉴定人进行鉴定，应当依下列顺序遵守和采用该专业领域的技术标准和技术规范：

（一）国家标准和技术规范；

（二）司法鉴定主管部门、司法鉴定行业组织或者相关行业主管部门制定的行业标准和技术规范；

（三）该专业领域多数专家认可的技术标准和技术规范。

不具备前款规定的技术标准和技术规范的，可以采用所属司法鉴定机构自行制定的有关技术规范。

第二十三条 司法鉴定人进行鉴定，应当对鉴定过程进行实时记录并签名。记录可以采取笔记、录音、录像、拍照等方式。记录的内容应当真实、客观、准确、完整、清晰，记录的文本或者音像载体应当妥善保存。

第二十四条 司法鉴定人在进行鉴定的过程中，需要对女性作妇科检查的，应当由女性司法鉴定人进行；无女性司法鉴定人的，应当有女性工作人员在场。

在鉴定过程中需要对未成年人的身体进行检查的，应当通知其监护人到场。

对被鉴定人进行法医精神病鉴定的，应当通知委托人或者被鉴定人的近亲属或者监护人到场。

对需要到现场提取检材的，应当由不少于二名司法鉴定人提取，并通知委托人到场见证。

对需要进行尸体解剖的，应当通知委托人或者死者的近亲属或者监护人到场见证。

第二十五条 司法鉴定机构在进行鉴定的过程中，遇有特别复杂、疑难、特殊技术问题的，可以向本机构以外的相关专业领域的专家进行咨询，但最终的鉴定意见应当由本机构的司法鉴定人出具。

第二十六条 司法鉴定机构应当在与委托人签订司法鉴定协议书之日起三十个工作日内完成委托事项的鉴定。

鉴定事项涉及复杂、疑难、特殊的技术问题或者检验过程需要较长时间的，经本机构负责人批准，完成鉴定的时间可以延长，延长时间一般不得超过三十个工作日。

司法鉴定机构与委托人对完成鉴定的时限另有约定的，从其约定。

在鉴定过程中补充或者重新提取鉴定材料所需的时间，不计入鉴定时限。

第二十七条 司法鉴定机构在进行鉴定过程中，遇有下列情形之一的，可以终止鉴定：

（一）发现委托鉴定事项的用途不合法或者违背社会公德的；

（二）委托人提供的鉴定材料不真实或者取得方式不合法的；

（三）因鉴定材料不完整、不充分或者因鉴定材料耗尽、损坏，委托人不能或者拒绝补充提供符合要求的鉴定材料的；

（四）委托人的鉴定要求或者完成鉴定所需的技术要求超出本机构技术条件和鉴定能力的；

（五）委托人不履行司法鉴定协议书规定的义务或者被鉴定人不予配合，致使鉴定无法继续进行的；

（六）因不可抗力致使鉴定无法继续进行的；

（七）委托人撤销鉴定委托或者主动要求终止鉴定的；

（八）委托人拒绝支付鉴定费用的；

（九）司法鉴定协议书约定的其他终止鉴定的情形。

终止鉴定的，司法鉴定机构应当书面通知委托人，说明理由，并退还鉴定材料。

终止鉴定的，司法鉴定机构应当根据终止的原因及责任，酌情退还有关鉴定费用。

第二十八条 有下列情形之一的，司法鉴定机构可以根据委托人的请求进行补充鉴定：

（一）委托人增加新的鉴定要求的；

（二）委托人发现委托的鉴定事项有遗漏的；

（三）委托人在鉴定过程中又提供或者补充了新的鉴定材料的；

（四）其他需要补充鉴定的情形。

补充鉴定是原委托鉴定的组成部分。

第二十九条 有下列情形之一的，司法鉴定机构可以接受委托进行重新鉴定：

（一）原司法鉴定人不具有从事原委托事项鉴定执业资格的；

（二）原司法鉴定机构超出登记的业务范围组织鉴定的；

（三）原司法鉴定人按规定应当回避没有回避的；

（四）委托人或者其他诉讼当事人对原鉴定意见有异议，并能提出合法依据和合理理由的；

（五）法律规定或者人民法院认为需要重新鉴定的其他情形。

接受重新鉴定委托的司法鉴定机构的资质条件，一般应当高于原委托的司法鉴定机构。

第三十条 重新鉴定，应当委托原鉴定机构以外的列入司法鉴定机构名册的其他司法鉴定机构进行；委托人同意的，也可以委托原司法鉴定机构，由其指定原司法鉴定人以外的其他符合条件的司法鉴定人进行。

第三十一条 进行重新鉴定，有下列情形之一的，司法鉴定人应当回避：

（一）有本通则第二十条第一款规定情形的；

（二）参加过同一鉴定事项的初次鉴定的；

（三）在同一鉴定事项的初次鉴定过程中作为专家提供过咨询意见的。

第三十二条 委托的鉴定事项完成后，司法鉴定机构可以指定专人对该项鉴定的实施是否符合规定的程序、是否采用符合规定的技术标准和技术规范等情况进行复核，发现有违反本通则规定情形的，司法鉴定机构应当予以纠正。

第三十三条 对于涉及重大案件或者遇有特别复杂、疑难、特殊的技术问题的鉴定事项，根据司法机关的委托或者经其同意，司法鉴定主管部门或者司法鉴定行业组织可以组织多个司法鉴定机构进行鉴定，具体办法另行规定。

第四章 司法鉴定文书的出具

第三十四条 司法鉴定机构和司法鉴定人在完成委托的鉴定事项后，应当向委托人出具司法鉴定文书。

司法鉴定文书包括司法鉴定意见书和司法鉴定检验报告书。

司法鉴定文书的制作应当符合统一规定的司法鉴定文书格式。

第三十五条 司法鉴定文书应当由司法鉴定人签名或者盖章。多人参加司法鉴定，对鉴定意见有不同意见的，应当注明。

司法鉴定文书应当加盖司法鉴定机构的司法鉴定专用章。

司法鉴定机构出具的司法鉴定文书一般应当一式三份，二份交委托人收执，一份由本机构存档。

第三十六条 司法鉴定机构应当按照有关规定或者与委托人约定的方式，向委托人发送司法鉴定文书。

第三十七条 委托人对司法鉴定机构的鉴定过程或者所出具的鉴定意见提出询问的，司法鉴定人应当给予解释和说明。

第三十八条 司法鉴定机构完成委托的鉴定事项后，应当按照规定将司法鉴定文书以及在鉴定过程中形成的有关材料整理立卷，归档保管。

第五章　附　则

第三十九条　本通则是司法鉴定机构和司法鉴定人进行司法鉴定活动应当遵守和采用的一般程序规则，不同专业领域的鉴定事项对其程序有特殊要求的，可以另行制定或者从其规定。

第四十条　本通则自 2007 年 10 月 1 日起施行。司法部 2001 年 8 月 31 日发布的《司法鉴定程序通则（试行）》（司发通〔2001〕092 号）同时废止。

中华人民共和国建设部令

第 110 号

《住宅室内装饰装修管理办法》已于 2002 年 2 月 26 日经第 53 次部常务会议讨论通过，现予发布，自 2002 年 5 月 1 日起施行。

部长　汪光焘

二〇〇二年三月五日

住宅室内装饰装修管理办法

第一章　总　则

第一条　为加强住宅室内装饰装修管理，保证装饰装修工程质量和安全，维护公共安全和公众利益，根据有关法律、法规，制定本办法。

第二条　在城市从事住宅室内装饰装修活动，实施对住宅室内装饰装修活动的监督管理，应当遵守本办法。

本办法所称住宅室内装饰装修，是指住宅竣工验收合格后，业主或者住宅使用人（以下简称装修人）对住宅室内进行装饰装修的建筑活动。

第三条　住宅室内装饰装修应当保证工程质量和安全，符合工程建设强制性标准。

第四条　国务院建设行政主管部门负责全国住宅室内装饰装修活动的管理工作。

省、自治区人民政府建设行政主管部门负责本行政区域内的住宅室内装饰装修活动的管理工作。

直辖市、市、县人民政府房地产行政主管部门负责本行政区域内的住宅室内装饰装修活动的管理工作。

第二章　一般规定

第五条　住宅室内装饰装修活动，禁止下列行为：

（一）未经原设计单位或者具有相应资质等级的设计单位提出设计方案，变动建筑主体和承重结构；

（二）将没有防水要求的房间或者阳台改为卫生间、厨房间；

（三）扩大承重墙上原有的门窗尺寸，拆除连接阳台的砖、混凝土墙体；

（四）损坏房屋原有节能设施，降低节能效果；

（五）其他影响建筑结构和使用安全的行为。

本办法所称建筑主体，是指建筑实体的结构构造，包括屋盖、楼盖、梁、柱、支撑、墙体、连接接点和基础等。

本办法所称承重结构，是指直接将本身自重与各种外加作用力系统地传递给基础地基的主要结构构件和其连接接点，包括承重墙体、立杆、柱、框架柱、支墩、楼板、梁、屋架、悬索等。

第六条 装修人从事住宅室内装饰装修活动，未经批准，不得有下列行为：

（一）搭建建筑物、构筑物；

（二）改变住宅外立面，在非承重外墙上开门、窗；

（三）拆改供暖管道和设施；

（四）拆改燃气管道和设施。

本条所列第（一）项、第（二）项行为，应当经城市规划行政主管部门批准；第（三）项行为，应当经供暖管理单位批准；第（四）项行为应当经燃气管理单位批准。

第七条 住宅室内装饰装修超过设计标准或者规范增加楼面荷载的，应当经原设计单位或者具有相应资质等级的设计单位提出设计方案。

第八条 改动卫生间、厨房间防水层的，应当按照防水标准制订施工方案，并做闭水试验。

第九条 装修人经原设计单位或者具有相应资质等级的设计单位提出设计方案变动建筑主体和承重结构的，或者装修活动涉及本办法第六条、第七条、第八条内容的，必须委托具有相应资质的装饰装修企业承担。

第十条 装饰装修企业必须按照工程建设强制性标准和其他技术标准施工，不得偷工减料，确保装饰装修工程质量。

第十一条 装饰装修企业从事住宅室内装饰装修活动，应当遵守施工安全操作规程，按照规定采取必要的安全防护和消防措施，不得擅自动用明火和进行焊接作业，保证作业人员和周围住房及财产的安全。

第十二条 装修人和装饰装修企业从事住宅室内装饰装修活动，不得侵占公共空间，不得损害公共部位和设施。

第三章　开工申报与监督

第十三条　装修人在住宅室内装饰装修工程开工前，应当向物业管理企业或者房屋管理机构（以下简称物业管理单位）申报登记。

非业主的住宅使用人对住宅室内进行装饰装修，应当取得业主的书面同意。

第十四条　申报登记应当提交下列材料：

（一）房屋所有权证（或者证明其合法权益的有效凭证）；

（二）申请人身份证件；

（三）装饰装修方案；

（四）变动建筑主体或者承重结构的，需提交原设计单位或者具有相应资质等级的设计单位提出的设计方案；

（五）涉及本办法第六条行为的，需提交有关部门的批准文件，涉及本办法第七条、第八条行为的，需提交设计方案或者施工方案；

（六）委托装饰装修企业施工的，需提供该企业相关资质证书的复印件。

非业主的住宅使用人，还需提供业主同意装饰装修的书面证明。

第十五条　物业管理单位应当将住宅室内装饰装修工程的禁止行为和注意事项告知装修人和装修人委托的装饰装修企业。

装修人对住宅进行装饰装修前，应当告知邻里。

第十六条　装修人，或者装修人和装饰装修企业，应当与物业管理单位签订住宅室内装饰装修管理服务协议。

住宅室内装饰装修管理服务协议应当包括下列内容：

（一）装饰装修工程的实施内容；

（二）装饰装修工程的实施期限；

（三）允许施工的时间；

（四）废弃物的清运与处置；

（五）住宅外立面设施及防盗窗的安装要求；

（六）禁止行为和注意事项；

（七）管理服务费用；

（八）违约责任；

（九）其他需要约定的事项。

第十七条　物业管理单位应当按照住宅室内装饰装修管理服务协议实施管理，发现装修人或者装饰装修企业有本办法第五条行为的，或者未经有关部门批准实施本办法第六条所列行为的，或者有违反本办法第七条、第八条、第九条规定行为的，应当立即制止；已造成事实后果或者拒不改正的，应当及时报告有关部门依法处理。对装修人或者装饰装修企业违反住宅室内装饰装修管理服务协议的，追究违约责任。

第十八条 有关部门接到物业管理单位关于装修人或者装饰装修企业有违反本办法行为的报告后，应当及时到现场检查核实，依法处理。

第十九条 禁止物业管理单位向装修人指派装饰装修企业或者强行推销装饰装修材料。

第二十条 装修人不得拒绝和阻碍物业管理单位依据住宅室内装饰装修管理服务协议的约定，对住宅室内装饰装修活动的监督检查。

第二十一条 任何单位和个人对住宅室内装饰装修中出现的影响公众利益的质量事故、质量缺陷以及其他影响周围住户正常生活的行为，都有权检举、控告、投诉。

第四章 委托与承接

第二十二条 承接住宅室内装饰装修工程的装饰装修企业，必须经建设行政主管部门资质审查，取得相应的建筑业企业资质证书，并在其资质等级许可的范围内承揽工程。

第二十三条 装修人委托企业承接其装饰装修工程的，应当选择具有相应资质等级的装饰装修企业。

第二十四条 装修人与装饰装修企业应当签订住宅室内装饰装修书面合同，明确双方的权利和义务。

住宅室内装饰装修合同应当包括下列主要内容：

（一）委托人和被委托人的姓名或者单位名称、住所地址、联系电话；

（二）住宅室内装饰装修的房屋间数、建筑面积，装饰装修的项目、方式、规格、质量要求以及质量验收方式；

（三）装饰装修工程的开工、竣工时间；

（四）装饰装修工程保修的内容、期限；

（五）装饰装修工程价格，计价和支付方式、时间；

（六）合同变更和解除的条件；

（七）违约责任及解决纠纷的途径；

（八）合同的生效时间；

（九）双方认为需要明确的其他条款。

第二十五条 住宅室内装饰装修工程发生纠纷的，可以协商或者调解解决。不愿协商、调解或者协商、调解不成的，可以依法申请仲裁或者向人民法院起诉。

第五章　室内环境质量

第二十六条　装饰装修企业从事住宅室内装饰装修活动，应当严格遵守规定的装饰装修施工时间，降低施工噪声，减少环境污染。

第二十七条　住宅室内装饰装修过程中所形成的各种固体、可燃液体等废物，应当按照规定的位置、方式和时间堆放和清运。严禁违反规定将各种固体、可燃液体等废物堆放于住宅垃圾道、楼道或者其他地方。

第二十八条　住宅室内装饰装修工程使用的材料和设备必须符合国家标准，有质量检验合格证明和有中文标识的产品名称、规格、型号、生产厂厂名、厂址等。禁止使用国家明令淘汰的建筑装饰装修材料和设备。

第二十九条　装修人委托企业对住宅室内进行装饰装修的，装饰装修工程竣工后，空气质量应当符合国家有关标准。装修人可以委托有资格的检测单位对空气质量进行检测。检测不合格的，装饰装修企业应当返工，并由责任人承担相应损失。

第六章　竣工验收与保修

第三十条　住宅室内装饰装修工程竣工后，装修人应当按照工程设计合同约定和相应的质量标准进行验收。验收合格后，装饰装修企业应当出具住宅室内装饰装修质量保修书。

物业管理单位应当按照装饰装修管理服务协议进行现场检查，对违反法律、法规和装饰装修管理服务协议的，应当要求装修人和装饰装修企业纠正，并将检查记录存档。

第三十一条　住宅室内装饰装修工程竣工后，装饰装修企业负责采购装饰装修材料及设备的，应当向业主提交说明书、保修单和环保说明书。

第三十二条　在正常使用条件下，住宅室内装饰装修工程的最低保修期限为二年，有防水要求的厨房、卫生间和外墙面的防渗漏为五年。保修期自住宅室内装饰装修工程竣工验收合格之日起计算。

第七章　法律责任

第三十三条　因住宅室内装饰装修活动造成相邻住宅的管道堵塞、渗漏水、停水停电、物品毁坏等，装修人应当负责修复和赔偿；属于装饰装修企业责任的，装修人可以向装饰装修企业追偿。

装修人擅自拆改供暖、燃气管道和设施造成损失的，由装修人负责赔偿。

第三十四条　装修人因住宅室内装饰装修活动侵占公共空间，对公共部位和设施造成损害的，由城市房地产行政主管部门责令改正，造成损失的，依法承担赔偿责任。

第三十五条 装修人未申报登记进行住宅室内装饰装修活动的，由城市房地产行政主管部门责令改正，处 5 百元以上 1 千元以下的罚款。

第三十六条 装修人违反本办法规定，将住宅室内装饰装修工程委托给不具有相应资质等级企业的，由城市房地产行政主管部门责令改正，处 5 百元以上 1 千元以下的罚款。

第三十七条 装饰装修企业自行采购或者向装修人推荐使用不符合国家标准的装饰装修材料，造成空气污染超标的，由城市房地产行政主管部门责令改正，造成损失的，依法承担赔偿责任。

第三十八条 住宅室内装饰装修活动有下列行为之一的，由城市房地产行政主管部门责令改正，并处罚款：

（一）将没有防水要求的房间或者阳台改为卫生间、厨房间的，或者拆除连接阳台的砖、混凝土墙体的，对装修人处 5 百元以上 1 千元以下的罚款，对装饰装修企业处 1 千元以上 1 万元以下的罚款；

（二）损坏房屋原有节能设施或者降低节能效果的，对装饰装修企业处 1 千元以上 5 千元以下的罚款；

（三）擅自拆改供暖、燃气管道和设施的，对装修人处 5 百元以上 1 千元以下的罚款；

（四）未经原设计单位或者具有相应资质等级的设计单位提出设计方案，擅自超过设计标准或者规范增加楼面荷载的，对装修人处 5 百元以上 1 千元以下的罚款，对装饰装修企业处 1 千元以上 1 万元以下的罚款。

第三十九条 未经城市规划行政主管部门批准，在住宅室内装饰装修活动中搭建建筑物、构筑物的，或者擅自改变住宅外立面、在非承重外墙上开门、窗的，由城市规划行政主管部门按照《城市规划法》及相关法规的规定处罚。

第四十条 装修人或者装饰装修企业违反《建设工程质量管理条例》的，由建设行政主管部门按照有关规定处罚。

第四十一条 装饰装修企业违反国家有关安全生产规定和安全生产技术规程，不按照规定采取必要的安全防护和消防措施，擅自动用明火作业和进行焊接作业的，或者对建筑安全事故隐患不采取措施予以消除的，由建设行政主管部门责令改正，并处 1 千元以上 1 万元以下的罚款；情节严重的，责令停业整顿，并处 1 万元以上 3 万元以下的罚款；造成重大安全事故的，降低资质等级或者吊销资质证书。

第四十二条 物业管理单位发现装修人或者装饰装修企业有违反本办法规定的行为不及时向有关部门报告的，由房地产行政主管部门给予警告，可处装饰装修管理服务协议约定的装饰装修管理服务费 2 至 3 倍的罚款。

第四十三条 有关部门的工作人员接到物业管理单位对装修人或者装饰装修企业违

法行为的报告后，未及时处理，玩忽职守的，依法给予行政处分。

第八章 附 则

第四十四条 工程投资额在 30 万元以下或者建筑面积在 300 平方米以下，可以不申请办理施工许可证的非住宅装饰装修活动参照本办法执行。

第四十五条 住宅竣工验收合格前的装饰装修工程管理，按照《建设工程质量管理条例》执行。

第四十六条 省、自治区、直辖市人民政府建设行政主管部门可以依据本办法，制定实施细则。

第四十七条 本办法由国务院建设行政主管部门负责解释。

第四十八条 本办法自 2002 年 5 月 1 日起施行。

城市危险房屋管理规定

（1989 年 11 月 21 日建设部令第 4 号发布，2004 年 7 月 20 日根据
《建设部关于修改＜城市危险房屋管理规定＞的决定》修正）

第一章　总　则

第一条　为加强城市危险房屋管理，保障居住和使用安全，促进房屋有效利用，制定本规定。

第二条　本规定适用于城市（指直辖市、市、建制镇，下同）内各种所有制的房屋。

本规定所称危险房屋，系指结构已严重损坏或承重构件已属危险构件，随时有可能丧失结构稳定和承载能力，不能保证居住和使用安全的房屋。

第三条　房屋所有人、使用人，均应遵守本规定。

第四条　房屋所有人和使用人，应当爱护和正确使用房屋。

第五条　建设部负责全国的城市危险房屋管理工作。

县级以上地方人民政府房地产行政主管部门负责本辖区的城市危险房屋管理工作。

第二章　鉴　定

第六条　市、县人民政府房地产行政主管部门应设立房屋安全鉴定机构（以下简称鉴定机构），负责房屋的安全鉴定，并统一启用"房屋安全鉴定专用章"。

第七条　房屋所有人或使用人向当地鉴定机构提供鉴定申请时，必须持有证明其具备相关民事权利的合法证件。

鉴定机构接到鉴定申请后，应及时进行鉴定。

第八条　鉴定机构进行房屋安全鉴定应按下列程序进行：

（一）受理申请；

（二）初始调查，摸清房屋的历史和现状；

（三）现场查勘、测试、记录各种损坏数据和状况；

（四）检测验算，整理技术资料；

（五）全面分析，论证定性，作出综合判断，提出处理建议；

（六）签发鉴定文书。

第九条　对被鉴定为危险房屋的，一般可分为以下四类进行处理：

（一）观察使用。适用于采取适当安全技术措施后，尚能短期使用，但需继续观察的房屋。

（二）处理使用。适用于采取适当技术措施后，可解除危险的房屋。

（三）停止使用。适用于已无修缮价值，暂时不便拆除，又不危及相邻建筑和影响他人安全的房屋。

（四）整体拆除。适用于整幢危险且无修缮价值，需立即拆除的房屋。

第十条　进行安全鉴定，必须有两名以上鉴定人员参加。对特殊复杂的鉴定项目，鉴定机构可另外聘请专业人员或邀请有关部门派员参与鉴定。

第十一条　房屋安全鉴定应使用统一术语，填写鉴定文书，提出处理意见。

经鉴定属危险房屋的，鉴定机构必须及时发出危险房屋通知书；属于非危险房屋的，应在鉴定文书上注明在正常使用条件下的有效时限，一般不超过一年。

第十二条　房屋经安全鉴定后，鉴定机构可以收取鉴定费。鉴定费的收取标准，可根据当地情况，由鉴定机构提出，经市、县人民政府房地产行政主管部门会同物价部门批准后执行。

房屋所有人和使用人都可提出鉴定申请。经鉴定为危险房屋的，鉴定费由所有人承担；经鉴定为非危险房屋的，鉴定费由申请人承担。

第十三条　受理涉及危险房屋纠纷案件的仲裁或审判机关，可指定纠纷案件的当事人申请房屋安全鉴定；必要时，亦可直接提出房屋安全鉴定的要求。

第十四条　鉴定危险房屋执行部颁《危险房屋鉴定标准》（CJ13—86）。对工业建筑、公共建筑、高层建筑及文物保护建筑等的鉴定，还应参照有关专业技术标准、规范和规程进行。

第三章　治　理

第十五条　房屋所有人应定期对其房屋进行安全检查。在暴风、雨雪季节，房屋所有人应做好排险解危的各项准备；市、县人民政府房地产行政主管部门要加强监督检查，并在当地政府统一领导下，做好抢险救灾工作。

第十六条　房屋所有人对危险房屋能解危的，要及时解危；解危暂时有困难的，应采取安全措施。

第十七条　房屋所有人对经鉴定的危险房屋，必须按照鉴定机构的处理建议，及时加固或修缮治理；如房屋所有人拒不按照处理建议修缮治理，或使用人有阻碍行为的，房地产行政主管部门有权指定有关部门代修，或采取其他强制措施。发生的费用由责任人承担。

第十八条　房屋所有人进行抢险解危需要办理各项手续时，各有关部门应给予支持，及时办理，以免延误时间发生事故。

第十九条　治理私有危险房屋，房屋所有人确有经济困难无力治理时，其所在单位可给予借贷；如系出租房屋，可以和承租人合资治理，承租人付出的修缮费用可以折抵租金或由出租人分期偿还。

第二十条　经鉴定机构鉴定为危险房屋，并需要拆除重建时，有关部门应酌情给予政策优惠。

第二十一条　异产毗连危险房屋的各所有人，应按照国家对异产毗连房屋的有关规定，共同履行治理责任。拒不承担责任的，由房屋所在地房地产行政主管部门调处；当事人不服的，可向当地人民法院起诉。

第四章　法律责任

第二十二条　因下列原因造成事故的，房屋所有人应承担民事或行政责任：

（一）有险不查或损坏不修；

（二）经鉴定机构鉴定为危险房屋而未采取有效的解危措施。

第二十三条　因下列原因造成事故的，使用人、行为人应承担民事责任：

（一）使用人擅自改变房屋结构、构件、设备或使用性质；

（二）使用人阻碍房屋所有人对危险房屋采取解危措施；

（三）行为人由于施工、堆物、碰撞等行为危及房屋。

第二十四条　有下列情况的，鉴定机构应承担民事或行政责任：

（一）因故意把非危险房屋鉴定为危险房屋而造成损失；

（二）因过失把危险房屋鉴定为非危险房屋，并在有效时限内发生事故；

（三）因拖延鉴定时间而发生事故。

第二十五条　有本章第二十二、二十三、二十四条所列行为，给他人造成生命财产损失，已构成犯罪的，由司法机关依法追究刑事责任。

第五章　附　则

第二十六条　县级以上地方人民政府房地产行政主管部门可依据本规定，结合当地情况，制定实施细则，经同级人民政府批准后，报上一级主管部门备案。

第二十七条　未设镇建制的工矿区可参照本规定执行。

第二十八条　本规定由建设部负责解释。

第二十九条　本规定自一九九〇年一月一日起施行。

参考文献

[1] 李慧民，袁春燕.房屋建筑物安全管理问题与对策 [J].建筑经济，2008（11）：29–31.

[2] 袁春燕，李慧民，黄莺.房屋使用阶段安全状态多层次模糊综合评判 [J].西安建筑科技大学学报（自然科学版），2007，39（6）：824–828.

[3] 钟开斌."一案三制"：中国应急管理体系建设的基本框架 [J].南京社会科学（行政学），2009（11）：77–83.

[4] 陈庚，李丽芬，刘茂.关于城市事故应急救援预案的研究 [J].中国公共安全（学术版），2005（3）：1–5.

[5] 苏伟洵.房屋安全管理问题及对策研究 [J].建筑监督检测与造价（建设管理），2010（09）：34–36.

[6] 陈忠.房屋的查勘和鉴定 [J].建筑管理现代化，1998（03）：36.

[7] 蔡乐刚，陈小杰，刘群星.房屋安全评估中安全隐患的分类研究 [J].住宅科技（检测维修），2007，27（4）：36–39.

[8] 郭彩霞，胡志弘.管桁架结构的设计特点 [J].科技与企业（工程技术），2013（08）：196.

[9] 范长英.结构转换层概念设计若干要点分析 [J].广东土木与建筑，2002（4）：5–8.

[10] 张震.框支剪力墙结构的设计与研究 [D].西安建筑科技大学，2011.

[11] 郭文军，江见鲸，崔京浩.民用建筑结构燃爆事故及防灾措施 [J].灾害学，1999，14（3）：79–82.

[12] 蔡乐刚，赵为民，赵鸿.既有房屋构件质量评定检测抽样技术研究 [J].工程质量，2006（9）：7–11.

[13] 万墨林，韩继云.砖石砌体力学性能现场检测技术 [J].施工技术，1997（10）：42–43.

[14] 陆伟东，刘金龙，路宏伟等.混凝土结构厚度的雷达检测无损检测 [J].无损检测，2009，31（5）：364–366.

[15] 丁伟军，程波.钢筋锈蚀的自然电位法检测 [J].建材标准化与质量管理，2006（4）：13–15.

[16] 田芳宁.实验室认可中的测量不确定度评定 [D].合肥工业大学，2012.

[17] 王靖.红外热像技术在建筑中的检测与分析 [D].辽宁工程技术大学，2013.

[18] 黄亮，韦欣欣.结构动力特性试验及损伤鉴定 [J].佳木斯大学学报（自然科学版），2013，31（1）：48-52.

[19] 宋宏.地面三维激光扫描测量技术及其应用分析 [J].测绘技术装备，2008，10（2）：40-43.

[20] 王与中.房屋鉴定的理论与方法 [J].住宅科技（理论·方法·新技术），2011，31（s1）：34-37.

[21] 柳炳康，吴胜兴，周安.工程结构鉴定与加固改造 [M].北京：中国建筑工业出版社，2007.

[22] 范颖芳.受腐蚀钢筋混凝土构件性能研究 [D].大连理工大学，2002.

[23] 朱耀台，詹树林.混凝土裂缝成因与防治措施研究 [J].材料科学与工程学报，2003，21（5）：727-730.

[24] 黄力山.砌体结构裂缝的成因及控制措施 [J].安徽建筑，2003，10（4）：67-68.

[25] 国振喜.建筑抗震鉴定标准与加固技术手册 [M].北京：中国建筑工业出版社，2010.

[26] 中华人民共和国住房和城乡建设部.JGJ 125—2016 危险房屋鉴定标准 [S].北京：中国建筑工业出版社，2016.

[27] 中华人民共和国住房和城乡建设部.GB 50292—2015 民用建筑可靠性鉴定标准 [S].北京：中国建筑工业出版社，2015.

[28] 中华人民共和国住房和城乡建设部.GB 50144—2008 工业建筑可靠性鉴定标准 [S].北京：中国计划出版社，2008.

[29] 城住字 [1984] 第 678 号，房屋完损等级评定标准 [S].四川省建筑科学研究院，1985.

[30] 中国工程建设标准化协会.CECS 252—2009 火灾后建筑结构鉴定标准 [S].北京：中国计划出版社，2009.

[31] 中国建筑科学研究院.GB 50023—2009 建筑抗震鉴定标准 [S].北京：中国建筑工业出版社，2009.

[32] 姜志刚，欧昌浩.司法鉴定文书的规范化 [J].湖南冶金职业技术学院学报，2005（04）：398-401.

[33] 李艳.工程结构可靠性鉴定技术研究与应用 [D].南昌大学，2010.

[34] 白英哲.钢结构厂房的设计常见缺陷及预防探讨 [J].中国建筑金属结构，2013（20）：16.

[35] 梁宇峰，王国帅.房屋安全鉴定的特点及方法探析 [J].建筑监督检测与造价，2013（03）：2-3.

[36] 曾宪武，陶进 . JGJ 125—99《危险房屋鉴定标准》的理论缺陷 [J]. 四川建筑科学研究，2008，34（3）：68-69.

[37] 田收 . 工程结构可靠性理论在工业厂房结构检测鉴定中的应用 [J]. 江西建材，2014(6)：236.

[38] 沈玮强 . 汶川地震房屋震害分析及抗震鉴定方法的研究 [D]. 西安工业大学，2011.

[39] 张鑫，李安起，赵考重 . 建筑结构鉴定与加固改造技术的进展 [J]. 工程力学，2011，28（1）：1-11.

[40] 陈婷婷 . 现有建筑结构抗震鉴定及加固设计研究 [D]. 北京工业大学，2012.

[41] 田勇 . 建筑结构加固施工技术的应用 [J]. 建材与装饰，2015，5（48）：150-151.

[42] 曹忠民，李爱群，王亚勇 . 高强钢绞线网 – 聚合物砂浆加固技术的研究和应用 [J]. 建筑技术，2007，38（6）：415.

[43] 程江敏，程波，邱鹤等 . 钢结构加固方法研究进展 [J]. 钢结构，2012，27（11）：1-7.

[44] 郑循元 . 既有建筑物地基基础加固及其工程应用 [D]. 浙江工业大学，2014.

[45] 金建忠，裴国庆 . 浅析岭南建筑设计特色 [J]. 中华民居，2011（7）：158-159.

[46] 刘亦师 . 中国近代建筑的特征 [J]. 建筑师，2012（6）：79-84.

[47] 张国雄 . 中国碉楼的起源、分布与类型 [J]. 湖北大学学报（哲学社会科学版），2003，30（4）：79-84.

[48] 传广 . 哥特式艺术和哥特建筑 [J]. 世界知识，1982（3）：29.

[49] 黄作伟，邵萃伶 . 欧洲建筑风格之文艺复兴建筑、古罗马建筑、浪漫主义建筑 [J]. 黑龙江科技信息，2009（36）：428.

[50] 冉建银 . 浅谈伊斯兰建筑 [J]. 建筑科学与工程学报，1992（2）：92-100.

[51] 唐建华，蔡基伟，周明凯 . 高性能混凝土的研究与发展现状 [J]. 国外建材科技，2006，27（3）：11-15.

[52] 周白，姜岚 . 浅谈近年来新型建筑结构形式的发展 [J]. 山西建筑，2010，36（31）：60-61.

[53] 袁海军 . 钢筋混凝土结构检测鉴定中的若干问题 [J]. 建筑科学，2001，17（6）：33-35.